클린
소프트웨어

Agile
Software
Development

Agile Software Development, Principles, Patterns, and Practices
by Robert C. Martin

클린 소프트웨어
애자일 원칙과 패턴, 그리고 실천 방법

1쇄 발행 2017년 5월 15일
6쇄 발행 2023년 1월 31일

지은이 로버트 C. 마틴
옮긴이 이용원, 김정민, 정지호
펴낸이 장성두
펴낸곳 주식회사 제이펍

출판신고 2009년 11월 10일 제406-2009-000087호
주소 경기도 파주시 회동길 159 3층 / **전화** 070-8201-9010 / **팩스** 02-6280-0405
홈페이지 www.jpub.kr / **원고투고** submit@jpub.kr / **독자문의** help@jpub.kr / **교재문의** textbook@jpub.kr

소통기획부 김정준, 이상복, 송영화, 권유라, 송찬수, 박재인, 배인혜
소통지원부 민지환, 이승환, 김정미, 서세원 / **디자인부** 이민숙, 최병찬

교정·교열 김경희 / **내지디자인** 황혜나 / **표지디자인** 미디어픽스
용지 신승지류유통 / **인쇄** 해외정판사 / **제본** 일진제책사

ISBN 979-11-85890-85-2 (93000)
값 38,000원

제이펍은 독자 여러분의 아이디어와 원고 투고를 기다리고 있습니다. 책으로 펴내고자 하는 아이디어나 원고가 있는 분께서는 책의 간단한 개요와 차례, 구성과 저(역)자 약력 등을 메일(submit@jpub.kr)로 보내 주세요.

클린
소프트웨어

로버트 C. 마틴 지음 | 이용원, 김정민, 정지호 옮김

제이펍

간추린 차례

차례

1 PART 애자일 개발

2 PART 애자일 설계

3 PART 급여 관리 사례 연구

4 PART　급여 관리 시스템 패키징

5 PART 기상 관측기 사례 연구

6 PART ETS 사례 연구

디자인 패턴
리스트

나는 이클립스(Eclipse) 오픈소스 프로젝트의 중요한 릴리즈를 발표하고 나서 바로 이 서문을 쓰고 있다. 아직 회복 중인 상태라 머릿속이 하나도 정리가 안 되지만, 이것 하나만은 그 어느 때보다도 명확하게 느껴진다. 제품을 출시할 때 핵심적인 것은 사람이지 프로세스가 아니다. 우리의 성공을 위한 공식은 간단하다. 소프트웨어를 출시하는 일만 머릿속에 꽉 차 있는 사람들과 작업하고, 개발할 때는 팀마다 그 팀에 적절하게 조율된 경량 프로세스를 사용하고, 변화에 지속적으로 순응하는 것이다.

프로그램에서 '우리 팀의 개발자들'을 더블클릭하면 개발의 핵심은 프로그래밍이라고 생각하는 사람들의 목록을 보게 된다. 이들은 코드를 작성할 뿐만 아니라 시스템에 대한 이해를 계속 유지하기 위해 지속적으로 코드를 읽고 소화하기도 한다. 설계가 유효한지 코드로 검증하면 설계에 자신감을 갖기 위해 꼭 필요한 피드백을 얻을 수 있다. 동시에, 우리 개발자들은 오늘날 방법론을 보는 우리의 시각을 바꾸어놓은 패턴, 리펙토링, 테스팅, 점진적인 인도, 잦은 빌드, 이 밖에도 XP의 다른 최선의 실천방법의 중요성도 이해하고 있다.

기술적 위험도가 높고 요구사항 변경이 잦은 프로젝트에서 성공하려면 이런 방식으로 개발할 수 있는 기술과 능력이 꼭 필요하다. 애자일 개발에서는 프로젝트 공식 행사와 문서의 비중은 낮고, 날마다의 개발에서 사용되는 실천방법들은 굉장히 중요하게 여겨진다. 이 실천방법들을 실제로 사용되도록 만드는 것이 이 책의 초점이다.

로버트는 객체 지향 공동체에서 오랜 시간 활동하면서 C++ 실천방법, 디자인 패턴, 일반적인 객체 지향 설계 원칙 분야에 공헌을 해오고 있다. 그는 초기부터 XP와 애자일 방법론의 강력한 옹호자였다. 이 책은 로버트의 이런 공헌에 기반을 두어서, 애자일 개발 실천방법의 전체 영역을 다룬다. 이것은 굉장히 야심찬 노력이었다. 그뿐 아니라 자신이 주장하고 있는 애자일 개발 실천방법에 어울리도록, 사례 연구와 수많은 코드를 통해 모든 것을 설명한다. 그는 프로그래밍과 설계를 설명하기 위해 실제로 프로그래밍하고 설계한다.

이 책은 소프트웨어 개발을 위한 사려 깊은 조언으로 가득 차 있어서, 애자일 개발자가 되려는 사람이나 이미 있는 기술을 더 향상하려는 사람 모두에게 좋은 책이다. 나는 이 책에 큰 기대를 하고 있었는데, 이 책은 그 기대를 저버리지 않았다.

에리히 감마(Erich Gamma)
오브젝트 테크놀로지 인터내셔널(Object Technology International)

앤 마리, 앤젤라, 미카, 지나, 저스틴, 앤젤리크, 매트, 알렉시스에게...

가족과 함께 있는 것과,
그들의 사랑이 주는 위안보다
더 큰 재화나 귀중한 보물은 없다.

※ 출판사주: 한국어판 서문은 『소프트웨어 개발의 지혜』(2004년)에 실렸던 내용을 그대로 옮겨 실었음을 알려드립니다.

이 책이 한국어로 번역되어 출간된다니 매우 기쁘다. 부디, 여러분에게 유익한 책이 되었으면 한다. 여기에는 내가 지난 30년 동안 배우고 익힌 모든 것이 담겨 있다. 이 책을 읽음으로써 여러분도 그만큼의 시간을 절약할 수 있게 되었으면 좋겠다.

이 책은 소프트웨어 개발의 세 가지 주제인 원칙, 패턴, 실천방법을 다룬다.

원칙은 '진리'다. 사물이 존재하는 방식에 상대되는 개념으로, 사물이 그렇게 되어야만 하는 방식을 알려준다. 이것은 추구할 이상이자, 지향할 목표다. 하지만 따라야 할 규칙도 아니고 지켜야 할 법칙도 아니다. 이 안에는 지혜가 있지만, 이 지혜가 절대적인 것은 아니며, 각 개발자와 개발 팀은 이 원칙을 적용할 시기와 위치를 스스로 판단해야 한다.

패턴은 문제에 대한 '해결책'이다. 이 해결책들은 특정 상황에서는 적절하지만, 그 외의 상황에서는 그렇지 못하다. 이점도 있지만, 그에 따라 치러야 할 비용도 있다. 패턴은 수백 명의 많은 소프트웨어 설계자들이 몇 년에 걸쳐 축적해온 지식이지만, 이 지식은 여러분 각자의 지성에 의해 적용되어야 한다. 패턴은 좋은 것도 나쁜 것도 아니다. 단지 존재할 따름이다. 어떤 패턴을 언제 사용할지를 결정하기 위해서는 좀 더 주의를 기울여야 한다.

실천방법은 소프트웨어의 품질과 생산성을 향상하는 '행동 양식'이다. 팀 멤버들이 팀원 서로에게, 그리고 업무에 대해, 또 그들이 만든 코드에 대해 어떻게 행동해야 하는지를 나타낸다. 이런 방식은 많은 팀에서 시도되어왔고, 이런 방식을 통해 많은 이점을 얻을 수 있다는 사실이 분명해졌다. 그렇지만 모든 팀에서 이 방식을 채택할 수는 없을 것이다. 각 팀은 먼저 이런 방식을 시도해보고 유익한지 여부는 각자가 판단해야 한다.

이 책을 읽으면서, 이 책은 여러분과 같은 프로그래머가 쓴 글임을 명심했으면 한다. 여러분보다 경험이 좀 더 많고, 더 많은 팀과 프로젝트를 했을지는 모르겠지만, 어쨌든 그저 한 명의 프로그래머일 뿐이다. 이 책에서 내가 추천한 것들은 나에게, 그리고 다른 사람들에게 실제로 통한 것들이다. 그러나 이것들이 여러분에게 통할 것인지 아닌지는 여러분 자신이 직접 알아봐야 할 것이다.

첫 번째 객체 지향 언어가 탄생한 지 35년이 지났다. 객체 지향 언어가 처음 등장했을 때, 우리는 언어 및 산업 분야에서의 엄청난 변화를 목도했다. 예전에 컴퓨터는 비교적 자본이 탄탄한 회사만이 소유할 수 있는, 거대하고 값비싼, 전기 잡아먹는 기계였을 뿐이다. 그러나 이제 컴퓨터는 여러분의 서류 가방에 들어갈 수 있을 정도로 작아졌고, 예정보다 100배 이상 빨라졌다. 그리고 배터리 하나로 몇 시간을 동작할 수 있게 되었다.

프로그래밍 언어는 포트란(Fortran)과 알골(Algol)에서 C++, 자바, 그리고 최근에는 C#으로 변화하고 있다. 원시 컴파일러에서 가상 기계로 변화되었으며, 천공 카드에서 리팩토링 브라우저로 옮겨왔다. 하루 종일 걸리던 컴파일은 이제 몇 초밖에 걸리지 않는다. 우리가 작성하는 프로그램은 코드 몇천 라인에서 수백만 라인으로 커졌다.

그러나 이런 모든 변화에 비해, 소프트웨어를 작성하는 일 자체는 크게 변한 것이 없다. 프로그래머들은 여전히 한 번에 한 라인씩 코드를 작성한다. 여전히 코드란 끔찍하게 구체적으로 명시해야 하며 아주 정확하게 작성해야 하는 아주 작은 명령어다.

그리고 이것이 우리 산업의 본질적인 딜레마다. 툴은 눈부실 정도로 빨라졌고 기능은 강력해지고 있는데, 우리가 사용하는 언어는 거의 바뀌지 않았다. 진정한 의미를 볼 때, 지난 30년 동안 언어 혁명이란 없었고, 앞으로 일어날 것 같지도 않다. 함수형 언어가 있고, 관점 지향 언어가 있고, 모델 언어가 있고, 논리 언어가 있다. 그러나 이 언어는 본질적인 수준에서는 전혀 바뀌지 않았다. 이 언어로 프로그램을 작성하는 일 자체는 아직도 100% 정확해야만 하는, 끔찍하게 지엽적인 일이다.

만약 다음번의 언어 혁명이 있다면, 이런 기본적인 문제를 해결하는 언어가 될 것이다. 이것은 개발자가 끔찍할 정도의 지엽적 문제를 신경 쓰지 않고, 철저하게 정확해야 할 필요도 없이 프로그램을 작성할 수 있게 해줄 것이다. 이런 언어에는 일종의 학습에 관한 부분이 필요할 것이다. 여러분이 프로그램에게 일반적인 명령을 주면, 프로그램은 자신을 좀 더 명확하고 정확하게 만드는 방법을 학습한다. 프로그래밍은 동물을 훈련시키는 일과 비슷한 일이 될 것이다.

하지만 아직도 갈 길은 멀다. 적어도 몇십 년 후까지는 C++, 자바, C# 같은 언어로 프로그래밍을 해야 할 것이다. 아마 몇 년 내에 우리는 파이썬, 스몰토크, 또는 루비 같은 동적 타입 검사 언어로 옮겨가게 될지도 모른다. 이런 언어들을 사용하려면, 이 책에 실린 원칙, 패턴, 실천 방법들에 대한 풍부한 지식이 필요하다.

이 원칙과 패턴 그리고 실천방법에 대해 공부해보기 바란다. 익히고 나서는 사용해보자. 언제, 어디에 적용할지를 고민해보자. 마지막으로, 내가 강조하고 싶은 것이자 가장 중요한 것은, 할 수 있는 한 코드를 간단하고 명확하게 유지하자는 것이다.

로버트 C. 마틴

몇 해 전에 우연히 '클린 코드'라는 강좌를 인터넷을 통해 접하게 되었다. 모니터 화면에 나타난 낯익은 얼굴. 밥 아저씨였다. 강의 내용을 보니 익숙한 주제들이었고, 오랜 시간이 흘렀지만. 『Agile Software Development, Principles, Patterns, and Practices』 책이 바로 떠올랐다. 후배들에게 소프트웨어 개발과 관련한 책을 추천할 때면 망설임 없이 권하는 책이라 연상이 바로 되었다. 이 책은 객체 지향 소프트웨어 개발의 진리와 해결 및 실천방법을 그의 오랜 개발 경험을 바탕 위에서 자기 생각을 풀어가며 내용을 전달하는 방식이 특별하다. 그러나 시대를 떠나 꾸준히 읽혀야 할 이 책의 한국어판이 절판된 지 한참이 되었다. 평소 재출간했으면 하던 마음이 컸었는데, 다행히도 제이펍을 통해 기회를 얻게 되었다. 최초 출간 당시 『소프트웨어 개발의 지혜』라는 제목으로 소개되었던 이 책을 저자의 의견을 구해 『클린 소프트웨어』라는 이름으로 다시 복간하게 되었다.

부디 이 책을 통해 문제를 의미 있게 풀어가는 생각의 흐름과 그것을 모아 문제 해결의 패러다임을 만들어가는 능력을 얻어갔으면 하는 바람이다. 흔히들 이론과 실제는 다르다고 하며, 그 문제에서 벗어나고 싶어 한다. 내가 아는 것이 전부이고, 내가 아는 것과 다른 결과는 별개의 문제라는 자기방어적인 생각에서 비롯된, 그들의 다른 표현이 아닐까 생각될 때가 많다. 시간이 지난 후에 깨달은 것은 이론과 실제가 다른 것이 아니라 오차가 있을 뿐이었고, 내가 모르는 것이거나 알고 있는 사실의 논리적 오류일 때가 대부분이었다. 오차의 범위는 개개인의 지식과 경험에서 큰 차이가 있을 수 있다. 소프트웨어 개발의 원칙적인 측면에서는 쿤의 패러다임을 따라가는 정상 과학적인 사고가 중심이 될 수 있지만, 개발 과정에서는 포퍼의 반증주의와 비판적 사고가 더 도움이 될 것이다. 끊임없이 반문하고, 논리의 오류를 줄여가며, 지식을 넓혀가는 습관이 진정한 전문 프로그래머가 되어가는 소양을 키워가는 길일 것이다.

복간에 맞추어 기존에 사용하던 용어를 다시 검토하여 최근의 용어로 반영했고, 문장의 의미 전달이 더 자연스럽도록 다듬었다. 다만, 이 책에서 사용한 원칙, 패턴 중 이미 여러 논문이나 책에서 그대로 인용하고 있는 문장에 대해서는 그대로 두어 혼란을 피하는 쪽을 택했다.

이 책의 복간을 결정해주신 장성두 사장님과 꼼꼼히 편집을 해주신 김경희 님께 감사의 말씀을 드린다. 10여 년이 지난 지금, 이제는 변호사로 IT의 다른 편에서 일하고 있는 정민 양과 지호 군에게도 감사의 말을 전한다. 책을 인연으로 만난 아내와 책 만드는 일을 처음 보며 신기해하는 딸과 아들에게 좋은 선물이 되었으면 하는 바람이다.

이용원

> "그러나 밥, 당신은 작년에 그 책을
> 끝냈다고 말했어요."
> 클라우디아 프리어스(Claudia Frers),
> 『UML World』(1999)

© Jennifer M. Kohnke

애자일 개발이란 빠른 속도로 변하는 요구사항에 맞서서 소프트웨어를 빨리 개발하는 능력이다. 이렇게 기민해지려면 그러기 위해 필요한 수련법과 피드백을 우리에게 제공해주는 실천방법들을 써야 한다. 소프트웨어를 계속 유연하고 유지보수하기 쉬운 상태로 유지하려면 설계 원칙들도 써야 하고, 이런 원칙들을 구체적인 문제와 조화시키는 방법을 제시하는 디자인 패턴들도 알아야 한다. 이 책은 이런 모든 개념을 짜 맞춰 조화롭게 잘 돌아가는 하나로 만들려는 시도다.

이 책에서는 이런 원칙, 패턴, 실천방법들을 설명하고, 다양한 사례 연구들을 통해 이들이 적용되는 실례를 보인다. 더 중요한 점은, 이 사례 연구들을 완결된 작업으로 제시하지 않고 설계를 진행하는 과정을 그대로 보여준다는 점이다. 여러분은 설계자가 실수하는 모습까지도 보게 될 것이고, 그들이 어떤 실수를 저질렀는지 파악하고 결과적으로 그 실수를 고쳐나가는 과정도 보게 될 것이다. 그들이 수수께끼 같은 문제에 고심하고 모호성이나 균형(trade-off) 문제 때문에 걱정하는 모습도 보게 될 것이다. 즉, 여러분은 실제 설계 과정을 보게 될 것이다.

세부적인 곳에 정말 중요한 것이 놓여 있다

이 책에는 굉장히 많은 자바와 C++ 코드가 들어 있다. 여러분이 이 코드들을 자세히 읽었으면 좋겠는데, 그 이유는 이 책의 핵심이 바로 그 코드들이기 때문이다. 이 책이 말하고자 하는 바를 실체화해놓은 것이 바로 이 책에 실린 코드다.

이 책을 보면 반복되는 형식이 있다. 이 책은 일련의 사례 연구들로 구성되어 있는데, 몇 개는 아주 짧지만 몇 개는 설명하려면 여러 장을 필요로 하는 등 규모가 다양하다. 모든 사례 연구 앞에는 여러분이 읽고 그 사례 연구에 대비할 수 있는 내용이 들어간다. 예를 들어, 급여 관리 애플리케이션 사례 연구 앞에는 그 사례 연구에서 사용된 객체 지향 원칙과 패턴을 설명하는 여러 장들이 들어간다.

이 책은 개발 실천방법과 프로세스들의 논의로부터 시작한다. 논의 안에는 많은 수의 작은 사례 연구와 예제들이 간간이 끼어들어 예제를 보면서 설계와 설계 원칙을 다루고, 그것으로부터 다시 일부 디자인 패턴을 이야기한다. 그리고 더 나아가 다시 패키지에 대한 더 많은 설계 원칙과 더 많은 패턴을 다룬다. 그리고 이 모든 주제에는 사례 연구가 함께 나온다.

그러므로 코드를 읽고 UML 다이어그램을 차분히 들여다볼 각오를 하고 이 책을 읽기 바란다. 여러분이 읽으려는 책은 매우 기술적인 내용이 들어 있는 책이다. 그리고 이 책에서 배울 수 있는 교훈은 다른 곳이 아니라 바로 사소하고 세부적인 곳에 놓여 있다.

이 책이 나오기까지

6년도 훨씬 전에, 『Designing Object-Oriented C++ Applications using the Booch Method』라는 제목의 책을 쓴 적이 있다. 이 책은 내게 있어 일종의 대표작인데, 이 책의 결과와 판매량 둘 다 아주 만족스러웠다.

여러분이 보고 있는 이 책은 원래 이 『Designing Object-Oriented C++ Applications using the Booch Method』의 2판으로 시작되었지만, 결과적으로 그렇게 되지 않았다. 원래 책에 들어 있는 내용 가운데 이 책에도 남아 있는 부분은 극히 적다. 많아봐야 세 장(章) 정도가 살아남았는데 그나마 내용이 굉장히 많이 바뀌었다. 원래 책의 의도, 정신, 그리고 그 책이 주는 교훈

가운데 많은 수는 그대로지만, 그 책이 나오고 나서 6년 동안 나는 소프트웨어 설계와 개발에 대해 상당히 많이 배웠으며, 그 점이 이 책에 반영되어 있다.

그리고 6년이라고 했는데 이 6년이 보통 6년이었는가! 『Designing Object-Oriented C++ Applications using the Booch Method』는 인터넷 열풍이 세계를 강타하기 직전에 나왔는데, 그 이후 우리가 다루어야 할 약어의 수는 거의 배로 증가했다. 디자인 패턴, 자바, EJB, RMI, J2EE, XML, XSLT, HTML, ASP, JSP, 서블릿, 애플리케이션 서버, ZOPE, SOAP, C#, .NET 등 수도 없다. 정말로, 이 책에 들어 있는 장들이 시대에 뒤처지지 않도록 하는 일은 쉬운 일이 아니었다!

부치와의 관계

1997년, 부치 그래디(Booch Grady)가 그의 굉장한 성공작인 『Object Oriented Analysis and Design with Applications』의 3판을 내는 작업을 도와달라는 일로 연락을 해왔다. 나는 전에 몇몇 프로젝트에서 그와 함께 일한 적도 있고, UML을 포함한 그의 다양한 책들의 공헌자이자 열렬한 독자이기도 했으므로 그의 제안을 매우 기쁜 마음으로 수락했다. 그리고 내 친구인 짐 뉴커크(Jim Newkirk)에게도 그 프로젝트를 도와달라고 요청했다.

그 후 2년 동안, 짐과 나는 부치의 책을 위한 여러 장(章)을 썼다. 물론 그 작업을 하는 동안 이 책에는 내가 원하는 만큼 노력을 기울일 수 없었지만, 내 생각에 부치의 책에는 그 정도 기여를 할 만한 가치가 있었다. 게다가, 당시에는 이 책이 단지 『Designing Object-Oriented C++ Applications using the Booch Method』의 2판일 뿐이었으므로 이 책의 작업이 그렇게 내 마음을 사로잡지 못하고 있었다. 나는 일단 글을 쓰기로 했으면 무엇인가 새롭고 전에 있던 것과 다른 것을 쓰고 싶었다.

불행하게도, 부치 책은 계획대로 나오지 못했다. 보통 때에도 책을 쓰기 위한 시간을 내기는 어려운데, '닷컴' 거품이 한창일 때 책 쓸 시간을 낸다는 것은 불가능에 가까웠다. 그래디는 레쇼날(Rational)과의 일과 캐터펄스(Catapulse) 같은 새로운 벤처 일 때문에 언제나 점점 더 바빠지기만 했고, 따라서 프로젝트 진행은 멈춰 서버렸다. 결국, 나는 그래디와 애디슨 웨슬리 출판사에게 부치의 책을 위해 짐과 내가 쓴 장들을 이 책에 넣어도 되냐고 물어보았고, 그들은 관대하게도 허락해주었다. 그래서 사례 연구와 UML에 관한 여러 장들이 이 책에 실리게 되었다.

익스트림 프로그래밍의 영향

1998년 후반, 익스트림 프로그래밍(XP: Extreme Programming)이 두각을 나타내면서 우리가 신봉하던 소프트웨어 개발에 대한 믿음들을 뒤흔들었다. 코드를 작성하기 전에 먼저 UML 다이어그램부터 많이 만들어야 하는가, 아니면 다이어그램 같은 것은 그리지도 말고 그냥 코드만 많이 작성하면 되는가? 우리 설계에 대해 잘 설명하는 문서들을 많이 만들어야 하는가, 아니면 부차적인 문서가 필요 없도록 그 자체만으로도 표현력과 설명력이 뛰어난 코드를 작성하기 위해 노력해야 하는가? 짝을 이뤄 프로그래밍해야 하는가? 운영 코드(production code)를 작성하기 전에 테스트부터 작성해야 하는가? 무엇을 해야 하는가?

XP 혁명은 내게 아주 적절한 시기에 일어났다. 90년대 중반부터 후반까지 오브젝트 멘토사는 상당히 많은 회사의 객체 지향(OO: object-oriented) 설계와 프로젝트 관리 문제들을 돕고 있었다. 우리는 이 회사들이 프로젝트를 완수할 수 있도록 돕고 있었는데, 이런 도움의 일부로서 상대 회사의 팀들에게 프로젝트에 대한 우리의 태도와 실천방법들을 가르쳤다. 불행하게도 이런 태도와 실천방법들은 글로 쓰여 있지 않았으며, 우리는 고객들에게 이것들을 마치 구전 전승처럼 말로 전달했다.

1998년, 나는 우리의 프로세스와 실천방법을 고객에게 더 분명하게 전달하려면 이들을 문서로 작성할 필요가 있다는 사실을 깨달았다. 그래서 프로세스에 대한 많은 글을 「C++ Report」에 기고했다.*1 하지만 이 글들은 정곡을 찌르지 못했다. 유용한 정보가 담겨 있고, 일부는 나름대로 재미도 있었지만, 우리가 실제로 프로젝트에서 사용하는 실천방법과 태도들을 그대로 성문화하지 못했다. 이 글들은 몇십 년 동안 알게 모르게 강요되어 오던 가치들과 내가 성문화하려고 했던 실천방법과 태도 사이의 일종의 타협물이었다. 내가 그것을 깨닫기 위해서는 켄트 벡(Kent Beck)이 필요했다.

---

*1　이 글들은 http://cleancoders.com의 'Articles' 항목에서 찾아볼 수 있다. 모두 4개 있는데, 처음 세 글의 제목은 '반복적이고 점진적인 개발(Iterative and Incremental Development)'(I, II, III)이고, 마지막 글의 제목은 '발췌된 객체 개발 프로세스(C.O.D.E Culled Object Development procEss)'다.

벡과의 관계

1998년 후반 오브젝트 멘토의 프로세스를 성문화하느라 고생하는 과정에서 나는 우연히 켄트의 XP 작업을 보게 되었다. 그의 작업은 워드 커닝햄(Ward Cunningham)의 위키[2]에 다른 많은 사람의 글과 섞여 흩어져 있었지만, 약간의 노력과 작업 끝에 나는 켄트가 말하고 있는 것이 무엇인지 요점을 파악할 수 있었다. 나는 호기심이 동했지만, 동시에 회의적이기도 했다. XP가 말하는 것 가운데 일부는 개발 프로세스에 대한 내 개념의 정곡을 정확히 찔렀지만, 다른 것들(예를 들어, 명시적인 설계 단계가 없는 것)은 조금 당황스러웠다.

켄트와 나는 정말로 전혀 다른 소프트웨어 환경에서 왔다. 그는 유명한 스몰토크 컨설턴트였고, 나는 C++ 컨설턴트였다. 이 두 세계는 서로 의사소통하기 힘들다. 두 세계 사이에는 거의 쿤(Kuhnian)[3]이 말하는 패러다임의 차이와 맞먹는 심연이 놓여 있었다.

다른 상황이었다면, 켄트에게 「C++ Report」에 실을 기사를 써달라고 부탁하지 못했을 것이다. 하지만 프로세스에 대한 우리 두 사람의 생각의 일치가 이 언어 사이의 심연을 건널 수 있게 만들었다. 1999년 2월, 나는 뮌헨의 객체 지향 프로그래밍(OOP) 회의에서 켄트를 만났다. 그는 내가 객체 지향 설계(OOD) 원칙에 대해 강연하던 방의 건너편 방에서 XP에 대한 강연을 하고 있었다. 그의 강연을 들을 수 없었기 때문에, 점심시간에 켄트를 만나러 찾아갔다. 우리는 XP에 대해 이야기했고, 나는 그에게 「C++ Report」에 실을 기사를 하나 써달라고 요청했다. 그 기사는 켄트와 그의 동료가 한 시간 사이에 가동 중인 시스템의 설계를 전면적으로 변경할 수 있었던 일에 대한 엄청난 기사였다.

그 이후 몇 달 동안, 나는 XP에 대한 두려움을 떨쳐내는 데 오래 걸렸다. 내 가장 큰 두려움은 어떻게 명시적인 사전 설계 단계가 없는 프로세스를 채택할 수 있느냐는 것이었는데, 언제나 이것이 내가 XP를 받아들이는 데 걸림돌이 된다는 사실을 깨달았다. 여태까지 내 고객과 전체 소프트웨어 산업계에 대고 설계는 꼭 시간을 투자해야 할 정도로 중요한 것이라고 가르치기 위해 애써오지 않았던가?

---

[2] http://c2.com/cgi/wiki. 이 웹사이트에는 광대한 주제를 다룬 엄청난 분량의 기사가 들어 있다. 글을 쓰는 사람의 수도 몇백, 몇천 명을 헤아린다. 사람들은 펄 코드 몇 라인만으로 사회적인 혁명을 일으킬 수 있는 사람은 오직 워드 커닝햄뿐일 것이라고 이야기한다.

[3] 1995년과 2001년 사이에 쓰인 지적인 작업물에 '쿤'이란 용어가 사용되지 않았다면 그 신뢰성을 의심해봐야 한다. 이 용어는 토머스 S. 쿤이 쓴 『과학 혁명의 구조(The Structure of Scientific Revolutions』(The University of Chicago Press, 1962)를 가리킨다.

하지만 결국 나 자신부터 그런 단계를 그대로 실천하지 않는다는 점을 깨달았다. 심지어 내가 여태까지 설계, 부치 다이어그램, UML 다이어그램에 대해 작성한 모든 기사와 책에서도, 다이어그램이 의미 있는지 검증하기 위한 방법으로 코드를 사용하고 있었다. 내가 고객에게 컨설팅할 때도, 한두 시간 정도 그들이 다이어그램 그리는 일을 도와주고 나서는 그들에게 그 다이어그램을 코드를 통해 조사해보라고 말하곤 했다. 나는 설계에 대한 XP의 말이 내게 '낯설게' 느껴져도(쿤이 쓰는 단어의 의미로[*4]), 그 말 아래 놓인 실천방법은 내게 이미 친숙하다는 것을 이해하게 되었다.

XP에 대한 다른 두려움들은 상대하기 쉬웠다. 나는 언제나 짝 프로그래밍을 혼자 좋아하고 있었는데, XP를 통해 짝 프로그래밍을 하고 싶다는 내 바람을 공개적으로 표현할 방법이 생기게 되었다. 리팩토링, 지속적인 통합, 현장에 있는 고객은 모두 받아들이기 쉬웠다. 이들은 내가 계속 고객들에게 실천하라고 말해오던 것들과 아주 비슷했다.

XP의 실천방법 하나는 내게 거의 계시나 다름없었다. 처음 들을 때는 테스트를 먼저 하는 설계라는 말이 그저 그런 사소한 지침처럼 들릴 것이다. 운영 코드를 작성하기 전에 테스트 케이스를 먼저 작성하라는 얘기다. 하지만 나는 코드를 이런 방식으로 작성함으로써 경험하게 될 의미심장한 결과에 대한 준비가 전혀 안 되어 있었다. 이 실천방법은 내가 소프트웨어를 작성하는 방법을 완전히 바꾸어놓았는데, 물론 좋은 쪽으로의 변화였다. 여러분은 이 책에서 내가 겪은 변화를 볼 수 있을 것이다. 이 책의 코드 일부는 1999년 이전에 작성되었는데, 그 코드들에는 테스트 케이스가 없다. 반면, 1999년 이후 작성된 모든 코드는 테스트 케이스가 있으며, 대개 코드보다 테스트 케이스가 먼저 제시된다. 나는 여러분이 분명히 그 차이점을 인식하리라고 생각한다.

1999년 가을이 되자 나는 오브젝트 멘토의 프로세스로 XP를 채택하고 나 자신만의 프로세스를 작성하고 싶다는 바람은 그만 떠나보내야겠다는 확신을 가지게 되었다. 켄트가 XP의 실천방법과 프로세스를 표현하기 위해 한 훌륭한 작업 앞에서 내 미약한 노력은 상대적으로 빛을 잃어버렸다.

[*4] 같은 논문에서 쿤을 두 번 언급했다면, 추가 점수를 받을 수 있다.

이 책의 구성

이 책은 6개의 부(part)와 여러 부록으로 구성되어 있다.

- **1부: 애자일 개발**

  1부에서는 애자일 개발의 개념에 대해 설명한다. 이 장은 '애자일 소프트웨어 개발 선언문'으로 시작해서, 익스트림 프로그래밍(XP)을 개괄한 다음, XP에 있는 개개의 실천방법 중 특히 우리가 설계하고 코드를 작성하는 방법에 영향을 준 일부를 잘 드러내 보이는 많은 수의 작은 사례 연구들로 들어간다.

- **2부: 애자일 설계**

  2부에서는 객체 지향 소프트웨어 설계에 대한 내용을 다룬다. "설계란 무엇인가?"라는 질문으로 시작해, 복잡성 관리라는 문제와 그것을 해결하기 위한 기법들을 논의한 다음, 마지막으로 객체 지향 클래스 설계의 원칙들로 마무리된다.

- **3부: 급여 관리 사례 연구**

  급여 관리 사례 연구는 이 책에 들어 있는 사례 연구 중 가장 규모가 크고 가장 완결된 사례 연구다. 3부에서는 간단한 급여 일괄 시스템의 객체 지향 설계와 C++ 구현을 설명한다. 앞쪽 장들에서는 이 사례 연구에서 마주치게 될 디자인 패턴을 설명한다. 그리고 마지막 두 장은 전체 사례 연구를 담고 있다.

- **4부: 급여 관리 시스템 패키징**

  4부는 객체 지향 패키지 설계의 원칙들을 설명하면서 시작한다. 그런 다음 3부에서 만든 클래스들을 점진적으로 패키지화하면서 이 원칙들의 실례를 보인다.

- **5부: 기상 관측기 사례 연구**

  5부에는 원래 부치의 책에 들어갈 예정이던 사례 연구 중 하나가 들어 있다. 기상 관측기 사례 연구에서는 중대한 사업상 결정을 내린 회사를 묘사하고 그 회사의 자바 개발팀이 그 결정에 어떻게 대응했는지 설명한다. 이전과 마찬가지로, 사례 연구에서 사용될 디자인 패턴에 대한 설명으로 시작해서 본 사례 연구의 설계와 구현에 대한 설명으로 끝맺는다.

- **6부: ETS 사례 연구**

  6부에는 내가 참여했던 실제 프로젝트의 설명이 들어 있다. 이 프로젝트는 1999년 이후 현장에서 사용되고 있는 시스템으로, 미국 연방건축사등록위원회(National Council of Architectural Registration Boards)의 등록 시험을 수행하고 채점하기 위해 사용되는 자동화된 시험 시스템이다.

- UML 표기법 부록
  부록 A와 부록 B에는 UML 표기법을 설명하기 위해 사용되는 작은 사례 연구 여러 개가 들어 있다.

- 기타 부록

이 책을 읽는 방법

개발자라면...

앞표지부터 뒤표지까지 전부 읽는다. 이 책은 개발자를 주요 대상으로 하며, 개발자가 소프트웨어를 애자일 방식으로 개발하는 데 필요한 정보가 들어 있다. 이 책을 모조리 읽으면 먼저 실천방법부터 시작해서 원칙들, 그리고 패턴들을 차례로 보게 되며, 마지막으로 이 모든 것을 하나로 묶는 사례 연구를 보게 된다. 이런 모든 지식을 통합하면 프로젝트를 완수하는 데 도움이 될 것이다.

관리자나 비즈니스 분석가라면...

1부 '애자일 개발'을 읽는다. 애자일 방법론의 원칙과 실천방법에 대한 깊이 있는 논의를 읽을 수 있다. 이 장들이 여러분을 요구사항과 계획으로부터 테스트, 리팩토링, 프로그래밍까지 볼 수 있게 해줄 것이다. 그러면 팀을 구성하고 프로젝트를 관리하는 방법에 대한 지침을 얻을 수 있고, 프로젝트를 완수하는 데 도움이 될 것이다.

UML을 배우고자 한다면...

부록 A 'UML 표기법 I: CGI 예제'를 먼저 읽는다. 그리고 부록 B 'UML 표기법 II: 스태트먹스'를 읽는다. 그런 다음 3부 '급여 관리 사례 연구'의 모든 장을 읽는다. 이렇게 읽으면 UML 문법과 용법 모두에 관한 이해 기반을 단단히 다질 수 있다. 그리고 UML과 자바나 C++ 같은 프로그래밍 언어 사이를 변환하는 일에도 도움이 될 것이다.

디자인 패턴을 배우고자 한다면...

특정한 패턴을 찾고자 한다면, xv페이지의 '디자인 패턴 리스트'를 이용해서 관심이 있는 패턴을 찾을 수 있다.

패턴 전반에 대해 배우고 싶다면, 먼저 설계 원칙을 배우기 위해 2부 '애자일 설계'를 읽고, 그런 다음 3부 '급여 관리 사례 연구', 4부 '급여 관리 시스템 패키징', 5부 '기상 관측기 사례 연구', 6부 'ETS 사례 연구'를 읽는다. 여기서 모든 패턴의 정의를 볼 수 있고, 전형적인 상황에서 이 패턴들을 사용하는 방법도 볼 수 있다.

객체 지향 설계 원칙을 배우고자 한다면...

2부 '애자일 설계', 3부 '급여 관리 사례 연구', 4부 '급여 관리 시스템 패키징'을 읽는다. 객체 지향 설계의 원칙에 대한 설명과 사용 방법을 볼 수 있다.

애자일 개발 방법을 배우고자 한다면...

1부 '애자일 개발'을 읽는다. 요구사항부터 계획, 테스트, 리팩토링, 프로그래밍까지 애자일 개발에 대한 설명을 읽을 수 있다.

잠깐 웃고 즐길 거리가 필요하다면...

부록 C '두 회사에 대한 풍자'를 읽는다.

감사의 말

다음 분들에게 심심한 감사를 드린다.

Lowell Lindstrom, Brian Button, Erik Meade, Mike Hill, Michael Feathers, Jim Newkirk, Micah Martin, Angelique Thouvenin Martin, Susan Rosso, Talisha Jefferson, Ron Jeffries, Kent Beck, Jeff Langr, David Farber, Bob Koss, James Grenning, Lance Welter, Pascal Roy, Martin Fowler, John Goodsen, Alan Apt, Paul Hodgetts, Phil Markgraf, Pete McBreen, H. S. Lahman, Dave Harris, James Kanze, Mark Webster, Chris Biegay, Alan Francis, Fran Daniele, Patrick Lindner, Jake Warde, Amy Todd, Laura Steele, William Pietr, Camille

Trentacoste, Vince O'Brien, Gregory Dulles, Lynda Castillo, Craig Larman, Tim Ottinger, Chris Lopez, Phil Goodwin, Charles Toland, Robert Evans, John Roth, Debbie Utley, John Brewer, Russ Ruter, David Vydra, Ian Smith, Eric Evans, Sillicon Valley Patterns 그룹의 모든 사람들, Pete Brittingham, Graham Perkins, Phlip, Richard MacDonald.

이 책을 검수해주신 분들은 다음과 같다.

Pete McBreen / McBreen Consulting   Bjarne Stroustrup / AT & T Research

Stephen J. Mellor / Projtech.com   Micah Martin / Object Mentor Inc.

Brian Button / Object Mentor Inc.   James Grenning / Object Mentor Inc.

원래 그래디의 『Object Oriented Analysis and Design with Applications(3/e)』에 들어갈 예정이던 장들을 포함할 수 있게 허락해준 그래디 부치와 폴 베커에게 특별한 감사의 말을 드리고 싶다.

자신의 기사 '설계란 무엇인가'를 이 책에 수록할 수 있도록 관대하게 허락해준 잭 리브스에게 특별한 감사의 말을 드리고 싶다.

그리고 이 책의 서문을 써준 에리히 감마에게도 특별한 감사의 말을 드리고 싶다. 에리히, 이번에는 글꼴이 더 나았기를 바랍니다!

종종 눈이 부실 정도로 멋진 각 장의 머리 부분에 있는 그림들은 제니퍼 콘케의 작품이다. 장마다 중간중간 들어가 있는 설명을 위한 그림들은 내 삶의 기쁨 가운데 하나인 내 딸 앤젤라 다운 마틴 브룩스의 사랑스러운 솜씨다.

참고 자료

이 책의 모든 소스 코드는 cleancoders.com에서 다운로드할 수 있다.

베타리더
후기

🦋 강대원(줌인터넷)

중요한 업무 프로세스나 기법들을 실전에 도입하기 전에 간접으로 경험하기 좋은 책입니다. 최대한 재미있고 간접적으로 설명하려고 노력한 부분이 인상 깊어 매우 재밌게 읽었습니다. 하지만 난이도가 조금 있는 편입니다. 그리고 영어를 우리말로 옮기면서 어렵게 표현된 단어들도 있어서 흐름이 끊기는 경우도 있었는데, 좀 더 보완되어 출간되기를 바랍니다.

🦋 고승광(플랜티넷)

애자일에 관련된 내용이 많은 줄 알았는데, 디자인 패턴에 관한 내용이 더 많았던 것 같습니다. 물론, 이러한 디자인 패턴을 조합해가면서 애자일(?)적으로 프로그램을 발전시켜가는 과정을 자세히 설명해주고 있습니다. 책 후반부에 있는 두 개발 업체 간의 극명한(?) 비교는 현실에서의 회사 모습과 너무나 닮아 있어서 많은 공감이 갔습니다.

🦋 심상용(이상한모임)

이 책은 유연한 소프트웨어를 만드는 방법론(우리가 잘 알고 있는 애자일)을 간단하게 소개하고, 실제 개발에서 쓰이는 설계 기법이나 디자인 패턴을 소스 코드와 함께 제시하고 있는 책입니다. OOP로 실무를 하거나, 해봤지만 좋은 코드에 대해서 잘 모르겠다고 느끼는 개발자들에게 도움이 될 것 같네요.

🦋 박조은(NBT)

개발자로서 여러 프로젝트를 거치며 수많은 시행착오가 있었습니다. 이 책은 제가 그간 겪어왔던 시행착오들에 대한 개선 방안을 구체적으로 제시하고 있어서 정말 도움이 되었습니다. 단순히 프로젝트 개발 방법뿐만 아니라 구체적인 코드 예시와 프로젝트 진행에 대한 자세한 가이드를 제공하고 있습니다. 이 책을 좀 더 미리 읽게 되었더라면 하는 아쉬움과 함께 앞으로 진행할 프로젝트에 대한 길잡이 역할도 해주리라 기대합니다.

🦇 유형진(데브구루)

애자일을 통한 개발이라는 큰 그림을 그리기 위한 다양한 도구들(TDD, Refactoring, Scrum, XP, Design Pattern)을 한자리에 모아놓고 조근조근 사용 방법을 이야기해주는, 마치 동화책과 같은 느낌을 받았습니다. 하지만 그 구성과 내용은 정말 알찹니다. 그리고 원서와 다르게 테스트 코드나 본문 구현 코드가 자바랑 C, C++ 등 다양한 언어로 제공되고 있기에 각각의 다른 경험들을 할 수 있었습니다. 전반적으로 애자일 소프트웨어 개발의 정석이라는 제목을 붙임에는 무리가 없을 것 같다는 생각입니다!

🦇 이동욱(우아한형제들)

이 책에는 애자일에 대한 이야기만 나오지 않습니다. 애자일에 관심이 없는 분이라 할지라도 코드/패키지까지를 어떻게 하면 좀 더 유여한 구조로 설계할 수 있는지, 그리고 더 좋은 품질의 코드나 프로젝트를 위해서라도 꼭 읽어보시길 추천합니다. 다만, 프로젝트 경험이 없는 분들이 읽으면 왜 굳이 이렇게까지 해야 하는지 의문이 들 수도 있을 것 같습니다. 그리고 국내 저서와 같은 느낌을 받을 정도로 전반적으로 번역이 정말 잘된 것 같습니다.

🦇 이정훈(SK주식회사)

크고 오래된 레거시를 운영하는 입장에서 공감이 많이 되는 내용이었습니다. 수정사항이 발생할 때마다 늘 영향도 측면에서 분석과 고민이 많았는데, 의존성 분리 방법을 잘 설명하고 있어서 많은 도움이 되었습니다. 책에 나온 코드를 보며 고민하고 리팩토링도 해보다 보면 디자인 패턴도 자연스럽게 접할 수 있습니다. 독자 여러분도 책의 내용을 곱씹으면서 여러 번 읽어보기를 추천합니다.

1

애자일 개발

> "인간관계는 복잡할 뿐만 아니라 그 파급 효과가 절대로 깔끔하고
> 명확하지 않지만 업무의 어떤 측면보다 더 중요하다."
>
> **톰 디마르코**(Tom DeMarco)[1]와 **티모시 리스터**(Timothy Lister)[2], 『Peopleware』[3]

원칙, 패턴, 그리고 실천방법은 중요하다. 하지만 이것들이 제대로 기능하게 하는 것은 바로 인간이다. 앨리스테어 코오번(Alistair Cockburn)[4]이 "프로세스(process)와 기술(technology)은 프로젝트의 결과에 이차적 영향밖에 주지 않는다. 일차적 영향을 끼치는 것은 인간이다."라고 한 것처럼 말이다.[5]

---

[1] **역주** 개발 방법론부터 조직 기능과 역기능까지 여러 주제를 다룬 책 9권을 비롯해 소설 2권, 단편집 1권을 집필하거나 공동 집필했다. 가끔씩 맡는 프로젝트와 팀 컨설팅에서는 주로 전문가 소견을 제시해 균형을 잡아준다. 현재는 메인 대학교(University of Main)에서 3년째 즐겁게 윤리학을 가르치며 캠던에 살고 있다.

[2] **역주** 컨설팅과 교육과 집필을 병행한다. 맨해튼에 살며, 톰과 『소프트웨어 프로젝트에서의 리스크 관리』(인사이트)를 공동 집필했으며, 더 애틀랜틱 시스템즈 길드 대표 네 명과 『프로젝트가 서쪽으로 간 까닭은』(인사이트)을 공동 집필했다. 팀은 IEEE, ACM, 커터 IT 트렌드 자문 위원회(Cutter IT Trends Council)의 회원이며 현재 커터 펠로우다.

[3] **역주** 『피플웨어』 3판(인사이트)

[4] **역주** 유스케이스 분야에 정통한 전문가다. 20년 이상 보험, 소매, 전자상거래 관련 회사, 그리고 노르웨이 센트럴 뱅크, IBM 같은 대규모 조직에서 하드웨어와 소프트웨어 개발 프로젝트를 이끌었다.

[5] 사적인 대화에서 한 말이다.

프로그래머들의 팀은 프로세스에 의해 제어되는 컴포넌트들로 구성된 시스템처럼 다룰 수 없다. 인간은 '호환성 있는 프로그래밍 단위'[6]가 아니다. 프로젝트가 성공하기 위해서는 협력적이고 자율 조직적인 팀을 구성해야 한다.

이런 팀의 구성을 장려하는 회사는 소프트웨어 개발 조직이 모두 그만그만한 보통 사람들의 모임일 뿐이라는 관점을 지닌 회사에 비해 엄청난 경쟁 우위를 가질 것이다. 유기적으로 결합된 소프트웨어 팀은 소프트웨어 개발에 있어 가장 강력한 힘이 된다.

---

[6] 원문은 'plug-compatible programming unit'로, 켄트 벡(Kent Beck)이 만든 용어다.

CHAPTER 1

애자일 실천방법

> 교회 첨탑 위의 풍향계가 강철로 만들어졌다 해도, 바람에 따라 움직이는
> 중요한 기술을 이해하지 않았다면 곧 폭풍에 부서졌을 것이다."
>
> **하인리히 하이네(Heinrich Heine)**[*1]

© Jennifer M. Kohnke

많은 프로그래머가 프로젝트를 이끌어가기 위한 실천방법(practice) 없이 프로젝트를 진행하는 악몽과 함께 살아왔다. 효율적인 실천방법의 부족은 예측 불가능, 반복되는 에러, 노력의 낭비를 초래한다. 고객은 스케줄 지연, 예산 증가, 낮은 품질에 실망한다. 개발자는 엉터리인 소프트웨어를 만들기 위해 좀 더 많은 시간을 일해야 한다는 것에 낙담한다.

이런 대실패를 한 번 경험하고 나면, 또 그런 실패를 겪게 될까 봐 두려워진다. 두려움은 활동성을 제한하고 어떤 결과와 산출물(artifact)을 요구하는 프로세스(process)를 만들게끔 자극한다. 우리는 과거의 경험에서 이런 제약과 결과를 그려내고, 이전의 프로젝트에서 제대로 동작했던 것을 선택한다. 그것들이 이번에도 제대로 동작할 것이며, 두려움을 걷어내 줄 것이라는 기대 때문이다.

그러나 프로젝트는 몇몇 제약과 산출물로 충분히 에러를 방지할 수 있을 정도로 간단하지 않다. 에러는 계속 발생하기 때문에, 이 에러들을 분석하고 좀 더 많은 제약과 산출물을 집어넣

[*1] 역주 하이네(1797~1856): 독일의 시인비평가

어 나중에 발생할 수 있는 에러를 방지해야 한다. 이런 과정을 여러 번 거치고 나면, 일을 마무리 지을 수 있는 역량을 낭비할 뿐인 한없이 성가신 프로세스의 부담만 떠안게 된다.

까다롭고 많은 프로세스는 오히려 방지하려고 했던 다양한 문제를 발생시킬 수 있고, 일정이 심각하게 지연되고 예산이 급증할 정도로 팀을 느리게 만들 수도 있으며, 팀이 항상 잘못된 최종 소프트웨어를 만들게 할 정도로 팀의 책임감을 저하시킬 수도 있다. 안타깝게도, 이런 결과는 많은 팀에게 충분한 프로세스가 부족하다고 느끼게 만들며, 계속되는 악순환을 거쳐 프로세스가 더욱 복잡해지게 된다.

'계속되는 악순환'은 2000년경 많은 소프트웨어 회사에서 일어났던 상황을 묘사한 적절한 표현이다. 당시 어떤 프로세스도 없이 운영되는 많은 팀이 있었음에도, 복잡하고 무거운 프로세스를 채택하는 회사가 빠르게 늘어났고, 특히 큰 회사에서 이런 현상이 더 심했다(부록 C 참고).

애자일 연합

2001년 초, 많은 회사의 소프트웨어 팀이 계속 늘어나기만 하는 프로세스의 수렁에 빠져 있다는 관찰에 자극받아, 소프트웨어 팀이 빠르게 일하고 변화에 반응할 수 있도록 하는 가치와 원칙을 세우기 위해 이 분야의 전문가들이 모임을 했다. 그들은 자신들을 애자일 연합(Agile Alliance)[2]이라고 불렀다. 그 후 몇 달 동안 가치 성명서를 작성하기 위해 연구했는데, 그 결과가 애자일 소프트웨어 개발 선언문(The Manifesto of the Agile Alliance)이다.

애자일 소프트웨어 개발 선언문

> **애자일 소프트웨어 개발 선언문**
> 우리는 소프트웨어를 개발하고, 또 다른 사람의 개발을 도와주면서 소프트웨어 개발의 더 나은 방법들을 찾아가고 있다. 이 작업을 통해 우리는 다음을 가치 있게 여기게 되었다.

---

[2]   agilealliance.org

- 프로세스와 툴보다 개인과 상호작용이 우선이다.
- 포괄적인 문서보다 동작하는 소프트웨어가 우선이다.
- 계약 협상보다 고객 협력이 우선이다.
- 계획을 따르는 것보다 변화에 대한 반응이 우선이다.

즉, 왼쪽 항목 각각에도 가치는 있지만, 우리는 오른쪽 항목에 더 가치를 부여한다는 뜻이다.

켄트 벡 (Kent Beck)	마이크 비들 (Mike Beedle)	아리 반 베네컴 (Arie van Bennekum)	앨리스테어 코오번 (Alistair Cockburn)
워드 커닝햄 (Ward Cunningham)	마틴 파울러 (Martin Fowler)	제임스 그레닝 (James Grenning)	짐 하이스미스 (Jim Highsmith)
앤드루 헌트 (Andrew Hunt)	론 제프리즈 (Ron Jeffries)	존 컨 (Jon Kern)	브라이언 매릭 (Brian Marick)
로버트 마틴 (Robert C. Martin)	스티브 멜러 (Steve Mellor)	켄 슈와버 (Ken Schwaber)	제프 서덜랜드 (Jeff Sutherland)
데이브 토머스 (Dave Thomas)			

프로세스와 툴보다 개인과 상호작용이 우선이다.　사람은 성공의 가장 중요한 요소다. 팀에 뛰어난 팀원이 없으면 좋은 프로세스가 있다 해도 프로젝트를 실패에서 구원할 수 없지만, 엉터리 프로세스는 가장 뛰어난 팀원조차 비효율적인 작업을 하게 만들 수 있다. 뛰어난 팀원들이 모여 있다 해도, 그들이 팀으로서 함께 일하지 않으면 비참하게 실패할 수 있다.

여기서 뛰어난 팀원이란 꼭 에이스 프로그래머만을 말하는 것은 아니다. 평범한 프로그래머일 수도 있지만, 다른 동료와 함께 조화롭게 일할 수 있는 사람이어야 한다. 동료와 함께 일하고, 대화하고, 상호작용하는 능력은 다듬어지지 않은 프로그래밍 실력보다 더 중요하다. 프로그래밍 실력은 평범하지만 서로 잘 대화하는 팀이, 프로그래밍 실력은 월등하지만 팀원으로서 상호작용하지 못하는 슈퍼스타들의 모임보다 성공할 가능성이 높다.

알맞은 툴은 성공을 위해 매우 중요하다. 컴파일러, IDE[*3], 소스 코드 제어 시스템 등은 개발

[*3]　**역주** 통합 개발 환경(Integrated Environment Development): 컴파일러에 에디터, 디버거, 프로젝트 관리, 온라인 매뉴얼 등의 기능을 통합한 개발 환경

팀이 고유 기능을 발휘하는 데 있어 필수 불가결하다. 그러나 툴이 지나치게 강조되는 경우도 있다. 거대하고 통제할 수 없는 툴이 넘쳐나는 상황은 툴이 부족한 상황만큼이나 좋지 않다.

내 충고는 간소하게 시작하라는 것이다. 고가의 최신 소스 코드 제어 시스템을 구입하는 대신, 무료 툴을 찾아보고 자신이 그것만으로는 부족할 정도로 성장했음을 증명할 수 있을 때까지는 무료 툴을 사용하는 것이 좋다. 가장 좋은 CASE 툴[*4]의 팀 라이선스를 사기 전에, 그보다 더 나은 툴이 필요하다는 사실을 논리적으로 설명할 수 있을 때까지 화이트보드와 그래프 용지를 이용하자. 최고 품질의 대용량 데이터베이스 시스템을 구입하는 데 돈을 쓰기 전에, 플랫 파일(flat file)[*5]을 사용하자. 좀 더 크고 좋은 툴이 바로 더 나은 작업을 보장한다고 생각해서는 안 된다. 종종 그런 툴은 도움이 되기보다는 오히려 방해가 된다. 툴을 일단 써보고 그것을 사용할 수 없다는 것을 알기 전까지는, 함부로 이제 그 툴로는 부족할 정도로 자신이 성장했다고 생각하지 말자.

팀을 구성하는 일은 환경을 구축하는 일보다 더 중요하다는 사실을 명심하기 바란다. 많은 팀과 관리자가 환경을 먼저 구축하고 난 다음 팀이 자동적으로 굳게 결합되기를 기대하는 실수를 범한다. 그보다는, 팀을 만들기 위해 노력하고 그런 뒤에 팀의 필요를 기반으로 환경을 구축하자.

포괄적인 문서보다 동작하는 소프트웨어가 우선이다. 문서화되어 있지 않은 소프트웨어는 재앙이다. 코드는 이론적 해석(rationale)과 시스템의 구조에 대한 의사소통에 있어 이상적인 매체가 아니다. 따라서 팀은 설계 의사결정의 이유와 시스템을 설명하는, 사람이 읽을 수 있는 형태로 된 문서를 만들어야 할 것이다.

그러나 지나친 문서화는 안 하느니만 못하다. 작성할 때 엄청난 시간을 들여야 할 뿐만 아니라, 코드와 동기화를 유지하는 데는 더 많은 시간이 소모된다. 문서와 코드가 동기화되지 않는다면, 서로 내용이 맞지 않아 그릇된 방향으로 프로그래머를 유도하는 주요 원인이 될 것이다.

팀에서 설계 원리와 구조에 대한 문서를 쓰고 유지하는 것은 바람직하지만, 그 문서는 **짧고**

[*4] 역주 케이스 도구(Computer Aided Software Engineering Tool): CASE는 컴퓨터를 이용한 소프트웨어 공학이다. 이 개념에 바탕을 둔 소프트웨어 개발용 도구를 케이스 도구라고 한다. 즉, 소프트웨어 엔지니어링을 도와주는 소프트웨어라고 할 수 있다. 일반적으로 애플리케이션을 개발할 때 필요한 각종 다이어그램을 그려내고, 각종 정보를 조직화하며, 소스 코드를 자동 생성하는 기능을 갖고 있다.

[*5] 역주 플랫 파일: 단일 레코드형(record type) 레코드의 순서적 집합으로 이루어진 파일. 플랫 파일에는 레코드들의 관계를 지배하는 계층 구조 정보가 있지 않다. 보통 각 레코드에는 그것을 식별하여 판독하거나 기록하기 위한 하나의 레이블이 있다. 이용자만이 식별할 수 있는 종속적인 데이터 항목이 있어서도 안 되고, 비록 있다 해도 플랫 파일 시스템에 의해 식별되지 않는다.

요약적이어야 한다. '짧다'는 건 최대 12~24페이지를 말한다. '요약적'이라는 건 그 문서가 포괄적인 설계 원리와 가장 높은 시스템 단계의 구조에 대해서만 논해야 한다는 뜻이다.

설계 원리와 구조 문서가 짧다면, 어떻게 새로운 팀원이 시스템에 적응하도록 훈련시킬 수 있을까? 해결책은 새로운 팀원과 친밀하게 일하는 것이다. 바로 옆에 앉아 도와주면서 지식을 전수한다. 이런 밀착 훈련과 상호작용을 통해 팀의 일원으로 만든다.

새로운 팀원에게 정보를 전할 수 있는 제일 좋은 기록은 코드(code)와 팀(team)이다. 코드는 그것이 하는 일에 대해 거짓말을 하지 않는다. 코드에서 원리와 의도를 뽑아내는 일은 어려울 수도 있지만, 코드는 유일하게 모호하지 않은 정보의 원천이다. 팀원들은 계속 변하는 시스템의 지도를 머릿속에 담고 있다. 이 지도를 다른 사람에게 전해주는 방법으로는 사람 대 사람의 상호작용보다 더 빠르고 효율적인 게 없다.

많은 팀이 소프트웨어보다 문서화에 집착하는 경향이 있는데, 이것은 종종 치명적인 약점이 된다. 이를 방지하기 위한 것으로 **마틴의 문서화 제1법칙**이라는 간단한 규칙이 있다.

> 그 필요가 급박하고 중요하지 않다면 아무 문서도 만들지 마라.

계약 협상보다 고객 협력이 우선이다. 소프트웨어는 일용품처럼 취급될 수 없다. 고객은 자신이 원하는 소프트웨어의 세부적인 사항을 명시하지 않으면서, 그저 누군가가 한정된 비용으로 한정된 기간 안에 그것을 개발해주기만을 바란다. 이런 식으로 소프트웨어 프로젝트를 다루는 시도는 몇 번이고 실패해왔으며, 때로는 아주 장관을 연출한다.

회사 관리자의 입장에서, 개발 스태프에게 자신이 필요한 게 무엇인지 말하고, 그가 잠시 떠났다가 돌아올 때는 자신의 요구를 만족시키는 시스템을 들고 오기를 기대한다는 건 아주 편리한 생각이긴 하다. 그러나 이런 식의 운영은 품질이 낮은 결과물과 프로젝트의 실패로 이어진다.

성공적인 프로젝트를 위해서는 규칙적으로 자주 고객의 피드백을 받아야 한다. 계약서나 작업 기술서에 의존하기보다는 개발 팀의 노력의 결과에 자주 피드백을 주면서, 소프트웨어의 고객이 개발 팀과 가까이서 일한다.

프로젝트의 요구사항, 일정, 비용을 명시한 계약서는 근본적으로 부족한 부분이 있다. 대부분의 경우, 계약서가 명시한 기한은 프로젝트가 완료되기 전에 의미 없이 늘어나기만 한다.[*6] 최선의

[*6]   때로는 계약서에 서명을 하기도 전에 늘어난다!

계약서는 개발 팀과 고객이 함께 작업하면서 결정하는 것이다.

성공적인 계약의 예로, 내가 1994년부터 수년간에 걸쳐 대략 50만 줄의 프로젝트를 수행했을 때의 경험을 들어보겠다. 우리 개발 팀은 상대적으로 낮은 월급을 받고 있었는데, 그러다가 큰 기능 블록을 고객에게 전달했을 때는 그에 따른 큰 보수가 지급됐다. 그 블록에 대해서는 계약서에 자세하게 명시되어 있지 않았고, 오히려 계약서에는 블록이 고객의 인수 테스트를 통과해야 보수를 지불한다고 되어 있었다. 인수 테스트의 자세한 사항은 계약서에 명시되어 있지 않았다.

이 프로젝트가 진행되는 동안, 우리는 고객과 매우 밀접한 위치에서 일했다. 거의 매주 금요일에는 고객에게 소프트웨어를 공개했고, 그러면 고객은 그다음 주 월요일이나 화요일까지 소프트웨어에 반영할 변경사항들의 목록을 마련해놓고는 했다. 그러면 우리는 그 변경사항을 우선적으로 다음 주 일정에 끼워 넣었다. 고객과 밀접한 위치에서 일했기 때문에 인수 테스트가 논란이 된 적조차 없었다. 고객은 매주 소프트웨어가 발전해나가는 모습을 직접 보고 있었기 때문에 기능 블록이 어느 선까지 자신의 요구를 만족시키는지 알고 있었다.

이 프로젝트의 요구사항은 항상 유동적인 상태에 있었다. 크게 변경되는 부분은 별로 없었고, 통째로 제거되거나 삽입되는 기능 블록이 있었다. 계약도, 프로젝트도 끝까지 살아남았고, 성공했다. 이 성공의 열쇠는 한정된 비용으로 일의 범위와 기한을 명시하는 것보다는 고객과의 협력과 이런 협력 과정을 관리하는 계약에 있었다.

계획을 따르는 것보다 변화에 대한 반응이 우선이다. 종종 소프트웨어 프로젝트의 성공과 실패를 좌우하는 것은 변화에 대한 반응 능력이다. 계획을 세울 때는 그 계획이 탄력적이고 업무와 기술의 변화에 적응할 준비가 되어 있는지 확인해야 한다.

소프트웨어 프로젝트의 과정은 먼 미래까지 계획될 수가 없다. 무엇보다도, 업무 환경은 변하기 쉽고, 그것은 고객의 요구사항을 변하게 만든다. 그리고 고객은 시스템이 일단 동작하기 시작하는 것을 보면 요구사항을 좀 더 높은 단계로 올리고 싶어 할 것이다. 마지막으로, 프로그래머는 요구사항을 알고 있고 이 요구사항이 변하지 않을 것이라고 확신할 수 있다 해도, 개발하는 데 얼마나 많은 시간이 걸릴지는 잘 예상하지 못한다.

초보 관리자는 전체 프로젝트에 대한 멋진 퍼트(PERT)[7]나 간트(Gantt) 차트[8], 그리고 그것을

---

[7] 역주 프로젝트 관리를 분석하거나, 주어진 완성 프로젝트를 포함한 일을 묘사하는 데 쓰이는 모델이다.

[8] 역주 프로젝트 일정 관리를 위한 바(bar) 형태의 도구로서, 각 업무별로 일정의 시작과 끝을 그래픽으로 표시하여 전체 일정을 한눈에 볼 수 있다. 또한 각 업무(activities) 사이의 관계를 보여줄 수도 있다.

벽에다 붙여놓는 일에 마음이 끌릴 것이다. 그 차트가 프로젝트 전반을 제어하는 힘을 줄 것이라고 느낄지도 모른다. 각 개인 태스크(task)를 따라가면서 그것이 완료됐을 때 줄을 그어 지운다. 차트에 기록된 계획 날짜와 실제 날짜가 일치하지 않을 경우에는, 모든 차이에 대해 대처할 수 있을 것이다.

그러나 실제로 현실에서는 이러한 차트 구조가 붕괴된다. 팀이 시스템에 대해 알아갈수록, 고객이 그들의 요구에 대해 알아갈수록, 차트의 어떤 태스크는 필요 없어지고 또 어떤 태스크는 새로 등장하고 추가되어야 할 것이다. 즉, 계획은 그저 날짜뿐만이 아니라 **모양** 자체가 변경된다.

좀 더 바람직한 계획 전략은 다음 2주간의 세부적인 계획을 수립하고, 다음 3개월간의 개략적인 계획을, 그 이후로는 아주 대강의 계획을 세우는 것이다. 다음 2주간 수행할 태스크에 대해서는 잘 알고 있어야 하지만, 다음 3개월간 구현할 요구사항에 대해서는 대강 알고 있어도 된다. 그리고 1년 후에 작업할 시스템에 대해서는 흐릿한 개념만 잡고 있으면 된다.

이런 단계적인 계획안은 가까운 시일 내에 수행할 태스크에 대해서만 세부적인 계획을 짠다는 것을 의미한다. 일단 세부 계획이 세워지면, 팀이 일에 대한 추진력과 책임을 갖게 되기 때문에 변경하기가 매우 어렵다. 그러나 계획은 몇 주간의 시간만 통제할 뿐이고, 계획의 나머지 부분은 탄력적으로 조정할 수 있다.

원칙

앞서 설명한 가치들은 다음과 같은 열두 가지 원칙을 이끌어낸다. 이 원칙은 애자일 실천방법을 무거운 프로세스와 차별화하는 특징이다.

- 우리의 최고 가치는 유용한 소프트웨어의 빠르고 지속적인 공개를 통해 고객을 만족시키는 것이다.

   「MIT 슬로언 매니지먼트 리뷰(MIT Sloan Management Review)」지는 기업이 고품질의 제품을 만들 수 있도록 돕는 소프트웨어 개발 실천방법에 대한 분석을 발표했다.*9 이 문서는 최종 시스템의 질에 중요한 영향을 끼치는 몇몇 실천방법을 찾아냈는데, 그중 하나는 품질과 부분 구현 시스템의 빠른 공개 사이의 강한 관계였다. 이 문서에는 첫

---

*9 'Product-Development Practices That Work: How Internet Companies Build Software'(MIT Sloan Management Review, 2001년 겨울, 재판 요청 번호 4226)

공개본에서 기능하는 부분이 적을수록 최종 공개본의 품질이 높아진다는 사실도 수록되어 있다.

이 문서에서 밝힌 또 하나의 분석 결과는 기능성을 계속 높여가면서 수시로 공개했을 때 최종 품질과의 밀접한 관계였다. 자주 공개할수록, 최종 품질도 좋았다.

애자일 실천방법은 빨리, 자주 공개하는 것이다. 가능하면 기본적인 시스템을 프로젝트 시작 후 처음 몇 주 안에 공개한다. 그리고 2주마다 기능성을 증가시킨 시스템을 계속 공개하려고 노력한다.

고객은 충분히 원하는 기능을 갖췄다고 생각되면 그 선에서 그 시스템을 생산하기로 결정할 수 있을 것이다. 기능이 부족하다면, 그냥 현재 구현된 기능을 점검하고 변경하기를 원하는 사항을 전달하면 된다.

- 개발 후반부에 접어들었다 할지라도, 요구사항 변경을 환영하라. 애자일 프로세스는 고객의 경쟁 우위를 위해 변화를 이용한다.

  이것은 태도의 선언이다. 애자일 프로세스의 일원은 변화를 걱정하지 않는다. 이들은 요구사항 변경을 긍정적인 것으로 보는데, 이 변화는 팀이 시장의 요구를 충족시키기 위해 무엇을 해야 하는지 좀 더 배웠음을 의미하기 때문이다.

  애자일 팀은 소프트웨어의 구조를 탄력적으로 유지하기 위해 노력하고, 따라서 요구사항이 변경됐을 때 시스템에 미치는 영향은 최소한의 것이 된다. 이 책의 후반부에서는 이런 종류의 탄력성을 유지하도록 도와주는 객체 지향 설계의 원칙과 패턴에 대해 배우게 될 것이다.

- 개발 중인 소프트웨어를 2주에서 2달 사이, 혹은 더 짧은 시간 간격으로 자주 공개하라.

  우리는 소프트웨어를 개발 중에 공개하고, 빨리 공개하고(첫 몇 주 후에), 자주(그 후로 몇 주마다) 공개한다. 문서와 계획 꾸러미를 공개하는 것만으로 만족하지 않는다. 이런 것은 진짜 공개로 치지 않는다. 우리의 목적은 고객의 요구를 만족시키는 소프트웨어를 공개하는 데 맞춰져 있다.

- 업무를 하는 사람과 개발자는 프로젝트를 통틀어 계속 함께 일해야 한다.

  프로젝트를 빠르게 진행하기 위해서는 고객과 개발자, 그리고 이해당사자 사이에 상당한 양의 빈번한 상호작용이 있어야 한다. 소프트웨어 프로젝트는 한 번 쏘고 나서 잊어버리는 자동 유도 미사일 같은 것이 아니다. 소프트웨어 프로젝트는 지속적으로 관리되어야 한다.

- 의욕적인 개인들을 중심으로 프로젝트를 구성하라. 환경과 필요로 하는 지원을 제공하고, 그들이 그 일을 해낼 것이라 믿고 맡겨둬라.

  애자일 프로젝트에서는 사람이 성공의 가장 중요한 요소라고 생각한다. 그 밖의 모든 요소(프로세스, 환경, 관리 등)는 이차적 요소로 취급되고, 사람에게 좋지 않은 영향을 미친다면 바뀔 수도 있는 것이다.

  예를 들어, 사무실 환경이 팀에 장애가 된다면 사무실 환경을 바꿔야 한다. 어떤 프로세스 단계가 팀에 장애가 되는 경우에는 그 단계를 바꿔야 한다.

- 개발 팀 내에서 정보를 전달하고 공유하는 가장 효율적이고 효과적인 방법은 직접 일대일로 대화하는 것이다.

  애자일 프로젝트에서, 사람들은 서로에게 얘기한다. 의사소통의 일차적 방식은 대화다. 문서를 만들 수도 있겠지만, 모든 프로젝트 정보를 문서에 집어넣으려고 할 필요는 없다. 애자일 프로젝트 팀은 문서로 작성된 명세, 계획, 설계를 필요로 하지 않는다. 팀원이 문서에 대해 큰 필요성을 느낄 경우에는 작성할 수 있겠지만, 필수적인 것은 아니다. 꼭 필요한 것은 대화다.

- 개발 중인 소프트웨어가 진척 상황의 일차적 척도다.

  애자일 프로젝트는 그 진척 상황을 현재 고객의 요구를 충족시키고 있는 소프트웨어의 비율로 측정한다. 진행하고 있는 단계나 작성한 문서의 양, 또는 작성한 기반구조 코드의 양으로 측정하는 것이 아니다. 필수적인 기능 중 30%가 제대로 되어 있다면 30%의 일이 끝난 셈이다.

- 애자일 프로세스는 지속 가능한 개발을 촉진한다. 스폰서, 개발자, 그리고 사용자는 무한히 지속적인 속도(pace)를 유지할 수 있어야 한다.

  애자일 프로젝트는 100미터 달리기처럼 진행되는 것이 아니라, 마라톤처럼 진행된다. 팀은 전력으로 출발해 그 속력을 유지하려고 하지 않는다. 그보다는, 빠르지만 지속 가능한 속도로 나아간다.

  지나치게 빨리 나아가는 것은 피로, 요령 부리기, 그리고 엄청난 실패로 이어진다. 애자일 팀은 자신들의 속도를 조절하여 너무 지치지 않게 하고, 내일의 에너지를 빌려 오늘 더 일하지도 않는다. 그리고 프로젝트 기간 동안 가장 높은 질의 기준을 유지할 수 있을 정도로 일한다.

- 우수 기술과 좋은 설계에 대한 지속적인 관심은 속도를 향상한다.

  높은 품질은 빠른 속도에 있어 중요한 요소다. 프로젝트를 빠르게 진행하는 방법은 소프트웨어를 가능한 한 깨끗하고 튼튼한 상태로 유지하는 것이다. 따라서 모든 애자일 팀원은 철저하게 자신이 작성할 수 있는 가장 높은 품질의 코드만 만든다. 말썽을 만들고 나서, 나중에 시간이 있을 때 그로 인한 문제를 해결할 것이라고 합리화하지 않는다. 문제가 생긴다면 그날 업무를 끝내기 전에 그것을 해결한다.

- 단순성(아직 끝내지 않은 일의 양을 최대화하는 예술)은 필수적이다.

  애자일 팀은 천국에 광대한 시스템을 세우려고 시도하지 않는다. 그보다는 항상 목표와 일치하는 가장 단순한 길을 택한다. 내일의 문제를 예상하는 데 지나친 관심을 두지 않으며, 오늘 그 모든 문제에 대한 방지책을 세우려 하지 않는다. 그 대신, 가장 간단하고 가장 고품질의 작업을 오늘 행하고, 내일 문제가 생긴다면 그때 변경 작업을 하는 편이 쉬울 것이라고 확신한다.

- 최고의 아키텍처, 요구사항, 그리고 설계는 자기 조직적인 팀에서 나온다.

  애자일 팀은 자기 조직적인 팀이다. 책임감은 외부로부터 팀원 개개인에게 수여되는 것이 아니다. 책임감은 온전한 팀에게 전달되고, 팀은 그것을 충족시키기 위한 제일 좋은 방법을 결정한다.

  애자일 팀원들은 프로젝트의 모든 분야에서 함께 일하고. 각 팀원이 전체 분야에 참여한다. 팀원 한 명이 아키텍처나 요구사항, 또는 테스트를 담당하는 것이 아니라, 팀 전체가 이 책임을 공유하고, 각 팀원은 그런 영향력을 갖고 있다.

- 규칙적으로 팀은 좀 더 효과적인 방법을 반영해야 하고, 적절히 그 행위를 조율하고 조정해야 한다.

  애자일 팀은 조직, 규칙, 대화, 관계 등을 계속 조정한다. 애자일 팀은 자신들을 둘러싼 환경이 계속 변하고 있다는 사실을 알고, 빠른 속도를 유지하기 위해 그 환경과 함께 변화해야 한다는 점도 이해한다.

결론

모든 소프트웨어 개발자와 모든 개발 팀의 직업적 목표는 그들의 고용인과 고객에게 가능한 한 가장 높은 가치를 전달하는 것이다. 그럼에도 불구하고 낭패스러울 정도로 프로젝트가 실패하거나, 가치를 전달하는 데 실패하기도 한다. 좋은 의도로 행한 것임에도 불구하고, 프로세스가 늘어나는 악순환은 이 실패의 원인 중 하나로 비난받을 수 있다. 애자일 소프트웨어 개발의 원칙과 가치는 개발 팀이 프로세스 증가 악순환을 깨고 그들의 목표에 다다르기 위해 간단한 테크닉에 초점을 맞추는 것을 돕기 위한 방법으로서 만들어졌다.

이 글을 쓰고 있는 시점에, 선택할 수 있는 많은 애자일 프로세스가 나와 있다. 그중에는 스크럼(SCRUM)[*10], 크리스털(Crystal)[*11], 기능 중심 개발(Feature Driven Development)[*12], 어댑티브 소프트웨어 개발(ADP: Adaptive Software Development)[*13], 그리고 제일 중요한 익스트림 프로그래밍(XP: Extreme Programming)[*14]이 있다.

참고 문헌

1. Beck, Kent. *Extreme Programming Explained: Embracing Change*. Reading, MA: Addison–Wesley, 1999.

2. Newkirk, James, and Robert C. Martin. *Extreme Programming in Practice*. Upper Saddle River, NJ: Addison–Wesley, 2001.

3. Highsmith, James A. *Adaptive Software Development: A Collaborative Approach to Managing Complex Systems*. New York, NY: Dorset House, 2000.

[*10] www.scrum.org

[*11] crystalmethodologies.org

[*12] 피터 코드(Peter Coad), 에릭 레페브레(Eric Lefebvre), 제프 데 루카(Jeff De Luca)의 『Java Modeling In Color With UML: Enterprise Components and Process』(Prentice Hall, 1999)

[*13] [Highsmith2000]

[*14] [Beck1999], [Newkirk2001]

익스트림
프로그래밍 소개

" 개발자로서 우리가 기억해야 할 것은
XP가 '마을에서 유일한 게임'이
아니라는 것이다."

피트 맥브린(Pete McBreen)[*1]

© Jennifer M. Kohnke

앞 장에서 애자일 소프트웨어 개발이 어떤 것인지에 대한 개요를 살펴봤다. 그러나 정확히 무엇을 해야 하는지에 대해서는 설명하지 않았다. 몇몇 평범한 이야기와 목표를 제시하긴 했지만, 실제 방향에 대해서는 약간만 제시했을 뿐이다. 이번 장에서 좀 더 구체적으로 이야기를 풀어보겠다.

익스트림 프로그래밍 실천방법

익스트림 프로그래밍(XP: Extreme Programming)은 애자일 방법 중에서도 가장 유명한데, 단순하면서도 서로 의존적인 실천방법의 집합으로 구성되어 있다. 이 실천방법은 각 부분보다 큰 전체를 구성하기 위해 함께 작동한다. 이 장에서 간단하게 전체를 살펴보고, 이어지는 장들에서 그 각각을 자세히 살펴볼 것이다.

[*1] 역주 『소프트웨어 장인정신(Software Craftsmanship)』(피어슨에듀케이션코리아) 저자

고객 팀 구성원

우리는 고객과 개발자가 서로 긴밀하게 작업하면서 서로의 문제를 인식하고 이를 해결하기 위해 노력하기를 원한다.

누가 고객인가? XP 팀의 고객은 기능 요소를 정의하고 우선순위를 매기는 개인 또는 그룹이다. 경우에 따라서 고객은 개발자와 같은 회사에서 일하는 업무 분석가나 마케팅 전문가의 그룹일 수 있다. 때때로 고객은 사용자를 대신하는 대리인일 수 있으며, 실제로 현금을 지급하는 고객일 수도 있다. 그러나 XP 프로젝트에서는 고객이 누구든 간에 팀의 멤버이며, 팀에서 일할 수 있다.

고객에게 있어 최선의 상황은 개발자와 같은 공간에서 일하는 것이다. 차선은 고객이 개발자와 100피트*2 거리 내에서 일하는 것이다. 거리가 멀어질수록, 고객이 진정한 팀원이 되기 어려워진다. 고객이 다른 건물이나 다른 주에 있다면, 그 고객을 팀으로 끌어들여 통합하기는 아주 어려워질 것이다.

고객이 가까운 곳에 있을 수 없다면 어떻게 해야 할까? 내 충고는 가까이 있을 수 있을 뿐만 아니라 실제 고객을 대신할 수 있고 그럴 의지가 있는 사람을 찾으라는 것이다.

사용자 스토리

프로젝트 일정 계획을 세우기 위해서는 요구사항에 대해 알아야 하지만, 아주 자세히 알 필요는 없다. 요구사항을 추정할 수 있을 만큼의 정보만 알면 된다. 요구사항을 추정하려면 모든 세부 사항을 알아야 한다고 생각할 수도 있겠지만, 그렇지만은 않다. 세부 사항이 존재함을 알고, 그게 어떤 종류인지 대충은 알아야 하지만, 구체적인 것까지 모두 알 필요는 없다.

요구사항의 구체적인 세부 내용은 시간이 지남에 따라 바뀌기 쉽다. 특히 고객이 시스템이 동작하는 것을 보면서부터는 더욱 그렇다. 그때부터 고객은 요구사항에 중점적으로 관심을 갖는다. 그러므로 실제로 구현되기 한참 전에 요구사항의 구체적인 세부 내용을 기록해놓는 행위는 의미 없는 노력과 조급한 초점 맞추기로 귀결되기 쉽다.

XP를 사용할 때는 고객과 대화함으로써 요구사항의 세부 내용에 대한 감을 잡지만, 세부 사항을 기록하지는 않는다. 그보다도 고객은 같이 합의해서 정한 색인 카드에 **몇** 개의 단어를 적

---

*2 　역주　약 30미터

어 그 대화 내용을 기억한다. 개발자는 고객이 색인 카드에 단어를 적을 때, 고객과의 대화를 바탕으로 추정한 내용을 카드에 기록한다.

사용자 스토리(user story)란 현재 진행 중인 요구사항에 관한 대화의 연상 기호다. 이것은 고객이 우선순위와 추정 비용에 근거해 요구사항의 구현 일정을 수립하게 해주는 계획 툴이다.

짧은 반복

XP 프로젝트는 개발 중인 소프트웨어를 2주마다 공개한다. 2주마다 반복되는 작업은 이해당사자의 어떤 요구를 처리하는 소프트웨어를 만들어낸다. 그리고 각 반복(iteration) 끝마다 이해당사자의 피드백을 받기 위해 시스템을 시연한다.

반복 계획 반복은 보통 2주 단위로 진행된다. 이것은 최종 제품에 반영될 수도, 그렇지 않을 수도 있는 마이너 공개(minor delivery)임을 뜻한다. 반복 계획(iteration plan)은 개발자가 세운 예산에 따라 고객이 선택한 사용자 스토리의 집합이다.

개발자는 이전 반복에서 얼마나 완성할 수 있었는가를 측정하여 각 반복의 예산을 세운다. 고객은 전체 견적이 그 예산을 넘지 않는 한도로 각 반복의 스토리를 선택할 수 있다.

일단 반복이 시작되면, 고객은 그 반복 동안에는 스토리 정의나 우선순위를 바꾸지 않는다고 동의한다. 이 시기 동안, 개발자는 스토리를 자유롭게 태스크에 나눠 넣고 기술적, 업무적으로 가장 합리적인 순서로 그 태스크를 수행해나간다.

릴리즈 계획 XP 팀은 종종 다음 약 6번의 반복 일정을 정밀하게 표현하는 릴리즈 계획(release plan)을 만든다. 릴리즈는 대개 3개월 동안을 의미하며, 보통 최종 제품에 포함되는 메이저 공개(major delivery)를 뜻한다. 릴리즈 계획은 개발자가 제시한 예산에 맞춰 고객이 선택한, 우선순위가 정해진 '사용자 스토리'의 묶음으로 구성된다.

개발자는 이전 릴리즈에서 얼마나 완성할 수 있었는가를 측정하여 릴리즈의 예산을 세운다. 고객은 전체 견적이 그 예산을 넘지 않는 한도로 릴리즈에 포함할 스토리를 선택할 수 있다. 또한 고객은 그 릴리즈에서 구현될 스토리의 순서를 결정할 수 있다. 팀이 원한다면, 어떤 스토리가 어떤 반복에서 구현이 완료될 것인가를 보여줌으로써 릴리즈의 처음 몇 번의 반복 계획을 정밀하게 세울 수 있다.

릴리즈는 절대적인 것이 아니다. 고객은 요구 내용을 언제든지 변경할 수 있다. 스토리를 취소하고, 새로운 스토리를 작성하고, 스토리의 우선순위를 변경할 수도 있다.

인수 테스트

사용자 스토리의 세부 사항은 고객이 명시한 인수 테스트(acceptance test)의 형태로 기록된다. 어떤 스토리를 위한 인수 테스트는 그 스토리가 구현되기 바로 앞에 작성되거나, 동시에 작성된다. 인수 테스트는 자동적으로, 또 반복적으로 실행될 수 있는 스크립트 언어의 한 종류로 작성된다. 전체적으로 보면, 이 테스트는 시스템이 고객이 명시한 대로 동작하는지 여부를 검증한다.

인수 테스트의 언어는 시스템과 함께 발전하고 진화한다. 고객은 간단한 스크립트 시스템을 개발하기 위해 개발자를 새로 모집할 수도 있고, 그것을 개발할 수 있는 별도의 품질 보증(QA: quality assurance) 부서를 운영할 수도 있다. 많은 고객이 인수 테스트 툴 개발에 QA 부서를 참여시키고, 직접 인수 테스트를 만든다.

일단 시스템이 인수 테스트를 통과하면, 통과한 테스트의 본문에 추가되고 다시 실패하는 것이 허용되지 않는다. 이런 인수 테스트 본문의 증가는 하루에도 몇 번씩, 시스템을 빌드할 때마다 계속된다. 만약 인수 테스트가 실패하면 그 빌드는 실패를 선언한다. 따라서 일단 요구사항이 구현되기만 하면, 제대로 동작한다. 시스템은 한 동작 상태에서 다른 상태로 이행하고, 몇 시간 이상 작동하지 않는 상황은 방지된다.

짝 프로그래밍

모든 운영 코드(production code)는 같은 워크스테이션으로 일하는 프로그래머 짝들에 의해 작성된다. 각 짝의 한 멤버는 키보드를 잡고 코드를 입력한다. 다른 한 멤버는 입력되는 코드를 보면서 에러와 개선점을 찾는다. 이렇게 두 프로그래머는 아주 긴밀히 상호작용하게 된다.[*3] 둘 모두 완전히 몰입하여 소프트웨어를 작성한다.

이 프로그래머 짝의 역할은 자주 바뀌는데, 입력하는 사람이 지치거나 지겨워하면 짝의 동료가 키보드를 대신 잡고 입력을 시작한다. 키보드 입력은 한 시간 동안 몇 번이라도 서로 교대로 작업할 수 있으며, 결과물 코드는 두 멤버가 함께 설계하고 만들어낸 것이다. 둘 중 어느 누구도 그 공적의 반 이상을 갖지 않는다.

[*3]　나는 한 멤버는 키보드를, 다른 멤버는 마우스를 조작하는 짝을 본 적이 있다.

짝은 적어도 하루에 한 번 바뀌어서 모든 프로그래머가 매일 서로 다른 두 짝으로서 일할 수 있게 해야 한다. 한 반복 과정 동안 팀의 모든 멤버는 팀의 다른 모든 멤버와 함께 일해봐야 하고, 그 반복 과정에서 진행되는 모든 작업을 해봐야 한다.

이런 방식은 팀 내부에서 지식이 더 빨리 확산되게 한다. 전문 분담 방식이 유지되며, 보통 어떤 전문성을 요구하는 태스크는 적절한 전문가에게 맡긴다. 이때 이 전문가는 팀의 다른 사람과 짝을 이루어 작업한다. 이런 방식은 팀 내부에 전문성을 부여하여, 위기 상황에서 다른 멤버가 이 전문가를 대신할 수 있게 한다.

로리 윌리엄스(Laurie Williams)[4]와 노섹(Nosek)[5]의 연구에 의하면, 이런 짝 만들기가 프로그래밍 스태프의 효율성을 떨어뜨리기는커녕, 오히려 결함 발생률을 줄여준다고 한다.

테스트 주도 개발

테스트 주도 개발에 대한 자세한 설명은 4장에서 다루기로 하고, 여기서는 간단한 개요 정도만 설명한다.

모든 운영 코드는 실패하는 단위 테스트를 통과하기 위해 작성된다. 우선, 우리는 프로그램에 테스트하는 기능이 구현되어 있지 않기 때문에 당연히 실패하는 단위 테스트(unit test) 프로그램을 작성한다. 그런 다음, 그 테스트를 통과하는 코드를 작성한다.

테스트 케이스(test case)와 코드를 작성하는 사이의 간격은 1분 정도로 매우 빠르다. 테스트 케이스와 코드는 함께 진화하며, 테스트 케이스가 코드보다 아주 약간 앞서는 정도다(6장 '프로그래밍 에피소드' 참고).

결과적으로, 테스트 케이스의 완성된 본문은 코드와 함께 발전한다. 이 테스트는 프로그래머로 하여금 프로그램이 잘 동작하는지 점검할 수 있게 해준다. 만약 어떤 짝이 프로그램을 조금 변경한다면, 바로 테스트해서 아무 문제가 없는지 확인할 수 있다. 이런 방식은 리팩토링(refactoring)을 굉장히 용이하게 만든다(리팩토링에 관해서는 나중에 논의하기로 한다).

테스트 케이스를 통과하기 위한 코드를 작성한다면, 그 코드는 당연히 테스트 가능한 것이어야 한다. 그리고 코드를 모듈별로 분리하여 각각 독립적으로 테스트될 수 있게 해야 한다는

---

[4]   [Williams2000], [Cockburn2001]

[5]   [Nosek]

필요성도 강력히 대두되고 있다. 따라서 이런 방식으로 작성되는 코드 구조는 상호 간섭이 아주 적은데, 객체 지향 설계 원칙은 이런 비간섭화를 구현하는 데 큰 역할을 한다.[*6]

공동 소유권

짝은 어떤 모듈이라도 점검하고 개선할 권리를 갖는다. 프로그래머는 하나의 개별적인 모듈이나 기술에 대해 개인적으로 책임을 지지 않는다. 모든 팀원이 GUI 부분 작업에 참여하며[*7] 모든 팀원이 미들웨어 부분 작업에 참여한다. 또한 모든 팀원이 데이터베이스 부분 작업에 참여한다. 아무도 어떤 모듈이나 기술에 대해 다른 사람보다 더한 권한을 갖지 않는다.

이것은 XP가 전문성을 부정한다는 뜻이 아니다. 만약 전문 분야가 GUI인 팀원이라면 GUI 관련 작업을 하게 될 테지만, 미들웨어나 데이터베이스 관련 작업에서도 짝으로 일하도록 요구받을 것이다. 이 팀원이 또 다른 분야에 대해 전문성을 키우고 싶다면, 그 작업에 참가하여 해당 분야를 가르쳐줄 전문가와 함께 일할 수 있다. 즉, 전문 분야의 일에만 묶여 있는 것이 아니다.

지속적인 통합

프로그래머는 자신의 코드를 체크인(check in)[*8]하고 하루에 몇 번씩 그것을 통합한다. 규칙은 간단하다. 첫 번째로 체크인한 사람을 우선으로 하여 나머지 사람의 코드를 병합한다.

XP 팀은 비차단 소스 제어(nonblocking source control) 방식을 사용한다. 이것은 다른 사람이 체크아웃(check out)[*9]해간 것에 대한 고려 없이, 프로그래머들이 아무 때나 어떤 모듈이라도 체크아웃하도록 허용한다는 뜻이다. 프로그래머가 모듈을 수정하고 난 뒤에 그것을 다시 체크인하려면, 먼저 그 모듈을 체크인한 다른 사람이 수정한 부분과 병합할 준비가 되어 있어야 할 것이다. 긴 병합 과정을 피하기 위해, 팀원은 모듈을 매우 빈번하게 체크인한다.

짝(pair)은 한두 시간 동안 한 태스크에 매달려 테스트 케이스와 운영 코드를 작성한다. 그리고 아마도 그 태스크가 끝나기 한참 전, 잠깐의 휴식 시간 동안 코드를 다시 체크인하려고 할 것이다. 먼저 모든 테스트가 작동하는지 확인한 다음, 새로운 코드를 이미 존재하는 기반 코드

[*6] 2부 참고

[*7] 3티어 아키텍처를 말하는 게 아니라, 단지 소프트웨어 공학에서 일반적인 세 분류를 골랐을 뿐이다.

[*8] 역주 공용 코드 서버 등에 코드를 올리는 일

[*9] 역주 공용 코드 서버 등에 있는 코드를 로컬 작업 장소로 옮기는 일

에 통합한다. 병합 작업을 해야 할 부분이 있으면 한다. 필요하다면, 먼저 체크인한 다른 프로그래머와 상의할 수도 있다. 그들이 변경한 부분이 통합되면, 새로운 시스템을 빌드한다. 현재의 인수 테스트를 포함해 시스템에 있는 모든 테스트를 실행한다. 이전에 동작했던 어떤 부분이 망가졌다면 그 부분을 다시 수정한다. 마침내 모든 테스트를 통과하면 체크인을 마친다.

따라서 XP 팀은 하루에도 여러 번, 처음부터 끝까지 전체 시스템을 빌드한다.[*10] 시스템의 최종 결과가 한 장의 CD라면 CD를 기록한다. 시스템의 최종 결과가 액티브 웹 사이트라면, 대개 테스트 서버에 그 웹 사이트를 설치한다.

지속 가능한 속도

소프트웨어 프로젝트는 단거리 경주가 아니라 마라톤이다. 출발선에서부터 가능한 한 빠르게 레이스를 시작하는 팀은 결승점에 도달하기 한참 전에 탈진하고 말 것이다. 빨리 골인하려면 팀이 지속 가능한 속도(pace)로 달려서 에너지와 경각심을 보존해야만 한다. 꾸준히, 적당한 속도로 달려야 한다.

XP 규칙은 팀이 초과 근무를 하지 않도록 해야 한다는 것이다. 이 규칙의 유일한 예외는 릴리즈의 마지막 주다. 릴리즈라는 골에서 아주 가까운 거리에 있고 종점을 향해 전력 질주를 할 수 있다면, 초과 근무도 무방하다.

열린 작업 공간

팀은 열린 공간에서 함께 일한다. 두서너 개의 워크스테이션이 설치된 테이블이 있고, 각 워크스테이션에는 짝이 나란히 앉을 수 있도록 2개의 의자가 있다. 벽에는 상황 차트, 태스크 명세(task breakdowns), UML 다이어그램 등이 펼쳐져 있다.

이 공간은 대화하는 낮은 웅성거림으로 가득 차 있다. 각 짝은 서로의 목소리가 잘 들리는 거리에 있으며, 팀원들 각각은 누군가에게 문제가 생겼을 때 그것을 들을 수 있다. 각 팀원은 서로의 상태를 잘 알고 있으며, 프로그래머들은 집중적으로 대화할 수 있는 위치에 있다.

누군가는 이것을 산만한 환경이라고 생각할 수도 있고, 끊임없는 소음과 산만함 때문에 아무것도 끝낼 수 없을 것이라고 우려의 목소리를 내기도 한다. 그러나 이런 걱정은 문제가 안 된다.

[*10] 론 제프리즈(Ron Jeffries)가 말하기를, "처음부터 끝까지란 것은 당신이 생각하는 것보다 더 긴 것이다."

사실 생산성이 저하하기는커녕, 미시간 대학교의 연구에 따르면 '상황실'[*11]이라는 환경에서 일하는 것이 두 배 정도 생산성을 향상할 수 있다고 한다.[*12]

계획 세우기 게임

XP 계획 세우기 게임에 대해서는 3장 '계획 세우기'에서 자세히 다루기로 하고, 여기서는 간단하게 설명한다.

계획 세우기 게임의 정수는 업무와 개발의 책임 분리에 있다. 업무 관련 인력('고객'이라고도 함)은 기능 요소가 얼마나 중요한지를 결정하고, 개발자는 그 기능 요소를 구현하는 데 얼마나 비용이 들 것인지를 결정한다.

각 릴리즈와 반복을 시작할 때, 개발자는 가장 최근의 반복이나 릴리즈에서 완성할 수 있었던 양을 기준으로 예산을 세워 고객에게 제출한다. 고객은 총비용의 합이 예산을 넘지 않는 정도로 스토리를 선택한다.

이 간단한 규칙의 정립과, 짧은 반복과 빈번한 릴리즈를 통해 고객과 개발자가 프로젝트의 리듬에 익숙해지기까지는 그리 오래 걸리지 않을 것이다. 고객은 개발자가 얼마나 빨리 진행할 수 있는지에 대한 감을 잡게 될 것이고, 이를 기반으로 프로젝트의 소요 기간과 비용을 정할 수 있게 된다.

단순한 설계

XP 팀은 그들의 설계를 가능한 한 단순하고 표현적으로 만든다. 더욱이 그들은 현재 반복에서 작업하기로 계획했던 스토리에만 초점을 맞추어 공략한다. 다음에 작업할 스토리에 대해 걱정하지 않는다. 그 대신, 한 반복에서 다음 반복으로 넘어갈 때 시스템의 설계를 마이그레이션해서, 시스템이 현재 구현하고 있는 스토리에 가장 적합한 설계가 되도록 한다.

---

*11 [역주] 상황실(war room): 프로젝트 차트, 그래픽 및 다양한 정보들이 있으며 프로젝트의 기획, 미팅 등에 사용되는 프로젝트에서 개인들이 공유하는 방

*12 http://www.sciencedaily.com/releases/2000/12/001206144705.htm

이것은 XP 팀이 아마도 기반구조(infrastructure)를 이용해 시작하지 않을 것임을 의미한다. 아마 데이터베이스를 먼저 선택하지도 않을 것이고, 미들웨어를 먼저 선택하지도 않을 것이다. 팀의 첫 번째 행동은 **가능한 한 가장 단순한 방식으로 동작하는 스토리의 첫 묶음을 얻어내는 것**이 될 것이다. 팀은 스토리가 진행되어 그것을 강요할 때만 기반구조를 추가할 것이다.

다음 세 가지 XP 지침을 따르자.

어떻게든 동작하는 가장 단순한 것을 생각한다. XP 팀은 항상 현재의 스토리 묶음에 적용할 수 있는 가장 간단한 설계 옵션을 찾으려고 한다. 플랫 파일 구조를 사용해 현재 스토리를 구현할 수 있다면, 데이터베이스나 EJB를 사용하지 않을 수도 있다. 단순한 소켓 연결로 현재 스토리를 구현할 수 있다면, ORB나 RMI를 사용하지 않을 수도 있다. 멀티스레딩 없이 현재 스토리를 구현할 수 있다면, 멀티스레딩을 포함시키지 않을 수도 있다. XP 팀은 현재 스토리를 구현하는 가장 간단한 방법을 생각하려고 한다. 그리고 **실제로** 구현할 수 있을 정도로 최대한 단순한 솔루션을 선택한다.

필요하지 않을 것이라는 가정에서 시작한다. 하지만 언젠가는 데이터베이스가 필요하리란 사실을 알고 있다. 또한 언젠가는 ORB가 필요할 것이며, 언젠가는 다중 사용자를 지원해야 할 것이다. 따라서 지금 당장 이 문제들에 손을 대야 한다. 그렇지 않은가?

XP 팀은 확실히 필요해지기 전에 기반구조를 추가하고 싶은 유혹에 저항하지 않을 때 무슨 일이 일어날 것인지 심각하게 고려한다. 즉, 기반구조가 필요하지 않을 것이라는 가정하에 프로젝트를 시작한다. 팀은 지금 기반구조를 추가하는 것이 기다리는 것보다 비용 면에서 효과적이라는 확실한 증거가 있을 때, 또는 적어도 아주 강한 근거가 있을 때 비로소 기반구조를 추가한다.

코드를 중복해서 쓰지 않는다. XP를 수행하는 사람은 코드 중복을 허용하지 않으며, 중복 코드가 발견될 때마다 이를 제거한다.

코드 중복의 원인은 다양하다. 주된 원인은 마우스로 죽 긁어 여러 장소에 떨어뜨리는 코드다. 이런 코드를 발견했을 때는 함수나 부모 클래스를 만들어 제거한다. 때로는 둘 이상의 알고리즘이 매우 비슷하기는 하지만 미묘한 부분에서 다른 경우가 있다. 이럴 때는 함수로 바꾸거나 템플릿 메소드(TEMPLATE METHOD) 패턴을 사용한다.[13] 중복의 원인이 무엇이든 간에,

---

[13]   14장 '템플릿 메소드와 스트래터지 패턴: 상속과 위임' 참고

일단 발견되면 그대로 두지 않는다.

중복성(redundancy)을 제거하는 최선의 방법은 추상화(abstraction)다. 두 코드가 비슷한 경우 그것을 통합할 수 있는 어떤 추상형이 존재할 것이다. 따라서 중복성을 제거하기 위해 팀은 많은 추상형을 만들고, 그 결과 결합도(coupling)가 낮아진다.

리팩토링*14

자세한 내용은 5장에서 다루기로 하고, 여기서는 간단한 개요 정도만 살펴본다.

코드는 부패하기 쉽다. 기능 요소 다음에 또 기능 요소를 추가하고 버그 다음에 또 버그를 잡아나갈수록 코드 구조는 퇴화한다. 점검하지 않은 채로 내버려두면, 이 망가진 코드는 온통 엉키고 유지보수할 수 없는 엉망진창인 코드가 되어버리고 만다.

XP 팀은 이런 퇴화를 잦은 리팩토링으로 반전시킨다. 리팩토링은 행위에 영향을 주지 않고 시스템의 구조를 개선하는 일련의 작은 변환을 만드는 방식이다. 이것이 함께 모여 결합하면, 시스템의 설계와 아키텍처에 있어 중요한 변환이 된다.

각각의 작은 변환이 끝나고 나면, 아무 문제도 없음을 확인하기 위해 단위 테스트를 실시한다. 그리고 각 변환 끝에 테스트를 실시하면서 다음 변환을 계속 수행한다. 이런 식으로 시스템의 설계를 바꾸면서 동시에 시스템이 제대로 동작하게 할 수 있다.

리팩토링은 프로젝트나 릴리즈, 반복, 심지어 일과가 끝날 때도 계속 수행된다. 프로그래머는 1시간 혹은 30분마다 리팩토링을 한다. 리팩토링을 통해, 가능한 한 깔끔하고 단순하며 의미 있는 코드를 유지할 수 있다.

메타포

메타포(metaphor)는 XP의 모든 방식 중 가장 이해하기 어려운 것에 속한다. XP를 수행하는 사람들은 골수부터 실용주의자이므로, 이런 식의 모호한 정의는 이들을 불편하게 만든다. 즉, XP 지지자들은 종종 메타포를 XP 방식에서 제거하자고 논해왔다. 하지만 어떤 의미에서 보면 여전히 메타포는 가장 중요한 방식 중 하나다.

---

*14 [Fowler99]

직소(jigsaw) 퍼즐*15을 생각해보자. 조각이 맞아 들어가는 방식을 어떻게 알 수 있는가? 명백하게, 각 조각은 서로 인접해 있고 그 모양은 접한 조각들과 완벽히 맞을 것이다. 만약 촉각이 아주 민감한 장님이 이 퍼즐을 한다면, 부지런히 각 조각을 바꿔가며 끼워보면서 퍼즐을 맞출 수 있을 것이다.

그러나 퍼즐을 하나로 묶는 요소로 각 조각의 모양보다 더 강력한 것이 있는데, 바로 전체 그림이다. 그림은 아주 강력하여, 그림에서 인접한 두 조각의 모양이 일치하지 않는다면 퍼즐을 만든 사람이 실수했다는 것까지도 알 수 있다.

이것이 바로 메타포다. 메타포는 전체 시스템을 하나로 묶는 큰 그림이다. 이것은 모든 개별적인 모듈의 위치와 형태를 명백하게 만드는 시스템의 비전(vision)이다. 모듈의 형태가 메타포와 일치하지 않는다면, 그 모듈이 잘못되었음을 알 수 있다.

종종 메타포는 시스템을 이름으로 요약하는데, 이 이름은 시스템의 요소에 기호를 부여하고 그 관계를 정의하는 것을 도와준다.

예를 들자면, 나는 1초에 60개의 글자를 화면에 텍스트로 전송하는 시스템을 개발한 적이 있다. 그런데 이 속도로 화면을 채우려면 시간이 다소 걸린다. 그래서 우리는 텍스트를 생성하는 프로그램이 버퍼를 채우도록 했다. 버퍼가 가득 차면 프로그램을 디스크로 스왑아웃(swap out)*16하고, 버퍼가 거의 다 비면 프로그램을 다시 스왑인(swap in)*17하여 좀 더 실행되도록 한다.

우리는 이 시스템을 '쓰레기를 운반하는 덤프트럭'으로 표현하기도 했는데, 비유하자면 버퍼는 작은 트럭이고, 출력 화면은 덤프트럭이다. 그리고 프로그램은 쓰레기 생산자였다. 이 이름은 모두 딱 들어맞았고, 시스템을 전체적으로 생각하는 데 도움이 되었다.

또 다른 예로, 네트워크 트래픽을 분석하는 시스템을 개발한 적이 있다. 이 시스템은 30분마다 몇십 개의 네트워크 어댑터를 조사하고 거기에서 데이터를 뽑아냈다. 각 네트워크 어댑터는 몇몇 개별적인 변수로 구성된 데이터의 작은 블록을 넘겨주었는데, 우리는 이 블록을 '식빵

---

*15 역주 'jigsaw'라는 단어에는 실톱, 크랭크 톱이란 뜻이 있으며, 조각 그림 맞추기 퍼즐을 'jigsaw puzzle'이라 한다. jigsaw 모형은 바로 조각 그림 맞추기 퍼즐에서 유래된 말이다.

*16 역주 스왑아웃(swap out): 동적 할당기에 의해 주기억 장치에 들어 있는 프로그램 또는 그 일부가 보조 기억 장치로 옮겨지는 것을 말한다.

*17 역주 스왑인(swap in): 동적 할당기에 의해 보조 기억 장치에 기억되어 있는 프로그램 또는 그 일부가 주기억 장치로 호출되는 것을 말한다.

조각(slice)'이라고 불렀다. 식빵 조각은 분석해야 할 천연 그대로의 데이터를 의미했고, 분석 프로그램은 식빵 조각을 '요리'했기 때문에 그것은 '토스트기'가 되었다. 그리고 식빵 조각의 개별적 변수는 '빵가루(crumb)'라고 불렀다. 이 전부가 유용하고 재미있는 메타포였다.

결론

익스트림 프로그래밍은 애자일 개발 프로세스를 구성하는 단순하고 구체적인 방식의 집합이다. 이 프로세스는 많은 팀에서 사용되어 좋은 결과를 낳게 했다.

XP는 소프트웨어 개발을 위한 범용 방식이므로, 많은 프로젝트 팀이 이를 이대로 받아들일 수 있을 것이다. 또 어떤 팀은 방식을 추가하거나 수정하여 이것을 개조할 수도 있을 것이다.

참고 문헌

1. Dahl, Dijkstra. *Structured Programming*. New York: Hoare, Academic Press, 1972.

2. Conner, Daryl R. *Leading at the Edge of Chaos*. Wiley, 1998.

3. Cockburn, Alistair. *The Methodology Space*. Humans and Technology technical report HaT TR.97.03 (dated 97.10.03), http://members.aol.com/acockburn/papers/methyspace/methyspace. htm.

4. Beck, Kent. *Extreme Programming Explained: Embracing Change*. Reading, MA: Addison-Wesley, 1999.

5. Newkirk, James, and Robert C. Martin. *Extreme Programming in Practice*. Upper Saddle River, NJ: Addison-Wesley, 2001.

6. Williams, Laurie, Robert R. Kessler, Ward Cunningham, Ron Jeffries. *Strengthening the Case for Pair Programming*. IEEE Software, July-Aug. 2000.

7. Cockburn, Alistair, and Laurie Williams. *The Costs and Benefits of Pair Programming*. XP2000 Conference in Sardinia, reproduced in E*xtreme Programming Examined*, Giancarlo Succi, Michele Marchesi. Addison-Wesley, 2001.

8. Nosek, J. T. *The Case for Collaborative Programming*. Communications of the ACM (1998): 105-108.

9. Fowler, Martin. *Refactoring: Improving the Design of Existing Code*. Reading, MA: Addison-Wesley, 1999.

CHAPTER

3

계획 세우기

> 말하고 있는 것을 측정하고 그것을 수치로 표현할 수 있을 때,
> 비로소 그것에 대해 아는 것이다. 그러나 측정하지 못하고
> 수치로도 표현하지 못한다면, 그 지식은 빈약하고
> 만족스럽지 못한 것이다."
>
> 켈빈(Kelvin) 경, 1883

이번 장에서는 익스트림 프로그래밍(XP)에서 일을 계획하는 방식에 대해 자세히 다룬다.*¹ 이 것은 스크럼(SCRUM)*², 크리스털(Crystal)*³, 기능 중심 개발(feature-driven development)*⁴, 어댑 티브 소프트웨어 개발(ADP: adaptive software development) 같은 애자일*⁵ 방법에서 계획을 세우 는 방법과 비슷하다.*⁶ 그러나 이러한 프로세스들 중 어떤 것도 XP만큼 자세하고 정확하게 설 명하지 않는다.

---

*1   [Beck99], [Newkirk2001]

*2   www.controlchaos.com

*3   crystalmethodologies.org

*4   피터 코드(Peter Coad), 에릭 레페브레(Eric Lefebvre), 제프 데 루카(Jeff De Luca)의 『Java Modeling In Color With UML: Enterprise Components and Process』(Prentice Hall, 1999)

*5   www.AgileAlliance.org

*6   [Highsmith2000]

초기 탐색

프로젝트를 시작하면서 개발자와 고객은 실제로 중요한 사용자 스토리를 가능한 한 모두 확정하려고 하지만, 그렇다고 사용자 스토리를 전부 확정하려고 하지는 않는다. 프로젝트가 진행되면서 고객은 새로운 사용자 스토리를 써나갈 것이며, 사용자 스토리의 흐름은 프로젝트가 완료될 때까지 계속될 것이다.

개발자는 스토리를 추정하기 위해 함께 일하는데, 이런 추정은 절대적인 것이 아니라 상대적인 것이다. 어떤 스토리의 상대적인 비용을 표현하기 위해 스토리 카드에 그 스토리의 몇몇 '포인트(point)'만 적는다. 그 스토리 포인트가 정확히 어느 정도의 시간을 필요로 하는지 확신할 수는 없겠지만, 8개의 포인트가 있는 스토리가 4개의 포인트가 있는 스토리보다 두 배의 시간을 필요로 한다는 사실은 알 수 있다.

스파이크, 분할, 속도

너무 크거나 너무 작은 스토리는 추정하기가 어렵다. 개발자는 큰 스토리를 과소평가하거나 작은 스토리를 과대평가하기 쉽다. 따라서 지나치게 큰 스토리는 너무 크지 않은 조각으로 분할해야 하고, 지나치게 작은 스토리는 다른 작은 스토리들과 합쳐야 한다.

예를 들어, '사용자는 계좌에 안전하게 돈을 넣고, 꺼내고, 이체할 수 있어야 한다.'는 스토리를 생각해보자. 이것은 큰 스토리다. 추정 작업은 어려울 테고, 아마 정확하지도 않을 것이다. 그러나 이것을 다음과 같이 더 추정하기 쉬운 여러 개의 스토리로 분할할 수 있다.

- 사용자는 로그인할 수 있다.
- 사용자는 로그아웃할 수 있다.
- 사용자는 자신의 계좌에 돈을 입금할 수 있다.
- 사용자는 자신의 계좌에서 돈을 인출할 수 있다.
- 사용자는 자신의 계좌에서 다른 계정으로 돈을 이체할 수 있다.

스토리가 분할되거나 합쳐지면, 다시 추정해야 한다. 추정사항을 단순히 더하거나 빼는 것은 현명하지 않다. 스토리를 분할하거나 합치는 주된 이유는 정확한 추정을 할 수 있을 정도의 크기로 만들기 위해서다. 포인트가 5개라고 추정했던 스토리가, 전체 포인트가 10개인 여러 개의 스토리로 분할되는 것은 놀랄 일이 아니다. 10개가 좀 더 정확한 추정인 것이다.

상대적인 추정은 스토리의 절대적인 크기를 말해주지 않기 때문에, 그것을 분할하거나 합쳐야 할지 결정하는 데 도움을 주지 못한다. 스토리의 정확한 크기를 알기 위해서는 속도(velocity) 라는 요소가 필요하다. 정확한 속도를 알면, 스토리의 추정에 그 속도를 곱하여 실제 소요 시간 추정 결과를 얻어낼 수 있다. 예를 들어, 속도가 '스토리의 포인트당 2일'이고 어떤 스토리가 상대적인 추정 결과로 4개의 포인트를 갖는다면 그 스토리를 구현하는 데는 8일이 걸릴 것이다.

프로젝트가 진행됨에 따라, 각 반복마다 완료한 스토리의 포인트 수를 측정할 수 있기 때문에 속도는 점점 더 정확하게 측정된다. 그러나 처음에는 개발자가 속도를 정확히 알 수 없을 것이다. 따라서 최선의 결과를 낳을 것으로 생각되는 모든 것을 이용해 첫 번째 추측을 해야 한다. 이 시점에서 특별히 정확성이 필요한 것은 아니기 때문에, 지나치게 시간을 들일 필요는 없다. 대개, 며칠만 투자해도 한두 개의 스토리로 프로토타입을 만들어보면서 팀의 속도를 알 수 있다. 이런 프로토타입 단계를 스파이크(spike)[*7]라 한다.

릴리즈 계획 세우기

주어진 속도를 기준으로 고객은 각 스토리에 들 비용을 알 수 있다. 또한 각 스토리의 사업적 가치와 우선순위도 알 수 있다. 이런 정보로 고객은 먼저 완료할 스토리를 선택할 수 있게 된다. 이 선택은 순전히 우선순위만의 문제는 아니다. 이를테면 중요하지만 비용이 비싼 것은, 덜 중요하지만 비용이 훨씬 싼 것을 위해 처리를 미뤄야 한다. 이런 선택이 업무 의사결정이다. 현업사람들은 비용 대비 효과가 가장 큰 스토리를 선택한다.

개발자와 고객이 프로젝트의 첫 번째 릴리즈 날짜를 정하는데, 보통은 2~4달 후 정도가 된다. 고객은 그 릴리즈에 구현되었으면 하는 스토리와 대략적인 구현 순서를 선택한다. 현재 속도에 딱 맞는 수준보다 더 많은 스토리를 선택할 수는 없다. 처음에는 속도가 정확하지 않기 때문에, 이 선택은 아직 완벽하진 않다. 하지만 이 시점에서 정확성은 그리 중요하지 않다. 릴리즈 계획은 속도가 점점 더 정확해짐에 따라 조정될 수 있다.

[*7] **역주** 사용자 스토리가 만들어지면 그중 어려워 보이는 문제에 대해 스파이크 솔루션을 만든다. 스파이크 솔루션은 기술적 또는 설계상의 어려운 문제를 해결하기 위한 것으로, 숨어 있는 문제를 찾아내는 아주 간단한 프로그램이다. 스파이크 솔루션은 처리해야 하는 문제 외의 조건들은 모두 무시한 채 프로그램을 작성하고, 대부분 계속 두고 쓸 정도로 좋지는 않으므로 짧은 기간에 작성해야 한다. 스파이크 솔루션을 만드는 목적은 기술적인 문제를 줄이고 사용자 스토리를 바탕으로 추정한 개발 일정에 대한 신뢰도를 높이는 데 있다.

반복 계획 세우기

다음으로 개발자와 고객은 반복의 크기를 선택하는데, 이 기간은 보통 2주가 된다. 다시 한 번, 고객은 첫 반복에 구현되었으면 하는 스토리를 선택한다. 현재 속도에 딱 맞는 수준보다 더 많은 스토리를 선택할 수는 없다.

한 반복 안에서의 스토리 순서를 결정하는 것은 기술적인 결정이다. 개발자는 기술적으로 가장 합리적인 순서에 따라 스토리를 구현한다. 하나 다음에 또 다음 것을 하는 식의 순차적 스토리를 구현할 수도 있고, 스토리를 분배하여 동시에 전부 작업할 수도 있다. 이러한 결정은 온전히 개발자의 몫이다.

일단 반복이 시작되면 고객은 그 반복의 스토리를 바꿀 수 없다. 프로젝트에 포함된 다른 스토리는 자유롭게 변경하고 순서를 바꿀 수 있지만, 개발자가 현재 작업 중인 것은 안 된다.

모든 스토리 구현이 완료되지 않은 경우에도 반복은 정해진 날짜에 끝난다. 완료한 스토리의 추정 소요 시간을 모두 더하여, 반복의 속도를 계산한다. 측정한 속도는 다음 반복의 계획을 세우는 데 이용된다. 규칙은 매우 간단한데, 계획한 각 반복의 속도는 이전 반복에서 측정한 속도가 된다. 만약 팀이 가장 최근의 반복에서 스토리 포인트 31개를 끝냈다면, 다음 반복에서도 31개를 끝내기로 계획해야 한다. 따라서 이 팀의 속도는 각 반복당 31개의 포인트가 된다.

이러한 속도에 관한 피드백은 팀이 계획을 유지할 수 있도록 도와준다. 팀의 전문적 지식과 기술이 늘수록 속도도 빨라질 테고, 누군가가 팀에서 빠지면 속도는 떨어질 것이다. 그리고 어떤 아키텍처가 향상되어 개발이 용이해지면 속도는 빨라진다.

태스크 계획 세우기

새로이 반복을 시작할 때, 개발자와 고객은 계획을 세우기 위해 한데 모인다. 개발자는 스토리를 분할해 개발 태스크로 만드는데, 이때 태스크는 한 개발자가 4~16시간 동안 구현할 수 있는 것이다. 고객의 협조를 받아 스토리를 분석하고, 가능한 한 완벽하게 태스크를 계산한다.

태스크의 목록은 플립 차트(flip chart)*8, 화이트보드, 또는 사용하기 편한 다른 매체에 작성된

---

*8　**역주**▶ 한 장씩 넘겨서 보는 차트

다. 그리고 개발자는 구현하려는 각 태스크에 하나씩 참여하여 작업한다. 각 개발자가 한 태스크에 참여할 때, 개발자는 그 태스크를 임의의 태스크 포인트로 추정한다.[*9]

개발자는 어떤 종류의 태스크에든 참여할 수 있다. 데이터베이스 담당자라고 해서 데이터베이스 관련 태스크에만 참여할 수 있는 건 아니다. GUI 담당자도 원한다면 데이터베이스 태스크에 참여할 수 있다. 이것은 비효율적으로 보일 수도 있지만, 장점도 분명 있다. 앞으로 살펴보겠지만, 이런 작업을 관리하는 메커니즘도 따로 존재한다. 개발자가 전체 프로젝트에 대해 더 알게 될수록, 프로젝트 팀은 더욱 탄탄해지고 더 많은 정보를 알게 된다. 우리는 프로젝트의 정보가 전문성과 관계없이 팀 내에 고루 퍼지기를 원한다.

각 개발자는 가장 최근의 반복에서 자신이 어떻게든 구현했던 태스크 포인트가 몇 개인지 알고 있다. 이 숫자는 그들의 개인적인 **예산(budget)**이며, 어떤 팀원도 자신의 예산보다 더 많은 포인트에 참여하지 않는다.

태스크 선택 과정은 모든 태스크가 할당되거나 모든 개발자가 그들의 예산을 다 사용할 때까지 계속된다. 남은 태스크가 있다면, 개발자는 서로 협상을 해서 그들의 다양한 기술에 기반해 태스크를 교환할 수 있다. 그래도 모든 태스크를 할당할 만한 여유를 만들 수 없다면, 개발자는 고객에게 그 반복의 태스크나 스토리를 취소해달라고 부탁한다. 반대로 모든 태스크가 할당됐는데도 개발자가 자신의 예산에 여유가 있다면, 고객에게 스토리를 더 달라고 부탁한다.

반환점

반복이 반쯤 진행됐을 때, 팀은 미팅을 갖는다. 이 시점에는 그 반복에 계획한 **스토리**의 반 정도가 완료되어 있어야 한다. 만약 스토리의 반이 완료되어 있지 않다면, 팀은 태스크와 책임을 재분배하여 반복이 끝날 때 모든 스토리가 확실히 완료되도록 해야 한다. 개발자가 이런 재분배 방법을 찾을 수 없다면 이를 고객에게 보고해야 하고, 이를 보고

[*9] 많은 개발자가 '완전히 프로그래밍에만 쓸 수 있는 시간'을 자신의 태스크 포인트로 사용하면 편리하다는 사실을 깨닫는다.

받은 고객은 그 반복에서 어떤 태스크나 스토리를 제외할 것인지를 결정할 수 있다. 최소한, 그들은 가장 낮은 우선순위의 태스크나 스토리를 지정해서 개발자가 그 작업을 최대한 회피하게 할 수 있다.

예를 들어, 고객이 그 반복에 전체 24개의 스토리 포인트를 가진 8개의 스토리를 선택했다고 하자. 그리고 이것은 42개의 태스크로 나눌 수 있다고 가정한다. 그러면 이 반복의 반환점(halfway point)에서 21개의 태스크와 12개의 스토리 포인트가 완료되기를 기대할 것이다. 이 12개의 스토리 포인트는 완전히 완료된 스토리가 되어야 한다. 우리의 목표는 그저 태스크만 완료하는 것이 아니라 스토리를 완료하는 것이다. 그러나 최악의 시나리오는 반복 끝에 이르러 90%의 태스크는 완료했지만 어떤 스토리도 완료하지 못한 경우다. 우리는 반환점에서 그 반복에 처리할 스토리 포인트의 반을 의미하는 완료된 스토리들을 보게 되기를 원한다.

반복

2주마다, 현재 반복이 끝나고 다음 반복이 시작된다. 각 반복의 마지막에는 현재 동작하는 실행 가능한 부분을 고객 앞에서 시연한다. 고객은 시연된 프로젝트를 통해 외관, 느낌, 성능을 평가해야 하고, 새로운 사용자 스토리를 통해 피드백을 제공한다.

이런 식으로 고객은 진행 상황을 수시로 알 수 있으며, 속도도 측정할 수 있다. 팀이 얼마나 빠르게 프로젝트를 진행할지 예측할 수 있고, 우선순위가 높은 스토리를 빨리 처리하도록 일정을 잡을 수 있다. 요컨대, 고객은 그들이 원하는 대로 프로젝트를 관리하는 데 필요한 모든 데이터와 제어 장치를 갖게 된다.

결론

반복에서 반복으로, 릴리즈에서 릴리즈로 넘어가면서, 프로젝트는 예측 가능하고 안정적인 리듬을 찾아간다. 모두가 무엇을 기대하고, 언제 그것을 기대할 것인지를 안다. 이해당사자는 자주, 그리고 충분히 진행 상황을 알게 된다. 이해당사자에게 다이어그램과 계획으로 가득 찬 노트를 보여주는 것보다, 직접 만져보면서 느끼고 피드백을 제공할 수 있는, 동작하는 소프트웨어를 보여주는 것이 바람직하다.

개발자는 스스로 추정한 소요 시간에 기반하여 스스로 측정한 속도에 의해 제어되는 합리적인 계획을 알 수 있다. 그들은 편한 마음으로 작업할 수 있는 태스크를 선택하고, 자신의 기량을 최상으로 유지한다.

관리자는 각 반복마다 데이터를 얻어내고, 이 데이터를 이용해 프로젝트를 제어하고 관리한다. 압력, 위협, 또는 충성심에 대한 호소에 의지한 독단적이고 비현실적인 기한에 맞출 필요가 없다.

이런 것들이 더 이상 바랄 것 없는 이상적인 이야기로 들리겠지만 실제로는 그렇지 않다. 이해당사자가 이 과정에서 산출된 데이터를 보고 언제나 행복하지는 않을 것이다. 특히 처음에는 더욱 그렇다. 즉, 애자일 방법을 사용한다고 해서 무조건 이해당사자가 그들이 원하는 것을 얻게 된다는 뜻은 아니다. 이것은 그저 최소의 비용으로 최대의 사업상 가치를 얻을 수 있도록 팀을 제어할 수 있음을 의미할 뿐이다.

참고 문헌

1. Beck, Kent. *Extreme Programming Explained: Embrace Change*. Reading, MA: Addison-Wesley, 1999.

2. Newkirk, James, and Robert C. Martin. *Extreme Programming in Practice*. Upper Saddle River, NJ: Addison-Wesley, 2001.

3. Highsmith, James A. *Adaptive Software Development: A Collaborative Approach to Managing Complex Systems*. New York: Dorset House, 2000.

CHAPTER

4 테스트

> 불은 황금을 시험하고,
> 역경은 강한 사람을 시험한다."
>
> **세네카(Seneca)**[*1], 기원 전 3세기~서기 65년

© Jennifer M. Kohnke

하나의 단위 테스트를 작성하는 일은 단순한 검증이라기보다는 설계의 문제다. 또한 단순한 검증이라기보다는 문서화의 문제이기도 하다. 단위 테스트를 작성하는 일은 상당한 숫자의 피드백 루프를 마무리 짓는 일이고, 이 중 최소한은 기능의 검증에 속한 것이 된다.

테스트 주도 개발

프로그램을 설계하기 전에 먼저 테스트를 설계하면 어떨까? 어떤 함수가 존재하지 않으면 실패하는 테스트를 만든 다음에 프로그램에서 그 함수를 구현하면 어떨까? 아예 한 줄의 코드도 없어서 실패하는 테스트를 만든 다음에야 프로그램에 그 코드를 추가하는 것은 어떨까? 처음에 어떤 기능성의 존재 여부를 검사하는 테스트를 작성한 후에 단계적으로 그 기능성을 추가해나가는 것은 어떨까? 이런 방식이 개발하던 소프트웨어의 설계에 주는 효과는 무엇일까? 이 같은 포괄적인 테스트 집합의 존재에서 이끌어낼 수 있는 이점은 무엇일까?

[*1] **역주** 로마의 철학자이자 극작가, 정치가

일차적이고 가장 명백한 효과는 프로그램의 모든 단일 함수가 그 동작을 검증하는 테스트를 갖게 된다는 것이다. 이 테스트 집합은 그 이후의 개발을 위한 뒷받침이 되어, 프로그래머가 기존의 어떤 기능을 부주의하게 망가뜨릴 때마다 그 사실을 알려준다. 프로그래머는 그 과정에서 뭔가 중요한 것을 망가뜨릴 염려 없이 프로그램에 함수를 추가하거나 구조를 바꿀 수 있다. 이 테스트들은 프로그램이 아직 제대로 동작하고 있음을 알려주므로, 프로그래머는 훨씬 자유롭게 프로그램을 수정하거나 개선할 수 있다.

명백하진 않지만 더 중요한 효과는, 테스트를 먼저 작성할 경우 프로그래머가 다른 관점에서 문제를 해결할 수 있다는 것이다. 프로그래머는 작성할 프로그램을 그 프로그램의 호출자 관점에서 봐야 한다. 따라서 프로그래머는 프로그램의 함수만큼이나 인터페이스에도 바로 관심을 가져야 한다. 테스트를 먼저 작성함으로써, 프로그래머는 **편리하게 호출할 수 있는** 소프트웨어를 설계할 수 있다.

또한 테스트를 먼저 작성함으로써, 프로그래머는 자신이 반드시 테스트 가능한 프로그램을 설계하도록 강제할 수 있다. 호출 가능하고 테스트가 가능한 프로그램을 설계하는 일은 매우 중요하다. 소프트웨어가 호출 가능하고 테스트 가능해지려면 주위 환경에서 분리되어야 한다. 따라서 테스트를 먼저 작성한다는 건 **프로그래머가 소프트웨어를 다른 환경과 분리하도록 강제**하는 것이다!

테스트를 먼저 작성할 때의 또 다른 효과는 테스트가 문서화의 귀중한 한 형태로 기능할 수 있다는 것이다. 어떤 함수를 호출하거나 어떤 객체를 생성하는 방법을 알고 싶을 때, 그것을 보여주는 테스트가 있다. 이때 테스트는 다른 프로그래머가 그 코드를 사용하는 방법을 알게 도와주는 예제 집합으로서의 역할을 한다. 이 문서화는 컴파일 및 실행이 가능하며, 항상 최근의 상태를 반영하고, 거짓을 보여줄 수도 없다.

테스트 우선 방식 설계의 예

나는 최근에 그냥 재미로 <몬스터 사냥하기(Hunt the Wumpus)>의 변형 버전을 만들어봤다. 이 프로그램은 플레이어가 동굴을 돌아다니면서 움퍼스(Wumpus)에게 잡혀 먹히기 전에 먼저 움퍼스를 처치하는 간단한 어드벤처 게임이다. 동굴은 통로로 서로 연결되어 있는 방의 집합으로 되어 있고, 각 방에는 동서남북으로 향하는 통로가 있을 수 있다. 플레이어는 컴퓨터에게 어느 방향으로 갈지를 알려서 움직인다.

내가 이 프로그램을 위해 작성한 테스트 중 하나는 목록 4-1의 **testMove**였다. 이 함수는 새 **WumpusGame**을 생성하고 동쪽 통로를 통해 방 4를 방 5와 연결하고, 플레이어를 방 4에 넣고, 동쪽으로 이동하라는 명령을 내린 다음, 플레이어가 방 5에 있는지 확인한다.

◁〉 목록 4-1

```
public void testMove() {
WumpusGame g = new WumpusGame();
    g.connect(4, 5, "E");
    g.setPlayerRoom(4);
    g.east();
    assertEquals(5, g.getPlayerRoom());
}
```

이 코드는 모두 **WumpusGame**의 어떤 부분보다도 먼저 작성한 것이다. 나는 워드 커닝햄(Ward Cunningham)의 조언을 받아들여, 내용만 전달하는 방식으로 테스트를 작성했다. 이 테스트가 내포하는 구조에 맞는 코드를 작성하기만 하면 이 테스트를 동작하게 할 수 있다고 믿었다. 이런 것을 **계획된 프로그래밍**(intentional programming)이라고 한다. 프로그래머는 자신의 의도를 구현하기 전에, 먼저 그 의도를 가능한 한 단순하고 읽기 편하게 만들어 테스트로 제시한다. 그리고 이 단순성과 명쾌함이 바로 프로그램의 좋은 구조를 의미한다고 믿는다.

계획된 프로그래밍은 곧 나를 흥미로운 설계 의사결정의 문제로 이끌었다. 이 테스트는 Room 클래스를 사용하지 않는다. 한 방을 다른 방과 **연결**하는 동작은 내 의도를 전달한다. 그 전달을 쉽게 하기 위해 Room 클래스가 필요한 것 같지는 않다. 대신, 방을 표현하기 위해 그냥 정수를 사용할 수 있다.

이것은 직관적이지 않을 수도 있다. 결국, 이 프로그램은 전부 방에 관련된 것처럼 보일 수도 있다. 방 사이를 이동하고, 방에 무엇이 있는지를 확인하는 등의 일이 말이다. 내 의도가 내포된 설계는 Room 클래스를 갖고 있지 않기 때문에 결점이 있는 것일까?

나는 움퍼스 게임에 있어 연결의 개념이 방의 개념보다는 더 주된 것이라고 주장할 수 있을 것이다. 이 초기 테스트가 문제를 해결하는 좋은 방식을 보여줄 것이라고 주장할 수 있다. 나는 정말 그렇다고 생각하지만, 정작 말하고자 하는 요점은 그것이 아니다. 요점은, 이 테스트가 아주 이른 시기에 주요한 설계의 이슈를 명백히 한다는 것이다. 테스트를 먼저 작성하는 것은 설계 의사결정의 차이를 식별하는 것이다.

이 테스트가 프로그램이 동작하는 방식을 말해준다는 점에 주목하자. 대부분은 이 간단한 명세에서 WumpusGame의 메소드 4개를 쉽게 작성해낼 수 있을 것이다. 그리고 별문제 없이 다른 3개의 방향 명령에 대해 이름을 짓고 작성할 수 있을 것이다. 나중에 두 방을 연결하는 방식이나 특정한 방향으로 움직이는 방식을 알고 싶다면, 모호한 용어를 사용하지 않고도 이 테스트를 통해 그것이 어떤 방식으로 이루어지는지 보여줄 수 있다. 이렇게 테스트는 프로그램을 설명하는 컴파일 가능하고 실행 가능한 문서가 된다.

테스트 분리

운영 코드를 만들기 전에 테스트를 먼저 작성할 경우, 소프트웨어에서 분리해야 할 부분이 드러나곤 한다. 예를 들어, 어떤 급여 관리(payroll) 애플리케이션의 간단한 UML 다이어그램[2]을 보여주는 그림 4-1을 보자. Payroll 클래스는 EmployeeDatabase 클래스를 이용해 Employee 객체를 꺼낸다. Employee에 자신의 임금을 계산하도록 요청하고, CheckWriter 객체에 그 임금을 넘겨주어 수표를 만든다. 마지막으로, Employee 객체에 임금을 지급하고 그 객체를 데이터베이스에 다시 기록한다.

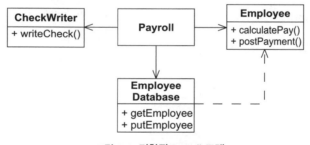

그림 4-1 결합된 Payroll 모델

아직 어떤 코드도 작성하지 않았다고 가정하자. 아직까지 이런 다이어그램은 간단한 설계 회의 후, 화이트보드에만 적혀 있을 뿐이다.[3] 이제 Payroll 객체의 행위를 명시하는 테스트를 작성해야 한다. 그런데 테스트 작성과 관련하여 여러 가지 문제가 있다. 먼저, 어떤 데이터베이스를 사용할 것인가? Payroll은 어떤 종류의 데이터베이스로부터 데이터를 읽어오는 동작이 있어야 한다. 그렇다면 프로그래머가 Payroll 클래스를 테스트하기도 전에 완벽한 기능

---

[2] UML에 관한 자세한 설명은 부록 A와 부록 B를 참고하자.

[3] [Jeffries2001]

을 갖춘 데이터베이스를 작성해야 하는가? 그 데이터베이스에 어떤 데이터를 로드해야 하는가? 두 번째로, 적절한 수표가 출력되는지 어떻게 검증할 수 있는가? 더욱이 프린터에서 출력된 수표를 보고 그 액수를 확인하는 자동화 테스트를 작성하는 것은 불가능하다!

이 문제의 해결책은 의사 객체(MOCK OBJECT) 패턴을 이용하는 것이다.[*4] Payroll의 모든 관련 요소 사이에 인터페이스를 추가하고 이 인터페이스를 구현하는 테스트 스텁(stub)을 생성할 수 있다.

그림 4-2는 이런 구조를 보여준다. Payroll 클래스는 이제 EmployeeDatabase, CheckWriter, Employee와 서로 대화하는 인터페이스를 사용한다. 그리고 이 인터페이스를 구현하는 3개의 의사 객체가 생성되었다. PayrollTest 객체는 Payroll 객체가 이 의사 객체를 제대로 관리하고 있는지 확인하기 위해 의사 객체에 질의한다.

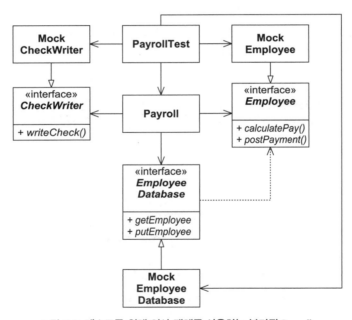

그림 4-2 테스트를 위해 의사 객체를 사용하는 분리된 Payroll

목록 4-2는 이 테스트가 내포하는 의도를 보여준다. 이 테스트는 적절한 의사 객체를 생성하고, 그것을 Payroll 객체에 넘겨준다. 그리고 그 Payroll 객체에게 모든 직원의 임금을 지

---

*4   [Mackinnon2000]

불하라고 한 다음, 의사 객체에 모든 수표가 올바르게 작성됐는지, 모든 임금이 올바르게 지급됐는지 검증해달라는 요청을 한다.

목록 4-2 TestPayroll

```java
public void testPayroll() {
    MockEmployeeDatabase db = new MockEmployeeDatabase();
    MockCheckWriter w = new MockCheckWriter();
    Payroll p = new Payroll(db, w);
    p.payEmployees();
    assertTrue(w.checksWereWrittenCorrectly());
    assertTrue(db.paymentsWerePostedCorrectly());
}
```

물론 이 테스트가 검사하는 것은 Payroll이 전부 옳은 데이터로 옳은 함수를 호출하는지의 여부로, 사실 수표가 제대로 작성됐는지를 검사하는 것은 아니다. 데이터베이스가 제대로 갱신됐는지도 검사하지 않는다. 그보다는, Payroll 클래스가 분리된 것처럼 동작하는지 여부를 검사한다.

MockEmployee가 무엇을 위한 것인지 궁금할지도 모른다. 의사 객체 대신 실제 Employee 클래스를 쓸 수 있을 것처럼 보인다. 만약 그게 가능했다면, 아무 망설임 없이 사용했을 것이다. 이 경우, 나는 Payroll의 함수를 검사할 때 필요한 정도보다 Employee 클래스가 더 복잡하다고 가정했다.

운 좋게 얻은 분리

Payroll을 다른 객체와 분리하는 것은 바람직한 일이다. 이것은 테스트와 애플리케이션의 확장이란 측면에서 다른 데이터베이스와 수표 기록기로 교체할 수 있게 해준다. 이 분리 작업이 테스트에 대한 필요에서 촉발했다는 점이 흥미롭다. 명백하게, 테스트에서 모듈 분리에 대한 필요성은 프로그래머가 프로그램 전체 구조에 이득이 되는 방식으로 분리 작업을 하도록 강제한다. 코드보다 테스트를 먼저 작성하면 설계가 개선된다.

이 책의 많은 부분은 의존성을 관리하기 위한 설계 원칙을 다루고 있는데, 이 원칙은 클래스와 패키지를 주위 환경으로부터 분리하기 위한 가이드라인과 테크닉을 제공할 것이다. 독자들은 이 원칙을 자신의 단위 테스트 전략의 일부로 이용하면 가장 이롭다는 사실을 알게 될 것이다. 이것은 분리 작업을 위한 강한 동기와 방향을 제시하는 단위 테스트가 된다.

인수 테스트

단위 테스트는 필수적이지만 검증 툴로서는 불충분하다. 단위 테스트는 시스템의 작은 구성 요소가 기대한 대로 동작하는지 여부는 검증하지만, 시스템이 전체로서 제대로 작동하는지는 검증하지 않는다. 단위 테스트는 시스템의 개별적인 메커니즘을 검증하는 화이트박스 테스트 (white-box test)[5]이며, 인수 테스트는 고객의 요구사항이 충족되고 있는지를 검증하는 블랙박스 테스트(black-box test)[6]다.

인수 테스트는 시스템의 내부 메커니즘을 알지 못하는 사람들이 작성하는데, 고객이 직접 작성하거나 고객과 연결된 기술 관련 인력들(QA가 될 수 있다)이 작성할 수도 있다. 인수 테스트는 프로그램이므로 실행 가능한 것이다. 그러나 이것은 보통 그 애플리케이션을 사용하는 고객을 위해 만든 특별한 스크립트 언어로 작성된다.

인수 테스트는 기능 요소의 궁극적인 문서화 형태다. 고객이 어떤 기능 요소가 제대로 되어 있는지 검증하는 인수 테스트를 작성하기만 하면, 프로그래머는 이 인수 테스트를 보고 정확하게 그 기능 요소를 이해할 수 있다. 따라서 단위 테스트가 시스템 내부 요소를 위한 컴파일 가능하고 실행 가능한 문서로서의 역할을 수행하는 것과 마찬가지로, 인수 테스트는 시스템의 기능 요소를 위한 컴파일 가능하고 실행 가능한 문서로서의 역할을 수행한다.

게다가, 인수 테스트를 먼저 작성하는 것은 시스템의 아키텍처에 큰 영향을 준다. 시스템을 테스트 가능하게 만들려면, 시스템은 상위 아키텍처 수준에서 주위 환경으로부터 분리되어야 한다. 예를 들면, 사용자 인터페이스(UI: user interface)는 인수 테스트가 UI를 통하지 않고도 업무 규칙에 접근할 수 있는 것과 같은 식으로 업무 규칙으로부터 분리되어야 한다.

프로젝트의 초기 반복에는 인수 테스트를 수동으로 하려는 충동이 생긴다. 그러나 이것은 인수 테스트의 자동화 필요성 때문에 생기는 분리 작업을 위한 압박을 그 반복으로부터 빼앗기 때문에 현명한 선택이 못 된다. 인수 테스트를 자동화해야 한다는 사실을 잘 이해하고 제일

---

[5] 테스트하는 모듈의 내부 구조를 알고, 그것에 의존하는 테스트를 말한다.

[6] 테스트하는 모듈의 내부 구조를 모르고, 그것에 의존하지 않는 테스트를 말한다.

처음의 반복을 시작하면, 아키텍처 사이의 균형(trade-off)을 완전히 다르게 만들 수 있을 것이다. 그리고 단위 테스트가 프로그래머로 하여금 작은 단위에서 뛰어난 설계 의사결정을 할 수 있게 만드는 것과 마찬가지로, 인수 테스트는 프로그래머로 하여금 큰 단위에서 뛰어난 아키텍처 의사결정을 할 수 있게 해준다.

인수 테스트 프레임워크(framework)[7]를 만드는 일이 기운 빠지는 작업처럼 보일지도 모른다. 그러나 프로그래머가 단 한 번의 반복 동안에 작업할 기능 요소를 택하고 그 몇 개의 인수 테스트에 필요한 프레임워크 부분만을 만든다면, 작성하기가 그다지 어렵지 않음을 알게 될 것이다. 또한 이런 노력이 그만큼 가치가 있다는 사실도 알게 될 것이다.

인수 테스트의 예

급여 관리 애플리케이션에 대해 다시 한 번 생각해보자. 첫 번째 반복에서 데이터베이스에 직원을 추가하고 삭제할 수 있어야 한다. 또한 현재 데이터베이스에 있는 직원의 임금을 지급 수표로 만들 수 있어야 한다. 다행히도 여기서는 월급을 주는 직원만 다루면 되며, 그 밖의 직원에 대한 처리는 이후의 반복까지 보류된다.

아직 코드는 작성하지 않았고, 설계에도 시간을 들이지 않았다. 바로 지금이 인수 테스트에 대해 생각할 적기다. 또 한 번, 계획된 프로그래밍이 유용한 도구가 된다. 프로그래머는 자신이 생각하는 대로 구현되게끔 인수 테스트를 작성해야 한다. 그렇게 하고 나면, 스크립트 언어를 구성하고 그 구조에 맞는 급여 관리 시스템을 만들 수 있다.

나는 작성하기 편하고, 변경하기 쉬운 인수 테스트를 만들려고 한다. 형상 관리 툴(configuration-management tool)에 인수 테스트를 포함시키고 저장하여 내가 원할 때마다 실행할 수 있기를 원한다. 그러므로 인수 테스트를 단순한 텍스트 파일로 작성해야 한다는 생각은 일리가 있다.

다음은 인수 테스트 스크립트의 한 예다.

```
AddEmp 1429 "Robert Martin" 3215.88
Payday
Verify Paycheck EmpId 1429 GrossPay 3215.88
```

---

[7]　역주 다양한 분야의 관리 툴을 하나로 통합할 수 있는 일종의 플랫폼

이 예에서는 직원번호 1429를 데이터베이스에 추가한다. 이 직원의 이름은 "Robert Martin"이고, 월급은 3215.88달러다. 다음으로, 시스템에 오늘이 월급날이고 모든 직원에게 월급을 주어야 한다는 사실을 알려준다. 마지막으로, 1429번 직원의 지급 수표가 GrossPay(총액) 필드 3215.88달러로 생성됐는지 확인한다.

분명히, 이런 종류의 스크립트는 고객이 작성하기에 아주 쉬울 것이다. 또한 이런 스크립트에는 새로운 기능성을 추가하기도 쉽다. 한편, 이것이 시스템 구조에 관한 어떤 사실을 내포하고 있는지 생각해보자.

이 스크립트의 처음 두 라인은 급여 관리 애플리케이션의 기능으로서, 이 두 라인을 payroll 트랜잭션(transaction)이라 부를 수 있다. 이것은 급여 관리 시스템의 사용자가 기대하는 기능이다. 그러나 Verify 라인은 급여 관리 시스템의 사용자가 기대한 트랜잭션이 아닌, 인수 테스트에 특화된 지시어(directive)다.

따라서 이 인수 테스트 프레임워크는 payroll 트랜잭션을 인수 테스트 지시어와 분리해서 이 텍스트 파일을 해석해야 할 것이다. 급여 관리 애플리케이션에 payroll 트랜잭션을 보내고 난 후, 데이터를 검증하기 위해 인수 테스트 지시어를 사용해서 질의를 해야 한다.

이것은 이미 급여 관리 프로그램에 아키텍처와 관련된 긴장(stress)을 주게 된다. 급여 관리 프로그램은 사용자로부터 직접 입력을 받아야 하고, 인수 테스트 프레임워크로부터도 입력을 받아야 한다. 그리고 프로그래머는 가능한 한 빨리 이 두 가지 입력 경로를 하나로 모으고 싶어 한다. 그래서 급여 관리 프로그램은 하나 이상의 소스에서 오는 AddEmp와 Payday 형태의 트랜잭션을 처리할 수 있는 트랜잭션 처리기가 필요할 것이다. 이 트랜잭션을 위한 일반적인 폼(form)을 찾아서 특화된 코드의 양을 최소로 유지하고 싶은 것이다.

한 가지 해결책은 급여 관리 애플리케이션에 XML로 된 트랜잭션을 보내는 것이다. 인수 테스트 프레임워크는 물론 XML을 생성할 수 있을 것이고, 급여 관리 시스템의 UI도 XML을 생성할 수 있음 직하다. 따라서 트랜잭션을 다음과 같은 것으로 볼 수 있다.

```
<AddEmp PayType=Salaried>
    <EmpId>1429</EmpId>
    <Name>Robert Martin</Name>
    <Salary>3215.88</Salary>
</AddEmp>
```

이 트랜잭션은 서브루틴(subroutine) 호출, 소켓(socket), 심지어 배치(batch) 입력 파일을 통해서도 급여 관리 애플리케이션에 입력될 수 있다. 어떤 것을 다른 것으로 바꾸는 건 개발 과정에서는 정말 평범한 일이다. 따라서 초기 반복에서는 파일로부터 트랜잭션을 읽어오기로 결정하고, 훨씬 나중에 API나 소켓으로 옮겨가도 괜찮을 것이다.

인수 테스트 프레임워크가 어떻게 Verify 지시자를 실행할 수 있을까? 분명히 급여 관리 애플리케이션이 생성한 데이터에 접근할 수 있는 방법이 있어야 할 것이다. 다시 처음의 문제로 돌아와서, 프로그래머는 인수 테스트 프레임워크가 출력된 수표에 쓰인 것을 읽으려고 시도하는 것을 원하지 않는다. 그러나 차선책을 택할 수는 있다.

급여 관리 애플리케이션이 지급 수표를 XML 형식으로 생성하게 할 수 있다. 그러면 인수 테스트 프레임워크는 이 XML을 받아 적절한 데이터를 얻기 위해 질의할 수 있다. XML에서 수표를 출력하는 마지막 단계는 수동으로 하는 인수 테스트로도 충분히 감당할 수 있을 만큼 평범한 일이 된다.

그러므로 급여 관리 애플리케이션은 모든 지급 수표를 포함하는 XML 문서를 생성할 수 있다. 이 문서의 형태는 다음과 같다.

```
<Paycheck>
    <EmpId>1429</EmpId>
    <Name>Robert Martin</Name>
    <GrossPay>3215.88</GrossPay>
</Paycheck>
```

이 XML이 제공됐을 때 인수 테스트 프레임워크가 Verify 지시자를 실행할 수 있음은 분명하다.

또한 소켓이나 API를 통해서도 XML을 만들어낼 수 있고, 파일로도 만들 수 있다. 초기 반복에서는 아마 파일이 가장 편할 것이다. 그러므로 급여 관리 애플리케이션은 파일에서 XML 트랜잭션을 읽고 파일에 XML 지급 수표를 출력하면서 그 생명주기를 시작한다. 인수 테스트 프레임워크는 텍스트 형식으로 트랜잭션을 읽어 XML로 번역하고, 다시 그것을 파일에 기록한다. 그리고 나서 급여 관리 프로그램을 실행한다. 마지막으로, 급여 관리 프로그램에서 XML 출력 결과를 읽고 Verify 지시자를 실행한다.

운 좋게 얻은 아키텍처

급여 관리 시스템 아키텍처의 인수 테스트가 주는 압박에 주목하자. 테스트를 먼저 생각했다는 바로 그 사실이 프로그래머를 XML 형식의 입력과 출력이란 개념으로 아주 빠르게 연결되었다. 이 아키텍처는 트랜잭션 소스를 급여 관리 애플리케이션으로부터 분리한다. 또한 급료 지급 수표 출력 메커니즘을 급여 관리 애플리케이션으로부터 분리한다. 이것은 아키텍처와 관련해 아주 바람직한 의사결정이다.

결론

일련의 테스트를 실행하는 것이 간단할수록 테스트는 좀 더 자주 실행되며, 테스트를 많이 실행할수록 이 테스트에 어긋나는 것들을 좀 더 빨리 찾게 된다. 만약 모든 테스트를 하루에 몇 번 정도 실행할 수 있다면, 시스템에 문제가 발생한 채 몇 분 이상 있는 일이 없을 것이다. 이것은 합리적인 목표다. 프로그래머는 그저 시스템이 퇴보하지 않게만 하면 된다. 일단 어떤 수준에서 제대로 동작하기만 하면, 절대 그보다 낮은 수준으로 퇴보하지는 않는다.

검증은 테스트 작성이 주는 이점 중 하나일 뿐이다. 단위 테스트와 인수 테스트 모두 컴파일 및 실행 가능한 문서화의 한 형태이므로, 정확하고 신뢰성이 있다. 게다가 이 테스트는 그것을 보는 사람이 읽을 수 있도록 모호하지 않은 언어로 작성된다. 단위 테스트는 프로그래밍 언어로 작성되기 때문에 프로그래머가 읽을 수 있을 뿐만 아니라 인수 테스트는 고객이 설계한 언어로 작성되기 때문에 고객도 읽을 수 있다.

아마 이 모든 테스트 작업에서 가장 중요한 이점은, 이것이 아키텍처와 설계에 미치는 효과일 것이다. 어떤 모듈이나 애플리케이션을 테스트 가능하게 만들려면 주위 환경으로부터 분리해야 하는데, 좀 더 테스트 가능해질수록 더욱 주위 환경으로부터 분리된다. 포괄적인 인수 테스트와 단위 테스트를 고려하는 활동은 소프트웨어의 구조에 아주 긍정적인 영향을 미친다.

참고 문헌

1. Mackinnon, Tim, Steve Freeman, and Philip Craig. Endo-Testing: Unit Testing with Mock Objects. *Extreme Programming Examined*. Addison–Wesley, 2001.
2. Jeffries, Ron, et al., *Extreme Programming Installed*. Upper Saddle River, NJ: Addison–Wesley, 2001.

리팩토링

 풍족한 세상에서 점점 더 부족해지고 있는 유일한 것은
사람들의 주의력이다."

케빈 켈리(Kevin Kelly), 「와이어드(Wired)」지

이번 장에서는 사람의 주의력에 대해 다룬다. 여러분이 하고 있는 일에 주의를 기울이고, 최선을 다하고 있음을 확실히 하는 것에 관한 내용이며, 어떤 것이 그냥 동작하게 만드는 것과 올바르게 동작하게 만드는 것의 차이에 관한 내용이다. 그리고 프로그래머가 코드의 구조에 부여하는 가치에 관한 내용이기도 하다.

마틴 파울러(Martin Fowler)는 그의 고전적 저서 『리팩토링(Refactoring)』에서 리팩토링을 "외부 행위를 바꾸지 않으면서 내부 구조를 개선하는 방법으로, 소프트웨어 시스템을 변경하는 프로세스"라고 정의했다.[*1] 그런데 왜 제대로 동작하는 코드의 구조를 개선해야 할까? 긁어 부스럼 만들지 말라는 옛말도 있지 않은가?

모든 소프트웨어 모듈에는 세 가지 기능이 있다. 첫 번째는 실행 중에 동작하는 기능으로, 이 기능은 그 모듈의 존재 이유가 된다. 두 번째는 변경 기능이다. 대부분의 모듈이 생명주기 동안에 변경 과정을 겪게 되고, 가능한 한 간단하게 그런 변경을 할 수 있도록 만드는 것이 개발

---

*1   [Fowler99], p. xvi

자의 책임이다. 변경하기 어려운 모듈은 그것이 제대로 동작한다 하더라도 망가진 것이며 수리가 필요하다. 모듈의 세 번째 기능은 그것을 읽는 사람과 의사소통하는 기능이다. 모듈은 특별한 훈련 없이도 개발자가 쉽게 읽고 이해할 수 있어야 한다. 읽는 사람과 의사소통할 수 없는 모듈은 망가진 것이며 수리가 필요하다.

모듈을 읽기 쉽고 변경하기 쉽게 만들려면 무엇이 필요할까? 이 책의 대부분은 독자들이 유연하고 융통성 있는 모듈을 만들 수 있도록 돕는 것을 일차적 목표로 하는 원칙과 패턴을 설명하는 데 할애되어 있다. 그러나 읽기 쉽고 변경하기 쉬운 모듈을 만들기 위해서는 단순한 원칙과 패턴 이상의 그 무엇이 필요한데, 바로 주의력과 훈련이다. 그리고 미를 창조하기 위한 열정이 필요하다.

소수 생성기: 리팩토링의 간단한 예[*2]

목록 5-1의 코드를 보자. 소수를 생성하는 이 프로그램은, 단일 문자로 이루어진 많은 변수와 변수의 의미를 설명하는 주석들을 포함한 하나의 큰 함수다.

📟 **목록 5-1 GeneratePrimes.java 버전 1**

```
/**
 * 이 클래스는 사용자가 지정한 최댓값까지의 소수를 생성한다.
 * 사용한 알고리즘은 에라토스테네스의 체(Sieve of Eratosthenes)다.
 * <p>
 * 키레네(Cyrene)의 에라토스테네스, b. c. 276 BC, 키레네, 리비아(Libya) --
 * d.c. 194, 알렉산드리아(Alexandria). 처음으로 지구의 둘레를 계산한 사람.
 * 윤년을 도입한 달력을 연구한 사람으로도 알려져 있으며,
 * 알렉산드리아에서 도서관을 운영했다.
 * <p>
 * 이 알고리즘은 아주 간단하다.
 * 2부터 시작하는 정수 배열을 받는다.
 * 2의 배수를 모두 지운다.
 * 지워지지 않은 다음 정수를 찾아 그 배수를 모두 지운다.
 * 최댓값의 제곱근 값을 넘을 때까지 이 과정을 계속한다.
 * @author Robert C. Martin
 * @version 9 Dec 1999 rcm
 */
```

[*2]   내가 처음에 이 프로그램을 작성했던 이유는 짐 뉴커크(Jim Newkirk)가 만든 테스트를 사용한 XP 집중 훈련 코스를 위해서였다. 켄트 벡과 짐 뉴커크가 학생들 앞에서 이 코드를 리팩토링했는데, 여기에서 그 리팩토링 과정을 재현해봤다.

```java
public class GeneratePrimes {
    /**
     * @param maxValue는 생성 한계 값이다.
     *
     */
    public static int[] generatePrimes(int maxValue) {
        if (maxValue >= 2) { // 유효한 경우에만
            // 선언
            int s = maxValue + 1; // 배열 크기
            boolean[] f = new boolean[s];
            int i;

            // 배열을 true 값으로 초기화한다.
            for (i = 0; i < s; i++)
                f[i] = true;

            // 알려진 비소수를 제거한다.
            f[0] = f[1] = false;

            // 체로 걸러내기
            int j;
            for (i = 2; i < Math.sqrt(s) + 1; i++) {
                if (f[i]) { // i가 지워지지 않았으면 그 배수를 지운다.
                    for (j = 2 * i; j < s; j += i)
                        f[j] = false; // 배수는 소수가 아니다.
                }
            }

            // 지금까지 몇 개의 소수가 있는가?
            int count = 0;
            for (i = 0; i < s; i++) {
                if (f[i])
                    count++; // 발견된 개수를 센다.
            }

            int[] primes = new int[count];

            // 소수를 결과 집합에 넣는다.
            for (i = 0, j = 0; i < s; i++) {
                if (f[i]) // 소수이면
                    primes[j++] = i;
            }

            return primes; // 소수를 반환
        } else // maxValue < 2
            return new int[0]; // 잘못된 입력이 들어왔을 경우 널(null) 배열을 반환
    }
}
```

GeneratePrimes 프로그램의 단위 테스트는 목록 5-2에 나와 있다. 이 테스트는 통계적 접근 방식을 취하여, 생성기가 0, 2, 3 식으로 100까지 소수를 생성할 수 있는지 확인한다. 첫 번째 경우에는 아무 소수도 없어야 한다. 두 번째 경우에는 1개의 소수가 나와야 하고, 그것은 2여야 한다. 세 번째 경우에는 2개의 소수가 나와야 하고, 그것은 2와 3이어야 한다. 마지막 경우에는 25개의 소수가 나와야 하고, 그 마지막 숫자는 97이어야 한다. 이 모든 테스트가 성공으로 끝나면, 이 생성기가 제대로 동작한다고 추정한다. 완벽한 검증인지 의심스럽긴 하지만, 나로서는 이 테스트를 통과하지만 함수 자체에 결함이 있는 시나리오는 생각해내기가 힘들다.

📟 **목록 5-2 TestGeneratePrimes.java**

```java
import junit.framework.TestCase;

public class TestGeneratePrimes extends TestCase {
    public TestGeneratePrimes(String name) {
        super(name);
    }

    public void testPrimes() {
        int[] nullArray = GeneratePrimes.generatePrimes(0);
        assertEquals(nullArray.length, 0);

        int[] minArray = GeneratePrimes.generatePrimes(2);
        assertEquals(minArray.length, 1);
        assertEquals(minArray[0], 2);

        int[] threeArray = GeneratePrimes.generatePrimes(3);
        assertEquals(threeArray.length, 2);
        assertEquals(threeArray[0], 2);
        assertEquals(threeArray[1], 3);

        int[] centArray = GeneratePrimes.generatePrimes(100);
        assertEquals(centArray.length, 25);
        assertEquals(centArray[24], 97);
    }
}
```

이 프로그램을 리팩토링하기 쉽도록 IntelliJ IDEA 리팩토링 브라우저를 사용한다. 이 툴을 사용하면, 메소드를 추출해내고 변수와 클래스의 이름을 다시 정하는 작업이 편해진다.

메인 함수를 3개의 독립된 함수로 나누어야 한다는 것은 비교적 분명하다. 첫 번째는 모든 변수를 초기화하고 체를 기본 상태로 설정한다. 두 번째는 체로 걸러내는 동작을 실제로 실행한다. 그리고 세 번째는 체로 걸러낸 결과를 정수 배열에 넣는다. 목록 5-3에서 이 구조를 좀 더 분명히 보이기 위해, 이 함수를 3개의 개별적인 메소드로 추출했다. 또한 몇 개의 불필요한 주석을 제거하고 클래스의 이름을 PrimeGenerator로 바꿨다. 이 상태에서도 테스트는 전부 제대로 동작한다.

3개의 함수로 추출해내는 작업 때문에, 함수의 몇몇 변수는 클래스의 static 필드로 승격(promote)되어야 한다. 이렇게 변경함으로써 어떤 변수가 지역 변수이고 어떤 변수가 전역 변수인지 명확히 구분할 수 있게 된다.

⟨⟩ **목록 5-3 PrimeGenerator.java, 버전 2**

```java
/**
 * 이 클래스는 사용자가 지정한 최댓값까지의 소수를 생성한다.
 * 사용한 알고리즘은 에라토스테네스의 체다.
 * 2부터 시작하는 정수 배열을 받는다.
 * 지워지지 않은 첫 정수를 찾아 그 배수를 모두 지운다.
 * 이것을 최댓값의 제곱근 값을 넘을 때까지 계속한다.
 */

public class PrimeGenerator {
    private static int s;
    private static boolean[] f;
    private static int[] primes;

    public static int[] generatePrimes(int maxValue) {
        if (maxValue < 2)
            return new int[0];
        else {
            initializeSieve(maxValue);
            sieve();
            loadPrimes();
            return primes; // 소수를 반환
        }
    }

    private static void loadPrimes() {
        int i;
        int j;

        // 지금까지 몇 개의 소수가 있는가?
        int count = 0;
        for (i = 0; i < s; i++) {
            if (f[i])
                count++; // 발견된 개수를 센다.
        }
```

```
        primes = new int[count];

        // 소수를 결과 집합에 넣는다.
        for (i = 0, j = 0; i < s; i++) {
            if (f[i]) // 소수이면
                primes[j++] = i;
        }
    }

    private static void sieve() {
        int i;
        int j;
        for (i = 2; i < Math.sqrt(s) + 1; i++) {
            if (f[i]) { // i가 지워지지 않았으면 그 배수를 지운다.
                for (j = 2 * i; j < s; j += i)
                    f[j] = false; // 배수는 소수가 아니다.
            }
        }
    }

    private static void initializeSieve(int maxValue) {
        // 선언
        s = maxValue + 1; // 배열 크기
        f = new boolean[s];
        int i;

        // 배열을 true 값으로 초기화한다.
        for (i = 0; i < s; i++)
            f[i] = true;

        // 알려진 비소수를 제거한다.
        f[0] = f[1] = false;
    }
}
```

initializeSieve 함수는 약간 지저분한 감이 있다. 그래서 목록 5-4에서 이 함수를 좀 더 간결하게 정리했다. 우선 모든 s 변수를 f.length로 바꾸고, 세 함수의 이름을 좀 더 의미 있는 것으로 바꿨다. 마지막으로, initializeArrayOfIntegers(이전의 initializeSieve)의 내부 구조를 좀 더 읽기 쉽게 재배열했다. 이 상태에서도 테스트는 전부 제대로 동작한다.

📎 목록 5-4 PrimeGenerator.java, 버전 3(일부분)

```
public class PrimeGenerator {
    private static boolean[] f;
    private static int[] result;
```

```
public static int[] generatePrimes(int maxValue) {
    if (maxValue < 2)
        return new int[0];
    else {
        initializeArrayOfIntegers(maxValue);
        crossOutMultiples();
        putUncrossedIntegersIntoResult();
        return result;
    }
}

private static void initializeArrayOfIntegers(int maxValue)  {
    f = new boolean[maxValue + 1];
    f[0] = f[1] = false; // 소수도 아니고 배수도 아니다.
    for (int i = 2; i < f.length; i++)
        f[i] = true;
}
```

다음으로, crossOutMultiples를 살펴보자. 이 함수와 또 다른 함수에는 if(f[i] == true) 형태의 수행문이 상당수 있는데, 이는 i가 안 지워졌는지 확인하기 위한 것이다. 따라서 f의 이름을 unCrossed로 바꾸었다. 그러나 이렇게 하면 unCrossed[i] = false처럼 보기 싫은 수행문이 만들어진다. 이중 부정으로 인한 혼란이 생기는 것이다. 그래서 배열의 이름을 isCrossed로 바꾸고, 모든 불리언(boolean) 값의 의미를 바꾸었다. 이 상태에서도 테스트는 전부 제대로 동작한다.

isCrossed[0]과 isCrossed[1]을 true 값으로 설정하는 초기화 부분을 없애고, 함수의 어떤 부분도 2보다 작은 인덱스로 isCrossed 배열을 사용할 수 없게 만들었다. 그리고 crossOutMultiples 함수의 내부 루프를 밖으로 꺼내어 crossOutMultiplesOf라는 이름을 붙였다. 또한 if(isCrossed[i] == false) 역시 혼란을 부추긴다고 생각했기 때문에 notCrossed라는 함수를 만들고 if 문을 if(notCrossed(i))로 변경했다. 이 상태에서도 테스트는 전부 제대로 동작한다.

나는 왜 배열 크기의 제곱근 값까지만 루프를 돌면서 계산해야 하는지를 설명하는 주석을 작성하는 데 시간을 다소 들였다. 이 작업을 하면서 계산 부분을 함수로 추출하게 되었는데, 주석을 작성하면서 제곱근 값이 배열의 모든 정수에 대해 가장 큰 소인수임을 확인했다. 따라서 이런 의미를 나타내는 변수와 함수의 이름을 선택했다. 이 모든 리팩토링 과정의 결과는 목록 5-5에 나와 있다. 이 상태에서도 테스트는 전부 제대로 동작한다.

```java
public class PrimeGenerator {
    private static boolean[] isCrossed;
    private static int[] result;

    public static int[] generatePrimes(int maxValue) {
        if (maxValue < 2)
            return new int[0];
        else {
            initializeArrayOfIntegers(maxValue);
            crossOutMultiples();
            putUncrossedIntegersIntoResult();
            return result;
        }
    }

    private static void initializeArrayOfIntegers(int maxValue) {
        isCrossed = new boolean[maxValue + 1];
        for (int i = 2; i < isCrossed.length; i++)
            isCrossed[i] = false;
    }

    private static void crossOutMultiples() {
        int maxPrimeFactor = calcMaxPrimeFactor();
        for (int i = 2; i <= maxPrimeFactor; i++)
            if (notCrossed(i))
                crossOutMultiplesOf(i);
    }

    private static int calcMaxPrimeFactor() {
        // p가 소수일 때, p의 모든 배수를 지운다.
        // 따라서 지워지는 모든 배수는 인수로 p와 q를 갖는다.
        // 'p > 배열 크기의 sqrt(제곱근)'일 경우, q는 1보다 클 수 없다.
        // 따라서 p는 이 배열의 가장 큰 소인수이고,
        // 루프 횟수의 한계 값이기도 하다.
        double maxPrimeFactor = Math.sqrt(isCrossed.length) + 1;
        return (int) maxPrimeFactor;
    }

    private static void crossOutMultiplesOf(int i) {
        for (int multiple = 2 * i; multiple < isCrossed.length; multiple += i)
            isCrossed[multiple] = true;
    }

    private static boolean notCrossed(int i) {
        return isCrossed[i] == false;
    }
}
```

마지막으로 리팩토링할 함수는 putUncrossedIntegersIntoResult이다. 이 메소드는 두 부분으로 되어 있는데, 첫 번째는 배열에서 지워지지 않은 숫자의 수를 세고 그 크기대로 결과 배열을 만드는 부분이고, 두 번째는 지워지지 않은 정수를 결과 배열에 넣는 부분이다. 나는 첫 번째 부분을 하나의 함수로 만들고 몇 가지 잡다한 정리 작업을 했다. 이 상태에서도 테스트는 전부 제대로 동작한다.

목록 5-6 PrimeGenerator.java, 버전 5(일부분)

```java
private static void putUncrossedIntegersIntoResult() {
    result = new int[numberOfUncrossedIntegers()];
    for (int j = 0, i = 2; i < isCrossed.length; i++)
        if (notCrossed(i))
            result[j++] = i;
}

private static int numberOfUncrossedIntegers() {
    int count = 0;
    for (int i = 2; i < isCrossed.length; i++)
        if (notCrossed(i))
            count++;

    return count;
}
```

최종 점검

다음으로, 나는 전체 프로그램에 대한 최종 관문을 만들었다. 기하학 증명을 읽는 것처럼 처음부터 끝까지 전체 프로그램을 읽는 것으로, 이것은 중요한 단계다. 지금까지는 일부분만을 리팩토링해왔으나, 이제 모든 프로그램이 읽을 수 있는 총체로서 제대로 결합되어 있는지 확인해보자.

우선, initializeArrayOfIntegers라는 이름이 적당하지 않다는 사실을 깨달았다. 초기화되고 있는 것은 사실 정수 배열이 아닌 불리언 값의 배열이다. 그러나 initializeArrayOf Booleans는 개선책이 아니다. 이 메소드에서 실제로 하고 있는 작업은 일단 모든 정수를 지워지지 않은 상태로 만든 다음에 배수를 지워나갈 수 있게 만드는 것이다. 따라서 uncrossIntegersUpTo로 이름을 바꿨다. 또한 불리언 배열의 이름인 isCrossed도 적당하지 않다는 사실을 깨닫고 이름을 crossedOut으로 바꿨다. 이 상태에서도 테스트는 전부 제대로 동작한다.

내가 이런 사소한 이름 변경에 너무 신경을 쓰고 있다고 생각하는 독자들도 있을 것이다. 그러나 리팩토링 브라우저를 사용하면 이런 미세 조정을 충분히 감당할 수 있는데, 실제로 거의 아무 수고도 들일 필요가 없다. 리팩토링 브라우저가 없더라도, 단순한 '찾기 바꾸기'는 그다지 힘든 일도 아니다. 이름 변경 중에 실수로 어떤 부분을 망가뜨릴 가능성은 테스트가 상당히 줄여준다.

maxPrimeFactor와 관련된 부분을 작성할 때는 내가 실수를 한 것 같다. 배열 크기의 제곱근 값이 꼭 소수라는 보장은 없지 않은가! 이 메소드는 가장 큰 소인수를 계산하지 않는다. 따라서 지금까지의 주석은 틀린 것이다. 그러므로 주석이 제곱근 값에 숨어 있는 이론적 근거를 좀 더 잘 설명하도록 고치고, 모든 변수의 이름을 적절하게 변경했다.[3] 이 상태에서도 테스트는 전부 제대로 동작한다.

도대체 저기에 왜 +1을 해놨지? 아마 편집중에 빠져 있었던 게 틀림없다. 나는 정수가 아닌 제곱근 값이 정수로 변환되면서 루프 횟수 한계 값보다 작아질 것을 우려했다. 하지만 그것은 어리석은 생각이었다. 진짜 루프 횟수의 한계 값은 배열 크기의 제곱근보다 작거나 같은 가장 큰 소수가 된다. 따라서 +1을 제거한다.

테스트는 전부 제대로 동작한다. 하지만 마지막 변경 과정이 나를 상당히 불안하게 만들었다. 제곱근 값에 숨어 있는 이론적 근거를 알지만, 아직 고려하지 않은 예외적인 경우(corner case)가 있을 것 같다는 의심이 자꾸 든다. 그래서 2부터 500까지의 소수 목록에 어떤 배수도 없음을 검증하는 또 다른 테스트를 작성했다(목록 5-8의 testExhaustive 함수 참고). 이 새로운 테스트는 성공했고, 내 걱정도 누그러졌다.

코드의 나머지 부분은 상당히 괜찮게 보인다. 따라서 나는 이제 끝났다고 생각하기로 했다. 최종 버전은 목록 5-7과 목록 5-8에 나와 있다.

---

[3] 켄트 벡과 짐 뉴커크가 이 프로그램을 리팩토링했을 때, 그들은 제곱근 값과 관련된 부분을 모두 제거했다. 켄트의 의견은 제곱근 값이 이해하기 어렵고, 배열 크기까지 루프를 도는 프로그램이라 해도 실패하는 테스트는 없다는 것이었다. 그러나 나는 효율성을 포기할 수 없었다. 이것이 내가 어셈블리 언어 사용자로 살아온 배경을 보여주는 것이라 생각한다.

```java
/**
 * 이 클래스는 사용자가 지정한 최댓값까지의 소수를 생성한다.
 * 사용한 알고리즘은 에라토스테네스의 체다.
 * 2부터 시작하는 정수 배열을 받는다.
 * 지워지지 않은 첫 번째 정수를 찾아 그 배수를 모두 지운다.
 * 이것을 배열에 더 이상의 배수가 없을 때까지 계속한다.
 */

public class PrimeGenerator {
    private static boolean[] crossedOut;
    private static int[] result;

    public static int[] generatePrimes(int maxValue) {
        if (maxValue < 2)
            return new int[0];
        else {
            uncrossIntegersUpTo(maxValue);
            crossOutMultiples();
            putUncrossedIntegersIntoResult();
            return result;
        }
    }

    private static void uncrossIntegersUpTo(int maxValue) {
        crossedOut = new boolean[maxValue + 1];
        for (int i = 2; i < crossedOut.length; i++)
            crossedOut[i] = false;
    }

    private static void crossOutMultiples() {
        int limit = determineIterationLimit();
        for (int i = 2; i <= limit; i++)
            if (notCrossed(i))
                crossOutMultiplesOf(i);
    }

    private static int determineIterationLimit() {
        // 배열에 있는 모든 배수는 배열 크기의 제곱근보다 작거나 같은 소인수를 갖는다.
        // 그러므로 소인수보다 큰 숫자의 배수는 지울 필요가 없다.
        double iterationLimit = Math.sqrt(crossedOut.length);
        return (int) iterationLimit;
    }

    private static void crossOutMultiplesOf(int i) {
        for (int multiple = 2 * i; multiple < crossedOut.length; multiple += i)
            crossedOut[multiple] = true;
    }
```

```java
    private static boolean notCrossed(int i) {
        return crossedOut[i] == false;
    }

    private static void putUncrossedIntegersIntoResult() {
        result = new int[numberOfUncrossedIntegers()];
        for (int j = 0, i = 2; i < crossedOut.length; i++)
            if (notCrossed(i))
                result[j++] = i;
    }

    private static int numberOfUncrossedIntegers() {
        int count = 0;
        for (int i = 2; i < crossedOut.length; i++)
            if (notCrossed(i))
                count++;

        return count;
    }
}
```

<> 목록 5-8   TestGeneratePrimes.java(최종)

```java
import junit.framework.TestCase;

public class TestGeneratePrimes extends TestCase {

    public TestGeneratePrimes(String name) {
        super(name);
    }

    public void testPrimes() {
        int[] nullArray = PrimeGenerator.generatePrimes(0);
        assertEquals(nullArray.length, 0);

        int[] minArray = PrimeGenerator.generatePrimes(2);
        assertEquals(minArray.length, 1);
        assertEquals(minArray[0], 2);

        int[] threeArray = PrimeGenerator.generatePrimes(3);
        assertEquals(threeArray.length, 2);
        assertEquals(threeArray[0], 2);
        assertEquals(threeArray[1], 3);

        int[] centArray = PrimeGenerator.generatePrimes(100);
        assertEquals(centArray.length, 25);
        assertEquals(centArray[24], 97);
    }
```

```
    public void testExhaustive() {
        for (int i = 2; i < 500; i++)
            verifyPrimeList(PrimeGenerator.generatePrimes(i));
    }

    private void verifyPrimeList(int[] list) {
        for (int i = 0; i < list.length; i++)
            verifyPrime(list[i]);
    }

    private void verifyPrime(int n) {
        for (int factor = 2; factor < n; factor++)
            assertTrue(n % factor != 0);
    }
}
```

결론

이 프로그램의 최종 버전은 상당히 만족스러울 정도로 처음보다 훨씬 읽기 쉽고, 프로그램 자체도 좀 더 정확하게 동작한다. 프로그램은 이해하기도, 변경하기도 훨씬 쉬워졌다. 게다가 부분들이 서로 분리된 프로그램 구조가 만들어졌는데, 이것도 프로그램을 훨씬 변경하기 쉽게 만들어준다.

한 번만 호출되는 함수를 추출해낼 경우 성능에 부정적인 영향을 주는 건 아닌지 걱정하는 사람도 있을 것이다. 대부분의 경우 나는 향상된 가독성이 몇 나노초 단위의 가치가 있다고 생각한다. 그러나 이 몇 나노초가 문제가 되는 깊은 내부 루프도 있을 수 있다. 성능의 손해는 무시할 수 있다고 가정하고, 그것이 틀렸다는 것이 증명될 때까지 기다려보라고 조언하고 싶다.

이번 장에서 다룬 내용에 시간을 투자할 만큼의 가치가 있는 것일까? 무엇보다도, 처음부터 이 함수는 제대로 동작하고 있었다. 나는 여러분이 작성한 **모든** 모듈과 유지보수하는 **모든** 모듈에 대해 **항상** 이런 리팩토링 과정을 적용하라고 권하고 싶다. 여기에 투자하는 시간은 가까운 미래에 여러분과 다른 사람들이 들여야 할 수고에 비하면 극히 적은 것이다.

리팩토링은 저녁식사 후에 부엌을 청소하는 것과 비슷하다. 처음으로 생략하고 넘어갔을 때는 저녁식사를 좀 더 빨리 끝마칠 수 있다. 하지만 깨끗한 접시와 깨끗한 작업 공간의 부족 때문에 다음 날 저녁 준비는 훨씬 오래 걸릴 것이다. 그래서 다시 한 번 청소를 안 하고 넘어가게 된다. 실제로, 청소를 안 하고 넘어가면 **오늘** 저녁식사는 항상 빨리 끝낼 수 있다. 하지만 문제는 계속해서 쌓인다. 결국에는 원하는 주방 기구를 찾고, 딱딱하게 마른 음식을 접시에서 파내고, 북북 문질러 닦아 요리할 수 있는 환경을 만드는 데 과도한 시간을 쓰게 될 것이다. 그리고 저녁식사는 영원히 끝나지 않는다. 크게 보면 청소를 생략한다고 해서 저녁식사를 빨리 끝낼 수 있게 되는 것은 아니다.

리팩토링의 목표는 이 장에서 설명한 것처럼 매일 코드를 청소하는 것이다. 우리는 문제가 쌓이고 쌓여서, 오랜 시간 동안 축적된 것을 파내고 문질러 닦아야 하는 것을 원하지 않는다. 최소한의 노력으로 시스템을 확장하고 수정할 수 있기를 바란다. 이를 위한 가장 중요한 요소는 코드의 깔끔함이다.

코드의 깔끔함은 아무리 강조해도 부족하다고 생각한다. 이 책에서 소개하는 모든 원칙과 패턴도 그것이 적용된 코드가 엉터리라면 무의미하다. 원칙과 패턴에 신경 쓰기 전에, 간결하고 분명한 코드를 만드는 데 신경을 써야 한다.

참고 문헌

1. Fowler, Martin. *Refactoring: Improving the Design of Existing Code*. Reading, MA: Addison-Wesley, 1999.

프로그래밍 에피소드

> 설계와 프로그래밍은 사람이 하는 일이다.
> 그것을 잊어버리면 모든 것을 잃게 된다."
>
> **비야네 스트로스트룹**(Bjarne Stroustrup), 1991

이 장에서는 XP 프로그래밍 이용 방법을 더 잘 이해할 수 있도록, 밥 코스(Bob Koss)와 밥 마틴(Bob Martin)이라는 두 사람이 간단한 애플리케이션을 짝 프로그래밍 방식으로 작성하는 과정을 대화 형식으로 다루기로 한다. 이 애플리케이션은 테스트 주도 개발 방식으로 작성되며, 많은 리팩토링을 사용할 것이다. 앞으로 살펴볼 내용은 이 두 사람이 실제로 2000년 후반에 호텔 방에서 겪었던 프로그래밍 에피소드를 충실하게 재현한 것이다.

이 애플리케이션을 작성하는 과정에서는 많은 실수가 보인다. 코드나 로직에 관한 실수도 있고, 설계나 요구사항에 관련된 실수도 있다. 두 사람의 대화 내용을 통해 이들이 겪었던 많은 혼란과 실수, 오해를 확인하고 이를 처리하는 과정을 보게 될 것이다. 이 프로세스는 지저분하다. 사람이 하는 모든 프로세스처럼 말이다. 하지만 이런 지저분한 프로세스에서 도출된 결과의 질서 정연함은 정말 놀랍다.

이 프로그램은 볼링 게임의 스코어를 계산하기 때문에 볼링 규칙을 알고 있다면 도움이 될 것이다. 볼링 규칙을 잘 모른다면, 이 장 끝에 추가한 보충 설명을 확인하기 바란다.

볼링 게임

밥 마틴: 볼링 스코어를 계산하는 작은 애플리케이션을 작성하는 일을 좀 도와주겠나?

밥 코스: (생각을 곰곰이 해본다. '익스트림 프로그래밍에서 짝 프로그래밍을 도와달라는 요청을 받았을 때 내가 거절할 수 없도록 되어 있지. 더군다나 요청을 한 사람이 내 상사일 때는 특히...') 그럼, 기꺼이 돕겠네.

밥 마틴: 좋아! 나는 볼링 리그에 대한 기록을 관리하는 애플리케이션을 작성하고 싶네. 모든 게임의 결과를 저장하고, 팀의 순위를 결정하고, 매주 열리는 시합에서 승자와 패자를 결정하고, 각 게임의 스코어를 정확히 기록할 수 있어야 할 거야.

밥 코스: 좋아. 나도 볼링을 꽤 잘 치는 편인데, 재미있을 것 같네. 자네는 방금 여러 가지 사용자 스토리를 얘기했지. 어느 것부터 시작할 건가?

밥 마틴: 한 게임의 스코어를 계산하는 것부터 시작하세.

밥 코스: 알았어. 그게 무엇을 의미하지? 이 스토리의 입력과 출력은 무엇인가?

밥 마틴: 입력은 그냥 10개 프레임의 투구(throw)인 것 같네. '투구'는 공이 몇 개의 핀을 쓰러뜨렸는지 알려주는 정수일 뿐이지. 출력은 각 프레임의 스코어가 되네.

밥 코스: 이 연습에서는 자네가 고객의 역할을 한다고 가정하겠네. 이 스토리에서 입력과 출력은 어떻게 할 건가?

밥 마틴: 그래. 내가 고객이지. '투구'를 더하기 위해 호출할 함수 하나와 스코어를 얻는 또 다른 함수가 필요할 걸세. 다음과 비슷한 형식이 되겠지.

```
throwBall(6);
throwBall(3);
assertEquals(9, getScore());
```

밥 코스: 좋아. 테스트 데이터가 몇 개 필요할 거야. 작은 스코어 카드 그림을 그리겠네(그림 6-1 참고).

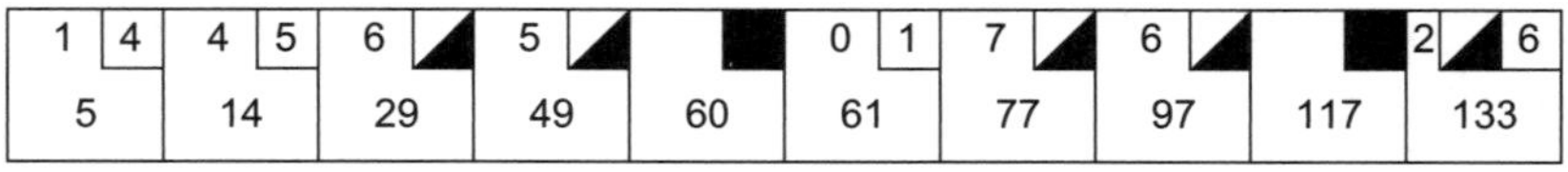

그림 6-1 일반적인 볼링 스코어 카드

밥 마틴: 이 사람은 꽤 기복이 심하군.

밥 코스: 아니면 취했던지. 하지만 이것은 인수 테스트로서의 몫을 충분히 할 걸세.

밥 마틴: 다른 것도 필요할 걸세. 하지만 그런 것은 나중에 처리하기로 하세나. 어떻게 시작해야 할까? 시스템의 설계부터 생각해볼까?

밥 코스: 스코어 카드에서 알 수 있는 문제 영역의 개념을 보여주는 UML 다이어그램을 작성하는 것도 괜찮을 것 같네. 실제 코드에서 더 자세히 다룰 후보 객체들을 이 다이어그램에서 찾을 수 있을 거야.

밥 마틴: (강력한 객체 설계자인 체하면서) 좋아. 분명히 Game 객체는 프레임 10개의 나열로 이루어져 있지. 각 Frame 객체는 한 번이나 두 번, 또는 세 번의 '투구'를 포함하고 있지.

밥 코스: 내 생각과 같아. 그게 바로 내가 생각하고 있던 것이네. 한번 그려보겠네(그림 6-2 참고).

그림 6-2 볼링 스코어 카드의 UML 다이어그램

밥 코스: 음, 클래스… 아무 클래스나 택해보세. 의존성 사슬(chain)의 끝부터 시작해 거꾸로 작업할까? 그렇게 하면 테스트가 더 쉬울 걸세.

밥 마틴: 나는 상관없네. Throw 클래스의 테스트를 만들자고.

밥 코스: (입력 시작)

```
// TestThrow.java--------------------------------
import junit.framework.TestCase;

public class TestThrow extends TestCase {
    public TestThrow(String name) {
        super(name);
    }
    // public void test????
}
```

밥 코스: Throw 객체가 어떤 행위를 해야 하는지 단서를 잡았나?

밥 마틴: 플레이어가 넘어뜨린 핀의 수를 저장한다네.

밥 코스: 그래. 자네가 지금 짧게 말한 대로, 이것은 사실 아무 일도 하지 않는군. 아마도 우리는 이 문제로 돌아와 그냥 데이터 저장소가 아니라 실제로 행위를 하는 객체에 집중해야 할 걸세.

밥 마틴: 흠. Throw 클래스가 실제로 존재하지 않을 수도 있다는 뜻인가?

밥 코스: 음, 만약 이것이 아무 행위도 하지 않는다면 어떻게 중요한 것이 될 수 있겠는가? 난 이 객체가 존재해야 할지 아닐지 아직 잘 모르겠네. 그저 메소드로, 그냥 변경자(setter)와 접근자(getter)만이 아닌 그 외의 것도 가진 객체로 동작한다면 좀 더 생산적이지 않겠는가? 하지만 자네가 주도하고 싶다면…(키보드를 밥 마틴 쪽으로 민다).

밥 마틴: 음, Frame으로 넘어가 Throw를 마무리할 수 있게 하는 테스트 클래스를 작성할 수 있는지 보세(키보드를 밥 코스 쪽으로 다시 민다).

밥 코스: (밥 마틴이 자신을 가르치기 위해 막다른 골목으로 몰아넣고 있는 건지, 아니면 정말 자신에게 동의하는 건지 의심하면서) 좋아. 새 파일. 새 테스트 케이스.

```
// TestFrame.java--------------------------------
import junit.framework.TestCase;

public class TestFrame extends TestCase {
    public TestFrame(String name) {
        super(name);
    }
    // public void test???
}
```

밥 마틴: 좋아. 두 번째로 이걸 입력하게 되는군. 이제 Frame을 위한 재미있는 테스트로 생각

해둔 것이 있나?

밥 코스: Frame은 그 스코어를 제공할 수 있을 걸세. 각 '투구'에 쓰러뜨린 핀의 수, 스트라이
크나 스페어가 있었는지…

밥 마틴: 좋아. 코드를 보여주게.

밥 코스: (입력한다)

```java
// TestFrame.java--------------------------------
import junit.framework.TestCase;

public class TestFrame extends TestCase {
    public TestFrame(String name) {
        super(name);
    }

    public void testScoreNoThrows() {
        Frame f = new Frame();
        assertEquals(0, f.getScore());
    }
}

// Frame.java----------------------------------------
public class Frame {
    public int getScore() {
        return 0;
    }
}
```

밥 마틴: 좋아. 테스트는 통과하지만, getScore는 정말 바보 같은 함수일세. Frame에 '투구'
를 더하면 이 함수는 실패하게 될 거야. 그러니까 '투구'를 더한 다음 스코어를 확인
하는 테스트를 작성하세.

```java
// TestFrame.java--------------------------------
public void testAddOneThrow() {
    Frame f = new Frame();
    f.add(5);
    assertEquals(5, f.getScore());
}
```

밥 마틴: 이건 컴파일되지 않을 거야. Frame에는 add라는 메소드가 없으니까.

밥 코스: 자네가 메소드를 정의하면 분명히 컴파일될 걸세. ;-)

밥 마틴:

```java
// Frame.java----------------------------------
public class Frame {
    public int getScore() {
        return 0;
    }

    public void add(Throw t) {
    }
}
```

밥 마틴: (혼잣말하며) Throw 클래스를 작성하지 않았기 때문에 이것은 컴파일되지 않아.

밥 코스: 말해보게, 밥. 테스트는 정수를 넘겨주고, 메소드는 Throw 객체를 기대하네. 두 가지 방법을 다 유지할 수는 없어. Throw 의존성 사슬 경로로 다시 넘어가기 전에 그 행위를 설명해주겠나?

밥 마틴: 와! 난 내가 f.add(5)를 썼다는 사실조차 눈치채지 못했어. f.add(new Throw(5))를 써야 하긴 했지만, 이건 아주 보기 싫군. 내가 정말 쓰고 싶은 것은 f.add(5)라네.

밥 코스: 보기 좋든 싫든, 한동안 미학적인 문제는 접어두세. Throw 객체의 행위(이진 응답)를 설명해주겠나, 밥?

밥 마틴: 101101011010100101. 나는 Throw가 어떤 행위를 하긴 하는 건지 잘 모르겠네. Throw는 그냥 int 값이라는 생각이 들기 시작했어. 하지만 Frame.add가 int를 받도록 작성할 수 있으니까 벌써 그것을 생각할 필요는 없지.

밥 코스: 그러면 그것이 간단하다는 이유만으로도 그렇게 해야 한다고 생각하네. 우리가 골칫거리라고 느낄 때 더 세련된 어떤 것을 할 수 있을 걸세.

밥 마틴: 동의하네.

```java
// Frame.java----------------------------------
public class Frame {
    public int getScore() {
        return 0;
    }

    public void add(int pins) {
    }
}
```

밥 마틴: 좋아. 이것은 컴파일되고 테스트에는 실패하네. 이제 테스트를 통과할 수 있도록 만들어보자고.

```java
// Frame.java----------------------------------------
public class Frame {
    public int getScore() {
        return itsScore;
    }

    public void add(int pins) {
        itsScore += pins;
    }

    private int itsScore = 0;
}
```

밥 마틴: 이것은 컴파일되고 테스트도 통과할 뿐만 아니라 간단명료하네. 다음 테스트 케이스는 뭔가?

밥 코스: 먼저 잠깐 쉬는 게 어떤가?

----------------------------휴식----------------------------

밥 마틴: 좀 낫군.
Frame.add는 취약한 함수일세. 11로 호출하면 어떻게 되겠나?

밥 코스: 그런 일이 일어나면 예외를 발생시킬 수 있겠지. 하지만, 누가 그렇게 하겠나? 이 프로그램이 수천 명의 사람들이 사용할 애플리케이션 프레임워크여서 그런 시도에 대해서는 우리가 보호를 해줘야 하는 것인가, 아니면 오직 자네만 사용할 것인가? 후자라면, 그냥 11로 호출하지 말게나(킬킬거린다).

밥 마틴: 좋은 지적일세. 시스템 나머지 부분에서 테스트가 유효하지 않은 인자를 잡아줄 걸세. 만약 문제에 부딪히면, 나중에 확인 부분을 집어넣어도 되고.
자, add 함수는 현재 스트라이크나 스페어를 처리하지 않지. 그것을 표현하는 테스트를 작성하세.

밥 코스: 흐으으으음… 스트라이크를 표현하기 위해 add(10)을 호출한다면, getScore()가 반환하는 것은 무엇이 되겠는가? 어떻게 단정 부분을 작성해야 할지 모르겠네. 그러니까 아마도 우리는 잘못된 요청을 하고 있는 것 같네. 아니면 옳은 요청을 잘못된

객체에 하고 있든지.

밥 마틴: add(10)을 호출하거나, add(3) 다음에 add(7)을 호출하는 경우, Frame에서 getScore를 호출하는 건 의미가 없지. Frame은 그 스코어를 계산하기 위해 다음 Frame 인스턴스를 확인해야 할 걸세. 다음 Frame 인스턴스가 존재하지 않으면, −1과 같은 보기 싫은 것을 반환해야 할 걸세. −1을 반환하고 싶지는 않군.

밥 코스: 맞아, 나도 −1만은 싫군. 자네가 '다른 Frame들에 대해 알고 있는 Frame'이란 생각을 건넸지. 누가 다른 Frame 객체를 갖고 있을까?

밥 마틴: Game 객체지.

밥 코스: 그러니까 Game은 Frame에 의존하게 되는군. 그리고 Frame은 거꾸로 Game에 의존하게 되고. 유감이군.

밥 마틴: Frame이 Game에 꼭 의존할 필요는 없고 연결 리스트(linked list) 형태로 정렬될 수 있을 걸세. 각 Frame은 그다음과 이전 Frame에 대한 포인터를 가질 수 있을 거야. Frame의 스코어를 얻기 위해 Frame은 이전 Frame의 스코어를 구할 때는 거꾸로 찾고, 스페어나 스트라이크가 있을 때 추가되는 공의 개수를 알기 위해 계속 나아가면서 찾을 거네.

밥 코스: 음. 상상할 수가 없으니 바보가 된 느낌이구만. 코드로 보여주게나.

밥 마틴: 자, 먼저 테스트 케이스가 필요하지.

밥 코스: Game을 위한 것인가, 아니면 Frame의 또 다른 테스트를 위한 것인가?

밥 마틴: 내 생각에는 Game을 위한 것이 필요할 것 같네. Frame을 만들고 그 각각을 연결하는 것이 Game이기 때문이지.

밥 코스: 우리가 지금 Frame에 대해서 하고 있는 작업을 멈추고 Game으로 심리적인 점프를 하고 싶은 건가, 아니면 그냥 Frame이 동작할 수 있도록 하는 MockGame 객체를 만들고 싶은 건가?

밥 마틴: 아니. Frame에 대한 작업을 멈추고 Game에 대한 작업을 시작하세. Game 테스트 케이스에는 Frame의 연결 리스트가 필요하다는 사실을 입증해야 할 거야.

밥 코스: 리스트가 필요하다는 걸 어떻게 보여줄 수 있는지 모르겠네. 코드가 필요해.

밥 마틴: (입력한다)

```java
// TestGame.java-------------------------------------------
import junit.framework.TestCase;

public class TestGame extends TestCase {
    public TestGame(String name) {
        super(name);
    }

    public void testOneThrow() {
        Game g = new Game();
        g.add(5);
        assertEquals(5, g.score());
    }
}
```

밥 마틴: 괜찮아 보이나?

밥 코스: 그럼. 하지만 난 아직 Frame의 리스트가 필요하다는 확증을 찾고 있다네.

밥 마틴: 나도 그렇네. 이 테스트를 따라가서 어디로 이어지는지 보세.

```java
// Game.java---------------------------------
public class Game {
    public int score() {
        return 0;
    }

    public void add(int pins) {
    }
}
```

밥 마틴: 좋아. 이것은 컴파일되고 테스트에는 실패하네. 테스트를 통과하게 만들어보세.

```java
// Game.java---------------------------------
public class Game {
    public int score() {
        return itsScore;
    }

    public void add(int pins) {
        itsScore += pins;
    }

    private int itsScore = 0;
}
```

밥 마틴: 이건 테스트를 통과하지. 좋아.

밥 코스: 거기에는 이견이 없네. 하지만 난 아직도 Frame 객체의 연결 리스트가 필요하다는 확실한 증거를 찾고 있다네. 그게 우선적으로 우리를 Game으로 이끌어주는 것이지.

밥 마틴: 그래. 내가 찾고 있는 것도 그것이네. 나는 일단 스페어와 스트라이크에 대한 테스트를 도입하기 시작하면 Frame을 만들고 그것을 연결 리스트로 묶어야 할 것이라고 확신한다네. 하지만 꼭 그래야 할 때까지는 별로 만들고 싶지 않군.

밥 코스: 좋은 지적일세. Game에 대한 세부 작업을 계속하세. 스페어가 없는 2개의 '투구'를 테스트하는 것은 어떤가?

밥 마틴: 좋아. 그건 지금 바로 통과해야 하는데, 한번 해보세.

```java
// TestGame.java-------------------------------------------
public void testTwoThrowsNoMark() {
    Game g = new Game();
    g.add(5);
    g.add(4);
    assertEquals(9, g.score());
}
```

밥 마틴: 야호. 이건 통과하는군. 이제 점수를 내지 않는 4개의 공에 대해 테스트해보세.

밥 코스: 자, 그것도 통과하겠지. 이건 예상 밖인데. '투구'를 계속 더해갈 수도 있고, 그러면 Frame이 전혀 필요하지 않겠지. 하지만 아직 스페어나 스트라이크에 대해 처리하지 않았네. 이제 그것을 만들 때인 것 같군.

밥 마틴: 바로 그게 내가 기대하고 있는 것일세. 하지만 이 테스트 케이스를 생각해보게.

```java
// TestGame.java-------------------------------------------
public void testFourThrowsNoMark() {
    Game g = new Game();
    g.add(5);
    g.add(4);
    g.add(7);
    g.add(2);
    assertEquals(18, g.score());
    assertEquals(9, g.scoreForFrame(1));
    assertEquals(18, g.scoreForFrame(2));
}
```

밥 마틴: 괜찮아 보이나?

밥 코스: 정말 일리 있어 보이네. 각 프레임에서 스코어를 보여줄 수 있게 해야 한다는 걸 깜박했네. 아, 스코어 카드 그림이 내 다이어트 콜라 받침에 깔려 있었군. 그래서 내가 까먹은 거 아니겠나?

밥 마틴: (한숨을 쉬며) 좋아. 먼저 Game에 scoreForFrame 메소드를 추가해서 이 테스트 케이스를 실패하게 만들어보자고.

```java
// Game.java---------------------------------
public int scoreForFrame(int frame) {
    return 0;
}
```

밥 마틴: 굉장한데. 이것은 컴파일되고 테스트를 통과 못 했군. 자, 테스트를 통과하게 하려면 어떻게 해야 할까?

밥 코스: Frame 객체를 만들기 시작할 수 있네만, 그것이 테스트를 통과하게 하는 가장 간단한 방법일까?

밥 마틴: 아니지. 사실, Game 내부에 정수 배열을 만들기만 해도 되네. add 호출마다 배열에 새 정수를 추가하겠지. 그리고 각각 scoreForFrame 호출은 배열을 순회하면서 스코어를 계산하는 것이 되겠지.

```java
// Game.java---------------------------------
public class Game {
    public int score() {
        return itsScore;
    }

    public void add(int pins) {
        itsThrows[itsCurrentThrow++] = pins;
        itsScore += pins;
    }

    public int scoreForFrame(int frame) {
        int score = 0;
        for (int ball = 0;
            frame > 0 && (ball < itsCurrentThrow);
            ball += 2, frame--) {
            score += itsThrows[ball] + itsThrows[ball + 1];
        }
        return score;
    }

    private int itsScore = 0;
    private int[] itsThrows = new int[21];
    private int itsCurrentThrow = 0;
}
```

밥 마틴: (아주 만족해하며) 그것 보게, 제대로 동작하지.

밥 코스: 매직 넘버[*1] 21은 뭔가?

밥 마틴: 그건 경기의 가능한 최대 '투구' 횟수일세.

밥 코스: 으. 내가 추측해보건대, 자네는 젊은 시절에 유닉스 해커였고 아무도 해독할 수 없는 하나의 명령문으로 전체 애플리케이션을 작성할 수 있다고 자랑했던 것 같군. scoreForFrame()은 좀 더 이해하기 쉽도록 리팩토링이 필요하네. 하지만 리팩토링을 생각하기 전에 질문 하나를 더 하겠네. Game이 이 메소드를 위한 최적의 장소인가? 내 생각에 Game은 단일 책임 원칙(Single Responsibility Principle)[*2]을 위반하고 있는 것 같네. 이건 '투구'를 받고 각 프레임의 스코어를 기록하는 방법을 알고 있지. Scorer 객체에 대해 어떻게 생각하나?

밥 마틴: (버릇없게 손을 까딱거리며) 난 함수가 지금 어디에 있어야 할지는 모르겠네. 지금 내 관심거리는 스코어를 기록하는 것이 제대로 동작하게 하는 것이네. 일단 모든 게 잘 자리 잡게 하고 난 다음에야 SRP의 가치 문제를 논할 수 있을 걸세. 하지만 자네의 유닉스 해커 어쩌고 하는 지적은 알겠네. 루프를 단순화해보자고.

```
public int scoreForFrame(int theFrame) {
    int ball = 0;
    int score = 0;
    for (int currentFrame = 0; currentFrame < theFrame; currentFrame++) {
        score += itsThrows[ball++] + itsThrows[ball++];
    }

    return score;
}
```

밥 마틴: 좀 더 낫군. 하지만 score+= 표현식에는 부작용이 있네. 두 가수의 표현식이 어떤 순서로 평가되든지 상관없기 때문에 여기서는 문제가 되지 않네(아니면 문제가 되나? 어느 배열 연산 전에 두 번의 증가 연산이 행해질 수도 있나?)

밥 코스: 아무런 부작용이 없다는 것을 검증하기 위한 실험을 해볼 수도 있겠지만, 이 함수는 스페어와 스트라이크에 대해서는 제대로 동작하지 않네. 이것을 좀 더 읽기 쉽게 만

[*1] 역주 프로그램 내에 등장하는 숫자 문자 값을 말한다.

[*2] 8장 '단일 책임 원칙(SRP)' 참고

드는 작업을 계속해야겠나, 아니면 기능성을 좀 더 개선해야겠나?

밥 마틴: 그 실험은 특정 컴파일러에서만 의미 있을지도 모르네. 컴파일러에 따라 평가 순서가 다르기 때문이지. 이게 문제인지 아닌지는 모르겠지만, 잠재적인 순서 의존성을 없애고 나서 좀 더 많은 테스트를 써서 계속해보세.

```java
public int scoreForFrame(int theFrame) {
    int ball = 0;
    int score = 0;
    for (int currentFrame = 0; currentFrame < theFrame; currentFrame++) {
        int firstThrow = itsThrows[ball++];
        int secondThrow = itsThrows[ball++];
        score += firstThrow + secondThrow;
    }

    return score;
}
```

밥 마틴: 좋아. 다음 테스트 케이스. 스페어를 처리해보세.

```java
public void testSimpleSpare() {
    Game g = new Game();
}
```

밥 마틴: 이걸 작성하는 것도 싫증나네. 테스트를 리팩토링하고 setUp 함수에 Game을 생성하는 부분을 넣어보세.

```java
// TestGame.java----------------------------------------
import junit.framework.TestCase;

public class TestGame extends TestCase {
    public TestGame(String name) {
        super(name);
    }

    private Game g;

    public void setUp() {
        g = new Game();
    }

    public void testOneThrow() {
        g.add(5);
        assertEquals(5, g.score());
    }

    public void testTwoThrowsNoMark() {
```

```
            g.add(5);
            g.add(4);
            assertEquals(9, g.score());
        }

        public void testFourThrowsNoMark() {
            g.add(5);
            g.add(4);
            g.add(7);
            g.add(2);
            assertEquals(18, g.score());
            assertEquals(9, g.scoreForFrame(1));
            assertEquals(18, g.scoreForFrame(2));
        }

        public void testSimpleSpare() {
        }
    }
```

밥 마틴: 더 낫군. 자, 스페어 테스트 케이스를 작성하자고.

```
    public void testSimpleSpare() {
        g.add(3);
        g.add(7);
        g.add(3);
        assertEquals(13, g.scoreForFrame(1));
    }
```

밥 마틴: 좋아. 이 테스트 케이스는 실패하네. 자, 이것이 통과하게 만들어보세.

밥 코스: 내가 해보겠네.

```
        public int scoreForFrame(int theFrame) {
            int ball = 0;
            int score = 0;
            for (int currentFrame = 0; currentFrame < theFrame; currentFrame++) {
                int firstThrow = itsThrows[ball++];
                int secondThrow = itsThrows[ball++];

                int frameScore = firstThrow + secondThrow;
                // 스페어는 다음 프레임의 첫 번째 투구에 필요하다.
                if (frameScore == 10)
                    score += frameScore + itsThrows[ball++];
                else
                    score += frameScore;
            }

            return score;
        }
```

밥 코스: 야호! 제대로 동작해!

밥 마틴: (키보드를 잡으며) 좋아. 하지만 frameScore==10인 경우에 공의 개수를 증가시키는 부분이 저기 있어서는 안 될 것 같군. 이것이 내 의견을 증명하는 테스트 케이스일세.

```java
public void testSimpleFrameAfterSpare() {
    g.add(3);
    g.add(7);
    g.add(3);
    g.add(2);
    assertEquals(13, g.scoreForFrame(1));
    assertEquals(18, g.score());
}
```

밥 마틴: 하하! 보게. 실패하잖나. 자, 성가신 증가 부분을 없애버리기만 하면…

```java
if (frameScore == 10)
    score += frameScore + itsThrows[ball];
```

밥 마틴: 음… 아직도 실패하는군… score 메소드가 잘못됐을까? scoreForFrame(2)를 대신 사용하게 해서 테스트 케이스를 변경한 걸 테스트해보겠네.

```java
public void testSimpleFrameAfterSpare() {
    g.add(3);
    g.add(7);
    g.add(3);
    g.add(2);
    assertEquals(13, g.scoreForFrame(1));
    assertEquals(18, g.scoreForFrame(2));
}
```

밥 마틴: 흐으으으음… 이건 통과하는군. score 메소드가 뭔가 잘못된 거야. 살펴보세.

```
    public int score() {
        return itsScore;
    }

    public void add(int pins) {
        itsThrows[itsCurrentThrow++] = pins;
        itsScore += pins;
    }
```

밥 마틴: 그래, 이게 잘못되었군. score 메소드는 실제 스코어가 아니라 넘어뜨린 핀 수의 합을
반환할 뿐이야. score가 해줘야 하는 일은 현재 프레임으로 scoreForFrame()을 호
출하는 것일세.

밥 코스: 현재 프레임이 뭔지 모르지 않나. 그 메시지를 현재의 테스트에 모두 추가하세. 물론
한 번에 하나씩 말일세.

밥 마틴: 알았네.

```
    // TestGame.java-----------------------------------------
    public void testOneThrow() {
        g.add(5);
        assertEquals(5, g.score());
        assertEquals(1, g.getCurrentFrame());
    }


    // Game.java--------------------------------
    public int getCurrentFrame() {
        return 1;
    }
```

밥 마틴: 좋아. 제대로 동작하는군. 하지만 정말 바보 같네. 다음 테스트 케이스를 해보세.

```
    public void testTwoThrowsNoMark() {
        g.add(5);
        g.add(4);
        assertEquals(9, g.score());
        assertEquals(1, g.getCurrentFrame());
    }
```

밥 마틴: 이건 재미없군. 다음 것을 해보세.

```
    public void testFourThrowsNoMark() {
        g.add(5);
        g.add(4);
        g.add(7);
        g.add(2);
```

```
        assertEquals(18, g.score());
        assertEquals(9, g.scoreForFrame(1));
        assertEquals(18, g.scoreForFrame(2));
        assertEquals(2, g.getCurrentFrame());
    }
```

밥 마틴: 이건 실패하네. 이제 이것이 통과하게 만들어보세.

밥 코스: 알고리즘은 분명히 맞는 것 같네. 프레임마다 두 번의 '투구'가 있기 때문에 그냥 '투구'의 횟수를 2로 나누지. 스트라이크가 나오지 않는다면 말일세… 하지만 우리는 아직 스트라이크를 갖고 있지 않았으니, 여기서는 그것도 무시하자고.

밥 마틴: (제대로 동작할 때까지 1을 더했다 뺐다를 반복한다.)*3

```
public int getCurrentFrame() {
    return 1 + (itsCurrentThrow - 1) / 2;
}
```

밥 마틴: 썩 만족스럽진 않군.

밥 코스: 매번 계산하지 않는 것은 어떤가? 각 '투구' 후에 멤버 변수인 currentFrame을 조정한다면?

밥 마틴: 좋아. 한번 시도해보세.

```
// Game.java--------------------------------
public int getCurrentFrame() {
    return itsCurrentFrame;
}

public void add(int pins) {
    itsThrows[itsCurrentThrow++] = pins;
    itsScore += pins;
    if (firstThrow == true) {
        firstThrow = false;
        itsCurrentFrame++;
    } else {
        firstThrow = true;
    }
}

private int itsCurrentFrame = 0;
private boolean firstThrow = true;
```

---

*3 데이브 토머스(Dave Thomas)와 앤디 헌트(Andy hunt)는 이것을 '우연에 의한 프로그래밍'이라고 한다.

밥 마틴: 좋아. 이건 동작하네. 하지만 현재 프레임이 다음 공을 던질 프레임이 아니라 마지막 공을 던진 프레임이라는 의미를 갖고 있어. 이것을 기억하고 있는 한은 괜찮을 걸세.

밥 코스: 내 기억력은 그렇게 좋지 못하네. 그러니까 좀 더 읽기 쉽게 만들어보세. 하지만 이걸 가지고 좀 더 빈둥거리기 전에, 이 코드를 add()에서 꺼내어 adjustCurrentFrame() 이나 같은 이름의 전용 멤버 함수로 만들어보자고.

밥 마틴: 그래. 그거 좋겠군.

```java
public void add(int pins) {
    itsThrows[itsCurrentThrow++] = pins;
    itsScore += pins;
    adjustCurrentFrame();
}

private void adjustCurrentFrame() {
    if (firstThrow == true) {
        firstThrow = false;
        itsCurrentFrame++;
    } else {
        firstThrow = true;
    }
}
```

밥 마틴: 자, 변수와 함수의 이름을 좀 더 분명한 것으로 바꿔보세. itsCurrentFrame을 뭐라고 불러야 하겠나?

밥 코스: 바로 그 이름이 좋네. 하지만 그것을 잘못된 위치에서 증가시키고 있는 것 같네. 내게 있어 현재 프레임은 내가 던지고 있는 프레임의 번호지. 그러니까 프레임의 마지막 투구 직후에 증가되어야 하네.

밥 마틴: 동의하네. 먼저 테스트 케이스가 그것을 반영하도록 고친 다음, adjustCurrentFrame을 고치세.

```java
// TestGame.java-----------------------------------------
public void testTwoThrowsNoMark() {
    g.add(5);
    g.add(4);
    assertEquals(9, g.score());
    assertEquals(2, g.getCurrentFrame());
}

public void testFourThrowsNoMark() {
```

```
        g.add(5);
        g.add(4);
        g.add(7);
        g.add(2);
        assertEquals(18, g.score());
        assertEquals(9, g.scoreForFrame(1));
        assertEquals(18, g.scoreForFrame(2));
        assertEquals(3, g.getCurrentFrame());
}

// Game.java----------------------------------------
private void adjustCurrentFrame() {
    if (firstThrow == true){
        firstThrow = false;
    } else {
        firstThrow = true;
        itsCurrentFrame++;
    }
}

private int itsCurrentFrame = 1;
```

밥 마틴: 좋아. 제대로 동작하는군. 자, getCurrentFrame을 스페어가 나오는 2개의 테스트
로 시험해보세.

```
public void testSimpleSpare() {
    g.add(3);
    g.add(7);
    g.add(3);
    assertEquals(13, g.scoreForFrame(1));
    assertEquals(2, g.getCurrentFrame());
}

public void testSimpleFrameAfterSpare() {
    g.add(3);
    g.add(7);
    g.add(3);
    g.add(2);
    assertEquals(13, g.scoreForFrame(1));
    assertEquals(18, g.scoreForFrame(2));
    assertEquals(3, g.getCurrentFrame());
}
```

밥 마틴: 이것도 제대로 동작하네. 자, 원래의 문제로 돌아가세. 동작하는 score가 필요하네.
이제 scoreForFrame(getCurrentFrame() - 1)을 호출한 score를 작성할 수
있네.

```
public void testSimpleFrameAfterSpare() {
    g.add(3);
    g.add(7);
    g.add(3);
    g.add(2);
    assertEquals(13, g.scoreForFrame(1));
    assertEquals(18, g.scoreForFrame(2));
    assertEquals(18, g.score());
    assertEquals(3, g.getCurrentFrame());
}

// Game.java---------------------------------
public int score() {
    return scoreForFrame(getCurrentFrame() - 1);
}
```

밥 마틴: TestOneThrow 테스트 케이스에서 실패하지. 자세히 살펴보세.

```
public void testOneThrow() {
    g.add(5);
    assertEquals(5, g.score());
    assertEquals(1, g.getCurrentFrame());
}
```

밥 마틴: 한 번의 투구만으로는 첫 번째 프레임이 끝나지 않아. score 메소드는 scoreForFrame(0)을 부르고 있어. 아주 이상하군.

밥 코스: 그럴 수도 있고, 아닐 수도 있지. 누구를 위해 우리가 이 프로그램을 작성하고 있는 걸까? 그리고 누가 score()를 호출하지? 이것이 완전히 끝나지 않은 프레임에서 호출되지는 않는다고 가정하는 편이 합리적이지 않을까?

밥 마틴: 그렇군. 하지만 나는 신경이 쓰이네. 이 문제를 해결하려면 score를 testOneThrow 테스트 케이스에서 빼내야 하네. 이게 우리가 원하는 걸까?

밥 코스: 그럴 수 있지. 심지어 우리는 전체 testOneThrow 테스트 케이스 삭제할 수도 있다네. 이런 일을 통해 중요한 테스트 케이스를 모을 수 있겠지. 이 테스트 케이스가 지금 정말로 목적에 부합하는 기능을 하는가? 우리는 아직도 그 밖의 다른 테스트 케이스를 사용할 수 있네.

밥 마틴: 그렇군. 자네가 말하는 요점을 알겠네. 좋아. 없애버리세(코드를 수정 및 테스트하고 초록색 불을 본다). 아, 좀 더 낫군. 이제, 스트라이크 테스트 케이스를 작업해보는 게 좋겠어. 결국에는 이 모든 Frame 객체가 연결 리스트로 만들어지는 모습을 보고 싶은 거지?(낄낄거린다)

```
public void testSimpleStrike() {
    g.add(10);
    g.add(3);
    g.add(6);
    assertEquals(19, g.scoreForFrame(1));
    assertEquals(28, g.score());
    assertEquals(3, g.getCurrentFrame());
}
```

밥 마틴: 좋아. 이건 컴파일되고 예상한 대로 실패하네. 이제 이것이 통과하도록 만들어보세.

```
// Game.java---------------------------------
public class Game {
    public void add(int pins) {
        itsThrows[itsCurrentThrow++] = pins;
        itsScore += pins;
        adjustCurrentFrame(pins);
    }

    private void adjustCurrentFrame(int pins)
    {
        if (firstThrow == true) {
            if( pins == 10 ) // 스트라이크
                itsCurrentFrame++;
        else
            firstThrow = false;
        } else {
            firstThrow = true;
            itsCurrentFrame++;
        }
    }

    public int scoreForFrame(int theFrame) {
        int ball = 0;
        int score = 0;
        for (int currentFrame = 0; currentFrame < theFrame;
```

```
                        currentFrame++) {
                        int firstThrow = itsThrows[ball++];
                        if (firstThrow == 10) {
                            score += 10 + itsThrows[ball] + itsThrows[ball + 1];
                        } else {
                            int secondThrow = itsThrows[ball++];

                            int frameScore = firstThrow + secondThrow;
                            // 스페어는 다음 프레임의 첫 번째 투구에 필요하다.
                            if ( frameScore == 10 )
                                    score += frameScore + itsThrows[ball];
                            else
                                    score += frameScore;
                        }
                    }
                    return score;
            }
            private int itsScore = 0;
            private int[] itsThrows = new int[21];
            private int itsCurrentThrow = 0;
            private int itsCurrentFrame = 1;
            private boolean firstThrow = true;
        }
```

밥 마틴: 좋아. 별로 안 어려웠어. 퍼펙트 게임의 스코어를 기록할 수 있는지 보세.

```
        public void testPerfectGame() {
            for (int i = 0; i < 12; i++)
            {
                g.add(10);
            }
            assertEquals(300, g.score());
            assertEquals(10, g.getCurrentFrame());
        }
```

밥 마틴: 우, 스코어가 330이라고 하는군. 왜 이렇게 되었을까?

밥 코스: 현재 프레임이 12까지 계속 증가하기 때문이네.

밥 마틴: 아! 10까지로 제한해야겠네.

```java
private void adjustCurrentFrame(int pins) {
    if (firstThrow == true) {
        if (pins == 10) // 스트라이크
            itsCurrentFrame++;
        else
            firstThrow = false;
    } else {
        firstThrow = true;
        itsCurrentFrame++;
    }
    itsCurrentFrame = Math.min(10, itsCurrentFrame);
}
```

밥 마틴: 이런, 이제는 스코어가 270이라고 하는군. 무슨 일이 일어난 거지?

밥 코스: 밥, score 함수는 getCurrentFrame에서 1을 빼기 때문에, 10번째가 아니라 9번째 프레임의 스코어를 주는 거라네.

밥 마틴: 뭐라고? 현재 프레임 번호를 10이 아니라 11로 제한해야 한다고 말하는 건가? 한번 시도해보겠네.

```java
itsCurrentFrame = Math.min(11, itsCurrentFrame);
```

밥 마틴: 좋아. 이제 올바른 스코어를 구하지만, 현재 프레임이 10이 아니라 11이라는 면에서 문제가 있군. 윽! 이 현재 프레임이란 건 골칫덩어리군. 우리는 현재 프레임이 플레이어가 투구를 하는 그 프레임이 되길 바라네만, 그것이 게임의 종료에서는 어떤 의미를 갖게 되는가?

밥 코스: 아마 마지막 공이 던져진 프레임이 현재 프레임이라는 생각으로 돌아가야 할 것 같네.

밥 마틴: 아니면 마지막으로 완전히 끝난 프레임의 개념을 세우는 것은 어떤가? 아무튼, 어느 시점에서든 게임의 스코어는 마지막으로 끝난 프레임의 스코어가 되는 걸세.

밥 코스: 완전히 끝난 프레임이란 건 스코어를 써넣을 수 있는 프레임이지. 맞는가?

밥 마틴: 그래. 스페어가 있는 프레임은 다음 공을 던진 후에 완전히 끝나지. 스트라이크가 있는 프레임은 다음 2개의 공을 던진 후에 끝나지. 아무 점수도 안 난 프레임은 프레임의 두 번째 공을 던진 후에 끝나고. 잠깐 기다려보게… 지금 우리가 하는 일이 score() 메소드가 제대로 동작하게 하려는 거지? 그러니까 우리에게 필요한 건, 게임이 끝났을 때 score()가 scoreForFrame(10)을 호출하게 만드는 것뿐이네.

밥 코스: 게임이 끝났다는 걸 어떻게 알 수 있지?

밥 마틴: 언젠가 adjustCurrentFrame이 10번째 이후로 itsCurrentFrame을 증가시키려고 시도한다면, 게임이 끝나는 것이지.

밥 코스: 기다려보게. 자네가 말하고 있는 것은 getCurrentFrame이 11을 반환하면 게임이 끝난다는 것이네. 그건 바로 이 코드가 지금 동작하는 방식이야!

밥 마틴: 흠. 코드에 맞추기 위해 테스트를 바꿔야 한다는 건가?

```
public void testPerfectGame() {
    for (int i = 0; i < 12; i++) {
        g.add(10);
    }
    assertEquals(300, g.score());
    assertEquals(11, g.getCurrentFrame());
}
```

밥 마틴: 휴우. 제대로 동작하는군. 난 getMonth가 1월에 대해 0을 반환하는 것보다 나쁘지는 않다고 생각하네. 하지만 아직도 걱정이 되는군.

밥 코스: 아마 나중에 무슨 일이 일어나긴 하겠지. 잠깐만, 내가 지금 버그를 발견한 것 같네 (키보드를 잡는다).

```
public void testEndOfArray()
{
  for (int i = 0; i < 9; i++)
  {
    g.add(0);
    g.add(0);
  }
  g.add(2);
  g.add(8);  // 10번째 프레임의 스페어
  g.add(10); // 배열 마지막 위치에서의 스트라이크
  assertEquals(20, g.score());
}
```

밥 코스: 흠. 이건 실패하지 않는군. 나는 배열에서 21번째 위치가 스트라이크이기 때문에 스코어를 매기는 함수가 22번째와 23번째 숫자를 스코어에 더하려고 시도할 것이라 생각했네. 하지만 내가 틀렸던 것 같군.

밥 마틴: 흠. 자네는 아직 scorer 객체를 생각하고 있군. 그렇지 않은가? 어쨌든, 자네가 확인해보려 한 것은 알겠네만, score는 절대 10보다 큰 수로 scoreForFrame을 호출하지 않기 때문에 마지막 스트라이크는 실제로 스트라이크로 계산되지 않네. 이것은 그냥 마지막 스페어를 완결 짓는 10이란 점수로 계산될 뿐이야. 절대 배열의 끝을 넘어가지는 않네.

밥 코스: 좋아. 원래 만들었던 스코어 카드를 이 프로그램에 집어넣어 보세.

```
public void testSampleGame() {
    g.add(1);
    g.add(4);
    g.add(4);
    g.add(5);
    g.add(6);
    g.add(4);
    g.add(5);
    g.add(5);
    g.add(10);
    g.add(0);
    g.add(1);
    g.add(7);
    g.add(3);
    g.add(6);
    g.add(4);
    g.add(10);
    g.add(2);
    g.add(8);
    g.add(6);
    assertEquals(133, g.score());
}
```

밥 코스: 휴우, 제대로 작동하는군. 자네가 생각하는 다른 테스트 케이스가 있는가?

밥 마틴: 그래. 몇 개의 경계 조건을 더 테스트해보세. 11개의 스트라이크를 던지고 마지막으로 9점을 내는 불쌍한 바보는 어떤가?

```
public void testHeartBreak() {
    for (int i = 0; i < 11; i++)
        g.add(10);
    g.add(9);
    assertEquals(299, g.score());
}
```

밥 마틴: 이것도 제대로 동작하네. 좋아. 10번째 프레임이 스페어인 경우는?

```
public void testTenthFrameSpare() {
    for (int i = 0; i < 9; i++)
        g.add(10);
    g.add(9);
    g.add(1);
    g.add(1);
    assertEquals(270, g.score());
}
```

밥 마틴: (초록색 불을 행복하게 바라보면서) 이것도 제대로 동작하네. 난 더 이상 생각나는 경우
가 없네. 자네는 어떤가?

밥 코스: 나도 없네. 모든 것을 다 생각해본 것 같군. 이것 외에, 나는 정말로 이 지저분한 것
들을 리팩토링하고 싶어. 나는 아직 어딘가에 scorer 객체를 만드는 일을 생각하고
있다네.

밥 마틴: 뭐, 좋아. scoreForFrame 함수는 상당히 지저분하지. 이것을 해결해보세.

```
public int scoreForFrame(int theFrame) {
    int ball = 0;
    int score = 0;
    for (int currentFrame = 0; currentFrame < theFrame; currentFrame++) {
        int firstThrow = itsThrows[ball++];
        if (firstThrow == 10) {
```

```
                score += 10 + itsThrows[ball] + itsThrows[ball + 1];
            } else {
                int secondThrow =itsThrows[ball++];

                int frameScore = firstThrow + secondThrow;
                // 스페어는 다음 프레임의 첫 번째 투구에 필요하다.
                if (frameScore == 10)
                    score += frameScore + itsThrows[ball];
                else
                    score += frameScore;
            }
        }
        return score;
    }
```

밥 마틴: 나는 정말로 else 절의 본문을 뽑아내어 handleSecondThrow라는 이름의 독립
된 함수로 만들고 싶지만, 이것이 지역 변수로 ball, firstThrow, secondThrow
를 사용하고 있기 때문에 그럴 수가 없네.

밥 코스: 이 지역 변수를 멤버 변수로 바꿀 수 있을 걸세.

밥 마틴: 그래. 그건 스코어를 기록하는 부분을 떼어내 그 자체 scorer 객체에 넣을 수 있을
거라는 자네의 개념을 보완해주는군. 좋아. 한번 해보세.

밥 코스: (키보드를 잡는다)

```
private void adjustCurrentFrame(int pins) {
    if (firstThrowInFrame == true) {
        if( pins == 10 ) // 스트라이크
            itsCurrentFrame++;
        else
            firstThrowInFrame = false;
    } else {
        firstThrowInFrame = true;
        itsCurrentFrame++;
    }
    itsCurrentFrame = Math.min(11, itsCurrentFrame);
}

public int scoreForFrame(int theFrame) {
    ball = 0;
    int score = 0;
    for (int currentFrame = 0; currentFrame < theFrame; currentFrame++) {
        firstThrow = itsThrows[ball++];
        if (firstThrow == 10) {
            score += 10 + itsThrows[ball] + itsThrows[ball + 1];
        } else {
```

```
                secondThrow = itsThrows[ball++];

                int frameScore = firstThrow + secondThrow;
                // 스페어는 다음 프레임의 첫 번째 투구에 필요하다.
                if (frameScore == 10)
                    score += frameScore + itsThrows[ball];
                else
                    score += frameScore;
            }
        }
        return score;
    }

    private int ball;
    private int firstThrow;
    private int secondThrow;

    private int itsScore = 0;
    private int[] itsThrows = new int[21];
    private int itsCurrentThrow = 0;
    private int itsCurrentFrame = 1;
    private boolean firstThrowInFrame = true;
```

밥 코스: 이름 충돌을 생각하지 못했네. firstThrow라는 이름의 인스턴스 변수가 벌써 있
군. 하지만 firstThrowInFrame이라는 이름이 더 좋네. 어쨌든, 이건 지금은 제대
로 동작하니까, else 절을 따로 떼어 그 자체 함수에 넣어도 되겠지.

```
    public int scoreForFrame(int theFrame) {
        ball = 0;
        int score = 0;
        for (int currentFrame = 0; currentFrame < theFrame; currentFrame++) {
            firstThrow = itsThrows[ball++];
            if (firstThrow == 10) {
                score += 10 + itsThrows[ball] + itsThrows[ball + 1];
            } else {
                score += handleSecondThrow();
            }
        }
        return score;
    }

    private int handleSecondThrow() {
        int score = 0;
        secondThrow = itsThrows[ball++];

        int frameScore = firstThrow + secondThrow;
        // 스페어는 다음 프레임의 첫 번째 투구에 필요하다.
        if (frameScore == 10)
            score += frameScore + itsThrows[ball];
```

```
    else
        score += frameScore;
    return score;
}
```

밥 마틴: scoreForFrame의 구조 좀 보게! 의사코드로 쓰면 이건 다음과 같이 된다네.

```
if strike
    score += 10 + nextTwoBalls();
else
    handleSecondThrow
```

밥 마틴: 이걸 이렇게 바꾸면 어떨까.

```
if strike
    score += 10 + nextTwoBalls();
else if spare
    score += 10 + nextBall();
else
    score += twoBallsInFrame()
```

밥 코스: 멋지군! 확실히 볼링의 스코어를 기록하는 방법과 더 비슷해졌네. 그렇지 않은가? 좋아. 실제 함수에서 이 구조를 쓸 수 있는지 보자고. 먼저, ball 변수가 증가되는 방식을 변경해서 세 경우가 독립적으로 그것을 조작하게 하세.

```
public int scoreForFrame(int theFrame) {
    ball = 0;
    int score = 0;
    for (int currentFrame = 0; currentFrame < theFrame; currentFrame++) {
        firstThrow = itsThrows[ball];
        if (firstThrow == 10) {
            ball++;
            score += 10 + itsThrows[ball] + itsThrows[ball + 1];
        } else {
            score += handleSecondThrow();
        }
    }
    return score;
}

private int handleSecondThrow() {
    int score = 0;
    secondThrow = itsThrows[ball + 1];

    int frameScore = firstThrow + secondThrow;
    // 스페어는 다음 프레임의 첫 번째 투구에 필요하다.
    if (frameScore == 10) {
        ball += 2;
```

볼링 게임 87

```
        score += frameScore + itsThrows[ball];
    } else {
        ball += 2;
        score += frameScore;
    }
    return score;
}
```

밥 마틴: (키보드를 잡는다) 좋아. 이제 firstThrow와 secondThrow 변수를 없애고 적절한
함수로 대체하세.

```
public int scoreForFrame(int theFrame) {
    ball = 0;
    int score = 0;
    for (int currentFrame = 0; currentFrame < theFrame; currentFrame++) {
        firstThrow = itsThrows[ball];
        if (strike()) {
            ball++;
            score += 10 + nextTwoBalls();
        } else {
            score += handleSecondThrow();
        }
    }
    return score;
}

private boolean strike() {
    return itsThrows[ball] == 10;
}

private int nextTwoBalls() {
    return itsThrows[ball] + itsThrows[ball + 1];
}
```

밥 마틴: 이 단계는 제대로 동작하는군. 계속하세.

```
private int handleSecondThrow() {
    int score = 0;
    secondThrow = itsThrows[ball + 1];

    int frameScore = firstThrow + secondThrow;
    // 스페어는 다음 프레임의 첫 번째 투구에 필요하다.
    if (spare()) {
        ball += 2;
        score += 10 + nextBall();
    } else {
        ball += 2;
        score += frameScore;
    }
```

```
        return score;
    }

    private boolean spare() {
        return (itsThrows[ball] + itsThrows[ball + 1]) == 10;
    }

    private int nextBall() {
        return itsThrows[ball];
    }
```

밥 마틴: 좋아. 이것도 제대로 동작하는군. 이제 frameScore를 처리하세.

```
    private int handleSecondThrow() {
        int score = 0;
        secondThrow = itsThrows[ball + 1];

        int frameScore = firstThrow + secondThrow;
        // 스페어는 다음 프레임의 첫 번째 투구에 필요하다.
        if (spare())
        {
            ball += 2;
            score += 10 + nextBall();
        } else {
            score += twoBallsInFrame();
            ball += 2;
        }
        return score;
    }

    private int twoBallsInFrame() {
        return itsThrows[ball] + itsThrows[ball + 1];
    }
```

밥 코스: 밥, 자네는 ball을 일관성 없이 증가시키고 있네. spare와 strike는 스코어를 계산하기 전에 증가시키고, twoBallsInFrame은 스코어를 계산한 후에 증가시키고 있네. 게다가 코드가 이 순서에 의존하고! 어떻게 된 건가?

밥 마틴: 미안하군. 설명했어야 하는데. 증가 부분을 strike, spare, twoBallsInFrame으로 옮기려고 하고 있네. 이런 방식을 쓰면, scoreForFrame 함수에서 증가 부분이 없어지고 저 의사코드와 똑같이 보이게 될 것이네.

밥 코스: 좋아. 몇 단계만 더 믿어보겠네. 하지만 내가 보고 있다는 걸 기억하게.

밥 마틴: 좋아. 이제 더 이상 아무도 firstThrow, secondThrow, frameScore를 사용하지

않으니까 이것을 없애버릴 수 있어.

```java
public int scoreForFrame(int theFrame) {
    ball = 0;
    int score = 0;
    for (int currentFrame = 0; currentFrame < theFrame; currentFrame++) {
        if (strike()) {
            ball++;
            score += 10 + nextTwoBalls();
        } else {
            score += handleSecondThrow();
        }
    }
    return score;
}

private int handleSecondThrow() {
    int score = 0;
    // 스페어는 다음 프레임의 첫 번째 투구에 필요하다.
    if (spare()) {
        ball += 2;
        score += 10 + nextBall();
    } else {
        score += twoBallsInFrame();
        ball += 2;
    }
    return score;
}
```

밥 마틴: (초록색 불에 반사되어 그의 눈에 광채가 어린다) 이제 세 경우 모두 결합된 유일한 변수
는 ball이고, 각 경우에서 ball은 독립적으로 처리되므로, 세 경우를 합칠 수 있
네.

```java
public int scoreForFrame(int theFrame) {
    ball = 0;
    int score = 0;
    for (int currentFrame = 0; currentFrame < theFrame; currentFrame++) {
        if (strike()) {
            ball++;
            score += 10 + nextTwoBalls();
        } else if (spare()) {
            ball += 2;
            score += 10 + nextBall();
        } else {
            score += twoBallsInFrame();
            ball += 2;
        }
    }
```

```
        return score;
    }
```

밥 코스: 좋아. 이제 일정하게 증가되도록 만들고, 함수의 이름을 좀 더 명시적인 것으로 바꿀수 있네(키보드를 잡는다).

```
public int scoreForFrame(int theFrame) {
    ball = 0;
    int score = 0;
    for (int currentFrame = 0; currentFrame < theFrame; currentFrame++) {
        if (strike()) {
            score += 10 + nextTwoBallsForStrike();
            ball++;
        } else if (spare()) {
            score += 10 + nextBallForSpare();
            ball += 2;
        } else {
            score += twoBallsInFrame();
            ball += 2;
        }
    }
    return score;
}

private int nextTwoBallsForStrike() {
    return itsThrows[ball+1] + itsThrows[ball+2];
}

private int nextBallForSpare() {
    return itsThrows[ball+2];
}
```

밥 마틴: scoreForFrame 함수 좀 보게! 가능한 한 가장 간결하게 표현한 볼링 규칙일세.

밥 코스: 하지만 밥, Frame 객체의 연결 리스트는 어떻게 된 건가?(낄낄 웃는다)

밥 마틴: (한숨을 쉬며) 우리가 도식적인 과도한 설계의 망령에게 홀렸었나 보네. 이런. 냅킨 뒤에 그린 3개의 작은 박스, Game, Frame, Throw. 그리고 그것은 너무나 복잡하고 명백히 잘못된 것이었네.

밥 코스: 우리는 Throw 클래스부터 시작하는 실수를 범했네. Game 클래스부터 시작해야 했어!

밥 마틴: 정말! 그러니까, 다음부터는 가장 높은 수준에서 시작해서 아래로 내려오면서 작업하세.

밥 코스: (놀라서) 하향식(top-down) 설계!??!?!?

밥 마틴: 정확해. 하향식, 그리고 **테스트 우선** 설계라네. 솔직히 말해서 이것이 좋은 규칙인지 아닌지는 모르겠네. 그냥 지금 이 경우에는 우리를 도와주었을 규칙일 뿐이야. 그러니까 다음에는 그것을 시험해보고 무슨 일이 일어나는지 알아볼 생각이네.

밥 코스: 그래, 좋아. 어쨌든 아직 리팩토링해야 할 것들이 남았네. ball 변수는 그저 scoreForFrame과 그에 따르는 것들을 위한 전용 반복자(private iterator)일 뿐이야. 이것들은 다른 객체로 옮겨져야 하네.

밥 마틴: 오, 그래. 자네의 Scorer 객체 말인가. 결국 자네가 옳았군. 자, 그걸 해보세.

밥 코스: (키보드를 잡고 중간중간 테스트를 거치면서 몇 번의 작은 단계를 밟는다)

```java
// Game.java---------------------------------
public class Game {
    public int score() {
        return scoreForFrame(getCurrentFrame() - 1);
    }

    public int getCurrentFrame() {
        return itsCurrentFrame;
    }

    public void add(int pins) {
        itsScorer.addThrow(pins);
        itsScore += pins;
        adjustCurrentFrame(pins);
    }

    private void adjustCurrentFrame(int pins) {
        if (firstThrowInFrame == true) {
            if( pins == 10 ) // 스트라이크
                itsCurrentFrame++;
            else
                firstThrowInFrame = false;
        } else {
            firstThrowInFrame = true;
            itsCurrentFrame++;
        }
        itsCurrentFrame = Math.min(11, itsCurrentFrame);
    }

    public int scoreForFrame(int theFrame){
        return itsScorer.scoreForFrame(theFrame);
    }
```

```java
        private int itsScore = 0;
        private int itsCurrentFrame = 1;
        private boolean firstThrowInFrame = true;
        private Scorer itsScorer = new Scorer();
}


// Scorer.java----------------------------------
public class Scorer {
    public void addThrow(int pins) {
        itsThrows[itsCurrentThrow++] = pins;
    }

    public int scoreForFrame(int theFrame) {
        ball = 0;
        int score = 0;
        for (int currentFrame = 0; currentFrame < theFrame;
            currentFrame++) {
            if (strike()) {
                score += 10 + nextTwoBallsForStrike();
                ball++;
            } else if (spare()) {
                score += 10 + nextBallForSpare();
                ball += 2;
            } else {
                score += twoBallsInFrame();
                ball += 2;
            }
        }
        return score;
    }

    private boolean strike() {
        return itsThrows[ball] == 10;
    }

    private boolean spare() {
        return (itsThrows[ball] + itsThrows[ball + 1]) == 10;
    }

    private int nextTwoBallsForStrike() {
        return itsThrows[ball + 1] + itsThrows[ball + 2];
    }

    private int nextBallForSpare() {
        return itsThrows[ball + 2];
    }

    private int twoBallsInFrame() {
        return itsThrows[ball] + itsThrows[ball + 1];
    }
```

```
        private int ball;
        private int[] itsThrows = new int[21];
        private int itsCurrentThrow = 0;
    }
```

밥 코스: 훨씬 낫군. 이제 Game은 그저 프레임을 쭉 따라가기만 하고 있네. 그리고 Scorer는 스코어만 계산하고 있네. 단일 책임 원칙(Single Responsibility Principle)이 깨지지 않았어!

밥 마틴: 뭐든 간에. 이게 좀 더 낫군. itsScore 변수가 더 이상 사용되지 않는다는 사실을 눈치챘나?

밥 코스: 하아! 자네가 맞네. 제거하세(매우 즐겁게 지우기 시작한다).

```
    public void add(int pins) {
        itsScorer.addThrow(pins);
        adjustCurrentFrame(pins);
    }
```

밥 코스: 나쁘지 않군. 이제, adjustCurrentFrame을 청소해야 하지 않을까?

밥 마틴: 좋아. 살펴보세.

```
    private void adjustCurrentFrame(int pins) {
        if (firstThrowInFrame == true) {
            if( pins == 10 ) // 스트라이크
                itsCurrentFrame++;
            else
                firstThrowInFrame = false;
        } else {
            firstThrowInFrame = true;
            itsCurrentFrame++;
        }
        itsCurrentFrame = Math.min(11, itsCurrentFrame);
    }
```

밥 마틴: 좋아. 먼저 증가 부분을 뽑아 프레임을 11로 제한하는 단일 함수에 넣자고(으으… 난 아직도 저 11이란 게 싫어).

밥 코스: 밥, 11은 게임 끝을 의미하네.

밥 마틴: 그래. 으으…(키보드를 잡고, 테스트를 거쳐 두 가지를 수정한다)

```
    private void adjustCurrentFrame(int pins) {
        if (firstThrowInFrame == true) {
```

```
            if( pins == 10 ) // 스트라이크
                advanceFrame();
            else
                firstThrowInFrame = false;
        } else {
            firstThrowInFrame = true;
            advanceFrame();
        }
    }

    private void advanceFrame() {
        itsCurrentFrame = Math.min(11, itsCurrentFrame + 1);
    }
```

밥 마틴: 좋아. 좀 더 낫군. 이제 스트라이크의 경우를 그 자체 함수로 분리하세(사이사이에 테 스트를 실행해보면서 몇 번의 작은 단계를 밟는다).

```
    private void adjustCurrentFrame(int pins) {
        if (firstThrowInFrame == true) {
            if (adjustFrameForStrike(pins) == false)
                firstThrowInFrame = false;
        } else {
            firstThrowInFrame = true;
            advanceFrame();
        }
    }

    private boolean adjustFrameForStrike(int pins) {
        if (pins == 10) {
            advanceFrame();
            return true;
        }
        return false;
    }
```

밥 마틴: 아주 좋군. 이제 11에 대해 생각해보세.

밥 코스: 자네는 정말로 저걸 싫어하는군. 그렇지 않은가?

밥 마틴: 그래그래. score() 함수를 살펴보세.

```
    public int score() {
        return scoreForFrame(getCurrentFrame() - 1);
    }
```

밥 마틴: 저 −1은 이상하군. 실제로 getCurrentFrame을 사용하는 유일한 장소이긴 하지만, 이것이 반환하는 값을 조정할 필요가 있네.

밥 코스: 젠장, 자네가 맞네. 우리가 몇 번이나 이것에 대한 생각을 바꿨지?

밥 마틴: 너무 많이. 하지만 여기까지야. 코드는 itsCurrentFrame이 막 던지려고 하는 프레임이 아니라 마지막으로 던졌던 공의 프레임을 표현해야 하네.

밥 코스: 이런, 그러면 많은 테스트가 이상해질 거야.

밥 마틴: 사실 난 모든 테스트에서 getCurrentFrame을 없애고, getCurrentFrame 함수 자체도 없애야 한다고 생각하네. 아무도 실제로 그것을 사용하지 않으니까.

밥 코스: 그래. 자네가 말하는 요점을 알겠네. 내가 하지. 이건 절름발이 말을 죽여 그 고통을 끝내주는 것과 같은 일이 될 거야(키보드를 잡으며).

```java
// Game.java-------------------------------
public int score() {
    return scoreForFrame(itsCurrentFrame);
}
private void advanceFrame() {
    itsCurrentFrame = Math.min(10, itsCurrentFrame + 1);
}
```

밥 마틴: 아, 기가 막히는군. 우리가 겨우 저것 때문에 속을 태웠다는 거야? 우리가 한 일이라곤 제한 값 11을 10으로 바꾸고 −1을 없앤 것뿐이야. 이런!

밥 코스: 그래. 밥 아저씨. 우리가 한 모든 걱정은 정말 아무 가치도 없는 것이었네.

밥 마틴: 난 adjustFrameForStrike()의 부작용이 너무 싫어. 이것을 없애고 싶네. 이건 어떻게 생각하나?

```java
private void adjustCurrentFrame(int pins) {
    if ((firstThrowInFrame && pins == 10) || (!firstThrowInFrame))
        advanceFrame();
    else
        firstThrowInFrame = false;
}
```

밥 코스: 그 생각 좋군. 그리고 테스트도 다 통과하고 말이야. 하지만 난 긴 if 문이 싫어. 이건 어떤가?

```java
private void adjustCurrentFrame(int pins) {
    if (strike(pins) || !firstThrowInFrame)
        advanceFrame();
```

```
    else
        firstThrowInFrame = false;
}

private boolean strike(int pins){
    return (firstThrowInFrame && pins == 10);
}
```

밥 마틴: 좋아. 보기 좋군. 한 단계 더 나아갈 수도 있네.

```
private void adjustCurrentFrame(int pins) {
    if (lastBallInFrame(pins))
        advanceFrame();
    else
        firstThrowInFrame = false;
}

private boolean lastBallInFrame(int pins) {
    return strike(pins) || !firstThrowInFrame;
}
```

밥 코스: 멋져!

밥 마틴: 좋아. 다 끝난 것 같군. 전체 프로그램을 쭉 읽으면서 가능한 한 간단하고 이해하기 쉬운지 확인하세.

```
// Game.java--------------------------------
public class Game {
    public int score() {
        return scoreForFrame(itsCurrentFrame);
    }

    public void add(int pins) {
        itsScorer.addThrow(pins);
        adjustCurrentFrame(pins);
    }

    private void adjustCurrentFrame(int pins) {
        if (lastBallInFrame(pins))
            advanceFrame();
        else
            firstThrowInFrame = false;
    }

    private boolean lastBallInFrame(int pins) {
        return strike(pins) || !firstThrowInFrame;
    }
```

```
        private boolean strike(int pins) {
            return (firstThrowInFrame && pins == 10);
        }

        private void advanceFrame() {
            itsCurrentFrame = Math.min(10, itsCurrentFrame + 1);
        }

        public int scoreForFrame(int theFrame) {
            return itsScorer.scoreForFrame(theFrame);
        }

        private int itsCurrentFrame = 0;
        private boolean firstThrowInFrame = true;
        private Scorer itsScorer = new Scorer();
    }

    // Scorer.java---------------------------------
    public class Scorer {
        public void addThrow(int pins) {
            itsThrows[itsCurrentThrow++] = pins;
        }

        public int scoreForFrame(int theFrame) {
            ball = 0;
            int score = 0;
            for (int currentFrame = 0; currentFrame < theFrame; currentFrame++) {
                if (strike()) {
                    score += 10 + nextTwoBallsForStrike();
                    ball++;
                } else if (spare()) {
                    score += 10 + nextBallForSpare();
                    ball += 2;
                } else {
                    score += twoBallsInFrame();
                    ball += 2;
                }
            }
            return score;
        }

        private boolean strike() {
            return itsThrows[ball] == 10;
        }

        private boolean spare() {
            return (itsThrows[ball] + itsThrows[ball + 1]) == 10;
        }

        private int nextTwoBallsForStrike() {
            return itsThrows[ball + 1] + itsThrows[ball + 2];
```

```
        }

        private int nextBallForSpare() {
            return itsThrows[ball + 2];
        }

        private int twoBallsInFrame() {
            return itsThrows[ball] + itsThrows[ball + 1];
        }

        private int ball;
        private int[] itsThrows = new int[21];
        private int itsCurrentThrow = 0;
    }
```

밥 마틴: 좋아. 아주 괜찮아 보이는군. 더 남은 일이 있다고 생각할 수 없는걸.

밥 코스: 그래. 보기 좋군. 정확한 기준을 위해 테스트를 살펴보세.

```
    // TestGame.java-----------------------------------------
    import junit.framework.TestCase;

    public class TestGame extends TestCase {
        public TestGame(String name) {
            super(name);
        }

        private Game g;

        public void setUp() {
            g = new Game();
        }

        public void testTwoThrowsNoMark() {
            g.add(5);
            g.add(4);
            assertEquals(9, g.score());
        }

        public void testFourThrowsNoMark() {
            g.add(5);
            g.add(4);
            g.add(7);
            g.add(2);
            assertEquals(18, g.score());
            assertEquals(9, g.scoreForFrame(1));
            assertEquals(18, g.scoreForFrame(2));
        }
```

```java
public void testSimpleSpare() {
    g.add(3);
    g.add(7);
    g.add(3);
    assertEquals(13, g.scoreForFrame(1));
}

public void testSimpleFrameAfterSpare() {
    g.add(3);
    g.add(7);
    g.add(3);
    g.add(2);
    assertEquals(13, g.scoreForFrame(1));
    assertEquals(18, g.scoreForFrame(2));
    assertEquals(18, g.score());
}

public void testSimpleStrike() {
    g.add(10);
    g.add(3);
    g.add(6);
    assertEquals(19, g.scoreForFrame(1));
    assertEquals(28, g.score());
}

public void testPerfectGame() {
    for (int i = 0; i < 12; i++) {
        g.add(10);
    }
    assertEquals(300, g.score());
}

public void testEndOfArray() {
    for (int i = 0; i < 9; i++) {
        g.add(0);
        g.add(0);
    }
    g.add(2);
    g.add(8); // 10번째 프레임 스페어
    g.add(10); // 배열의 마지막 위치에 스트라이크
    assertEquals(20, g.score());
}

public void testSampleGame() {
    g.add(1);
    g.add(4);
    g.add(4);
    g.add(5);
    g.add(6);
```

```
            g.add(4);
            g.add(5);
            g.add(5);
            g.add(10);
            g.add(0);
            g.add(1);
            g.add(7);
            g.add(3);
            g.add(6);
            g.add(4);
            g.add(10);
            g.add(2);
            g.add(8);
            g.add(6);
            assertEquals(133, g.score());
        }

        public void testHeartBreak() {
            for (int i = 0; i < 11; i++)
                g.add(10);
            g.add(9);
            assertEquals(299, g.score());
        }

        public void testTenthFrameSpare() {
            for (int i = 0; i < 9; i++)
                g.add(10);
            g.add(9);
            g.add(1);
            g.add(1);
            assertEquals(270, g.score());
        }
    }
```

밥 코스: 상당한 범위를 확인하는군. 특별히 더 의미 있는 테스트 케이스로 생각할 수 있는 게 있나?

밥 마틴: 없네. 끝난 것 같군. 내가 이 시점에서 마음 편하게 제거할 수 있는 부분이 없어.

밥 코스: 그럼 우린 이 일을 끝낸 거군.

밥 마틴: 나도 그렇게 생각하네. 자네가 준 큰 도움에 감사하네.

밥 코스: 천만에. 재미있었네.

결론

나는 이 장을 쓰고 나서 그 내용을 오브젝트 멘토(Object Mentor) 웹 사이트[*4]에 공개했는데, 많은 사람이 이 글을 읽고 의견을 주었다. 몇몇은 여기에 객체 지향 설계가 거의 포함되어 있지 않다며 의아해하는 흥미로운 반응을 보였다. 모든 애플리케이션과 프로그램에 객체 지향 설계를 적용해야 하는가? 객체 지향 설계를 그다지 필요로 하지 않는 프로그램이 바로 여기에 있다. 이 프로그램에서 Scorer 클래스는 유일하게 객체 지향을 사용한 곳이었고, 그나마도 진짜 객체 지향 설계보다는 훨씬 간단한 분할 방식을 취했다.

또 어떤 사람들은 정말 Frame 클래스가 있어야 한다고 생각했다. Frame 클래스를 포함한 버전을 만들기까지 한 사람도 있었는데, 그 프로그램은 여러분이 앞에서 본 것보다 훨씬 크고 좀 더 복잡했다.

UML을 올바르게 사용하지 않았다고 지적한 사람들도 있었다. 아무튼 우리는 시작하기 전에 완전한 설계를 하지 않았다. 냅킨 뒤에 그린 작고 우스운 UML 다이어그램(그림 6-2)은 완벽한 설계가 아니었고, 시퀀스 다이어그램(sequence diagram)도 포함하고 있지 않았다. 나는 이 논쟁이 더 이상하다고 생각한다. 그림 6-2에 시퀀스 다이어그램을 추가한다고 해서 Throw와 Frame 클래스가 불필요해졌을 것으로는 보이지 않는다. 아니, 오히려 이 클래스들이 필요하다고 더 확신하게 했으리라 생각한다.

그렇다고 다이어그램이 불필요하다는 뜻은 아니다. 뭐, 사실 내 방식대로라면 그렇기도 한데, 이 프로그램에서 다이어그램은 전혀 도움이 되지 않았을 뿐만 아니라 오히려 방해가 되었다. 만약 우리가 다이어그램을 이용했다면, 필요한 것보다 훨씬 더 복잡한 프로그램이 만들어졌을 것이다. 그와 동시에 좀 더 유지보수하기 쉬운 프로그램이 만들어졌을 것이라고 주장할 독자들도 있겠지만, 난 그렇게 생각하지 않는다. 방금 앞에서 만든 프로그램은 이해하기 쉽고, 따라서 유지보수하기도 쉽다. 여기에는 프로그램을 융통성 없고 망가지기 쉽게 만드는 잘못 처리된 의존성도 존재하지 않는다.

따라서 내 결론은 다이어그램은 때로는 불필요할 수 있다는 것이다. 그렇다면 언제 불필요하겠는가? 확인할 코드 없이 다이어그램을 만들고, **그것을 따르려고** 할 때다. 아이디어를 탐색하기 위해 다이어그램을 그리는 일은 문제될 게 없다. 하지만 다이어그램을 만들었다고 해서 그것이 그 과업에 가장 최적의 설계라고 가정해서는 안 된다. 여러분은 테스트를 먼저

---

*4   http://www.cleancoders.com

작성하여 작은 단계를 밟아나가면서 그 최적 설계란 것이 개선될 수 있다는 사실을 알게 될 것이다.

볼링 규칙 개요

볼링은 수박*5만 한 크기의 공을 좁은 레인에서 나무로 만든 볼링 핀 10개를 향하여 굴리는 게임이다. 목표는 한 번의 투구(throw)로 가능한 한 많은 수의 핀을 쓰러뜨리는 것이다.

게임은 10개의 프레임으로 이루어진다. 각 프레임이 시작할 때마다 핀 10개가 모두 세워진다. 그리고 플레이어에게는 핀을 모두 쓰러뜨릴 수 있는 두 번의 기회가 주어진다.

플레이어가 첫 번째 기회에서 모든 핀을 쓰러뜨리면 '스트라이크'라 부르고 그 프레임은 끝난다.

플레이어가 첫 번째 공으로 모든 핀을 쓰러뜨리지는 못했으나 두 번째 공으로 성공하면 '스페어'라 부른다.

프레임의 두 번째 공을 던지고 나면, 아직 서 있는 핀이 있더라도 프레임이 끝난다.

스트라이크 프레임의 스코어는 이전 프레임까지의 스코어에 10을 더하고, 다음 2개의 공으로 쓰러뜨린 핀의 개수를 더하여 계산된다.

스페어 프레임의 스코어는 이전 프레임까지의 스코어에 10을 더하고, 다음 1개의 공으로 쓰러뜨린 핀의 개수를 더하여 계산된다.

그 밖의 경우, 프레임의 스코어는 이전 프레임까지의 스코어에 그 프레임의 2개의 공으로 쓰러뜨린 핀의 개수를 더하여 계산된다.

10번째 프레임에서 스트라이크가 나오면, 플레이어는 스트라이크의 스코어를 완결 짓기 위해 2개의 공을 더 던질 수 있다.

---

*5 　역주　원문에는 'cantaloupe', 즉 미국산 그물멜론으로 표기되어 있으나 국내 독자들에게 익숙하지 않음을 고려하여 단어를 바꿨다.

이와 같이, 만약 10번째 프레임에서 스페어가 나오면, 플레이어는 스페어의 스코어를 완결 짓기 위해 1개의 공을 더 던질 수 있다.

따라서 10번째 프레임은 2개가 아니라 3개의 공을 던질 수도 있다.

1	4	4	5	6	◢	5	◢	◣	0	1	7	◢	6	◢	◣	2	◢	6
5		14		29		49		60	61		77		97		117		133	

위의 스코어 카드는 일반적인(다소 형편없는) 게임을 보여준다.

첫 번째 프레임에서 플레이어는 첫 번째 공으로 1개의 핀을 쓰러뜨렸고 두 번째 공으로 4개를 더 쓰러뜨렸다. 따라서 이 프레임의 스코어는 5가 된다.

두 번째 프레임에서 플레이어는 첫 번째 공으로 4개의 핀을 쓰러뜨렸고 두 번째 공으로 5개를 더 쓰러뜨렸다. 전부 9개의 핀을 쓰러뜨린 셈이 되므로 스코어는 이전 프레임까지의 스코어에 더하여 14가 된다.

세 번째 프레임에서 플레이어는 첫 번째 공으로 6개의 핀을 쓰러뜨렸고 두 번째 공으로 나머지를 쓰러뜨려 스페어[*6]했다. 이 프레임에서는 다음 공을 굴릴 때까지 스코어가 계산되지 않는다.

네 번째 프레임에서 플레이어는 첫 번째 공으로 5개의 핀을 쓰러뜨렸다. 이로써 세 번째 프레임의 스페어에 대한 스코어를 완결 지을 수 있게 되었다. 세 번째 프레임의 스코어는 10 더하기 두 번째 프레임의 스코어 14 더하기 네 번째 프레임의 첫 번째 공 점수 5, 즉 29가 된다. 네 번째 프레임의 마지막 볼은 스페어다.

다섯 번째 프레임은 스트라이크다. 이로써 네 번째 프레임의 스코어는 29 + 10 + 10 = 49로 끝난다.

---

*6 **역주** 공을 두 번 굴려 핀 10개를 전부 넘어뜨리기와 그로 인한 득점

여섯 번째 프레임은 참담하다. 첫 번째 볼은 거터(gutter)*7에 빠졌고 아무 핀도 쓰러뜨리지 못했다. 두 번째 볼은 오직 1개의 핀만 쓰러뜨렸다. 다섯 번째 프레임의 스코어는 49 + 10 + 0 + 1 = 60이 된다.

나머지는 아마 스스로 계산할 수 있을 것이다.

---

*7 역주 볼링 레인에서 공이 옆으로 빠져 들어가는 도랑

애자일 설계

기민성(agility)*1이 아주 조금씩 소프트웨어를 만들어나가는 것을 의미한다면 도대체 언제 소프트웨어를 설계할 수 있겠는가? 어떻게 그 소프트웨어가 유연하고, 유지보수 가능하고, 재사용 가능한 좋은 구조임을 보장할 시간을 가질 수 있겠는가? 아주 조금씩 만들어나간다면, 리팩토링이란 명목하에 수많은 쓰레기 코드와 재가공을 위한 계기를 만드는 것은 아닌가? 큰 그림을 놓치는 것은 아닌가?

애자일 팀에서, 큰 그림은 소프트웨어와 함께 발전한다. 각 반복에서 팀은 시스템의 설계를 개선해 지금 그대로도 충분히 가능한 한 제일 좋은 시스템이 되도록 한다. 나중의 요구사항과 필요에 대해서는 그리 오래 생각하지 않는다. 그리고 내일 필요해질 것이라고 생각하는 기능을 지원하기 위해 오늘 기반구조(infrastructure)를 짜 맞추려 하지도 않는다. 그보다는, 현재 구조에 초점을 두고 더욱 개선하기 위해 노력한다.

잘못된 설계의 증상

소프트웨어의 설계가 좋은 것인지 어떻게 알 수 있을까? 2부의 첫 장에서는 설계가 잘못됐을 때 나타나는 증상을 열거하고 설명한다. 소프트웨어 프로젝트에서 어떻게 이런 증상이 축적될 수 있는지 보이고, 이것을 피하기 위한 방법을 알아본다.

이런 증상은 다음과 같이 정의된다.

1. **경직성(Rigidity):** 설계를 변경하기 어려움
2. **취약성(Fragility):** 설계가 망가지기 쉬움
3. **부동성(Immobility):** 설계를 재사용하기 어려움
4. **점착성(Viscosity):** 제대로 동작하기 어려움
5. **불필요한 복잡성(Needless Complexity):** 과도한 설계
6. **불필요한 반복(Needless Repetition):** 마우스 남용
7. **불투명성(Opacity):** 혼란스러운 표현

이 증상들은 본질적으로 '코드의 악취(code smell)'*2와 비슷하지만, 좀 더 높은 단계에서의 문

---

*1 　역주　눈치가 빠르고 동작이 날쌔다는 의미

*2 　[Fowler99]

제다. 이 악취는 코드의 작은 부분이 아니라 소프트웨어의 전체 구조로 고루 퍼져 나간다.

원칙

2부의 나머지 부분에서는 개발자가 코드의 악취를 제거하고 현재 기능 집합에 대해 최적의 설계를 구성할 수 있도록 돕는, 객체 지향 설계 원칙들을 설명한다.

이 원칙은 다음과 같다.

1. **SRP:** 단일 책임 원칙(Single Responsibility Principle)
2. **OCP:** 개방 폐쇄 원칙(Open-Closed Principle)
3. **LSP:** 리스코프 치환 원칙(Liskov Substitution Principle)
4. **DIP:** 의존 관계 역전 원칙(Dependency Inversion Principle)
5. **ISP:** 인터페이스 분리 원칙(Interface Segregation Principle)

이 원칙들은 소프트웨어 공학 분야에서 수십 년간의 경험으로 힘들게 얻은 소산이다. 어느 한 학자가 만들어낸 것이 아니라, 수많은 소프트웨어 개발자와 연구자의 고찰과 저술의 집합체인 것이다. 비록 여기서는 객체 지향 설계의 원칙으로 소개되고 있지만, 소프트웨어 공학에서 오랫동안 믿어져 오고 있는 정말 소중한 원칙들이다.

악취와 원칙

설계의 악취는 하나의 증상이고, 객관적으로는 아닐지라도 주관적으로는 측정할 수 있다. 대개 이런 악취는 하나 이상의 원칙을 위반했을 때 발생한다. 예를 들어, 경직성의 악취는 많은 경우 개방 폐쇄 원칙(OCP)에 충분히 주의를 기울이지 않았기 때문에 발생한다.

애자일 팀은 악취를 제거하기 위해 원칙을 적용하는데, 아무 악취도 나지 않을 때는 원칙을 적용하지 않는다. 그저 원칙이라는 이유만으로 무조건 따르는 것은 좋지 않다. 원칙은 자유롭게 시스템 전체에 뿌리는 향수가 아니다. 원칙에 대한 맹종은 불필요한 복잡성이란 설계의 악취로 이어진다.

참고 문헌

1. Martin, Fowler. *Refactoring*. Addison-Wesley. 1999.

CHAPTER 7

애자일 설계란 무엇인가?

> "소프트웨어 개발 생명주기를 검토한 후,
> 공학 설계의 기준을 실제로 만족시킬
> 유일한 소프트웨어 문서는 소스 코드
> 목록뿐임을 알 수 있었다."
>
> 잭 리브스(Jack Reeves)

© Jennifer M. Kohnke

1992년, 잭 리브스는 「C++ Journal」에 '소프트웨어 설계란 무엇인가?'(What is Software Design?)[*1]라는 제목의 독창적인 글을 기고했다. 리브스는 이 글에서 소프트웨어 시스템의 설계는 우선적으로 소스 코드에 의해 문서화되며, 소스 코드를 표현하는 다이어그램은 설계에서 부수적인 것일 뿐, 설계 그 자체는 아니라고 주장했다. 나중에 다루겠지만, 이 글은 애자일 개발 방식에 있어 선구자적 존재가 되었다.

이 장에서는 '설계'에 대해 자주 이야기할 텐데, 이것이 코드와는 별개의 UML 다이어그램을 뜻하는 것으로 착각해서는 안 된다. 일련의 UML 다이어그램이 설계의 일부를 나타낼 수는 있지만 설계 자체는 아니다. 소프트웨어 프로젝트의 설계는 추상적인 개념으로, 구체적인 각 모듈, 클래스, 메소드의 형태와 구조뿐만 아니라 프로그램의 전체 형태와 구조와도 관련되어 있다. 이것은 다양한 매체로 표현될 수 있지만, 최종적인 구현은 소스 코드가 된다. 결국, 소스 코드가 바로 설계다.

[*1] [Reeves92]는 아주 훌륭한 논문이므로, 독자들도 읽어보기를 강력히 추천한다. 이 책의 부록 D에 수록했다.

소프트웨어에서 어떤 것이 잘못되는가?

운이 좋은 경우에는 원하는 시스템의 분명한 청사진을 가지고 프로젝트를 시작할 수 있다. 그리고 이 경우 시스템의 설계는 여러분의 심중에 있는 생생한 이미지다. 더 운이 좋다면, 명쾌한 설계를 통해 첫 번째 릴리즈까지도 가능해질 것이다.

그러고 나면, 뭔가 잘못되기 시작한다. 소프트웨어는 상한 고기 조각처럼 부패하기 시작해서, 시간이 지남에 따라 부패 범위가 넓어지고 심해진다. 심하게 곪은 상처와 종기가 코드에 쌓이면서, 점점 유지보수하기가 어려워진다. 결국, 가장 단순한 변경을 위해 필요한 순수한 노력조차도 아주 귀찮은 일이 되어버려서, 개발자와 일선 관리자(front-line manager)는 재설계를 절실히 필요로 하게 된다.

그러나 이런 재설계는 성공하기가 어렵다. 설계자가 일단 성의를 가지고 시작했다 할지라도, 자신이 움직이는 목표(즉, 계속 변하는 목표)를 쏘고 있다는 사실을 곧 깨닫게 된다. 기존 시스템은 계속 발전하고 변경되며, 새로운 설계는 그것을 쫓아가야 한다. 새로운 설계가 첫 번째 릴리즈에 이르기도 전에 혹과 궤양이 새로운 설계에 생기는 셈이다.

설계의 악취: 부패하고 있는 소프트웨어의 냄새

다음과 같은 냄새가 나기 시작하면 소프트웨어가 부패하고 있음을 알 수 있다.

1. **경직성**: 시스템을 변경하기 어렵다. 변경을 하려면 시스템의 다른 부분들까지 많이 변경해야 하기 때문이다.
2. **취약성**: 변경을 하면 시스템에서 그 부분과 개념적으로 아무런 관련이 없는 부분이 망가진다.
3. **부동성**: 시스템을 다른 시스템에서 재사용할 수 있는 컴포넌트로 구분하기가 어렵다.
4. **점착성**: 옳은 동작을 하는 것이 잘못된 동작을 하는 것보다 더 어렵다.
5. **불필요한 복잡성**: 직접적인 효용이 전혀 없는 기반구조가 설계에 포함되어 있다.
6. **불필요한 반복**: 단일 추상 개념으로 통합할 수 있는 반복적인 구조가 설계에 포함되어 있다.
7. **불투명성**: 읽고 이해하기 어렵다. 그 의도를 잘 표현하지 못한다.

경직성 경직성은 단순한 방법으로도 소프트웨어를 변경하기 어려운 경향을 말한다. 한 군데의 변경이 의존적인 모듈에서 단계적으로 계속 변경을 불러일으킬 때, 그 설계는 융통성이 없는 것이다. 변경해야 하는 모듈이 많아질수록, 설계는 더 융통성이 없어진다.

대부분의 개발자는 어떤 방식으로든 이런 상황에 맞닥뜨린다. 간단한 것처럼 보이는 변경을 요청받아 그 변경사항을 검토하고 필요한 작업량을 합리적으로 추정하지만, 실제로 그 변경 작업을 하면서 자신이 예상하지 못했던 변경의 간접적 영향이 있다는 사실을 깨닫게 된다. 처음에 추정했던 것보다 훨씬 많은 모듈을 수정하면서, 자신이 엄청난 양의 코드에서 변경할 부분을 쫓아다니고 있음을 깨닫게 된다. 결국, 변경 작업은 처음 추정했던 것보다 훨씬 오래 걸리게 된다. 왜 작업량 추정이 그렇게 형편없었느냐는 질문을 받게 되면, 다음과 같은 전통적인 소프트웨어 개발자의 한탄을 반복한다. "생각했던 것보다 훨씬 복잡하군!"

취약성 취약성은 한 군데를 변경했을 때 프로그램의 많은 부분이 잘못되는 경향을 말한다. 대부분의 경우 새로운 문제는 변경한 영역과 개념적으로 아무런 관계가 없는 영역에서 발생한다. 따라서 이 문제를 고치려다 보면 한층 더 많은 문제로 이어지고, 개발 팀은 개가 자기 꼬리를 쫓는 것과 같은 일을 시작하게 된다.

어떤 모듈의 취약성이 심해질수록, 어떤 부분의 변경이 예상하지 못한 문제를 불러일으킬 가능성은 점점 더 확실해진다. 얼핏 보기에는 참으로 어이없는 일이나, 실제로는 이런 모듈이 흔하다. 이렇게 끊임없이 수리를 요구하는 모듈로는, 버그 목록에서 절대 내려가지 않는 것, 개발자가 재설계의 필요성을 인식하고 있는 것(그러나 아무도 그것을 재설계하는 무서운 일을 하고 싶어 하지 않는다), 고칠수록 점점 나빠지는 것이 있다.

부동성 다른 시스템에서 유용하게 쓸 수 있는 부분을 포함하고 있지만, 그런 부분을 원래 시스템에서 분리하는 수고와 위험성이 지나치게 클 때 설계는 움직이게 할 수 없다. 유감스럽게도 상당히 흔하게 일어나는 일이다.

점착성[*2] 점착성은 소프트웨어의 점착성과 환경의 점착성이라는 두 가지 형태로 나타난다.

변경사항을 마주했을 때, 개발자는 보통 그 변경을 수행하는 한 가지 이상의 방법을 찾는다. 그중 일부는 설계를 유지하는 방법이고, 나머지는 그렇지 않다(즉, 엉터리 방법이다). 설계 유지 방법이 엉터리 방법보다 사용하기 어렵다면, 설계의 점착성은 높아진다. 이 경우 잘못된 동작

---

*2   **역주** 끈기 있게 착 달라붙음

을 하기는 쉽지만, 옳은 동작을 하기는 어렵다. 프로그래머는 설계를 유지할 수 있도록 변경이 쉬운 소프트웨어를 설계하고 싶어 한다.

환경의 점착성은 개발 환경이 느리고 비효율적일 때 발생한다. 예를 들어, 컴파일 시간이 아주 길다면 개발자는 많은 양의 재컴파일을 필요로 하지 않는 방식으로 변경하고 싶은 유혹을 느낄 것이다. 이런 변경이 설계를 유지시키지 않더라도 말이다. 만약 소스 코드 관리 시스템이 몇몇 파일을 체크인하는 데도 많은 시간을 필요로 한다면 개발자는 가능한 한 적은 체크인만을 필요로 하는 방식으로 변경하고 싶은 유혹을 느낄 것이다. 설계가 유지되는지의 여부는 무시하고 말이다.

두 경우 모두에서, 점착성이 있는 프로젝트는 소프트웨어의 설계를 유지하기 어려운 프로젝트다. 프로그래머는 설계를 유지하기 쉬운 시스템과 프로젝트 환경을 만들고 싶어 한다.

불필요한 복잡성 현재 시점에서는 유용하지 않은 요소가 설계에 포함되어 있다면, 이 설계는 불필요한 복잡성을 포함하는 것이다. 이런 일은 개발자가 요구사항에 대한 변경을 미리 예상하고, 이런 잠재적인 변경을 처리하기 위해 소프트웨어에 기능을 집어넣을 때 자주 발생한다. 처음에는 이것이 바람직해 보일 수도 있다. 어쨌든 미래의 변경에 대비하면 코드가 유연해지고, 나중의 악몽과도 같은 변경 작업을 방지해줄 것이다.

그러나 유감스럽게도 효과가 정반대로 나타나는 경우가 종종 있다. '앞으로 일어날지도 모르는 일'을 과도하게 준비함으로써, 설계는 절대 사용되지 않는 구성 요소들로 어지러워진다. 이런 준비 중 일부는 성과를 거둘 수 있겠지만, 성과를 거두지 못하는 경우가 더 많다. 그동안 설계는 이런 사용되지 않는 설계 요소들의 부담을 감당해야 하며, 그로 인해 소프트웨어는 복잡하고 이해하기 어려워진다.

불필요한 반복 '잘라내기'와 '붙이기'는 쓸모 있는 텍스트 편집 작업이 될 수도 있겠지만, 피해가 막심한 코드 편집 작업이 될 수도 있다. 너무나도 흔하게, 소프트웨어 시스템은 몇십, 몇백 개의 반복된 코드 요소로 구성된다. 이런 일은 다음과 같이 일어난다.

랄프는 '무깅'을 '냉비'하는 코드를 작성해야 한다. 그리고 '무깅 냉비'[*3]가 짐작되는 코드의 다른 부분을 살펴보고 적합한 코드 구간을 찾는다. 그리고서는 그 코드를 잘라내고 그의 모듈에 붙인 뒤, 코드에 적합한 수정을 가한다.

[*3]   arvadent → armament(무깅, 실제로는 '무기'), fravle → frivol(냉비, 실제로는 '낭비')의 말장난으로 생각해 번역했다.

랄프가 모르는 사이에, 그가 마우스로 긁은 코드는 토드가 쓴 것이었다. 토드는 그것을 릴리가 쓴 모듈에서 긁어왔다. 릴리는 무깅을 냄비한 첫 번째 사람이었지만 이것이 쟁식을 냄비하는 것과 매우 비슷하다는 사실을 깨달았다. 그녀는 쟁식을 냄비하는 코드를 다른 곳에서 찾아 그것을 잘라내고 모듈에 붙인 뒤 필요한 만큼 수정을 가한다.

같은 코드가 조금씩 다른 형태로 계속 반복되어 나타나면서, 개발자는 추상화된 개념을 잃게 된다. 반복된 부분을 찾아내고 적절한 추상화를 통해 이를 없애는 일은 개발자에게 있어 우선순위가 그리 높진 않겠지만, 이런 일은 시스템을 이해하고 유지보수하기 쉽게 만드는 데 큰 도움이 된다.

시스템에 반복되는 코드가 존재할 때, 시스템을 변경하는 일은 고될 수 있다. 이런 반복되는 단위에서 발견된 버그는 모든 반복 부분에서 고쳐져야 한다. 하지만 이런 반복 부분은 전부 조금씩 다르기 때문에, 고치는 작업도 항상 똑같지 않다.

불투명성 불투명성은 모듈을 이해하기 어려운 경향을 말한다. 코드는 명료하고 표현적인 방식으로 작성될 수도 있고, 불명료하고 뒤얽힌 방식으로 작성될 수도 있다. 시간이 지남에 따라 발전하는 코드는 시간이 지날수록 점점 더 불명료해지는 경향이 있다. 불투명성을 최소로 유지하기 위해서는 코드를 명료하고 표현적으로 유지하려는 지속적인 노력이 필요하다.

개발자가 처음으로 모듈을 작성할 때는 코드가 명료해 보일 수도 있다. 이것은 개발자가 코드에 몰두하고 친밀한 수준에서 그것을 이해하기 때문이다. 시간이 지나 친밀함이 사라지고 나면, 그 모듈을 돌아보고 어떻게 자신이 이런 끔찍한 것을 작성할 수 있었는지 의아해할지도 모른다. 이런 일을 방지하기 위해, 개발자는 읽는 사람의 입장에서 생각하고 자신의 코드를 리팩토링하는 데 일치된 노력을 기울여 읽는 사람이 그것을 이해할 수 있도록 해야 한다. 또한 다른 사람이 자신의 코드를 검토하도록 할 필요가 있다.

무엇이 소프트웨어의 부패를 촉진하는가?

애자일이 아닌 환경에서는, 초기 설계에서 예상하지 않았던 요구사항 변경 때문에 설계가 퇴화하게 된다. 대개 이런 변경은 빠르게 이루어져야 하고, 이 일은 원래의 설계 철학에 익숙하지 않은 개발자들이 맡게 된다. 따라서 설계를 변경할 수는 있지만, 어쨌든 이것은 원래의 설계를 위반하는 일이다. 비트 단위로 변경이 진행되면서 이런 위반이 축적되고, 설계는 악취를 풍기기 시작한다.

하지만 설계 퇴화 문제에 있어 요구사항의 표류를 탓할 수는 없다. 요구사항은 변경되기 마련이다. 정말로, 소프트웨어 프로그래머인 우리들 대부분은 요구사항이 프로젝트에서 가장 변덕스러운 요소임을 인식하고 있다. 만약 계속되는 요구사항 변경 때문에 설계가 실패한다면, 우리의 설계와 방식에 문제가 있는 것이다. 이런 변경에 대해서도 탄력적인 설계를 만드는 방식을 찾아야 하고, 그것이 부패하지 않도록 보호할 수 있는 방식을 사용해야 한다.

애자일 팀은 소프트웨어가 부패하도록 내버려두지 않는다

애자일 팀은 변경을 보람으로 삼는다. 팀은 약간 미리 노력을 쏟는다. 그러므로 이것은 노화된 초기 설계에 귀속되는 것이 아니다. 그보다는, 시스템의 설계를 가능한 한 명료하고 단순하게 유지하고, 이것을 많은 단위 테스트와 인수 테스트로 뒷받침한다. 이런 작업을 통해 설계를 유연하고 변경하기 쉬운 것으로 유지할 수 있다. 팀은 계속적으로 설계를 개선하기 위해 이런 유연성을 이용하여, 각 반복이 가능한 한 해당 반복의 요구사항에 가장 적합한 설계를 가진 시스템을 만들어내는 것으로 끝나게 한다.

'Copy' 프로그램

설계의 부패를 직접 살펴보면 위에서 언급한 요점을 실제로 이해하는 데 도움이 될 것이다. 여러분의 상사가 월요일 아침 일찍 와서 키보드에서 프린터로 문자를 복사하는 프로그램을 작성하라고 요청했다고 하자. 여러분은 머릿속에서 빠르게 셈을 해본 다음에 10라인 이내의 코드가 되리라는 결론에 이른다. 설계하고 코딩하는 데는 한 시간이 채 안 걸릴 것이다. 다기능 팀 미팅이나 품질 교육 미팅, 일일 그룹별 진척 미팅, 현재 현장에서의 세 가지 위기 상황 때문에 실제로 이 프로그램은 완성하는 데 대략 1주 정도 걸릴 것이다. 그렇지만 여러분은 자신이 예상한 시간에 3을 곱한다.

상사에게 "3주입니다"라고 말하면, 그는 헛기침을 하고 일을 여러분에게 맡긴 뒤 사라질 것이다.

초기 설계 여러분은 검토 미팅 과정을 시작하기 바로 직전에 시간이 조금 있어 프로그램의 설계를 그리기로 결심한다. 구조화된 설계를 사용하여, 그림 7-1의 구조 차트를 만들어낸다.

이 애플리케이션에는 3개의 모듈 또는 서브프로그램이 있다. Copy 모듈은 다른 2개를 호출한다. Copy 프로그램은 Read Keyboard 모듈에서 문자를 가지고 와서 Write Printer 모듈에 보낸다.

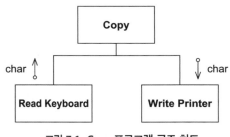

그림 7-1 Copy 프로그램 구조 차트

여러분은 이 설계를 보고 꽤 괜찮다고 생각한다. 미소를 짓고, 검토 과정으로 넘어가기 위해 사무실을 떠난다. 혹은 최소한 거기에서 선잠이나마 잘 수 있을 것이다.

그리고 화요일에 일찍 출근해서 Copy 프로그램을 완성할 수 있게 되었다. 그러나 유감스럽게도, 밤사이에 현장에서 위기 상황이 발생해 여러분은 랩(lab)으로 가서 프로그램 디버깅을 도와야 한다. 오후 3시가 되어서야 겨우 점심시간을 갖게 되어, Copy 프로그램을 그럭저럭 코드로 옮긴다. 그 결과는 목록 7-1에 나와 있다.

💻 목록 7-1 Copy 프로그램

```
void Copy() {
    int c;
    while ((c = RdKbd()) != EOF)
        WrtPrt(c);
}
```

편집한 내용을 저장하자마자, 품질 미팅에 벌써 늦었음을 깨닫는다. 품질 미팅에서는 무결점 정도의 등급에 대해 다룰 것이므로, 여러분은 그 미팅이 중요하다는 사실을 알고 있다. 그래서 트윙키*4와 콜라를 급하게 먹고 미팅에 참석하러 간다.

수요일에도 역시 일찍 출근했는데 별다른 일이 없으므로 Copy 프로그램의 소스 코드를 뽑아내 컴파일하기 시작한다. 자, 보시라. 한 번에 아무 에러도 없이 컴파일이 되었다! 정말 잘된 일이다. 상사가 레이저 프린터 토너 절약의 필요에 대해 얘기하는 미팅에 여러분을 갑자기 호출했기 때문이다.

목요일에는 노스캐롤라이나 '로키 마운트(Locky Mount)'*5의 기술자와 네 시간 동안 통화를 해

---

*4 역주 초콜릿 바의 일종

*5 역주 미국 노스캐롤라이나 주에 있는 어린이 박물관

서 시스템에서 불명료한 요소들 중 하나에 대해 원격 디버깅과 에러 기록 명령을 할 수 있게 해준 후에, 한숨을 쉬고는 Copy 프로그램을 테스트한다. 한 번에 동작한다! 참 잘된 일이다. 새로 온 협력 학생이 방금 서버에서 마스터 소스 코드를 삭제해버렸기 때문에, 여러분이 가서 가장 최근의 백업 테이프를 찾아 복구해야 한다. 물론 가장 최근의 전체 백업은 세 달 전에 해서, 그다음 94개의 증분 백업을 더 복구해야 한다.

금요일에는 아무 예정도 없다. 다행이다. Copy 프로그램을 성공적으로 소스 코드 관리 시스템에 넣는 데는 하루가 꼬박 걸리기 때문이다.

물론 이 프로그램은 대단히 성공해서 회사 전체에 널리 배포된다. 에이스 프로그래머로서의 여러분의 명성은 다시 한 번 확고해지고, 여러분은 자신이 이루어낸 일의 영광을 마음껏 즐긴다. 운이 좋다면, 금년 안에 실제로 30라인의 코드를 만들어낼 수도 있다!

요구사항 변경 몇 달 후, 상사가 와서 Copy 프로그램이 종이테이프 판독기에서도 문자를 읽을 수 있었으면 좋겠다고 말한다. 여러분은 이를 악물며 째려본다. 왜 사람들이 항상 요구사항을 바꿔대는 것인지 도대체 이해할 수가 없다. Copy 프로그램은 애초에 종이테이프 판독기를 위해 설계된 것이 아니다! 여러분은 상사에게 그런 식의 변경은 Copy 프로그램 설계의 우아함을 망가뜨릴 수 있다고 경고한다. 그럼에도 불구하고, 상사는 완고하다. 그는 정말로 사용자들이 이따금씩 종이테이프 판독기에서 문자를 읽는 기능을 필요로 한다고 말한다.

결국에는 한숨을 쉬며 수정 작업의 계획을 수립한다. Copy 함수에 불리언 타입 인자를 추가하고 싶다. 그것이 참(true)이라면, 종이테이프 판독기에서 읽어오는 것이고, 거짓(false)이라면 이전과 마찬가지로 키보드에서 읽어오는 것이다. 유감스럽게도, 지금은 Copy 프로그램을 사용하는 프로그램이 많기 때문에 인터페이스를 변경할 수가 없다. 인터페이스를 변경하면 수 주간의 재컴파일과 재테스트가 필요해질 것이다. 시스템 테스트 엔지니어는 아마 여러분을 죽이려 할 테고, 형상관리 팀의 일곱 명은 말할 것도 없다. 그리고 프로세스 감시반은 Copy를 호출하는 모든 모듈에 대해 모든 형태의 코드 검토를 하느라 지옥 같은 하루를 보내게 될 것이다!

안 되겠다. 인터페이스를 변경하는 것은 취소. 하지만 그러면 어떻게 Copy 프로그램에게 종이테이프 판독기에서 입력을 읽어와야 한다는 사실을 알려줄 수 있을까? 당연히 전역 변수를 사용할 것이다! 또 C 계열의 언어에서 가장 훌륭하고 가장 유용한 기능인 ?: 연산자를 사용할 것이다! 목록 7-2가 그 결과를 보여준다.

```
bool ptFlag = false    // 이 플래그를 재설정해야 함을 기억해두자.
void Copy() {
    int c;
    while ((c = (ptFlag ? RdPt() : RdKbd())) != EOF)
        WrtPrt(c);
}
```

종이테이프 판독기에서 입력받기를 원하는 Copy의 호출자는 먼저 ptFlag 값을 true로 할당해야 한다. 그런 다음에야 Copy를 호출할 수 있고, 즐겁게 종이테이프 판독기에서 입력을 받을 수 있을 것이다. 일단 Copy가 반환되면, 호출자는 ptFlag를 반드시 재설정해야 한다. 그렇지 않으면 다음 호출자가 키보드에서 받아야 하는 입력을 종이테이프 판독기에서 잘못 받게 될 수도 있다. 프로그래머들에게 이 플래그를 재설정해야 함을 상기시키기 위해, 적절한 주석을 추가해놓았다.

수정이 다 끝나면, 여러분은 다시 한 번 열렬한 칭찬을 받으며 소프트웨어를 공개한다. 이것은 이전 프로그램보다도 더 성공적이었고, 열성적인 프로그래머들은 그것을 사용할 기회만을 기다리고 있다. 인생이란 멋진 것이다.

한 치를 주니…[6]   몇 주가 지나고, 상사는(수개월에 걸친 세 번의 전사적(全社的) 구조 조정 후에도 아직 여러분의 상사인) 또 여러분에게 고객이 이따금 Copy 프로그램으로 종이테이프 천공기에 출력을 하고 싶어 한다는 얘기를 한다.

고객이란! 그들은 항상 여러분의 설계를 망치고 있다. 아마도 고객을 생각하지 않고 만든다면 소프트웨어 작성은 훨씬 쉬울 것이다.

여러분은 상사에게 이런 끊임없는 변경은 설계의 우아함에 치명적인 타격을 준다고 얘기한다. 이렇게 끔찍한 속도로 변경이 계속된다면, 연말 전에 이 소프트웨어는 유지보수가 불가능해질 것이라고 상사에게 경고한다. 상사는 알았다는 듯이 고개를 끄덕이고, 어쨌든 변경은 적용하라고 말한다.

이번의 설계 변경은 이전과 유사하다. 필요한 것은 오직 또 다른 전역 변수와 또 다른 ?: 연산자뿐이다! 목록 7-3은 여러분의 이런 노력의 결과를 보여준다.

---

[6]   역주 "Give him an inch, and he will take an ell."이라는 속담의 앞부분으로, 한 치를 주면 한 자를 달랜다는 뜻이다.

```
bool ptFlag = false
bool punchFlag = false // 이 플래그들을 재설정해야 함을 기억해두자.

void Copy() {
    int c;
    while ((c = (ptflag ? RdPt() : RdKbd())) != EOF)
        punchFlag ? WrtPunch(c) : WrtPrt(c);
}
```

여러분은 주석을 수정하는 것을 잊어버리지 않았다는 사실에 뿌듯함을 느낀다. 그럼에도 불구하고, 프로그램 구조가 비틀거리기 시작했다는 것은 불안하다. 입력 장치에 또 다른 변경사항이 생기면 분명히 while 루프 조건문을 완전히 재구성해야 할 것이다. 아마 이력서를 꺼내어 먼지를 털 때가 되었나 보다.

변화를 예상하라. 앞의 다소 풍자적인 상황 설명에서 어디까지가 과장인지 판단하는 것은 여러분에게 맡겨두겠다. 이 이야기의 요점은 변경이 발생할 때 프로그램의 설계가 얼마나 빨리 퇴화할 수 있는지를 보여주는 데 있다. Copy 프로그램의 원래 설계는 간단하고 우아했다. 하지만 단 두 번의 변경 후에 **경직성, 취약성, 부동성, 복잡성, 반복, 불투명성**의 신호를 보여주기 시작했다. 이런 경향은 분명히 계속될 것이고, 프로그램은 마침내 엉망이 되어버릴 것이다.

우리는 뒤로 물러나 앉아 이건 변경 때문이라고 탓할 수도 있다. 또 프로그램은 원래의 명세에 맞게 잘 설계됐지만, 이어진 명세 변경이 설계 퇴화를 불러일으켰다고 불평할 수도 있다. 그러나 이런 변명은 소프트웨어 개발에서 가장 중요한 요소 중 하나를 무시한 말이다. 요구사항은 언제나 바뀐다!

대부분의 소프트웨어 프로젝트에서 가장 변덕스러운 요소는 바로 요구사항임을 잊지 말자. 요구사항은 끊임없이 변화한다. 이는 우리가 개발자로서 받아들여야 하는 사실이다! 우리는 변하는 요구사항의 세계에 살고 있고, 우리가 만든 소프트웨어가 이런 변화 속에서 살아남을 수 있게 만드는 것이 바로 우리가 해야 하는 일이다. 만약 소프트웨어의 설계가 요구사항 변경 때문에 퇴화한다면, 우리는 애자일 방식대로 하고 있지 않은 것이다.

Copy 프로그램의 애자일 설계

애자일 방식의 개발도 목록 7-1의 코드와 똑같이 시작할 수 있다.[*7] 상사가 애자일 개발자에게 프로그램이 종이테이프 판독기에서 입력을 받을 수 있게 하라고 했을 때, 그들은 그런 종류의 변경도 탄력적으로 수용할 수 있도록 설계를 변경하는 방법을 썼을 것이다. 그 결과는 목록 7-4와 비슷할 것이다.

목록 7-4 Copy 프로그램의 애자일 버전 2

```
class Reader {
    public : virtual int read() = 0;
}

class KeyboardReader : public Reader {
    public : virtual int read() {
        return RdKbd();
    }
}

KeyboardReader GdefaultReader;

void Copy(Reader & reader = GdefaultReader) {
    int c;
    while ((c = reader.read()) != EOF)
        WrtPrt(c);
}
```

새로운 요구사항을 만족시키기 위해 설계를 그저 땜질하는 대신, 팀은 설계를 개선할 수 있는 기회를 잡아 미래에 있을 비슷한 종류의 변경에도 탄력적이 되도록 만든다. 그래서 지금부터는, 상사가 새로운 종류의 입력 장치를 추가해줄 것을 요청할 때마다 Copy 프로그램의 퇴화를 유발하지 않는 방식으로 반응할 수 있을 것이다.

애자일 팀은 개방 폐쇄 원칙(OCP: Open-Closed Principle)을 따른다. 이 원칙에 대한 내용은 9장에서 살펴볼 것이다. 이 원칙은 프로그래머가 모듈을 수정하지 않고도 설계를 확장하도록 이끈다. 따라서 상사가 요청하는 새 입력 장치는 모두 Copy 프로그램을 수정하지 않고도 지원할 수 있다.

[*7] 사실 테스트 주도 개발 방식에서는 아마 변경 없이도 상사의 횡포를 견뎌낼 수 있을 정도로 설계가 유연해져야 했을 것이다. 하지만 이 예에서는 그것을 무시한다.

하지만 처음에 모듈을 설계할 때는 프로그램이 얼마나 변경될 것인지 예상하려고 하지 않았음을 주목하자. 오히려, 가능한 한 가장 간단한 방식으로 작성했다. 애자일 팀은 요구사항이 마침내 변경된 다음에야 그와 같은 종류의 변경에 탄력적이 되도록 모듈의 설계를 바꾸었다.

이렇게 새로운 입력 장치에 대한 처리를 끝내면, 누군가는 일을 반밖에 끝내지 못했다고 주장할 수도 있다. 서로 다른 입력 장치에 대해 처리하는 동안에, 서로 다른 출력 장치에 대해서도 처리할 수 있었던 것이다. 하지만 애자일 팀은 출력 장치가 언젠가 변경될지 여부를 알 수 없다. 그러한 추가적인 처리를 지금 한다는 건 현재 상태에서 아무런 목적도 없는 일이 될 것이다. 나중에 이런 처리가 필요해졌을 때 이를 쉽게 처리할 수 있다는 것은 명백하다. 따라서 지금 그것을 생각할 필요는 없다.

애자일 개발자는 해야 할 일을 어떻게 알았는가?

위의 사례에서 애자일 개발자는 입력 장치의 변경에 대응하기 위해 추상 클래스를 만들었다. 어떻게 그런 방법을 알 수 있었을까? 이것은 객체 지향 설계의 기본적인 주의(tenet) 중 하나와 관계가 있다.

Copy 프로그램의 초기 설계는 의존성의 방향 때문에 유연하지 못했다. 그림 7-1을 다시 보자. Copy 모듈이 KeyboardReader와 PrinterWriter에 직접 의존하는 것에 주목하자. 이 애플리케이션에서 Copy 모듈은 상위 수준의 모듈로서, 애플리케이션의 정책을 결정하고 문자를 복사하는 방법을 알고 있다. 따라서 하위 수준의 세부 사항이 바뀔 때, 상위 수준의 정책이 영향을 받게 된다.

일단 이런 유연하지 못한 성질이 밝혀지고 나면, 애자일 개발자는 Copy 모듈에서 입력 장치로 향하는 의존성을 거꾸로 뒤집어[8] Copy가 더 이상 입력 장치에 의존하지 않도록 해야 한다는 것을 깨닫는다. 그리고 스트래터지(STRATEGY)[9] 패턴을 사용해 원하는 역전 작업을 처리한다.

따라서 간단히 말하자면 애자일 개발자는 다음과 같은 이유 때문에, 해야 할 일을 알고 있었다.

---

[8]   11장 '의존 관계 역전 원칙(DIP)' 참고

[9]   14장에서 스트래터지(STRATEGY) 패턴에 대해 배우게 될 것이다.

1. 그들은 애자일 실천 방법을 따라 하며 문제를 찾아냈다.
2. 그들은 설계 원칙을 적용해 문제를 진단했다.
3. 그리고 적절한 디자인 패턴을 적용해 문제를 해결했다.

이와 같은 소프트웨어 개발의 세 측면 사이에서 일어나는 상호작용이 바로 설계 작업이다.

가능한 한 좋은 상태로 설계 유지하기

애자일 개발자는 설계를 가능한 한 적절하고 명료한 상태로 유지하기 위해 애쓴다. 이것은 생각 없이 하거나 시험 삼아 해보는 약속이 아니다. 애자일 개발자는 몇 주마다 한 번씩 설계를 '청소(clean up)'하지 않는다. 그렇기는커녕 매일, 매시간, 심지어 분마다 소프트웨어를 가능한 한 명료하고, 간단하고, 표현적인 상태로 유지한다. 그들은 "집에 갈래. 저건 나중에 고치지 뭐."라고 말하는 일이 없으며, 절대 부패가 시작되도록 놔두지 않는다.

애자일 개발자가 소프트웨어의 설계에 보이는 태도는 외과 의사가 살균 절차에 보이는 태도와 똑같다. 살균 절차는 수술을 가능하게 만들어주는 것으로, 살균 절차가 없다면 감염의 위험성은 용인할 수 있는 수준을 한참 넘어설 것이다. 애자일 개발자는 자신의 설계에 대해 이와 같은 태도를 취한다. 심지어 가장 작은 비트 단위의 부패라도 시작되도록 방치하면 나중에는 감당할 수 없을 만큼 위험이 커질 것이다.

설계는 명료한 상태로 유지되어야 한다. 그리고 설계의 가장 중요한 표현인 소스 코드 역시 명료한 상태로 유지되어야 한다. 전문가적인 정신에 따라, 우리는 소프트웨어 개발자로서 코드가 부패되도록 내버려둘 수 없다.

결론

결국, 애자일 설계란 무엇인가? 애자일 설계는 과정이지, 결과가 아니다. 이것은 원칙, 패턴, 그리고 소프트웨어의 구조와 가독성을 향상하기 위한 방식의 연속적인 적용이다. 모든 시점에서 시스템의 설계를 가능한 한 간단하고, 명료하고, 표현적으로 유지하려는 노력이다.

이어지는 장에서는 소프트웨어 설계의 원칙과 패턴을 자세히 살펴볼 것이다. 이 부분을 읽어나가면서, 애자일 개발자가 이런 원칙과 패턴을 폭포수 모델과 같은 과도한 사전 설계(Big

Design Up Front)에는 적용하지 않는다는 사실을 기억해두기 바란다. 오히려, 이러한 원칙과 패턴은 매 주기를 거치면서 코드 및 코드가 포함하는 설계를 명료하게 유지하려는 시도의 일환으로 적용된다.

참고 문헌

1. Reeves, Jack. What Is Software Design? *C++ Journal*, Vol. 2, No. 2. 1992. Available at http://www.bleading-edge.com/Publications/C++Journal/Cpjour2.htm.

단일 책임 원칙(SRP)

> 신비스러운 비밀들을 드러낸 것에 대한 책임은
> 다른 사람이 아닌 바로 부처 스스로가 져야 한다…"
>
> **카범 브루어**(E. Cobham Brewer), 1810~1897
> 『Dictionary of Phrase and Fable(관용구와 우화 사전)』(1898)

단일 책임 원칙(SRP: Single-Responsibility Principle)은 톰 드마르코(Tom DeMarco)[*1]와 메이릴 페이지 존스(Meilir Page-Jones)[*2]의 연구에서 설명된 것으로, 그들은 이것을 응집도(cohesion)라 불렀다. 그들은 응집도를 모듈 요소 간의 기능적인 연관으로 정의했지만, 이번 장에서는 그 의미를 조금 달리하여 모듈이나 클래스의 변경을 야기하는 응집력에 대해 언급하려 한다.

단일 책임 원칙(SRP)

한 클래스는 단 한 가지의 변경 이유만을 가져야 한다.

6장의 볼링 게임을 생각해보자. 그 개발 과정 대부분에서 Game 클래스는 각기 다른 두 가지

[*1] [DeMarco79], p. 310

  역주 소프트웨어 개발 프로젝트 관리, 조직 관리에 관한 글을 명쾌하고 위트 있게 풀어내 세계 각국의 IT 관련 종사자들에게 인기가 높다. 『데드라인』, 『여유의 법칙』 같은 책은 독일, 일본 등에서 베스트셀러가 되었다.

[*2] [Page-Jones88], 6장, p. 82

의 책임을 맡고 있었다. 하나는 현재 프레임을 기억하는 것이었고, 다른 하나는 스코어를 계산하는 것이었다. 결국, 밥 마틴과 밥 코스는 이 2개의 책임을 2개의 클래스로 분리했다. Game은 현재 프레임을 기억하는 책임을 계속 맡았고, 스코어를 계산하는 책임은 Scorer가 맡게 되었다(97페이지 참고).

이 2개의 책임을 별개의 클래스로 분리하는 일이 왜 중요했을까? 그것은 각 책임이 변경의 축이기 때문이다. 요구사항이 변경될 때, 이 변경은 클래스 안에서의 책임 변경을 통해 명백해진다. 한 클래스가 하나 이상의 책임을 맡는다면, 그 클래스를 변경할 하나 이상의 이유가 있을 것이다.

만약 한 클래스가 하나 이상의 책임을 맡는다면, 그 책임들은 결합된다. 한 책임에 대한 변경은 다른 책임을 충족시키는 클래스의 능력을 떨어뜨리거나 저하시킬 수도 있다. 이런 종류의 결합은 변경을 했을 때 예상치 못한 방식으로 잘못 동작하는 취약한 설계를 유발한다.

예를 들어, 그림 8-1의 설계를 보자. Rectangle 클래스는 보는 바와 같이 2개의 메소드를 갖는다. 하나는 화면에 직사각형을 그리는 것이고, 다른 하나는 직사각형의 넓이를 계산하는 것이다.

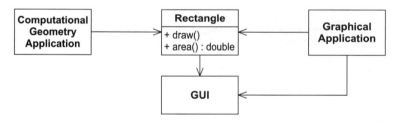

그림 8-1 하나 이상의 책임

각기 다른 두 애플리케이션이 Rectangle 클래스를 사용한다. 하나는 계산 기하학을 위한 애플리케이션으로, Rectangle을 사용하여 기하학 도형의 수학적 계산을 돕지만 화면에 직사각형을 그리지는 않는다. 다른 하나는 본질적으로 그래픽을 위한 애플리케이션이다. 이 애플리케이션도 계산 기하학 관련 동작을 조금 하긴 하지만, 화면에 확실히 직사각형을 그린다.

따라서 이 설계는 Rectangle 클래스가 두 가지의 책임을 맡고 있으므로 단일 책임 원칙(SRP)을 위반한다. 첫 번째 책임은 직사각형 모양의 수학적 모델을 제공하는 것이며, 두 번째 책임은 그래픽 사용자 인터페이스에 직사각형을 그리는 것이다.

이런 SRP 위반은 귀찮은 문제들을 유발한다. 먼저, 계산 기하학 애플리케이션에 GUI를 포함시켜야 한다. 이것이 C++ 애플리케이션이라면 GUI는 링킹(linking)되어야 하고, 링킹 시간, 컴파일 시간, 메모리 영역을 소비할 것이다. 자바 애플리케이션이라면 GUI를 위한 .class 파일들이 타깃(target) 플랫폼에 배포(deploy)되어야 할 것이다.

두 번째로, 어떤 이유에서든 GraphicalApplication에서의 변경이 Rectangle의 변경을 유발한다면, 이 변경 때문에 ComputationalGeometryApplication을 재빌드, 재테스트, 재배포해야 할지도 모른다. 이 일을 잊어버린다면, 애플리케이션은 예상치 못한 방식으로 잘못 동작할 수도 있다.

좀 더 나은 설계는 두 가지 책임을 그림 8-2와 같이 2개의 완전히 다른 클래스로 분리해 넣는 것이다. 이 설계는 Rectangle에서 계산을 하는 부분을 GeometricRectangle 클래스로 옮겼다. 이제 직사각형이 그려지는 방식에 대한 변경은 ComputationalGeometryApplication에 영향을 주지 않는다.

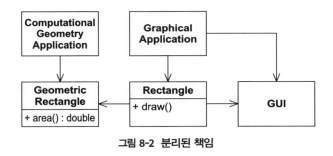

그림 8-2 분리된 책임

책임이란 무엇인가?

SRP의 맥락에서, 우리는 책임(responsibility)을 '변경을 위한 이유'로 정의한다. 만약 여러분이 한 클래스를 변경하기 위한 한 가지 이상의 이유를 생각할 수 있다면, 그 클래스는 한 가지 이상의 책임을 맡고 있는 것이다. 때로 이것은 알아내기가 어려운데, 우리는 책임을 묶어서 생각하는 데 익숙해져 있기 때문이다. 예를 들어, 목록 8-1의 Modem 인터페이스를 보자. 우리 중 대부분은 이 인터페이스가 매우 타당해 보인다는 데 동의할 것이다. 이것이 선언하는 4개의 함수는 분명히 모뎀에 속한 기능을 표현한다.

```java
interface Modem {
    public void dial(Stringpno);
    public void hangup();
    public void send(char c);
    public char recv();
}
```

그러나 여기에는 연결 관리와 데이터 통신이라는 2개의 책임이 보인다. dial과 hangup 함수는 모뎀의 연결을 관리하는 반면, send와 recv 함수는 데이터를 주고받으며 통신한다.

이 두 책임이 분리되어야 할까? 그것은 애플리케이션이 어떻게 바뀌느냐에 달려 있다. 만약 애플리케이션이 연결 함수의 시그너처에 영향을 주는 방식으로 바뀐다면, send와 recv를 호출하는 클래스는 좀 더 자주 재컴파일되고 재배포되어야 할 것이므로 이 설계는 **경직성**의 악취를 풍기게 된다. 이 경우 두 책임은 그림 8-3과 같이 분리되어야 한다. 이렇게 하면 클라이언트 애플리케이션에서 2개의 책임이 결합되는 것을 피할 수 있다.

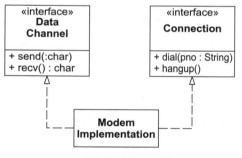

그림 8-3 분리된 Modem 인터페이스

한편, 애플리케이션이 서로 다른 시간에 두 가지 책임의 변경을 유발하는 방식으로 바뀌지 않는다면, 이들을 분리할 필요는 없다. 이런 경우 이들을 분리하면, 오히려 **불필요한 복잡성**이란 악취를 풍기게 할 것이다.

여기에 필연적인 결과가 있다. 변경의 축은 변경이 실제로 일어날 때만 변경의 축이다. 아무 증상도 없는데 이 문제에 SRP나 다른 원칙을 적용하는 것은 현명하지 못하다.

결합된 책임 분리하기

그림 8-3에서 ModemImplementation 클래스의 두 책임을 결합된 상태로 놔뒀다는 점에 주목하자. 바람직한 일은 아니지만 모든 의존성은 필요악일 수 있다. 하드웨어나 OS의 세부적인 사항과 관련된 이유로 인해, 오히려 책임이 결합되도록 만드는 경우가 종종 있다. 하지만 인터페이스는 분리하여 애플리케이션의 나머지 부분에 한해 개념을 분리했다.

ModemImplementation 클래스를 어울리지 않는 요소(kludge)나 혹으로 볼 수도 있겠지만, 모든 의존성 흐름이 여기에서 나간다는 사실에 주목하자. 아무것도 이 클래스에 의존하지 않는다. 따라서 main 외에 어느 것도 이것이 존재한다는 사실을 알 필요가 없다. 그래서 담을 세우고 그 뒤에 보기 싫은 비트를 집어넣은 것이다. 이 보기 싫은 부분은 새어 나가 애플리케이션의 나머지 부분을 오염시킬 필요가 없다.

영속성

그림 8-4는 흔한 SRP 위반을 보여준다. Employee 클래스는 업무 규칙(business rules)과 영속성[*3] 제어를 포함한다. 이 두 책임은 거의 어울리지 않을 것이다. 업무 규칙은 자주 바뀌는 경향이 있고 영속성은 자주 바뀌지 않는 경향이 있지만, 바뀌는 이유도 완전히 다르다. 업무 규칙과 영속성 서브시스템을 묶는 것은 문제를 부르는 것이나 다름없다.

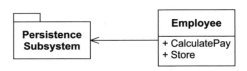

그림 8-4 결합된 영속성

다행히도, 4장에서 본 바와 같이 테스트 주도 개발 방식은 보통 설계에서 악취가 나기 한참 전에 이 두 책임이 분리되도록 만들 것이다. 그러나 테스트가 분리를 강제하지 않았고, **경직성**과 **취약성**의 악취가 강해진 경우에는, 이 설계에 퍼사드(FACADE)나 프록시(PROXY) 패턴을 사용해서 두 책임이 분리되도록 리팩토링해야 한다.

[*3]   역주 같은 상태가 오래 계속되는 성질

결론

SRP는 가장 간단한 원칙 중 하나임과 동시에 제대로 적용하기 가장 어려운 원칙 중 하나이기도 하다. 책임들을 결합하는 것은 우리가 너무나 자연스럽게 해버리고 마는 일이다. 이런 책임을 찾고 하나씩 분리하는 것이 소프트웨어 설계에서 실제로 하는 일의 대부분이다. 이후에 논할 나머지 원칙들에서도 어떤 식으로든 이 문제로 돌아오게 된다.

참고 문헌

1. DeMarco, Tom. *Structured Analysis and System Specification*. Yourdon Press Computing Series. Englewood Cliff, NJ: 1979.

2. Page-Jones, Meilir. *The Practical Guide to Structured Systems Design*, 2d ed. Englewood Cliff, NJ: Yourdon Press Computing Series, 1988.

CHAPTER 9

개방 폐쇄 원칙(OCP)

더치 도어(Dutch Door): (명사) 수평으로 둘로 나뉘어 각 부분을
열거나 닫은 상태로 놔둘 수 있는 문"
『The American Heritage® Dictionary of the English Language』 (2000)

이바르 야콥슨(Ivar Jacobson)이 말한 것처럼, "모든 시스템은 생명주기 동안에 변화한다. 이것은 개발 중인 시스템이 첫 번째 버전보다 오래 남길 원한다면 반드시 염두에 두어야 할 사실이다."[1] 변화를 겪으면서도 안정적이고, 첫 번째 버전보다 오래 남는 설계를 만들려면 어떻게 해야 할까? 버트런드 마이어(Bertrand Meyer)는 1988년이란 이른 시기에 이제는 유명해진 개방 폐쇄 원칙(OCP: Open-Closed Principle)의 개념을 제안하면서 그에 대한 가이드라인을 제공했다.[2]

개방 폐쇄 원칙(OCP)

소프트웨어 개체(클래스, 모듈, 함수 등)는 확장에 대해 열려 있어야 하고, 수정에 대해서는 닫혀 있어야 한다.

---

[1]   [Jacobson92], p. 21

[2]   [Meyer97], p. 57

프로그램 한 군데를 변경한 것이 의존적인 모듈에서 단계적인 변경을 불러일으킬 때, 이 설계는 **경직성**의 악취를 풍긴다. OCP에서는 시스템을 리팩토링하여 나중에 일어날 그와 같은 종류의 변경이 더 이상의 수정을 유발하지 않도록 하라고 충고한다. OCP가 잘 적용된다면, 이미 제대로 동작하고 있던 원래 코드를 변경하는 것이 아니라 새로운 코드를 덧붙임으로써 나중에 그런 변경을 할 수 있게 된다.

이것은 현실과는 거리가 먼 이상처럼 보이지만, 실제로 이런 이상에 **접근하는** 상대적으로 쉽고 효율적인 전략이 있다.

상세 설명

개방 폐쇄 원칙을 따르는 모듈은 다음과 같은 두 가지 중요한 속성을 갖는다.

1. 확장에 대해 열려 있다.

   이것은 모듈의 행위가 확장될 수 있음을 의미한다. 애플리케이션의 요구사항이 변경될 때, 이 변경에 맞게 새로운 행위를 추가해 모듈을 확장할 수 있다. 즉, 모듈이 하는 일을 변경할 수 있다.

2. 수정에 대해 닫혀 있다.

   어떤 모듈의 행위를 확장하는 것이 그 모듈의 소스 코드나 바이너리 코드의 변경을 초래하지 않는다. 그 모듈의 실행 가능한 바이너리 형태는 링킹 가능한 라이브러리, DLL이나 자바의 .jar에서도 고스란히 남아 있다.

이 두 속성은 서로 반대 입장에 있는 것처럼 보일 것이다. 어떤 모듈의 행위를 확장하는 보통의 방법은 그 모듈의 소스 코드를 변경하는 것이다. 변경할 수 없는 모듈은 보통 고정된 행위를 하는 것으로 여겨진다.

어떤 모듈의 소스 코드를 변경하지 않고도 그 모듈의 행위를 바꾸는 일이 어떻게 가능한가? 어떻게 모듈을 변경하지 않은 채로, 그 모듈이 하는 일을 변경할 수 있을까?

해결책은 추상화다

C++, 자바, 또는 다른 OOPL[*3]에서는, 고정되기는 해도 제한되지 않은 가능한 행위의 묶음을 표현하는 추상화(abstraction)를 만드는 것이 가능하다. 추상화는 추상 기반 클래스이자, 모든 가능한 파생 클래스를 대표하는 가능한 행위의 제한되지 않은 묶음이기도 하다.

모듈은 추상화를 조작할 수 있다. 이런 모듈은 고정된 추상화에 의존하기 때문에 수정에 대해 닫혀 있을 수 있다. 그 모듈의 행위는 추상화의 새 파생 클래스들을 만듦으로써 확장이 가능하다.

그림 9-1은 OCP를 따르지 않는 간단한 설계를 보여준다. Client와 Server 클래스 모두 구체적이다. Client 클래스는 Server 클래스를 사용한다. 만약 Client 객체가 다른 서버 객체를 사용하게 하려면, Client 클래스가 새로운 서버 클래스를 지정하도록 변경해야 할 것이다.

그림 9-1 Client는 개방 폐쇄 원칙에 어긋난다.

그림 9-2는 OCP를 따르는 같은 설계를 보여준다. 여기서 ClientInterface 클래스는 추상 멤버 함수를 포함한 추상 클래스다. Client 클래스는 이 추상화를 사용하지만, Client 클래스의 객체는 파생 Server 클래스의 객체를 사용할 것이다. Client 객체가 다른 서버 클래스를 사용하게 하려면, ClientInterface 클래스의 새 파생 클래스를 생성하면 된다. Client 클래스는 변경되지 않은 채로 남는다.

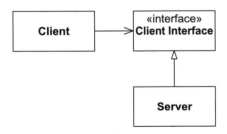

그림 9-2 스트래터지 패턴: Client는 개방 폐쇄 원칙을 따른다.

[*3]   객체 지향 프로그래밍 언어(object-oriented programming language)

Client는 어떤 일이 처리되어야 할 때, ClientInterface가 제공하는 추상 인터페이스의 형식으로 그 일을 설명할 수 있다. ClientInterface의 서브타입(subtype)들은 원하는 방식으로 그 인터페이스를 구현할 수 있다. 따라서 Client에 명시된 행위는 ClientInterface의 새로운 서브타입을 생성함으로써 확장되고 수정될 수 있다.

여러분은 내가 왜 ClientInterface라는 이름을 지었는지 의아해할 수도 있을 것이다. 왜 AbstractServer라는 이름을 대신 쓰지 않았을까? 앞으로 살펴보겠지만, **추상 클래스는 자신을 구현하는 클래스보다도 클라이언트에 더 밀접하게 관련되어 있기 때문이다.**

그림 9-3은 대안이 되는 구조를 보여준다. Policy 클래스는 어떤 종류의 정책을 구현하는 구체적인 공용(public) 함수들을 갖는데, 그림 9-2에서 본 Client의 함수들과 비슷한 것이다. 이전과 마찬가지로, 이 정책 함수들은 어떤 추상 인터페이스의 형식을 통해 작업하려는 일을 설명한다. 그러나 이번에는 추상 인터페이스가 Policy 클래스 자체의 한 부분이다. C++에서라면 순수 가상 함수(pure virtual function)일 테고, 자바에서라면 추상 메소드일 것이다. 이런 함수들은 Policy의 서브타입에서 구현된다. 따라서 Policy 내부에 명시된 행위는 Policy 클래스의 새로운 파생 클래스를 생성함으로써 확장되거나 수정될 수 있다.

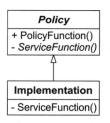

그림 9-3 템플릿 메소드 패턴: 기반 클래스는 개방 폐쇄 원칙을 따른다.

이 2개의 패턴은 OCP를 따르는 가장 흔한 수단이다. 이들은 그 기능의 구체적인 구현으로부터 일반적인 기능을 깔끔하게 분리해낸다.

Shape 애플리케이션

다음 예는 OOD에 관한 많은 책에서 계속 소개되었던 것으로, 바로 악명 높은 'Shape' 예다. 보통은 다형성이 동작하는 방식을 보여주기 위해 사용되는 예지만, 이번에는 OCP를 설명하기 위해 사용할 것이다.

표준 GUI에서 원과 사각형을 그릴 수 있는 애플리케이션이 있다. 원과 사각형은 특정한 순서에 따라 그려져야 한다. 적절한 순서로 된 원과 사각형의 목록이 만들어지고, 프로그램은 그 순서에 따라 목록을 따라가며 각각의 원과 사각형을 그리게 된다.

OCP 위반

C에서 OCP를 따르지 않는 절차적인 테크닉을 사용해, 목록 9-1에 나온 것처럼 이 문제를 풀 수 있다. 여기서 첫 번째 요소는 동일하지만 그 이후로는 다른 자료 구조들을 볼 수 있다. 각각의 첫 번째 요소는 그 자료 구조가 원인지 또는 사각형인지 식별하는 형태 코드다. DrawAllShapes 함수는 이 자료 구조들의 포인터 배열을 따라가면서, 형태 코드를 검사하고 적절한 함수(DrawCircle이나 DrawSquare)를 호출한다.

💻 **목록 9-1 사각형/원 문제의 절차적 해결책**

```
--shape.h-- -- -- -- -- -- -- -- -- -- -- -- -- -- -- -- -- -- -- --

enum ShapeType { circle, square }

struct Shape {
    ShapeType itsType;
}

--circle.h-- -- -- -- -- -- -- -- -- -- -- -- -- -- -- -- -- -- -- --
struct Circle {
    ShapeType itsType;
    double itsRadius;
    Point itsCenter;
}

void DrawCircle(struct Circle*);

--square.h-- -- -- -- -- -- -- -- -- -- -- -- -- -- -- -- -- -- -- --
struct Square {
    ShapeType itsType;
    double itsSide;
    Point itsTopLeft;
}

void DrawSquare(struct Square*);

--drawAllShapes.cc-- -- -- -- -- -- -- -- -- -- -- -- -- -- -- -- --
typedef struct Shape *ShapePointer;

void DrawAllShapes(ShapePointer list[], int n) {
```

```
    int i;
    for (i = 0; i < n; i++) {
        struct Shape* s = list[i];
        switch (s -> itsType) {
            case square:
                DrawSquare((struct Square*) s);
                break
            case circle:
                DrawCircle((struct Circle*) s);
                break
        }
    }
}
```

DrawAllShapes 함수는 새로운 도형 종류에 대해 닫혀 있을 수 없기 때문에 OCP를 따르지 않는다. 만약 이 함수를 확장해서 삼각형을 포함한 일련의 도형을 그릴 수 있게 만들려면, 함수를 수정해야 할 것이다. 사실상, 새롭게 그려야 할 모든 도형에 대해 함수를 수정해야 한다.

물론 이 프로그램은 단순한 예일 뿐이다. 실제 현실에서는 애플리케이션 전체의 다양한 함수에서 DrawAllShapes 함수의 switch 문이 여러 번 반복되고, 각각은 조금씩 다른 일을 수행한다. 도형을 드래그하는 함수, 도형을 늘이는 함수, 도형을 옮기는 함수, 도형을 지우는 함수 등이 있을 수 있다. 이런 애플리케이션에 새로운 도형을 추가하는 일은 이런 switch 문(또는 if/else 사슬)이 있는 곳을 전부 찾고 각각에 새 도형을 추가해주는 것을 의미한다.

게다가, 모든 switch 문과 if/else 사슬이 DrawAllShapes에 있는 것처럼 멋있게 구성될 수 있을 것 같지는 않다. 오히려 지역적 의사결정을 '단순화'하기 위해 if 문의 조건 술부(predicate)가 논리 연산자와 결합되거나, switch 문의 case 절이 결합되는 것이 훨씬 그럴 법하다. 어떤 병적인 상황에서는, Circle에 대해 하는 일을 똑같이 Square에 대해서도 하는 함수가 있을 수도 있다. 이런 함수에는 switch/case 문이나 if/else 사슬이 아예 없을 것이다. 따라서 새로운 도형을 추가해야 하는 모든 위치를 찾고 이해하는 문제는 간단한 일이 아닐 수도 있다.

그리고 또, 무엇을 변경해야 할지 생각해보자. ShapeType enum에 새 멤버를 추가해야 할 것이다. 이 enum 변수의 선언에 모든 도형이 의존하기 때문에, 이것들을 모두 다시 컴파일해야 한다.[4] 그리고 Shape에 의존하는 모든 모듈도 다시 컴파일해야 한다.

---

[4] enum에 대한 변경은 enum을 저장하는 데 쓰이는 변수의 크기 변경을 유발할 수 있다. 따라서 여러분이 다른 도형 선언을 재컴파일할 필요가 없다고 결정한다면 그때는 세심한 주의가 필요하다.

따라서 소스 코드에서 모든 switch/case 문과 if/else 사슬을 변경하는 것만이 아니라, Shape 자료 구조를 사용하는 모든 모듈의 바이너리 파일도 변경해야(재컴파일을 통해) 한다. 바이너리 파일을 변경한다는 것은 DLL, 공유 라이브러리, 또는 다른 종류의 바이너리 컴포넌트가 모두 재배포(redeploy)되어야 함을 의미한다. 애플리케이션에 새 도형을 추가하는 간단한 작업이 많은 소스 모듈과, 심지어 바이너리 모듈과 바이너리 컴포넌트에 이르기까지 이어지는 단계적인 변경을 불러일으키는 것이다. 이렇듯 분명히 새 도형을 추가하는 작업의 영향은 매우 커진다.

나쁜 설계 다시 훑어보자. 목록 9-1에 나온 해결책은 Triangle의 추가가 Shape, Square, Circle, DrawAllShapes의 재컴파일과 재배포를 불러일으키기 때문에 융통성이 없다. 또한 찾기도 어렵고 해독하기도 어려운 switch/case 문이나 if/else 문이 많기 때문에 취약하다. 다른 프로그램에서 DrawAllShapes를 재사용하려고 하는 사람은, 새 프로그램에

서는 필요가 없는 Square와 Circle도 함께 데리고 가야 하기 때문에 이것은 움직이게 할 수 없다. 따라서 목록 9-1은 나쁜 설계의 악취 중 상당수를 풍기고 있다.

OCP 따르기

목록 9-2는 OCP를 따르는 사각형/원 문제의 해결책 코드를 보여준다. 여기서 Shape라는 이름의 추상 클래스를 하나 작성했다. 이 추상 클래스는 Draw라는 이름의 단일 추상 메소드를 가지며, Circle과 Square는 Shape 클래스의 파생 클래스다.

⟨⟩ 목록 9-2 사각형/원 문제의 OOD 해결책

```
class Shape {
    public : virtual void Draw() const = 0;
}

class Square : public Shape {
    public : virtual void Draw() const
}

class Circle : public Shape {
    public : virtual void Draw() const
```

```
    }

void DrawAllShapes(vector<Shape*> & list) {
    vector<Shape*> :: iterator i;
    for (i = list.begin(); i != list.end(); i++)
        (*i) -> Draw();
}
```

목록 9-2에 나온 DrawAllShapes 함수의 행위를 확장하여 새로운 종류의 도형을 그릴 수 있게 만들고 싶다면, Shape 클래스의 새로운 파생 클래스를 만들기만 하면 된다는 데 주목하자. DrawAllShapes 함수를 변경할 필요는 없다. 따라서 DrawAllShapes는 OCP를 따르며, 그 행위는 수정 없이도 확장될 수 있다. 실제로, Triangle 클래스 하나를 추가하는 동작은 여기에 보인 모듈 중 어느 것에도 아무런 영향을 주지 않는다. 분명히 시스템의 어떤 부분은 이 Triangle 클래스를 다루기 위해 변경되어야 하겠지만, 여기에 보인 모든 코드는 변경에 영향을 받지 않는다.

실제 애플리케이션에서는 Shape 클래스가 훨씬 많은 메소드를 갖고 있을 것이다. 그래도 이 애플리케이션에 새 도형을 추가하는 방법은 아주 간단하다. 필요한 일은 새 파생 클래스를 만들고 그 함수를 모두 구현하는 것뿐이기 때문이다. 애플리케이션 전체를 뒤지면서 변경이 필요한 부분을 찾을 필요는 없다. 이 해결책은 **취약**하지 않다.

이 해결책은 또한 **경직성**도 없다. 수정되어야 하는 소스 모듈도 없을뿐더러, 하나만 제외한다면 재빌드되어야 하는 바이너리 모듈도 없다. Shape의 새 파생 클래스의 인스턴스를 실제로 생성하는 모듈은 수정되어야 한다. 일반적으로 이것은 main에서 행해지거나, main이 호출하는 어떤 함수에서 행해지거나, main이 생성한 어떤 객체의 메소드에서 행해진다.[*5]

마지막으로, 이 해결책은 **부동성**이 없다. DrawAllShapes는 Square와 Circle의 편승 없이도 다른 애플리케이션에서 재사용될 수 있다. 따라서 이 해결책에서는 이전에 언급된 나쁜 설계의 속성 중 어떤 것도 보이지 않는다.

이 프로그램은 OCP를 따른다. 이 프로그램은 기존 코드를 변경하기보다는 새로운 코드를 추가하는 **방법**으로 변경한다. 그러므로 OCP를 따르지 않는 프로그램이 보여주는 일련의 단계적 변경을 겪지 않는다. 필요한 변경사항은 새 모듈의 추가와, 새 객체의 인스턴스를 만들 수 있게 하는 main과 관련된 변경뿐이다.

[*5]   이런 객체는 팩토리(factory)로 알려져 있다. 21장에서 좀 더 자세히 설명할 것이다.

그래, 거짓말했다

이전의 예는 터무니없는 소리였을 뿐이다! 목록 9-2에서 Circle은 모두 Square 앞에 그려지도록 결정했다면, DrawAllShapes에서 무슨 일이 일어날지 생각해보라. DrawAllShapes 함수는 이런 변경에 대해서는 닫혀 있지 않다. 이런 변경을 구현하려면 DrawAllShapes 안으로 들어가 Circle에 대해 먼저 목록을 검색한 다음, Square에 대해 다시 검색해야 한다.

예상과 '자연스러운' 구조

이런 종류의 변경을 예상했다면, 우리를 보호해주는 추상화를 생각해낼 수 있었을 것이다. 목록 9-2에서 택했던 추상화는 도움이 되기보다는 이런 종류의 변경에 장애가 될 뿐이었다. 이것이 놀랍다고 생각할 수도 있을 것이다. 아무튼, 그 밖에 어떤 것이 Shape 기반 클래스와 Square와 Circle 파생 클래스라는 아이디어보다 더 자연스러울 수 있겠는가? 왜 자연스러운 모델이 사용하기 제일 좋은 모델이 아닌 것일까? 이에 대한 답은 순서가 도형 종류보다 더 중요한 시스템에서는 이 모델이 자연스럽지 않다는 것이다.

이것은 우리를 혼란스러운 결론으로 몰고 간다. 일반적으로, 모듈이 얼마나 '닫혀' 있든지 간에, 닫혀 있지 않은 것에 대한 변경은 항상 존재한다. 모든 상황에서 자연스러운 모델은 없다!

폐쇄는 완벽할 수 없기 때문에, 전략적이어야 한다. 즉, 설계자는 자신의 설계에서 닫혀 있는 변경의 종류를 선택해야 한다. 가장 그럴 법한 종류의 변경을 추측하고, 그 변경에 대해 보호할 수 있는 추상화를 작성해야 한다.

이런 상황에서는 경험으로 얻은 통찰력이 어느 정도 필요하다. 경험이 풍부한 설계자는 서로 다른 종류의 변경이 일어날 확률을 판단할 수 있을 정도로 사용자와 사업에 대해 충분히 알고 싶어 한다. 그리고 일어날 가능성이 가장 높은 변경에 대해서는 OCP를 적용한다.

이것은 쉽지 않다. 애플리케이션에 가해질 수 있는 변경의 종류를 추측할 수 있는 경지에 이르기까지는 시간이 필요하다. 개발자가 옳은 추측을 하면 그들은 이길 것이고, 잘못된 추측을 하면 질 것이다. 그리고 분명히 많은 부분을 잘못 추측하게 될 것이다.

또한 OCP를 따르자면 비용이 많이 든다. 적절한 추상화를 만들기 위해서는 개발 시간과 노력이 들 뿐만 아니라, 이런 추상화는 소프트웨어 설계의 복잡성을 높이기도 한다. 개발자가 감당할 수 있는 추상화의 정도에는 한계가 있다. 따라서 개발자는 OCP의 응용을 있을 법한 변경 정도로 제한하고 싶어 한다.

어떤 변경이 있을 법한지 어떻게 알 수 있을까? 적절한 연구를 하고, 적절한 질문을 던지고, 경험과 상식을 이용해야 한다. 그리고 그 모든 것을 한 후에, 변경이 일어날 때까지 기다린다!

'올가미' 놓기

변경으로부터 우리 자신을 어떻게 보호할 수 있을까? 이전 세기의 격언은, 일어날 수 있다고 생각되는 변경에 대해 '올가미를 놓는' 것이었다. 우리는 이것이 소프트웨어를 유연하게 만들어 줄 것이라 생각했다.

그러나 우리가 놓은 올가미는 종종 틀렸다. 게다가, 그것이 사용되지 않음에도 불구하고 유지 보수되어야 하는 **불필요한 복잡성**의 악취를 풍겼다. 이것은 좋은 일이 아니다. 지나치고 불필요 한 추상화로 설계에 부하를 주지 않으려면, 추상화가 실제로 필요할 때까지 기다렸다가 올가 미를 놓는 편이 차라리 낫다.

나를 한 번 놀리면… 오래된 속담이 있다. "한 번 속지 두 번 속냐." 이것은 소프트웨어 설계 에서의 효과적인 태도다. 소프트웨어를 **불필요한 복잡성**의 부하에서 구하려면, 우리 자신이 한 번은 놀림당할 각오를 해야 할지도 모른다. 처음에는 코드가 변경되지 않을 것이라 생각하고 작성한다는 뜻이다. 변경이 일어나면, 나중에 일어날 그런 종류의 변경으로부터 보호하는 추 상화를 구현한다. 즉, 첫 번째 총알은 그냥 맞고, 그 총에서 쏘는 다른 총알에 대해서는 확실히 보호한다는 것이다.

변경 촉진하기 첫 번째 총알을 맞기로 결정했다면, 총알이 빨리 그리고 자주 날아올수록 유 리하다. 우리는 개발 과정에서 너무 멀어지기 전에 어떤 종류의 변경이 일어날 것인지 알고 싶 어 한다. 어떤 종류의 변경이 일어날 것인지 알기 위해 기다리는 시간이 길어질수록, 적절한 추상화를 만드는 일은 더 어려워진다.

그러므로 변경을 촉진할 필요가 있는데, 이는 2장에서 논한 몇몇 방법을 통해 가능하다.

- 테스트를 먼저 작성한다. 테스트는 시스템을 사용하는 방법 중 하나다. 테스트를 먼저 작성함으로써, 시스템을 테스트 가능한 것으로 만들 수 있다. 그러므로 테스트 가능한 변경은 나중에 우리를 놀라게 하지 않는다. 그때쯤이면 시스템을 테스트 가능하게 만드는 추상화를 만들었을 것이다. 우리는 나중에 일어날 다른 종류의 변경으로부터 보호하는 추상화 중 많은 것을 알아차릴 수 있을 것이다.

- 아주 짧은 주기로(주보다는 일 단위로) 개발한다.
- 기반구조보다 기능 요소를 먼저 개발하고, 자주 이 기능 요소를 이해당사자(stakeholder)에게 보여준다.
- 가장 중요한 기능 요소를 먼저 개발한다.
- 소프트웨어를 빨리, 그리고 자주 릴리즈한다. 가능한 한 빠르게, 가능한 한 자주 고객과 사용자 앞에서 그것을 시연한다.

명시적인 폐쇄를 위해 추상화 사용하기

이렇게 첫 번째 총알을 맞았다고 하자. 사용자는 모든 Circle이 Square 앞에 그려지도록 요청했다. 이제 우리는 나중에 있을 이와 같은 종류의 변경으로부터 보호하기를 원한다.

그리는 순서의 변경에 대해 DrawAllShapes 함수를 어떻게 닫을 수 있을까? 폐쇄는 추상화에 기반을 둔다는 사실을 기억하자. 따라서 DrawAllShapes를 순서에 대해 닫으려면, '순서 추상화(ordering abstraction)'가 필요하다. 이 추상화는 표현될 수 있는 가능한 모든 순서 정책을 통해 추상 인터페이스를 제공할 것이다.

순서 정책은 2개의 객체가 주어졌을 때 어느 것을 먼저 그려야 하는지를 포함한다. Precedes 라는 이름을 가진 Shape의 추상 메소드를 하나 정의할 수 있다. 이 함수는 다른 Shape를 인자로 받아 불리언 값을 결과로 반환한다. 만약 메시지를 받은 Shape 객체가 인자로 넘겨받은 Shape 객체보다 먼저 그려져야 한다면 반환 값은 true가 된다.

C++에서라면 이 함수는 오버로딩된 operator 함수로 표현될 수 있다. 목록 9-3은 Shape 클래스가 순서 메소드를 포함한 것을 그대로 보여준다.

이제 Shape 객체 2개의 상대적인 순서를 결정할 수 있는 방법이 생겼으므로, 이 둘을 정렬하고 순서대로 그릴 수 있다. 목록 9-4는 이 일을 수행하는 C++ 코드를 보여준다.

⌨ 목록 9-3 순서 메소드를 포함한 Shape 클래스

```cpp
class Shape {
    public : virtual void Draw() const = 0;
        virtual bool Precedes(const Shape&) const = 0;
        bool operator<(const Shape& s) {
            return Precedes(s);
        }
}
```

```
template <typename P> class Lessp
// 포인터의 컨테이너를 정렬하기 위한 유틸리티
{
    public : bool operator() (const P p, const P q) {
        return (*p) < (*q);
    }
}

void DrawAllShapes(vector<Shape*>& list) {
    vector<Shape*> orderedList = list;
    sort(orderedList.begin(), orderedList.end(), Lessp<Shape*>());
    vector<Shape*> :: const_iterator i;
    for (i = orderedList.begin(); i != orderedList.end(); i++)
        (*i) -> Draw();
}
```

이 코드는 Shape 객체를 정렬하고, 적절한 순서로 이들을 그리는 데 필요한 도구가 된다. 하지만 아직 제대로 된 순서 추상화가 없다. 이름이 뜻하는 것처럼, 개별적인 Shape 객체는 순서를 명시하기 위해 Precedes 메소드를 오버라이드해야 할 것이다. 어떻게 이것이 제대로 되게 할 수 있을까? Circle::Precedes에 어떤 코드를 작성해야 Circle이 Square 앞에 그려짐을 보장할 수 있을까? 목록 9-5를 보자.

목록 9-5 Circle 순서 결정하기

```
bool Circle :: Precedes(const Shape& s) const {
    if (dynamic_cast<Square*>(s))
        return true
    else
        return false
}
```

이 함수와 Shape의 다른 파생 클래스에 있는 모든 형제(sibling) 함수는 OCP를 따르지 않는다는 것이 명백하다. Shape의 새로운 파생 클래스에 대해 닫을 수 있는 방법이 없다. Shape의 새로운 파생 클래스가 생성될 때마다, 모든 Precedes() 함수는 변경되어야 할 것이다.[6]

---

[6] 이 문제를 28장에서 다룰 비순환 비지터(ACYCLIC VISITOR) 패턴을 사용해 풀 수 있다. 이 해결책을 여기서 살펴보는 건 다소 이른 일이 될 것이다. 그 장 마지막에서 여러분에게 이 문제로 돌아올 것을 상기시키도록 하겠다.

물론 Shape의 새로운 파생 클래스가 앞으로 전혀 생성되지 않는다면 이것은 문제가 되지 않는다. 반면에, 자주 생성된다면 이 설계는 상당한 양의 스래싱(thrashing)을 유발할 것이다. 다시 한 번 우리는 첫 번째 총알을 맞게 된다.

폐쇄를 위해 '데이터 주도적' 접근 방식 사용하기

만약 Shape의 파생 클래스가 서로에 대해 아는 것을 막는다면, 테이블 주도적 접근 방식(table-driven approach)을 사용할 수 있다. 목록 9-6은 한 가지 가능성을 보여준다.

목록 9-6 테이블 주도적 도형 순서 결정 메커니즘

```
# include <typeinfo>
# include <string>
# include <iostream>

using namespace std;

class Shape {
    public : virtual void Draw() const = 0;
        bool Precedes(const Shape&) const

        bool operator<(const Shape& s) const {
            return Precedes(s);
        }
    private : static const char* typeOrderTable[];
}

const char* Shape :: typeOrderTable[] =
    { typeid(Circle).name(), typeid(Square).name(), 0 }

// 이 함수는 테이블에서 클래스 이름을 찾는다.
// 테이블은 그려질 도형의 순서를 정의한다.
// 발견되지 않은 도형은 언제나 발견된 도형에 우선한다.

bool Shape :: Precedes(const Shape& s) const {
    const char* thisType = typeid(*this).name();
    const char* argType = typeid(s).name();
    bool done = false
    int thisOrd = -1;
    int argOrd = -1;
    for (int i = 0; !done; i++) {
        const char* tableEntry = typeOrderTable[i];
        if (tableEntry != 0) {
            if (strcmp(tableEntry, thisType) == 0)
                thisOrd = i;
            if (strcmp(tableEntry, argType) == 0)
```

```
                argOrd = i;
            if ((argOrd >= 0) && (thisOrd >= 0))
                done = true
        } else // 테이블 항목 == 0
            done = true
    }
    return thisOrd < argOrd;
}
```

이 접근 방식을 택함으로써 DrawAllShapes를 일반적인 순서 문제에 대해 성공적으로 닫고, Shape의 파생 클래스 각각을 새로운 Shape 파생 클래스 생성이나 Shape 객체를 그 형태에 의해 다시 정렬하는(예를 들면, 순서 결정을 변경해서 Square를 먼저 그리게 한다) 정책의 변화에 대해 닫을 수 있었다.

다양한 Shape의 순서에 대해 닫히지 않은 유일한 항목은 테이블 자체뿐이다. 이 테이블은 다른 모든 모듈에서 분리되어 고유한 모듈에 위치할 수 있으므로, 이것에 대한 변경은 다른 모듈에 아무런 영향을 주지 않는다. 사실, C++에서라면 링킹 시기에 어떤 테이블을 사용할지 결정할 수 있다.

결론

많은 면에서 OCP는 객체 지향 설계의 심장이라 할 수 있다. 이 원칙을 따르면 객체 지향 기술에서 당연하게 요구되는 최상의 효용을 낳는다(예: 유연성, 재사용성, 유지보수성). 하지만 객체 지향 프로그래밍 언어를 사용하는 것만으로는 이 원칙을 따른다고 할 수 없다. 또한 애플리케이션의 모든 부분에 마구 추상화를 적용하는 것도 좋은 생각이 아니다. 그보다는, 프로그램에서 자주 변경되는 부분에만 추상화를 적용하기 위한 개발자의 헌신이 필요하다. 어설픈 추상화를 피하는 일은 추상화 자체만큼이나 중요하다.

참고 문헌

1. Jacobson, Ivar, et al. *Object-Oriented Software Engineering.* Reading, MA: Addison–Wesley, 1992.

2. Meyer, Bertrand. *Object-Oriented Software Construction*, 2d ed. Upper Saddle River, NJ: Prentice Hall, 1997.

10 리스코프 치환 원칙(LSP)

© Jennifer M. Kohnke

OCP가 내포하는 일차적인 메커니즘은 추상화와 다형성이다. 정적으로 형이 결정되는 C++나 자바 같은 언어에서 추상화와 다형성을 지원하는 주요 메커니즘 중 하나가 상속이다. 상속을 사용하면 기반 클래스에 있는 추상 메소드를 구현하는 파생 클래스를 만들 수 있다.

이런 상속의 특별한 사용을 규율하는 설계 법칙은 무엇일까? 가장 바람직한 상속 계층 구조의 특징은 무엇일까? OCP를 따르지 않는 계층 구조를 만들게 해버리는 함정에는 어떤 것이 있을까? 이것들이 리스코프 치환 원칙(LSP: Liskov Substitution Principle)이 다루는 질문들이다.

리스코프 치환 원칙(LSP)

LSP는 다음과 같이 설명할 수 있다.

> 서브타입(subtype)은 그것의 기반 타입(base type)으로 치환 가능해야 한다.

1988년에 바버라 리스코프(Barbara Liskov)[*1]가 처음으로 이 원칙을 작성했다.[*2] 그녀는 다음과 같이 말했다.

> 타입 S의 각 객체 o_1과 타입 T의 각 객체 o_2가 있을 때, T로 프로그램 P를 정의했음에도 불구하고, o_2를 o_1로 치환할 때 P의 행위가 변하지 않으면, S는 T의 서브타입이다.

이 원칙의 중요성은 이것을 위반한 결과를 생각해보면 분명해진다. 어떤 함수 f가 그 인자로 포인터나 어떤 기반 클래스 B의 참조값(reference)을 갖는다고 생각해보자. 그리고 B의 파생 클래스 D가 B를 가장해 f에 넘겨져서 f가 잘못된 동작을 하게 만든다면, 이 경우 D는 LSP를 위반한다. 명백하게 D는 f에 대해 취약하다.

f의 작성자는 D에 대한 어떤 테스트를 집어넣어 D를 넘겨받아도 f가 제대로 동작할 수 있도록 하고 싶을 것이다. 이 경우 이런 테스트는 f가 B의 모든 파생 클래스에 닫혀 있지 않기 때문에 OCP를 위반한다. 이런 테스트는 미숙한 개발자(또는 서두르는 개발자)가 LSP 위반에 대응한 결과로서, 코드에서 악취가 난다.

LSP 위반의 간단한 예

LSP 위반은 대개 심각하게 OCP를 위반하는 런타임 타입 정보(RTTI: Run-Time Type Information)[*3] 사용으로 이어진다. 어떤 객체의 형을 결정하는 데 명시적인 `if` 문이나 `if/else` 사슬이 사용되어 그 형에 맞는 행위를 선택할 수 있게 하는 경우가 종종 있다. 목록 10-1을 보자.

[*1] **역주** 바버라 리스코프(Barbara Liskov, 1939~, 미국): MIT 교수. 2008년 튜링상. 그녀는 1968년에 스탠퍼드 대학교에서 박사 학위를 취득했는데, 미국에 있는 대학의 컴퓨터학과에서 박사학위를 취득한 최초의 여성이다. ACM이 밝힌 수상 이유는 '데이터 추상화, 결함 감내, 분산 처리에 관련된 프로그래밍 언어와 시스템 설계에서의 실용적이고 이론적인 공헌'이다.

[*2] [Liskov88]

[*3] **역주** RTTI는 C++ 컴파일러 내에 포함되어 있는 기능으로, 객체의 유형을 실행 시에 결정할 수 있도록 허용한다. C++나 다른 고급 언어의 컴파일러에 포함된 이 기능은, 메모리 상주 객체에 유형 정보를 추가한다. 이렇게 함으로써, 실행 시스템은 객체의 캐스트가 유효한 것인지를 확실히 하기 위해 그 객체가 특정 유형인지를 결정할 수 있다. 객체 기술의 기본 원리 중 하나가, 실행 시 객체를 동적으로 변화시킬 수 있는 능력인 다형성(polymorphism)이다.

```
struct Point {
    double x, y;
};

struct Shape {
    enum ShapeType {
        square, circle }
    itsType;
    Shape(ShapeType t) : itsType(t) {
    }
};

struct Circle : public Shape {
    Circle() : Shape(circle) {
    }
    void Draw() const
    Point itsCenter;
    double itsRadius;
};

struct Square : public Shape {
    Square() : Shape(square) {
    }
    void Draw() const
    Point itsTopLeft;
    double itsSide;
};

void DrawShape(const Shape& s) {
    if (s.itsType == Shape :: square)
        static_cast<const Square&>(s).Draw();
    else if (s.itsType == Shape :: circle)
        static_cast<const Circle&>(s).Draw();
}
```

분명히, 목록 10-1의 DrawShape 함수는 OCP를 위반한다. 이 함수는 Shape 클래스의 모든 가능한 파생 클래스를 알아야 하고, 또한 Shape의 새로운 파생 클래스가 생길 때마다 변경되어야 한다. 당연히, 이 함수의 구조는 좋지 않은 설계다. 무엇이 프로그래머로 하여금 이와 같은 함수를 작성하게 만드는 것일까?

엔지니어 조(Joe)의 경우를 생각해보자. 조는 객체 지향 기술을 공부하고 다형성의 부하가 지나치게 크다는 결론에 도달했다.[*4] 그래서 그는 아무 가상 함수도 포함하지 않는 Shape 클래

[*4] 그런대로 빠른 컴퓨터에서는 이 부하가 메소드 호출당 1 ns 단위가 되므로, 조의 관점을 이해하기는 어렵다.

스를 정의했다. Square와 Circle 클래스(구조체)는 Shape에서 파생되고 Draw() 함수를 갖지만, Shape에 있는 함수를 오버라이드하지 않는다. Circle과 Square가 Shape를 대체할 수 없기 때문에, DrawShape는 인자로 받는 Shape를 검사하고, 형을 결정하고 나서, 적절한 Draw 함수를 호출해야 한다.

Square와 Circle이 Shape를 대체할 수 없다는 것은 LSP 위반이며, 이 위반은 DrawShape의 OCP 위반을 유발한다. 그러므로 LSP 위반은 잠재적인 OCP 위반이다.

정사각형과 직사각형, 좀 더 미묘한 위반

물론, LSP를 위반하는 훨씬 미묘한 경우가 존재한다. 목록 10-2에 나온 것과 같은 Rectangle (직사각형) 클래스를 사용하는 어떤 애플리케이션을 생각해보자.

📟 **목록 10-2 Rectangle 클래스**

```
class Rectangle {
    public :
        void SetWidth(double w) {
            itsWidth = w;
        }
        void SetHeight(double h) {
            itsHeight = h;
        }
        double GetHeight() const {
            return itsHeight;
        }
        double GetWidth() const {
            return itsWidth;
        }
    private :
        Point itsTopLeft;
        double itsWidth;
        double itsHeight;
};
```

이 애플리케이션이 잘 동작하고 많은 장소에 설치되었다고 상상해보자. 모든 성공적인 소프트웨어의 경우와 마찬가지로, 사용자는 때때로 변경을 요구해온다. 어느 날, 사용자가 직사각형은 물론 **정사각형**(square)도 조작할 수 있게 해달라고 요구해왔다.

종종 상속은 IS-A(~이다) 관계라고 한다. 즉, 새로운 종류의 객체가 원래 종류의 객체와 IS-A 관계를 이룬다고 말할 수 있다면, 새 객체의 클래스는 원래 객체의 클래스에서 파생될 수 있어야 한다.

일반적인 개념상, 모든 정사각형은 직사각형이다. 그러므로 Square 클래스는 Rectangle 클래스에서 파생된다고 보는 것이 합리적이다(그림 10-1 참고).

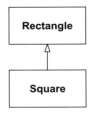

그림 10-1 Square는 Rectangle을 상속한다.

이와 같은 IS-A 관계의 사용은 객체 지향 분석의 기본적인 기법 중 하나로 생각될 수 있다.[5] 정사각형은 직사각형이다. 따라서 Square 클래스는 Rectangle 클래스에서 파생되어야 한다. 그러나 이런 식의 생각은 미묘하지만 심각한 문제를 낳을 수 있다. 일반적으로 이런 문제는 코드에서 보게 되기 전까지는 예측할 수 없다.

뭔가 잘못되었다는 첫 번째 증거는 Square가 itsHeight와 itsWidth 멤버 변수를 필요로 하지 않는다는 사실이다. 그럼에도 불구하고 Square는 Rectangle에서 이 멤버 변수들을 상속받는데, 분명히 이것은 소모적이다. 많은 경우 이와 같은 낭비는 그리 심각하지 않다. 하지만 수십만 개의 Square 객체를 생성해야 한다면(예: 어떤 복잡한 회로에서 모든 컴포넌트의 모든 핀을 정사각형으로 그리는 CAD/CAE 프로그램), 이런 낭비는 심각한 문제가 될 수 있다.

우선, 메모리 효율에 대해 그리 신경 쓰지 않는다고 가정해보자. Rectangle에서 Square를 파생하는 것 때문에 생기는 다른 문제도 있다. Square는 SetWidth와 SetHeight 함수를 상속하는데, 정사각형의 가로와 세로 길이는 같으므로 이 함수들은 Square에서는 부적절하다. 이것은 문제가 있다는 분명한 징후다. 문제를 비껴갈 수 있는 방법으로, 다음과 같이 SetWidth와 SetHeight를 오버라이드할 수 있다.

```
void Square :: SetWidth(double w) {
    Rectangle :: SetWidth(w);
    Rectangle :: SetHeight(w);
}
```

---

[5] 자주 사용되지만 좀처럼 정의되지는 않는 용어

```
void Square :: SetHeight(double h) {
    Rectangle :: SetHeight(h);
    Rectangle :: SetWidth(h);
}
```

이제 누군가가 Square 객체의 가로(width)를 설정한다면, 세로(height)도 똑같이 바뀔 것이다. 또한 누군가가 세로를 설정한다면, 가로도 그에 맞춰 바뀔 것이다. 그러므로 Square의 불변식(invariant)[6]은 손상되지 않는다. Square 객체는 수학적으로 정확한 정사각형으로 남는다.

```
Square s;
s.SetWidth(1);    // 다행히 세로도 1로 설정한다.
s.SetHeight(2);   // 가로와 세로를 2로 설정한다. 좋다.
```

그러나, 다음 함수에 대해 생각해보자.

```
void f(Rectangle & r) {
    r.SetWidth(32); // Rectangle::SetWidth를 호출한다.
}
```

만약 어떤 Square 객체에 대한 참조값을 이 함수에 넘겨준다면, 그 Square 객체는 세로 값이 가로 값에 맞춰 바뀌지 않기 때문에 문제가 생길 것이다. 이것은 명백한 LSP 위반이다. f 함수는 인자의 파생 클래스 형에 대해 제대로 동작하지 않는다. 이 실패의 원인은 SetWidth와 SetHeight가 Rectangle에서 virtual로 선언되지 않아서, 다형적이지 않다는 사실에 있다.

이 문제는 쉽게 고칠 수 있다. 하지만 파생 클래스를 만드는 것이 기반 클래스의 변경으로 이어질 때, 대개는 이 설계에 결점이 있음을 의미한다. 분명히 이것은 OCP를 위반한다. SetWidth와 SetHeight를 virtual로 만드는 것을 잊어버렸던 게 설계의 치명적인 결점이었고, 지금은 그것을 고쳤을 뿐이라는 논리로 이 말을 반박할 수도 있을 것이다. 그러나 직사각형의 가로와 세로 길이를 설정하는 것은 대단히 기본적인 일이기 때문에 이 논리를 합리화하기는 어렵다. Square의 존재를 예상하지 않았다면 어떤 근거로 이 함수들을 virtual로 만들 수 있었겠는가?

그래도 이 인자를 받아들이고, 클래스를 고친다고 가정해보자. 목록 10-3의 코드를 결과로 얻게 된다.

---

[6] 이 속성은 상태에 관계없이 항상 참(true)이어야 한다.

```
class Rectangle {
    public :
        virtual void SetWidth(double w) {
            itsWidth = w;
        }
        virtual void SetHeight(double h) {
            itsHeight = h;
        }
        double GetHeight() const {
            return itsHeight;
        }
        double GetWidth() const {
            return itsWidth;
        }
    private :
        Point itsTopLeft
        double itsHeight;
        double itsWidth;
};

class Square : public Rectangle {
    public :
        virtual void SetWidth(double w);
        virtual void SetHeight(double h);
};

void Square :: SetWidth(double w) {
    Rectangle :: SetWidth(w);
    Rectangle :: SetHeight(w);
}

void Square :: SetHeight(double h) {
    Rectangle :: SetHeight(h);
    Rectangle :: SetWidth(h);
}
```

본질적인 문제

Square와 Rectangle은 이제 제대로 동작하는 것처럼 보인다. Square 객체에 어떤 일을 하더라도, 수학적인 정사각형의 의미에 모순이 없게 될 것이다. 그리고 Rectangle 객체에 어떤 일을 하더라도, 수학적인 직사각형의 의미에 맞게 된다. 게다가, Rectangle에 대한 포인터나 참조값을 받아들이는 함수에 Square를 인자로 넘겨줄 수 있고, Square는 정사각형처럼 동작하고 모순도 없게 된다.

그러므로 이 설계는 이제 자체 모순이 없고 올바르다는 결론을 내릴 수 있다. 그러나 이 결론은 잘못된 것이다. 자체 모순이 없는 설계라고 해서 반드시 모든 사용자에 대해 모순이 없는 것은 아니다! 다음 함수 g를 보자.

```
void g(Rectangle& r) {
    r.SetWidth(5);
    r.SetHeight(4);
    assert(r.Area() == 20);
}
```

이 함수는 Rectangle이라고 믿는 것에서 SetWidth와 SetHeight 멤버를 호출한다. 이 함수는 Rectangle에 대해서는 더할 나위 없이 훌륭하게 동작하겠지만, Square를 넘겨받는다면 단정 에러(assertion error)를 선언한다. 따라서 본질적인 문제는 'g의 작성자는 Rectangle의 가로 길이를 바꾸는 것이 세로 길이를 바꾸지는 않을 것이라고 생각한다'는 데 있다.

분명히, 어떤 직사각형의 가로 길이를 바꾸는 동작이 그 세로 길이에 영향을 주지는 않는다고 생각하는 것이 합리적이다. 그러나 Rectangle로서 넘겨질 수 있는 모든 객체가 이 가정을 만족하는 것은 아니다. 그 작성자가 이 가정을 택한 g와 같은 함수에 Square의 인스턴스를 넘겨준다면, 이 함수는 제대로 작동하지 않을 것이다. 함수 g는 Square/Rectangle 계층 구조에 대해 **취약**하다.

함수 g는, Rectangle 객체에 대한 포인터나 참조값을 받아들이는 함수가 있긴 하지만 이것은 Square 객체에 대해 제대로 동작할 수 없음을 보여준다. 따라서 이런 함수에서는 Square가 Rectangle과 치환 가능하지 않고, Square와 Rectangle 사이의 관계는 LSP를 위반한다.

어떤 이는 함수 g의 문제는 제작자가 가로와 세로가 독립적이라고 가정할 권리가 없다는 데 있다고 주장할지도 모른다. 그러나 g의 제작자는 동의하지 않을 것이다. 함수 g는 Rectangle을 인자로 받아들인다. 분명히 Rectangle이라는 이름의 클래스에 적용되는 참 값의 식인 불변식이 있고, 이 불변식 중의 하나는 가로와 세로 길이가 독립적이라는 것이다. g의 작성자는 이 불변식이 당연하다고 가정할 만한 충분한 권리가 있다. 불변식을 위반한 것은 Square의 제작자다.

아주 흥미롭게도, Square의 작성자는 Square의 불변식을 위반하지 않았다. Rectangle에서 Square를 파생시킴으로써 Rectangle의 불변식을 위반하게 되었다!

유효성은 본래 갖추어진 것이 아니다

LSP는 '모델만 별개로 보고, 그 모델의 유효성을 충분히 검증할 수 없다'라는 아주 중요한 결론을 내린다. 어떤 모델의 유효성(validity)은 오직 그 고객의 관점에
서만 표현될 수 있다. 예를 들어, Square와 Rectangle 클
래스의 최종 버전을 각각 별개로 검사한다면 이것들이 자체
모순이 없고 유효하다는 결론을 내릴 것이다. 그러나 기반 클
래스에 대해 합리적인 가정을 택한 프로그래머의 관점에서
이 클래스들을 본다면, 이 모델은 깨지고 만다.

특정 설계가 적절한지 아닌지를 판단할 때는 단순히 별개로 봐
선 해답을 찾을 수 없다. 그 설계를 사용자가 택한 합리적인 가
정의 관점에서 봐야 한다.[7]

그렇다면 누가, 설계를 사용자가 택할 합리적인 가정이 무엇일지 알 수 있겠는가? 대부분 이
런 가정은 예상하기가 쉽지 않다. 사실 이것들을 모두 예상하려고 시도한다면, 시스템을 **불필
요한 복잡성**의 악취로 찌들게 하는 결과를 낳을 것이다. 그러므로 다른 모든 원칙과 마찬가지
로, 관련된 **취약성**의 악취를 맡을 때까지 가장 명백한 LSP 위반을 제외한 나머지의 처리는 연
기하는 게 최선이다.

'IS-A'는 행위에 대한 것이다

그래서 무슨 일이 일어났는가? 왜 외관상으로는 합리적인 Square와 Rectangle의 모델이
망가졌는가? 결국, Square가 Rectangle이지 않은가? IS-A 관계가 유지되지 않는 건가?

g의 작성자를 생각하지 않는 한 그렇다! 정사각형은 직사각형일 수 있지만, g의 관점에서 볼
때 Square 객체는 절대로 Rectangle 객체가 아니다. 왜일까? 그것은 Square 객체의 **행위**
가 g가 기대하는 Rectangle 객체의 행위와 일치하지 않기 때문이다. 행위 측면에서 볼 때,
Square는 Rectangle이 아니다. 그리고 **행위**야말로 소프트웨어의 모든 것이다. LSP는 OOD
에서 IS-A 관계는 합리적으로 가정할 수 있고 클라이언트가 의존하는 **행위**와 관련이 있다는
점을 분명히 한다.

---

[7] 종종 기반 클래스를 위해 작성한 단위 테스트에서 이런 합리적인 가정 문제가 나타나는 모습을 확인할 수 있다. 이것은 테스트
주도 개발을 해야 하는 또 하나의 훌륭한 이유다.

계약에 의한 설계

많은 개발자가 '합리적 추정'이라는 개념에 불편함을 느끼기도 한다. 고객이 정말로 기대하는 것을 어떻게 알 수 있겠는가? 이런 합리적인 추정을 명시적으로 만들어 LSP를 강제하는 테크닉이 있는데, 이를 계약에 의한 설계(DBC: design by contract)라고 한다. 버트런드 마이어 (Bertrand Meyer)가 자세히 설명했다.[8]

DBC를 사용하면, 어떤 클래스의 작성자는 그 클래스의 계약사항을 명시적으로 정한다. 이 계약은 모든 고객 코드의 작성자가 신뢰할 수 있는 행위에 대해 알려준다. 또한 이 계약은 각 메소드의 사전조건과 사후조건을 선언하는 것으로 구체화된다. 메소드를 실행하기 위해서는 사전조건이 참이 되어야 한다. 메소드는 완료되고 나면 사후조건이 참이 됨을 보장한다.

Rectangle::SetWidth(double w)의 사후조건을 다음과 같이 볼 수 있다.

```
assert((itsWidth == w) && (itsHeight == old.itsHeight));
```

이 예에서 old는 SetWidth를 호출하기 전의 Rectangle 값이다. 마이어가 설명한, 파생 클래스의 사전조건과 사후조건에 대한 규칙은 다음과 같다.

> 루틴 재선언(파생 클래스에서)은 오직 원래 사전조건과 같거나 더 약한 수준에서 그것을 대체할 수 있고, 원래 사후조건과 같거나 더 강한 수준에서 그것을 대체할 수 있다.[9]

다시 말해, 기반 클래스의 인터페이스를 통해 어떤 객체를 사용할 때 사용자는 그 기반 클래스의 사전조건과 사후조건만 알 수 있다. 따라서 파생된 객체는 이런 사용자가 기반 클래스가 요구하는 것보다 더 강한 사전조건을 따를 것이라고 기대할 수 없다. 즉, 파생된 객체는 기반 클래스가 받아들일 수 있는 것은 모두 받아들여야 한다. 또한 파생 클래스는 기반 클래스의 모든 사후조건을 따라야 한다. 즉, 그 행위와 출력(output)은 기반 클래스의 제약을 위반해서는 안 된다. 기반 클래스의 사용자가 파생 클래스의 출력에 의해 혼란스러워해서는 안 된다.

---

[8]   [Meyer97], 11장, p. 331

[9]   [Meyer97], p. 573, Assertion Redeclaration rule (1)

분명히 Square::SetWidth(double w)의 사후조건은 Rectangle::SetWidth(double w)의 사후조건보다 약하다.[*10] 제약 조건 (itsHeight == old.itsHeight)를 강제하지 않기 때문이다. 따라서 Square의 SetWidth 메소드는 기반 클래스의 계약을 위반한다.

에펠(Eiffel) 같은 특정 언어는 사전조건과 사후조건을 직접적으로 지원한다. 프로그래머는 이 조건들을 선언할 수 있고, 이것을 검증하는 런타임 시스템을 갖게 된다. 그러나 C++나 자바에는 이런 기능이 없다. 따라서 이런 언어에서는 각 메소드의 사전조건과 사후조건을 수동으로 처리해야 하고, 마이어의 규칙이 위반되지는 않는지 확인해야 한다. 또한 각 메소드의 주석에서 이런 사전조건과 사후조건을 문서화해두면 유용하다.

단위 테스트에서의 계약사항 구체화하기

계약은 또한 단위 테스트를 작성함으로써 구체화될 수 있다. 단위 테스트는 어떤 클래스의 행위를 철저하게 테스트함으로써, 그 클래스의 행위를 좀 더 분명하게 만들어준다. 고객 코드의 작성자는 단위 테스트를 관찰해서 그들이 사용하는 클래스에 대한 합리적 추정이 무엇인지 알고 싶어 할 것이다.

실제 예

정사각형과 직사각형은 이제 질렸다! LSP가 실제 소프트웨어에서 의미가 있을까? 내가 실제로 몇 년 전에 진행한 프로젝트에서 뽑아낸 사례 연구를 살펴보자.

동기

1990년대 초반, 나는 몇몇 컨테이너 클래스를 포함한 서드파티 클래스 라이브러리(third-party class library)를 구매했다. 이 컨테이너들은 스몰토크(Smalltalk) 언어의 Bag 및 Set 클래스와 관련이 있었다. 두 종류의 Set 클래스와, 비슷한 두 종류의 Bag 클래스가 있었다. 첫 번째 종류는 '유계(bounded)'라고 불렸으며 배열에 기반을 두고 있었고, 두 번째 종류는 '무계(unbounded)'라고 불렸으며 연결 리스트에 기반을 두고 있었다.

[*10] '더 약하다'라는 말은 혼란스러울 수도 있다. 만약 X가 Y의 모든 제약을 강제하지 않는다면 X는 Y보다 약하다. 이것은 X가 강제하는 새로운 제약이 몇 개인지와는 관계가 없다.

BoundedSet의 생성자는 이 Set이 저장할 수 있는 원소의 최대 개수를 명시했다. 이런 원소들을 위한 공간은 BoundedSet 내부의 배열에 미리 할당되었다. 따라서 BoundedSet 생성이 성공했다면, 메모리가 충분하다고 확신할 수 있었다. 이것은 배열에 기반을 두고 있었기 때문에 아주 빨랐으며, 정상적인 동작을 하는 중에는 메모리 할당 작업이 일어나지 않았다. 그리고 메모리가 미리 할당되기 때문에, BoundedSet의 실행이 힙(heap) 공간을 다 써버리지 않음을 보장할 수 있었다. 반면에, 미리 할당된 공간을 전부 사용하는 경우는 거의 없었기 때문에 메모리 낭비가 있었다.

그러나 UnboundedSet은 저장 가능한 원소의 개수 한도를 선언하지 않았다. 힙 메모리가 허락하는 한 원소를 계속 받을 수 있었으므로, 매우 유연했다. 그리고 현재 포함하고 있는 원소를 저장하는 데 필요한 메모리만을 사용했기 때문에 경제적이기도 했다. 하지만 정상적인 동작의 일부로 메모리를 계속 할당하고 해제해야 했기 때문에 속도는 느렸다. 마지막으로, 정상적인 동작이 힙 공간을 모두 써버릴 위험도 있었다.

나는 이 서드파티 클래스들의 인터페이스가 불편해서, 나중에 좀 더 나은 클래스로 교체하고자 했다. 따라서 애플리케이션 코드가 이 클래스들에 의존하게 되는 것을 원하지 않았다. 그래서 그림 10-2에서 볼 수 있듯이 내가 작성한 추상 인터페이스로 이 서드파티 컨테이너를 포장했다.

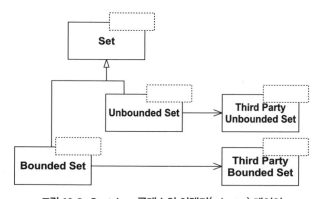

그림 10-2 Container 클래스의 어댑터(adapter) 레이어

목록 10-4에 나오는 것처럼, 순수 가상 함수인 Add, Delete, IsMember를 제공하는 Set이라는 추상 클래스를 만들었다. 이 구조는 유계와 무계, 이 2개의 서드파티 Set 변형 클래스를 통합하고 공통의 인터페이스를 통해 그것에 접근할 수 있게 만들어주었다. 그러므로 클라

이언트는 Set<T>& 형의 인자를 받을 수 있고, 실제로 그것이 처리하는 Set이 bounded 종류이든 unbounded 종류이든 신경 쓰지 않을 것이다(목록 10-5의 PrintSet 함수 참고).

📟 목록 10-4 추상 Set 클래스

```
template <class T> class Set {
    public : virtual void Add(const T&) = 0;
        virtual void Delete(const T&) = 0;
        virtual bool IsMember(const T&) const = 0;
};
```

📟 목록 10-5 PrintSet

```
template <class T>
void PrintSet(const Set<T>& s) {
    for (Iterator<T>i(s); i; i++)
        cout << (*i) << endl;
}
```

사용할 Set의 종류를 알고 그것에 신경 쓸 필요가 없다는 건 큰 장점이다. 이것은 프로그래머가 각 특정 인스턴스에서 어떤 종류의 Set이 필요한지 결정할 수 있고, 클라이언트 함수 중 어느 것도 그 결정에 영향을 받지 않는다는 뜻이다. 프로그래머는 메모리가 빠듯하고 속도가 중요하지 않은 경우에 UnboundedSet을 선택할 수 있다. 또는 메모리가 충분하고 속도가 중요한 경우에 BoundedSet을 선택할 수 있다. 클라이언트 함수는 기반 클래스 Set의 인터페이스를 통해 이 객체들을 조작하고, 그렇기 때문에 어떤 종류의 Set을 사용하고 있는지 알거나 신경 쓸 필요가 없다.

문제

PersistentSet을 이 계층 구조에 추가하려고 한다. 영속 집합(persistent set)은 어떤 스트림에 쓰이고, 나중에 다른 애플리케이션에 의해서도 다시 읽힐 수 있는 집합이다. 유감스럽게도, 내가 쓸 수 있었던 유일한 서드파티 컨테이너는 영속성(persistence)을 제공하긴 했지만 템플릿 클래스가 아니었다. 그 대신, 이 클래스는 추상 기반 클래스인 PersistentObject 클래스에서 파생된 객체를 받아들였다. 나는 그림 10-3에 나온 것과 같은 계층 구조를 만들었다.

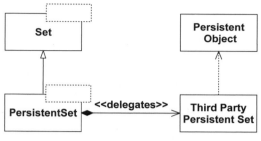

그림 10-3 영속 집합 계층 구조

PersistentSet이 서드파티 영속 집합의 인스턴스를 포함하고, 이 인스턴스에 모든 메소드를 위임한다는 것에 주목하자. 따라서 PersistentSet에서 Add를 호출한다면, 포함된 서드파티 영속 집합의 적절한 메소드에 그 처리를 위임할 뿐이다.

일견 이것은 모두 제대로 된 것처럼 보일 수도 있다. 그러나 여기에는 좋지 않은 의미가 숨어 있다. 서드파티 영속 집합에 추가되는 원소는 PersistentObject에서 파생되어야 한다. PersistentSet은 단순히 서드파티 영속 집합에 위임하는 역할을 하기 때문에, PersistentSet에 추가되는 원소는 PersistentObject에서 파생되어야 하는 것이다. 그럼에도 불구하고 Set의 인터페이스는 이런 제약을 갖고 있지 않다.

어떤 클라이언트가 기반 클래스 Set에 멤버를 추가할 때, 그 클라이언트는 Set이 실제로 PersistentSet인지 아닌지 알 수 없다. 그러므로 그 클라이언트는 자신이 추가하는 원소가 PersistentObject에서 파생된 것인지 아닌지 알 수 있는 방법이 없다.

목록 10-6의 PersistentSet::Add()에 대한 코드를 보자.

목록 10-6 PersistentSet::Add( )

```
template <typename T>
void PersistentSet :: Add(const T& t) {
    PersistentObject& p = dynamic_cast<PersistentObject&>(t);
    itsThirdPartyPersistentSet.Add(p);
}
```

이 코드는 PersistentObject 클래스에서 파생되지 않은 객체를 PersistentSet에 추가하려는 클라이언트가 있으면, 런타임 에러가 발생할 것임을 확실하게 해준다. dynamic_cast는 bad_cast를 발생시킬 것이다. 추상 기반 클래스 Set의 클라이언트 중 그 어느 것도 Add에서 예외가 발생할 것이라고 기대하지 않는다. 이런 함수들은 Set의 파생 클래스에서 혼

동될 것이기 때문에, 이러한 계층 구조 변경은 LSP를 위반한다.

이것이 문제가 되는가? 물론이다. Set의 파생 클래스를 넘겨줄 때는 전혀 문제가 없었던 함수들이 PersistentSet을 넘겨줄 때는 런타임 에러를 발생시킨다. 이런 종류의 문제를 디버깅하는 일은 상대적으로 어렵다. 실제로 논리적 결점이 있는 곳에서 아주 멀리 떨어진 곳에서 런타임 에러가 발생하기 때문이다. 이 논리적 결점은 PersistentSet을 어떤 함수에 넘겨주는 의사결정이거나, 어떤 객체를 PersistentObject에서 파생되지 않은 PersistentSet에 추가하는 의사결정일 수도 있다. 각 경우에, 실제 의사결정은 실제 Add 메소드 호출에서 몇 백만 기계명령어(instruction)나 떨어진 곳에서 일어날 수도 있다. 이 위치를 찾아내는 것도 몹시 까다로운 일이지만, 이것을 고치는 건 더 어렵다.

LSP를 따르지 않는 해결책

이 문제를 어떻게 풀 수 있을까? 몇 년 전, 나는 이것을 규정(convention)에 따라 해결했다. 말하자면, 소스 코드에서 해결하지 않았다는 뜻이다. 그러기는커녕, PersistentSet과 PersistentObject가 전부 다 애플리케이션에 알려지지는 않게 한다는 규정을 세웠다. 이들은 단 하나의 특정한 모듈에만 알려진다. 이 모듈은 영속 저장소에서 모든 컨테이너를 읽고 쓰는 책임을 졌다. 어떤 컨테이너에 써야 할 때, 그 내용은 적절한 PersistentObject의 파생 객체에 복사되고 PersistentSet에 추가된다. 그리고 이 PersistentSet은 스트림에 저장된다. 컨테이너가 스트림에서 읽고자 할 때는 이 과정이 반대로 일어난다. PersistentSet은 스트림에서 읽히며, PersistentObject는 PersistentSet에서 지워지고 일반(비영속) 객체에 복사된다. 그리고 이 일반 객체는 일반 Set에 추가된다.

이 해결책이 지나치게 제한적인 것처럼 보일 수도 있지만, 내 생각에는 이것이 비영속 객체를 추가하려는 함수의 인터페이스에 PersistentSet 객체가 나타나지 않게 방지하는 유일한 방법이었다. 게다가, 애플리케이션의 나머지 부분에서 영속성 전체 개념에 대한 의존성을 끊는 방법이기도 했다.

이 해결책은 제대로 효과를 봤을까? 그렇지 않았다. 이 규정의 필요성을 이해하지 못한 개발자들이 애플리케이션의 일부분에서 이것을 위반했기 때문이다. 이것이 바로 규정과 관련해 생기는 문제다. 그러므로 끊임없이 각 개발자에게 알려야 한다. 만약 개발자가 이 규정을 배우지 않았거나 이것에 동의하지 않는다면, 이 규정을 위반해버릴 것이다. 그리고 한 군데의 위반은 전체 구조를 손상시킬 수 있다.

LSP를 따르는 해결책

지금이라면 내가 이 문제를 어떻게 풀까? PersistentSet이 Set과 IS-A 관계에 있지 않다는 사실과, 이 클래스가 Set의 적절한 파생 클래스가 아님을 인정할 것이다. 따라서 계층 구조를 분리하지만, 완전히 분리하지는 않을 것이다. Set과 PersistentSet이 공통적으로 갖고 있는 기능 요소가 존재한다. 사실, LSP 관점에서 문제가 되는 것은 Add 메소드뿐이다. 결과적으로, 나는 멤버 여부 테스트, 순환 등을 허용하는 추상 인터페이스 아래 Set과 PersistentSet 모두를 형제 관계로 묶는 계층 구조를 만들 것이다(그림 10-4 참고). 이것은 PersistentSet 객체들을 순환 검색할 수 있고, 멤버 여부도 테스트할 수 있게 만들어줄 것이다. 그러나 PersistentObject에서 파생되지 않은 객체를 PersistentSet에 추가할 수 있게 만들 수는 없다.

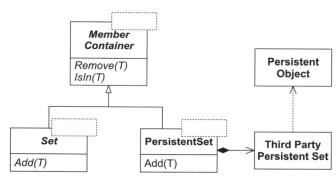

그림 10-4 LSP를 따르는 해결책

파생 대신 공통 인자 추출하기

흥미롭지만 난해한 또 한 가지 상속의 예는 Line과 LineSegment의 예다.[11] 목록 10-7과 목록 10-8을 보자. 처음에는 이 두 클래스가 자연스러운 공용 상속의 후보처럼 보인다. LineSegment는 Line에 선언된 모든 멤버 변수와 모든 멤버 함수를 필요로 한다. 그리고 LineSegment에서는 고유의 멤버 함수인 GetLength가 추가되었고, IsOn 함수를 오버라이드한다. 하지만 이 두 클래스도 미묘한 방식으로 LSP를 위반한다.

---

[11] 이 예는 실제 애플리케이션에서 뽑아낸 것으로, Square/Rectangle 예와 비슷하다. 실제 현장에서 현재 논의되고 있는 문제가 많이 생긴다.

```
#ifndef GEOMETRY_LINE_H
#define GEOMETRY_LINE_H
#include "geometry/point.h"

class Line {
    public :
        Line(const Point& p1, const Point& p2);
        double GetSlope() const
        double GetIntercept() const // Y 절편(선이 Y축을 지나는 지점)
        Point GetP1() const{
            return itsP1;
        }
        Point GetP2() const{
            return itsP2;
        }
        virtual bool IsOn(const Point &) const

    private :
        Point itsP1;
        Point itsP2;
};
#endif
```

```
#ifndef GEOMETRY_LINESEGMENT_H
#define GEOMETRY_LINESEGMENT_H

class LineSegment : public Line {
    public :
        LineSegment(const Point& p1, const Point& p2);
        double GetLength() const
        virtual bool IsOn(const Point&) const
};
#endif
```

Line의 사용자는 당연히 직선상에 있는 모든 점이 이 안에 포함되기를 기대한다. 예를 들어, Intercept 함수에 의해 반환된 점은 y축을 지나는 선에 있는 점이다. 이 점은 이 직선상에 있기 때문에, Line의 사용자는 당연히 IsOn(Intercept()) == true임을 기대한다. 하지만 LineSegment의 많은 인스턴스에서 이 판정식은 실패한다.

왜 이것이 중요한 문제일까? 그냥 Line에서 LineSegment를 파생시키고 미묘한 문제는 그냥 놔두면 어떨까? 이것은 판단(judgment call)*12을 내려야 하는 문제다. 설계를 고쳐서 완벽하게 LSP에 맞는 설계를 만들려고 하기보다, 다형적인 행위에 있어서 미묘한 결점은 놔두는 것이 좀 더 적절한 대응인 경우도 드물게 있다. 완벽을 추구하는 대신 타협안을 받아들이는 것은 공학적인 균형(trade-off)이다. 좋은 엔지니어는 완벽보다 타협이 유리할 때를 안다. 그러나 LSP를 가볍게 포기해서는 안 된다. 기반 클래스가 사용되는 곳에서 서브클래스가 항상 제대로 동작함을 보장하는 것은 복잡성을 다루는 강력한 방법이다. 이것을 버린다면, 각 서브클래스를 개별적으로 다루어야 한다.

Line과 LineSegment의 예에는 OOD의 중요한 수단을 보여주는 간단한 해결책이 있다. 만약 Line과 LineSegment 클래스 둘 모두에 접근할 수 있다면, 두 클래스의 공통된 원소를 추출하여 추상 기반 클래스로 만들 수 있을 것이다. 목록 10-9부터 목록 10-11까지는 Line과 LineSegment에서 공통 인자를 추출하여 기반 클래스 LinearObject로 만든 것을 보여준다.

목록 10-9 geometry/linearobj.h

```
#ifndef GEOMETRY_LINEAR_OBJECT_H
#define GEOMETRY_LINEAR_OBJECT_H
#include "geometry/point.h"

class LinearObject {
    public :
        LinearObject(const Point& p1, const Point& p2);

        double GetSlope() const;
        double GetIntercept() const;

        Point GetP1() const {
            return itsP1;
        };
        Point GetP2() const {
            return itsP2;
        };
        virtual int IsOn(const Point&) const = 0; // 추상

    private :
        Point itsP1;
        Point itsP2;
};
#endif
```

---

*12 [역주] 올바른 결정을 내리기 어려운 상황에서 내리는 결정이란 의미를 내포한다.

```
#ifndef GEOMETRY_LINE_H
#define GEOMETRY_LINE_H
#include "geometry/linearobj.h"

class Line : public LinearObject {
    public :
        Line(const Point& p1, const Point& p2);
        virtual bool IsOn(const Point&) const;
};
#endif
```

```
#ifndef GEOMETRY_LINESEGMENT_H
#define GEOMETRY_LINESEGMENT_H
#include "geometry/linearobj.h"

class LineSegment : public LinearObject {
    public:
        LineSegment(const Point& p1, const Point& p2);

        double GetLength() const;
        virtual bool IsOn(const Point&) const;
};
#endif
```

LinearObject는 Line과 LineSegment 모두를 표현한다. 이 클래스는 두 서브클래스에서 순수 가상 메소드인 IsOn 메소드만 제외하고, 대부분의 기능성과 데이터 멤버를 제공한다. LinearObject의 사용자는 자신이 사용하는 객체의 범위를 안다고 가정할 수 없다. 그러므로 아무 문제 없이 Line이나 LineSegment 중 어떤 것이든 받아들일 수 있다. 더욱이, Line 사용자는 절대 LineSegment를 다룰 필요가 없다.

공통 인자 추출은 많은 양의 코드가 작성되지 않았을 때 가장 적용하기 편한 설계 수단이다. 물론, 목록 10-7에 보인 Line 클래스에 수십 개의 클라이언트가 있다면 LinearObject 클래스를 추출해내기가 쉽지는 않을 것이다. 그러나 공통 인자 추출이 가능하다면, 이것은 강력한 수단이 된다. 특성이 2개의 서브클래스로 추출될 수 있다면, 이 특성을 필요로 하는 다른 클래스들이 나중에 나타날 가능성은 분명히 있다. 공통 인자 추출에 대해, 레베카 워프스-브록(Rebecca Wirfs-Brock), 브라이언 윌커슨(Brian Wilkerson), 로런 위너(Lauren Wiener)는 다음과 같이 말했다.

어떤 클래스 집합이 모두 같은 책임을 진다면, 공통 슈퍼클래스(sunperclass)에서 그 책임을 상속받아야 한다.

공통 슈퍼클래스가 아직 존재하지 않는다면, 하나 만들어서 공통 책임을 이 클래스에 넘겨라. 그러면 언젠가 이 클래스는 분명히 쓸모가 있다(이미 이 책임은 어떤 클래스에 의해 상속된다는 것을 보였다). 여러분 시스템의 향후 확장판에서 새로운 방식으로 이와 같은 책임을 지는 새로운 서브클래스를 추가할 것이라고 생각할 수 있지 않은가? 이 새로운 슈퍼클래스는 아마 추상 클래스가 될 것이다.[13]

목록 10-12는 LinearObject의 속성이 예상하지 않았던 클래스 Ray에 의해 어떻게 사용될 수 있는지를 보여준다. Ray는 LinearObject와 치환 가능하고, LinearObject의 사용자는 이것을 처리하는 데 있어 아무 문제도 느끼지 못한다.

목록 10-12 geometry/ray.h

```cpp
#ifndef GEOMETRY_RAY_H
#define GEOMETRY_RAY_H

class Ray : public LinearObject {
    public:
        Ray(const Point& p1, const Point& p2);
        virtual bool IsOn(const Point&) const;
};
#endif
```

휴리스틱과 규정

LSP 위반의 단서를 보여주는 간단한 휴리스틱(heuristic)이 있다. 이것은 기반 클래스에서 어떻게든 기능성을 제거한 파생 클래스에 대해 적용해야 한다. 기반 클래스보다 덜한 동작을 하는 파생 클래스는 보통 그 기반 클래스와 치환이 불가능하므로 LSP를 위반한다.

파생 클래스에서의 퇴화 함수

목록 10-13을 보자. Base에 함수 f가 구현되어 있다. 그러나 Derived에서 이것은 퇴화된다.

---

[13] [WirfsBrock90], p. 113

생각건대, Derived의 작성자는 이 함수 f가 Derived에서는 쓸모가 없다고 생각한 것 같다. 유감스럽게도 Base의 사용자는 f를 호출하면 안 된다는 사실을 모르기 때문에, 여기서는 치환 위반이 생긴다.

📟 **목록 10-13 파생 클래스에서의 퇴화 함수**

```java
public class Base {
    public void f() {/*일부 코드*/}
}

public class Derived extends Base {
    public void f() {}
}
```

파생 클래스에 퇴화 함수가 존재한다고 해서 무조건 LSP 위반을 나타낸다고 할 수는 없다. 하지만 이것이 일어났을 때 위반 여부를 살펴볼 만한 가치는 있다.

파생 클래스에서의 예외 발생

또 다른 위반 형태는 그 기반 클래스가 발생시키지 않는 예외를 파생 클래스의 메소드에 추가하는 것이다. 기반 클래스의 사용자가 예외를 기대하지 않는다면, 파생 클래스의 메소드에 예외를 추가했을 때 이들은 치환 가능하지 않다. 사용자의 기대가 변하든지, 아니면 파생 클래스가 그 예외를 발생시키지 않아야 한다.

결론

OCP는 OOD를 위해 논의된 수많은 의견 중에서도 핵심이다. 이 원칙이 효력을 가질 때, 애플리케이션은 좀 더 유지보수 가능하고, 재사용 가능하고, 견고해진다. LSP는 OCP를 가능하게 하는 주요 요인 중 하나다. 이것은 기반 타입으로 표현된 모듈을 수정 없이도 확장 가능하게 만드는, 서브타입의 치환 가능성을 말한다. 이 치환 가능성은 개발자가 암암리에 의존할 수 있는 그 어떤 것이 되어야 한다. 따라서 기반 타입의 계약사항은 명시적으로 강제되지 않은 경우, 코드에서 분명하고 뚜렷해야 한다.

'IS-A'라는 용어는 서브타입의 정의가 되기에는 그 의미가 지나치게 넓다. 서브타입의 진실된 정의는 '치환 가능성'이다. 여기서 치환 가능성은 명시적 또는 암묵적 계약에 의해 정의된다.

참고 문헌

1. Meyer, Bertrand. *Object-Oriented Software Construction*, 2d ed. Upper Saddle River, NJ: Prentice Hall, 1997.

2. WirfsBrock, Rebecca, et al. *Designing Object-Oriented Software*. Englewood Cliffs, NJ: Prentice Hall, 1990.

3. Liskov, Barbara. Data Abstraction and Hierarchy. *SIGPLAN Notices*, 23,5 (May 1988).

의존 관계 역전 원칙(DIP)

© Jennifer M. Kohnke

> 더는 국가의 중요한 일들이 인간의 나약함을 흔들지도 모르는 무수한 가능성에 휘둘리지 않게 해야 한다."
>
> **토머스 눈 탈파우드(Thomas Noon Talfourd) 경**[*1], 1795~1854

의존 관계 역전 원칙(DIP)

a. 상위 수준의 모듈은 하위 수준의 모듈에 의존해서는 안 된다. 둘 모두 추상화에 의존해야 한다.

b. 추상화는 구체적인 사항에 의존해서는 안 된다. 구체적인 사항은 추상화에 의존해야 한다.

수년 동안, 많은 사람이 왜 내가 이 원칙의 이름에 '역전(inversion)[*2]이란 단어를 사용했는지 질문해왔다. 이것은 구조적 분석 설계 같은 좀 더 전통적인 소프트웨어 개발 방법에서는 소프트웨어 구조에서 상위 수준의 모듈이 하위 수준의 모듈에 의존하는, 그리고 정책이 구체적인 것에 의존하는 경향이 있었기 때문이다. 실제로 이런 방법의 목표 중 하나는 상위 수준의 모듈이 하위 수준의 모듈을 호출하는 방법을 묘사하는 서브프로그램(subprogram)의 계층 구조를 정의하는 것이었다. 그림 7-1의 Copy 프로그램 초기 설계는 이런 계층 구조의 좋은 예다.

[*1] 역주 영국의 판사이자 작가. 아르고스의 왕 아이온(Ion)에 관한 비극 『Ion』에서 발췌한 인용문이다.

[*2] 역주 도치(倒置, 차례나 위치 따위를 서로 뒤바꿈)라는 의미로 해석

잘 설계된 객체 지향 프로그램의 의존성 구조는 전통적인 절차적 방법에 의해 일반적으로 만들어진 의존성 구조가 '역전'된 것이다.

하위 수준의 모듈에 의존하는 상위 수준의 모듈이 의미하는 바를 생각해보자. 어떤 애플리케이션의 중요한 정책 의사결정과 업무 모델을 포함하고 있는 것은 상위 수준의 모듈로서, 이 모듈은 애플리케이션의 본질을 담고 있다. 그러나 이런 모듈이 하위 수준의 모듈에 의존할 때, 하위 수준 모듈의 변경은 상위 수준 모듈에 직접적인 영향을 미칠 수 있고, 이번엔 상위 수준의 모듈이 변경되게 할 수도 있다.

이런 상황은 말도 안 된다! 하위 수준의 구체적인 모듈에 영향을 주어야 하는 것은 정책을 결정하는 상위 수준의 모듈이다. 업무 규칙을 포함하는 상위 수준의 모듈은 구체적인 구현을 포함한 모듈에 우선하면서 동시에 독립적이어야 한다. 상위 수준의 모듈은 어떤 식으로든 하위 수준의 모듈에 의존해서는 안 된다.

게다가, 우리가 재사용하기 원하는 것은 정책을 결정하는 상위 수준의 모듈이다. 우리는 이미 서브루틴 라이브러리의 형태로 하위 수준의 모듈을 재사용하는 데는 익숙해져 있다. 상위 수준의 모듈이 하위 수준의 모듈에 의존할 때, 이런 상위 수준의 모듈을 각기 다른 문맥에서 재사용하기란 매우 어려울 것이다. 그러나 상위 수준의 모듈이 하위 수준의 모듈에 독립적이라면, 이 상위 수준의 모듈은 아주 간단히 재사용할 수 있다. 이 원칙은 프레임워크 설계의 핵심에 있다.

레이어 나누기

부치(Booch)는 "잘 구조화된 모든 객체 지향 아키텍처는 레이어를 분명하게 정의했다. 여기서 각 레이어는 잘 정의되고 제어되는 인터페이스를 통해 일관된 서비스의 집합을 제공한다."고 말했다.[3] 이 말을 그대로 고지식하게 해석한 설계자는 그림 11-1과 비슷한 구조를 만들게 될 것이다. 이 다이어그램에서 상위 수준의 Policy 레이어는 하위 수준의 Mechanism 레이어를, Mechanism 레이어는 구체적인 단계의 Utility 레이어를 사용한다. 얼핏 보기에는 괜찮아 보일 수도 있겠지만, Policy 레이어가 아래 Utility 레이어의 모든 변화에 민감하다는 특성이 함정으로 숨어 있다. 의존성은 이행적(transitive)이다. Policy 레이어는 Utility 레이어에

---

[3]   [Booch96], p. 54

의존하는 다른 것에도 의존한다. 따라서 Policy 레이어는 Utility 레이어에 이행적으로 의존하게 된다. 이것은 매우 불행한 일이다.

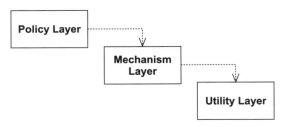

그림 11-1 미숙한 레이어 나누기 계획

그림 11-2는 좀 더 적절한 모델을 보여준다. 각 상위 수준 레이어는 그것이 필요로 하는 서비스에 대한 추상 인터페이스를 선언한다. 하위 수준의 레이어는 이 추상 인터페이스로부터 실체화된다. 각 상위 수준 클래스는 추상 인터페이스를 통해 다음 하위 수준의 레이어를 사용한다. 따라서 상위 레이어는 하위 레이어에 의존하지 않는다. 반대로, 하위 레이어는 상위 레이어에 선언된 추상 서비스 인터페이스에 의존한다. PolicyLayer의 UtilityLayer에 대한 이행적 의존성만 끊어지는 것이 아니라, PolicyLayer의 MechanismLayer에 대한 직접적 의존성도 끊어지게 된다.

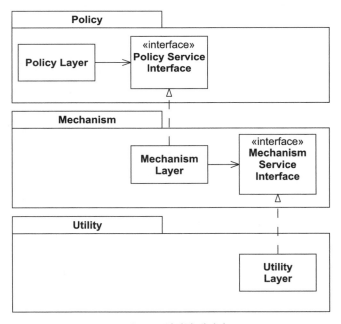

그림 11-2 역전된 레이어

소유권의 역전

여기서의 역전은 의존성에 대해서만이 아니라, 인터페이스 소유권에 대한 것도 의미한다는 사실을 명심하자. 우리는 대개 유틸리티 라이브러리가 그것의 고유 인터페이스를 소유한 것으로 생각하곤 한다. 하지만 DIP가 적용된 경우에는 클라이언트가 추상 인터페이스를 소유하는 경향이 있고, 이들의 서버가 그것에서 파생해 나온다는 사실을 알게 된다.

이것은 "연락드리겠습니다."라는 할리우드(Hollywood) 원칙으로도 알려져 있다.[4] 하위 수준의 모듈은 상위 수준의 모듈 안에 선언되어 호출되는 인터페이스의 구현을 제공한다.

이런 소유권의 역전을 사용하면, PolicyLayer는 MechanismLayer나 UtilityLayer의 어떤 변경에도 영향을 받지 않는다. 더욱이, PolicyLayer는 PolicyServiceInterface에 맞는 하위 수준 모듈을 정의하는 어떤 문맥에서든 재사용될 수 있다. 이렇게 의존성을 역전시킴으로써, 우리는 좀 더 유연하고, 튼튼하고, 이동이 쉬운 구조를 만들어냈다.

추상화에 의존하자

다소 고지식하지만, 그래도 상당히 강력한 DIP의 해석은 '추상화에 의존하자'라는 간단한 경험적 접근 방식이다. 간단히 말해, 이 경험적 접근 방식은 여러분이 구체 클래스(concrete class)에 의존해서는 안 되고 어떤 프로그램의 모든 관계는 어떤 추상 클래스나 인터페이스에서 맺어져야 한다고 충고한다.

이 경험적 접근 방식에 따라,

- 어떤 변수도 구체 클래스에 대한 포인터나 참조값을 가져선 안 된다.
- 어떤 클래스도 구체 클래스에서 파생되어서는 안 된다.
- 어떤 메소드도 그 기반 클래스에서 구현된 메소드를 오버라이드해서는 안 된다.

물론 이 경험적 접근 방식은 모든 프로그램에서 종종 한 번 이상 위반된다. 어느 것인가는 구체 클래스의 인스턴스를 생성해야 하고, 그런 일을 하는 모듈은 이 클래스에 의존해야 한다.[5] 게다가, 구체적이긴 하지만 비휘발적인(nonvolatile) 클래스에는 이 경험적 접근 방식을 적용할 이유가 없어 보인다. 구체 클래스가 너무 많이 변경되지 않고, 다른 비슷한 파생 클래스가 만들어지

---

[4] [Sweet85]

[5] 사실, 문자열로 클래스를 만든다면 이것을 피해갈 수 있는 방법이 있다. 자바를 비롯한 몇몇 언어는 이것을 허용한다. 이런 언어에서는 구체 클래스의 이름이 프로그램에 구성 데이터(configuration data)로서 넘겨질 수 있다.

지 않는다면, 이것에 의존하는 것은 그리 큰 해가 되지 않는다.

예를 들어, 대부분의 시스템에서 어떤 문자열을 묘사하는 클래스는 구체적이다. 한 예로 자바에서는 이것이 구체 클래스인 String이 된다. 이 클래스는 휘발적이지 않다. 즉, 자주 바뀌지 않는다. 그러므로 이것에 직접 의존하는 것은 전혀 해가 되지 않는다.

그러나 우리가 애플리케이션 프로그램의 일부로 작성하는 대부분의 구체 클래스는 휘발적이다. 우리가 직접적으로 의존하지 않기를 원하는 구체 클래스가 바로 이것들이다. 이들의 휘발성은 이들을 추상 클래스 뒤에 숨겨둠으로써 분리될 수 있다.

이것은 완벽한 해결책이 아니다. 휘발적인 클래스의 인터페이스를 변경해야 할 때가 있고, 이 변경은 분명히 이 클래스를 표현하는 추상 인터페이스로 전파될 것이다. 이런 변경은 추상 인터페이스의 분리 상태를 망가뜨린다.

이 경험적 접근 방법이 다소 고지식한 이유다. 반면, 클라이언트 클래스가 자신이 필요로 하는 서비스 인터페이스를 선언한다는 장기적 관점을 택한다면, 이 인터페이스가 변경되는 경우는 오직 클라이언트가 변경을 필요로 할 때가 된다. 추상 인터페이스를 구현하는 클래스의 변경은 클라이언트에 영향을 주지 않는다.

간단한 예

의존성 역전은 한 클래스가 다른 클래스에 메시지를 보내는 장소라면 어디든 적용될 수 있다. 예를 들어, Button 객체와 Lamp 객체의 사례를 보자.

Button 객체는 외부 환경을 감지한다. Poll 메시지를 받으면, 이 객체는 사용자가 그것을 '눌렀는지' 판단한다. 지각 메커니즘이 무엇이든 상관없다. GUI상의 버튼 아이콘일 수도 있고, 사람의 손가락으로 누르는 물리적 버튼일 수도 있으며, 심지어 주택 보안 시스템의 움직임 탐지기일 수도 있다. Button 객체는 사용자가 그것을 활성화했는지, 비활성화했는지를 탐지한다.

Lamp 객체는 외부 환경에 영향을 미친다. 이 객체는 TurnOn 메시지를 받으면 어떤 종류의 조명을 밝히고, TurnOff 메시지를 받으면 그 조명을 끈다. 물리적 메커니즘은 중요하지 않다. 컴퓨터 콘솔의 LED 램프일 수도 있고, 주차장의 수은등일 수도 있으며, 심지어 레이저 프린터의 레이저일 수도 있다.

어떻게 Button 객체가 Lamp 객체를 제어하는 시스템을 설계할 수 있을까? 그림 11-3은 미숙한 설계를 보여준다. Button 객체는 Poll 메시지를 받아, 그 버튼이 눌렸는지를 결정하고, 그냥 TurnOn이나 TurnOff 메시지를 Lamp에 보낸다.

그림 11-3 Button과 Lamp의 미숙한 모델

왜 이것이 미숙할까? 이 모델을 함축한 자바 코드를 보자(목록 11-1). Button 클래스가 Lamp 클래스에 직접 의존하고 있음을 주목하자. 이런 의존성은 Button이 Lamp에 대한 변경에 영향을 받을 것임을 의미한다. 게다가, Button이 Motor 객체를 제어할 수 있게 재사용하는 것도 불가능하다. 이 설계에서 Button 객체는 Lamp 객체를, 그리고 오직 Lamp 객체만을 제어한다.

📟 **목록 11-1 Button.java**

```java
public class Button {
    private Lamp itsLamp;
    public void poll() {
        if (/* 어떤 조건 */)
            itsLamp.turnOn();
    }
}
```

이 해결책은 DIP를 위반한다. 이 애플리케이션의 상위 수준 정책은 하위 수준 구현에서 분리되어 있지 않다. 추상화는 구체적인 것에서 분리되어 있지 않다. 이런 분리 없이는, 상위 수준 정책은 자동적으로 하위 수준 모듈에 의존하게 된다. 그리고 추상화는 자동적으로 구체적인 것에 의존하게 된다.

내재하는 추상화를 찾아서

무엇이 상위 수준의 정책인가? 그것은 애플리케이션에 내재하는 추상화이자, 구체적인 것이 변경되더라도 바뀌지 않는 진실이다. 시스템 안의 시스템이며, 메타포(metaphor)다. Button/Lamp 예에서 내재하는 추상화는 사용자로부터 켜고 쓰는 동작을 탐지해 그 동작을 대상 객체에 전해주는 것이다. 사용자의 동작을 탐지하기 위해 어떤 메커니즘이 사용되는가? 관계없다!

대상 객체는 무엇인가? 관계없다! 이것은 추상화에 영향을 주지 않는 구체적 내용들이다.

그림 11-3의 설계는 Lamp 객체의 의존성을 역전시킴으로써 개선될 수 있다. 그림 11-4에서, 이제 Button은 ButtonServer라는 것과 어떤 관계를 가짐을 볼 수 있다. ButtonServer는 Button이 어떤 것을 켜거나 *끄기* 위해 사용할 수 있는 추상 메소드를 제공하고, Lamp는 ButtonServer 인터페이스를 구현한다. 따라서 Lamp는 이제 의존을 당하는 게 아니라, 반대로 의존하게 된다.

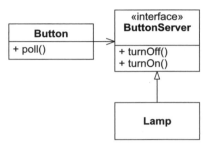

그림 11-4 Lamp에 적용한 의존성 역전

그림 11-4의 설계에 따르면 Button이 ButtonServer 인터페이스를 구현하려는 어떤 장치든 제어할 수 있다. 이것은 상당한 유연성을 가져다줄 뿐만 아니라, Button 객체가 아직 만들어 내지 않은 객체조차 제어할 수 있음을 의미한다.

그러나 이 해결책은 Button에 의해 제어되길 원하는 객체에 제약을 걸게 된다. 이런 객체는 ButtonServer 인터페이스를 구현해야 하는데, 이는 이런 객체들이 Button이 아닌 Switch나 다른 객체에 의해 제어되기를 원할 수도 있기 때문에 아주 안타까운 일이다.

의존성의 방향을 역전시키고 Lamp가 의존을 당하는 대신 의존하게 만듦으로써, 우리는 Lamp가 다른 구체적인 Button에 의존하게 만들었다. 그렇다면 다른 것에는 어떨까?

Lamp는 분명 ButtonServer에 의존한다. 하지만 ButtonServer는 Button에 의존하지 않는다. ButtonServer 인터페이스를 조작할 수 있는 방법을 아는 객체라면 Lamp를 제어할 수 있다. 따라서 의존성은 이름에만 존재한다. 그리고 ButtonServer의 이름을 좀 더 일반적인 SwitchableDevice 같은 것으로 변경함으로써 이것을 고칠 수 있다. 또한 Button과 SwitchableDevice가 개별적인 라이브러리에 존재함을 확실히 하여, SwitchableDevice를 사용하는 것이 곧 Button을 사용하는 것임을 의미하지 않게 만들 수 있다.

이 경우, 아무도 인터페이스를 소유하지 않는다. 이 인터페이스가 다른 여러 개의 클라이언트에 의해 사용될 수 있고, 여러 개의 서버에 의해 구현될 수 있는 재미있는 상황이다. 따라서 이 인터페이스는 어떤 그룹에도 속하지 않은 채로 혼자 운영될 필요가 있다. C++에서는 이것을 개별적인 네임스페이스(namespace)와 라이브러리에 넣을 테고, 자바에서는 개별적인 패키지에 넣을 것이다.[6]

용광로 사례

좀 더 흥미로운 사례를 보자. 어떤 용광로의 조절기를 제어하는 소프트웨어를 생각해보자. 이 소프트웨어는 IO 채널에서 현재 온도를 읽고 다른 IO 채널에 명령어를 전송하여 용광로를 켜거나 끈다. 이 알고리즘의 구조는 목록 11-2 같은 형태일 것이다.

목록 11-2 자동 온도 조절기의 간단한 알고리즘

```
#define THERMOMETER 0x86
#define FURNACE 0x87
#define ENGAGE 1
#define DISENGAGE 0

void Regulate(double minTemp, double maxTemp) {
    for (;;) {
        while (in(THERMOMETER) > minTemp)
            wait(1);
        out(FURNACE, ENGAGE);

        while (in(THERMOMETER) < maxTemp)
            wait(1);
        out(FURNACE, DISENGAGE);
    }
}
```

---

[6] 스몰토크(Smalltalk), 파이썬(Python), 루비(Ruby) 같은 동적 언어에서는 인터페이스가 명시적인 소스 코드처럼 존재하지는 않을 것이다.

이 알고리즘의 상위 수준 목적은 분명하지만, 이 코드는 많은 하위 수준의 구체적인 내용으로 어지럽혀져 있다. 이 코드는 다른 제어 하드웨어에서는 절대 재사용할 수 없을 것이다. 이 코드는 아주 짧기 때문에 그 사실이 그리 큰 손실은 아니나, 그렇다 하더라도 알고리즘을 재사용할 수 없다는 건 아쉬운 일이다. 의존성을 역전시킨 그림 11-5를 보자.

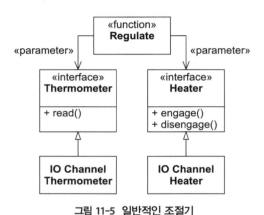

그림 11-5 일반적인 조절기

여기서는 조절 함수가 2개의 인자를 받는데, 둘 다 인터페이스다. Thermometer 인터페이스는 읽힐 수 있고, Heater 인터페이스는 동작하게 되거나 멈추게 될 수 있다. Regulate 알고리즘이 필요로 하는 것은 이게 전부다. 이제 목록 11-3과 같이 작성할 수 있다.

목록 11-3 일반적인 조절기

```
void Regulate(Thermometer& t, Heater& h, double minTemp, double maxTemp) {
    for (;;) {
        while (t.Read() > minTemp)
            wait(1);
        h.Engage();

        while (t.Read() < maxTemp)
            wait(1);
        h.Disengage();
    }
}
```

여기서는 상위 수준의 조절 정책이 자동 온도 조절기나 용광로의 구체적인 사항에 의존하지 않도록 의존성을 역전시켰다. 이 알고리즘은 제대로 재사용할 수 있다.

동적 다형성과 정적 다형성

우리는 동적 다형성(즉, 추상 클래스나 인터페이스)을 이용해서 의존성의 역전을 해결했고, Regulate를 일반적인 것으로 만들었다. 그러나 다른 방법도 있는데, C++의 템플릿이 제공하는 다형성의 정적 형태를 사용할 수도 있었다. 목록 11-4를 보자.

🖥 목록 11-4

```cpp
template <typename THERMOMETER, typename HEATER>
class Regulate(THERMOMETER& t, HEATER& h, double minTemp, double maxTemp) {
    for (;;) {
        while (t.Read() > minTemp)
            wait(1);
        h.Engage();

        while (t.Read() < maxTemp)
            wait(1);
        h.Disengage();
    }
}
```

이렇게 하면 동적 다형성의 부하(또는 유연성) 없이도 똑같은 의존성 역전을 이룰 수 있다. C++에서 Read, Engage, Disengage 메소드는 모두 비가상 메소드일 수도 있다. 게다가, 이 메소드를 선언하는 어떤 클래스라도 템플릿에서 사용될 수 있다. 이들은 같은 기반 클래스를 상속할 필요가 없다.

템플릿으로서 Regulate는 이 함수의 어떤 특정 구현에도 의존하지 않는다. 강제되는 것은 오직 HEATER를 대체하는 클래스가 Engage와 Disengage 메소드를 가져야 하고, THERMOMETER를 대체하는 클래스는 Read 함수를 가져야 한다는 것뿐이다. 따라서 이런 클래스들은 템플릿에 정의된 인터페이스를 구현해야만 한다. 즉, Regulate와 Regulate가 사용하는 클래스 모두가 같은 인터페이스를 사용할 수 있어야 하고, 둘 다 그 인터페이스에 의존해야 한다.

정적 다형성은 소스 코드의 의존성을 깔끔하게 끊어주지만, 동적 다형성만큼 많은 문제를 해결해주지는 않는다. 템플릿을 통한 접근 방법의 단점은 (1) HEATER와 THERMOMETER의 형이 런타임 시에 바뀔 수 없으며, (2) 새로운 종류의 HEATER와 THERMOMETER 사용이 재컴파일과 재배포를 필요로 한다는 점이다. 따라서 속도가 아주 절실히 필요한 게 아니라면, 동적 다형성이 더 나은 선택일 것이다.

결론

전통적인 절차 지향 프로그래밍 방식은 정책이 구체적인 것에 의존하는 의존성 구조를 만든다. 이런 경우 정책은 구체적인 사항의 변경에 따라 같이 변하기 때문에 불행한 일이다. 객체 지향 프로그래밍은 이런 의존성 구조를 역전시켜 구체적인 사항과 정책이 모두 추상화에 의존하고, 대개 그 클라이언트가 서비스 인터페이스를 소유하게 만든다.

사실, 좋은 객체 지향 설계의 증명이 바로 이와 같은 의존성의 역전이다. 프로그램이 어떤 언어로 작성되었는가는 상관없다. 프로그램의 의존성이 역전되어 있다면 이것은 객체 지향 설계이며, 의존성이 역전되어 있지 않다면 절차적 설계다.

의존성 역전의 원칙은 객체 지향 기술에서 당연하게 요구되는 많은 이점 뒤에 있는 하위 수준에서의 기본적인 메커니즘이다. 재사용 가능한 프레임워크를 만들기 위해서는 이것의 적절한 응용이 필수적이다. 이 원칙은 또한 변경에 탄력적인 코드를 작성하는 데 있어 결정적으로 중요하다. 추상화와 구체적 사항이 서로 분리되어 있기 때문에, 이 코드는 유지보수하기가 훨씬 쉽다.

참고 문헌

1. Booch, Grady. *Object Solutions*. Menlo Park, CA: Addison-Wesley, 1996.

2. Gamma, et al. *Design Patterns*. Reading, MA: Addison-Wesley, 1995.

3. Sweet. Richard E. The Mesa Programming Environment. *SIGPLAN Notices*, 20(7) (July 1985): 216-229.

인터페이스 분리 원칙(ISP)

이 원칙은 '비대한' 인터페이스의 단점을 해결한다. 비대한 인터페이스를 가지는 클래스는 응집력이 없는 인터페이스를 가지는 클래스다. 즉, 이런 클래스의 인터페이스는 메소드의 그룹으로 분해될 수 있고, 각 그룹은 각기 다른 클라이언트 집합을 지원한다. 요컨대, 몇몇 클라이언트는 하나의 멤버 함수 그룹을 사용하고, 다른 클라이언트는 다른 멤버 함수 그룹들을 사용한다.

인터페이스 분리 원칙(ISP: Interface-Segregation Principle)은 응집력이 없는 인터페이스를 필요로 하는 객체가 있다는 것을 인정하지만 클라이언트는 그것을 하나의 단일 클래스로 생각해서는 안 됨을 시사한다. 오히려, 클라이언트는 응집력이 있는 인터페이스를 가지는 추상 기반 클래스에 대해 알고 있어야 한다.

인터페이스 오염

어떤 보안 시스템을 생각해보자. 이 시스템에는 잠기거나 열릴 수 있는 Door 객체들이 있고, 이 객체들은 자신이 열리거나 잠겼는지 여부를 알고 있다(목록 12-1 참고).

⌨ 목록 12-1 보안 출입문

```
class Door {
    public :
        virtual void Lock() = 0;
        virtual void Unlock() = 0;
        virtual bool IsDoorOpen() = 0;
}
```

이 클래스는 추상 클래스이기 때문에 클라이언트는 Door의 특정한 구현에 의존하지 않고도 Door 인터페이스를 따르는 객체를 사용할 수 있다.

이제 이런 구현 중 하나인 TimedDoor에 대해 생각해보자. 이것은 문이 열린 채로 너무 오랜 시간이 지나면 알람을 울려야 한다. 이를 위해 TimedDoor 객체는 Timer라는 또 다른 객체와 통신한다(목록 12-2 참고).

⌨ 목록 12-2

```
class Timer {
    public : void Register(int timeout, TimerClient* client);
}

class TimerClient {
    public : virtual void TimeOut() = 0;
}
```

제한 시간 초과(time-out) 여부에 대한 정보를 받고 싶은 객체는 Timer의 Resister 함수를 호출한다. 이 함수의 인자는 제한 시간과, 제한 시간이 초과되었을 때 호출되는 TimeOut 함수를 포함하는 TimerClient 객체에 대한 포인터가 된다.

어떻게 TimerClient 클래스가 TimedDoor 클래스와 통신하여 TimedDoor의 코드에서 제한 시간 초과 여부를 통지받게 할 수 있을까? 몇몇 안이 있다. 그림 12-1은 미숙한 해결책을 보여준다. 이 해결책에서는 Door가, 따라서 당연히 TimedDoor도, TimerClient를 상속받게 만든다. 이것은 TimerClient가 Timer를 통해 자신을 등록하고 TimeOut 메시지를 받을 수 있음을 확실하게 해준다.

이 해결책은 평범하지만, 문제가 없는 것은 아니다. 그중에서도 심각한 문제는 Door 클래스가 이제 TimerClient에 의존하게 되었다는 점이다. Door의 모든 변형 클래스가 타이머 기능을 필요로 하는 것은 아니다. 실제로, 원래 Door 추상 클래스는 제한 시간과 관련해 아무 일도 하지 않는다. 타이머 기능을 쓰지 않는 Door의 변형 클래스가 만들어진다면, 이런 클래스는 TimeOut 메소드의 구현을 퇴화시켜야 할 것이다. 이것은 잠재적인 LSP 위반이다. 게다가, 이 변형 클래스를 사용하는 애플리케이션은 TimerClient 클래스를 사용하지 않는다 하더라도 이것을 임포트해야 할 것이다. 이렇듯 **불필요한 복잡성**과 **불필요한 중복성**의 악취를 풍긴다.

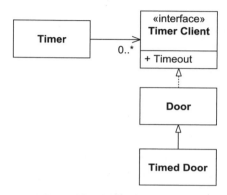

그림 12-1 계층 구조 제일 위의 Timer Client

이것은 인터페이스 오염의 한 사례로, 정적으로 형이 결정되는 C++나 자바 같은 언어에서 흔하게 일어나는 증후군이다. Door의 인터페이스는 불필요한 메소드로 오염되었다. 이 인터페이스는 단지 서브클래스 중 하나의 이득 때문에 이 메소드를 포함시켜야 했다. 이런 방식을 계속 고수한다면, 파생 클래스가 새로운 메소드를 필요로 할 때마다 그 메소드가 기반 클래스에도 추가되어야 할 것이다. 이것은 기반 클래스의 인터페이스를 더 오염시키고, '비대하게' 만든다.

게다가, 새로운 메소드를 기반 클래스에 추가할 때마다 이 메소드는 파생 클래스에서도 구현(또는 기본 값을 따르게)되어야 한다. 실제로, 이것과 관련된 해결 방식은 구현을 퇴화시키는 부분을 넣어준 이 인터페이스들을 기반 클래스에 추가하여 파생 클래스들이 이것을 구현하는 부담을 지지 않게 하는 것이다. 앞서 배웠듯이 이런 방식은 LSP를 위반할 수 있고, 유지보수와 재사용성 면에서 문제를 일으킬 수 있다.

클라이언트 분리는 인터페이스 분리를 의미한다

Door와 TimerClient는 완전히 다른 클라이언트가 사용하는 인터페이스를 의미한다. Timer는 TimerClient를 사용하고, 문을 조작하는 클래스는 Door를 사용한다. 클라이언트가 분리되어 있기 때문에, 인터페이스도 분리된 상태로 있어야 한다. 왜 그럴까? 클라이언트가 자신이 사용하는 인터페이스에 영향을 끼치기 때문이다.

클라이언트가 인터페이스에 미치는 반대 작용

소프트웨어의 변경을 불러일으키는 힘을 생각할 때, 보통은 인터페이스 변경이 어떻게 그 사용자에게 영향을 미칠 수 있는지 생각하게 된다. 예를 들어, TimerClient 인터페이스를 변경한다면 TimerClient의 모든 사용자에게 미칠 영향을 걱정하게 될 것이다. 그러나 반대 방향으로 작용하는 힘이 있다. 때로는 사용자가 인터페이스 변경을 불러일으킨다.

예를 들면, Timer의 몇몇 사용자가 한 번 이상 타이머 사용자로 등록하게 된다. TimedDoor를 살펴보자. Door가 열렸음을 감지하면, Timer에 Register 메시지를 전송해 제한 시간 초과 판정을 요청한다. 그러나 제한 시간이 초과되기 전에 문이 닫히고, 닫힌 채로 한동안 있다가, 다시 열린다. 이것은 이전의 요청이 끝나기 전에 **새로운** 제한 시간 초과 판정을 요청하게 만든다. 결국, 첫 번째 제한 시간 초과 판정이 끝나고 TimedDoor의 TimeOut 함수가 호출된다. Door는 잘못된 알람을 울리게 될 것이다.

목록 12-3에 나타낸 규정을 사용해서 이 문제를 해결할 수 있다. 각 타이머 사용자 등록에 고유의 timeOutId 코드를 포함시켰고, TimerClient에 있는 TimeOut 호출에서 이 코드를 반복해서 썼다. 이것은 TimerClient의 각 파생 클래스가 어떤 타이머 사용 요청에 대한 응답을 받고 있는지 알 수 있게 해준다.

📟 목록 12-3 ID를 사용한 Timer

```
class Timer {
    public : void Register(int timeout, int timeOutId, TimerClient* client);
}

class TimerClient {
    public : virtual void TimeOut(int timeOutId) = 0;
}
```

이 변경은 분명히 TimerClient의 모든 사용자에게 영향을 미친다. timeOutId를 빠뜨리는 것은 수정을 요하는 명백한 과실이므로 이 문제는 넘어간다. 그러나 그림 12-1의 설계에서도 Door와 Door의 모든 클라이언트가 이 수정에 영향을 받도록 되어 있다! 이것은 **경직성**과 **점착성**의 악취를 풍긴다. 왜 TimerClient의 버그가 타이머를 사용하지 않아도 되는 Door

파생 클래스의 클라이언트에게 영향을 주어야 하는가? 프로그램 한 부분의 변경이 전혀 관계 없는 부분에도 영향을 줄 때, 이 변경에 드는 비용과 그 영향은 예상할 수 없을 정도가 되고, 이 변경이 남기는 부작용의 위험성은 급격히 증가한다.

인터페이스 분리 원칙(ISP)

클라이언트가 자신이 사용하지 않는 메소드에 의존하도록 강제되어서는 안 된다.

클라이언트가 자신이 사용하지 않는 메소드에 의존하도록 강제될 때, 이 클라이언트는 이런 메소드의 변경에 취약하다. 이것은 모든 클라이언트 간의 의도하지 않은 결합을 불러일으킨다. 달리 말하자면, 어떤 클라이언트가 자신은 사용하지 않지만 다른 클라이언트가 사용하는 메소드를 포함하는 클래스에 의존할 때, 그 클라이언트는 다른 클라이언트가 그 클래스에 가하는 변경에 영향을 받게 된다. 우리는 가능하다면 이런 결합을 막고 싶다. 따라서 인터페이스를 분리하기를 원한다.

클래스 인터페이스와 객체 인터페이스

TimedDoor를 다시 살펴보자. 2개의 개별적인 클라이언트 Timer와 Door의 사용자가 사용하는 2개의 개별적인 인터페이스를 가지는 객체가 있다. 이 두 인터페이스의 구현은 같은 데이터를 조작하기 때문에 이들은 같은 객체에서 구현되어야 한다. 그러면 어떻게 ISP를 만족시킬 수 있을까? 함께 있는 상태여야 하는 인터페이스를 어떻게 분리할 수 있을까?

이 질문에 대한 답은 객체의 클라이언트는 그 객체의 인터페이스를 통해 객체에 접근할 필요가 없다는 사실에 숨어 있다. 이들은 위임이나 그 객체의 기반 클래스를 통해 접근할 수 있다.

위임을 통한 분리

한 해결책은 TimerClient에서 파생된 객체를 생성하고 그것의 일을 TimedDoor에 위임하는 것이다. 그림 12-2는 이 해결책을 보여준다.

TimedDoor는 Timer를 사용해서 타이머 사용자 등록을 하려고 할 때, DoorTimerAdapter를 생성하고 Timer를 써서 이것을 등록한다. Timer가 TimeOut 메시지를 DoorTimerAdapter에 전송하면, DoorTimerAdapter는 그 메시지를 TimedDoor에 보내어 위임한다.

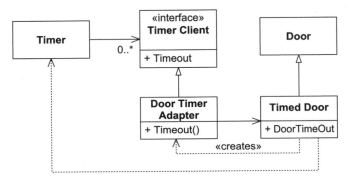

그림 12-2 Door Timer Adapter

이 해결책은 ISP를 따름과 동시에 Door 클라이언트의 Timer에 대한 결합을 방지한다. 목록 12-3에 나온 것과 같은 Timer 변경이 있더라도, Door의 사용자는 아무도 영향을 받지 않을 것이다. 게다가, TimedDoor는 TimerClient와 똑같은 인터페이스를 가질 필요가 없다. DoorTimerAdapter는 TimerClient 인터페이스를 TimedDoor 인터페이스로 변환할 수 있다. 따라서 이것은 굉장히 범용적인 해결책이다(목록 12-4 참고).

목록 12-4 TimedDoor.cpp

```cpp
class TimedDoor : public Door {
    public :
        virtual void DoorTimeOut(int timeOutId);
}

class DoorTimerAdapter : public TimerClient {
    public :
        DoorTimerAdapter(TimedDoor& theDoor) : itsTimedDoor(theDoor) { }

        virtual void TimeOut(int timeOutId) {
            itsTimedDoor.DoorTimeOut(timeOutId);
        }

    private :
        TimedDoor& itsTimedDoor;
}
```

그러나 이 해결책도 다소 세련되지 못하다. 타이머 사용자 등록을 하려고 할 때마다 새 객체를 생성하는 일이 수반된다. 게다가, 위임 과정은 아주 작긴 하지만 영이 아닌(nonzero) 실행 시간과 메모리를 필요로 한다. 이런 문제를 걱정해야 할 정도로 실행 시간과 메모리가 부족한 임베디드 실시간 제어 시스템 같은 애플리케이션 영역도 분명 존재한다.

다중 상속을 통한 분리

그림 12-3과 목록 12-5는 ISP를 만족시키기 위해 다중 상속이 어떻게 사용될 수 있는지를 보여준다. 이 모델에서 TimedDoor는 Door와 TimerClient에서 모두 상속을 받는다. 두 기반 클래스의 클라이언트는 TimedDoor를 사용할 수는 있지만, 둘 다 실제로 TimedDoor 클래스에 의존하지는 않는다. 따라서 이들은 분리된 인터페이스를 통해 같은 객체를 사용하게 된다.

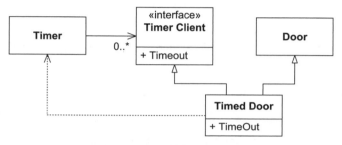

그림 12-3 다중 상속한 Timed Door

📟 목록 12-5 TimedDoor.cpp

```cpp
class TimedDoor : public Door, public TimerClient {
    public : virtual void TimeOut(int timeOutId);
}
```

나는 일반적인 상황에서 이 해결책을 선호한다. 그림 12-3보다 그림 12-2를 선택하는 유일한 경우는 DoorTimerAdapter 객체가 행하는 변환이 필수적이거나, 다양한 시간에 다양한 변환이 필요한 경우뿐이다.

ATM 사용자 인터페이스 예

이제 좀 더 중요한 예를 살펴보자. 전통적인 현금 자동 지급기 (ATM: automated teller machine) 문제다. ATM의 사용자 인터페이스는 매우 유연해야 한다. 출력은 다양한 언어로 번역되어야 하며, 스크린이나 점자판, 음성 합성기로 출력될 수 있어야 한다. 분명히 이런 일은 인터페이스가 표시하는 모든 다양한 메

시지를 위한 추상 메소드들을 갖는 추상 기반 클래스를 만듦으로써 해낼 수 있다.

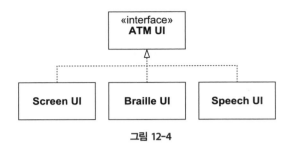

그림 12-4

ATM이 수행할 수 있는 각각의 서로 다른 트랜잭션(transaction)이 Transaction 클래스의 파생 클래스로 캡슐화된다고 하자. 그러므로 DepositTransaction, WithdrawalTransaction, TransferTransaction 같은 클래스들을 쓸 수 있다. 각 클래스는 UI의 메소드를 호출한다. 예를 들어, 사용자에게 입금하고 싶은 액수를 입력하라고 요청하려면 DepositTransaction 객체가 UI 클래스의 RequestDepositAmount 메소드를 호출한다. 이와 같이 사용자 에게 계좌 간에 이체하고 싶은 액수를 물으려면 TransferTransaction 객체가 UI의 RequestTransferAmount 메소드를 호출한다. 이 구조는 그림 12-5의 다이어그램과 같다.

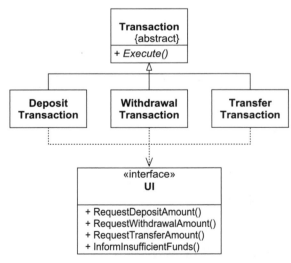

그림 12-5 ATM 트랜잭션 계층 구조

이것이 ISP에서 피하라고 하는 바로 그 상황임에 주목하자. 각 트랜잭션은 다른 클래스에 서 사용하지 않는 UI의 메소드를 사용한다. 이것은 Transaction의 파생 클래스 중 하나를 변경하는 일이 UI에서 그에 대응하는 변경을 불러일으킬 가능성을 발생시키고, 그 때문에 Transaction의 모든 파생 클래스와 UI 인터페이스에 의존하는 다른 모든 클래스에 영향을 미치게 된다. **경직성**과 **취약성** 같은 악취가 여기에서 풍기게 된다.

예를 들어 파생 클래스로 PayGasBillTransaction을 추가하려 한다면, 이 트랜잭션이 표시하려 할 고유한 메시지를 처리하기 위해 UI에 새로운 메소드를 추가해야 할 것이다. 유감스럽게도 DepositTransaction, WithdrawalTransaction, TransferTransaction 모두가 UI 인터페이스에 의존하기 때문에, 이것들은 전부 재컴파일되어야 한다. 더 나쁜 부분은, 만약 트랜잭션이 개별적인 DLL이나 공유 라이브러리의 구성 요소로 배포되었다면 이런 요소들은 재배포되어야 한다는 사실이다. 이 안의 논리 구조는 어떤 것도 변경되지 않았음에도 불구하고 말이다. **점착성**의 악취를 맡을 수 있는가?

이런 유감스러운 결합은 UI 인터페이스를 DepositUI, WithdrawUI, TransferUI 같은 개별적인 인터페이스로 분리함으로써 피할 수 있다. 이런 개별적인 인터페이스는 최종 UI 인터페이스가 다중 상속할 수 있다. 그림 12-6과 목록 12-6이 이런 모델의 모습을 보여준다.

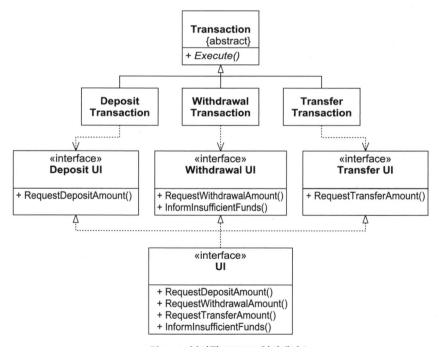

그림 12-6 분리된 ATM UI 인터페이스

Transaction 클래스의 새 파생 클래스가 만들어질 때마다, 이에 대응하는 추상 UI 인터페이스의 기반 클래스가 필요할 것이다. 또, 이 UI 인터페이스와 모든 파생 클래스가 변경되어야 한다. 그러나 이런 클래스는 널리 사용되지 않는다. 사실, 이런 클래스는 main이나 시스템을 시작하고 구체적인 UI 인스턴스를 만드는 과정에서나 사용된다. 따라서 새로운 UI 기반 클래스를 추가하는 충격은 최소화된다.

⟨⟩ 목록 12-6 분리된 ATM UI 인터페이스

```
class DepositUI {
    public :
        virtual void RequestDepositAmount() = 0;
}

class DepositTransaction : public Transaction {
    public :
        DepositTransaction(DepositUI& ui) : itsDepositUI(ui) { }

        virtual void Execute() {
            ...
            itsDepositUI.RequestDepositAmount();
            ...
        }
    private :
        DepositUI& itsDepositUI;
}

class WithdrawalUI {
    public :
        virtual void RequestWithdrawalAmount() = 0;
}

class WithdrawalTransaction : public Transaction {
    public :
        WithdrawalTransaction(WithdrawalUI& ui) : itsWithdrawalUI(ui) { }

        virtual void Execute() {
            ...
            itsWithdrawalUI.RequestWithdrawalAmount();
            ...
        }
    private :
        WithdrawalUI& itsWithdrawalUI;
}

class TransferUI {
    public :
        virtual void RequestTransferAmount() = 0;
}
```

```
class TransferTransaction : public Transaction {
    public :
        TransferTransaction(TransferUI& ui) : itsTransferUI(ui) { }

        virtual void Execute() {
            ...
            itsTransferUI.RequestTransferAmount();
            ...
        }
    private :
        TransferUI& itsTransferUI;
}

class UI : public DepositUI, public WithdrawalUI, public TransferUI {
    public :
        virtual void RequestDepositAmount();
        virtual void RequestWithdrawalAmount();
        virtual void RequestTransferAmount();
}
```

목록 12-6을 주의 깊게 살펴보면 TimedDoor 예에서는 명확하지 않았던, ISP를 따르는 것과 관련된 문제 중 하나를 파악할 수 있다. 아무튼 각 트랜잭션은 자신을 위한 특정 UI 버전에 대해 알고 있어야 함에 주의하자. DepositTransaction은 DepositUI에 대해 알고 있어야 하고, WithdrawTransaction은 WithdrawUI에 대해 알고 있어야 하며, 나머지도 마찬가지다. 목록 12-6에서는 각 트랜잭션이 자신의 특정 UI에 대한 참조값으로 생성되게 함으로써 이 문제를 해결했다. 이것이 목록 12-7에서의 표현을 가능하게 했음에 주목하자.

📖 목록 12-7 인터페이스 초기화 표현

```
UI Gui; // 전역 객체

void f()
{
    DepositTransaction dt(Gui);
}
```

이런 방식은 쓰기는 편하지만, 각 트랜잭션이 자신의 UI에 대한 참조값 멤버를 포함해야 한다. 이 문제를 해결하는 또 다른 방법은 목록 12-8과 같이 전역 상수 묶음을 만드는 것이다. 전역 변수가 항상 어설픈 설계의 징후는 아니다. 이 경우, 전역 변수는 쉬운 접근이라는 분명한 이점을 제공한다. 이것은 참조값이기 때문에 어떤 방식으로든 변경은 불가능하다. 그러므로 다른 사용자를 놀라게 할 수도 있는 방식으로 다루는 것도 불가능하다.

```
// 나머지 애플리케이션 부분에 링크되는 어떤 모듈에서

static UI Lui; // 비전역 객체
DepositUI& GdepositUI = Lui
WithdrawalUI& GwithdrawalUI = Lui;
TransferUI& GtransferUI = Lui;

// depositTransaction.h 모듈에서

class WithdrawalTransaction : public Transaction {
    public : virtual void Execute() {
        ...
        GwithdrawalUI.RequestWithdrawalAmount();
        ...
    }
}
```

C++에서는 전역 네임스페이스의 오염을 막기 위해 목록 12-8에 있는 모든 전역 변수를 별도의 단일 클래스에 넣어버리고 싶다는 유혹을 느낄 수도 있다. 그러나 이것은 비참한 결과를 가져온다. UIGlobals를 사용하려면 #include ui_globals.h를 써줘야 한다. 그리고 depositUI.h, withdrawUI.h, transferUI.h를 차례로 써줘야 한다. 이는 UI 인터페이스 중 어느 것이라도 사용하려는 모듈은 이행적으로 모든 인터페이스에 의존하게 된다는 뜻으로, ISP에서 피하라고 경고하는 바로 그 상황이다. UI 인터페이스 중 어떤 것에든 변경이 가해진다면, #include "ui_globals.h"를 포함한 모든 모듈은 재컴파일되어야 한다. UIGlobals 클래스는 우리가 분리하려고 그렇게 애썼던 인터페이스를 재결합시켜버리고 만다!

목록 12-9 전역 변수를 하나의 클래스에 넣기

```
// ui_globals.h에서

#include "depositUI.h"
#include "withdrawalUI.h"
#include "transferUI.h"

class UIGlobals
{
    public:
        static WithdrawalUI& withdrawal;
        static DepositUI& deposit;
        static TransferUI& transfer
}
```

```
// ui_globals.cc에서

static UI Lui; // 비전역 객체;
DepositUI& UIGlobals::deposit = Lui;
WithdrawalUI& UIGlobals::withdrawal = Lui;
TransferUI& UIGlobals::transfer = Lui;
```

복합체와 단일체

함수 g가 DepositUI와 TransferUI 둘 모두에 접근해야 한다고 하자. 또 UI를 이 함수에 넘겨주고 싶다고 하자. 함수 원형(prototype)을 다음과 같이 써야 할까?

```
void g(DepositUI&, TransferUI&);
```

아니면 다음과 같이 써야 할까?

```
void g(UI&);
```

여러분은 후자(단일)의 형태로 쓰고 싶을 것이다. 아무튼, 전자(복합)의 형태에서 두 인자는 같은 객체를 참조하게 될 것이다. 게다가, 복합 형태를 사용한다면 그 호출은 다음과 같은 모양이 될 것이다.

```
g(ui, ui);
```

아무래도 이상해 보인다.

이상하든 아니든, 대개 복합 형태가 단일 형태보다는 바람직하다. 단일 형태는 g가 UI에 인클루드되어 있는 모든 인터페이스에 의존하도록 만든다. 따라서 WithdrawUI가 바뀔 때, g와 g의 모든 클라이언트가 영향을 받을 수 있다. 이것은 g(ui, ui)보다 더 이상하다! 게다가, g의 두 인자가 항상 같은 객체를 참조할 것이라 단정할 수는 없다! 나중에 어떤 이유로 인해 인터페이스 객체가 분리될 수도 있다. 모든 인터페이스가 하나의 객체로 결합되어 있다는 사실은 g가 알 필요가 없는 정보다. 따라서 나는 이런 함수에서는 복합 형태를 더 선호한다.

클라이언트 그룹 만들기   클라이언트는 종종 이들이 호출하는 서비스 메소드에 의해 그룹으로 묶일 수 있다. 이런 그룹 만들기를 통해 각 클라이언트에 대해서가 아니라 각 그룹에 대해 분리된 인터페이스를 만들 수 있다. 이렇게 하면 각 서비스가 구현해야 하는 인터페이스의 수가 훨씬 줄어들 뿐만 아니라, 그 서비스가 각 클라이언트의 형에 의존하게 되는 일을 방지할 수도 있다.

때때로 서로 다른 클라이언트 그룹이 호출하는 메소드가 겹칠 때도 있는데, 겹치는 부분이 작으면 이 그룹들의 인터페이스는 분리된 상태로 남아야 한다. 공통 함수들은 겹친 인터페이스에서 전부 한 번씩 선언되어야 한다. 서버 클래스는 이 인터페이스들의 공통 함수들을 상속받겠지만, 구현은 한 번만 할 것이다.

인터페이스 변경　객체 지향 애플리케이션을 유지보수할 때는 기존 클래스와 컴포넌트의 인터페이스가 종종 변경된다. 이런 변경이 큰 영향을 미쳐서, 시스템의 아주 큰 부분에서 재컴파일과 재배포가 필요해질 때가 있다. 이 충격을 완화하려면, 기존 인터페이스를 변경하는 것이 아니라 기존 객체에 새로운 인터페이스를 추가하면 된다. 새로운 인터페이스의 메소드에 접근하려는 원래 인터페이스의 클라이언트는 그 인터페이스에 대해 객체에 질의할 수 있다. 목록 12-10에 나온 것처럼 말이다.

목록 12-10

```
void Client(Service* s) {
    if (NewService* ns = dynamic_cast<NewService*>(s)) {
        // 새로운 서비스 인터페이스 사용
    }
}
```

모든 원칙은 지나치지 않도록 세심한 주의가 필요하다. 몇몇은 클라이언트에 의해 분리되고 나머지는 버전에 의해 분리되는 수백 개의 인터페이스를 갖는 클래스에 대한 공포는 정말 무시무시할 것이다.

결론

비대한 클래스는 클라이언트들 간에 기이하고 해가 되는 결합도를 유발한다. 한 클라이언트가 이 비대한 클래스에 변경을 가하면, 모든 나머지 클래스가 영향을 받게 된다. 그러므로 클라이언트는 자신이 실제로 호출하는 메소드에만 의존해야 하는데, 그러려면 이 비대한 클래스의 인터페이스를 클라이언트 고유의(client-specific) 인터페이스 여러 개로 분해해야 한다. 클라이언트 고유의 각 인터페이스는 자신의 특정한 클라이언트나 클라이언트 그룹이 호출하는 함수만 선언한다. 그러면 비대한 클래스가 모든 클라이언트 고유의 인터페이스를 상속하고 그것을 구현할 수 있게 된다. 이렇게 하면 호출하지 않는 메소드에 대한 클라이언트의 의존성을 끊고, 클라이언트가 서로에 대해 독립적이 되게 만들 수 있다.

참고 문헌

1.   Gamma, et al. *Design Patterns*. Reading, MA: Addison–Wesley, 1995.

급여 관리 사례 연구

© Jennifer M. Kohnke

3부부터는 주요 사례 연구를 시작해보자. 우리는 지금까지 개발 방법과 원칙을 배우고, 설계의 정수(精髓)에 대해 논해왔다. 또한 테스트와 계획 세우기에 대해서도 살펴봤다. 이제 진짜 일을 해볼 필요가 있다.

다음 몇 장에서는 급여 관리 시스템(payroll system)의 설계와 구현을 다룰 텐데, 시스템의 기본적인 명세는 나중에 다시 언급될 것이다. 설계와 구현 과정의 일부로서 커맨드, 템플릿 메소드, 스트래터지, 싱글톤, 널 오브젝트, 팩토리, 퍼사드 같은 다양한 디자인 패턴을 사용하는데, 이 패턴들이 바로 다음 몇 장에서 다룰 주제다. 그리고 18장에서는 급여 관리 문제의 설계와 구현 작업을 차근차근 해나갈 것이다.

이 사례 연구는 다음과 같은 다양한 방법으로 읽어나갈 수 있다.

- 처음부터 쭉 읽어나간다. 처음으로 디자인 패턴을 배우고 난 다음, 급여 관리 문제에 이 디자인 패턴들이 어떻게 적용되는지를 본다.
- 패턴에 대해서는 이미 알고 있어서 다시 볼 필요가 없다면, 18장으로 바로 간다.
- 18장을 먼저 읽고, 다시 앞으로 돌아와 사례 연구에 사용된 패턴들을 설명한 장을 읽어나간다.
- 18장을 조금씩 읽어나가면서, 생소한 패턴이 나오면 그 패턴을 설명하는 장을 읽고 나서 18장으로 돌아온다.
- 사실, 정해진 규칙은 없다. 자신에게 가장 맞는 방법을 선택하거나, 새로운 방법을 만들어서 써도 좋다.

급여 관리 시스템의 기본 명세

다음은 우리가 고객과 대화할 때 메모한 내용 중 일부다.

이 시스템은 회사의 직원들 및 그들과 관련된 타임카드[*1] 같은 데이터로 구성되어 있다. 이 시스템은 각 직원에게 임금을 지급해야 하며, 직원들은 그들이 지정한 방식으로 정확한 시간에 정확한 액수를 지급받아야 한다. 또한 이들의 임금에서 다양한 공제가 가능해야 한다.

- 몇몇 직원은 시간제로 일한다. 이들은 직원 레코드의 한 필드인 시급(hourly rate)에 따라 임금을 받는다. 매일 날짜와 일한 시간을 기록한 타임카드를 제출하는데, 하루에 8시간 이상 일하면 초과 근무 시간에 대해서는 1.5배를 받는다. 매주 금요일마다 임금을 받는다.

- 몇몇 직원은 고정된 월급을 받으며, 매달 마지막 평일에 임금을 받는다. 월급액수는 직원 레코드의 한 필드가 된다.

- 월급을 받는 직원 중 일부는 별도로 판매량에 기반을 둔 수수료(commission)를 받는다. 이들은 날짜와 판매량이 기록된 판매 영수증을 제출한다. 수수료율은 직원 레코드의 한 필드가 된다. 이들은 격주로 금요일마다 임금을 받는다.

- 직원들은 임금을 받는 방법을 선택할 수 있다. 자신이 선택한 우편 주소로 급료 지급 수표를 우송받을 수도 있고, 급여 담당자(Paymaster)에게 맡겨놓았다가 찾아갈 수도 있으며, 자신이 선택한 은행 계좌로 직접 입금되게 할 수도 있다.

- 몇몇 직원은 조합에 속해 있다. 이들의 직원 레코드에는 주당 조합비 비율을 나타내는 필드가 있으며, 이 조합비는 임금에서 공제되어야 한다. 또한 조합은 가끔 조합원 개인에게 공제액을 부과할 수도 있다. 이 공제액은 주 단위로 조합에 의해 제출되며, 해당 직원의 다음 달 임금에서 공제되어야 한다.

- 급여 관리 애플리케이션은 평일에 한 번씩 실행되고 해당 직원에게 그날 임금을 지급한다. 이 시스템은 직원이 임금을 받을 날짜를 입력받아, 지정된 날짜 전에 마지막으로 임금을 받은 날부터 지정된 날짜까지의 임금을 계산한다.

[*1] **역주** 출퇴근 시간을 기록하는 카드

연습문제

설명을 계속 진행하기 전에, 지금 한 번 급여 관리 시스템을 설계해보면 도움이 될 것이다. 초기 UML 다이어그램을 그리고 싶은 독자들도 있겠지만, 처음 몇몇 유스케이스(use case)의 테스트를 먼저 구현하는 편이 더 낫다. 지금까지 배운 원칙과 개발 방법을 적용하여 균형 잡히고 튼튼한 설계를 만들어보자.

이렇게 하려면 다음 유스케이스를 보고, 그렇지 않다면 그냥 다음 장으로 넘어가기 바란다. 이 사례들은 나중에 다시 소개될 것이다.

유스케이스 1 \ **새 직원 추가하기**

새로운 직원은 AddEmp 트랜잭션을 받는 것으로 추가된다. 이 트랜잭션은 직원의 이름, 주소, 직원번호를 포함하는데, 다음과 같은 세 가지 형식이 있다.

```
AddEmp <직원번호> "<이름>" "<주소>" H <시급>
AddEmp <직원번호> "<이름>" "<주소>" S <월급>
AddEmp <직원번호> "<이름>" "<주소>" C <월급> <수수료율>
```

이 직원의 레코드 필드는 적절한 값이 할당되어 생성된다.

▶ **대안: 트랜잭션 구조에서의 에러**

이 트랜잭션 구조가 부적합하다면, 에러 메시지를 출력하고 아무 동작도 하지 않는다.

유스케이스 2 \ **직원 삭제하기**

DelEmp 트랜잭션을 받으면 직원을 삭제한다. 이 트랜잭션의 형식은 다음과 같다.

```
DelEmp <직원번호>
```

이 트랜잭션을 받으면 해당하는 직원 레코드가 삭제된다.

▶ **대안: 유효하지 않거나 알 수 없는 직원번호**

<직원번호> 필드가 맞게 구성되어 있지 않거나 유효한 직원 레코드를 가리키지 않으면, 이 트랜잭션은 에러 메시지를 출력하고 아무 동작도 하지 않는다.

유스케이스 3 ⟍ 타임카드 기록하기

TimeCard 트랜잭션을 받으면 시스템은 타임카드 레코드를 하나 생성하고, 이것을 해당하는 직원 레코드에 연결한다.

> TimeCard <직원번호> <날짜> <시간!>

▶ **대안 1: 선택된 직원이 시간제로 일하지 않는 경우**

시스템은 적절한 에러 메시지를 출력하고 더 이상의 동작은 취하지 않는다.

▶ **대안 2: 트랜잭션 구조에서의 에러**

시스템은 적절한 에러 메시지를 출력하고 더 이상의 동작은 취하지 않는다.

유스케이스 4 ⟍ 판매 영수증 기록하기

SalesReceipt 트랜잭션을 받으면 시스템은 새로운 판매 영수증 레코드를 하나 생성하고, 이것을 해당하는 직원에게 연결한다.

> SalesReceipt <직원번호> <날짜> <액수>

▶ **대안 1: 선택된 직원이 판매 수수료를 따로 받는 직원이 아닌 경우**

시스템은 적절한 에러 메시지를 출력하고 더 이상의 동작은 취하지 않는다.

▶ **대안 2: 트랜잭션 구조에서의 에러**

시스템은 적절한 에러 메시지를 출력하고 더 이상의 동작은 취하지 않는다.

유스케이스 5 ⟍ 조합 공제액 기록하기

이 트랜잭션을 받으면 시스템은 공제액 레코드를 하나 생성하고, 이것을 해당하는 조합원 레코드에 연결한다.

> ServiceCharge <직원번호> <액수>

▶ **대안: 형식을 지키지 않은 트랜잭션**

트랜잭션이 형식을 지키지 않았거나 <직원번호>가 실제로 존재하는 조합원을 가리키지 않으면, 이 트랜잭션은 적절한 에러 메시지와 함께 출력된다.

이 트랜잭션을 받으면 시스템은 해당하는 직원 레코드의 정보 중 하나를 변경한다. 이 트랜잭션에는 다양한 변형이 있을 수 있다.

ChgEmp <직원번호> Name <이름>	직원의 이름을 변경한다.
ChgEmp <직원번호> Address <주소>	직원의 주소를 변경한다.
ChgEmp <직원번호> Hourly <시급>	시급을 받는 것으로 변경한다.
ChgEmp <직원번호> Salaried <월급>	월급을 받는 것으로 변경한다.
ChgEmp <직원번호> Commissioned <월급> <비율>	수수료를 받는 것으로 변경한다.
ChgEmp <직원번호> Hold	급여 담당자에게 맡겨놓는다.
ChgEmp <직원번호> Direct <은행> <계좌>	직접 입금을 받는다.
ChgEmp <직원번호> Mail <주소>	우편으로 받는다.
ChgEmp <직원번호> Member <조합원번호> Dues <조합비 비율>	직원을 조합에 넣는다.
ChgEmp <직원번호> NoMember	직원을 조합에서 뺀다.

▶ **대안: 트랜잭션 에러**

이 트랜잭션의 구조가 정상적이 아니거나 <직원번호>가 실제 직원을 가리키지 않거나 또는 <조합원번호>가 이미 조합원을 가리키고 있다면, 적합한 에러를 출력하고 더 이상의 동작을 취하지 않는다.

Payday 트랜잭션을 받으면, 시스템은 지정된 날짜에 임금을 받아야 할 직원을 모두 가려낸다. 그리고 이들이 얼마의 액수를 받아야 하는지 결정하고, 이들이 선택한 지급 방식으로 임금을 지급한다.

Payday <날짜>

커맨드와 액티브 오브젝트 패턴

> 그 어느 누구도 다른 사람들에게 명령할 권한을
> 자연으로부터 받은 사람은 없다.
> 데니스 디드로(Denis Diderot)[*1], 1713~1784

지난 수년간 기술되어온 모든 디자인 패턴 중에서도 커맨드(COMMAND) 패턴은 내가 가장 단순하면서도 세련된 것으로 보는 패턴이다. 앞으로 살펴보겠지만, 이 패턴의 단순성은 정말 믿기 어려울 정도다. 커맨드 패턴의 사용 범위에는 아마 한계가 없을 것이다.

그림 13-1에 나온 것처럼, 커맨드 패턴의 단순성은 우스꽝스러울 정도다. 목록 13-1은 들뜬 기분을 깨는 데 별 도움이 되지 않는다. 아무 메소드도 없는 인터페이스 1개, 그 이상도 이하도 아닌 것으로 이루어진 패턴이 있다는 사실은 말도 안 되는 것처럼 보인다.

```
«interface»
Command

+ do()
```

그림 13-1 커맨드 패턴

[*1] 역주 18세기 프랑스 계몽주의 철학자이자 사상가

```java
public interface Command
{
    public void do();
}
```

그러나 사실, 이 패턴은 아주 흥미로운 어떤 선을 넘어버렸다. 그리고 모든 흥미로운 이야깃거리는 바로 이 선을 넘었다는 사실에 있다. 대부분의 클래스는 한 벌의 메소드와 그에 대응하는 변수 집합을 결합하는데, 커맨드 패턴은 그렇지 않다. 오히려 함수를 캡슐화해서 변수에서 해방시킨다.

엄격한 객체 지향 관점에서 보자면, 이것은 저주나 다름없다. 이것은 기능 분리의 기미를 보이며, 함수의 역할을 클래스 수준으로 격상시킨다. 신성모독이야! 하지만 두 패러다임이 부딪치는 이 경계에서 재미있는 일들이 일어나기 시작한다.

단순한 커맨드 적용

몇 년 전에 복사기를 만드는 큰 회사에 컨설팅을 해준 적이 있었는데, 나는 새로운 복사기의 내부 동작을 처리하는 실시간 임베디드 소프트웨어의 설계와 구현을 맡은 개발 팀의 일원을 돕고 있었다. 우리는 하드웨어 장치를 제어하는 데 커맨드 패턴을 사용하는 문제에서 삐걱거렸고, 그림 13-2와 비슷한 계층 구조를 만들었다.

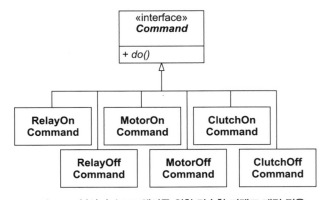

그림 13-2 복사기 소프트웨어를 위한 단순한 커맨드 패턴 적용

이 클래스들의 역할은 분명하다. RelayOnCommand에서 do()를 호출하면, 릴레이(relay)*2가 켜진다. MotorOffCommand에서 do()를 호출하면, 어떤 모터(motor)가 꺼진다. 모터나 릴레이의 위치는 인자 형태로 객체의 생성자에 넘겨진다.

이 구조를 제대로 만들면 Command 객체를 시스템에 차례로 넘겨줄 수 있고, 그것이 정확히 어떤 종류의 Command를 표현하는지 알 필요 없이 do()를 실행할 수 있다. 이것은 흥미로운 단순화로 이어진다.

이 시스템은 이벤트 주도적(event-driven)이다. 시스템에서 일어나는 특정 이벤트에 따라 릴레이가 열리거나 닫히고, 모터는 움직이거나 멈추고, 클러치(clutch)*3는 접속되거나 차단된다. 이 이벤트 대부분은 센서에 의해 탐지된다. 예를 들어, 종이 한 장이 용지 통로의 일정한 위치에 이르렀음을 광센서가 감지하면 특정 클러치를 접속시켜야 할 것이다. 이를 위해서는 그냥 해당하는 ClutchOnCommand를 그 광센서를 제어하는 객체와 묶어 구현하면 된다(그림 13-3 참고).

그림 13-3 Sensor가 주도하는 Command

이 단순한 구조는 굉장한 장점이 있다. Sensor는 자신이 하는 일을 모른다. 그저 어떤 이벤트를 탐지할 때마다 묶여 있는 Command에서 do()를 호출할 뿐이다. 즉, Sensor가 개별적인 클러치나 릴레이에 대해 알 필요가 없다는 뜻이다. Sensor가 용지 통로의 기계적 구조를 알 필요가 없으며, 따라서 Sensor의 함수는 몹시 단순해질 것이다.

어떤 센서가 이벤트를 알렸을 때 어떤 릴레이를 닫을지 결정하는 복잡한 문제는 초기화 함수의 몫으로 넘어간다. 이 시스템을 초기화하는 도중의 어떤 시점에, 각 Sensor는 적절한 Command와 묶이게 된다. 이것은 모든 논리적 배선(wiring)*4을 한곳에 넣고 시스템의 중심 부분에서 이것을 꺼내게 한다. 사실, Sensor가 어떤 Command와 묶여 있는지를 설명하는 간단한 텍스트 파일을 만들 수도 있다. 초기화 프로그램은 이 파일을 읽고 적절히 시스템을 구성

---

*2 역주 계전기(繼電器). 다른 회로의 전기적 변화에 따라 전기회로를 개폐하도록 조작하는 장치

*3 역주 축과 축을 접속하거나 차단하는 데 사용하는 기계 부품

*4 Sensor와 Command 간의 논리적 상호연결

할 수 있다. 예를 들어 시스템의 배선은 프로그램 밖에서 완전히 결정될 수 있고, 재컴파일 없이 변경될 수도 있다.

커맨드 패턴은 명령의 개념을 캡슐화함으로써 연결된 장치에서 시스템의 논리적인 상호 연결을 분리해낼 수 있게 했다. 이것은 엄청난 이득이 아닐 수 없다.

트랜잭션

커맨드 패턴의 또 다른 일반적인 사용법이자 급여 관리 문제에서 유용하게 쓸 수 있는 방법은 트랜잭션의 생성과 실행에 관련되어 있다. 예를 들어, 직원들의 데이터베이스를 관리하는 시스템을 작성하고 있다고 생각해보자(그림 13-4 참고). 사용자들은 이 데이터베이스를 이용하여 새 직원을 추가하고, 기존 직원을 삭제하고, 직원의 속성을 변경하는 등의 작업을 할 수 있다.

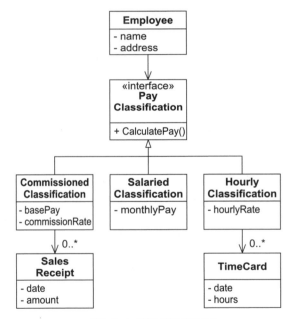

그림 13-4 직원 데이터베이스

사용자가 새 직원을 추가하려고 마음을 정했다면, 그 사용자는 성공적으로 직원 레코드를 생성하는 데 필요한 모든 정보를 지정해주어야 한다. 시스템은 그 정보에 따라 동작하기 전에 그 정보가 문법적으로나 의미적으로 옳은지 검증해야 한다. 커맨드 패턴이 이 일을 도와줄 수 있다. command 객체는 검증되지 않은 데이터를 위한 저장소 역할을 하고, 검증 메소드를 구현하며, 마지막으로 트랜잭션을 실행하는 메소드를 구현한다.

예를 들어, 그림 13-5를 보자. AddEmployeeTransaction은 Employee가 포함하고 있는 것과 똑같은 데이터 필드를 갖고 있다. 또한 PayClassification 객체에 대한 포인터도 저장한다. 이 필드와 객체는 시스템에 새로운 직원을 추가하라는 지시가 있을 때, 사용자가 지정한 날짜에 의해 생성된다.

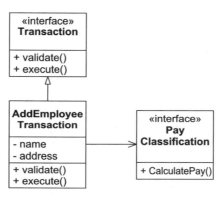

그림 13-5 AddEmployee 트랜잭션

validate 메소드는 모든 데이터를 살펴보고 그것이 이치에 맞는지 확인한다. 그리고 문법적으로나 의미적으로 오류가 없는지 확인한다. 심지어 이 메소드는 트랜잭션의 데이터가 기존의 데이터베이스 상태와 일치하는지 확인할 수도 있다. 한 예로, 그런 직원이 이미 존재하지 않는다는 사실을 확인해줄 수도 있다.

execute 메소드는 검증된 데이터를 사용해 데이터베이스를 갱신한다. 이 간단한 예에서, 새 Employee 객체는 AddEmployeeTransaction 객체의 필드를 써서 생성되고 로드될 것이다. PayClassification 객체는 Employee 객체 내부로 옮겨지거나 복사될 것이다.

물리적, 시간적 분리

이런 방식을 이용할 때의 장점은 사용자에게서 데이터를 받는 코드와 그 데이터를 검증하고 그것으로 작업을 하는 코드, 그리고 업무 객체 그 자체를 극적으로 분리한다는 데 있다. 예를 들어, 누군가가 새 직원을 추가하기 위해 GUI로 된 대화상자에서 데이터를 받으려 한다고 가정해보자. 만약 이 트랜잭션에 대한 검증과 실행 알고리즘이 GUI 코드에 있다면 유감스러운 일이 될 것이다. 이런 결합은 다른 인터페이스가 이 검증과 실행 코드를 사용할 수 없게 만든다. 검증과 실행 코드를 따로 떼어 AddEmployeeTransaction 클래스에 넣으면, 이 코드를 입력 인터페이스에서 물리적으로 분리한 것이 된다. 게다가, 데이터베이스의 자료를 조작하는 방법을 아는 코드를 업무 실체 자체로부터 분리한 것이기도 하다.

시간적 분리

또 다른 방식으로 검증과 실행 코드를 분리할 수 있다. 일단 데이터를 받으면, 검증과 실행 메소드를 즉시 호출해야 할 이유는 없다. 이 트랜잭션 객체는 우선 목록에 저장되어 검증되고 나서 나중에 실행될 수 있다.

낮 동안은 변경되지 않아야 하는 데이터베이스가 있다고 생각해보자. 변경은 자정에서 새벽 1시까지만 가해진다. 자정까지 기다리다가 새벽 1시 전까지 서둘러 모든 명령을 입력하는 것은 어리석은 일이다. 모든 명령을 입력하고, 그 시점에 그 명령이 옳은지 검증한 후, 자정에 그것을 실행하는 편이 훨씬 수월할 것이다. 커맨드 패턴은 이것을 가능하게 해준다.

되돌리기

그림 13-6에서는 커맨드 패턴에 undo() 메소드를 추가했다. 이것은 Command 파생 클래스의 do() 메소드가 수행하는 동작을 구체적으로 기억하도록 구현할 수 있다면, undo() 메소드가 그 동작을 되돌리고 시스템에 원래 상태를 반환하도록 구현할 수 있다는 이유 때문에 있는 것이다.

```
«interface»
Command

+ do()
+ undo()
```

그림 13-6 커맨드 패턴의 undo 변형

일례로, 사용자가 스크린에 기하 도형을 그릴 수 있게 해주는 애플리케이션을 상상해보자. 이 애플리케이션의 도구 모음은 사용자가 원, 정사각형, 직사각형 등을 그릴 수 있게 해주는 버튼들을 포함한다. 사용자가 '원 그리기' 버튼을 클릭했다고 하자. 이 시스템은 DrawCircleCommand

를 생성하고 이 객체에서 do()를 호출한다. DrawCircleCommand 객체는 그리기 창에서 사용자의 마우스 클릭이 있을 때까지의 마우스 위치를 추적한다. 클릭을 하면, 클릭한 위치를 원의 중심으로 잡고 그 중심에서 현재 마우스 위치까지를 반지름으로 하는, 크기가 변하는 원을 그린다. 다시 클릭하면, DrawCircleCommand는 원 크기를 변화시키는 것을 멈추고, 해당 원 객체를 현재 화면에 표시된 도형들의 목록에 추가한다. DrawCircleCommand는 고유의 전용(private) 변수에 새 원의 ID를 저장한다. 그러고 나서 do() 메소드에서 복귀한다. 그러면 이 시스템은 사용한 DrawCircleCommand를 완료된 명령 스택에 넣는다.

나중에 사용자가 도구 모음의 '취소' 버튼을 클릭하면, 시스템은 완료된 명령 스택에서 Command 객체를 꺼내어 거기에서 undo()를 호출한다. undo() 메시지를 받으면 DrawCircleCommand 객체는 현재 화면에 표시된 객체들의 목록에서 저장된 ID에 맞는 원을 찾아내어 삭제한다.

이 기법을 사용하면, 거의 모든 애플리케이션에서 취소 명령을 쉽게 구현할 수 있다. 명령을 취소하는 방법을 아는 코드는 항상 그 명령을 수행하는 방법을 아는 코드와 함께 있어야 한다.

액티브 오브젝트 패턴

내가 좋아하는 커맨드 패턴 응용 방식 중 하나는 액티브 오브젝트(ACTIVE OBJECT) 패턴이다.[5] 이 패턴은 역사가 아주 오래된 다중 제어 스레드(thread) 구현을 위한 기법이다. 이것은 여러 가지 형태로 수천 개의 산업 시스템에서 단순한 멀티태스킹(multitasking)의 핵심부가 되어 왔다.

아이디어는 아주 간단하다. 목록 13-2와 목록 13-3을 보자. ActiveObjectEngine 객체는 Command 객체의 연결 리스트를 유지한다. 사용자는 이 엔진에 새로운 명령을 추가할 수도 있고, run()을 호출할 수도 있다. run()은 단순히 각 명령을 실행하고 제거하면서 연결 리스트를 훑어나가는 함수다.

---

[5]   [Lavender96]

```java
import java.util.LinkedList;

public class ActiveObjectEngine {
    LinkedList itsCommands = new LinkedList();

    public void addCommand(Command c) {
        itsCommands.add(c);
    }

    public void run() throws Exception {
        while (!itsCommands.isEmpty()) {
            Command c = (Command) itsCommands.getFirst();
            itsCommands.removeFirst();
            c.execute();
        }
    }
}
```

목록 13-3 Command.java

```java
public interface Command {
    public void execute() throws Exception;
}
```

이것은 그다지 특별해 보이지 않는다. 하지만 연결 리스트에 있는 Command 객체 중 하나가
자기를 복제하여 그 복제본을 리스트에 다시 넣는다면 어떤 일이 일어날지 생각해보자. 이 리
스트는 절대 텅 비지 않게 되고, run() 함수는 절대로 복귀하지 않을 것이다.

목록 13-4에 나온 테스트 케이스를 보자. 이 테스트 케이스는 SleepCommand라는 것을 생
성한다. 다른 테스트 케이스 중에서도 이것은 SleepCommand의 생성자에 1000 ms의 지연
시간을 준다. 그리고 SleepCommand를 ActiveObjectEngine에 넣는다. run()을 실행하
고 나서 몇 밀리초가 지날 것을 기대한다.

목록 13-4 TestSleepCommand.java

```java
import junit.framework.TestCase;

public class TestSleepCommand extends TestCase {

    public TestSleepCommand(String name) {
        super(name);
```

```
        }

        private boolean commandExecuted = false;

        public void testSleep() throws Exception {
            Command wakeup = new Command() {
                public void execute() {
                    commandExecuted = true;
                }
            };
            ActiveObjectEngine e = new ActiveObjectEngine();
            SleepCommand c = new SleepCommand(1000, e, wakeup);
            e.addCommand(c);
            long start = System.currentTimeMillis();
            e.run();
            long stop = System.currentTimeMillis();
            long sleepTime = (stop - start);
            assertTrue("SleepTime " + sleepTime + " expected > 1000", sleepTime > 1000);
            assertTrue("SleepTime " + sleepTime + " expected < 1100", sleepTime < 1100);
            assertTrue("Command Executed", commandExecuted);
        }
    }
```

이 테스트 케이스를 좀 더 자세히 살펴보자. SleepCommand의 생성자는 3개의 인자를 갖는다. 첫 번째는 밀리초 단위의 지연 시간이다. 두 번째는 이 명령이 실행될 장소인 Active ObjectEngine이다. 마지막 인자는 wakeup이라는 또 다른 명령 객체다. 이 테스트가 기대하는 동작은 SleepCommand가 일정 밀리초만큼 기다렸다가 wakeup 명령을 시행하는 것이다.

목록 13-5는 SleepCommand의 구현을 보여준다. SleepCommand는 실행이 되면 자신이 이전에 실행된 적이 있었는지 확인한다. 이전에 실행된 적이 없다면 시작 시간을 기록한다. 지연 시간이 지나지 않았다면 자신을 다시 ActiveObjectEngine에 넣고 지연 시간이 지났다면 ActiveObjectEngine에 wakeup 명령을 넣는다.

⟨⟩ 목록 13-5 SleepCommand.java

```
public class SleepCommand implements Command {
    private Command wakeupCommand = null;
    private ActiveObjectEngine engine = null;
    private long sleepTime = 0;
    private long startTime = 0;
    private boolean started = false;

    public SleepCommand(long milliseconds, ActiveObjectEngine e,
                        Command wakeupCommand) {
```

```
            sleepTime = milliseconds;
            engine = e;
            this.wakeupCommand = wakeupCommand;
        }

        public void execute() throws Exception {
            long currentTime = System.currentTimeMillis();
            if (!started) {
                started = true;
                startTime = currentTime;
                engine.addCommand(this);
            } else if ((currentTime - startTime) < sleepTime) {
                engine.addCommand(this);
            } else {
                engine.addCommand(wakeupCommand);
            }
        }
    }
```

이 프로그램과 어떤 이벤트를 기다리는 멀티스레드 프로그램 사이에서 유사성을 비교할 수 있다. 멀티스레드 프로그램의 한 스레드가 어떤 이벤트를 기다리고 있을 때, 보통 이 스레드는 그 이벤트가 일어날 때까지 그 스레드를 블록하는 운영체제 시스템 콜(system call)을 호출한다. 목록 13-5의 프로그램은 블록되지 않는다. 대신, 기다리고 있는 이벤트인 ((currentTime - startTime) < sleepTime)이 아직 일어나지 않았다면 그냥 ActiveObjectEngine에 자신을 집어넣는다.

이 기법의 다양한 변형을 사용하여 멀티스레드 시스템을 구축하는 것은, 지금까지도 그래 왔고 앞으로도 계속될 아주 일반적인 실천방법이다. 이런 종류의 스레드는 각 Command 인스턴스가 다음 Command 인스턴스 실행이 가능해지기 전에 완료되기 때문에, RTC(run-to-completion) 태스크라는 이름으로 알려져 있다. 이 RTC라는 이름이 내포하는 의미는 Command 인스턴스가 블록을 하지 않는다는 것이다.

Command 인스턴스가 모두 완료될 때까지 실행된다는 사실은, RTC 스레드에 모두 같은 런타임 스택을 공유한다는 흥미로운 이점을 부여한다. 전통적인 멀티스레드 시스템에서의 스레드와 달리, 여기서는 각 RTC 스레드에 대해 별도의 런타임 스택을 정의하거나 할당할 필요가 없다. 이것은 많은 스레드가 실행되고 메모리가 제한된 시스템에서 강력한 이점이 될 수 있다.

위에서 든 예를 계속 진행시키자. 목록 13-6은 SleepCommand를 활용하고 멀티스레드 방식의 행위를 보여주는 간단한 프로그램을 나타낸다. 이 프로그램은 DelayedTyper라고 한다.

```java
public class DelayedTyper implements Command {
    private long itsDelay;
    private char itsChar;
    private static ActiveObjectEngine engine = new ActiveObjectEngine();
    private static boolean stop = false;

    public static void main(String args[]) throws Exception {
        engine.addCommand(new DelayedTyper(100, '1'));
        engine.addCommand(new DelayedTyper(300, '3'));
        engine.addCommand(new DelayedTyper(500, '5'));
        engine.addCommand(new DelayedTyper(700, '7'));
        Command stopCommand = new Command() {
            public void execute() {
                stop = true;
            }
        };
        engine.addCommand(new SleepCommand(20000, engine, stopCommand));
        engine.run();
    }

    public DelayedTyper(long delay, char c) {
        itsDelay = delay;
        itsChar = c;
    }

    public void execute() throws Exception {
        System.out.print(itsChar);
        if (!stop)
            delayAndRepeat();
    }

    private void delayAndRepeat() throws Exception {
        engine.addCommand(new SleepCommand(itsDelay, engine, this));
    }
}
```

DelayedTyper가 Command를 구현하고 있음을 주목하자. execute 메소드는 단지 생성 시에 넘겨받은 문자를 출력하고, stop 플래그를 검사하여, 플래그가 true로 되어 있지 않으면 delayAndRepeat를 호출한다. delayAndRepeat 메소드는 생성 시에 받은 지연 시간을 써서 SleepCommand를 생성한다. 그러고 나서 SleepCommand를 ActiveObjectEngine에 삽입한다.

이 Command 클래스의 행위는 예상하기 쉽다. 사실상, 이 클래스는 루프를 돌면서 반복적으로 지정된 글자를 출력하고 지정된 지연 시간만큼 기다린다. stop 플래그가 true로 설정되었을 때 루프가 끝나게 된다.

DelayedTyper의 main 프로그램은 ActiveObjectEngine에 있는 몇몇 DelayedTyper 인스턴스를 각각 고유의 문자와 지연 시간에 따라 실행한다. 그리고 잠시 후에 stop 플래그를 true로 설정할 SleepCommand를 호출한다. 이 프로그램을 실행하면 1, 3, 5, 7로 이루어진 단순한 문자열이 만들어진다. 다시 한 번 이 프로그램을 실행하면, 비슷하긴 하지만 다른 문자열이 만들어진다. 다음에 2개의 전형적인 실행 결과가 있다.

    13571131151137111315113171513111315173111135113711531111357...

    13571113151317113151131171351113115173111315113171135111317...

CPU 클록(clock)과 실제 시간이 완벽하게 동기화되지 않기 때문에 이 문자열들은 서로 달라진다. 이런 종류의 비결정적(nondeterministic) 행위는 멀티스레드 시스템의 특징이다.

비결정적 행위는 많은 고뇌, 고민, 고통의 원인이 될 수 있다. 실시간 임베디드 시스템 관련 업무에 종사하는 사람이라면 누구나 알듯이, 비결정적 행위를 디버깅하는 일은 어렵다.

결론

커맨드 패턴의 유연성은 이 패턴의 단순성과는 어울리지 않을 정도로 놀랍다. 커맨드 패턴은 데이터베이스 트랜잭션부터, 장치 제어, 멀티스레드 시스템의 핵심, GUI에서의 실행/취소 관리에 이르기까지 정말 다양한 용도로 사용될 수 있다.

커맨드 패턴은 함수를 클래스보다 강조하기 때문에 객체 지향 패러다임을 망가뜨린다고 생각되어왔다. 이것은 사실일지도 모르지만, 소프트웨어 개발자의 실제 현장에서는 커맨드 패턴이 아주 유용하게 쓰일 수 있다.

참고 문헌

1. Gamma, et al. *Design Patterns.* Reading, MA: Addison-Wesley, 1995.

2. Lavender, R. G., and D. C. Schmidt. *Active Object: An Object Behavioral Pattern for Concurrent Programming*, in "Pattern Languages of Program Design" (J. O. Coplien, J. Vlissides, and N. Kerth, eds.). Reading, MA: Addison-Wesley, 1996.

14

템플릿 메소드와
스트래터지 패턴: 상속과 위임

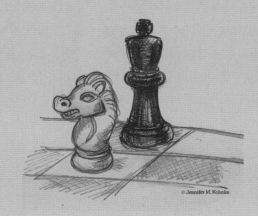

> 인생에서의 최고의 전략은 근면이다."
>
> 중국 속담

90년대 초반의 여명기를 돌이켜보면, 우리는 모두 상속(inheritance)이라는 개념에 마음이 사로잡혀 있었다. 이 관계의 의미는 심오했다. 상속을 사용하면 차이에 의한 프로그래밍(program by difference)을 할 수 있었다! 즉, 뭔가 유용한 일을 해주는 어떤 클래스가 이미 있다면, 그것의 서브클래스를 만들고 마음에 들지 않는 일부분만 수정하면 되었다. 단지 클래스를 상속하는 것만으로 코드를 재사용할 수 있게 된 것이다! 각 단계가 그 위 단계의 코드를 재사용하는 소프트웨어 구조의 전체 분류 체계를 만들 수도 있었으니, 상속을 통해 프로그래밍 분야에 완전히 새로운 세계가 열린 것이다.

그러나 역시, 상속의 개념도 다소 비현실적인 몽상이었음이 드러났다. 1995년, 상속은 너무 지나치게 사용되었고 이런 과도한 사용은 아주 비싼 대가를 지불한다는 사실이 명백해졌다. 감마(Gamma), 헬름(Helm), 존슨(Johnson), 블리시데스(Vlissides)는 "클래스 상속보다는 차라리 복합(composition)이 더 낫다."[1]고 강조하기까지 했다. 그래서 우리는 다시 상속을 사용한 부분을 잘라내고, 경우에 따라 복합이나 위임(delegation)으로 대체했다.

---

[1] [GOF95], p. 20

이번 장에서는 상속과 위임의 차이를 전형적으로 보여주는 패턴 두 가지를 다룬다. 템플릿 메소드(TEMPLETE METHOD)와 스트래터지(STRATEGY) 패턴은 비슷한 문제를 해결하고, 보통 호환되어 쓰인다. 그러나 템플릿 메소드는 문제를 해결하기 위해 상속을 사용하는 반면, 스트래터지는 위임을 사용한다.

템플릿 메소드와 스트래터지는 둘 다 구체적인 내용으로부터 일반적인 알고리즘을 분리하는 문제를 해결하는 패턴이다. 이런 문제는 소프트웨어 설계에서 자주 발견된다. 소프트웨어 설계에 일반적으로 적용 가능한 알고리즘이 있다. 의존 관계 역전 원칙(DIP)을 따르기 위해서는 이 일반적인 알고리즘이 구체적 구현에 의존하지 않도록 해야 하며, 일반적인 알고리즘과 구체적인 구현이 추상화에 의존하게 해야 한다.

템플릿 메소드 패턴

지금까지 여러분이 작성했던 모든 프로그램에 대해 생각해보자. 아마 다수가 다음과 같은 기본적인 메인 루프 구조로 이루어져 있을 것이다.

```
Initialize();
while (!done()) // 메인 루프
{
    Idle(); // 뭔가 유용한 일을 한다.
}
Cleanup();
```

먼저, 이 애플리케이션을 초기화한다. 그리고 메인 루프에 들어간다. 메인 루프에서 프로그램이 요구하는 어떤 일을 한다. 예를 들어 GUI 이벤트를 처리하거나, 데이터베이스 레코드를 처리할 수도 있을 것이다. 마지막으로, 모든 일이 끝나면 메인 루프를 나가면서 정리를 한다.

이 구조는 아주 평범하므로 Application이라는 이름의 클래스에 집어넣는다. 그러고 나면 작성하려는 모든 새 프로그램에서 이 클래스를 재사용할 수 있다. 생각해보라! 이 루프를 모두 다시 입력할 필요가 없는 것이다!

예를 들어, 목록 14-1을 보자. 여기서 표준적인 프로그램의 모든 구성 요소를 볼 수 있다. InputStreamReader와 BufferedReader는 초기화되어 있고, 메인 루프의 Buffered Reader에서 화씨온도를 읽어 섭씨온도로 변환한 결과를 출력한다. 마지막에는 종료 메시지가 출력된다.

```java
import java.io.BufferedReader;
import java.io.InputStreamReader;

public class ftocraw {
    public static void main(String[] args) throws Exception {
        InputStreamReader isr = new InputStreamReader(System.in);
        BufferedReader br = new BufferedReader(isr);
        boolean done = false;
        while (!done) {
            String fahrString = br.readLine();
            if (fahrString == null || fahrString.length() == 0)
                done = true;
            else {
                double fahr = Double.parseDouble(fahrString);
                double celcius = 5.0 / 9.0 * (fahr - 32);
                System.out.println("F=" + fahr + ", C=" + celcius);
            }
        }
        System.out.println("ftoc exit");
    }
}
```

이 프로그램에는 메인 루프 구조의 모든 구성 요소가 들어 있다. 초기화를 하고, 메인 루프에서 주된 일을 하고, 정리를 한 뒤 종료한다.

템플릿 메소드 패턴을 적용하면 이 기본 구조를 ftoc 프로그램에서 분리해낼 수 있다. 이 프로그램은 모든 일반적인 코드를 추상 기반 클래스에 구현되어 있는 메소드 하나에 집어넣는다. 이 구현 메소드는 일반적인 알고리즘을 포함하고 있지만, 모든 구체적인 부분은 기반 클래스의 추상 메소드에 맡긴다.

그러므로 한 예로, Application이라는 추상 기반 클래스에 메인 루프 구조를 집어넣을 수 있다(목록 14-2 참고).

목록 14-2 Application.java

```java
public abstract class Application {
    private boolean isDone = false;

    protected abstract void init();
    protected abstract void idle();
    protected abstract void cleanup();

    protected void setDone() {
```

```
        isDone = true;
    }

    protected boolean done() {
        return isDone;
    }

    public void run() {
        init();
        while (!done())
            idle();
        cleanup();
    }
}
```

이 클래스는 일반적인 메인 루프 애플리케이션을 묘사하고 있다. 구현된 run 함수에서 메인 루프를 볼 수 있다. 모든 구체적인 작업이 추상 메소드인 init, idle, cleanup에 맡겨진 것 또한 볼 수 있다. init 메소드는 필요한 초기화 작업을 수행한다. idle 메소드는 프로그램의 주된 작업을 수행하며, setDone이 호출될 때까지 반복적으로 호출된다. cleanup 메소드는 종료하기 전에 필요한 일들을 수행한다.

Application을 상속해서 추상 메소드들의 내용을 채워 넣는 것만으로 ftoc 클래스를 다시 작성할 수 있다. 그 예로 목록 14-3을 살펴보자.

📖 목록 14-3 ftocTemplateMethod.java

```java
import java.io.BufferedReader;
import java.io.IOException;
import java.io.InputStreamReader;

public class ftocTemplateMethod extends Application {
    private InputStreamReader isr;
    private BufferedReader br;

    public static void main(String[] args) throws Exception {
        (new ftocTemplateMethod()).run();
    }

    protected void init() {
        isr = new InputStreamReader(System.in);
        br = new BufferedReader(isr);
    }

    protected void idle() {
        String fahrString = readLineAndReturnNullIfError();
```

```
        if (fahrString == null || fahrString.length() == 0)
            setDone();
        else {
            double fahr = Double.parseDouble(fahrString);
            double celcius = 5.0 / 9.0 * (fahr - 32);
            System.out.println("F=" + fahr + ", C=" + celcius);
        }
    }

    protected void cleanup() {
        System.out.println("ftoc exit");
    }

    private String readLineAndReturnNullIfError() {
        String s;
        try {
            s = br.readLine();
        } catch (IOException e) {
            s = null;
        }
        return s;
    }
}
```

예외 처리 때문에 코드가 좀 더 길어졌지만, 원래 **ftoc** 애플리케이션이 어떻게 템플릿 메소드 패턴에 맞게 변경되었는지 이해하기 쉬울 것이다.

패턴 오용

이제 여러분은 틀림없이 다음과 같이 생각할 것이다. '정말인가? 이 사람이 지금 나에게 정말로 이 Application 클래스를 모든 새 애플리케이션에 사용하라고 하는 건가? 이건 아무 이득도 안 되고 문제를 너무 복잡하게 만들 뿐이야.'

이 예는 간단하고 템플릿 메소드 패턴의 구체적인 동작을 보여주기 위한 좋은 기반을 마련해 주기 때문에 선택했을 뿐, 실제로 **ftoc**를 이렇게 만들기를 권하지는 않는다.

이것은 패턴 오용의 좋은 예가 된다. 이렇게 특정 애플리케이션에 템플릿 메소드를 사용하는 것은 바람직하지 않다. 프로그램이 복잡해지고 내용만 더 늘어날 뿐이다. 전 세계 모든 애플리케이션의 메인 루프를 캡슐화한다는 것은 시작할 때는 멋있게 들렸지만, 실제 애플리케이션에서는 무익한 일이다.

디자인 패턴은 멋진 것이다. 디자인 패턴으로 많은 설계 문제를 해결할 수 있다. 그러나 디자인 패턴이 존재한다는 사실 자체가 항상 디자인 패턴을 사용해야 한다는 뜻은 아니다. 위의 경우 템플릿 메소드를 문제에 적용할 수는 있었지만, 현명한 일은 아니었다. 이 패턴을 적용하는 데 드는 비용이 결과적으로 생기는 이익보다 더 컸다.

그러므로 좀 더 유용한 예를 보도록 하자(목록 14-4 참고).

버블 정렬*2

📰 **목록 14-4 BubbleSorter.java**

```java
public class BubbleSorter {
    static int operations = 0;

    public static int sort(int[] array) {
        operations = 0;
        if (array.length <= 1)
            return operations;

        for (int nextToLast = array.length - 2; nextToLast >= 0; nextToLast--)
            for (int index = 0; index <= nextToLast; index++)
                compareAndSwap(array, index);

        return operations;
    }

    private static void swap(int[] array, int index) {
        int temp = array[index];
        array[index] = array[index + 1];
        array[index + 1] = temp;
    }
```

---

*2 Application과 마찬가지로, BubbleSorter는 이해하기 쉽기 때문에 유용한 학습 도구가 된다. 그러나 대부분의 사람들은 정렬할 양이 상당히 많을 때 정말로 버블 정렬을 사용하지는 않을 것이다. 훨씬 나은 알고리즘도 많다.

```
        private static void compareAndSwap(int[] array, int index) {
            if (array[index] > array[index + 1])
                swap(array, index);
            operations++;
        }
    }
```

BubbleSorter 클래스는 버블 정렬 알고리즘을 이용하여 정수의 배열을 정렬하는 방법을 알고 있다. BubbleSorter의 sort 메소드는 버블 정렬을 수행하는 알고리즘을 포함한다. swap과 compareAndSwap이라는 2개의 보조적인 메소드는 정수와 배열의 구체적인 부분을 다루고 정렬 알고리즘이 필요로 하는 동작을 처리한다.

템플릿 메소드 패턴을 사용하면 버블 정렬 알고리즘을 따로 떼어 BubbleSorter라는 이름의 추상 기반 클래스에 집어넣을 수 있다. BubbleSorter는 outOfOrder와 swap이라는 추상 메소드를 호출하는 sort 함수의 구현을 포함한다. outOfOrder는 배열에서 인접한 2개의 원소를 비교하여 그 원소의 순서가 잘못되어 있으면 true 값을 반환하는 메소드이고, swap은 배열에서 2개의 인접 원소를 교환하는 메소드다.

sort 메소드는 배열에 대해 알지 못하고, 그 배열에 어떤 형의 객체가 저장되어 있는지도 신경 쓰지 않는다. 그저 배열의 여러 인덱스에 대해 outOfOrder를 호출하고 그 인덱스가 교환되어야 하는지 아닌지를 판정한다(목록 14-5 참고).

<> 목록 14-5 BubbleSorter.java

```
public abstract class BubbleSorter {
    private int operations = 0;
    protected int length = 0;

    protected int doSort() {
        operations = 0;
        if (length <= 1)
            return operations;

        for (int nextToLast = length - 2; nextToLast >= 0; nextToLast--)
            for (int index = 0; index <= nextToLast; index++) {
                if (outOfOrder(index))
                    swap(index);
                operations++;
            }

        return operations;
    }
```

```
    protected abstract void swap(int index);
    protected abstract boolean outOfOrder(int index);
}
```

이제 BubbleSorter로 다른 어떤 종류의 객체든 정렬할 수 있는 간단한 파생 클래스를 만
들 수 있다. 한 예로 IntBubbleSorter를 만들 수 있는데, 이 클래스는 정수 배열을 정렬한
다. 그리고 DoubleBubbleSorter는 double 형의 배열을 정렬한다(그림 14-1, 목록 14-6, 목록
14-7 참고).

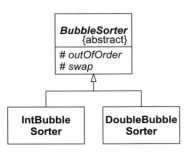

그림 14-1 BubbleSorter 구조

📄 목록 14-6 IntBubbleSorter.java

```java
public class IntBubbleSorter extends BubbleSorter {
    private int[] array = null;

    public int sort(int[] theArray) {
        array = theArray;
        length = array.length;
        return doSort();
    }

    protected void swap(int index) {
        int temp = array[index];
        array[index] = array[index + 1];
        array[index + 1] = temp;
    }

    protected boolean outOfOrder(int index) {
        return (array[index] > array[index + 1]);
    }
}
```

```java
public class DoubleBubbleSorter extends BubbleSorter {
    private double[] array = null;

    public int sort(double[] theArray) {
        array = theArray;
        length = array.length;
        return doSort();
    }

    protected void swap(int index) {
        double temp = array[index];
        array[index] = array[index + 1];
        array[index + 1] = temp;
    }

    protected boolean outOfOrder(int index) {
        return (array[index] > array[index + 1]);
    }
}
```

템플릿 메소드 패턴은 객체 지향 프로그래밍에서 고전적인 재사용 형태 중의 하나를 보여준다. 일반적인 알고리즘은 기반 클래스에 있고, 다른 구체적인 내용에서 상속된다. 그러나 이 기법은 비용을 수반한다. 상속은 아주 강한 관계여서, 파생 클래스는 필연적으로 기반 클래스에 묶이게 된다.

예를 들어, IntBubbleSorter의 outOfOrder와 swap 함수는 다른 종류의 정렬 알고리즘에서도 필요로 하는 것이다. 그럼에도 불구하고 이 다른 정렬 알고리즘에서는 outOfOrder와 swap을 재사용할 방법이 없다. BubbleSorter를 상속함으로써, IntBubble Sorter의 운명이 영원히 BubbleSorter와 묶이게끔 결정해버린 것이다. 스트래터지 패턴은 다른 선택지를 제공한다.

스트래터지 패턴

스트래터지 패턴은 일반적인 알고리즘과 구체적인 구현 사이의 의존성 반전 문제를 완전히 다른 방식으로 풀어낸다. 다시 한 번, 패턴을 오용한 Application 문제에 대해 생각해보자.

일반적인 알고리즘을 추상 기반 클래스에 넣는 대신, ApplicationRunner라는 이름의 구체 클래스에 넣는다. Application이란 이름의 인터페이스 안에서 일반적 알고리즘이 호출해야 할 추상 메소드를 정의한다. 이 인터페이스에서 ftocStrategy를 파생시켜 Application Runner에 넘겨준다. 그러면 ApplicationRunner는 이 인터페이스에 위임한다(그림 14-2, 목록 14-8에서 목록 14-10까지 참고).

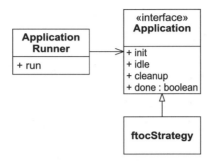

그림 14-2 Application 알고리즘의 전략

💻 목록 14-8 ApplicationRunner.java

```java
public class ApplicationRunner {
    private Application itsApplication = null;

    public ApplicationRunner(Application app) {
        itsApplication = app;
    }

    public void run() {
        itsApplication.init();
        while (!itsApplication.done())
            itsApplication.idle();
        itsApplication.cleanup();
    }
}
```

💻 목록 14-9 Application.java

```java
public interface Application {
    public void init();
    public void idle();
    public void cleanup();
    public boolean done();
}
```

```java
import java.io.BufferedReader;
import java.io.IOException;
import java.io.InputStreamReader;

public class ftocStrategy implements Application {
    private InputStreamReader isr;
    private BufferedReader br;
    private boolean isDone = false;

    public static void main(String[] args) throws Exception {
        (new ApplicationRunner(new ftocStrategy())).run();
    }

    public void init() {
        isr = new InputStreamReader(System.in);
        br = new BufferedReader(isr);
    }

    public void idle() {
        String fahrString = readLineAndReturnNullIfError();
        if (fahrString == null || fahrString.length() == 0)
            isDone = true;
        else {
            double fahr = Double.parseDouble(fahrString);
            double celcius = 5.0 / 9.0 * (fahr - 32);
            System.out.println("F=" + fahr + ", C=" + celcius);
        }
    }

    public void cleanup() {
        System.out.println("ftoc exit");
    }

    public boolean done() {
        return isDone;
    }

    private String readLineAndReturnNullIfError() {
        String s;
        try {
            s = br.readLine();
        } catch (IOException e) {
            s = null;
        }
        return s;
    }
}
```

이 구조는 이익과 비용 면에서 템플릿 메소드 구조에 비해 더 낫다는 사실이 명백할 것이다. 스트래터지에는 템플릿 메소드보다 더 많은 전체 클래스 개수와 더 많은 간접 지정(indirection)이 있다. ApplicationRunner 내부의 위임 포인터는 실행 시간과 데이터 공간 면에서 상속의 경우보다 좀 더 많은 비용을 초래한다. 반면, 서로 다른 많은 애플리케이션을 실행한다면, ApplicationRunner 인스턴스를 재사용하여 Application의 다른 많은 구현에 이것을 넘겨줄 수 있을 테고, 그럼으로써 일반적인 알고리즘과 그것이 제어하는 구체적인 부분 사이의 결합 정도를 감소시킬 수 있다.

이 비용과 이익 중 어떤 것도 결정적이지 않다. 대부분의 경우, 이 중 어떤 것도 전혀 문제가 되지 않는다. 일반적인 경우에 가장 걱정할 만한 것은 스트래터지 패턴이 필요로 하는 별도의 클래스다. 그러나 생각해야 할 게 또 있다.

다시 정렬하기

스트래터지 패턴을 사용한 버블 정렬 구현을 생각해보자(목록 14-11부터 목록 14-13까지 참고).

💻 **목록 14-11 BubbleSorter.java**

```java
public class BubbleSorter {
    private int operations = 0;
    private int length = 0;
    private SortHandle itsSortHandle = null;

    public BubbleSorter(SortHandle handle) {
        itsSortHandle = handle;
    }

    public int sort(Object array) {
        itsSortHandle.setArray(array);
        length = itsSortHandle.length();
        operations = 0;
        if (length <= 1)
            return operations;

        for (int nextToLast = length - 2; nextToLast >= 0; nextToLast--)
            for (int index = 0; index <= nextToLast; index++) {
                if (itsSortHandle.outOfOrder(index))
                    itsSortHandle.swap(index);
                operations++;
            }

        return operations;
    }
}
```

```java
public interface SortHandle {
    public void swap(int index);
    public boolean outOfOrder(int index);
    public int length();
    public void setArray(Object array);
}
```

```java
public class IntSortHandle implements SortHandle {
    private int[] array = null;

    public void swap(int index) {
        int temp = array[index];
        array[index] = array[index + 1];
        array[index + 1] = temp;
    }

    public void setArray(Object array) {
        this.array = (int[]) array;
    }

    public int length() {
        return array.length;
    }

    public boolean outOfOrder(int index) {
        return (array[index] > array[index + 1]);
    }
}
```

IntSortHandle 클래스가 BubbleSorter에 대해 아무것도 모른다는 점에 주목하자. 이 클래스는 버블 정렬 구현부에 어떤 의존성도 갖고 있지 않은데, 이것은 템플릿 메소드에서는 없었던 일이다. 목록 14-6을 다시 보면, IntBubbleSorter가 직접적으로 BubbleSorter, 즉 버블 정렬 알고리즘을 포함한 클래스에 의존하고 있음을 볼 수 있다.

템플릿 메소드를 사용한 접근은 swap과 outOfOrder 메소드가 버블 정렬 알고리즘에 직접 의존하도록 구현함으로써 부분적으로 DIP를 위반한다. 스트래터지를 사용한 접근은 이런 의존성을 포함하고 있지 않다. 따라서 IntSortHandle은 BubbleSorter가 아니라 다른 Sorter 구현과 함께 사용할 수 있다.

예를 들어, 배열을 한 번 훑었을 때 순서가 제대로 되어 있음을 확인하면 일찍 종료해버리는 버블 정렬의 변형을 만들 수 있다(목록 14-14 참고). QuickBubbleSorter는 IntSortHandle이나 SortHandle에서 파생된 다른 클래스도 사용할 수 있다.

목록 14-14 QuickBubbleSorter.java

```java
public class QuickBubbleSorter {
    private int operations = 0;
    private int length = 0;
    private SortHandle itsSortHandle = null;

    public QuickBubbleSorter(SortHandle handle) {
        itsSortHandle = handle;
    }

    public int sort(Object array) {
        itsSortHandle.setArray(array);
        length = itsSortHandle.length();
        operations = 0;
        if (length <= 1)
            return operations;

        boolean thisPassInOrder = false;
        for (int nextToLast = length - 2;
                nextToLast >= 0 && !thisPassInOrder; nextToLast--) {
            thisPassInOrder = true; // 잠재적으로
            for (int index = 0; index <= nextToLast; index++) {
                if (itsSortHandle.outOfOrder(index)) {
                    itsSortHandle.swap(index);
                    thisPassInOrder = false;
                }
                operations++;
            }
        }
        return operations;
    }
}
```

이렇듯 스트래터지 패턴은 템플릿 메소드 패턴에 비해 한 가지 특별한 이점을 제공한다. 템플릿 메소드 패턴이 일반적인 알고리즘으로 많은 구체적인 구현을 조작할 수 있게 해주는 반면, DIP를 완전히 따르는 스트래터지 패턴은 각각의 구체적인 구현이 다른 많은 일반적인 알고리즘에 의해 조작될 수 있게 해준다.

결론

템플릿 메소드와 스트래터지 패턴 모두 상위 단계의 알고리즘을 하위 단계의 구체적인 부분으로부터 분리해주는 역할을 한다. 둘 다 상위 단계의 알고리즘이 구체적인 부분과 독립적으로 재사용될 수 있게 해준다. 약간의 복잡성과 메모리, 실행 시간을 더 감내하면 스트래터지는 구체적인 부분이 상위 단계 알고리즘으로부터 독립적으로 재사용될 수 있게까지 해준다.

참고 문헌

1. Gamma, et al. *Design Patterns*. Reading, MA: Addison–Wesley, 1995.

2. Martin, Robert C., et al. *Pattern Languages of Program Design 3*. Reading, MA: Addison–Wesley, 1998.

CHAPTER

15

퍼사드와 미디에이터 패턴

© Jennifer M. Kohnke

66
상징이 체면을 지켜주는 외벽이 되어서 꿈의 외설스러움을 숨겨준다."

메이슨 쿨리(Mason Cooley)

이번 장에서 논의할 두 패턴에는 공통적인 용도가 있는데, 둘 다 어떤 종류의 정책을 다른 객체들의 그룹에 부과한다. 퍼사드(FACADE)[*1]는 위로부터 정책을 적용하고, 미디에이터(MEDIATOR)는 아래로부터 정책을 적용한다. 퍼사드의 사용은 가시적이고 강제적인 반면, 미디에이터의 사용은 비가시적이고 허용적이다.

퍼사드 패턴

퍼사드 패턴은 복잡하고 일반적인 인터페이스를 가진 객체 그룹에 간단하고 구체적인 인터페이스를 제공하고자 할 때 사용한다. 한 예로, 26장의 목록 26-9에 있는 **DB.java**를 보자. 이 클래스는 특히 **ProductData**에게 있어 아주 간단한 인터페이스를, **java.sql** 패키지에 있는 클래스들의 복잡하고 일반적인 인터페이스에 적용하고 있다. 그림 15-1이 이 구조를 보여준다.

[*1] 역주 외관, 건물의 정면 등의 뜻이 있다. 패턴의 의미로 보면 '창구'로 이해하는 것이 제일 적당하리라 생각된다.

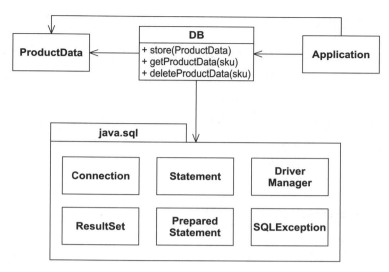

그림 15-1 DB 퍼사드

DB 클래스가 Application이 java.sql 패키지 안의 구체적 내용을 알 필요가 없게끔 보호하고 있음을 주목하자. 이 클래스는 java.sql의 모든 일반성과 복잡성을 아주 간단하고 구체적인 인터페이스 뒤에 숨긴다.

DB 같은 퍼사드는 java.sql 패키지의 사용법에 아주 많은 정책을 적용한다. 이 클래스는 데이터베이스 연결을 초기화하고 끊는 방법을 알고 있다. ProductData의 멤버들을 데이터베이스의 필드로, 또 그 반대로 변환하는 방법을 알고 있다. 또한 데이터베이스를 조작하는 적절한 질의와 명령을 구성하는 방법을 알고 있다. 그리고 이 모든 복잡성을 사용자에게 보이지 않도록 숨긴다. Application의 관점에서 보면, java.sql은 존재하지도 않는다. 퍼사드 뒤에 숨겨져 있는 것이다.

퍼사드 패턴 사용은 개발자가 '모든 데이터베이스 호출이 DB를 통과해야 한다'는 규정을 채택했다는 사실을 내포한다. Application 코드의 어떤 부분이 퍼사드를 통해서가 아니라 java.sql로 바로 간다면, 이것은 규정을 위반하는 것이다. 이와 같이 퍼사드는 자신의 정책을 Application에 적용한다. 규정에 의해, DB는 java.sql에 있는 기능들의 독점 중개인이 된다.

미디에이터 패턴

미디에이터 패턴도 역시 정책을 적용한다. 그러나 퍼사드가 자신의 정책을 가시적이고 강제적인 방식으로 적용하는 반면, 미디에이터는 자신의 정책을 은밀하고 강제적이지 않은 방식으로 적용한다. 예를 들어, 목록 15-1의 QuickEntryMediator 클래스는 조용히 이면에서 텍스트 입력 필드를 어떤 리스트와 결합한다. 텍스트 입력 필드에 입력을 하면, 입력한 것과 일치하는 리스트의 첫 요소가 하이라이트된다. 이것은 단축형의 입력으로 리스트의 요소를 빨리 선택할 수 있게 해준다.

💻 **목록 15-1 QuickEntryMediator.java**

```java
package utility;

/**
이 클래스는 JTextField 하나와 JList 하나를 받는다. 이 클래스는 사용자가 JList에 있는 항목들의 접두어(prefix)를
JTextField에 입력한다고 가정한다. JTextField의 현재 접두어와 일치하는 JList의 첫 번째 항목을 자동적으로 선택한다.
만약 JTextField가 null이거나, 접두어가 JList에 있는 어떤 원소와도 일치하지 않으면, JList의 선택은 지워진다. 이 객체를
호출하기 위한 방법은 없다. 그냥 생성하고, 잊어버리면 된다(하지만 가비지 컬렉션에 의해 없어지도록 놔두지 말자).

예제:
JTextField t = new JTextField();
JList l = new JList();

QuickEntryMediator qem = new QuickEntryMediator(t, l); // 이게 전부다.

  @author Robert C. Martin, Robert S. Koss
  @date 30 Jun, 1999 2113 (SLAC)
 */

import javax.swing.JList;
import javax.swing.JTextField;
import javax.swing.ListModel;
import javax.swing.event.DocumentEvent;
import javax.swing.event.DocumentListener;

public class QuickEntryMediator {
    public QuickEntryMediator(JTextField t, JList l) {
        itsTextField = t;
        itsList = l;

        itsTextField.getDocument().addDocumentListener(new DocumentListener() {
            public void changedUpdate(DocumentEvent e) {
                textFieldChanged();
            }

            public void insertUpdate(DocumentEvent e) {
```

```
                    textFieldChanged();
                }

                public void removeUpdate(DocumentEvent e) {
                    textFieldChanged();
                }
            } // new DocumentListener
        ); // addDocumentListener
    } // QuickEntryMediator()

    private void textFieldChanged() {
        String prefix = itsTextField.getText();
        if (prefix.length() == 0) {
            itsList.clearSelection();
            return;
        }
        ListModel m = itsList.getModel();
        boolean found = false;
        for (int i = 0; found == false && i < m.getSize(); i++) {
            Object o = m.getElementAt(i);
            String s = o.toString();
            if (s.startsWith(prefix)) {
                itsList.setSelectedValue(o, true);
                found = true;
            }
        }

        if (!found) {
            itsList.clearSelection();
        }
    } // textFieldChanged

    private JTextField itsTextField;
    private JList itsList;
} // class QuickEntryMediator
```

QuickEntryMediator의 구조는 그림 15-2에 나와 있다. QuickEntryMediator의 인스
턴스는 JList 하나와 JTextField 하나로 생성된다. 이 QuickEntryMediator는 익명
DocumentListener를 JTextField에 등록한다. 이 리스너는 텍스트에 변화가 있을 때마다
textFieldChanged를 호출한다. 그러면 이 메소드는 이 텍스트를 접두어로 갖는 JList의
원소를 찾아 그것을 선택한다.

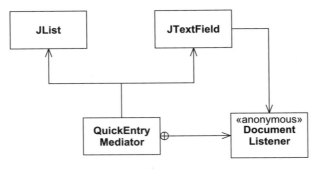

그림 15-2 QuickEntryMediator

JList와 JTextField의 사용자는 이 미디에이터가 존재하는지 알지 못한다. 이것은 조용히 앉아, 자신의 정책을 이들 객체의 허락이나 인식 없이 적용한다.

결론

정책 적용이 크고 가시적이어야 하는 경우에는 퍼사드를 사용해 위로부터 행해질 수 있고, 교묘함과 재량이 필요한 경우에는 미디에이터가 좀 더 나은 선택이 될 것이다. 퍼사드는 보통 어떤 규정의 중심이 되며, 모든 사람은 그 아래에 있는 객체들이 아니라 이 퍼사드를 사용하기로 합의한다. 한편, 미디에이터는 사용자에게 감춰져 있다. 이것의 정책은 규정의 문제라기보다는 기정사실이다.

참고 문헌

1.   Gamma, et al. *Design Patterns*. Reading, MA: Addison–Wesley, 1995.

싱글톤과 모노스테이트 패턴

© Jennifer M. Kohnke

> 존재의 무한한 지복(至福)이여! 이것이 있다. 그리고 그 외에는 아무것도 없다."

에드윈 애벗(Edwin A. Abbott)[1]의 『Flatland(평면세계)』 중 점에 대해

보통 클래스와 인스턴스 사이에는 일대다 관계가 있다. 즉, 대부분의 클래스에서는 많은 인스턴스를 만들어낼 수 있다. 이 인스턴스는 필요할 때 생성되고 이용 가치가 사라졌을 때는 버려진다. 이들은 메모리 할당과 해제의 흐름에서 들락날락한다.

그러나 단 하나의 인스턴스만을 가져야 하는 클래스도 있다. 이 인스턴스는 프로그램이 시작했을 때 처음 나타났다, 프로그램이 끝날 때 사라져야 한다. 때로 이런 객체들은 애플리케이션의 루트(root)가 된다. 이 루트에서 시스템에 있는 다른 많은 객체로 가는 경로를 찾을 수 있다. 때때로 이들은 시스템에 있는 다른 객체를 만들기 위해 사용하는 공장(factory)이 된다. 때때로 이런 객체들은 다른 특정한 객체를 추적하여 그 객체의 보폭(pace)에 맞게 동작시키는 관리자가 된다.

이 객체들이 무엇이든지 간에, 둘 이상이 만들어지면 심각한 논리 실패가 된다. 둘 이상의 루트가 만들어지면, 애플리케이션에 있는 객체에 대한 접근은 선택된 루트에 의존하게 된다. 여러 개의 루트가 있다는 사실을 모르는 프로그래머는 자신이 보고 있는 것이 애플리케이션

---

[1] **역주** 영국의 셰익스피어 연구가

객체들의 부분집합임을 모르는 채로 그것을 보게 될 것이다. 둘 이상의 공장이 있으면, 만들어진 객체에 대한 사무적인 통제가 손상될 것이다. 둘 이상의 관리자가 있으면, 순차적으로 하려고 했던 동작이 동시에 일어나게 될 것이다.

이런 객체들에게 단일성을 강제하기 위한 메커니즘은 지나친 것으로 보일지도 모른다. 아무튼, 애플리케이션을 초기화할 때 그저 이 중 하나를 생성하고 그것으로 끝내면 되는 것이다. 사실, 이것이 보통 최선의 동작 방법이다. 급하고 심각할 필요가 없는 경우에는 이 메커니즘을 피해야 한다. 그러나 코드를 우리의 의도에 맞게 만들고 싶은 것도 사실이다. 단일성을 강제하는 메커니즘이 단순하다면, 의도와 맞는다는 이익이 메커니즘에 드는 비용보다 클 것이다.

이번 장에서는 단일성을 강제하는 두 패턴을 다루는데, 이 패턴들은 비용 대 이익의 균형(trade-off)이 매우 다르다. 많은 경우, 이 패턴들의 비용은 이들의 표현력이 주는 이익에 비해 상당히 적다.

싱글톤 패턴

싱글톤(SINGLETON)[*2]은 아주 단순한 패턴이다. 목록 16-1의 테스트 케이스는 이것이 어떻게 동작하는지를 보여준다. 첫 번째 테스트 함수는 공용 정적(public static) 메소드인 Instance를 통해 Singleton 인스턴스에 접근함을 보여준다. 또 이 함수는 Instance가 여러 번 호출되면, 똑같은 인스턴스에 대한 참조값이 매번 반환됨을 보여준다. 두 번째 테스트 케이스는 Singleton 클래스가 공용 생성자를 갖고 있지 않기 때문에, Instance 메소드를 사용하지 않고서는 인스턴스를 생성할 방법이 없음을 보여준다.

⟨⟩ 목록 16-1 Singleton 테스트 케이스

```
import java.lang.reflect.Constructor;
import junit.framework.TestCase;

public class TestSimpleSingleton extends TestCase {
    public TestSimpleSingleton(String name) {
        super(name);
    }

    public void testCreateSingleton() {
        Singleton s = Singleton.Instance();
```

[*2]   [GOF95], p. 127

```
        Singleton s2 = Singleton.Instance();
        assertSame(s, s2);
    }

    public void testNoPublicConstructors() throws Exception {
        Class singleton = Class.forName("Singleton");
        Constructor[] constructors = singleton.getConstructors();
        assertEquals("public constructors.", 0, constructors.length);
    }
}
```

이 테스트 케이스는 싱글톤 패턴의 구체화다. 이는 바로 목록 16-2에 있는 코드로 이어지는데, 이 코드를 살펴보면 정적 변수 Singleton.theInstance의 유효 범위 안에서는 Singleton 클래스의 인스턴스가 2개 이상 있을 수 없음을 분명히 알 수 있다.

📄 목록 16-2 Singleton 구현

```
public class Singleton {
    private static Singleton theInstance = null;

    private Singleton() {
    }

    public static Singleton Instance() {
        if (theInstance == null)
            theInstance = new Singleton();
        return theInstance;
    }
}
```

싱글톤이 주는 이점

- 플랫폼 호환: 적절한 미들웨어(예: RMI)를 사용하면, 싱글톤은 많은 JVM과 컴퓨터에서 적용되어 확장될 수 있다.

- 어떤 클래스에도 적용 가능: 어떤 클래스든 그냥 생성자를 전용(private)으로 만들고 적절한 정적 함수와 변수를 추가하기만 하면 싱글톤 형태로 바꿀 수 있다.

- 파생을 통해 생성 가능: 주어진 클래스에서 싱글톤인 서브클래스를 만들 수 있다.

- 게으른 처리(lazy evaluation)[3]: 만약 싱글톤이 사용되지 않는다면, 생성되지도 않는다.

---

*3 역주 ▶ 꼭 필요해지기 전까지 처리를 미루는 것

싱글톤의 비용

- **소멸(destruction)이 정의되어 있지 않음**: 싱글톤을 없애거나 사용을 중지하는 좋은 방법은 없다. `theInstance`를 널(null) 처리하는 `decommission` 메소드를 추가한다 해도, 시스템에 있는 다른 모듈은 그 싱글톤 인스턴스에 대한 참조값을 계속 유지하고 있을 수도 있다. 이어서 일어나는 `Instance`에 대한 호출은 다른 인스턴스를 생성하는 결과를 낳고, 2개의 인스턴스가 동시에 존재하게 만든다. 이 문제는 C++에서 특히 두드러진다. C++에서는 인스턴스가 소멸될 수 있고, 이것은 소멸된 객체에 대한 역참조(dereferencing) 가능성으로 이어진다.
- **상속되지 않음**: 어떤 싱글톤에서 파생된 클래스는 싱글톤이 아니다. 이것이 싱글톤이 되려면 정적 함수와 변수가 추가되어야 한다.
- **효율성**: `Instance`에 대한 각 호출은 `if` 문을 실행시킨다. 이 호출 중 대부분의 경우에는 이 `if` 문이 쓸모없다.
- **비투명성**: 싱글톤의 사용자는 `Instance` 메소드를 실행해야 하기 때문에 자신이 싱글톤을 사용한다는 사실을 안다.

동작에 있어서의 싱글톤

사용자가 어떤 웹 서버의 보안 영역에 로그인할 수 있게 해주는 웹 기반의 시스템이 있다고 가정해보자. 이런 시스템은 사용자의 이름, 패스워드, 그리고 그 밖의 사용자 속성을 포함하는 데이터베이스를 갖는다. 더 나아가 이 데이터베이스에 서드파티 API를 통해 접근한다고 가정하자. 어떤 사용자를 읽고 쓰기 위해 필요한 모든 모듈에서 이 데이터베이스에 직접 접근할수 있다. 그러나 이것은 코드 전체에 서드파티 API 사용을 확산시키게 되고, 이는 접근이나 구조에 대한 규정을 강제할 수 있는 여지가 없게 만든다.

더 나은 해결책은 퍼사드 패턴을 사용하여 User 객체를 읽고 쓰는 메소드들을 제공하는 UserDatabase 클래스를 만드는 것이다. 이 메소드들은 데이터베이스의 서드파티 API에 접근하여, User 객체와 데이터베이스의 테이블과 행 사이에 변환 작업을 한다. UserDatabase 내에서는 구조와 접근의 규정을 강제할 수 있다. 예를 들어, 어떤 User 레코드도 그것이 내용이 있는 username(사용자 이름)을 갖고 있지 않다면 쓰기 작업을 하지 못하도록 보장할 수 있다. 또는 User 레코드에 대한 접근을 직렬화하여, 두 모듈이 동시에 이것을 읽고 쓰지 않도록 보장할 수 있다.

목록 16-3과 목록 16-4의 코드는 싱글톤식의 해결책을 보여준다. 싱글톤 클래스의 이름은 UserDatabaseSource이다. 이 클래스는 UserDatabase 인터페이스를 구현한다. 정적 instance() 메소드가 중복 생성을 막기 위한 전통적인 if 문을 갖고 있지 않다는 점을 주목하자. 그 대신, 자바의 초기화 기능 요소를 이용한다.

⟨⟩ 목록 16-3 UserDatabase 인터페이스

```
public interface UserDatabase {
    User readUser(String userName);
    void writeUser(User user);
}
```

⟨⟩ 목록 16-4 UserDatabaseSource 싱글톤

```
public class UserDatabaseSource implements UserDatabase {
    private static UserDatabase theInstance = new UserDatabaseSource();

    public static UserDatabase instance() {
        return theInstance;
    }

    private UserDatabaseSource() {
    }

    public User readUser(String userName) {
        // 구현 부분
        return null; // 그저 컴파일되게 하기 위해
    }

    public void writeUser(User user) { // 구현 부분
    }
}
```

이것은 싱글톤 패턴의 아주 흔한 사용 형태로서, 모든 데이터베이스 접근이 UserDatabase Source의 단일 인스턴스를 통해 이루어짐을 보장해준다. 이것은 검사(check), 카운터(counter), 락(lock)을 UserDatabaseSource에 넣어 먼저 언급된 접근과 구조에 대한 규정을 강제하기 쉽게 해준다.

모노스테이트 패턴

모노스테이트(MONOSTATE)[4] 패턴은 단일성을 이루기 위한 또 다른 방법으로, 이 패턴은 완전히 다른 메커니즘으로 동작한다. 목록 16-5의 모노스테이트 테스트 케이스를 연구해보면 이 메커니즘의 동작 방식을 알 수 있다.

첫 번째 테스트 함수는 단순히 자신의 x 변수가 설정되거나 검색될 수 있는 어떤 객체를 나타낸다. 그러나 두 번째 테스트 케이스는 같은 클래스의 두 인스턴스가 하나인 것처럼 동작하는 모습을 보여준다. 한 인스턴스의 x 변수를 특정 값으로 설정하면, 다른 인스턴스의 x 변수를 확인하는 것으로 그 값을 검색할 수 있다. 이는 2개의 인스턴스가 같은 객체의 서로 다른 이름을 갖고 있는 것이다.

목록 16-5 Monostate 테스트 케이스

```java
import junit.framework.TestCase;

public class TestMonostate extends TestCase {
    public TestMonostate(String name) {
        super(name);
    }

    public void testInstance() {
        Monostate m = new Monostate();
        for (int x = 0; x < 10; x++) {
            m.setX(x);
            assertEquals(x, m.getX());
        }
    }

    public void testInstancesBehaveAsOne() {
        Monostate m1 = new Monostate();
        Monostate m2 = new Monostate();
        for (int x = 0; x < 10; x++) {
            m1.setX(x);
            assertEquals(x, m2.getX());
        }
    }
}
```

---

[4]   [BALL2000]

Singleton 클래스를 이 테스트 케이스에 접목하고 모든 new Monostate 부분을 Singleton.Instance에 대한 호출로 바꿨더라도, 이 테스트 케이스를 통과해야 한다. 따라서 이 테스트 케이스는 단일 인스턴스라는 제약을 강제하지 않은 Singleton의 행위를 나타낸다!

어떻게 2개의 인스턴스가 하나의 객체인 것처럼 동작할 수 있을까? 아주 당연하게도, 이것은 2개의 객체가 같은 변수를 공유함을 의미한다. 이는 모든 변수를 정적으로 만듦으로써 쉽게 이룰 수 있다. 목록 16-6은 위의 테스트 케이스를 통과하는 Monostate 구현을 보여준다. itsX 변수가 정적 변수임을 주목하자. 또, 어떤 메소드도 정적이 아니라는 점에 주목하자. 나중에 살펴보겠지만 이것은 아주 중요하다.

목록 16-6 Monostate 구현

```
public class Monostate {
    private static int itsX = 0;

    public Monostate() {
    }

    public void setX(int x) {
        itsX = x;
    }

    public int getX() {
        return itsX;
    }
}
```

나는 이것이 아주 특이하게 꼬인 패턴이라는 사실을 알았다. Monostate의 인스턴스를 몇 개 만들든지 간에, 이들은 모두 단일 객체인 것처럼 동작한다. 심지어 데이터를 잃지 않고도 현재 있는 모든 인스턴스를 없애거나 사용을 중지할 수도 있다.

이 두 패턴의 차이점은 '행위 대 구조'의 차이 중 하나임을 명심하자. 싱글톤 패턴은 단일성 구조를 강제한다. 이 패턴은 둘 이상의 인스턴스가 생성되는 것을 막는다. 반면 모노스테이트 패턴은 구조적인 제약을 부여하지 않고도 단일성이 있는 행위를 강제한다. 이 차이를 분명히 보려면 모노스테이트 테스트 케이스가 Singleton 클래스에 대해서도 유효하지만, 싱글톤 테스트 케이스는 Monostate 클래스에 대해 유효하지 않다.

모노스테이트가 주는 이점

- **투명성**: 모노스테이트의 사용자는 일반 객체의 사용자와 다르게 행동하지 않는다. 사용자는 이 객체가 모노스테이트임을 알 필요가 없다.
- **파생 가능성**: 모노스테이트의 파생 클래스는 모노스테이트다. 사실, 어떤 모노스테이트의 모든 파생 클래스는 같은 모노스테이트의 일부가 된다. 이들은 모두 같은 정적 변수를 공유한다.
- **다형성**: 모노스테이트의 메소드는 정적이 아니기 때문에, 파생 클래스에서 오버라이드 될 수 있다. 따라서 서로 다른 파생 클래스는 같은 정적 변수의 집합에 대해 서로 다른 행위를 제공할 수 있다.
- **잘 정의된 생성과 소멸**: 정적인 모노스테이트의 변수는 생성과 소멸 시기가 잘 정의되어 있다.

모노스테이트의 비용

- **변환 불가**: 보통 클래스는 파생을 통해 모노스테이트로 변환될 수 없다.
- **효율성**: 하나의 모노스테이트는 실제 객체이기 때문에 많은 생성과 소멸을 겪을 수 있다. 이 작업은 종종 비용이 꽤 든다.
- **실재함**: 모노스테이트의 변수는 이 모노스테이트가 사용되지 않는다 하더라도 공간을 차지한다.
- **플랫폼 한정**: 한 모노스테이트가 여러 개의 JVM 인스턴스나 여러 개의 플랫폼에서 동작하게 만들 수 없다.

동작에 있어서의 모노스테이트

그림 16-1의 지하철 개찰구를 위한 간단한 유한 상태 기계(finite state machine)를 구현하는 작업을 생각해보자. 이 개찰구는 Locked 상태에서 생명주기를 시작한다. 동전 하나가 들어오면, Unlocked 상태로 이전하고, 출입구를 열고, 울리고 있는 중일 수도 있는 경보 상태를 리셋하고, 동전을 요금통에 넣는다. 만약 어떤 사용자가 이 시점에 출입구를 지나가면, 개찰구는 Locked 상태로 다시 돌아가고 출입구를 잠근다.

두 가지의 비정상적인 상황이 있다. 사용자가 출입구를 지나가기 전에 2개 이상의 동전을 넣으면 그 동전들은 환불되고 출입구는 열린 상태로 있게 된다. 만약 사용자가 돈을 지불하지 않고 출입구를 지나가면, 경보가 울리고 출입구는 잠긴 상태로 있게 된다.

이런 일을 나타내는 테스트 프로그램이 목록 16-7에 나와 있다. 이 테스트 메소드들은 Turnstile이 모노스테이트라고 전제한다는 사실에 주목하자. 이 클래스는 이벤트를 보내고 서로 다른 인스턴스들로부터 질의를 받을 수 있으리라 기대된다. 이것은 Turnstile의 인스턴스가 둘 이상 생기지 않는다면 말이 되는 이야기다.

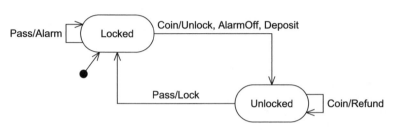

그림 16-1 지하철 개찰구를 위한 유한 상태 기계

📟 **목록 16-7 TestTurnstile**

```java
import junit.framework.TestCase;

public class TestTurnstile extends TestCase {
    public TestTurnstile(String name) {
        super(name);
    }

    public void setUp() {
        Turnstile t = new Turnstile();
        t.reset();
    }

    public void testInit() {
        Turnstile t = new Turnstile();
        assertTrue(t.locked());
        assertTrue(!t.alarm());
    }

    public void testCoin() {
        Turnstile t = new Turnstile();
        t.coin();
        Turnstile t1 = new Turnstile();
        assertTrue(!t1.locked());
        assertTrue(!t1.alarm());
        assertEquals(1, t1.coins());
    }
```

```java
    public void testCoinAndPass() {
        Turnstile t = new Turnstile();
        t.coin();
        t.pass();
        Turnstile t1 = new Turnstile();
        assertTrue(t1.locked());
        assertTrue(!t1.alarm());
        assertEquals("coins", 1, t1.coins());
    }

    public void testTwoCoins() {
        Turnstile t = new Turnstile();
        t.coin();
        t.coin();
        Turnstile t1 = new Turnstile();
        assertTrue("unlocked", !t1.locked());
        assertEquals("coins", 1, t1.coins());
        assertEquals("refunds", 1, t1.refunds());
        assertTrue(!t1.alarm());
    }

    public void testPass() {
        Turnstile t = new Turnstile();
        t.pass();
        Turnstile t1 = new Turnstile();
        assertTrue("alarm", t1.alarm());
        assertTrue("locked", t1.locked());
    }

    public void testCancelAlarm() {
        Turnstile t = new Turnstile();
        t.pass();
        t.coin();
        Turnstile t1 = new Turnstile();
        assertTrue("alarm", !t1.alarm());
        assertTrue("locked", !t1.locked());
        assertEquals("coin", 1, t1.coins());
        assertEquals("refund", 0, t1.refunds());
    }

    public void testTwoOperations() {
        Turnstile t = new Turnstile();
        t.coin();
        t.pass();
        t.coin();
        assertTrue("unlocked", !t.locked());
        assertEquals("coins", 2, t.coins());
        t.pass();
        assertTrue("locked", t.locked());
    }
}
```

모노스테이트인 Turnstile의 구현은 목록 16-8에 나와 있다. 기반 Turnstile 클래스는 2개의 이벤트 함수(coin과 pass)를 유한 상태 기계의 상태를 표현하는 Turnstile의 두 파생 클래스(Locked와 Unlocked)에 위임한다.

📟 목록 16-8 Turnstile

```java
public class Turnstile {
    private static boolean isLocked = true;
    private static boolean isAlarming = false;
    private static int itsCoins = 0;
    private static int itsRefunds = 0;
    protected final static Turnstile LOCKED = new Locked();
    protected final static Turnstile UNLOCKED = new Unlocked();
    protected static Turnstile itsState = LOCKED;

    public void reset() {
        lock(true);
        alarm(false);
        itsCoins = 0;
        itsRefunds = 0;
        itsState = LOCKED;
    }

    public boolean locked() {
        return isLocked;
    }

    public boolean alarm() {
        return isAlarming;
    }

    public void coin() {
        itsState.coin();
    }

    public void pass() {
        itsState.pass();
    }

    protected void lock(boolean shouldLock) {
        isLocked = shouldLock;
    }

    protected void alarm(boolean shouldAlarm) {
        isAlarming = shouldAlarm;
    }

    public int coins() {
```

```
            return itsCoins;
        }

        public int refunds() {
            return itsRefunds;
        }

        public void deposit() {
            itsCoins++;
        }

        public void refund() {
            itsRefunds++;
        }
    }

    class Locked extends Turnstile {
        public void coin() {
            itsState = UNLOCKED;
            lock(false);
            alarm(false);
            deposit();
        }

        public void pass() {
            alarm(true);
        }
    }

    class Unlocked extends Turnstile {
        public void coin() {
            refund();
        }

        public void pass() {
            lock(true);
            itsState = LOCKED;
        }
    }
```

이 예는 모노스테이트 패턴의 유용한 기능 몇 가지를 보여준다. 여기서는 모노스테이트 파생 클래스가 다형적이 된다는 것과 이 모노스테이트 파생 클래스 자신들도 모노스테이트가 된다는 사실을 이용했다. 또 이 예는 때로 어떤 모노스테이트를 일반 클래스로 바꾸는 일이 얼마나 어려운지를 보여준다. 이 프로그램의 구조는 Turnstile의 모노스테이트적 본질에 강하게 의존하고 있다. 이 유한 상태 기계로 2개 이상의 개찰구를 제어하고자 한다면, 이 코드에는 많은 리팩토링이 필요할 것이다.

아마 여러분은 이 예에서 관습을 따르지 않은 상속 사용에 신경이 쓰일 것이다. Unlocked 와 Locked가 Turnstile로부터 파생되게 하는 것은 일반적인 OO 원칙 위반처럼 보인다. 그러나 Turnstile은 모노스테이트이기 때문에, 별도의 인스턴스는 존재하지 않는다. 따라서 Unlocked와 Locked는 실제로 별도의 객체가 아니다. 오히려 Turnstile 추상화의 일부다. Unlocked와 Locked는 Turnstile이 접근 권한을 가진 변수와 메소드에 대해 동일한 접근 권한을 갖는다.

결론

특정 객체는 단일 인스턴스만 생성해야 한다는 제약을 강제해야 할 때가 종종 있다. 이 장에서는 매우 다른 기법 2개를 소개했다. 싱글톤은 인스턴스 생성을 제어하고 제한하기 위해 전용(private) 생성자, 1개의 정적 변수, 1개의 정적 함수를 사용한다. 모노스테이트는 그저 객체의 모든 변수를 정적으로 만든다.

싱글톤은 파생을 통해 제어하고 싶은 이미 존재하는 클래스가 있을 때, 그리고 접근 권한을 얻기 위해서라면 모두가 instance() 메소드를 호출해야 하는 것도 상관없을 때 최선의 선택이다. 모노스테이트는 클래스의 본질적 단일성이 사용자에게 투과적이 되도록 하고 싶을 때, 또는 단일 객체의 파생 객체가 다형적이 되게 하고 싶을 때 최선의 선택이다.

참고 문헌

1. Gamma, et al. *Design Patterns*. Reading, MA: Addison–Wesley, 1995.

2. Martin, Robert C., et al. *Pattern Languages of Program Design 3*. Reading, MA: Addison–Wesley, 1998.

3. Ball, Steve, and John Crawford. Monostate Classes: The Power of One. Published in *More C++ Gems*, compiled by Robert C. Martin. Cambridge, UK: Cambridge University Press, 2000, p. 223.

CHAPTER 17

널 오브젝트 패턴

> "너무 흠이 없어 흠이 되고, 시릴 정도로 정확하며,
> 화려하게 비어 있는, 죽어 있는 완벽함, 그 이상은 없다."
>
> 알프레드 테니슨(Alfred Tennyson)[*1], 1809~1892

다음 코드를 보자.

```
Employee e = DB.getEmployee("Bob");
if (e != null && e.isTimeToPay(today))
    e.pay();
```

여기서는 데이터베이스에 "Bob"이라는 이름의 Employee 객체를 요청했다. DB 객체는 이런 객체가 존재하지 않는 경우 null을 반환한다. 반대일 경우에는 요청받은 Employee의 인스턴스를 반환한다. 이 직원이 존재하고, 그에게 임금을 지급할 시간이라면, pay 메소드를 실행한다.

우리는 이와 같은 코드를 작성해왔다. C 기반 언어에서는 &&에서의 첫 번째 수식이 먼저 평가되고, 두 번째 수식은 첫 번째가 true인 경우에만 평가되기 때문에 이런 식의 관용적인 표현은 흔히 볼 수 있다. 우리 중 대부분은 또한 null 테스트를 잊어버려서 호되게 당해본 적이 있다. 이런 관용적 표현이 흔하긴 할지라도, 이것은 보기 싫고 에러가 발생하기 쉽다.

[*1] **역주** 영국의 계관 시인

DB.getEmployee가 null을 반환하는 대신 예외를 발생시키게 하면 에러가 발생할 위험을 감소시킬 수 있다. 그러나 try/catch 블록은 null을 검사하는 것보다 보기 싫을 수도 있다. 더 심각한 것은, 예외 사용은 throws 절에 이를 선언하도록 만들어서 기존 애플리케이션에 예외를 끼워 넣기가 어렵다는 점이다.

널 오브젝트(NULL OBJECT) 패턴을 사용하면 이런 문제를 해결할 수 있다.[2] 이 패턴은 종종 null 검사의 필요를 제거하고, 코드를 단순화하는 데 도움이 된다.

그림 17-1은 이 구조를 보여준다. Employee는 2개의 구현을 가진 인터페이스가 된다. EmployeeImplementation은 일반적인 구현으로서, Employee 객체가 가질 것으로 기대하는 모든 메소드와 변수를 포함한다. DB.getEmployee가 데이터베이스에 있는 어떤 직원을 찾으면, EmployeeImplementation의 한 인스턴스를 반환한다. NullEmployee는 DB.getEmployee가 그 직원을 찾지 못했을 경우에만 반환된다.

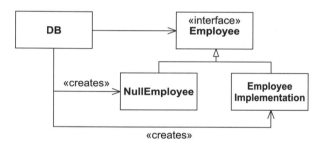

그림 17-1 널 오브젝트 패턴

NullEmployee는 Employee의 모든 메소드가 '아무 일'도 하지 않도록 구현한다. '아무 일'이라는 것은 메소드에 달려 있다. 예를 들어, isTimeToPay는 false를 반환하게 구현되리라 생각할 수 있고, NullEmployee에 임금을 지급할 시기는 있을 수 없다.

이 패턴을 사용하기 위해, 원래 코드를 다음과 같이 변경할 수 있다.

```
Employee e = DB.getEmployee("Bob");
if (e.isTimeToPay(today))
    e.pay();
```

---

[2]   [PLOPD3], p. 5. 바비 울프(Bobby Woolf)가 쓴 이 유쾌한 글은 재치와 풍자, 그리고 실용적인 충고로 가득 차 있다.

이 코드는 에러가 발생하기 쉬운 것도 아니고 보기 싫지도 않다. 여기에는 멋진 일관성이 있다. DB.getEmployee는 항상 Employee의 인스턴스를 반환한다. 이 인스턴스는 그 직원을 찾았든 못 찾았든 상관없이, 올바른 동작을 하도록 보장된다.

물론 DB.getEmployee가 어떤 직원을 찾는 데 실패했는지 알고 싶은 경우도 많을 것이다. 이는 NullEmployee의 유일한 인스턴스를 저장하는 Employee의 정적 final 변수를 만들 수 있다.

목록 17-1은 NullEmployee를 위한 테스트 케이스를 보여준다. 이 테스트 케이스에서 "Bob"은 데이터베이스에 존재하지 않는다. 이 테스트 케이스는 isTimeToPay가 false를 반환하리라 기대한다는 사실에 주목하자. 또한 DB.getEmployee가 반환한 직원은 Employee.NULL이 됨을 기대한다는 사실에도 주목하자.

목록 17-1 TestEmployee.java(일부분)

```java
public void testNull() throws Exception {
    Employee e = DB.getEmployee("Bob");
    if (e.isTimeToPay(new Date()))
        fail();
    assertEquals(Employee.NULL, e);
}
```

DB 클래스는 목록 17-2에 나와 있다. 테스트의 목적을 위해 getEmployee 메소드는 그냥 Employee.NULL를 반환하는 것에 주목하자.

목록 17-2 DB.java

```java
public class DB {
    public static Employee getEmployee(String name) {
        return Employee.NULL;
    }
}
```

Employee 인터페이스는 목록 17-3에 나와 있다. 이것이 Employee의 익명 구현을 나타내는 NULL이라는 이름의 정적 변수를 갖고 있음에 주목하자. 이 익명 구현은 없는(null) 직원의 유일한 인스턴스다. 이 구현에서는 isTimeToPay가 false를 반환하고, 아무 임금도 지급하지 않게 되어 있다.

```java
import java.util.Date;

public interface Employee {
    public boolean isTimeToPay(Date payDate);

    public void pay();

    public static final Employee NULL = new Employee() {
        public boolean isTimeToPay(Date payDate) {
            return false;
        }

        public void pay() {
        }
    };
}
```

없는 직원을 익명 내부 클래스로 만드는 것은 이것의 인스턴스가 오직 하나임을 보장하는 방법이다. 본질적으로 NullEmployee 클래스는 존재하지 않는 것이다. 다른 어떤 누구도 없는 직원의 다른 인스턴스를 생성할 수 없다. 이는 우리가 다음과 같이 표현할 수 있기를 원하기 때문에 바람직한 일이다.

```java
if (e == Employee.NULL)
```

이것은 없는 직원의 인스턴스를 여러 개 생성하는 일이 가능하다면 신뢰할 수 없는 표현이 될 것이다.

결론

C 기반 언어를 오래 사용해온 사람들은 어떤 종류의 실패에 대해 null이나 0을 반환하는 함수에 익숙해서, 이런 함수의 반환 값은 검사할 필요가 있다고 생각한다. 널 오브젝트 패턴은 이 생각을 바꾼다. 이 패턴을 사용하면, 함수가 실패한 경우에도 항상 유효한 객체를 반환함을 보장할 수 있다. 실패를 나타내는 객체들은 '아무 일도' 하지 않는다.

참고 문헌

1. Martin, Robert, Dirk Riehle, and Frank Buschmann. *Pattern Languages of Program Design 3.* Reading, MA: Addison-Wesley, 1998.

급여 관리 사례 연구: 반복의 시작

" 아름다운 것은 모두 그 자체로 아름답고, 그 자체로 완전하며, 찬양할 만한 점이 따로 있는 것은 아니다."

마르쿠스 아우렐리우스(Marcus Aurelius)[*1], A.D. 170년 경

© Jennifer M. Kohnke

소개

다음에 나오는 사례 연구는 간단한 일괄 임금 지급 시스템 개발 과정의 첫 번째 반복을 보여준다. 이 사례 연구의 사용자 스토리는 극단적으로 단순화되어 있는데, 예를 들어 세금은 아예 언급되지도 않는다. 이는 초기 반복의 전형적인 모습이다. 이 반복에서는 고객이 필요로 하는 업무 기능의 아주 작은 부분만을 제공한다.

이 장에서는 일반적인 반복을 시작할 때 종종 갖는 빠른 분석 설계 회의와 비슷한 일을 하게 될 것이다. 고객은 그 반복에 처리할 스토리를 선택했고, 이제 우리는 그것을 어떻게 구현할지 생각해야 한다. 이런 설계 회의는 이 장과 마찬가지로 짧고, 대충 지나가는 것이다. 여기서 보게 될 UML 다이어그램은 화이트보드에 급하게 스케치한 것과 다름없다. 실질적인 설계 작업은 단위 테스트와 구현을 다루는 다음 장에서 하게 된다.

---

*1 역주 로마 황제로, 스토아 철학자

명세

다음은 첫 반복에 선택된 스토리(story)에 관해 고객과 나눈 대화에서 메모한 사항 중 일부다.

- 몇몇 직원은 시간제로 일한다. 이들은 직원 레코드의 한 필드인 시급에 따라 임금을 받는다. 매일 날짜와 일한 시간을 기록한 타임카드를 제출하는데, 하루에 8시간 이상 일하면 초과 근무 시간에 대해서는 1.5배를 받는다. 매주 금요일마다 임금을 받는다.

- 몇몇 직원은 고정된 월급을 받는다. 이들은 매달 마지막 평일에 임금을 받는다. 월급액수는 직원 레코드의 한 필드가 된다.

- 월급을 받는 직원 중 일부는 별도로 판매량에 기반을 둔 수수료를 받는다. 이들은 날짜와 판매량이 기록된 판매 영수증을 제출한다. 수수료율은 직원 레코드의 한 필드가 된다. 이들은 격주로 금요일마다 임금을 받는다.

- 직원들은 임금을 받는 방법을 선택할 수 있다. 자신이 선택한 우편 주소로 급료 지급 수표를 우송받을 수도 있고, 급여 담당자에게 맡겨놓았다가 찾아갈 수도 있으며, 자신이 선택한 은행 계좌로 직접 입금되게 할 수도 있다.

- 몇몇 직원은 조합에 속해 있다. 이들의 직원 레코드에는 주당 조합비 비율을 나타내는 필드가 있으며, 이 조합비는 임금에서 공제되어야 한다. 또한 조합은 가끔 조합원 개인에게 공제액을 부과할 수도 있다. 이 공제액은 주 단위로 조합에 의해 제출되며, 해당 직원의 다음 달 임금에서 공제되어야 한다.

- 급여 관리 애플리케이션은 평일에 한 번씩 실행되고 해당 직원에게 그날 임금을 지급한다. 이 시스템은 직원이 임금을 받을 날짜를 입력받아, 지정된 날짜 전에 마지막으로 임금을 받은 날부터 지정된 날짜까지의 임금을 계산한다.

데이터베이스 스키마(schema)를 생성하는 것부터 시작하자. 분명히 이 일을 처리하기 위해 어떤 종류의 관계형 데이터베이스를 사용할 수 있을 것이고, 고객의 요구사항은 테이블과 필드가 어떻게 구성될지에 대한 좋은 정보를 제공한다. 제대로 동작하는 스키마를 설계하고 어떤 질의 구성을 시작하는 것은 쉬운 일이다. 그러나 이런 접근 방식을 택하면 데이터베이스가 중점적 관심사가 되는 애플리케이션이 만들어진다.

데이터베이스는 **구체적인 구현**이다! 데이터베이스에 대한 고려는 가능한 한 뒤로 미루어야 한다. 너무 많은 애플리케이션이 처음부터 데이터베이스를 생각하고 설계되기 때문에 그 데이터베이스에 어쩔 수 없이 묶여버린다. **본질의 확충과 지엽적인 것의 제거**라는 추상화의 정의를 상기하자. 이 단계의 프로젝트에서 데이터베이스는 지엽적인 것으로, 그저 데이터를 저장하고 그것에 접근하는 기법, 그 이상도 이하도 아니다.

유스케이스 분석

시스템의 데이터보다는 시스템의 행위를 생각하는 것에서부터 출발하자. 아무튼, 우리가 보수를 받고 만들어내야 하는 것은 시스템의 동작이다.

어떤 시스템의 행위를 이해하고 분석하는 방법 중 하나는 유스케이스(use case)를 만들어보는 것이다. 유스케이스는 원래 야콥슨(Jacobson)이 기술한 것으로, XP에서의 사용자 스토리 개념과 아주 비슷하다. 유스케이스는 좀 더 구체적인 내용이 추가되어 상세해진 사용자 스토리라 할 수 있다. 일단 현재 반복에서 구현할 사용자 스토리를 선택하기만 하면, 이런 상세화를 할 수 있다.

유스케이스 분석을 수행할 때는, 이 시스템의 사용자들이 시스템에 줄 수 있는 여러 종류의 자극을 알아내기 위해 사용자 스토리와 인수 테스트를 살펴보게 된다. 그리고 나서 이 시스템이 이런 자극에 어떻게 반응하는지 알아내려고 한다.

예를 들어, 여기에 다음 반복을 위해 고객이 선택한 사용자 스토리들이 있다.

1. 새 직원을 추가한다.
2. 직원을 삭제한다.
3. 타임카드를 기록한다.
4. 판매 영수증을 기록한다.
5. 조합 공제액을 기록한다.
6. 직원 정보를 변경한다(예: 시급, 조합비 비율).
7. 당일을 위한 급여 프로그램을 실행한다.

이 사용자 스토리 각각을 상세화된 유스케이스로 변환하자. 지나치게 구체적으로 들어갈 필요는 없다. 각 스토리를 충족시키는 코드 설계를 생각하는 데 도움이 될 정도면 된다.

직원 추가

유스케이스 1 \ **새 직원 추가하기**

새로운 직원은 AddEmp 트랜잭션을 받는 것으로 추가된다. 이 트랜잭션은 직원의 이름, 주소, 직원번호를 포함하는데, 다음과 같은 세 가지 형식이 있다.

```
AddEmp <직원번호> "<이름>" "<주소>" H <시급>
AddEmp <직원번호> "<이름>" "<주소>" S <월급>
AddEmp <직원번호> "<이름>" "<주소>" C <월급> <수수료율>
```

이 직원의 레코드 필드는 적절히 값이 할당되어 생성된다.

▶ **대안: 트랜잭션 구조에서의 에러**

트랜잭션 구조가 부적당하다면, 에러 메시지를 출력하고 아무 동작도 하지 않는다.

유스케이스 1은 추상화를 암시한다. AddEmp 트랜잭션에는 세 가지 형식이 있지만, 모든 형식에는 <직원번호>, <이름>, <주소> 필드가 공통적으로 있다. 커맨드 패턴을 사용해서 3개의 파생 클래스 AddHourlyEmployeeTransaction, AddSalariedEmployeeTransaction, AddCommissionedEmployeeTransaction을 갖는 기반 클래스 AddEmployeeTransaction을 만들 수 있다(그림 18-1 참고).

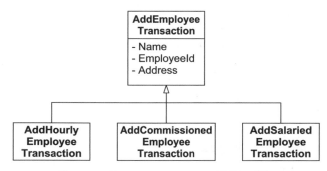

그림 18-1 AddEmployeeTransaction 클래스 계층 구조

이 구조는 각각의 일을 독자적인 클래스에 나누어 맡김으로써, 단일 책임 원칙(SRP)을 멋지게 지키고 있다. 그 밖의 대안으로, 이 모든 일을 하나의 모듈에 맡길 수도 있다. 이 방법은 시스템에 있는 클래스의 수를 감소시키므로 시스템이 더 간단해질 수는 있겠지만, 모든 트랜잭션 처리 코드를 한곳에 집중시켜서 거대하고 잠재적으로 에러가 발생하기 쉬운 모듈을 만들어낸다.

유스케이스 1은 특히 직원 레코드를 다루고 있는데, 이 레코드는 어떤 종류의 데이터베이스를 의미한다. 또 다시 데이터베이스를 고려하려는 성향이 관계형 데이터베이스 테이블에서의 레코드 레이아웃이나 필드 구조를 생각하도록 유혹하지만, 이 충동에 단호히 저항해야만 한다 이 유스케이스가 정말 요구하는 것은 직원을 새로 만드는 것이다. 어떤 직원의 객체 모델은 무엇인가? 좀 더 나은 질문 형태는 다음과 같을 것이다. 각기 다른 3개의 트랜잭션이 만들어내는 것은 무엇인가? 내가 보기에, 이 트랜잭션들은 서로 다른 세 가지 종류의 직원 객체를 만들면서, 서로 다른 세 가지 종류의 AddEmp 트랜잭션을 흉내 내고 있다. 그림 18-2는 가능한 구조를 보여준다.

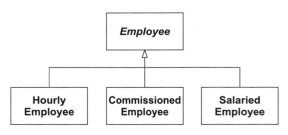

그림 18-2 가능한 Employee 클래스 계층 구조

직원 삭제

유스케이스 2 \ 직원 삭제하기

DelEmp 트랜잭션을 받으면 직원을 삭제한다. 이 트랜잭션의 형식은 다음과 같다.

```
DelEmp <직원번호>
```

이 트랜잭션을 받으면 해당하는 직원 레코드가 삭제된다.

▶ 대안: 유효하지 않거나 알 수 없는 직원번호

<직원번호> 필드가 맞게 구성되어 있지 않거나 유효한 직원 레코드를 가리키지 않으면, 이 트랜잭션은 에러 메시지를 출력하고 아무 동작도 하지 않는다.

이 유스케이스는 설계에 관해 지금은 아무 영감도 주지 않는다. 그러므로 다음으로 넘어가자.

타임카드 기록

이 유스케이스는 어떤 트랜잭션은 특정한 부류의 직원에 대해서만 쓸 수 있음을 나타낸다. 이는 서로 다른 것은 서로 다른 클래스에 의해 표현되어야 한다는 아이디어를 강화하는 것이다. 여기서 타임카드와 시간제 직원 사이에는 어떤 관계가 있는데, 그림 18-3은 이 관계를 나타냄 직한 정적 모델을 보여준다.

그림 18-3 HourlyEmployee와 TimeCard 사이의 관계

판매 영수증 기록

이 유스케이스는 유스케이스 3과 아주 비슷한데, 그림 18-4에 나온 구조와 같은 의미를 갖는다.

그림 18-4 판매 수수료를 받는 직원과 판매 영수증

조합 공제액 기록

유스케이스 5 \ 조합 공제액 기록하기

이 트랜잭션을 받으면 시스템은 공제액 레코드 하나를 생성하고, 이것을 해당하는 조합원 레코드에 연결한다.

ServiceCharge <직원번호> <액수>

▶ **대안: 형식을 지키지 않은 트랜잭션**

트랜잭션이 형식을 지키지 않았거나 <직원번호>가 실제로 존재하는 조합원을 가리키지 않으면, 이 트랜잭션은 적절한 에러 메시지와 함께 출력된다.

이 유스케이스는 직원번호로 조합원에게 접근하는 것이 아님을 보여준다. 조합은 조합원들을 위한 고유의 식별 번호 체계를 갖고 있다. 따라서 시스템은 조합원과 직원을 연결할 수 있어야 한다. 이와 같은 연결을 가능하게 하는 여러 가지 방법이 있으므로, 임의로 결정하는 상황을 피하기 위해 이 결정은 뒤로 미루도록 하자. 아마 시스템의 다른 부분의 제약이 어느 한쪽으로 이끌어줄 것이다.

한 가지는 확실하다. 조합원과 그들의 공제액 사이에는 직접적인 연관 관계가 있다. 그림 18-5는 이 관계를 나타냄 직한 정적 모델을 보여준다.

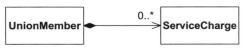

그림 18-5 조합원과 공제액

직원 정보 변경

유스케이스 6 \ 직원 정보 변경하기

이 트랜잭션을 받으면 시스템은 해당하는 직원 레코드의 정보 중 하나를 변경한다. 이 트랜잭션에는
다양한 변형이 있을 수 있다.

ChgEmp <직원번호> Name <이름>		직원의 이름을 변경한다.
ChgEmp <직원번호> Address <주소>		직원의 주소를 변경한다.
ChgEmp <직원번호> Hourly <시급>		시급을 받는 것으로 변경한다.
ChgEmp <직원번호> Salaried <월급>		월급을 받는 것으로 변경한다.
ChgEmp <직원번호> Commissioned <월급> <비율>		수수료를 받는 것으로 변경한다.
ChgEmp <직원번호> Hold		급여 담당자에게 맡겨놓는다.
ChgEmp <직원번호> Direct <은행> <계좌>		직접 입금을 받는다.
ChgEmp <직원번호> Mail <주소>		우편으로 받는다.
ChgEmp <직원번호> Member <조합원번호> Dues <조합비 비율>		직원을 조합에 넣는다.
ChgEmp <직원번호> NoMember		직원을 조합에서 뺀다.

▶ **대안: 트랜잭션 에러**

이 트랜잭션의 구조가 정상적이 아니거나 <직원번호>가 실제 직원을 가리키지 않거나 <조합원번호>
가 이미 조합원을 가리키고 있다면, 적합한 에러를 출력하고 더 이상의 동작을 취하지 않는다.

이 유스케이스는 변경되어야 하는 직원의 모든 면을 말해주기 때문에 그 의미가 아주 크
다. 어떤 직원을 시간제 직원에서 월급을 받는 직원으로 변경할 수 있다는 사실은 그림 18-2
의 다이어그램이 분명 유효하지 않음을 의미한다. 오히려 임금을 계산하는 데 스트래터
지 패턴을 사용하는 편이 더 정확할 것이다. 그림 18-6에 나온 것처럼 Employee 클래스는
PaymentClassification이라는 이름의 스트래터지 클래스를 포함할 수 있다. Employee
객체를 변경하지 않고도 PaymentClassification 객체를 변경할 수 있으므로 이는 이
점이 된다. 시간제 직원이 월급을 받는 직원으로 변경되면, 대응하는 Employee 객체의
HourlyClassification 객체는 SalariedClassification 객체로 대체된다.

PaymentClassification 객체에는 세 가지의 변형 형태가 있다. HourlyClassification
객체는 시급 액수와 TimeCard 객체의 리스트를 갖는다. SalariedClassification 객
체는 월급 액수를 갖는다. CommissionedClassification 객체는 월급, 수수료율, 그리고
SalesReceipt 객체의 리스트를 갖는다. 나는 직원을 삭제할 때 TimeCard와 SalesReceipt
도 같이 소멸되어야 한다고 생각했기 때문에 각 객체에서 합성(composition) 관계를 사용했다.

지급 방법 또한 변경할 수 있어야 한다. 그림 18-6은 스트래터지 패턴을 사용하여 서로 다른

세 종류의 PaymentMethod 클래스를 파생시킴으로써 이 아이디어를 구현하고 있다.
Employee 객체가 MailMethod 객체를 포함한다면, 이 객체에 해당하는 직원은 급료 지급
수표를 우편으로 받게 된다. 수표를 보낼 주소는 MailMethod 객체에 저장되어 있다.
Employee 객체가 DirectMethod 객체를 포함한다면, 이 직원의 임금은 DirectMethod
객체에 저장된 은행 계좌에 직접 입금될 것이다. Employee가 HoldMethod 객체를 포함한다
면, 이 직원의 임금 수표는 찾아갈 때까지 급여 담당자에게 맡겨질 것이다.

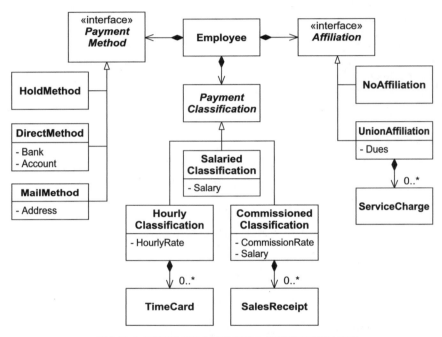

그림 18-6 급여 관리의 수정된 클래스 다이어그램(핵심 모델)

마지막으로, 그림 18-6에서 조합 회원에 널 오브젝트 패턴을 적용한다. 각 Employee 객체는
두 가지의 형식이 있는 Affiliation 객체를 포함한다. 만약 Employee가 NoAffiliation
객체를 포함한다면, 이 직원의 임금은 자신 외의 조직에 의해 조정되지 않는다. 그러나
Employee 객체가 UnionAffiliation 객체를 포함한다면, 이 직원은 UnionAffiliation
객체에 저장되어 있는 조합비와 공제액을 지불해야 한다.

이와 같은 패턴 사용은 이 시스템이 개방 폐쇄 원칙(OCP)을 잘 따르게 한다. Employee 클래
스는 급여 지급 방법, 급여 종류, 조합 종류의 변경에 대해 닫혀 있다. Employee에 아무 영
향을 주지 않고 새로운 방법과 종류, 조합의 종류를 추가할 수 있다.

그림 18-6은 여기에서의 **핵심 모델**이나 아키텍처가 된다. 이 구조는 급여 시스템이 하는 모든 일의 핵심에 있다. 급여 관리 애플리케이션에는 다른 많은 클래스와 설계가 있겠지만, 이것들은 모두 이 기본 구조에 비하면 부차적인 것이다. 물론 이 구조는 정형화된 상태로 남지 않고, 다른 모든 것과 마찬가지로 진화해나갈 것이다.

임금지급일

유스케이스 7 \ **당일을 위한 급여 프로그램 실행하기**

Payday 트랜잭션을 받으면, 시스템은 지정된 날짜에 임금을 받아야 할 직원을 모두 가려낸다. 그리고 이들이 얼마의 액수를 받아야 하는지 결정하고, 이들이 선택한 지급 방식으로 임금을 지급한다.

Payday <날짜>

이 유스케이스의 의도는 이해하기 쉽지만, 이것이 그림 18-6의 정적인 구조에 미칠 충격을 생각하기란 그리 간단하지 않다. 몇 가지 질문에 대답을 해야 한다.

먼저, Employee 객체는 어떻게 자신의 임금을 계산하는 방법을 알 수 있는가? 직원이 시간제 직원이라면 당연히 시스템은 그의 타임카드 기록의 총합을 계산해서 시급을 곱해야 할 것이다. 만약 직원이 수수료를 받는다면, 시스템은 판매 영수증 금액의 총합을 계산해서 수수료율을 곱하고, 거기에 기본 월급을 더해야 할 것이다. 그런데 이런 일이 어디에서 일어나는가? 이상적인 장소는 PaymentClassification 파생 클래스인 것처럼 보인다. 이 객체는 임금을 계산하는 데 필요한 레코드를 갖기 때문에, 아마 임금을 결정하는 메소드들을 갖고 있을 것이다. 그림 18-7은 이것이 어떻게 제대로 기능할 수 있는지를 나타내는 협동 다이어그램(collaboration diagram)을 보여준다.

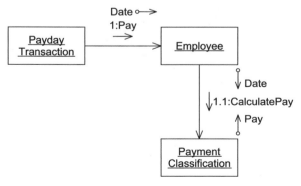

그림 18-7 어떤 직원의 임금 계산

Employee 객체는 임금을 계산하라는 요청을 받으면, 이 요청을 PaymentClassification 객체에 맡긴다. 실제로 사용되는 알고리즘은 Employee 객체가 포함하는 PaymentClassification의 형에 좌우된다. 그림 18-8부터 그림 18-10까지의 그림은 가능한 세 가지의 시나리오를 보여주고 있다.

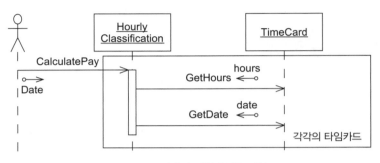

그림 18-8 시간제 직원의 임금 계산

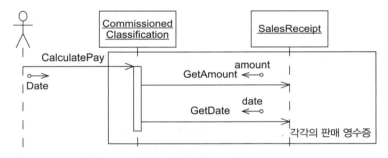

그림 18-9 수수료를 받는 직원의 임금 계산

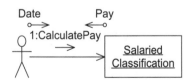

그림 18-10 월급을 받는 직원의 임금 계산

복습: 무엇을 배웠는가?

지금까지 간단한 유스케이스 분석이 시스템 설계에 풍부한 정보와 영감을 제공해준다는 사실을 배웠다. 그림 18-6부터 그림 18-10까지는 유스케이스에 대한 고찰, 즉 행위에 대한 고찰에서 나온 것이다.

잠재적인 추상화를 찾아서

OCP를 효과적으로 사용하기 위해서는, 애플리케이션 내에 잠재하는 추상화를 샅샅이 뒤져 찾아야 한다. 이런 추상화는 애플리케이션의 요구사항에 명확히 드러나기는커녕 심지어 암시조차 없는 경우도 많다. 요구사항과 유스케이스는 잠재적인 추상화의 일반적 내용들을 표현하기에는 지나치게 구체적일 것이다.

급여 관리 애플리케이션의 잠재적인 추상화는 무엇일까? 요구사항을 다시 살펴보자. '몇몇 직원은 시간제로 일한다', '몇몇 직원은 고정된 월급을 받는다', '몇몇 … 직원은 수수료를 받는다'와 같은 문장을 볼 수 있다. 이것은 다음과 같은 일반화에 대한 힌트를 준다. '모든 직원은 임금을 받는다. 하지만 서로 다른 체계에 따라 받는다.' 여기서의 추상화는 '모든 직원은 임금을 받는다'이다. 그림 18-7에서 그림 18-10까지의 PaymentClassification 모델은 이 추상화를 멋지게 표현하고 있다. 따라서 이 추상화는 아주 간단한 유스케이스 분석에 의해 이미 사용자 스토리 속에서 발견된 것이다.

지급 주기 추상화

다른 추상화를 찾아보면 '이들은 매주 금요일마다 임금을 받는다', '이들은 그달의 마지막 평일에 임금을 받는다', '이들은 격주로 금요일마다 임금을 받는다'를 찾을 수 있다. 이것들은 '모든 직원은 어떤 지급 주기에 따라 임금을 받는다'라는 또 다른 일반성을 이끌어낸다. 여기서의 추상화는 지급 주기(schedule)라는 개념이다. 어떤 Employee 객체에 특정 날짜가 그 직원이 임금을 받는 날인지 물어볼 수 있어야 한다. 유스케이스는 이것에 대해 아주 약하게 얘기하고 있다. 요구사항은 어떤 직원의 지급 주기를 그의 임금 분류와 연계시킨다. 구체적으로, 시간제 직원은 주당 임금을 받고, 월급을 받는 직원은 달마다 임금을 받고, 수수료를 받는 직원은 2주마다 임금을 받는다.

하지만 이런 연계가 본질적인 것인가? 어느 날 정책이 바뀌어서 직원이 특정한 지급 주기를 선택할 수 있게 되거나, 직원이 서로 다른 지급 주기를 갖는 부서나 부에 소속되지는 않을까? 지급 주기 정책이 임금 지급 정책과는 독립적으로 바뀔 수도 있지 않을까? 물론, 그럴 법하다.

요구사항이 내포하는 것처럼, 만약 지급 주기 문제를 PaymentClassification 클래스에 위임한다면, 우리의 클래스는 지급 주기 변경에 대해 닫혀 있을 수 없게 된다. 지급 정책을 변경하면 지급 주기도 테스트해야 할 것이다. 지급 주기를 변경하면 지급 정책도 테스트해야 할 것이다. OCP와 SRP를 모두 위반하게 된다.

지급 주기와 지급 정책의 연계는 특정 지급 정책 변경이 어떤 직원의 지급 주기를 망가뜨리는 버그를 유발할 수 있다. 이런 버그는 프로그래머에게는 당연한 것이지만, 관리자와 사용자에게는 심장이 얼어붙을 정도로 두려운 것이다. 그들은 지급 정책 변경에 의해 지급 주기가 망가질 수 있다면, 당연히 **어떤 위치**의 **어떤 변경**이라 해도 시스템에서 관계없는 **어떤 부분**에든 문제를 일으킬 수 있으리라 두려워한다. 변경의 영향을 예측할 수 없음을 두려워하는 것이다. 변경의 영향을 예측할 수 없다면, 신뢰성은 사라지고 그 프로그램은 관리자와 사용자가 내심 '위험하고 불안정한' 상태에 있다고 생각하는 것이 된다.

지급 주기 추상화의 본질에도 불구하고, 우리의 유스케이스 분석은 그 존재 여부에 대해 어떤 직접적 근거를 보이는 데 실패했다. 이를 보이는 데는 주의 깊은 요구사항 고려와 사용자 커뮤니티의 속임수에 대한 통찰력이 필요했다. 도구와 절차에 지나치게 의존하고 부족한 지성과 경험에 의지하면 재앙을 불러온다.

그림 18-11과 그림 18-12는 지급 주기 추상화의 정적인 모델과 동적인 모델을 보여준다. 여기서 볼 수 있듯이, 스트래터지 패턴을 한 번 더 적용했다. Employee 클래스는 추상 PaymentSchedule 클래스를 포함한다. 임금을 지급해야 할 직원에 따라 세 가지의 서로 다른 지급 주기 방식에 대응하는 PaymentSchedule의 변형이 세 종류 있다.

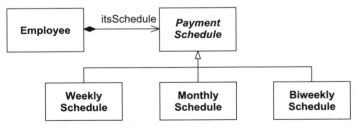

그림 18-11 지급 주기 추상화의 정적 모델

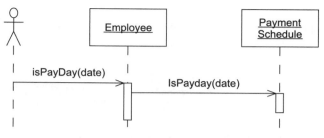

그림 18-12 지급 주기 추상화의 동적 모델

지급 방법

요구사항에서 만들어낼 수 있는 또 다른 일반화는 '모든 직원은 어떤 방법에 의해 임금을 받을 수 있다'이다. 여기서의 추상화는 PaymentMethod 클래스다. 흥미롭게도 이 추상화는 그림 18-6에 이미 표현되어 있다.

조합

요구사항은 조합에 가입한 직원이 있을 수 있음을 나타낸다. 그러나 직원의 임금에 청구분을 가진 단체가 조합만은 아닐 수도 있다. 직원은 어떤 자선 단체에 자동 납부 형식으로 기부하고 싶을 수도 있고, 전문직 협회의 회비를 자동 납부 형식으로 내고 싶을 수도 있다. 그러므로 다음과 같이 일반화할 수 있다. '직원은 그 직원의 임금에서 자동으로 돈을 지급받는 많은 단체에 가입되어 있을 수 있다.'

대응하는 추상화는 그림 18-6에 나온 Affiliation 클래스다. 그러나 이 그림은 Employee 가 2개 이상의 Affiliation을 포함한다는 것을 나타내지도 않고, NoAffiliation 클래스가 있는 것도 보여준다. 이 설계는 지금 우리가 필요하다고 생각하는 것에 꼭 맞는 추상화는 아니다. 그림 18-13과 그림 18-14는 Affiliation 추상화를 표현하는 정적 모델과 동적 모델을 보여준다.

Affiliation 객체의 리스트는 아무 단체에도 소속되지 않은 직원을 위해 널 오브젝트 패턴을 사용할 필요성을 미연에 제거했다. 이제 직원이 아무 단체에도 소속되어 있지 않다면, 그 직원의 Affiliation 리스트는 그냥 비어 있을 것이다.

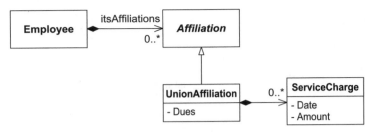

그림 18-13 Affiliation 추상화의 정적 모델

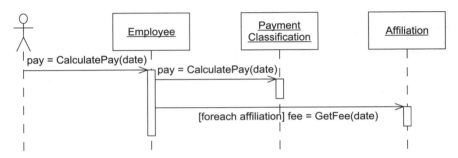

그림 18-14 Affiliation 추상화의 동적 모델

결론

한 반복이 시작될 때는 화이트보드 앞에 팀이 모여 그 반복에 선택된 사용자 스토리의 설계를 놓고 논의하는 모습을 흔하게 볼 수 있다. 이런 빠른 설계 회의는 보통 한 시간이 가기 전에 끝난다. 결과로 나온 UML 다이어그램이 있다면 화이트보드에 남겨놓거나 지운다. 보통 이것은 종이에 적어두지 않는다. 이 회의의 목적은 사고 과정을 시작하고, 개발자들에게 일을 시작해나갈 공통적인 사고 모델(mental model)을 주는 데 있다. 확실한 설계를 만들어내는 것이 목표가 아니다.

이 장은 이런 빠른 설계 회의와 동등한 텍스트 형태로서의 역할을 했다.

참고 문헌

1. Jacobson, Ivar. *Object-Oriented Software Engineering, A Use-Case-Driven Approach*. Wokingham, England: Addison–Wesley, 1

급여 관리 사례 연구: 구현

© Jennifer M. Kohnke

지금까지 장황하게 설명해온 설계를 확인하고 검증하는 코드를 작성하기 시작한 뒤로 많은 시간이 지났다. 나는 이 코드를 아주 조금씩 차근차근 작성해나갈 테지만, 본문에서는 편리한 부분만을 보여줄 것이다. 완전한 형태의 코드를 본다고 해서 내가 처음부터 그런 형태의 코드를 작성했다고 오해하지 않기를 바란다. 사실 여러분이 보게 될 코드 묶음은 작성하는 사이에 수십 번의 수정과 컴파일 및 테스트로 아주 조금씩 코드를 발전시켰다.

또한 몇몇 UML을 보게 될 텐데, 이 UML을 내가 생각하는 것을 여러분에게, 또는 짝 상대 (pair partner)에게 보여주기 위해 화이트보드에 스케치한 다이어그램처럼 생각하기 바란다. UML은 여러분과 내가 의사소통할 수 있는 편리한 매체가 된다.

그림 19-1은 트랜잭션을 Transaction이란 이름의 추상 기반 클래스로 표현하고, 이 클래스는 Execute()라는 이름의 인스턴스 메소드를 갖는다는 것을 나타낸다. 이것은 물론 커맨드 패턴이다. Transaction 클래스의 구현은 목록 19-1에 나와 있다.

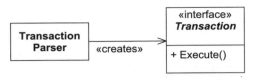

그림 19-1 Transaction 인터페이스

📝 **목록 19-1 Transaction.h**

```
#ifndef TRANSACTION_H
#define TRANSACTION_H

class Transaction {
    public:
        virtual ~Transaction();
        virtual void Execute() = 0;
};
#endif
```

직원 추가

그림 19-2는 직원을 추가하는 트랜잭션의 가능한 구조를 보여준다. 이 트랜잭션 내부에서 직원의 임금 지급 주기가 그들의 임금 분류와 연결되어 있음을 주목하자. 이것은 당연한 것으로, 트랜잭션은 핵심 모델 부분이라기보다는 기교이기 때문이다. 따라서 핵심 모델은 이 연결을 알지 못한다. 이 연결은 그저 기교의 한 부분일 뿐이며, 언제든 변경될 수 있다. 한 예로, 직원의 지급 주기를 변경할 수 있는 트랜잭션을 쉽게 추가할 수도 있다.

기본적인 임금 지급 방법이 급여 담당자에게 임금을 맡겨두는 방법이라는 점에도 주목하자. 어떤 직원이 다른 방법을 원한다면, 적절한 ChgEmp 트랜잭션에 의해 변경할 수 있어야 한다.

평소처럼, 테스트를 먼저 작성하는 것으로 코드 작성을 시작한다. 목록 19-2는 AddSalaried Employee가 제대로 작동함을 보여주는 테스트다. 제대로 된 코드는 이 테스트 케이스를 통과할 것이다.

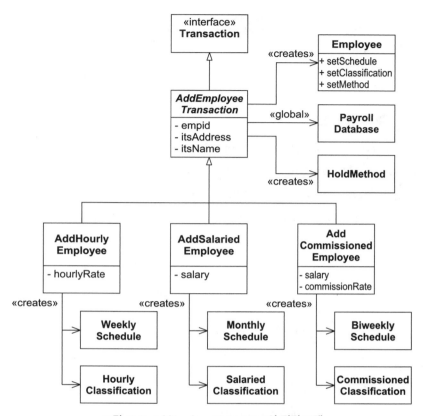

그림 19-2 AddEmployeeTransaction의 정적 모델

📱 목록 19-2 PayrollTest::TestAddSalariedEmployee

```cpp
void PayrollTest :: TestAddSalariedEmployee() {
    int empId = 1;
    AddSalariedEmployee t(empId, "Bob", "Home", 1000.00);
    t.Execute();

    Employee* e = GpayrollDatabase.GetEmployee(empId);
    assert("Bob" == e -> GetName());

    PaymentClassification* pc = e -> GetClassification();
    SalariedClassification* sc =
        dynamic_cast<SalariedClassification*>(pc);
    assert(sc);

    assertEquals(1000.00, sc -> GetSalary(), .001);
    PaymentSchedule* ps = e -> GetSchedule();
    MonthlySchedule* ms = dynamic_cast<MonthlySchedule*>(ps);
    assert(ms);
```

```
    PaymentMethod* pm = e -> GetMethod();
    HoldMethod* hm = dynamic_cast<HoldMethod*>(pm);
    assert(hm);
}
```

급여 관리 데이터베이스

AddEmployeeTransaction 클래스는 PayrollDatabase라는 클래스를 사용한다. 이 클래스는 Dictionary에서 empID를 키로 삼아 검색할 수 있는 모든 Employee 객체를 보존한다. 또한 조합의 memberID와 empID를 연결한 Dictionary도 보존한다. 이 클래스의 구조는 그림 19-3에 나와 있다. PayrollDatabase는 퍼사드 패턴의 한 예다.

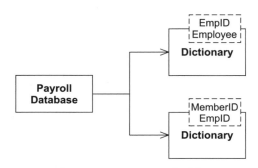

그림 19-3 PayrollDatabase의 정적 구조

목록 19-3과 목록 19-4는 PayrollDatabase의 원시적인 구현을 보여준다. 이 구현은 초기 테스트 케이스를 도우려는 의도로 만든 것이어서, 아직 memberID를 Employee 인스턴스에 연결하는 Dictionary를 포함하고 있지 않다.

📖 **목록 19-3 PayrollDatabase.h**

```
#ifndef PAYROLLDATABASE_H
#define PAYROLLDATABASE_H
#include <map>

class Employee;

class PayrollDatabase {
    public :
        virtual ~PayrollDatabase();
        Employee* GetEmployee(int empId);
        void AddEmployee(int empid, Employee*);
        void clear() {
```

```
                itsEmployees.clear();
        }
    private :
        map<int, Employee*> itsEmployees;
};
#endif
```

📋 목록 19-4 PayrollDatabase.cpp

```
#include "PayrollDatabase.h"
#include "Employee.h"

PayrollDatabase GpayrollDatabase;

PayrollDatabase :: ~PayrollDatabase() {
}

Employee* PayrollDatabase :: GetEmployee(int empid) {
    return itsEmployees[empid];
}

void PayrollDatabase :: AddEmployee(int empid, Employee* e) {
    itsEmployees[empid] = e;
}
```

내 생각에, 일반적으로 데이터베이스의 구현은 구체적인 사항이므로 이에 대한 의사결정은 가능한 한 뒤로 미루어야 한다. 이 특정 데이터베이스가 RDBMS나 플랫 파일(flat file), 혹은 OODBMS로 구현될 것인지의 여부는 이 시점에서는 의미가 없다. 지금 당장은, 이 애플리케이션의 나머지 부분에 데이터베이스 서비스를 제공할 API를 만드는 데 관심이 있을 뿐이다. 이 데이터베이스의 적절한 구현은 나중에 생각할 것이다.

데이터베이스에 관한 구체적인 사항을 뒤로 미루는 일이 평범하진 않지만, 그 보상은 아주 크다. 보통 데이터베이스 의사결정은 소프트웨어와 그것의 요구사항에 대해 좀 더 많이 알게 될 때까지 연기될 수 있다. 이 연기를 통해, 데이터베이스에 지나치게 많은 기반구조를 추가하는 문제를 방지하게 된다. 지나치게 많은 것을 넣기보다는 애플리케이션이 필요로 하는 만큼의 데이터베이스 기능만 구현한다.

템플릿 메소드를 사용한 직원 추가

그림 19-4는 직원 추가를 위한 동적 모델을 보여준다. AddEmployeeTransaction 객체가 적절한 PaymentClassification과 PaymentSchedule 객체를 얻기 위해 자신에게 메시

지를 보낸다는 것에 주목하자. 이 메시지는 AddEmployeeTransaction 클래스의 파생 클래스에서 구현된다. 이것은 템플릿 메소드 패턴의 응용이다.

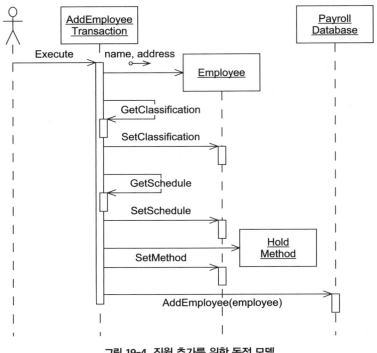

그림 19-4 직원 추가를 위한 동적 모델

목록 19-5와 목록 19-6은 AddEmployeeTransaction 클래스에서의 템플릿 메소드 패턴의 구현을 보여준다. 이 클래스는 파생 클래스에서 구현될 2개의 순수 가상 함수(pure virtual function)를 호출할 Execute() 메소드를 구현한다. 이 함수는 GetSchedule()과 GetClassification()이고, 새롭게 생성된 Employee가 필요로 하는 PaymentSchedule과 PaymentClassification 객체를 반환한다. 그러면 Execute() 메소드가 이 객체들을 묶어 Employee에 넣고 이 Employee를 PayrollDatabase에 저장한다.

💻 **목록 19-5 AddEmployeeTransaction.h**

```
#ifndef ADDEMPLOYEETRANSACTION_H
#define ADDEMPLOYEETRANSACTION_H
#include "Transaction.h"
#include <string>

class PaymentClassification;
```

```
class PaymentSchedule;

class AddEmployeeTransaction : public Transaction {
    public :
        virtual ~AddEmployeeTransaction();
        AddEmployeeTransaction(int empid, string name, string address);
        virtual PaymentClassification* GetClassification() const = 0;
        virtual PaymentSchedule* GetSchedule() const = 0;
        virtual void Execute();

    private :
        int itsEmpid;
        string itsName;
        string itsAddress;
};
#endif
```

📟 **목록 19-6 AddEmployeeTransaction.cpp**

```
#include "AddEmployeeTransaction.h"
#include "HoldMethod.h"
#include "Employee.h"
#include "PayrollDatabase.h"

class PaymentMethod;
class PaymentSchedule;
class PaymentClassification;

extern PayrollDatabase GpayrollDatabase;

AddEmployeeTransaction :: ~AddEmployeeTransaction() {
}

AddEmployeeTransaction :: AddEmployeeTransaction(
    int empid,
    string name,
    string address) : itsEmpid(
    empid),
    itsName(name),
    itsAddress(address) {
}

void AddEmployeeTransaction :: Execute() {
    PaymentClassification* pc = GetClassification();
    PaymentSchedule* ps = GetSchedule();
    PaymentMethod* pm = new HoldMethod();
    Employee* e = new Employee(itsEmpid, itsName, itsAddress);
    e -> SetClassification(pc);
    e -> SetSchedule(ps);
    e -> SetMethod(pm);
    GpayrollDatabase.AddEmployee(itsEmpid, e);
}
```

목록 19-7과 목록 19-8은 AddSalariedEmployee 클래스의 구현을 보여준다. 이 클래스는 AddEmployeeTransaction에서 파생되고, AddEmployeeTransaction::Execute()에 적절한 객체를 돌려주기 위한 GetSchedule()과 GetClassification() 메소드를 구현한다.

📟 목록 19-7 AddSalariedEmployee.h

```cpp
#ifndef ADDSALARIEDEMPLOYEE_H
#define ADDSALARIEDEMPLOYEE_H
#include "AddEmployeeTransaction.h"

class AddSalariedEmployee : public AddEmployeeTransaction {
    public :
        virtual ~AddSalariedEmployee();
        AddSalariedEmployee(int empid, string name, string address, double salary);
        PaymentClassification* GetClassification() const;
        PaymentSchedule* GetSchedule() const;

    private :
        double itsSalary;
};
# endif
```

📟 목록 19-8 AddSalariedEmployee.cpp

```cpp
#include "AddSalariedEmployee.h"
#include "SalariedClassification.h"
#include "MonthlySchedule.h"

AddSalariedEmployee :: ~AddSalariedEmployee() {
}

AddSalariedEmployee :: AddSalariedEmployee(
    int empid,
    string name,
    string address,
    double salary) : AddEmployeeTransaction(
    empid,
    name,
    address),
    itsSalary(salary) {
}

PaymentClassification* AddSalariedEmployee :: GetClassification() const {
    return new SalariedClassification(itsSalary);
}
```

```
PaymentSchedule* AddSalariedEmployee :: GetSchedule() const {
    return new MonthlySchedule();
}
```

AddHourlyEmployee와 AddCommissionedEmployee는 여러분을 위한 연습문제로 남겨 두겠다. 테스트 케이스를 먼저 작성하는 것을 잊지 말기 바란다.

직원 삭제

그림 19-5와 그림 19-6은 직원을 삭제하는 트랜잭션의 정적 모델과 동적 모델을 표현한다.

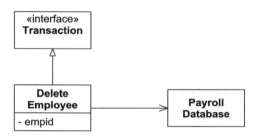

그림 19-5 DeleteEmployee 트랜잭션의 정적 모델

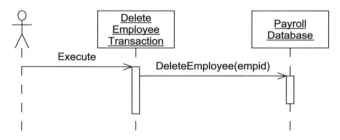

그림 19-6 DeleteEmployee 트랜잭션의 동적 모델

목록 19-9는 직원 삭제를 위한 테스트 케이스를 보여준다. 목록 19-10과 목록 19-11은 Delete Employee 트랜잭션의 구현을 보여주는데, 커맨드 패턴의 아주 전형적인 구현 형태다. 생성자 는 최종적으로 Execute() 메소드가 사용하는 데이터를 저장한다.

```cpp
void PayrollTest :: TestDeleteEmployee() {
    cerr << "TestDeleteEmployee" << endl;
    int empId = 3;
    AddCommissionedEmployee t(empId, "Lance", "Home", 2500, 3.2);
    t.Execute();
    {
        Employee* e = GpayrollDatabase.GetEmployee(empId);
        assert(e);
    }
    DeleteEmployeeTransaction dt(empId);
    dt.Execute();
    {
        Employee* e = GpayrollDatabase.GetEmployee(empId);
        assert(e == 0);
    }
}
```

💻 목록 19-10 DeleteEmployeeTransaction.h

```cpp
#ifndef DELETEEMPLOYEETRANSACTION_H
#define DELETEEMPLOYEETRANSACTION_H
#include "Transaction.h"

class DeleteEmployeeTransaction : public Transaction {
    public :
        virtual ~DeleteEmployeeTransaction();
        DeleteEmployeeTransaction(int empid);
        virtual void Execute();

    private :
        int itsEmpid;
};
#endif
```

💻 목록 19-11 DeleteEmployeeTransaction.cpp

```cpp
#include "DeleteEmployeeTransaction.h"
#include "PayrollDatabase.h"

extern PayrollDatabase GpayrollDatabase;

DeleteEmployeeTransaction :: ~DeleteEmployeeTransaction() {
}
```

```
DeleteEmployeeTransaction :: DeleteEmployeeTransaction(int empid)
    : itsEmpid(empid) {
}

void DeleteEmployeeTransaction :: Execute() {
    GpayrollDatabase.DeleteEmployee(itsEmpid);
}
```

전역 변수

지금쯤은 GpayrollDatabase가 전역적(global)이라는 사실을 눈치챘을 것이다. 몇십 년 동안, 많은 교재에서 혹은 교사들이 여러 가지 이유를 붙여 전역 변수의 사용을 말려왔다. 하지만 전역 변수는 본질적으로 해로운 것이 아니다. 위와 같은 경우는 전역 변수를 사용할 이상적인 상황이다. 단 하나의 PayrollDatabase 클래스 인스턴스가 있는데, 이것은 아주 넓은 범위에 알려져야 한다.

싱글톤이나 모노스테이트 패턴을 사용해 이를 수행하는 편이 더 좋다고 생각하는 독자도 있을 것이다. 이 패턴들이 이러한 목적을 수행할 수는 있으나, 이들은 그 자신을 전역 변수로 사용하여 이를 수행한다. 싱글톤이나 모노스테이트는 정의상 당연히 전역 개체다. 나는 이 경우 싱글톤이나 모노스테이트가 **불필요한 복잡성**의 악취를 풍길 것이라고 생각한다. 간단하게 데이터베이스 인스턴스를 전역으로 유지하는 방법이 더 편할 것이다.

타임카드, 판매 영수증, 공제액

그림 19-7은 직원들의 타임카드를 기록하는 트랜잭션의 정적 구조를 보여주고, 그림 19-8은 동적 모델을 보여준다. 기본적인 아이디어는 트랜잭션이 PayrollDatabase에서 Employee 객체를 받아, 그 객체에 있는 PaymentClassification 객체를 요청하고, TimeCard 객체를 생성하여 그 PaymentClassification에 더하는 것이다.

TimeCard 객체를 모든 PaymentClassification 객체에 더할 수는 없음을 주의하자. HourlyClassification 객체에만 더할 수 있다. 이는 Employee 객체에서 받은 PaymentClassification 객체를 HourlyClassification 객체로 다운캐스트(downcast)해야 한다는 뜻이다. 이것은 목록 19-15에 나타낸 것처럼, C++의 dynamic_cast 연산자를 사용하기 좋은 상황이다.

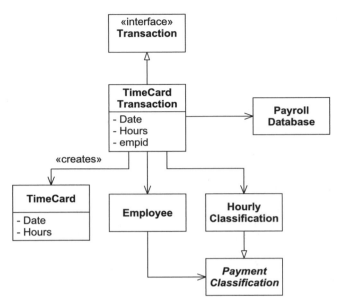

그림 19-7 TimeCardTransaction의 정적 구조

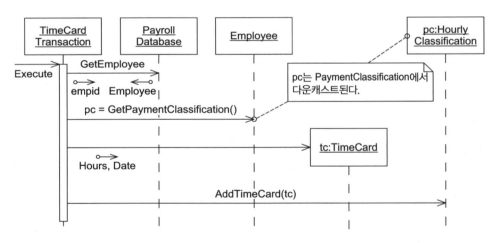

그림 19-8 TimeCard 기록의 동적 모델

목록 19-12는 타임카드 객체를 시간제 직원 객체에 더할 수 있는지 검증하는 테스트 케이스 중의 하나를 보여준다. 이 테스트 코드는 단순히 시간제 직원을 생성하고, 그것을 데이터베이스에 추가한다. 그리고 TimeCardTransaction을 생성하여 Execute()를 실행한다. 그런 후에 그 직원의 객체를 검사하여 HourlyClassification이 적절한 TimeCard를 포함하는지 확인한다.

```
void PayrollTest :: TestTimeCardTransaction() {
    cerr << "TestTimeCardTransaction" << endl;
    int empId = 2;
    AddHourlyEmployee t(empId, "Bill", "Home", 15.25);
    t.Execute();
    TimeCardTransaction tct(20011031, 8.0, empId);
    tct.Execute();
    Employee* e = GpayrollDatabase.GetEmployee(empId);
    assert(e);
    PaymentClassification* pc = e -> GetClassification();
    HourlyClassification* hc = dynamic_cast<HourlyClassification*>(pc);
    assert(hc);
    TimeCard* tc = hc -> GetTimeCard(20011031);
    assert(tc);
    assertEquals(8.0, tc -> GetHours());
}
```

목록 19-13은 TimeCard 클래스의 구현을 보여준다. 지금 당장은 이 클래스에 별다른 것이 없고, 그저 하나의 데이터 클래스일 뿐이다. 날짜를 표현하기 위해 long 형 정수를 사용한 것에 주의하자. 이렇게 한 이유는 내가 편하게 쓸 수 있는 Date 클래스를 갖고 있지 않기 때문이다. 근시일 내에 필요해지기는 하겠지만, 지금 당장은 필요하지 않다. 나는 현재의 테스트 케이스가 제대로 동작하게 하는 데 필요한 현안에서 주의가 흐트러지는 것을 원하지 않는다. 최종적으로는 진짜 Date 클래스를 필요로 하는 테스트 케이스를 작성하게 될 것이다. 그때 다시 돌아와 이것을 TimeCard에 새로 고쳐 넣을 것이다.

목록 19-13 TimeCard.h

```
#ifndef TIMECARD_H
#define TIMECARD_H

class TimeCard {
    public :
        virtual ~TimeCard();
        TimeCard(long date, double hours);
        long GetDate() {
            return itsDate;
        }
        double GetHours() {
            return itsHours;
        }
    private :
        long itsDate;
        double itsHours;
};
#endif
```

목록 19-14와 목록 19-15는 TimeCardTransaction 클래스의 구현을 보여준다. 단순히 문자열로 된 예외를 사용한 방식에 주목하자. 이는 특별하고 훌륭한 장기적인 방식은 아니지만, 개발 과정 초기에는 이것으로 충분하다. 예외가 정말 어떻게 되어야 하는지 확실히 알게 된 후에, 돌아와서 의미 있는 예외 클래스를 만들 수 있을 것이다. 앞으로 예외를 발생시키지 않는다고 확신했을 때만 TimeCard 인스턴스가 생성되어서, 예외 발생이 메모리 누수 현상을 일으키지 않는다는 점에도 주목하자. 예외를 발생시킬 때 메모리나 자원 누수 현상을 일으키는 코드가 만들어지는 일이 비일비재하므로, 주의하자.[1]

목록 19-14 TimeCardTransaction.h

```cpp
#ifndef TIMECARDTRANSACTION_H
#define TIMECARDTRANSACTION_H
#include "Transaction.h"

class TimeCardTransaction : public Transaction {
    public :
        virtual ~TimeCardTransaction();
        TimeCardTransaction(long date, double hours, int empid);

        virtual void Execute();

    private :
        int itsEmpid;
        long itsDate;
        double itsHours;
};
#endif
```

목록 19-15 TimeCardTransaction.cpp

```cpp
#include "TimeCardTransaction.h"
#include "Employee.h"
#include "PayrollDatabase.h"
#include "HourlyClassification.h"
#include "TimeCard.h"

extern PayrollDatabase GpayrollDatabase;

TimeCardTransaction :: ~TimeCardTransaction() {
}
```

---

[1] 그리고 뛰어가서(걷지 말고), 허브 셔터(Herb Sutter)가 지은 『Exceptional C++』와 『More Exceptional C++』를 구입하라. 이 두 책은 C++에서의 예외에 대한 고민들을 많이 해결해줄 것이다.

```
TimeCardTransaction :: TimeCardTransaction(
    long date,
    double hours,
    int empid) : itsDate(
    date),
    itsHours(hours),
    itsEmpid(empid) {
}

void TimeCardTransaction :: Execute() {
    Employee* e = GpayrollDatabase.GetEmployee(itsEmpid);
    if (e) {
        PaymentClassification* pc = e -> GetClassification();
        if (HourlyClassification* hc =
            dynamic_cast<HourlyClassification*>(pc)) {
            hc -> AddTimeCard(new TimeCard(itsDate, itsHours));
        } else
            throw("Tried to add timecard to non-hourly employee");
    } else
        throw("No such employee.");
}
```

그림 19-9와 그림 19-10은 수수료를 받는 직원의 판매 영수증을 기록하는 트랜잭션을 위한 비슷한 설계를 보여준다. 이 클래스들의 구현은 연습문제로 남겨두겠다.

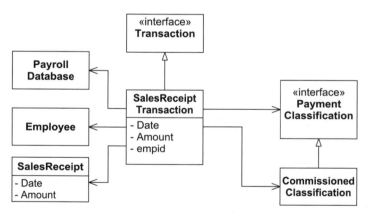

그림 19-9 SalesReceiptTransaction을 위한 정적 모델

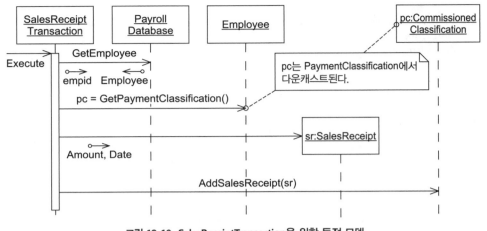

그림 19-10 SalesReceiptTransaction을 위한 동적 모델

그림 19-11과 그림 19-12는 조합원의 공제액을 기록하는 트랜잭션을 위한 설계를 보여준다.

이 설계들은 지금까지 만든 트랜잭션 모델과 핵심 모델 사이의 부조화를 보여주고 있다. 핵심 Employee 객체는 서로 다른 여러 단체에 가입되어 있을 수도 있지만, 트랜잭션 모델은 모든 소속 단체가 조합이어야 함을 가정한다. 따라서 트랜잭션 모델은 특정한 종류의 소속 단체를 확인하는 수단을 제공하지 않는다. 그러기는커녕, 공제액을 기록하려 하면, 그냥 그 대상 직원은 조합에 소속되어 있다고 가정한다.

이 딜레마를 해결하는 동적 모델은 Employee 객체가 포함하는 Affiliation 객체들의 집합을 검색해서 UnionAffiliation 객체를 찾는 것이다. 그리고 그 UnionAffiliation에 ServiceCharge 객체를 더한다.

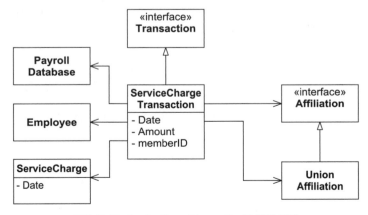

그림 19-11 ServiceChargeTransaction의 정적 모델

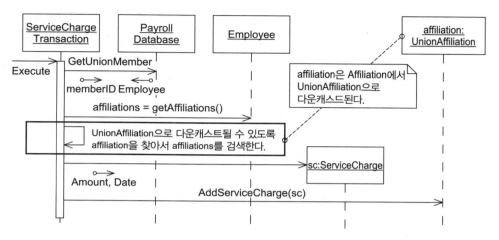

그림 19-12 ServiceChargeTransaction의 동적 모델

목록 19-16은 ServiceChargeTransaction을 위한 테스트 케이스를 보여준다. 이 테스트 케이스는 단순히 시간제 직원을 생성하고 그 객체에 UnionAffiliation을 더한다. 그리고 적절한 조합원 번호가 PayrollDatabase에 등록되는 것을 확인한다. 그러고 나서 ServiceCharge Transaction을 생성하고 그것을 실행한다. 마지막으로, 적절한 ServiceCharge가 정말 그 직원의 UnionAffiliation에 추가되어 있는지 확인한다.

목록 19-16 PayrollTest::TestAddServiceCharge()

```
void PayrollTest :: TestAddServiceCharge() {
    cerr << "TestAddServiceCharge" << endl;
    int empId = 2;
    AddHourlyEmployee t(empId, "Bill", "Home", 15.25);
    t.Execute();
    Employee* e = GpayrollDatabase.GetEmployee(empId);
    assert(e);
    UnionAffiliation* af = new UnionAffiliation(12.5);
    e -> SetAffiliation(af);
    int memberId = 86; // Maxwell Smart
    GpayrollDatabase.AddUnionMember(memberId, e);
    ServiceChargeTransaction sct(memberId, 20011101, 12.95);
    sct.Execute();
    ServiceCharge* sc = af -> GetServiceCharge(20011101);
    assert(sc);
    assertEquals(12.95, sc -> GetAmount(), .001);
}
```

코드와 UML 내가 그림 19-12를 그릴 때는 NoAffiliation을 소속 단체의 목록으로 교체하는 것이 더 좋은 설계라고 생각했다. 그것이 좀 더 유연하고 좀 덜 복잡한 설계라고 생각한 것이다. 아무튼 원한다면 언제든 새로 소속 단체를 추가할 수 있었고, NoAffiliation 클래스를 만들 필요는 없었다. 그러나 목록 19-16에 있는 테스트 케이스를 작성할 때, Employee에서 SetAffiliation을 호출하는 편이 AddAffiliation을 호출하는 것보다 더 낫다는 사실을 깨달았다. 아무튼 요구사항에는 어떤 직원이 둘 이상의 소속 단체를 가질 수 있어야 한다는 사항이 없었고, 따라서 잠재적인 여러 종류의 단체 선택을 위해 dynamic_cast를 사용할 필요는 없다. 이렇게 하면 필요한 것보다 더 복잡해질 뿐이다.

이것은 코드로 검증되지 않은 UML의 지나친 사용이 위험한 이유를 보여주는 한 사례다. 코드는 설계에 관해 UML이 설명할 수 없는 많은 것을 말해준다. 여기서 나는 불필요할 수도 있는 UML로 구조를 만들었다. 언젠가는 이것이 유용할 수도 있겠지만, 그때까지는 계속 유지보수되어야 한다. 이런 유지보수에 드는 비용에 비해 실제로 얻는 이득은 별로 없을지도 모른다.

이 경우 dynamic_cast를 유지하는 데 드는 비용이 상대적으로 적다 하더라도, 나는 이것을 사용하지 않을 것이다. Affiliation 객체의 목록 없이 구현하는 편이 훨씬 간단하다. 따라서 NoAffiliation 클래스를 써서 널 오브젝트 패턴을 적절하게 지킬 것이다.

목록 19-17과 목록 19-18은 ServiceChargeTransaction의 구현을 보여준다. 이 구현은 UnionAffiliation 객체의 반복 검색이 없고 실제로 훨씬 간단하다. 그냥 데이터베이스에서 Employee를 꺼내어 그 객체의 Affillation을 UnionAffilliation으로 다운캐스트한 뒤에 그것에 ServiceCharge를 더한다.

📓 목록 19-17 ServiceChargeTransaction.h

```
#ifndef SERVICECHARGETRANSACTION_H
#define SERVICECHARGETRANSACTION_H
#include "Transaction.h"

class ServiceChargeTransaction : public Transaction {
    public :
        virtual ~ServiceChargeTransaction();
        ServiceChargeTransaction(int memberId, long date, double charge);
        virtual void Execute();

    private :
        int itsMemberId;
```

```
        long itsDate;
        double itsCharge;
};
#endif
```

 목록 19-18 ServiceChargeTransaction.cpp

```
#include "ServiceChargeTransaction.h"
#include "Employee.h"
#include "ServiceCharge.h"
#include "PayrollDatabase.h"
#include "UnionAffiliation.h"

extern PayrollDatabase GpayrollDatabase;

ServiceChargeTransaction :: ~ServiceChargeTransaction() {
}

ServiceChargeTransaction :: ServiceChargeTransaction(
    int memberId,
    long date,
    double charge) : itsMemberId(
    memberId),
    itsDate(date),
    itsCharge(charge) {
}

void ServiceChargeTransaction :: Execute() {
    Employee* e = GpayrollDatabase.GetUnionMember(itsMemberId);
    Affiliation* af = e -> GetAffiliation();
    if (UnionAffiliation* uaf = dynamic_cast<UnionAffiliation*>(af)) {
        uaf -> AddServiceCharge(itsDate, itsCharge);
    }
}
```

직원 변경

그림 19-13과 그림 19-14는 직원의 속성을 변경
하는 트랜잭션을 위한 정적 구조를 보여준다. 이
구조는 유스케이스 6에서 쉽게 만들어낼 수 있
다. 모든 트랜잭션은 EmpID 인자를 받으므로,
ChangeEmployeeTransaction이라는 최상위

의 기반 클래스를 만들어낼 수 있다. 이 기반 클래스 밑에는 ChangeNameTransaction이나 ChangeAddressTransaction 같은 하나의 속성을 변경하는 클래스들이 있다. 임금 종류를 변경하는 트랜잭션은 공통의 목적이 있고, 따라서 모두 Employee 객체의 같은 필드를 변경한다. 그러므로 추상 기반 클래스인 ChangeClassificationTransaction 아래 한 그룹으로 묶일 수 있다. 임금 지급 방법이나 소속 단체를 변경하는 트랜잭션에 대해서도 마찬가지다. 이는 ChangeMethodTransaction과 ChangeAffiliationTransaction의 구조로 보일 수 있다.

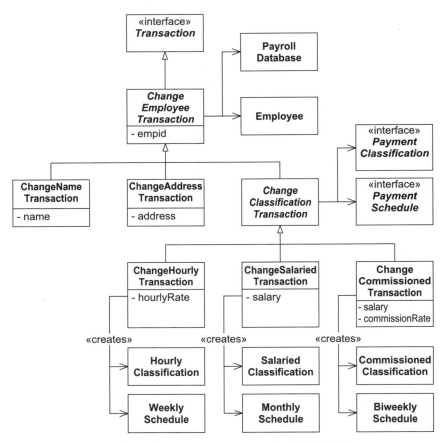

그림 19-13 ChangeEmployeeTransaction의 정적 모델

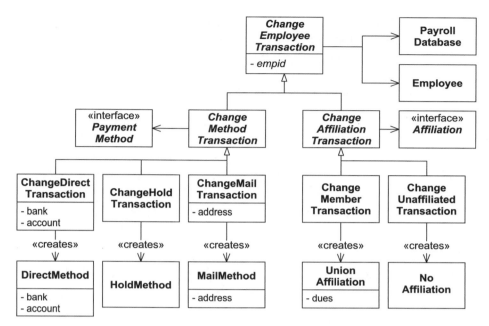

그림 19-14 ChangeEmployeeTransaction의 정적 모델(이어짐)

그림 19-15는 모든 변경 트랜잭션에 대한 동적 모델을 보여준다. 또 다시 템플릿 메소드 패턴을 사용한 것을 볼 수 있다. 모든 경우에, EmpID에 대응하는 Employee 객체는 Payroll Database에서 검색되어야 한다. 따라서 ChangeEmployeeTransaction의 Execute 함수는 이 행위를 구현하고, 그리고 나서 Change 메시지를 자신에게 보낸다. 이 메소드는 그림 19-16과 그림 19-17에 나온 것처럼 가상으로 선언되어 파생 클래스에서 구현될 것이다.

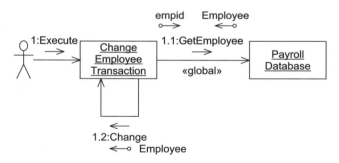

그림 19-15 ChangeEmployeeTransaction의 동적 모델

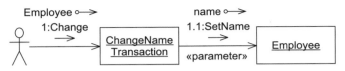

그림 19-16 ChangeNameTransaction의 동적 모델

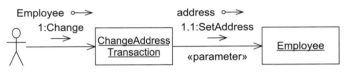

그림 19-17 ChangeAddressTransaction의 동적 모델

목록 19-19는 ChangeNameTransaction의 테스트 케이스를 보여준다. 이 테스트 케이스는 아주 단순하다. AddHourlyEmployee 트랜잭션을 사용해 Bill이라는 이름의 시간제 직원을 만든다. 그리고 이 직원의 이름을 Bob으로 변경하는 ChangeNameTransaction을 만들고 실행한다. 마지막으로, PayrollDatabase에서 Employee 인스턴스를 인출하여 그 이름이 변경되었는지 확인한다.

💻 **목록 19-19 PayrollTest::TestChangeNameTransaction()**

```
void PayrollTest :: TestChangeNameTransaction() {
    cerr << "TestChangeNameTransaction" << endl;
    int empId = 2;
    AddHourlyEmployee t(empId, "Bill", "Home", 15.25);
    t.Execute();
    ChangeNameTransaction cnt(empId, "Bob");
    cnt.Execute();
    Employee* e = GpayrollDatabase.GetEmployee(empId);
    assert(e);
    assert("Bob" == e -> GetName());
}
```

목록 19-20과 목록 19-21은 추상 기반 클래스인 ChangeEmployeeTransaction의 구현을 보여준다. 템플릿 메소드 패턴의 구조는 뚜렷이 드러난다. Execute() 메소드는 단순히 PayrollDatabase에서 적절한 Employee 인스턴스를 읽어오고, 성공하면 순수 가상 함수인 Change()를 호출한다.

```
#ifndef CHANGEEMPLOYEETRANSACTION_H
#define CHANGEEMPLOYEETRANSACTION_H
#include "Transaction.h"
#include "Employee.h"

class ChangeEmployeeTransaction : public Transaction {
    public :
        ChangeEmployeeTransaction(int empid);
        virtual ~ChangeEmployeeTransaction();
        virtual void Execute();
        virtual void Change(Employee&) = 0;

    private :
        int itsEmpId;
};
#endif
```

목록 19-21 ChangeEmployeeTransaction.cpp

```
#include "ChangeEmployeeTransaction.h"
#include "Employee.h"
#include "PayrollDatabase.h"

extern PayrollDatabase GpayrollDatabase;

ChangeEmployeeTransaction :: ~ChangeEmployeeTransaction() {
}

ChangeEmployeeTransaction :: ChangeEmployeeTransaction(int empid)
    : itsEmpId(empid) {
}

void ChangeEmployeeTransaction :: Execute() {
    Employee* e = GpayrollDatabase.GetEmployee(itsEmpId);
    if (e != 0)
        Change(*e);
}
```

목록 19-22와 목록 19-23은 ChangeNameTransaction의 구현을 보여준다. 템플릿 메소드 패턴의 후반은 쉽게 알아볼 수 있다. Change() 메소드는 Employee 인자의 이름을 변경할 수 있도록 구현되었다. ChangeAddressTransaction의 구조는 이와 비슷하므로 연습문제로 남겨두겠다.

```
#ifndef CHANGENAMETRANSACTION_H
#define CHANGENAMETRANSACTION_H
#include "ChangeEmployeeTransaction.h"
#include <string>

class ChangeNameTransaction : public ChangeEmployeeTransaction {
    public :
        virtual ~ChangeNameTransaction();
        ChangeNameTransaction(int empid, string name);
        virtual void Change(Employee&);

    private :
        string itsName;
};
#endif
```

📰 목록 19-23 ChangeNameTransaction.cpp

```
#include "ChangeNameTransaction.h"

ChangeNameTransaction :: ~ChangeNameTransaction() {
}

ChangeNameTransaction :: ChangeNameTransaction(
    int empid,
    string name) : ChangeEmployeeTransaction(
    empid),
    itsName(name) {
}

void ChangeNameTransaction :: Change(Employee& e) {
    e.SetName(itsName);
}
```

임금 종류 변경

그림 19-18은 ChangeClassificationTransaction의 동적 행위가 어떻게 될 수 있는지를
보여준다. 템플릿 메소드 패턴이 또 쓰였다. 트랜잭션은 새 PaymentClassification 객체
를 생성하고 그것을 Employee 객체에 건네주어야 한다. 이것은 GetClassification 메시
지를 자신에게 보냄으로써 해결된다. 이 추상 메소드는 그림 19-19에서 그림 19-21까지에 나
타낸 것처럼, ChangeClassificationTransaction에서 파생된 각 클래스에서 구현된다.

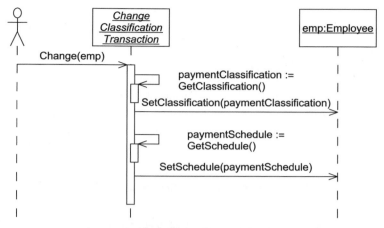

그림 19-18 ChangeClassificationTransaction의 동적 모델

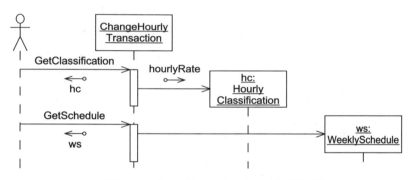

그림 19-19 ChangeHourlyTransaction의 동적 모델

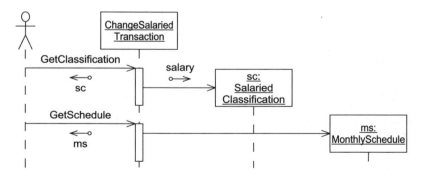

그림 19-20 ChangeSalariedTransaction의 동적 모델

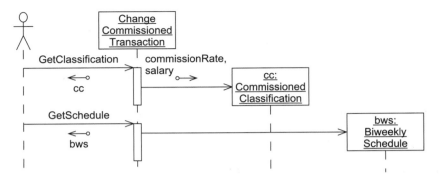

그림 19-21 ChangeCommissionedTransaction의 동적 모델

목록 19-24는 ChangeHourlyTransaction의 테스트 케이스를 보여준다. 이 테스트 케이스는 AddCommissionedEmployee 트랜잭션을 사용해 수수료를 받는 직원을 생성한다. 그리고 ChangeHourlyTransaction을 생성하고 그것을 실행한다. 그리고 변경된 직원 객체를 인출하여 그것의 PaymentClassification이 적절한 시급을 포함한 HourlyClassification이고, PaymentSchedule이 WeeklySchedule인지 확인한다.

📟 목록 19-24 PayrollTest::TestChangeHourlyTransaction()

```cpp
void PayrollTest :: TestChangeHourlyTransaction() {
    cerr << "TestChangeHourlyTransaction" << endl;
    int empId = 3;
    AddCommissionedEmployee t(empId, "Lance", "Home", 2500, 3.2);
    t.Execute();
    ChangeHourlyTransaction cht(empId, 27.52);
    cht.Execute();
    Employee* e = GpayrollDatabase.GetEmployee(empId);
    assert(e);
    PaymentClassification* pc = e -> GetClassification();
    assert(pc);
    HourlyClassification* hc = dynamic_cast<HourlyClassification*>(pc);
    assert(hc);
    assertEquals(27.52, hc -> GetRate(), .001);
    PaymentSchedule* ps = e -> GetSchedule();
    WeeklySchedule* ws = dynamic_cast<WeeklySchedule*>(ps);
    assert(ws);
}
```

목록 19-25와 목록 19-26은 추상 기반 클래스 ChangeClassificationTransaction의 구현을 보여준다. 다시 한 번, 템플릿 메소드 패턴을 쉽게 확인할 수 있다. Change() 메소드는

2개의 순수 가상 함수인 GetClassification()과 GetSchedule()을 호출한다. 이 메소드는 이 함수들의 반환 값을 사용해서 Employee의 임금 종류와 지급 주기를 정한다.

💻 **목록 19-25** ChangeClassificationTransaction.h

```
#ifndef CHANGECLASSIFICATIONTRANSACTION_H
#define CHANGECLASSIFICATIONTRANSACTION_H
#include "ChangeEmployeeTransaction.h"

class PaymentClassification;
class PaymentSchedule;
class ChangeClassificationTransaction : public ChangeEmployeeTransaction {
    public :
        virtual ~ChangeClassificationTransaction();
        ChangeClassificationTransaction(int empid);
        virtual void Change(Employee&);
        virtual PaymentClassification* GetClassification() const = 0;
        virtual PaymentSchedule* GetSchedule() const = 0;
};
#endif
```

💻 **목록 19-26** ChangeClassificationTransaction.cpp

```
#include "ChangeClassificationTransaction.h"

ChangeClassificationTransaction :: ~ChangeClassificationTransaction() {
}

ChangeClassificationTransaction :: ChangeClassificationTransaction(int empid)
    : ChangeEmployeeTransaction(empid) {
}

void ChangeClassificationTransaction :: Change(Employee& e) {
    e.SetClassification(GetClassification());
    e.SetSchedule(GetSchedule());
}
```

목록 19-27과 목록 19-28은 ChangeHourlyTransaction 클래스의 구현을 보여준다. 이 클래스는 ChangeClassificationTransaction을 상속한 GetClassification()과 GetSchedule() 메소드를 구현함으로써 템플릿 메소드 패턴을 완성했다. 이 클래스에서 GetClassification()은 새로 생성된 HourlyClassification을 반환하도록 구현되었고, GetSchedule()은 새로 생성된 WeeklySchedule을 반환하도록 구현되었다.

```
#ifndef CHANGEHOURLYTRANSACTION_H
#define CHANGEHOURLYTRANSACTION_H
#include "ChangeClassificationTransaction.h"

class ChangeHourlyTransaction : public ChangeClassificationTransaction {
    public :
        virtual ~ChangeHourlyTransaction();
        ChangeHourlyTransaction(int empid, double hourlyRate);
        virtual PaymentSchedule* GetSchedule() const;
        virtual PaymentClassification* GetClassification() const;

    private :
        double itsHourlyRate;
};
#endif
```

```
#include "ChangeHourlyTransaction.h"
#include "WeeklySchedule.h"
#include "HourlyClassification.h"

ChangeHourlyTransaction :: ~ChangeHourlyTransaction() {
}

ChangeHourlyTransaction :: ChangeHourlyTransaction(
    int empid,
    double hourlyRate) : ChangeClassificationTransaction(
    empid),
    itsHourlyRate(hourlyRate) {
}

PaymentSchedule* ChangeHourlyTransaction :: GetSchedule() const {
    return new WeeklySchedule();
}

PaymentClassification* ChangeHourlyTransaction :: GetClassification() const {
    return new HourlyClassification(itsHourlyRate);
}
```

여느 때처럼, ChangeSalariedTransaction과 ChangeCommissionedTransaction은 연습문제로 남겨두겠다.

비슷한 메커니즘이 ChangeMethodTransaction의 구현에도 사용되었다. 추상 메소드

GetMethod가 적절한 PaymentMethod의 파생 클래스를 선택하는 데 사용되었고, 이 파생 클래스는 Employee 객체에 넘겨진다(그림 19-22에서 그림 19-25까지 참고).

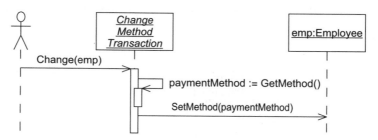

그림 19-22 ChangeMethodTransaction의 동적 모델

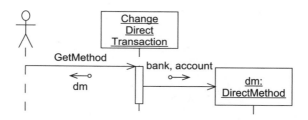

그림 19-23 ChangeDirectTransaction의 동적 모델

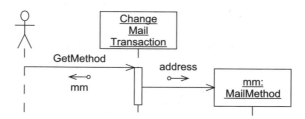

그림 19-24 ChangeMailTransaction의 동적 모델

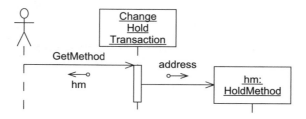

그림 19-25 ChangeHoldTransaction의 동적 모델

이 클래스들의 구현은 간단하고 평범하므로, 이것도 연습문제로 남겨두겠다.

그림 19-26은 ChangeAffiliationTransaction의 구현을 보여준다. 다시 한 번, Employee 객체에 넘겨져야 하는 Affiliation 파생 객체를 선택하기 위해 템플릿 메소드 패턴을 사용했다(그림 19-27에서 그림 19-29까지 참고).

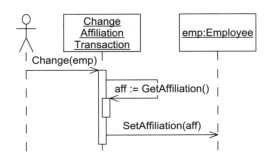

그림 19-26 ChangeAffiliationTransaction의 동적 모델

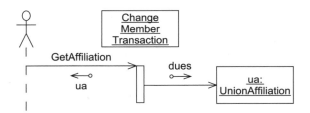

그림 19-27 ChangeMemberTransaction의 동적 모델

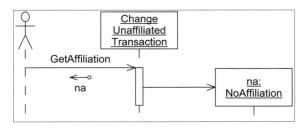

그림 19-28 ChangeUnaffiliatedTransaction의 동적 모델

무엇을 깨달았는가?

나는 이 설계를 구현하려고 했을 때 상당히 놀랐다. AffliationTransaction에 관한 동적 다이어그램을 자세히 살펴보라. 문제를 집어낼 수 있겠는가?

언제나처럼 ChangeMemberTransaction을 위한 테스트 케이스를 작성하는 것으로 구현을 시작했다. 목록 19-29에서 볼 수 있는 이 테스트 케이스는 아주 단순하게 시작한다. Bill이라는 이름의 시간제 직원을 생성하고 Bill을 조합에 넣기 위해 ChangeMemberTransaction을 생성하고 실행한다. 그리고 Bill이 자신에게 연결된 UnionAffiliation 객체를 가지고, 그 UnionAffiliation은 올바른 조합비 비율을 가지고 있는지 확인한다.

목록 19-29 PayrollTest::TestChangeMemberTransaction()

```
void PayrollTest :: TestChangeMemberTransaction() {
    cerr << "TestChangeMemberTransaction" << endl;
    int empId = 2;
    int memberId = 7734;
    AddHourlyEmployee t(empId, "Bill", "Home", 15.25);
    t.Execute();
    ChangeMemberTransaction cmt(empId, memberId, 99.42);
    cmt.Execute();
    Employee* e = GpayrollDatabase.GetEmployee(empId);
    assert(e);
    Affiliation* af = e -> GetAffiliation();
    assert(af);
    UnionAffiliation* uf = dynamic_cast<UnionAffiliation*>(af);
    assert(uf);
    assertEquals(99.42, uf -> GetDues(), .001);
    Employee* member = GpayrollDatabase.GetUnionMember(memberId);
    assert(member);
    assert(e == member);
}
```

놀랄 만한 사실은 테스트 케이스의 마지막 몇 라인에 숨어 있다. 이 라인은 Payroll Database가 Bill이 조합원이라는 사실을 기록했음을 확인한다. UML 다이어그램에는 어디에도 이런 일이 확실히 일어난다는 내용이 없다. UML은 적절한 Affiliation 파생 객체가 Employee에 연결되어 있는지만 고려할 뿐이다. 나는 이런 결함을 전혀 눈치채지 못했다. 여러분은 어땠는가?

나는 즐겁게 다이어그램에 따라 트랜잭션을 코딩했고 단위 테스트가 실패하는 것을 목격했다. 일단 실패가 생겼으니, 내가 간과한 게 무엇인지 확실해졌다. 확실해지지 않은 것은 문제에 대한 해결책이다. 조합원임을 기록하는 일은 ChangeMemberTransaction이 하지만, 그것을 지우는 일은 ChangeUnaffiliatedTransaction이 하게 하려면 어떻게 해야 할까?

그 답은 RecordMembership(Employee*)라는 또 다른 가상 함수를 ChangeAffiliation Transaction에 추가하는 것이다. 이 함수는 ChangeMemberTransaction에서 구현되어 memberId를 Employee 인스턴스에 연결한다. ChangeUnaffiliated Transaction에서는 멤버 여부를 나타내는 레코드를 지우도록 구현된다.

목록 19-30과 목록 19-31은 추상 기반 클래스인 ChangeAffiliationTransaction의 구현 결과를 보여준다. 또 다시, 템플릿 메소드 패턴을 사용한 것이 분명하게 보인다.

📓 목록 19-30 ChangeAffiliationTransaction.h

```
#ifndef CHANGEAFFILIATIONTRANSACTION_H
#define CHANGEAFFILIATIONTRANSACTION_H
#include "ChangeEmployeeTransaction.h"

class ChangeAffiliationTransaction : public ChangeEmployeeTransaction {
    public :
        virtual ~ChangeAffiliationTransaction();
        ChangeAffiliationTransaction(int empid);
        virtual Affiliation* GetAffiliation() const = 0;
        virtual void RecordMembership(Employee*) = 0;
        virtual void Change(Employee&);
};
#endif
```

📓 목록 19-31 ChangeAffiliationTransaction.cpp

```
#include "ChangeAffiliationTransaction.h"

ChangeAffiliationTransaction :: ~ChangeAffiliationTransaction() {
}

ChangeAffiliationTransaction :: ChangeAffiliationTransaction(int empid)
    : ChangeEmployeeTransaction(empid) {
}

void ChangeAffiliationTransaction :: Change(Employee& e) {
    RecordMembership(&e);
    e.SetAffiliation(GetAffiliation());
}
```

목록 19-32와 목록 19-33은 ChangeMemberTransaction의 구현을 보여주는데, 특별히 복잡하지도 독특하지도 않다. 반면, 목록 19-34와 목록 19-35의 ChangeUnaffiliated Transaction 구현은 좀 더 중요하다. RecordMembership 함수는 현재 직원이 조합원인지 아닌지를 결정해야 한다. 만약 조합원이라면 UnionAffiliation에서 memberId를 받아 조합원임을 나타내는 레코드를 지운다.

◁⟩ 목록 19-32 ChangeMemberTransaction.h

```
#ifndef CHANGEMEMBERTRANSACTION_H
#define CHANGEMEMBERTRANSACTION_H
#include "ChangeAffiliationTransaction.h"

class ChangeMemberTransaction : public ChangeAffiliationTransaction {
    public :
        virtual ~ChangeMemberTransaction();
        ChangeMemberTransaction(int empid, int memberid, double dues);
        virtual Affiliation* GetAffiliation() const;
        virtual void RecordMembership(Employee*);

    private :
        int itsMemberId;
        double itsDues;
};
#endif
```

◁⟩ 목록 19-33 ChangeMemberTransaction.cpp

```
#include "ChangeMemberTransaction.h"
#include "UnionAffiliation.h"
#include "PayrollDatabase.h"

extern PayrollDatabase GpayrollDatabase;

ChangeMemberTransaction :: ~ChangeMemberTransaction() {
}

ChangeMemberTransaction :: ChangeMemberTransaction(
    int empid,
    int memberid,
    double dues) : ChangeAffiliationTransaction(
    empid),
    itsMemberId(memberid),
    itsDues(dues) {
}

Affiliation* ChangeMemberTransaction :: GetAffiliation() const {
```

```
    return new UnionAffiliation(itsMemberId, itsDues);
}

void ChangeMemberTransaction :: RecordMembership(Employee* e) {
    GpayrollDatabase.AddUnionMember(itsMemberId, e);
}
```

📖 목록 19-34 ChangeUnaffiliatedTransaction.h

```
#ifndef CHANGEUNAFFILIATEDTRANSACTION_H
#define CHANGEUNAFFILIATEDTRANSACTION_H
#include "ChangeAffiliationTransaction.h"

class ChangeUnaffiliatedTransaction : public ChangeAffiliationTransaction {
    public :
        virtual ~ChangeUnaffiliatedTransaction();
        ChangeUnaffiliatedTransaction(int empId);
        virtual Affiliation* GetAffiliation() const;
        virtual void RecordMembership(Employee*);
};
#endif
```

📖 목록 19-35 ChangeUnaffiliatedTransaction.cpp

```
#include "ChangeUnaffiliatedTransaction.h"
#include "NoAffiliation.h"
#include "UnionAffiliation.h"
#include "PayrollDatabase.h"

extern PayrollDatabase GpayrollDatabase;

ChangeUnaffiliatedTransaction :: ~ChangeUnaffiliatedTransaction() {
}

ChangeUnaffiliatedTransaction :: ChangeUnaffiliatedTransaction(int empId)
    : ChangeAffiliationTransaction(empId) {
}

Affiliation* ChangeUnaffiliatedTransaction :: GetAffiliation() const {
    return new NoAffiliation();
}

void ChangeUnaffiliatedTransaction :: RecordMembership(Employee* e) {
    Affiliation* af = e -> GetAffiliation();
    if (UnionAffiliation* uf = dynamic_cast<UnionAffiliatio*>(af)) {
        int memberId = uf -> GetMemberId();
        GpayrollDatabase.RemoveUnionMember(memberId);
    }
}
```

솔직히 이 설계가 썩 만족스럽지는 않다. ChangeUnaffiliatedTransaction은 UnionAffiliation에 대해 알아야 한다는 생각이 나를 괴롭힌다. Affiliation 클래스에 RecordMembership과 EraseMembership 추상 메소드를 넣어 이것을 해결할 수도 있다. 하지만 이는 UnionAffiliation과 NoAffiliation이 PayrollDatabase를 알아야 하게 끔 만든다. 그리고 나는 그것 또한 그다지 좋아하지 않는다.[2]

그러나 현재 상태로도 이 구현은 아주 간단하고 OCP를 아주 조금 위반할 뿐이다. 멋진 해결 방식은 시스템상의 아주 적은 모듈만 ChangeUnaffiliatedTransaction에 대해 알게 만들어서 이 예외적인 의존성이 그리 해롭지 않게 만드는 것이다.

직원에게 임금 지급하기

마지막으로 이 애플리케이션의 루트 역할을 할 트랜잭션인, 직원에게 적절한 임금을 지급하라는 명령을 시스템에 내리는 트랜잭션을 고려할 때가 되었다. 그림 19-29는 PaydayTransaction 클래스의 정적 구조를 보여준다. 그림 19-30에서 그림 19-33까지는 이 클래스의 동적 행위를 묘사한다.

이 몇 개의 동적 모델은 상당한 양의 다형적인 행위를 표현하고 있다. CalculatePay 메시지가 사용하는 알고리즘은 Employee 객체가 포함하는 PaymentClassification의 종류에 의존한다. 특정 날짜가 임금지급일인지 결정하는 알고리즘은 Employee 객체가 포함하는 PaymentSchedule 종류에 의존한다. Employee에 임금을 지급하는 알고리즘은 PaymentMethod 객체의 형에 의존한다. 이런 고도의 추상화는 알고리즘이 새로운 종류의 임금 종류, 지급주기, 조합, 지급 방법 추가에 대해 닫혀 있게 해준다.

---

[2]   비지터(VISITOR) 패턴(28장)을 사용해 이 문제를 해결할 수도 있겠지만, 이는 아마 너무 지나치게 손을 댄 결과가 될 것이다.

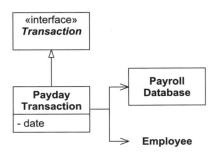

그림 19-29 PaydayTransaction의 정적 모델

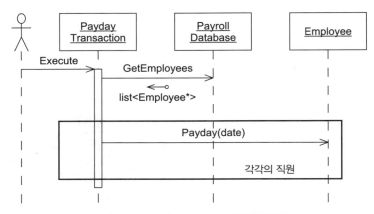

그림 19-30 PaydayTransaction의 동적 모델

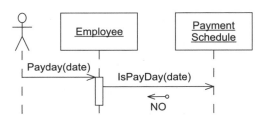

그림 19-31 동적 모델 시나리오: '임금지급일(Payday)이 오늘이 아니다'

그림 19-32와 그림 19-33에 묘사된 알고리즘은 포스팅(posting)의 개념을 소개하고 있다. 올바른 지급 금액이 계산되어 Employee에 보내진 후, 임금 지급은 포스팅된다. 즉, 그 임금 지급에 관련된 레코드가 갱신된다. 그러므로 마지막으로 포스팅한 날부터 지정된 날까지의 임금을 계산하는 CalculatePay 메소드를 정의할 수 있다.

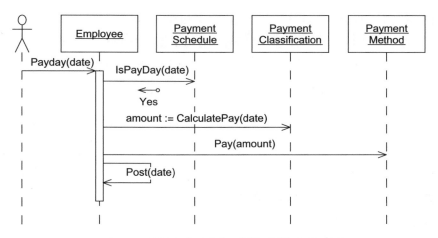

그림 19-32 동적 모델 시나리오: '임금지급일이 오늘이다'

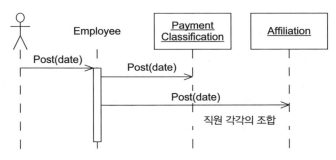

그림 19-33 동적 모델 시나리오: 급여 포스팅

경영 관련 의사결정을 해버리는 개발자를 원하는가?

이런 포스팅의 개념은 어디에서 나오는 것이었을까? 분명히 사용자 스토리나 유스케이스에는 언급되지 않았다. 공교롭게도, 나는 내가 알아차린 문제를 해결하는 방법으로 이것을 사용한 것이었다. Payday 메소드가 같은 날짜나 같은 지급 주기의 날짜로 여러 번 호출될 수 있는 것을 염려한 나는 그 직원이 두 번 이상 임금을 지급받을 수 없음을 확실히 하기를 원했다. 자진해서 이일을 한 것이지, 고객에게 물어본 것은 아니었다. 그저 그렇게 해야 할 일인 것처럼 보였다.

사실상, 나는 경영 관련 의사결정을 했던 셈이다. 급여 프로그램을 여러 번 실행하는 것은 각기 다른 결과를 내야 한다고 혼자서 결정했다. 의사결정을 하기 전에, 고객이나 프로젝트 관리자에게 물어봤어야 했다. 그들은 완전히 다른 생각을 하고 있을지도 모르기 때문이다.

고객에게 확인하는 과정에서, 나는 포스팅이란 아이디어가 고객의 의도와는 다르다는 사실을 깨달았다.[3] 고객은 급여 시스템을 실행하고 나서 지급 수표들을 확인할 수 있기를 원했다. 이 중 어떤 것이라도 잘못되면, 지급 정보를 수정하고 다시 급여 프로그램을 실행하기를 원했다. 고객은 나에게 현재 지급 주기 밖의 날짜로 된 타임카드나 영수증을 고려해서는 안 된다고 말했다.

그래서 포스팅 계획을 버려야 했다. 당시에는 좋은 생각처럼 보였으나, 고객이 원한 것은 아니었던 것이다.

월급을 받는 직원에게 임금 지급하기

목록 19-36에는 2개의 테스트 케이스가 나와 있다. 이 테스트는 월급을 받는 직원이 올바르게 임금을 받고 있는지 확인한다. 첫 번째 테스트 케이스는 직원이 그달의 마지막 날에 임금을 받는지 확인한다. 두 번째 테스트 케이스는 그달의 마지막 날이 아니라면 직원이 임금을 받지 않는 것을 확인한다.

목록 19-36 PayrollTest::TestPaySingleSalariedEmployee & co.

```
void PayrollTest :: TestPaySingleSalariedEmployee() {
    cerr << "TestPaySingleSalariedEmployee" << endl;
    int empId = 1;
    AddSalariedEmployee t(empId, "Bob", "Home", 1000.00);
    t.Execute();
    Date payDate(11, 30, 2001);
    PaydayTransaction pt(payDate);
    pt.Execute();
    Paycheck* pc = pt.GetPaycheck(empId);
    assert(pc);
    assert(pc -> GetPayDate() == payDate);
    assertEquals(1000.00, pc -> GetGrossPay(), .001);
    assert("Hold" == pc -> GetField("Disposition"));
    assertEquals(0.0, pc -> GetDeductions(), .001);
    assertEquals(1000.00, pc -> GetNetPay(), .001);
}

void PayrollTest :: TestPaySingleSalariedEmployeeOnWrongDate() {
    cerr << "TestPaySingleSalariedEmployeeWrongDate" << endl;
    int empId = 1;
    AddSalariedEmployee t(empId, "Bob", "Home", 1000.00);
    t.Execute();
    Date payDate(11, 29, 2001);
```

---

[3]   뭐, 사실 여기서는 내가 고객이긴 하지만 말이다.

```
    PaydayTransaction pt(payDate);
    pt.Execute();
    Paycheck* pc = pt.GetPaycheck(empId);
    assert(pc == 0);
}
```

목록 19-13을 상기해보면, TimeCard 클래스를 구현했을 때 날짜를 표현하기 위해 long 형 정수를 사용하지 않았던가? 자, 이제 진짜 Date 클래스를 구현해야 할 때가 왔다. 지금 날짜가 그달의 마지막 날인지 말해줄 수 없다면 이 2개의 테스트 케이스를 통과할 수가 없다.

문득, 10년 전에 C++ 강의를 하면서 Date 클래스를 작성했다는 사실이 생각났다. 그래서 창고를 뒤져 내버려두었던 오래된 스팍(sparc) 기계에서 그것을 찾아냈다.[4] 그리고 개발 환경으로 옮겨서 몇 분 안에 컴파일이 되도록 손봤다. 놀라운 일이었다. 왜냐하면 예전에 리눅스(Linux)에서 동작하도록 작성했던 이 클래스를, 당시 윈도우 2000에서 사용하고 있었기 때문이다. 고쳐야 할 작은 버그가 한 쌍 있어서 내가 작성한 문자열 클래스를 STL의 문자열 클래스로 교체해야 하긴 했지만, 결국 필요한 노력은 아주 적었다.

목록 19-37은 PaydayTransaction의 Execute() 함수를 보여준다. 이 함수는 데이터베이스에 있는 모든 Employee 객체를 순회한다. 각 직원에게 이 트랜잭션의 날짜가 그 직원의 임금 지급 날짜인지 묻는다. 만약 그렇다면, 그 직원을 위한 새 지급 수표를 만들고 그 직원에게 수표의 필드를 채우라고 요청한다.

⟨⟩ 목록 19-37 PaydayTransaction::Execute()

```
void PaydayTransaction :: Execute() {
    list<int> empIds;
    GpayrollDatabase.GetAllEmployeeIds(empIds);

    list<int> :: iterator i = empIds.begin();
    for (; i != empIds.end(); i++) {
        int empId = *i;
        if (Employee* e = GpayrollDatabase.GetEmployee(empId)) {
            if (e -> IsPayDate(itsPayDate)) {
                Paycheck* pc = new Paycheck(itsPayDate);
                itsPaychecks[empId] = pc;
                e -> Payday(*pc);
```

---

[4] 원래의 oma.com. 이것은 어떤 프로젝트를 위해 샀다가 그 프로젝트가 취소된 회사로부터 내가 6,000달러에 구입한 스팍 기계다. 1994년 당시에는 정말 괜찮은 거래였다. 이 기계가 아직도 오브젝트 멘토(Object Mentor) 네트워크에서 조용히 돌아가고 있다는 사실은 이것이 얼마나 잘 만들어졌는지를 입증해준다.

```
                }
            }
        }
    }
```

목록 19-38은 MonthlySchedule.cpp의 코드 조각을 보여준다. 이 코드는 인자로 준 날짜가 그달의 마지막 날인 경우에만 IsPayDate가 true를 반환하도록 구현되었음을 주목하자. 이 알고리즘은 왜 내가 Date 클래스를 필요로 했는지를 확실히 해준다. 이런 간단한 날짜 계산 조차 제대로 된 Date 클래스가 없다면 아주 어려운 일이다.

목록 19-38 MonthlySchedule.cpp(일부분)

```
namespace {
    bool IsLastDayOfMonth(const Date& date) {
        int m1 = date.GetMonth();
        int m2 = (date + 1).GetMonth();
        return (m1 != m2);
    }
}

bool MonthlySchedule :: IsPayDate(const Date& payDate) const {
    return IsLastDayOfMonth(payDate);
}
```

목록 19-39는 Employee::PayDay()의 구현을 보여준다. 이 함수는 모든 직원의 임금을 계산하고 지급하는 일반적인 알고리즘이다. 자유롭게 사용된 스트래터지 패턴에 주목하자. 모든 구체적인 계산은 내부에 포함된 스트래터지 클래스인 itsClassification, itsAffiliation, itsPaymentMethod에 맡겨진다.

목록 19-39 Employee::PayDay()

```
void Employee :: Payday(Paycheck& pc) {
    double grossPay = itsClassification -> CalculatePay(pc);
    double deductions = itsAffiliation -> CalculateDeductions(pc);
    double netPay = grossPay - deductions;
    pc.SetGrossPay(grossPay);
    pc.SetDeductions(deductions);
    pc.SetNetPay(netPay);
    itsPaymentMethod -> Pay(pc);
}
```

시간제 직원에게 임금 지급하기

시간제 직원에게 임금을 지급하는 것은 테스트 우선 설계에서 '점진주의'의 좋은 예다. 점진주의란 아주 평범한 테스트 케이스로부터 시작해 좀 더 복잡한 것으로 나아가는 것을 말한다. 아래에 이 테스트 코드를 보여준 다음, 이 테스트의 결과로 나온 운영 코드를 보여줄 것이다.

목록 19-40은 가장 단순한 경우를 보여준다. 한 시간제 직원을 데이터베이스에 추가하고 그에게 임금을 지급한다. 타임카드가 없기 때문에 지급 수표 금액은 0이 될 것이다. 유틸리티 격의 함수인 ValidateHourlyPaycheck는 나중에 있을 리팩토링을 표현한다. 처음에 이 코드는 그저 테스트 함수 안에 묻혀 있게 된다. 이 테스트 케이스는 나머지 코드에 아무 변경도 가하지 않고도 제대로 동작한다.

🖥 목록 19-40 TestPaySingleHourlyEmployeeNoTimeCards

```
void PayrollTest :: TestPaySingleHourlyEmployeeNoTimeCards() {
    cerr << "TestPaySingleHourlyEmployeeNoTimeCards" << endl;
    int empId = 2;
    AddHourlyEmployee t(empId, "Bill", "Home", 15.25);
    t.Execute();
    Date payDate(11, 9, 2001); // 금요일
    PaydayTransaction pt(payDate);
    pt.Execute();
    ValidateHourlyPaycheck(pt, empId, payDate, 0.0);
}

void PayrollTest :: ValidateHourlyPaycheck(PaydayTransaction& pt,
        int empid, const Date& payDate, double pay) {
    Paycheck* pc = pt.GetPaycheck(empid);
    assert(pc);
    assert(pc -> GetPayDate() == payDate);
    assertEquals(pay, pc -> GetGrossPay(), .001);
    assert("Hold" == pc -> GetField("Disposition"));
    assertEquals(0.0, pc -> GetDeductions(), .001);
    assertEquals(pay, pc -> GetNetPay(), .001);
}
```

목록 19-41은 2개의 테스트 케이스를 보여준다. 첫 번째는 하나의 타임카드를 추가한 뒤에 직원에게 임금을 지급할 수 있는지를 테스트한다. 두 번째는 8시간 이상이 찍혀 있는 카드에 대해 초과 근무 수당을 지급할 수 있는지 테스트한다. 물론, 이 두 테스트 케이스를 동시에 작성하지는 않았다. 첫 번째 테스트 케이스를 작성해서 제대로 동작하게 한 다음, 두 번째 테스트 케이스를 작성했다.

```
void PayrollTest :: TestPaySingleHourlyEmployeeOneTimeCard() {
    cerr << "TestPaySingleHourlyEmployeeOneTimeCard" << endl;
    int empId = 2;
    AddHourlyEmployee t(empId, "Bill", "Home", 15.25);
    t.Execute();
    Date payDate(11, 9, 2001); // 금요일

    TimeCardTransaction tc(payDate, 2.0, empId);
    tc.Execute();
    PaydayTransaction pt(payDate);
    pt.Execute();
    ValidateHourlyPaycheck(pt, empId, payDate, 30.5);
}

void PayrollTest :: TestPaySingleHourlyEmployeeOvertimeOneTimeCard() {
    cerr << "TestPaySingleHourlyEmployeeOvertimeOneTimeCard" << endl;
    int empId = 2;
    AddHourlyEmployee t(empId, "Bill", "Home", 15.25);
    t.Execute();
    Date payDate(11, 9, 2001); // 금요일

    TimeCardTransaction tc(payDate, 9.0, empId);
    tc.Execute();
    PaydayTransaction pt(payDate);
    pt.Execute();
    ValidateHourlyPaycheck(pt, empId, payDate, (8 + 1.5) * 15.25);
}
```

첫 번째 테스트 케이스가 제대로 동작하기 위해서는, HourlyClassification::Calculate Pay를 변경해 직원의 타임카드를 반복해서 확인하면서 시간을 더하고 거기에 시급을 곱해야 했다. 두 번째 테스트 케이스가 제대로 동작하기 위해서는 이 함수를 리팩토링해서 정규 시간 과 초과 근무 시간을 계산해야 했다.

목록 19-42의 테스트 케이스는 PaydayTransaction이 금요일로 생성되지 않으면 시간제 직 원에게 임금을 지급할 수 없음을 확인하고 있다.

목록 19-42 TestPaySingleHourlyEmployeeOnWrongDate

```
void PayrollTest :: TestPaySingleHourlyEmployeeOnWrongDate() {
    cerr << "TestPaySingleHourlyEmployeeOnWrongDate" << endl;
    int empId = 2;
    AddHourlyEmployee t(empId, "Bill", "Home", 15.25);
    t.Execute();
    Date payDate(11, 8, 2001); // 목요일
```

```
    TimeCardTransaction tc(payDate, 9.0, empId);
    tc.Execute();
    PaydayTransaction pt(payDate);
    pt.Execute();

    Paycheck* pc = pt.GetPaycheck(empId);
    assert(pc == 0);
}
```

목록 19-43은 타임카드가 하나 이상인 직원의 임금을 계산할 수 있음을 확인하는 테스트 케이스다.

📖 목록 19-43 TestPaySingleHourlyEmployeeTwoTimeCards

```
void PayrollTest :: TestPaySingleHourlyEmployeeTwoTimeCards() {
    cerr << "TestPaySingleHourlyEmployeeTwoTimeCards" << endl;
    int empId = 2;
    AddHourlyEmployee t(empId, "Bill", "Home", 15.25);
    t.Execute();
    Date payDate(11, 9, 2001); // 금요일

    TimeCardTransaction tc(payDate, 2.0, empId);
    tc.Execute();
    TimeCardTransaction tc2(Date(11, 8, 2001), 5.0, empId);
    tc2.Execute();
    PaydayTransaction pt(payDate);
    pt.Execute();
    ValidateHourlyPaycheck(pt, empId, payDate, 7 * 15.25);
}
```

마지막으로, 목록 19-44의 테스트 케이스는 직원이 가진 현재 지급 주기의 타임카드에 대해서만 임금을 지급한다는 사실을 증명한다. 다른 지급 주기의 타임카드는 무시된다.

📖 목록 19-44 TestPaySingleHourlyEmployeeWithTimeCardsSpanningTwoPayPeriods

```
void PayrollTest :: TestPaySingleHourlyEmployeeWithTimeCardsSpanningTwoPayPeriods()
{
    cerr << "TestPaySingleHourlyEmployeeWithTimeCards" "SpanningTwoPayPeriods"
        << endl;
    int empId = 2;
    AddHourlyEmployee t(empId, "Bill", "Home", 15.25);
    t.Execute();
    Date payDate(11, 9, 2001); // 금요일
    Date dateInPreviousPayPeriod(11,2,2001);

    TimeCardTransaction tc(payDate, 2.0, empId);
```

```
        tc.Execute();
        TimeCardTransaction tc2(dateInPreviousPayPeriod, 5.0, empId);
        tc2.Execute();
        PaydayTransaction pt(payDate);
        pt.Execute();
        ValidateHourlyPaycheck(pt, empId, payDate, 2 * 15.25);
    }
```

이 모든 것이 제대로 동작하는 코드는 한 번에 한 테스트 케이스씩, 점진적으로 발전했다. 다음 코드에서 볼 수 있는 구조는 테스트 케이스를 거듭하며 진화한 형태다. 목록 19-45는 제대로 된 HourlyClassification.cpp의 코드 조각을 보여준다. 이 코드는 단순히 타임카드들을 반복해서 확인한다. 즉, 각 타임카드가 현재 지급 주기에 속하는지 확인해서, 그렇다면 그 타임카드가 나타내는 임금을 계산한다.

목록 19-45 HourlyClassification.cpp(일부분)

```
double HourlyClassification :: CalculatePay(Paycheck& pc) const {
    double totalPay = 0;
    Date payPeriod = pc.GetPayDate();
    map<Date, TimeCard*> :: const_iterator i;
    for (i = itsTimeCards.begin(); i != itsTimeCards.end(); i++) {
        TimeCard * tc = (*i).second;
        if (IsInPayPeriod(tc, payPeriod))
            totalPay += CalculatePayForTimeCard(tc);
    }
    return totalPay;
}

bool HourlyClassification :: IsInPayPeriod(TimeCard* tc,
        const Date& payPeriod) const {
    Date payPeriodEndDate = payPeriod;
    Date payPeriodStartDate = payPeriod - 5;
    Date timeCardDate = tc -> GetDate();
    return (timeCardDate >= payPeriodStartDate)
        && (timeCardDate <= payPeriodEndDate);
}

double HourlyClassification :: CalculatePayForTimeCard(TimeCard* tc) const {
    double hours = tc -> GetHours();
    double overtime = max(0.0, hours - 8.0);
    double straightTime = hours - overtime;
    return straightTime * itsRate + overtime * itsRate * 1.5;
}
```

목록 19-46은 WeeklySchedule이 금요일에만 임금을 지급한다는 것을 보여준다.

```
bool WeeklySchedule :: IsPayDate(const Date& theDate) const {
    return theDate.GetDayOfWeek() == Date :: friday;
}
```

수수료를 받는 직원의 임금을 계산하는 문제는 여러분의 몫으로 남겨두겠다. 크게 다른 부분은 없을 것이다. 좀 더 흥미로운 연습문제로, 타임카드가 주말에 기록될 수 있게 하여 초과 근무 시간을 올바르게 계산해보기 바란다.

지급 주기: 설계 문제

이제 조합비와 공제액을 구현할 때가 되었다. 월급을 받는 직원을 추가하고, 그 직원을 조합원으로 바꾸고, 그 직원에 임금을 지급한 후 조합비가 임금에서 빠져나갔는지 확인하는 테스트 케이스를 계획한 후, 목록 19-47과 같이 코드로 만들었다.

목록 19-47 PayrollTest::TestSalariedUnionMemberDues

```
void PayrollTest :: TestSalariedUnionMemberDues() {
    cerr << "TestSalariedUnionMemberDues" << endl;
    int empId = 1;
    AddSalariedEmployee t(empId, "Bob", "Home", 1000.00);
    t.Execute();
    int memberId = 7734;
    ChangeMemberTransaction cmt(empId, memberId, 9.42);
    cmt.Execute();
    Date payDate(11, 30, 2001);
    PaydayTransaction pt(payDate);
    pt.Execute();
    ValidatePaycheck(pt, empId, payDate, 1000.0 - ???);
}
```

이 테스트 케이스의 마지막 라인에 ???를 주목하자. 저기에 무엇을 넣어야 할까? 사용자 스토리에 따르면, 조합비가 주별로 나오지만 월급을 받는 직원은 달별로 임금을 받는다. 각 달에 몇 개의 주가 있을까? 그냥 조합비 비율에 4를 곱하면 되는 것일까? 이것은 그리 정확하지 않다. 따라서 고객에게 무엇을 원하는지 물어봐야 한다.[*5]

[*5] 그래서 밥은 또 자신에게 중얼거린다. www.google.com/groups에 가서 '정신분열에 걸린 로버트 마틴(Schizophrenic Robert Martin)'을 찾아보라.

고객은 조합비가 매주 금요일마다 발생해야 한다고 말한다. 그러므로 내가 할 일은 그 지급 주기에 있는 금요일의 횟수를 세어 그 값에 주당 조합비 비율을 곱하는 것이다. 이 테스트 케이스가 대상으로 하는 2001년 11월에는 5번의 금요일이 있다. 그러므로 테스트 케이스를 올바르게 수정할 수 있다.

지급 주기의 금요일 횟수를 센다는 것은 그 지급 주기의 시작 날짜와 마지막 날짜를 알아야 함을 의미한다. 목록 19-45의 IsInPayPeriod 함수에서 이 계산을 한 바 있다(아마 여러분도 CommissionedClassification에서 비슷한 것을 작성했을 것이다). 이 함수는 HourlyClassification 객체의 CalculatePay 함수에서 그 지급 주기의 타임카드만이 계산된다는 것을 확인하는 데 사용된다. 이제 UnionAffiliation 객체는 이 함수도 호출해야 할 것처럼 보인다.

잠깐! 이 함수가 HourlyClassification 클래스에서 하는 일은 무엇인가? 임금 지급 주기와 임금 종류의 연결은 우연적인 것이라고 이미 결정하지 않는가? 지급 주기를 결정하는 함수는 PaymentClassification 클래스가 아니라 PaymentSchedule에 있어야 한다!

UML 다이어그램이 이 문제를 잡아내는 데 아무런 도움도 주지 못했다는 사실은 꽤 흥미롭다. 이 문제는 UnionAffiliation을 위한 테스트 케이스를 생각하기 시작할 때에야 드러났다. 이것은 어느 설계에나 코딩 피드백이 필수적임을 보여주는 또 다른 예일 뿐이다. 다이어그램은 유용할 수도 있지만 코드의 피드백 없이 이것에 의존하는 것은 위험한 일이다.

그러면 어떻게 PaymentSchedule 계층 구조의 지급 주기를 알아내고 PaymentClassification과 Affiliation 계층 구조에 넣을 수 있을까? 이 계층 구조들은 서로에 대해 아무것도 알지 못한다. 지급 주기의 날짜를 Paycheck 객체에 넣을 수 있을 것이다. 지금 이 시점에서, Paycheck은 단순히 지급 주기의 마지막 날짜만을 갖고 있을 뿐이다. 시작 날짜도 가질 수 있게끔 해야 한다.

목록 19-48은 PaydayTransaction::Execute()에 가한 변경을 보여준다. Paycheck이 만들어질 때 그 주기의 시작 날짜와 마지막 날짜 모두를 넘겨받는 것에 주목하자. 목록 19-55로 넘어가서 보면 그것이 두 날짜를 모두 계산하는 PaymentSchedule임을 알게 될 것이다. Paycheck에 가해진 변경은 분명히 보일 것이다.

```
void PaydayTransaction :: Execute() {
    list<int> empIds;
    GpayrollDatabase.GetAllEmployeeIds(empIds);

    list<int> :: iterator i = empIds.begin();
    for (; i != empIds.end(); i++) {
        int empId = *i;
        if (Employee* e = GpayrollDatabase.GetEmployee(empId)) {
            if (e -> IsPayDate(itsPayDate)) {
                Paycheck* pc =
                    new Paycheck(e -> GetPayPeriodStartDate(itsPayDate),
                    itsPayDate);
                itsPaychecks[empId] = pc;
                e -> Payday(*pc);
            }
        }
    }
}
```

HourlyClassification과 CommissionedClassification에서 TimeCard와 SalesReceipt가 그 지급 주기 내의 것인지 확인하는 두 함수는 합쳐져서 기반 클래스인 PaymentClassification으로 옮겨졌다(목록 19-49 참고).

목록 19-49 PaymentClassification::IsInPayPeriod(...)

```
bool PaymentClassification :: IsInPayPeriod(
    const Date& theDate,
    const Paycheck& pc) const {
    Date payPeriodEndDate = pc.GetPayPeriodEndDate();
    Date payPeriodStartDate = pc.GetPayPeriodStartDate();
    return (theDate >= payPeriodStartDate) && (theDate <= payPeriodEndDate);
}
```

이제 UnionAffilliation::CalculateDeductions에서 직원의 조합비를 계산할 준비가 되었다. 목록 19-50의 코드는 이를 어떻게 계산할 수 있는지를 보여준다. 지급 주기를 정의하는 두 날짜는 급료 지급 수표에서 추출되어 그 사이의 금요일 횟수를 세는 유틸리티 격의 함수에 넘겨진다. 주당 조합비 비율을 이 숫자에 곱해서 그 지급 주기의 조합비를 계산하게 된다.

```
namespace {
    int NumberOfFridaysInPayPeriod(const Date& payPeriodStart,
                                   const Date& payPeriodEnd) {
        int fridays = 0;
        for (Date day = payPeriodStart; day <= payPeriodEnd; day++) {
            if (day.GetDayOfWeek() == Date :: friday)
                fridays++;
        }
        return fridays;
    }
}

double UnionAffiliation :: CalculateDeductions(Paycheck& pc) const {
    double totalDues = 0;

    int fridays = NumberOfFridaysInPayPeriod(
        pc.GetPayPeriodStartDate(),
        pc.GetPayPeriodEndDate());
    totalDues = itsDues * fridays;
    return totalDues;
}
```

마지막 두 테스트 케이스는 조합 공제액과 관련된 것이어야 한다. 첫 번째 테스트 케이스는 목록 19-51에 나와 있다. 이 테스트 케이스는 공제액이 올바르게 공제되는지를 확인한다.

📄 목록 19-51 PayrollTest::TestHourlyUnionMemberServiceCharge

```
void PayrollTest :: TestHourlyUnionMemberServiceCharge() {
    cerr << "TestHourlyUnionMemberServiceCharge" << endl;
    int empId = 1;
    AddHourlyEmployee t(empId, "Bill", "Home", 15.24);
    t.Execute();
    int memberId = 7734;
    ChangeMemberTransaction cmt(empId, memberId, 9.42);
    cmt.Execute();
    Date payDate(11, 9, 2001);
    ServiceChargeTransaction sct(memberId, payDate, 19.42);
    sct.Execute();
    TimeCardTransaction tct(payDate, 8.0, empId);
    tct.Execute();
    PaydayTransaction pt(payDate);
    pt.Execute();
    Paycheck* pc = pt.GetPaycheck(empId);
    assert(pc);
    assert(pc -> GetPayPeriodEndDate() == payDate);
```

```
assertEquals(8 * 15.24, pc -> GetGrossPay(), .001);
assert("Hold" == pc -> GetField("Disposition"));
assertEquals(9.42 + 19.42, pc -> GetDeductions(), .001);
assertEquals((8 * 15.24) - (9.42 + 19.42), pc -> GetNetPay(), .001);
}
```

두 번째 테스트 케이스는 뭔가 문제를 안겨준다. 목록 19-52에서 이것을 볼 수 있다. 이 테스트 케이스는 현재 지급 주기 밖의 공제액은 공제되지 않음을 확인한다.

📃 **목록 19-52 PayrollTest::TestServiceChargesSpanningMultiplePayPeriods**

```
void PayrollTest :: TestServiceChargesSpanningMultiplePayPeriods() {
    cerr << "TestServiceChargesSpanningMultiplePayPeriods" << endl;
    int empId = 1;
    AddHourlyEmployee t(empId, "Bill", "Home", 15.24);
    t.Execute();
    int memberId = 7734;
    ChangeMemberTransaction cmt(empId, memberId, 9.42);
    cmt.Execute();
    Date earlyDate(11, 2, 2001); // 지난주 금요일
    Date payDate(11, 9, 2001);
    Date lateDate(11, 16, 2001); // 다음 주 금요일
    ServiceChargeTransaction sct(memberId, payDate, 19.42);
    sct.Execute();
    ServiceChargeTransaction sctEarly(memberId, earlyDate, 100.00);
    sctEarly.Execute();
    ServiceChargeTransaction sctLate(memberId, lateDate, 200.00);
    sctLate.Execute();
    TimeCardTransaction tct(payDate, 8.0, empId);
    tct.Execute();
    PaydayTransaction pt(payDate);
    pt.Execute();
    Paycheck* pc = pt.GetPaycheck(empId);
    assert(pc);
    assert(pc -> GetPayPeriodEndDate() == payDate);
    assertEquals(8 * 15.24, pc -> GetGrossPay(), .001);
    assert("Hold" == pc -> GetField("Disposition"));
    assertEquals(9.42 + 19.42, pc -> GetDeductions(), .001);
    assertEquals((8 * 15.24) - (9.42 + 19.42), pc -> GetNetPay(), .001);
}
```

이것을 구현하기 위해 UnionAffiliation::CalculateDeductions가 IsInPayPeriod를 호출하게 하고 싶었다. 그러나 유감스럽게도, 방금 IsInPayPeriod를 Payment Classification 클래스에 넣어버렸다(목록 19-49 참고). 이 클래스가 이 함수를 호출해야 하는 PaymentClassification의 파생 클래스인 한, 이 함수를 그곳에 넣어두는 것이 편했다.

하지만 이제 다른 클래스들도 이 함수를 필요로 하게 되었다. 따라서 이 함수를 Date 클래스로 옮겼다. 아무튼, 이 함수는 주어진 날짜가 다른 두 주어진 날짜 사이에 있는지 확인만 한다(목록 19-53 참고).

⟨⟩ 목록 19-53 Date::IsBetween

```
static bool IsBetween(const Date& theDate,
                      const Date& startDate,
                      const Date& endDate) {
    return (theDate >= startDate) && (theDate <= endDate);
}
```

이제, 마지막으로 UnionAffiliation::CalculateDeductions를 마무리한다. 이것은 여러분의 몫으로 남겨두겠다.

목록 19-54와 목록 19-55는 Employee 클래스의 구현을 보여준다.

⟨⟩ 목록 19-54 Employee.h

```
#ifndef EMPLOYEE_H
#define EMPLOYEE_H
#include <string>

class PaymentSchedule;
class PaymentClassification;
class PaymentMethod;
class Affiliation;
class Paycheck;
class Date;

class Employee {
    public :
        virtual ~Employee();
        Employee(int empid, string name, string address);
        void SetName(string name);
        void SetAddress(string address);
        void SetClassification(PaymentClassification*);
        void SetMethod(PaymentMethod*);
        void SetSchedule(PaymentSchedule*);
        void SetAffiliation(Affiliation*);

        int GetEmpid() const {
            return itsEmpid;
        }
        string GetName() const {
            return itsName;
```

```
        }
        string GetAddress() const {
            return itsAddress;
        }
        PaymentMethod* GetMethod() {
            return itsPaymentMethod;
        }
        PaymentClassification* GetClassification() {
            return itsClassification;
        }
        PaymentSchedule* GetSchedule() {
            return itsSchedule;
        }
        Affiliation* GetAffiliation() {
            return itsAffiliation;
        }

        void Payday(Paycheck&);
        bool IsPayDate(const Date& payDate) const;
        Date GetPayPeriodStartDate(const Date& payPeriodEndDate) const;

    private :
        int itsEmpid;
        string itsName;
        string itsAddress;
        PaymentClassification* itsClassification;
        PaymentSchedule* itsSchedule;
        PaymentMethod* itsPaymentMethod;
        Affiliation* itsAffiliation;
};
#endif
```

📺 목록 19-55 Employee.cpp

```
#include "Employee.h"
#include "NoAffiliation.h"
#include "PaymentClassification.h"
#include "PaymentSchedule.h"
#include "PaymentMethod.h"
#include "Paycheck.h"

Employee :: ~Employee() {
    delete itsClassification;
    delete itsSchedule;
    delete itsPaymentMethod;
}

Employee :: Employee(int empid, string name, string address) : itsEmpid(empid),
    itsName(name),
```

```
        itsAddress(address),
        itsAffiliation(new NoAffiliation()),
        itsClassification(0),
        itsSchedule(0),
        itsPaymentMethod(0) {
}

void Employee :: SetName(string name) {
    itsName = name;
}

void Employee :: SetAddress(string address) {
    itsAddress = address;
}

void Employee :: SetClassification(PaymentClassification* pc) {
    delete itsClassification;
    itsClassification = pc;
}

void Employee :: SetSchedule(PaymentSchedule* ps) {
    delete itsSchedule;
    itsSchedule = ps;
}

void Employee :: SetMethod(PaymentMethod* pm) {
    delete itsPaymentMethod;
    itsPaymentMethod = pm;
}

void Employee :: SetAffiliation(Affiliation* af) {
    delete itsAffiliation;
    itsAffiliation = af;
}

bool Employee :: IsPayDate(const Date& payDate) const {
    return itsSchedule -> IsPayDate(payDate);
}

Date Employee :: GetPayPeriodStartDate(const Date& payPeriodEndDate) const {
    return itsSchedule -> GetPayPeriodStartDate(payPeriodEndDate);
}

void Employee :: Payday(Paycheck& pc) {
    Date payDate = pc.GetPayPeriodEndDate();
    double grossPay = itsClassification -> CalculatePay(pc);
    double deductions = itsAffiliation -> CalculateDeductions(pc);
    double netPay = grossPay - deductions;
    pc.SetGrossPay(grossPay);
    pc.SetDeductions(deductions);
    pc.SetNetPay(netPay);
    itsPaymentMethod -> Pay(pc);
}
```

메인 프로그램

급여의 메인 프로그램은 이제 입력 소스에서 트랜잭션을 파싱하고 난 다음 그것을 실행하는 루프로 표현될 수 있다. 그림 19-34와 그림 19-35는 이 메인 프로그램의 정적 모델과 동적 모델을 묘사하고 있다. 개념은 간단하다. PayrollApplication이 루프에 들어가 번갈아 TransactionSource로부터 트랜잭션을 요청하고, 이 Transaction 객체의 Execute를 실행한다. 이것은 그림 19-1의 다이어그램과 다르고, 좀 더 추상적인 메커니즘으로의 사고 전환을 나타냄을 주의하자.

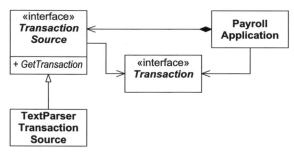

그림 19-34 메인 프로그램의 정적 모델

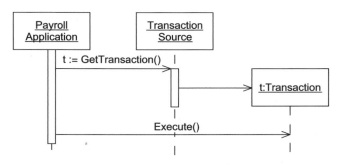

그림 19-35 메인 프로그램의 동적 모델

TransactionSource는 여러 방식으로 구현할 수 있는 추상 클래스다. 이 정적 다이어그램은 TextParserTransactionSource라는 파생 클래스를 보여주는데, 이것은 들어오는 텍스트 스트림을 읽어 유스케이스에 설명된 트랜잭션으로 파싱한다. 그리고 적절한 Transaction 객체를 생성하여 PayrollApplication에 전송한다.

TransactionSource의 구현에서 인터페이스를 분리하면 트랜잭션의 소스가 추상화될 수 있다. 예를 들어, 쉽게 PayrollApplication의 인터페이스를 GUITransactionSource나 RemoteTransactionSource로 바꿀 수 있다.

데이터베이스

이제 이 반복(iteration)은 분석되고, 설계되고, (대부분) 구현되었으므로, 데이터베이스의 역할을 생각해볼 수 있다. PayrollDatabase 클래스는 분명히 영속성(persistence)을 포함한 무엇인가를 캡슐화한다. PayrollDatabase 안에 포함된 객체는 애플리케이션의 어느 특정한 실행 부분보다도 오래 남아 있어야 한다. 어떻게 이것을 구현할 수 있을까? 분명히 테스트 케이스에서 사용된 일시적인 메커니즘은 실제 시스템에서는 충분하지 못하다. 여러 가지 선택이 있을 수 있다.

객체 지향 데이터베이스 관리 시스템(OODBMS: object-oriented database management system)을 사용해 PayrollDatabase를 구현할 수 있다. 이 시스템은 실제 객체가 데이터베이스의 영구 저장 공간 안에 존재할 수 있게 해준다. 설계자로서는 OODBMS가 자신의 설계에 새로운 것을 그리 많이 추가하지 않을 것이기 때문에 해야 할 일이 더 적어진다. OODBMS를 사용할 때의 가장 큰 이점 중 하나는 이 시스템이 애플리케이션의 객체 모델에 거의 영향을 미치지 않는다는 점이다. 설계에 관한 한, 데이터베이스는 거의 존재하지 않는 것이나 다름없다.[*6]

또 다른 선택은 데이터를 기록하기 위해 단순하고 평범한 텍스트 파일을 사용하는 것이다. 초기화 때 PayrollDatabase 객체는 그 파일을 읽어 필요한 객체들을 메모리에 생성할 수 있다. 프로그램이 끝날 때 PayrollDatabase 객체는 새로운 버전의 텍스트 파일을 만들 수 있다. 분명 이 선택은 직원이 수백, 수천 명인 회사나 급여 데이터베이스에 실시간으로 동시에 접속할 수 있기를 원하는 고객에게는 충분하지 못할 것이다. 하지만 작은 회사에는 이 정도로 충분할 수도 있고, 거대한 데이터베이스 시스템에 대한 투자 없이도 나머지 애플리케이션 클래스들을 테스트하는 메커니즘으로 확실히 사용될 수 있을 것이다.

[*6] 이것은 낙관적인 생각이다. 급여 관리 같은 간단한 애플리케이션에서는 OODBMS 사용이 프로그램의 설계에 아주 작은 영향만을 끼칠 것이다. 애플리케이션이 점점 더 복잡해지면, OODBMS가 애플리케이션에 미치는 영향도 커진다. 그러나 이 영향도 RDBMS가 줄 수 있는 영향보다는 훨씬 적다.

또 다른 선택은 관계형 데이터베이스 관리 시스템(RDBMS: relational database management system)을 결합하는 것이다. 그렇게 되면 **PayrollDatabase** 객체의 구현은 필요한 객체를 일시적으로 메모리에 생성하게 하는 RDBMS에의 적절한 질의를 만드는 일이 될 것이다.

요점은 이렇다. 애플리케이션에 관한 한, 데이터베이스는 단순히 저장 공간을 관리하는 메커니즘일 뿐이다. 보통 데이터베이스는 설계와 구현에 있어 중심 요소로 고려되어서는 안 된다. 여기에 보였듯이, 데이터베이스는 마지막까지 남겨둘 수 있고 구체적인 것으로 취급될 수 있다.[7] 이렇게 함으로써, 필요한 영속성을 구현하고 나머지 애플리케이션을 테스트하는 메커니즘을 만드는 데 있어 여러 선택의 기회를 열어두었다. 또한 개발자 자신을 어떤 특정 데이터베이스 테크놀로지나 상품에 묶어두지 않았다. 즉, 개발자는 설계에 기반을 두어 필요한 데이터베이스를 자유롭게 선택할 수 있고, 필요할 때 특정 데이터베이스 상품을 바꾸거나 교체할 수 있다.

급여 관리 설계의 요약

대략 50개의 다이어그램, 3300라인의 코드로 급여 관리 애플리케이션의 한 반복에서의 설계와 구현을 설명했다. 이 설계는 많은 양의 추상화와 다형성을 사용했으며, 그로 인해 이 설계의 많은 부분이 급여 관리 정책의 변경에 닫혀 있게 되었다. 예를 들어, 이 애플리케이션은 기본 월급에 기반해 분기별로 임금을 받는 직원과 보너스 지급 주기에 맞게 변경될 수 있다. 이 변경은 설계의 **추가**를 필요로 하겠지만, 기존의 설계와 코드에서 아주 일부분만이 변경될 것이다.

전체 과정 동안, 분석, 설계, 구현을 수행하고 있다는 생각은 거의 하지 않았다. 오히려, 명확성과 폐쇄의 문제에 집중했다. 가능한 곳마다 잠재적인 추상화를 찾으려 노력했으며, 그 결과로 급여 관리 애플리케이션의 좋은 초기 설계를 얻게 되었고, 전체적으로 문제 영역과 밀접한 관계가 있는 클래스들의 핵심을 얻게 되었다.

---

[7] 종종 데이터베이스의 본질이 애플리케이션의 요구사항 중 하나인 경우가 있다. RDBMS는 애플리케이션 요구사항의 목록이 될 수 있는 강력한 질의와 보고 시스템을 제공한다. 그러나 아무리 이런 요구사항이 명시적인 경우라 하더라도, 설계자는 애플리케이션 설계를 데이터베이스 설계에서 분리해야만 한다. 애플리케이션 설계는 어떤 특정한 종류의 데이터베이스에 의존해서는 안 된다.

히스토리

이 장의 다이어그램은 내가 1995년에 쓴 『Designing Object-Oriented C++ Applications using the Booch Method』의 해당 장에 있는 부치 다이어그램(Booch diagram)에서 가져온 것이다. 1994년에 이 다이어그램을 만들었을 때, 그 타당성을 확인하기 위해 이것을 구현하는 코드도 같이 작성했다. 그러나 여기에 소개된 코드와는 전혀 다른 코드였다. 그래서 그 다이어그램은 코드와 테스트로부터 어떤 중요한 피드백을 받는 혜택을 누리지 못했다. 이 피드백의 결여는 문제를 야기했다.

나는 여기에 소개된 순서대로 이 장을 썼는데, 모든 경우에 테스트 케이스는 운영 코드 전에 작성되었다. 많은 경우, 이 테스트는 운영 코드와 함께 발전하면서 점진적으로 작성되었다. 결과 코드는 다이어그램이 이치에 닿는 한 그것에 맞게 작성되었다. 이치에 닿지 않는 몇몇 경우가 있었기 때문에, 그 경우에는 코드의 설계를 고쳤다.

이런 일이 일어난 첫 번째 상황 중 하나는 내가 Employee 객체에 여러 개의 Affiliation 인스턴스가 있지는 않다고 결정한 280페이지로 거슬러 올라간다. 또 다른 경우는 직원의 조합 소속 여부를 ChangeMemberTransaction에 기록하는 것을 고려하지 않았다고 깨달았을 때인 293페이지에 있다.

이것은 평범한 일이다. 피드백 없이 설계를 한다면 분명 실수를 범하게 된다. 이런 실수를 찾아내 주는 것이 바로 테스트 케이스와 실행할 수 있는 코드가 주는 피드백이다.

참고 자료

이 코드의 최종 버전을 프렌티스 홀(Prentice Hall)의 웹사이트나 cleancoders.com에서 구할 수 있다.

참고 문헌

1. Jacobson, Ivar. *Object-Oriented Software Engineering, A Use-Case-Driven Approach.* Wokingham, UK: Addison–Wesley, 1992.

PART

4

급여 관리 시스템 패키징

© Jennifer M. Kohnke

이번 절에서는 커다란 소프트웨어 시스템을 패키지로 쪼개는 설계의 원칙에 대해 알아볼 것이다. 20장에서는 이 원칙들에 대해 논의하고, 21장에서는 패키징 구조를 향상하는 데 사용할 패턴에 대해 자세히 다룬다. 22장에서는 급여 관리 시스템으로 그 원칙과 패턴을 적용할 수 있는 방법을 살펴본다.

CHAPTER

20

패키지 설계의 원칙

> 포장이 좋은걸."
>
> 앤서니(Anthony)

소프트웨어 애플리케이션의 크기와 복잡성이 증가하면서, 한층 높은 차원에서도 조직화가 요구되었다. 작은 애플리케이션을 조직화한다면 클래스가 아주 편리한 단위이긴 하지만, 커다란 애플리케이션에서 사용하기에는 너무 작다. 큰 애플리케이션을 조직화할 때는 클래스보다 '더 큰' 무엇이 필요한데, 이것을 **패키지(package)**라고 한다.

이 장에서는 규칙 여섯 가지를 개괄하려고 한다. 이 중 처음 세 가지는 **패키지 응집도(package cohesion)**에 대한 원칙으로, 클래스를 패키지에 할당하는 일을 도와준다. 마지막 세 가지는 **패키지 결합도(package coupling)**에 대한 원칙으로, 패키지 간의 관계를 결정하는 일을 도와준다. 마지막 원칙 두 가지는 개발자가 설계 안에 존재하는 의존성 구조를 측정하고 특징을 찾을 수 있게 해주는 **의존성 관리(DM: Dependency Management)** 측정법에 대해서도 설명한다.

패키지를 이용한 설계?

UML에서 패키지는 클래스들을 담는 그릇으로 쓰인다. 클래스를 패키지로 묶어놓으면 더 높은 추상화 차원에서 설계에 대한 논의를 할 수 있다. 패키지는 소프트웨어 개발이나 배포를 관리하기 위해 쓰이기도 한다. 패키지를 사용하는 목적은 애플리케이션 내부의 클래스들을 어떤 기준에 따라 분류한 다음, 패키지에 할당하는 것이다.

하지만 클래스가 다른 클래스에 의존 관계를 갖는 경우도 많으며, 이런 의존 관계가 패키지 경계를 넘어서는 일도 많다. 따라서 패키지도 서로 의존 관계를 맺기 마련이다. 패키지 사이의 관계는 높은 차원의 애플리케이션 내부 조직에 대한 표현이며, 이것을 관리하는 것이 우리의 역할이다.

그러면 많은 의문점이 생긴다.

1. 클래스를 패키지로 할당할 때 따를 원칙들은 무엇인가?
2. 어떤 설계 원칙들이 패키지 사이의 의존 관계를 지배하는가?
3. 클래스보다 패키지를 먼저 설계해야 하는가(하향식), 아니면 클래스를 먼저 설계해야 하는가(상향식)?
4. 패키지는 물리적으로 어떻게 표현해야 하는가? C++에서는 어떻게 하고, 자바에서는 어떻게 하는가? 또 개발 환경에서는 어떻게 하는가?
5. 패키지를 만들었다면, 이 패키지들을 어떤 목적으로 사용해야 하는가?

이 장에서는 패키지 작성과 상호 관계, 그리고 패키지 사용을 지배하는 설계 원칙 여섯 가지를 제시한다. 처음 세 가지는 클래스를 패키지로 분류할 경우에 대한 원칙이고, 마지막 세 가지는 패키지 사이의 관계에 대한 원칙이다.

단위 크기: 패키지 응집도의 원칙

아래의 패키지 응집도 원칙 세 가지는 개발자가 어떻게 클래스를 패키지에 분류해 넣을지 결정할 때 도움이 된다. 이 원칙을 적용하기 전 클래스와 클래스 상호 관계가 일부분이라도 밝혀져 있어야 한다. 즉, 이 원칙들은 클래스를 분류할 때 '상향식' 접근 방법을 따른다.

재사용 릴리즈 등가 원칙(REP)

재사용의 단위가 릴리즈의 단위다.

여러분은 재사용하려고 하는 클래스 라이브러리의 작성자에게 무엇을 바라는가? 분명히 좋은 문서나 올바로 작동하는 코드, 잘 명세화된 인터페이스 등을 바랄 것이다. 하지만 이것 말고도 더 있다.

가장 먼저, 다른 사람의 코드를 재사용해서 유용하게 쓸 수 있도록 작성자가 그 코드를 유지보수해주기를 바라게 된다. 무엇보다도, 여러분 스스로 그 코드를 유지보수해야 한다면 그 일에 상당히 많은 시간을 투자할 수밖에 없다. 그럴 시간이 있다면 여러분에게 딱 맞는 더 작고 나은 패키지를 설계하는 데 쓰는 편이 나을 수도 있다.

다음으로, 작성자가 코드의 인터페이스나 기능을 바꾸기 전에 미리 여러분에게 통보해주기 바라게 된다. 하지만 통보만으로는 충분하지 않다. 여러분에게 새로운 버전을 거부할 수 있는 선택권을 주어야 한다. 여러분이 일정에 쫓기고 있을 때 작성자가 새 버전을 내놓을 수도 있고, 코드를 변경해서 여러분의 시스템과 호환이 안 될 수도 있지 않은가?

둘 중 어떤 경우라도 여러분이 새 버전을 거부했다면 작성자는 일정 기간 여러분이 옛 버전을 사용할 수 있도록 지원해주어야 한다. 이 시간은 3개월 정도로 짧을 수도 있고 1년 정도로 길 수도 있는데, 이 기간은 작성자와 여러분이 협상을 해야 하는 사항이다. 어쨌든 작성자가 그냥 여러분과 관계를 끊고 지원을 거부해선 안 된다. 만약 옛 버전 사용을 지원하는 일에 작성자가 동의하지 않는다면, 여러분은 코드를 사용하다가 작성자의 변덕스러운 코드 변경으로 인한 불편함을 감수할 수 있을지 심각하게 고려해봐야 한다.

이 문제는 근본적으로 정치적이다. 이 문제에는 다른 사람이 코드를 재사용할 때 반드시 제공해야 하는 사무적인 지원 노력이 따른다. 하지만 이러한 정치적이고 사무적인 문제가 소프트웨어의 패키지 구조에 중요한 영향을 미친다. 재사용자들이 요구하는 바를 제공하려면 작성자는 반드시 자신의 소프트웨어를 재사용 가능한 패키지로 조직한 다음 릴리즈 번호를 붙이고 계속 추적해야 한다.

재사용 릴리즈 등가 원칙(REP: Reuse-Release Equivalence Principle)에 따르면 재사용 단위(예: 패키지)는 릴리즈 단위보다 작을 수 없다. 재사용하는 모든 것은 반드시 릴리즈된 다음 추적되어야 한다. 개발자가 그냥 클래스 하나 달랑 만들고 재사용 가능하다고 주장하는 것은 현실적이지 않다. 잠재적인 재사용자들에게 필요한 통보, 안전성, 지원에 대한 보장을 제공하는 추적 시스템이 먼저 있은 다음에야 재사용성이라는 말을 할 수 있다.

REP에서 어떻게 설계를 패키지로 나눌 것인지 첫 번째 단서를 얻을 수 있다. 재사용성은 반드시 패키지에 기반을 두어야 하기 때문에, 재사용 가능한 패키지는 재사용 가능한 클래스를 포함해야 한다. 따라서 적어도 일부 패키지는 재사용 가능한 클래스 집합을 포함해야 한다.

정치적인 원인이 소프트웨어의 분할에 영향을 미친다는 점이 마음에 걸릴 수도 있다. 하지만 소프트웨어는 순수한 수학적 규칙에 따라 구조를 잡을 수 있는 존재가 아니다. 소프트웨어는 사람의 노력을 뒷받침하는, 사람이 만드는 제품이다. 곧, 소프트웨어는 사람이 만들고 사람이 사용한다. 만약 소프트웨어가 재사용될 예정이라면, 그 목적을 가진 사람이 편리하게 느낄 방식으로 분할되어야 한다.

그렇다면 이 모든 것은 패키지의 내부 구조에 대해 우리에게 무엇을 말해주고 있는가? 내용물을 볼 때 잠재적인 재사용자의 입장에서 봐야 한다는 것이다. 만약 패키지에 재사용될 소프트웨어가 들어 있다면 그 패키지에는 재사용을 목적으로 설계되지 않은 소프트웨어는 들어 있지 않아야 한다. 패키지의 모든 클래스가 재사용 가능하든지, 모두 그렇지 않든지 해야 한다.

재사용성이 유일한 기준은 아니다. 우리는 재사용자가 누구인지도 고려해야 한다. 컨테이너 클래스 라이브러리와 금융 관련 프레임워크는 둘 다 분명히 재사용 가능하지만, 그렇다고 이들을 하나의 패키지 안에 넣으면 안 된다. 컨테이너 클래스 라이브러리는 사용하고 싶지만 금융 관련 프레임워크에는 관심이 없는 사람도 많기 때문이다. 그러므로 패키지 안의 모든 클래스는 동일한 재사용자를 대상으로 해야 한다. 어떤 사람의 관점에서 봤을 때, 한 패키지에서 일부 클래스는 필요하지만 일부는 전혀 쓸모없으면 안 된다.

공통 재사용 원칙(CRP)

> 패키지 안의 클래스들은 함께 재사용되어야 한다. 어떤 패키지의 클래스 하나를 재사용한다면 나머지도 모두 재사용한다.

공통 재사용 원칙(CRP: Common-Reuse Principle)은 어떤 클래스들이 패키지에 포함되어야 하는지 결정할 때 도움이 된다. 이 원칙에 따르면 자주 함께 재사용되는 클래스들은 동일한 패키지에 속해 있다.

단독으로 재사용되는 클래스는 거의 없다. 대부분의 경우, 재사용 가능한 클래스들은 재사용 가능에 대해 같은 추상적 범주에 속해 있는 다른 클래스들과 협력한다. CRP에 따르면 이들은 모두 동일한 패키지에 속해 있다. 이런 패키지 안을 보면, 서로 상당한 정도의 의존 관계를 맺고 있는 클래스들을 보게 될 것이다.

간단히 컨테이너 클래스와 그에 딸린 반복자(iterator)들을 예로 들 수 있다. 이 클래스들은 서로 단단히 결합되어 있기 때문에 함께 재사용된다. 따라서 이 클래스들은 동일한 패키지에 들어 있어야 한다.

하지만 CRP가 어떤 클래스들을 같은 패키지에 넣어야 한다는 것만 말하지는 않는다. CRP는 어떤 클래스를 같은 패키지에 넣지 않아야 할지도 말해준다. 패키지가 다른 패키지를 사용하면 둘 사이에 의존 관계가 생긴다. 첫 번째 패키지가 두 번째 패키지에서 사용하는 클래스가 오직 하나뿐이라도, 의존 관계의 강약에는 변화가 없다. 첫 번째 패키지는 여전히 두 번째 패키지에 의존한다. 두 번째 패키지가 릴리즈될 때마다 첫 번째 패키지도 재검증하고 다시 릴리즈해야 하는데, 두 번째 패키지의 릴리즈가 첫 번째 패키지와 전혀 상관없는 클래스 하나에 생긴 변화 때문일지라도 그래야 한다.

게다가, 패키지가 공유 라이브러리나 DLL, JAR의 물리적 형태로 나타나는 경우도 흔하다. 만약 두 번째 패키지가 JAR로 릴리즈되면 이 패키지를 사용하는 코드는 그 JAR 파일 전체에 의존한다. 이 JAR가 수정된다면, 이것을 사용하는 코드가 전혀 사용하지 않는 클래스를 수정했다고 하더라도 새로운 버전의 JAR를 릴리즈해야만 한다. 이 새로운 JAR는 또 재배포되어야 하고, 이것을 사용하는 코드도 재검증되어야 한다.

따라서 어떤 패키지에 의존한다면 그 패키지의 모든 클래스에 의존하는지 확실히 해두어야 한다. 다시 말해, 패키지에 넣는 클래스들이 서로 뗄 수 없는 관계여서 일부에만 의존하고 나머지에는 의존하지 않는 일이 불가능한지 확실히 해두어야 한다. 그렇지 않다면 필요 이상으로 재검증과 재배포해야 하는 일이 많아져서 상당한 노력을 낭비하게 될 것이다.

그러므로 CRP는 어떤 클래스를 함께 묶고 어떤 클래스는 함께 묶지 말아야 할지 알려주는 원칙이다. CRP에 따르면 클래스 관계로 서로 단단히 묶여 있지 않은 클래스들은 같은 패키지에 넣지 말아야 한다.

공통 폐쇄 원칙(CCP)

> 같은 패키지 안의 클래스들은 동일한 종류의 변화에는 모두 폐쇄적이어야 한다. 패키지에 어떤 변화가 영향을 미친다면, 그 변화는 그 패키지의 모든 클래스에 영향을 미쳐야 하고 다른 패키지에는 영향을 미치지 않아야 한다.

공통 폐쇄 원칙(CCP: Common-Closure Principle)은 대상이 패키지인 단일 책임 원칙(SRP: Single-Responsibility Principle)이다. 클래스를 변경할 이유가 여러 가지면 안 된다는 SRP와 마찬가지로,

이 원칙은 패키지를 변경할 이유도 여러 가지면 안 된다고 말한다.

대부분의 애플리케이션에서 재사용성보다는 유지보수성이 더 중요하다. 애플리케이션의 코드를 꼭 변경해야 한다면, 여러 패키지를 고치는 것보다 패키지 하나만 고치고 싶을 것이다. 만약 단일 패키지에만 변경의 초점이 맞춰져 있다면, 재배포할 필요가 있는 패키지도 그것뿐이다. 변경된 패키지에 의존하지 않는 다른 패키지들은 재검증하거나 재릴리스할 필요도 없다.

CCP는 우리에게 동일한 이유로 변할 것 같은 클래스들은 한 장소에 모아놓으라고 권장한다. 클래스 2개가 물리적으로나 개념적으로나 단단히 결합되어 있어서 언제나 함께 변경해야 한다면, 이들은 같은 패키지에 속한다. 이렇게 하면 소프트웨어를 릴리스, 재검증, 재배포하는 일과 관련된 작업량을 최소로 줄일 수 있다.

이 원칙은 개방 폐쇄 원칙(OCP: Open-Closed Principle)과도 밀접한 관련이 있다. 이 원칙이 다루는 대상이 OCP에서 의미하는 '폐쇄'이기 때문이다. OCP에 따르면 클래스는 변경에는 폐쇄되어 있되 확장에는 개방되어 있어야 한다. 하지만 이미 알고 있는 바와 같이, 100% 폐쇄는 이룰 수 없다. 폐쇄에 대해서는 전략적으로 생각해야 한다. 시스템을 설계할 때, 경험상 자주 나오는 종류의 변화 대부분에 폐쇄되어 있도록 만들어야 한다.

CCP는 특정 종류의 변화에 개방되어 있는 클래스들은 같은 패키지 안에 몰아넣어서 이 전략을 더욱 확대한다. 따라서 요구사항에 변화가 오더라도 그에 따라 변경할 패키지 수를 최소화할 수 있다.

패키지 응집도에 대한 요약

과거에는 응집도에 대한 우리의 생각이 앞서 살펴본 세 원칙에 들어 있는 것보다 훨씬 단순했다. 그때는 어떤 모듈이 단 하나의 기능만 수행하는 속성이 있으면 그것을 응집도라고 생각했다. 하지만 패키지 응집도에 대한 세 원칙은 더 다양한 종류의 응집도가 있음을 보여준다. 같은 패키지에 넣을 클래스를 결정하려면 재사용성과 개발 용이성에 관련된 상충하는 힘들을 모두 검토해야 하지만, 애플리케이션의 필요에 맞춰 이 힘들의 균형을 잡는 일은 쉽지 않다. 게다가 이 균형은 거의 언제나 동적인데, 이 말은 오늘은 좋았던 클래스 분할이 내년에는 그렇지 않을 수도 있다는 뜻이다. 따라서 패키지 구성은 프로젝트의 초점이 개발 용이성에서 재사용성으로 옮겨감에 따라 시간이 흐르면서 조금씩 흔들리며 진화하기 마련이다.

안정성: 패키지 결합도의 원칙

아래의 세 가지 원칙은 패키지 상호 관계에 대해 다룬다. 여기서도 개발 용이성과 논리적 설계 사이의 긴장에 부딪히게 될 것이다. 패키지 설계의 아키텍처에 작용하는 힘은 기술적이기도 하고, 정치적이기도 하며, 쉽게 변화하는 힘이기도 하다.

의존 관계 비순환 원칙(ADP)

> 패키지 의존성 그래프에서 순환을 허용하지 말라.

하루 종일 일해서 어떤 것을 작동하게 만든 다음, 집에 갔다 다음 날 다시 와보니 그것이 또 작동하지 않는 경험을 해본 적이 있는가? 왜 되던 것이 다시 안 될까? 어젯밤 여러분보다 집에 늦게 간 누군가가 여러분이 의존하는 어떤 것을 변경했기 때문이다! 나는 이것을 '다음 날 아침 증후군'이라고 부른다.

다음 날 아침 증후군은 많은 개발자가 동일한 소스 파일들을 고치는 개발 환경에서 일어난다. 개발자가 몇 명뿐인 상대적으로 규모가 작은 프로젝트에서는 이것이 그렇게 큰 문제가 아니다. 하지만 프로젝트의 규모와 개발 팀의 크기가 증가하면 다음 날 아침이 악몽이 될 가능성도 커진다. 훈련되지 않은 팀에서 몇 주 동안 프로젝트의 안정적인 버전을 빌드하지 못하는 것은 그렇게 드문 일이 아니다. 그 팀에서는 모두들 다른 사람이 바꾼 것에 맞춰 자기 코드가 돌아갈 수 있도록 고치기만 하면서 시간을 보낸다.

지난 몇십 년 동안, 이 문제에 대한 두 가지 해결 방법이 발전해왔다. 두 방법 모두 통신 산업에서 시작됐는데, 하나는 '주간 빌드'이고 다른 하나는 의존 관계 비순환 원칙(ADP: Acyclic-Dependencies Principle)이다.

주간 빌드

주간 빌드는 중간 규모 프로젝트에서 많이 볼 수 있다. 모든 개발자는 한 주의 4일 동안은 다른 개발자를 신경 쓰지 않고 개발한다. 모두 코드를 복사해서 자기만의 코드에서 작업하고 다른 사람의 코드와 통합하는 작업에 대해서는 걱정하지 않는다. 그런 다음 금요일에 그동안 변경한 것들을 모두 통합하고 시스템을 빌드해본다.

이 방법에는 개발자가 5일 가운데 4일을 독자적인 환경에서 작업할 수 있다는 놀라운 장점이 있다. 이 방법의 단점은 물론 금요일에 있는 통합에 대한 무거운 부담이다.

불행하게도 프로젝트의 규모가 커질수록 금요일에 통합을 마무리 지을 가능성이 줄어든다. 통합의 부담이 점점 커지면서 결국 토요일까지 넘보게 된다. 이런 토요일을 몇 번 경험해보면 개발자들은 통합을 목요일에 시작해야겠다고 생각하게 된다. 그리고 계속 이런 식으로 통합 시작 시간이 한 주의 중간 쪽으로 서서히 당겨진다.

개발 대 통합의 업무 순환이 느려지면서, 팀의 효율성도 따라서 내려간다. 결국 이것을 참지 못하고 개발자나 프로젝트 관리자는 격주마다 빌드하는 것으로 일정 조정을 선언하게 된다. 잠시 동안은 괜찮겠지만, 그래도 통합 시간은 프로젝트 규모가 커짐에 따라 계속 증가한다.

그러면 결국 언젠가 위기가 온다. 효율성을 지속하려면 빌드 일정이 계속적으로 늘어나야 한다. 하지만 빌드 일정을 늘리면 프로젝트의 위험도가 커진다. 통합과 테스트는 점점 힘들어지며, 팀은 빠른 피드백에서 오는 이점을 잃게 된다.

의존 관계 순환을 없애기

이 문제를 해결하는 방법은 개발 환경을 릴리즈로 만들 수 있는 패키지로 분할하는 것이다. 패키지가 작업의 단위가 되고, 개발자나 팀은 패키지를 체크아웃해서 작업한다. 개발자가 어떤 패키지를 동작하게 만들면, 다른 개발자가 쓸 수 있도록 릴리즈한다. 패키지에 릴리즈 번호를 붙이고 다른 팀이 사용할 수 있도록 정해진 디렉토리에 옮겨놓는다. 그런 다음에는 다시 자신만의 영역에서 패키지를 변경하는 작업을 계속한다. 다른 사람들은 모두 릴리즈된 버전을 사용한다.

패키지가 새로 릴리즈되면, 다른 팀은 새 릴리즈를 즉시 채택할지 말지 결정할 수 있다. 만약 아직 때가 아니라고 결정하면 그냥 옛날 릴리즈를 계속 사용할 수 있다. 준비가 됐다고 결정이 내려지면 새로운 릴리즈를 사용하기 시작한다.

따라서 어떤 팀도 다른 팀에 의해 좌지우지되지 않는다. 어떤 패키지가 변경되었다고 다른 팀에 즉시 영향을 미치지 않으며, 팀마다 자신이 사용하는 패키지의 새 릴리즈를 채택할지 말지 스스로 결정할 수 있다. 게다가, 통합은 점진적으로 일어난다. 모든 개발자가 한데 모여 자신들의 작업을 모두 통합하는 단일 시점이 존재하지 않는다.

이 방법은 아주 간단하면서도 합리적이며, 널리 사용된다. 하지만 이 방법이 제대로 동작하려면 여러분이 패키지의 의존 관계 구조를 관리해주어야 한다. 의존 관계 구조에 순환이 있으면 안 된다. 만약 의존 관계 구조에 순환이 있으면 다음 날 아침 증후군을 피할 수 없다.

그림 20-1의 패키지 다이어그램을 한번 보자. 애플리케이션을 구성하는 상당히 전형적인 패키지 구조를 볼 수 있다. 이 예에서 애플리케이션의 기능은 중요하지 않으며, 패키지의 의존 관계 구조가 중요하다. 이 구조가 방향 그래프(directed graph)라는 점을 눈여겨보자. 패키지가 그래프의 노드(node)가 되고, 의존 관계가 방향이 있는 간선(directed edge)이 된다.

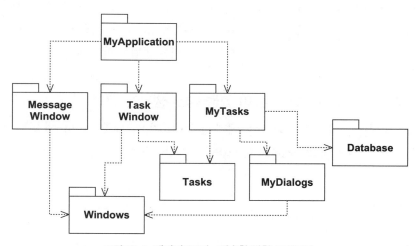

그림 20-1 패키지 구조는 비순환 방향 그래프다.

그리고 한 가지 더 눈여겨보자. 이 구조에서는 어떤 패키지에서 시작하더라도 의존 관계를 따라가서 다시 같은 패키지에 도달할 수가 없다. 이 구조는 순환이 없는, 비순환 방향 그래프(DAG: directed acyclic graph)다.

MyDialogs를 맡은 팀이 자기 패키지의 새로운 릴리즈를 만들 때 누가 영향을 받는지 찾아내기는 쉽다. 그냥 의존 관계 화살표를 거꾸로 따라가기만 하면 된다. 따라서 여기서는 MyTasks와 MyApplication이 영향받는 패키지다. 이 두 패키지의 개발자들은 언제 MyDialogs의 새로운 릴리즈와 통합할 것인지 결정해야 할 것이다.

MyDialogs가 릴리즈된다고 해도 시스템의 다른 많은 패키지에게는 전혀 영향이 없다는 점도 눈여겨보자. 다른 패키지들은 MyDialogs에 대해 알지도 못하고, MyDialogs가 바뀐다고 해도 신경도 안 쓴다. 아주 좋지 않은가? 즉, MyDialogs를 릴리즈할 때 생기는 영향이 상대적으로 작다는 뜻이다.

MyDialogs 패키지의 개발자들이 자기 패키지의 테스트를 돌려보고 싶을 때도 지금 사용하고 있는 버전의 Windows 패키지와 함께 컴파일과 링크만 해보면 된다. 시스템의 다른 패키지가 관련될 이유가 없다. 이것도 아주 좋다. 이 말은 MyDialogs의 개발자들이 테스트 환경을 만들기 위해 해야 할 일이 상대적으로 아주 적고, 고려해야 할 변수도 별로 없다는 뜻이다.

전체 시스템을 릴리즈할 때가 되면 상향식으로 작업한다. 먼저 Windows 패키지가 컴파일, 테스트, 릴리즈된다. 그다음은 MessageWindow와 MyDialogs 차례다. 다음은 Task이고, 그다음은 TaskWindow와 Database이다. 그리고는 MyTasks 차례이고, 마지막으로 MyAplication이다. 전체 과정이 매우 명확하고 수행하기도 쉽다. 시스템 각 부분의 상호 의존 관계를 이해하고 있으므로, 우리는 시스템을 빌드하는 방법을 알고 있다.

패키지 의존 관계 그래프에 순환이 있을 경우 생기는 결과

이제 새로운 요구사항 때문에 MyDialogs에 속한 클래스가 MyApplication에 있는 클래스를 사용하게끔 바꾸어야 한다고 가정해보자. 그러면 그림 20-2처럼 의존 관계에 순환이 생긴다.

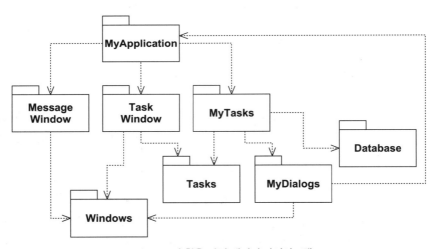

그림 20-2 순환을 가진 패키지 다이어그램

순환이 생기자마자 문제가 생긴다. 예를 들어, MyTasks의 개발자들은 자기 패키지를 릴리즈하려면 Task, MyDialogs, Database, Windows와 잘 맞아야 했다. 하지만 이제 순환이 있으므로 MyApplication, TaskWindow, MessageWindow와도 잘 맞아야 한다. 이 말은 이제 MyTasks는 시스템의 나머지 모든 패키지에 의존한다는 뜻이다. 이제 MyTasks를 릴리즈하기 상당히 어려워진다. MyDialogs도 마찬가지다. 사실, 이 순환 때문에 MyApplication, MyTasks, MyDialogs는 언제나 동시에 릴리즈되어야 한다. 이 패키지들은 사실상 거대한 패키지 하나가 된 것이다. 이제 이 패키지들의 개발자들은 다음 날 아침 증후군을 다시 한 번 경험하게 될 것이다. 이들은 다른 모든 패키지들의 정확히 동일한 릴리즈를 사용해야만 하기 때문에 서로의 일에 간섭할 수밖에 없다.

하지만 이것은 문제의 일부분에 지나지 않는다. MyDialogs 패키지를 테스트하려고 할 때 어떤 일이 일어날지 생각해보자. Database 패키지까지 포함해서 시스템의 모든 패키지를 링크해야 한다는 사실을 발견하게 된다. 즉, MyDialogs 하나 테스트해보려고 **전체 빌드**를 해야 한다는 뜻이다. 이것은 참을 수 없는 일이다.

왜 내 클래스 가운데 단 하나를 테스트해보려는데 이렇게 많은 라이브러리와 다른 사람 것을 링크해야 하는지 의아했던 적은 없는가? 아마 의존 관계 그래프에 순환이 있었기 때문일 것이다. 이런 순환들이 모듈을 독립적으로 만들기 힘들게 하며, 단위 테스트와 릴리즈도 굉장히 어려워지고 잘못을 저지르기도 쉬워진다. 그리고 C++라면 컴파일 시간도 모듈의 숫자에 따라 기하학적인 속도로 증가한다.

추가로, 의존 관계 그래프에 순환이 있으면 패키지를 빌드할 순서를 정하는 작업이 굉장히 어려워지기도 한다. 사실, 올바른 순서가 존재할 수 없다. 이렇게 되면 컴파일된 바이너리 파일로부터 선언을 읽어들이는 자바 같은 언어에서는 상당히 지저분한 문제가 생길 수도 있다.

순환을 끊기

패키지의 순환을 끊고 의존 관계 그래프를 다시 DAG로 회복하는 일은 언제나 가능한데, 두 가지 기본적인 방법이 있다.

1. 의존 관계 역전 원칙(DIP: Dependency-Inversion Principle)을 적용한다. 그림 20-3처럼, MyDialogs가 필요한 인터페이스를 갖고 있는 추상 기반 클래스를 만들고, 이 추상 기반 클래스를 MyDialogs에게 준 다음 MyApplication이 이 추상 기반 클래스를 상속하게 만들 수 있다. 그러면 MyDialogs와 MyAppliction의 의존 관계 방향이 역전되므로, 순환이 끊어진다(그림 20-3 참고).

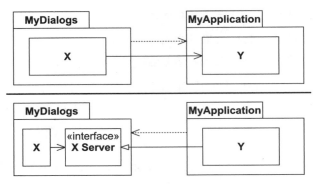

그림 20-3 의존 관계 역전으로 순환 끊기

다시 한 번, 서버가 아니라 클라이언트를 따라 인터페이스 이름을 지었다는 점을 눈여겨 보자. 이것도 인터페이스는 클라이언트에게 속한 것이라는 규칙의 또 다른 적용 예다.

2. `MyDialogs`와 `MyApplication`이 둘 다 의존하는 새로운 패키지를 만든다. 이 두 패키지가 모두 의존하는 클래스들을 이 새로운 패키지로 옮긴다(그림 20-4 참고).

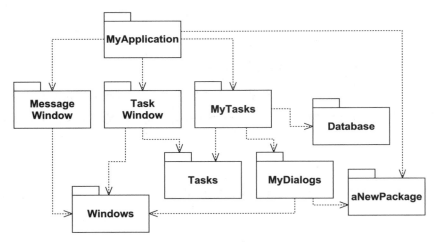

그림 20-4 새로운 패키지로 순환 끊기

패키지 구성의 흔들림

두 번째 해결 방법에는 요구사항의 변경이라는 현실 앞에서 패키지 구조는 쉽게 바뀐다는 의미가 들어 있다. 실제로, 애플리케이션이 성장하면서 패키지 의존 관계 구조도 이렇게 흔들리면서 성장한다. 따라서 의존 관계 구조에 순환이 생기지는 않는지 언제나 감시해야 한다. 순환이 생기면 어떻게든 끊어야 하는데, 종종 그 방법이 새로운 패키지를 만드는 경우도 있다. 이러면서 의존 관계 구조가 성장하는 것이다.

하향식 설계

지금까지 우리가 논의한 문제들에 따르자면 절대 피할 수 없는 결론에 도달하게 된다. 바로 패키지 구조는 하향식으로 설계할 수 없다는 것이다. 이 말은 시스템을 설계할 때 초기에 나오는 것 가운데 패키지 구조가 포함되지 않는다는 뜻이다. 실제로, 패키지 구조는 시스템이 성장하고 변화하면서 같이 진화하는 것으로 보인다.

이것이 직관과 어긋나 보일지도 모르겠다. 우리는 패키지처럼 큰 단위의 분해는 높은 차원의 **기능상 분해**라고 기대하기 마련이다. 패키지 의존 관계 구조처럼 큰 단위의 분류를 볼 때면 우리는 어떻게든 패키지들이 시스템의 기능들을 나타내야만 한다는 느낌을 받는다. 하지만 이것은 패키지 의존 관계 다이어그램의 속성이 아닌 것처럼 보인다.

사실, 패키지 의존 관계 다이어그램은 애플리케이션의 기능을 기술하는 일과는 거의 아무런 관계가 없다. 대신, 이 다이어그램은 애플리케이션의 **빌드 용이성**을 보여주는 일종의 지도다. 그리고 이것이 패키지 의존 관계가 프로젝트 초기에 설계되지 않는 까닭이기도 하다. 빌드할 소프트웨어가 없으므로, 빌드 지도도 필요 없다. 하지만 설계와 구현의 초기 단계에서 클래스 수가 점점 증가하면서 다음 날 아침 증후군 없이 프로젝트를 개발할 수 있으려면 의존 관계를 관리할 필요성이 점점 증가한다. 게다가, 우리는 변화의 영향도 되도록 국지적으로 줄이고 싶으므로 SRP와 CCP에 주의를 기울여서 함께 변경되기 쉬운 클래스들은 함께 묶어놓기 시작한다.

애플리케이션이 계속 성장하면서 우리는 재사용 가능한 요소를 만드는 일도 고려하기 시작한다. 따라서 이제 CRP가 패키지 구성을 지배하게 된다. 마지막으로, 순환이 나타나면서 이제 ADP가 적용되고 패키지 의존 관계 그래프는 조금씩 흔들리면서 성장한다.

클래스를 설계하기 전에 패키지 의존 관계 구조 설계를 먼저 시도한다면, 상당히 큰 실패를 맛볼 가능성이 크다. 아직은 공통으로 폐쇄해야 할 것이 무엇인지 모르고, 재사용 가능한 요소도 잘 알지 못하며, 의존 관계 순환을 만들 패키지들을 만들게 될 것이 거의 확실하다. 따라서 패키지 의존 관계 구조는 시스템의 논리적 설계와 함께 성장하고 진화해야 한다.

안정된 의존 관계 원칙(SDP)

의존은 안정적인 쪽으로 향해야 한다.

설계는 완전히 정적일 수 없다. 설계를 계속 유지보수하려면 어느 정도의 변동성도 필요하다. 우리는 공통 폐쇄 원칙(CCP)을 지킴으로써 이것을 달성할 수 있는데, 안정된 의존 관계 원칙(SDP: Stable-Dependencies Principle)을 사용해서 특정 변화에 쉽게 반응할 수 있는 패키지를 만든다. 이 패키지들은 쉽게 변하도록 설계된 패키지들이어서, 우리는 이들이 변경되리라 예상하고 있다.

쉽게 바뀔 것이라고 예상되는 패키지들이 바뀌기 어려운 패키지들의 의존 대상이 되어서는 안된다! 이렇게 되면 쉽게 바뀔 패키지들도 바꾸기 어렵게 되어버린다.

쉽게 바뀔 수 있도록 설계한 모듈에 누군가가 단지 의존 관계를 걸기만 해도 금세 바뀌기 어려워지는 것이 소프트웨어의 기묘함이다. 여러분 모듈의 소스 코드 한 줄 건드리지 않았는데, 그럼에도 불구하고 갑자기 그 모듈을 변경하기가 어려워진다. SDP를 지킴으로써, 쉽게 변경할 수 있도록 의도한 모듈이 변경하기 어려운 모듈의 의존 대상이 되지 않도록 보장할 수 있다.

안정성

100원짜리 동전을 세워보자. 이런 상태에서 이 동전이 안정적으로 서 있다고 말할 수 있을까? 아마 대부분 아니라고 대답할 것이다. 하지만 방해받지 않는다면 동전은 그 상태로 상당히 긴 시간 서 있을 수 있다. 그러므로 안정성은 변화의 빈도와는 그다지 직접적인 관련이 없다. 우리가 세워놓은 동전을 방해하지 않더라도, 그 동전이 안정적으로 서 있다고 생각하기는 힘들다.

웹스터(Webster) 사전에 따르면, 어떤 것이 '쉽게 움직이지 않는다면' 그것은 안정적이다.[*1] 안정성은 변화를 만들기 위해 필요한 일의 양과 관련되어 있다. 동전을 넘어뜨리기 위해 필요한 일의 양은 굉장히 작기 때문에 동전은 안정적이지 않다. 반면, 탁자를 넘어뜨리려면 상당한 양의 노력이 필요하므로 탁자는 안정적이다.

이것과 소프트웨어는 어떤 관련이 있을까? 소프트웨어 패키지를 변경하기 힘들도록 만드는 요인에는 크기, 복잡도, 명확성 등 여러 가지가 있다. 우리는 이 모든 요인을 잠시 무시하고 다른

[*1] 「Webster's Third New International Dictionary」

어떤 것에 초점을 맞추려 한다. 소프트웨어 패키지를 변경하기 힘들게 만드는 한 가지 확실한 방법은 다른 많은 소프트웨어 패키지가 그 패키지에 의존하게 만드는 것이다. 많은 패키지에서 의존하는 패키지는 의존하는 모든 패키지가 변경한 내용을 만족하게 만들려면 상당히 많은 양의 일이 필요하므로 매우 안정적이다.

그림 20-5는 매우 안정적인 패키지 X를 보여준다. 이 패키지는 자신에게 의존하는 패키지가 3개나 있으므로, 변경하지 말아야 할 좋은 이유가 3개나 있는 셈이다. 이런 경우 X가 이 세 패키지에 **책임**이 있다고 말한다. 반면, X는 다른 패키지에 의존하지 않으므로, 이 패키지가 변하게 만들 외부의 영향이 없다. 이럴 때 X는 **독립적**이라고 말한다.

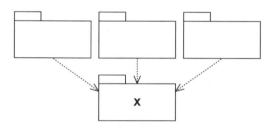

그림 20-5 X: 안정적인 패키지

반면 그림 20-6에는 아주 불안정한 패키지가 나와 있다. 패키지 Y는 자신에게 의존하는 다른 패키지가 없는데, 이런 경우 Y는 책임이 없다고 말한다. 그리고 Y는 또 패키지 3개에 의존하기 때문에, 변경을 일으킬 가능성이 있는 외부 원인이 3개가 있다. 이럴 때 Y를 **의존적**이라고 말한다.

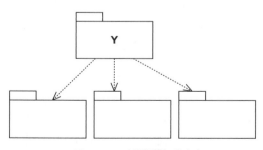

그림 20-6 Y: 불안정한 패키지

안정성 측정법

패키지의 안정성은 어떻게 측정할까? 패키지에 들어오거나 나가는 의존 관계 화살표의 수를 세는 것이 한 방법이다. 이렇게 세어보면 위치적 안정성을 계산할 수 있다.

- 들어오는 결합(Afferent Couplings, C_a): 이 패키지에 들어 있는 클래스에 의존하는 패키지 외부 클래스의 수
- 나가는 결합(Efferent Couplings, C_e): 패키지 외부 클래스에 의존하는 패키지 내부 클래스의 수
- 불안정성(Instability, I)

$$I = \frac{C_e}{C_a + C_e}$$

이 측정법으로 나오는 값의 범위는 [0,1]이다. $I = 0$은 가장 안정적인 패키지임을 나타내고, $I = 1$은 가장 불안정한 패키지임을 나타낸다.

C_a와 C_e 측정은 측정하고자 하는 패키지 외부의 클래스들 가운데 패키지 내부의 **클래스**들과 의존 관계를 갖는 것들의 수를 세서 계산한다. 그림 20-7의 예제를 한번 보자.

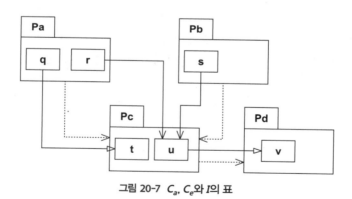

그림 20-7 C_a, C_e와 I의 표

패키지 사이의 점선 화살표는 패키지 의존 관계를 나타낸다. 이 패키지들 안에 있는 클래스들의 상호 관계는 패키지 의존 관계가 실제로 어떻게 구현되는지 보여준다. 이 그림을 보면 상속과 연관 관계가 나와 있다.

자, 이제 Pc의 안정성을 한번 재본다고 생각해보자. Pc 내부의 클래스에 의존하는 Pc 외부 클래스의 수를 세어보니 3개다. 따라서 $C_a = 3$이다. 그리고 Pc 내부의 클래스가 의존하는

외부 클래스의 수는 1개다. 따라서 $C_e = 1$이며, $I = 1/4$이다.

C++에서 이런 의존 관계는 보통 #include 문으로 나타난다. 사실, I 측정값은 소스 파일마다 클래스가 하나씩 있도록 소스 코드를 조직했을 때 가장 계산하기 쉽다. 자바에서 I 측정값은 import 문과 패키지 이름까지 완전히 포함한 이름을 세어서 계산한다.

I 측정값이 1이면, 그 패키지에 의존하는 다른 패키지가 없다는 뜻이며($C_a = 0$), 동시에 이 패키지가 의존하는 패키지가 있다는 뜻이다($C_e > 0$). 이 패키지는 최고로 불안정한데, 책임을 지지 않으며 동시에 의존적이다. 의존하는 패키지가 없으니 이 패키지를 변경하지 말아야 할 이유도 없으며, 이 패키지가 의존하는 다른 패키지 때문에 변경해야 할 이유가 생길 가능성은 충분하다.

반면에 I 측정값이 0이면, 다른 패키지들은 그 패키지에 의존하지만($C_a > 0$) 자기 자신은 다른 패키지에 의존하지 않는다($C_e = 0$)는 뜻이다. 이 패키지는 책임을 지며 또 독립적이다. 이런 패키지가 가장 안정적이다. 자신에게 의존하는 다른 패키지 때문에 이 패키지를 변경하기 쉽지 않을 뿐만 아니라, 이 패키지를 변경하게 만들 만한 의존 관계를 갖고 있지도 않다.

SDP에 따르면 어떤 패키지의 I 측정값은 그 패키지가 의존하는 다른 패키지들의 I 값들보다 반드시 커야 한다(즉, 의존 관계의 방향으로 I 측정값이 줄어들어야 한다).

모든 패키지가 안정적일 필요는 없다

만약 시스템에서 모든 패키지의 안정성이 가장 중요하다면 시스템은 변경할 수 없게 될 것이며, 이것은 그다지 바람직한 상황이 아니다. 사실, 어떤 패키지는 불안정하고 또 어떤 패키지는 안정적인 설계가 우리가 원하는 패키지 구조의 설계다. 그림 20-8은 패키지 3개를 포함하는 시스템의 이상적인 구성을 보여준다.

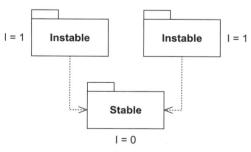

그림 20-8 이상적인 패키지 구성

변경 가능한 패키지들은 그림 위쪽에 있고 그림 아래의 안정적인 패키지에 의존한다. 불안정한 패키지를 다이어그램 위에 그리는 습관은 상당히 유용한데, 이렇게 그리면 **위쪽으로** 향하는 화살표는 모두 SDP를 위반함을 바로 알 수 있기 때문이다.

그림 20-9는 SDP가 위반되는 상황을 보여준다. 우리의 의도는 Flexible을 변경하기 쉬운, 불안정한 패키지로 만드는 것이다. 하지만 Stable이라는 이름의 패키지를 작업하는 어떤 개발자가 Flexible에 의존 관계를 걸어버렸다. Stable의 I 측정값이 Flexible의 I 측정값보다 훨씬 낮기 때문에 SDP를 위반해버린다. 그 결과 Flexible은 더 이상 변경하기 쉬운 패키지가 아니다. 이제 Flexible을 조금만 변경해도 Stable과 Stable에 의존하는 모든 것까지 신경 써야만 한다.

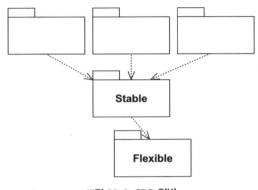

그림 20-9 SDP 위반

이런 상황을 바로잡으려면, 어떻게든 Flexible에 대한 Stable의 의존을 깨야 한다. 의존 관계가 생기는 이유가 무엇일까? Flexible 내부에 클래스 C가 있는데, Stable에 있는 U라는 클래스가 이 C를 사용해야 한다고 가정해보자(그림 20-10 참고).

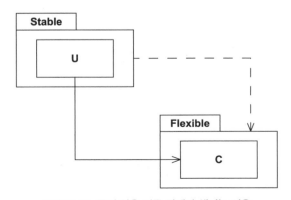

그림 20-10 좋지 않은 의존 관계가 생기는 이유

DIP를 사용해서 이런 상황을 바로잡을 수 있다. IU라고 불리는 인터페이스 클래스를 만들어 UInterface라는 이름의 패키지 안에 넣는다. 이 인터페이스에서 U가 필요한 모든 메소드를 확실히 모두 선언하도록 만들어야 한다. 그런 다음 C가 이 인터페이스로부터 상속을 받게 만든다(그림 20-11 참고). 이렇게 하면 Flexible에 대한 Stable의 의존 관계를 깨고 두 패키지 모두 UInterface에 의존하게 만들 수 있다. UInterface는 매우 안정적이며($I = 0$), Flexible은 자기가 필요한 불안정성을 다시 찾는다($I = 1$). 모든 의존 관계는 이제 I가 줄어드는 방향으로 흐른다.

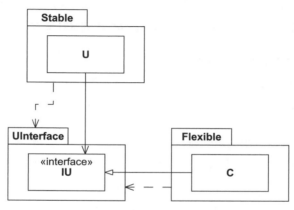

그림 20-11 DIP를 사용하여 안정성 위반을 바로잡음

높은 차원의 설계는 어디에 두어야 하는가?

시스템의 일부 소프트웨어는 자주 바뀌면 안 된다. 이런 소프트웨어는 높은 차원의 시스템 아키텍처와 설계 결정을 반영한다. 이런 아키텍처적 결정들이 쉽게 변경될 수 있기를 바라는 사람은 없으므로, 시스템에서 높은 차원의 설계를 캡슐화한 소프트웨어는 안정적인 패키지($I = 0$)에 넣어야 한다. 불안정한 패키지($I = 1$)는 변경될 가능성이 높은 소프트웨어만 포함해야 한다.

하지만 높은 차원의 설계가 안정적인 패키지에 들어간다면 이 설계를 나타내는 소스 코드를 변경하기가 어려워진다. 그러면 설계의 유연성이 떨어질 염려가 있다. 어떻게 해야 최고로 안정적인($I = 0$) 패키지를, 변화를 견딜 수 있을 정도로 유연하게 만들 수 있을까? OCP에서 그 답을 찾을 수 있다. 이 원칙에 따르면 변경하지 않고도 확장할 수 있을 정도로 유연한 클래스를 만드는 것이 가능하다. 어떤 종류의 클래스가 이 원칙에 적합할까? 추상 클래스(abstract class)가 그 답이다.

안정된 추상화 원칙(SAP)

패키지는 자신이 안정적인 만큼 추상적이기도 해야 한다.

안정된 추상화 원칙(SAP: Stable-Abstractions Principle)은 안정성과 추상성 사이의 관계를 정한다. 이 원칙에 따르면 안정적인 패키지는 그 안정성 때문에 확장이 불가능하지 않도록 추상적이기도 해야 한다. 거꾸로, 이 원칙에 따르면 불안정한 패키지는 구체적이어야 하는데, 그 불안정성이 그 패키지 안의 구체적인 코드가 쉽게 변경될 수 있도록 허용하기 때문이다.

따라서 어떤 패키지가 안정적이라면 확장할 수 있도록 추상 클래스들로 구성되어야 한다. 확장이 가능한 안정적인 패키지는 유연하며, 따라서 설계를 지나치게 제약하지 않는다.

SAP와 SDP를 합쳐놓으면 DIP의 패키지판이 된다. SDP는 의존 관계의 방향이 안정성의 증가 방향과 같아야 한다고 말하고, SAP는 안정성이란 추상성을 내포한다고 말하기 때문이다. 따라서 의존 관계는 추상성의 방향으로 흘러야 한다.

하지만 DIP는 클래스를 대상으로 하는 원칙이다. 클래스가 대상이면 흑백이 분명한데, 클래스는 추상 클래스이거나 아니거나 둘 중 하나이기 때문이다. SDP와 SAP의 조합은 패키지가 대상이며, 패키지가 부분적으로 추상적이거나 부분적으로 안정적인 것도 허용한다.

추상성 측정법

A 측정값은 패키지의 추상성을 계측한 값인데, 단지 패키지 안에 들어 있는 추상 클래스의 숫자와 패키지 전체 클래스 숫자의 비율일 뿐이다.

- N_c: 패키지 안에 들어 있는 클래스 수
- N_a: 패키지 안에 들어 있는 추상 클래스 수. 추상 클래스는 적어도 하나 이상의 순수한 인터페이스를 갖고 있으며, 인스턴스화할 수 없는 클래스임을 기억하자.
- A: 추상성

$$A = \frac{N_a}{N_c}$$

A 측정값의 범위는 0부터 1까지다. 0은 패키지에 추상 클래스가 하나도 없다는 뜻이고, 1은 이 패키지에 추상 클래스밖에 들어 있지 않다는 뜻이다.

주계열

이제 안정성(*I*)과 추상성(*A*) 사이의 관계를 정의할 때가 왔다. *A*를 *Y*축으로 삼고 *I*를 *X*축으로 삼은 그래프를 하나 그려보자. '바람직한' 종류의 패키지를 그래프 위에 점으로 찍어본다면, 가장 안정적이고 추상적인 패키지가 왼쪽 상단 (0,1)에 놓이고 가장 불안정하고 구체적인 패키지가 오른쪽 하단 (1,0)에 놓임을 알 수 있다(그림 20-12 참고).

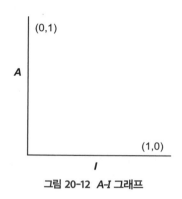

그림 20-12 *A-I* 그래프

모든 패키지가 이 두 위치 가운데 어느 하나에 들어가는 것은 아니다. 패키지의 추상성과 안정성에는 정도의 차이가 있다. 예를 들어, 어떤 추상 클래스가 다른 추상 클래스에서 파생되는 것은 흔한 일이다. 이 파생 클래스는 의존 관계를 갖는 추상 클래스다. 따라서 추상성은 가장 높지만, 가장 안정적이지는 않다. 이 클래스의 의존성 때문에 안정성이 줄어들었다.

모든 패키지를 (0,1)이나 (1,0)에 오게 할 수는 없으므로, *A/I* 그래프의 어딘가에 합리적인 패키지 위치를 정의할 수 있는 지점이 있을 것이라고 가정해봐야 한다. 패키지가 위치하면 안 될 영역(즉, 배제할 구역)을 찾아봄으로써 거꾸로 이 지점을 유추해낼 수 있다(그림 20-13 참고).

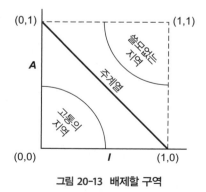

그림 20-13 배제할 구역

(0,0) 근방 영역에 패키지가 있다고 생각해보자. 이 패키지는 굉장히 안정적이고 매우 구체적이다. 그런데 이런 패키지는 경직되어 있기 때문에 좋지 않다. 추상적이지 않기 때문에 확장할 수 없으며, 안정적이기 때문에 변경하기도 힘들다. 따라서 보통은 잘 설계된 패키지가 (0,0) 근처에 있을 것이라고는 생각하지 않는다. (0,0) 주변 영역은 **고통의 지역**(Zone of Pain)이라고 불리는 배제할 지역이다.

이 고통의 지역에 패키지가 들어갈 수밖에 없는 경우도 있음을 알아야 한다. 데이터베이스 스키마를 그 예로 들 수 있다. 데이터베이스는 쉽게 바뀌기로 악명 높고, 극단적으로 구체적이며, 굉장히 의존도 많이 받는다. 이 점이 객체 지향 애플리케이션과 데이터베이스 사이 인터페이스가 굉장히 어렵고 일반적으로 스키마 갱신이 고통스러운 이유 가운데 하나다.

(0,0) 지역에 들어 있는 패키지의 또 다른 예로 구체적인 유틸리티 라이브러리를 담고 있는 패키지를 들 수 있다. 이런 패키지의 I 측정값이 1이더라도, 이런 패키지는 사실 변경하기 쉬운 패키지가 아니다. 'string' 패키지를 예로 들어보자. 이 패키지에 들어 있는 모든 클래스가 구체 클래스이더라도 이 패키지는 변경하기 쉽지 않다. 이런 패키지는 (0,0) 지역에 있어도 별로 해가 없는데, 별로 바뀔 가능성이 없기 때문이다. 물론, 변동성이 지배하는 그래프의 세 번째 영역에 대해 생각해볼 수도 있다. 그림 20-13의 그래프에 '변동성 = 1'인 영역이 보인다.

(1,1) 근처에 있는 패키지를 한번 생각해보자. 이 지역에 있는 패키지들은 굉장히 추상적이면서도, 그 패키지들에게 의존하는 것이 없기 때문에 그다지 바람직하지 않다. 이런 패키지들은 쓸모가 없으며, 따라서 이 지역은 **쓸모없는 지역**(Zone of Uselessness)이라고 불린다.

쉽게 바뀌는 패키지들을 되도록 두 배제 지역 모두로부터 멀리 떨어진 곳에 놓고 싶다는 것이 이제 명백해졌다. 두 영역으로부터 가장 멀리 떨어진 점들의 밀집 영역은 (1,0)과 (0,1)을 잇는 직선이다. 이 직선을 **주계열**(main sequence)이라고 한다.[*2]

주계열 위에 있는 패키지는 안정성에 비해 '너무 추상적'이지도 않고, 추상성에 비해 '너무 불안정'하지도 않다. 이 패키지는 쓸모없지도 않고 특별히 고통스럽지도 않다. 자신이 추상적인 정도만큼 의존의 대상이 되며, 자신이 구체적인 정도만큼 다른 패키지에 의존한다.

분명히, 가장 바람직한 패키지 위치는 주계열의 양 끝점 가운데 하나다. 하지만 내 경험상 프로젝트의 패키지 가운데 절반 이하만이 그런 이상적인 특징을 갖고 있다. 나머지 패키지들은 주계열 위에 있거나 그 가까이에 있을 때 가장 좋은 특징을 갖게 된다.

[*2] 천문학과 HR 다이어그램에 대한 내 관심 때문에 '주계열'이란 용어를 채택했다.

주계열로부터의 거리

여기서 우리의 마지막 측정값이 나온다. 패키지가 주계열 바로 위나 근처에 있는 것이 바람직하다면, 어떤 패키지가 이 이상적인 상황으로부터 얼마나 멀리 떨어져 있는지 재볼 수 있는 측정값을 만들 수 있다.

- D: 거리

$$D = \frac{|A + I - 1|}{\sqrt{2}}$$

이 측정값의 범위는 [0,~0.707]이다.

- D': 정규화된 거리

$$D' = |A + I - 1|$$

범위가 [0,1]이기 때문에 D보다 이 측정값이 훨씬 편리하다. 0은 패키지가 주계열 바로 위에 있음을 나타내고, 1은 패키지가 주계열에서 가장 멀리 떨어진 위치에 있음을 나타낸다.

이 측정값이 있다면, 어떤 설계가 주계열에 전반적으로 얼마나 일치하는지 분석할 수가 있다. 패키지마다 D 측정값을 측정한 다음, 0에 가까운 값이 아닌 D 측정값을 가진 패키지를 다시 검사해서 재구성해도 된다. 사실, 유지보수하기 더 좋고 변화에는 덜 민감한 패키지를 정의할 때는 이런 종류의 분석이 큰 도움이 된다.

설계를 통계적으로 분석할 수도 있다. 어떤 설계 안의 모든 D 측정값의 평균과 편차를 계산할 수도 있으며, 이때 주계열에 잘 일치하는 설계의 평균과 편차가 거의 0에 가까우리라 기대할 수 있다. 편차는 '관리 한계(control limit)'를 확립하기 위해 사용될 수도 있는데, 이것은 다른 것들과 비교해봤을 때 '예외적인' 패키지를 판별해내는 데 사용될 수 있다(그림 20-14 참고).

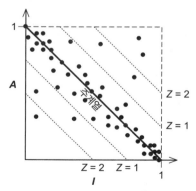

그림 20-14 패키지 D 점수의 흩뜨려진 점

이 산점도(scatter plot)를 보면,[3] 패키지 가운데 대다수가 주계열 근처에 있음을 알 수 있다. 하지만 몇몇은 첫 번째 표준 변이(Z = 1) 이상으로 평균에서 멀어져 있다. 이런 이상한 패키지들은 한번 조사해볼 가치가 있다. 어떤 이유에서든, 이들은 자신에게 의존하는 대상도 별로 없는데 무척 추상적이거나 자신에게 의존하는 대상이 많으면서도 매우 구체적이다.

각 패키지의 D' 측정값을 시간 흐름에 따라 기록하는 것도 이 측정법을 사용하는 또 다른 방법이다. 그림 20-15에 이런 종류의 그래프에 대한 가상적인 예가 나와 있다. 최근 몇 번의 릴리즈 사이에 어떤 이상한 의존성이 Payroll 패키지에 슬그머니 들어오고 있음을 볼 수 있다. 이 그래프에는 $D' = 0.1$인 관리 경계가 나와 있는데, R2.1 지점은 이 관리 한계를 넘어버렸다. 따라서 한동안 왜 이 패키지가 주계열에서 이렇게 멀리 떨어져 있는지 이유를 찾아보는 것도 가치가 있을 것이다.

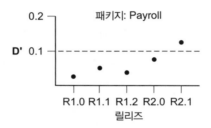

그림 20-15 단일 패키지 D' 점수의 시간 점

결론

이 장에서 설명한 의존성 관리 측정법(dependency-management metrics)들은 내가 선호하는 의존성과 추상성의 패턴에 어떤 설계가 얼마나 일치하는지를 측정한다. 내 경험상 어떤 의존 관계는 좋고 어떤 의존 관계는 그렇지 않은데, 이 패턴은 이런 경험을 반영하고 있다. 하지만 측정값은 신이 아니다. 단지 임의로 만든 어떤 기준에 따라 측정해본 값일 뿐이다. 이 장에서 선택한 기준이 특정한 애플리케이션에만 적합하고 다른 것에는 부적합한 경우도 분명히 있을 수 있다. 그리고 설계의 품질을 측정하는 훨씬 더 좋은 측정법이 있을 수도 있다.

---

[3]   실제 데이터에 기반을 둔 것이 아님

CHAPTER 21

팩토리 패턴

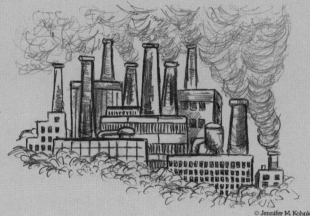

> 공장을 짓는 사람은 사원을 짓고 있는 셈이다…"
>
> **캘빈 쿨리지**(Calvin Coolidge), 1872~1933

© Jennifer M. Kohnke

의존 관계 역전 원칙(DIP: Dependency-Inversion Principle)[*1]에 따르면, 구체 클래스에 의존하는 것은 피하고 추상 클래스에 의존하는 것을 선호해야 한다. 구체 클래스가 쉽게 변경되는 종류일 경우 특히 그렇다. 따라서 다음과 같은 코드는 DIP를 위반한다.

```
Circle c = new Circle(origin, 1);
```

Circle은 구체 클래스다. 그러므로 Circle의 인스턴스를 생성하는 모듈은 DIP를 어기게 된다. 사실 new 키워드를 사용하기만 하면 DIP를 어기는 셈이 된다.

DIP 위반이 거의 해롭지 않은 경우도 있다.[*2] 구체 클래스가 변경될 가능성이 크면 클수록, 그 클래스에 의존할 때 문제가 생길 가능성도 커진다. 하지만 구체 클래스가 쉽게 변경되는 종류의 클래스가 아니라면, 그 클래스에 의존하는 것이 그렇게 걱정거리가 되지는 않는다.

[*1]   11장 '의존 관계 역전 원칙(DIP)' 참고

[*2]   상당히 많은 경우가 여기에 포함된다.

예를 들어, 나는 String의 인스턴스를 만드는 것 정도는 그렇게 신경 쓰지 않는다. String이 조만간 변경될 가능성은 거의 없기 때문에 String에 의존하는 것은 매우 안전하다.

반면, 애플리케이션을 한창 개발하는 중이라면, 매우 변경되기 쉬운 구체 클래스들이 많이 생긴다. 이 구체 클래스들에 의존하는 것은 문제가 있으며, 대부분의 변경에 영향을 받지 않도록 추상 인터페이스에 의존하는 편이 낫다.

팩토리(FACTORY) 패턴을 사용하면 추상 인터페이스에만 의존하면서도 구체적 객체(concrete object)들의 인스턴스를 만들 수 있으므로, 한창 개발하느라 생성할 구체 클래스의 변경이 잦을 때 이 패턴이 큰 도움이 된다.

그림 21-1에서 문제가 되는 시나리오를 볼 수 있다. Shape 인터페이스에 의존하는 SomeApp이라는 이름의 클래스가 있는데, 이 SomeApp은 오직 Shape 인터페이스를 통해서만 여러 Shape 인스턴스들을 사용한다. 불행하게도, SomeApp은 Square와 Circle의 인스턴스를 직접 생성하기 때문에, 구체 클래스인 Square와 Circle에게 의존하게 된다.

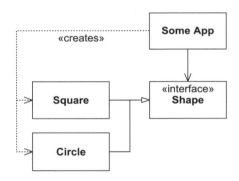

그림 21-1 구체 클래스를 생성하기 때문에 DIP를 위반하는 애플리케이션

SomeApp에 그림 21-2처럼 팩토리 패턴을 적용하면 이 문제점을 고칠 수 있다. 여기 ShapeFactory 인터페이스가 등장하는데, 이 인터페이스에는 makeSquare와 makeCircle 두 메소드가 있다. makeSquare 메소드는 Square의 인스턴스를 생성하고, makeCircle은 Circle의 인스턴스를 생성한다. 하지만 두 메소드가 생성한 인스턴스를 반환할 때는 모두 Shape 타입으로 해서 반환한다.

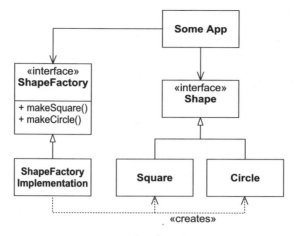

그림 21-2 Shape 팩토리

목록 21-1에 ShapeFactory의 한 예가 나와 있으며, 목록 21-2에 ShapeFactoryImplementation의 예가 나와 있다.

목록 21-1 ShapeFactory.java

```java
public interface ShapeFactory {
    public Shape makeCircle();
    public Shape makeSquare();
}
```

목록 21-2 ShapeFactoryImplementation.java

```java
public class ShapeFactoryImplementation implements ShapeFactory {
    public Shape makeCircle() {
        return new Circle();
    }

    public Shape makeSquare() {
        return new Square();
    }
}
```

이렇게 하면 구체 클래스에 의존하는 문제점이 완전하게 해결됨을 알 수 있다. 애플리케이션 코드는 더 이상 Circle이나 Square에 의존하지 않으면서도 이 두 클래스의 인스턴스는 계속 생성할 수 있다. 애플리케이션은 이 인스턴스들을 Shape 인터페이스를 통해서만 사용하며, Square나 Circle 한 곳에만 있는 메소드는 전혀 호출하지 않는다.

따라서 이제 구체 클래스에 의존하는 문제점은 사라진다. 그래도 누군가 한 사람은 ShapeFactoryImplementation을 구현해야 하겠지만, 나머지 사람들은 이제 더 이상 Square나 Circle을 생성할 필요가 없다. ShapeFactoryImplementation 자체는 아마 main 함수에서 생성되거나 main 함수에 딸린 초기화 함수에서 생성될 것이다.

의존 관계 순환

눈치 빠른 독자는 이 형태의 팩토리 패턴에 문제가 있음을 알아챘을 것이다. ShapeFactory 클래스는 Shape의 파생형마다 메소드가 하나씩 있다. 그런데 이렇게 할 경우 Shape에 새로운 파생형을 추가하는 일을 매우 어렵게 만들지도 모르는 의존 관계 순환이 생길 수 있다. 새로운 Shape 파생형을 추가할 때마다 ShapeFactory에 새로운 메소드를 추가해야 하는데, 대부분의 경우 이것은 모든 ShapeFactory 사용자의 ShapeFactory 클래스를 재컴파일하고 재배포해야 한다는 의미가 되어버린다.[3]

타입 안정성을 조금 희생하면 이 의존 관계 순환을 막을 수 있다. ShapeFactory에 Shape 파생형마다 메소드를 하나씩 만드는 대신, String을 받는 make 함수 하나만 만들면 된다. 목록 21-3에 예가 나와 있다. 이 기법을 사용하려면 ShapeFactoryImplementation이 들어오는 인자를 가지고 어떤 Shape 파생형을 인스턴스화해야 할지 결정하기 위해 연쇄적으로 if/else 문을 사용해야 한다. 그 예가 목록 21-4와 목록 21-5에 나와 있다.

목록 21-3 원을 생성하는 코드 조각

```java
public void testCreateCircle() throws Exception {
    Shape s = factory.make("Circle");
    assert(s instanceof Circle);
}
```

목록 21-4 ShapeFactory.java

```java
public interface ShapeFactory {
    public Shape make(String shapeName) throws Exception;
}
```

---

[3] 이것도 자바에서는 꼭 그런 것만은 아니다. 변경된 인터페이스의 클라이언트들을 재컴파일 및 재배포하지 않아도 괜찮을 수도 있다. 하지만 위험이 따르는 일이다.

```java
public class ShapeFactoryImplementation implements ShapeFactory {
    public Shape make(String shapeName) throws Exception {
        if (shapeName.equals("Circle"))
            return new Circle();
        else if (shapeName.equals("Square"))
            return new Square();
        else
            throw new Exception("ShapeFactory cannot create " + shapeName);
    }
}
```

Shape 파생형의 이름을 잘못 쓴 호출자가 컴파일 에러 대신 런타임 에러를 받게 되기 때문에, 이렇게 하면 위험하다고 주장하는 사람이 있을지도 모른다. 틀린 말은 아니다. 하지만 적절한 수의 단위 테스트가 있고 테스트 주도적 개발을 적용한다면 런타임 에러가 문제가 되기 전에 미리 잡을 수 있을 것이다.

대체할 수 있는 팩토리

팩토리를 사용해서 생기는 큰 장점 중 하나는, 어떤 팩토리의 구현을 다른 구현으로 대체할 수 있다는 점이다. 그럼으로써 애플리케이션 안에 있는 객체들의 집합 하나를 다른 집합으로 통째로 대체할 수 있다.

다양한 데이터베이스 구현에 모두 잘 적응해야 하는 애플리케이션을 하나 예로 들어보자. 이 예로 든 애플리케이션에서 사용자가 일반 파일을 사용할 수도 있고, Oracle^{TM} 어댑터를 구매할 수도 있다고 가정해보자. 프록시(PROXY)[4] 패턴을 써서 애플리케이션과 데이터베이스 구현을 분리할 수도 있을 것이다. 그리고 이 프록시들을 인스턴스화하기 위해 팩토리들을 사용할 수도 있을 것이다. 그림 21-3에 그 구조가 나와 있다.

---

[4] 프록시 패턴에 대해서는 나중에 26장에서 다룰 것이다. 지금 이 예제에서 프록시는 어떤 특정한 종류의 데이터베이스에서 어떤 특정한 객체를 읽는 법을 아는 클래스라는 정도로만 이해하자.

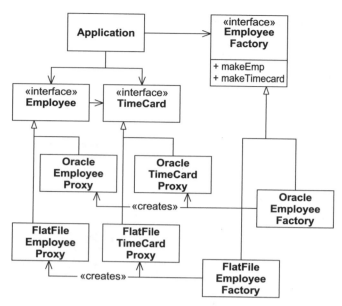

그림 21-3 대체할 수 있는 팩토리

EmployeeFactory에 두 가지 구현이 있음을 주목하자. 하나는 일반 파일을 대상으로 작업 하는 프록시들을 만들고, 다른 하나는 Oracle™을 대상으로 작업하는 프록시들을 만든다. 애 플리케이션 자체는 어떤 것이 사용되는지 모르거나, 알더라도 상관하지 않는다는 점에도 주목 하자.

테스트 픽스처를 위해 팩토리 사용하기

단위 테스트를 작성할 때, 어떤 모듈의 행위를 그 모듈이 사용하는 다른 모듈들과 분리된 상 태에서 테스트하고 싶은 경우가 종종 있다. 예를 들어, 데이터베이스를 사용하는 Payroll 애 플리케이션이 있다고 생각해보자(그림 21-4 참고). 여기서 데이터베이스를 전혀 사용하지 않고 Payroll 모듈의 기능을 테스트해보고 싶을 수 있다.

그림 21-4 Payroll이 Database를 사용한다.

이것은 데이터베이스의 추상 인터페이스를 사용해서 이룰 수 있다. 추상 인터페이스의 구현 하나는 실제 데이터베이스를 사용하고, 다른 하나는 데이터베이스의 행위를 흉내 낸다. 그리고 데이터베이스로 들어오는 호출이 올바른지 검사하기 위해 테스트 코드를 작성하면 된다. 그림 21-5에 그 구조가 나와 있다. PayrollTest 모듈은 PayrollModule에게 호출을 보냄으로써 이 모듈을 테스트한다. 그리고 PayrollTest는 Payroll이 데이터베이스에 보내는 호출을 잡기 위해 Database 인터페이스도 구현하는데, 이러면 Payroll이 올바로 동작하는지 PayrollTest가 보증할 수 있게 된다. 그리고 이렇게 하면 다른 방법으로는 생성하기 어려운 여러 종류의 데이터베이스 에러나 문제도 PayrollTest가 흉내 내볼 수 있다. 이것은 스푸핑 (spoofing, 위장)이라는 이름으로도 알려져 있는 기법이다.

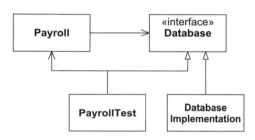

그림 21-5 PayrollTest가 Database를 스푸핑한다.

하지만 Payroll은 어떻게 자기가 Database로서 사용할 PayrollTest의 인스턴스를 받을 수 있을까? 분명히 Payroll이 PayrollTest를 직접 생성하지는 않을 것이다. 하지만 역시 마찬가지로 분명히, Payroll은 어떻게든 자신이 사용할 Database 구현에 대한 참조를 받아야만 한다.

정말 자연스럽게 PayrollTest가 Database 참조를 Payroll에게 전달할 수 있는 경우도 있다. 그리고 PayrollTest가 Database를 참조하는 전역 변수를 설정해야만 하는 경우도 있다. 하지만 Payroll이 Database 인스턴스를 꼭 스스로 생성해야 하는 경우도 있다. 마지막 경우라면, Payroll에게 다른 팩토리를 넘겨주는 방법으로 Payroll을 속여서 Database의 테스트 버전을 생성하도록 팩토리를 사용할 수 있다.

그림 21-6에서 가능한 구조 가운데 하나를 볼 수 있다. Payroll 모듈은 GdatabaseFactory 라는 이름의 전역 변수(또는 전역 클래스의 정적 변수)를 통해 팩토리를 얻는다. PayrollTest 모듈은 DatabaseFactory를 구현하고 자기 자신의 참조를 GdatabaseFactory에 넣는다. Payroll이 Database를 생성하기 위해 팩토리를 사용한다면, PayrollTest가 이 호출을

받아서 자기 자신의 참조를 반환한다. 이렇게 하면 자기가 PayrollDatabase를 생성했다고 Payroll이 믿게 만들면서도, PayrollTest 모듈이 Payroll 모듈을 완전하게 스푸핑해서 모든 데이터베이스 호출을 가로챌 수 있다.

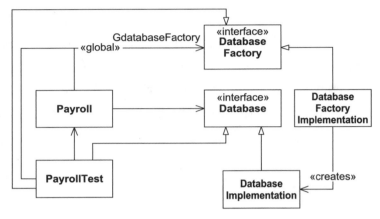

그림 21-6 팩토리 스푸핑

팩토리 사용이 얼마나 중요한가?

DIP를 엄격하게 적용하면, 시스템에 들어 있는 쉽게 변경되는 종류의 모든 클래스마다 팩토리를 사용해야 한다. 그뿐만 아니라 팩토리 패턴이 지닌 힘은 마음을 끌리게 한다. 이런 두 가지 요인은 때때로 개발자가 기본적으로 팩토리를 사용하도록 부추길 수 있다. 하지만 이것은 너무 극단적이기 때문에 그다지 권장하지 않는다.

나는 보통 팩토리를 사용하지 않고 시작하며, 팩토리의 필요성이 충분히 커지면 그제야 시스템에 팩토리를 도입한다. 예를 들어보자. 프록시 패턴을 사용해야만 하게 된다면, 영속적인 객체들을 생성하기 위해 팩토리도 사용해야만 할 것이다. 다른 예도 들어보자. 다른 객체를 생성하는 어떤 객체가 있다고 할 때, 단위 테스트를 하는 동안 이 객체를 스푸핑해야만 하는 상황도 종종 만나게 된다. 그러면 그때 아마 팩토리를 쓰게 될 것이다. 아무튼 어떤 경우라도 팩토리가 당연히 필요할 것이라고 가정하고 시작하지는 않는다.

팩토리는 피하려면 피할 수 있는 복잡함이다. 특히 지금 진화하고 있는 설계의 초기 단계일 경우라면 더욱 그러하다. 언제나 팩토리를 기본으로 사용한다면 설계를 확장하기가 급격히 어려워진다. 팩토리를 사용해서 새로운 클래스를 하나 만들려면 새로 만들 클래스와 그 팩토리의 인터페이스 클래스 2개, 그리고 이 인터페이스 2개를 구현하는 구체 클래스 2개, 모두 합해 4개나 새로 만들어야 하기 때문이다.

결론

팩토리는 강력한 도구다. DIP를 지키려고 할 때 큰 도움이 되기도 하며, 높은 차원의 정책 모듈이 클래스들의 구체적인 구현에 의존하지 않고도 그 클래스들의 인스턴스를 생성하게 해주기도 한다. 그리고 어떤 클래스 무리를 완전히 다른 클래스 무리로 교체하는 일도 가능하게 만든다. 하지만 팩토리는 피하려면 피할 수도 있는 복잡함이다. 기본으로 팩토리를 사용하는 것이 최선의 방법인 경우는 드물다.

참고 문헌

1. Gamma, et al. *Design Patterns*. Reading, MA: Addison–Wesley, 1995.

22 급여 관리 사례 연구(2부)

> 경험상의 규칙: 어떤 것이 영리하고 정교하다고 생각된다면, 조심해라.
> 그 생각이 여러분의 방종일 가능성이 크다."
>
> 도널드 A. 노먼(Donald A. Norman), 『The Design of Everyday Things』(1990)

지금까지 급여 관리 문제에 대해 많은 양의 분석, 설계, 구현을 해왔다. 하지만 그래도 여전히 결정해야 할 일이 많다. 하나만 예로 들어보면, 지금까지 이 문제를 작업한 프로그래머는 한 명(나 자신)뿐이었다. 사실, 지금의 개발 환경 상태도 프로그래머가 한 명뿐이라는 이 사실과 일치한다. 모든 프로그램 파일은 디렉토리 하나에 위치해 있으며, 더 높은 차원의 구조는 잡혀 있지 않다. 패키지도 없고, 서브시스템도 없으며, 전체 애플리케이션을 통째로 릴리즈하는 것 말고는 릴리즈 단위도 존재하지 않는다. 이대로는 더 이상 진전할 수 없다.

이 프로그램이 성장하면, 작업하는 사람 수도 늘어난다고 가정해야만 한다. 우리는 여러 개발자가 편하게 작업할 수 있도록 소스 코드를 패키지로 나누어서 체크아웃, 변경, 테스트하기 편리하게 만들 것이다.

현재 이 급여 관리 애플리케이션은 코드 3280라인이 클래스 50개와 소스 파일 100개에 나뉘어 있다. 그렇게 큰 숫자는 아니지만, 그래도 정리하기 쉬운 규모는 아니다. 이 소스 파일들을 어떻게 관리해야 할까?

같은 맥락에서, 프로그래머들이 서로 방해하지 않으며 부드럽게 개발을 진행할 수 있도록 구현 작업을 어떻게 분할해야 할까? 우리는 클래스들을 개인이나 팀이 체크아웃하거나 지원하기 쉬운 그룹으로 나누어서 묶어놓았으면 한다.

패키지 구조와 표기법

그림 22-1의 다이어그램은 이 급여 관리 애플리케이션의 패키지 구조의 한 예다. 이 구조가 얼마나 적절한지는 나중에 다룰 것이다. 일단 지금은 패키지 구조를 문서화하는 방법과 사용하는 방법만 다루자.

부록 A를 보면 패키지에 대한 UML 표기법이 설명되어 있다. 관례적으로, 패키지 다이어그램은 의존 관계가 아래쪽으로 향하도록 그린다. 위쪽에 있는 패키지가 의존적인 패키지이고, 아래쪽에 있는 패키지는 다른 패키지들이 의존하는 패키지다.

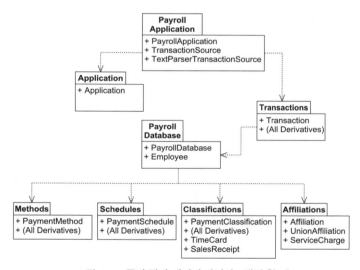

그림 22-1 급여 관리 패키지 다이어그램의 한 예

그림 22-1을 보면 급여 관리 애플리케이션은 패키지 8개로 나뉘어 있다. `PayrollApplication` 패키지에는 `PayrollApplication` 클래스와 `TransactionSource` 클래스, `TextParserTransactionSource` 클래스가 들어 있다. `Transactions` 패키지에는 전체 `Transaction` 클래스 계층 구조가 모두 들어 있다. 다른 패키지의 구성원도 다이어그램을 잘 살펴보면 명확하게 알 수 있다.

패키지들의 의존 관계 역시 명확하다. PayrollApplication 클래스가 Transaction::Execute 메소드를 호출하기 때문에 PayrollApplication 패키지는 Transactions 패키지에 의존한다. Transaction의 파생 클래스마다 PayrollDatabase 클래스와 직접 의사소통하기 때문에 Transactions 패키지는 PayrollDatabase 패키지에 의존한다. 다른 의존 관계도 그 이유를 증명할 수 있다.

내가 이 클래스들을 패키지로 나눌 때 사용한 기준은 무엇일까? 사실, 그냥 같은 패키지에 들어갈 것처럼 보이는 클래스들끼리 모아놓았을 뿐이다. 20장에서 배웠듯이, 이것은 그리 좋은 생각이 아니다. 예를 들어, Classifications 패키지가 변경되면 무슨 일이 벌어질지 생각해보자. 일단 PayrollDatabase 패키지를 재컴파일하고 다시 테스트해야 할 텐데, 이것까지는 괜찮다. 하지만 Transactions 패키지까지도 재컴파일하고 다시 테스트해야 한다. ChangeClassificationTransaction과 (그림 19-13에서 보이는) 여기서 파생된 클래스 3개는 재컴파일하고 다시 테스트하는 것이 당연하지만, 왜 Transactions에 들어 있는 다른 클래스들도 그래야 하는가?

기술적인 측면에서, 다른 트랜잭션들을 재컴파일하고 다시 테스트해야 할 이유는 없다. 하지만 이들은 Classifications 패키지에 생긴 변화 때문에 다시 릴리즈될 Transactions 패키지에 들어 있기 때문에, 패키지 전체를 모두 재컴파일하고 다시 테스트하지 않는 것은 무책임한 행위로 보일지도 모른다. 트랜잭션들을 재컴파일하고 다시 테스트하지 않더라도, 패키지 자체는 다시 릴리즈하고 배포되어야 하며, 그러면 이 패키지의 모든 클라이언트도 아마 재컴파일해야 할 것이고, 그러지 않더라도 최소한 재검증은 해봐야 할 것이다.

Transactions 패키지에 들어 있는 클래스들은 동일한 변화에 동일하게 폐쇄되어 있지 않다. 클래스마다 민감한 변화가 따로 있다. ServiceChargeTransaction은 ServiceCharge 클래스의 변화에 열려 있는 반면, TimeCardTransaction은 TimeCard 클래스의 변화에 열려 있다. 사실 그림 22-1의 다이어그램에 암시되어 있듯이, 소프트웨어의 거의 모든 부분마다 Transactions 패키지에는 그 부분에 의존하는 어떤 클래스가 있다. 따라서 이 패키지의 재릴리즈 횟수는 상대적으로 매우 크다. 다이어그램 아래쪽에서 무엇인가 변경될 때마다 Transactions 패키지도 재검증하고 재릴리즈해야 한다.

그러나 PayrollApplication 패키지는 이보다 더 민감하다. 시스템 어느 부분에서 어떤 변화가 생기면 이 패키지는 영향을 받으므로, 이 패키지의 상대적인 재릴리즈 횟수는 엄청나게 클 수밖에 없다. 패키지 의존 관계 계층 구조에서 위쪽으로 올라가면 이럴 수밖에 없지 않느냐고 생각할지도 모르겠다. 하지만 다행스럽게도 꼭 그렇지는 않으며, 이런 현상이 일어나지 않게 하는 것이 객체 지향 설계의 주요한 목표 가운데 하나다.

공통 폐쇄 원칙(CCP) 적용하기

그림 22-2를 보면, 이 다이어그램에서 급여 관리 애플리케이션의 클래스들은 어떤 변화에 공통적으로 폐쇄되어 있는 것끼리 묶여 있다. 예를 들어 PayrollApplication 패키지에는 PayrollApplication과 TransactionSource 클래스가 들어 있는데, 이 두 클래스는 모두 PayrollDomain 패키지에 들어 있는 Transaction 추상 클래스에 의존한다.

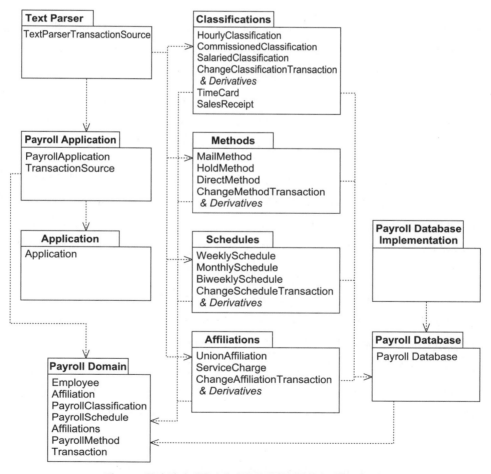

그림 22-2 급여 관리 애플리케이션의 폐쇄된 패키지 계층 구조의 예

TextParserTransactionSource 클래스가 PayrollApplication 추상 클래스에게 의존하는 또 다른 패키지에 들어 있음을 눈여겨보자. 이렇게 하면 세부적인 것이 일반적인 것에 의존하며, 일반적인 것들이 독립적인, 거꾸로 된 구조가 만들어진다. 이러면 DIP도 지키게 된다.

일반성과 독립성에 관한 가장 놀라운 사례로 PayrollDomain 패키지를 들 수 있다. 이 패키지는 전체 시스템의 **핵심**을 담고 있으면서도 아무에게도 의존하지 않는다! 이 패키지를 자세히 살펴보자. 이 패키지에는 Employee, PaymentClassification, PaymentMethod, PaymentSchedule, Affiliation, Transaction이 들어 있다. 이 모델에서 주요한 추상화 개념들은 다 담고 있는데도 아무에게도 의존하지 않는다. 왜 그럴까? 이 패키지가 담고 있는 대부분의 클래스가 추상 클래스이기 때문이다.

PaymentClassification의 파생 클래스 3개를 담고 있는 Classifications 패키지를 한번 보자. 이 패키지에는 ChangeClassificationTransaction 클래스와 이것의 파생 클래스 3개도 들어 있고, TimeCard와 SalesReceipt도 들어 있다. 이 9개의 클래스에 일어나는 변화의 영향은 이 패키지에만 국한된다는 점을 주목하자. TextParser 말고는 영향받는 패키지가 하나도 없다! Methods 패키지도, Schedules 패키지도, Affiliations 패키지도 마찬가지로 자신 안에만 변화가 국한된다. 변화의 영향이 상당히 차단되는 구조다.

의존하는 다른 패키지가 없거나 매우 적은 패키지에 대부분의 실행 코드가 들어 있다는 점을 주목하자. 거의 아무도 이 패키지들에게 의존하지 않으므로, 이 패키지들은 **책임이 없는 패키지**라고 한다. 이 패키지들에 들어 있는 코드는 프로젝트의 다른 많은 부분에 영향을 주지 않고도 변경될 수 있으므로 굉장히 유연하다. 시스템에서 일반성이 가장 높은 패키지들이 실행 코드의 양은 가장 적다는 점도 주목하자. 이 패키지들에 의존하는 다른 패키지들은 많지만, 이 패키지들 자체는 아무에게도 의존하지 않는다. 많은 패키지가 의존하므로 이 패키지들은 **책임 있는 패키지**라고 한다. 그리고 이 패키지들은 아무에게도 의존하지 않으므로, **독립적인 패키지**라고도 한다. 따라서 책임 있는 코드(즉, 코드의 변화가 다른 많은 코드에도 영향을 끼치는 코드)의 양은 굉장히 적다. 게다가, 이렇게 적은 양의 코드가 독립적이기까지 하므로, 이 코드를 바꾸게 할 만한 다른 모듈도 없다. 굉장히 책임 있고 독립적이며 일반적인 패키지가 아래쪽에 놓이고, 굉장히 책임 없고 의존적이며 세부적인 패키지가 위쪽에 놓이는 거꾸로 된 구조가 객체 지향 설계의 특징이다.

그림 22-1을 그림 22-2와 비교해보자. 그림 22-1 아래쪽에 있는 세부적인 패키지들이 독립적

이면서 책임도 많다는 점을 주목하자. 세부적인 것들이 이러면 안 된다! 세부적인 것들은 시스템의 중요한 아키텍처적 결정에 의존해야지 의존의 대상이 되면 안 된다. 시스템의 아키텍처를 결정하는 일반적인 패키지들은 책임이 별로 없고 굉장히 의존적이라는 점에도 주목해야한다. 즉, 아키텍처적인 결정을 정의하는 패키지들이 구현상의 세부 사항을 담고 있는 패키지들에게 의존하며, 따라서 이것들에게 제약을 당한다. 이것은 SAP 위반이다. 아키텍처가 세부사항을 제약하는 편이 훨씬 낫다!

재사용 릴리즈 등가 원칙(REP) 적용하기

급여 관리 애플리케이션에서 재사용할 수 있는 부분은 어디인가? 회사의 다른 부서가 우리 급여 관리 시스템을 재사용하고 싶어 하지만 정책이 완전히 다르다면, Classifications, Methods, Schedules, Affiliations는 재사용할 수 없다. 하지만 PayrollDomain, PayrollApplication, Application, PayrollDatabase는 재사용할 수 있으며, 아마 PDImplementation 역시 재사용할 수 있을지도 모른다. 반면, 또 다른 부서에서 현재 직원 데이터베이스를 분석하는 소프트웨어를 작성하고 싶다면 PayrollDomain, Classifications, Methods, Schedules, Affiliations, PayrollDatabase, PDImplementation을 재사용할 수 있을 것이다. 두 경우 모두, 재사용의 최소 단위는 패키지다.

어떤 패키지에 들어 있는 클래스 하나만 재사용되는 경우는 극히 드물다. 그 이유는 간단한데, 어떤 패키지에 들어 있는 클래스들은 응집력이 있어야 하기 때문이다. 클래스들이 응집력이 있다는 말은 클래스들이 서로 의존하므로 쉽게 떼어낼 수 없거나 또는 떼어내는 일이 합리적이지 않다는 뜻이다. 예를 들어, Employee 클래스는 쓰는데 PaymentMethod 클래스는 쓰지 않는다는 것은 말이 되지 않는다. 사실, PaymentMethod 클래스 없이 Employee 클래스를 쓰려면 Employee 클래스가 PaymentMethod 클래스를 담고 있지 않도록 수정해야 한다. 재사용된 컴포넌트를 수정해야만 하는 종류의 재사용성을 지원하고 싶지 않을 것이라는 점은 분명하다. 따라서 재사용의 최소 단위는 패키지다. 이 점을 인식하면 클래스를 패키지로 묶을 때 적용할 응집도 기준이 하나 더 생긴다. 같은 패키지에 들어 있는 클래스들은 그 클래스들을 변경할 이유가 공통적이어야 할 뿐만 아니라, REP를 지킬 수 있도록 함께 재사용할 수도 있어야 한다.

그림 22-1의 원래 패키지 다이어그램을 한 번 더 살펴보자. Transactions나 PayrollDatabase처럼 재사용하고 싶은 패키지를 실제로 재사용하기는 쉽지 않은데, 함께 따라와야 할 짐이

많기 때문이다. PayrollApplication 패키지는 구제불능일 정도로 의존적이다(모든 패키지에 의존한다). 다른 종류의 급여 일정, 지급 방법, 공제, 급여 산정 기준 정책을 사용하는 새로운 급여 관리 애플리케이션을 만들려고 해도 이 패키지 전체를 그대로 사용할 수 없고, 대신 PayrollApplication, Transactions, Methods, Schedules, Classifications, Affiliations 패키지에서 클래스를 개별적으로 가져와야 한다. 패키지를 이런 식으로 해체하면, 패키지 릴리즈 구조가 파괴된다. 그러면 PayrollApplication의 3.2 릴리즈가 재사용가능하다는 식으로 말할 수 없게 된다.

그림 22-1은 CRP를 위반한다. 그래서 어쩔 수 없이 다양한 패키지에서 재사용 가능한 부분만 조각내서 가져와 재사용한다면 재사용자는 관리상의 어려운 문제점에 맞닥뜨리게 되는데, 그가 더 이상 우리 릴리즈 구조에 의존할 수 없다는 문제다. Methods가 새로 릴리즈된다면, PaymentMethod 클래스를 재사용하는 그에게도 영향을 미치게 된다. 대부분의 변화는 그가 사용하지 않는 클래스에 생기겠지만, 그래도 그는 우리 릴리즈 상황을 계속 지켜보고 있어야 하며, 아마 릴리즈 때마다 자신의 코드를 재컴파일하고 다시 테스트해야 할 것이다.

이런 상황은 너무 관리하기 힘들기 때문에, 재사용자는 아마 재사용할 컴포넌트의 복사본을 만들고 우리 것과 별개로 그 복사본을 진화시키는 전략을 택할 것이다. 하지만 그러면 더 이상 이것은 재사용이 아니다. 원본 코드와 복사본은 곧 서로 너무 달라져서 별개의 지원을 필요로 할 테고, 결과적으로 지원 부담이 두 배로 늘어날 것이다.

이런 문제점들은 그림 22-2의 구조에서는 나타나지 않는다. 이 구조의 패키지들은 재사용하기 더 쉽다. PayrollDomain에 딸린 짐은 많지 않으며, PaymentMethod, PaymentClassification, PaymentSchedule 등의 파생 클래스와 독립적으로 재사용할 수 있다.

눈치 빠른 독자라면 그림 22-2의 패키지 다이어그램이 CRP를 완벽히 지키지는 않는다는 사실을 알아차렸을 것이다. 구체적으로 말해보자면, PayrollDomain 패키지는 재사용의 최소 단위가 아니다. Transaction 클래스는 패키지 나머지 부분과 꼭 함께 재사용돼야 할 이유가 없다. 우리는 Employee와 Employee의 필드에는 접근하지만 Transaction은 하나도 사용하지 않는 애플리케이션을 많이 설계할 수 있다.

따라서 그림 22-3처럼 패키지 다이어그램을 조금 바꿔볼 수도 있다. 이 패키지 다이어그램에서는 트랜잭션과 그 트랜잭션이 다루는 요소가 분리된다. 예를 들어, MethodTransactions 패키지의 클래스들은 Methods 패키지의 클래스들을 다룬다. 우리는 Transaction 클래스를 TransactionApplication이라는 이름의 새 패키지로 옮겼는데, 이 패키지에는

TransactionSource 클래스와 TransactionApplication이라는 이름의 클래스도 들어 있다. 이 세 클래스가 재사용 단위 하나가 된다. PayrollApplication 클래스는 이제 대통합자가 되었다. 이 클래스에는 메인 프로그램이 있고, TextParserTransactionSource를 Transaction Application에 붙이는 PayrollApplication이라는 TransactionApplication의 파생 클래스도 있다.

이렇게 변경하면 설계에 추상 레이어가 하나 더 추가된다. TransactionApplication 패키지는 이제 TransactionSource로부터 Transaction들을 가져온 다음 실행하는 모든 애플리케이션에서 재사용할 수 있다. PayrollApplication 패키지는 이제 매우 의존적이기 때문에 더 이상 재사용할 수 없게 되었지만, TransactionApplication이 그 자리에 대신 들어간 데다, 더 일반적이기까지 하다. 이제 PayrollDomain 패키지를 Transaction 없이 재사용할 수 있게 되었다.

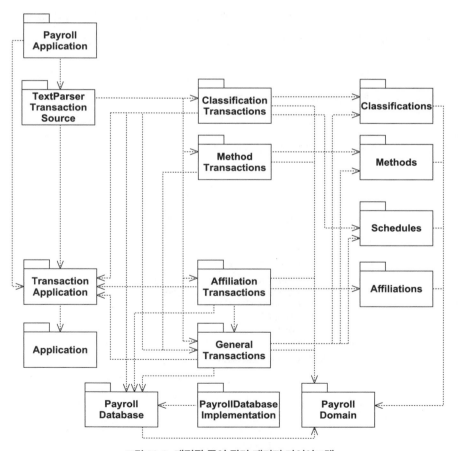

그림 22-3 개정된 급여 관리 패키지 다이어그램

이제 프로젝트의 재사용성과 유지보수성은 더욱 개선되었다. 하지만 그 대가로 패키지 5개가 추가되었고 의존 관계 아키텍처가 더 복잡해졌다. 어떤 종류의 재사용을 예상하며 애플리케이션의 진화 속도를 어떻게 예상하느냐에 따라 어떤 쪽을 선택할지가 결정된다. 애플리케이션이 매우 안정적이라서 자주 바뀌지 않으며 재사용할 클라이언트도 적다면 이번 변화는 너무 과도하다. 반면, 이 구조를 재사용할 애플리케이션이 많거나 애플리케이션이 잦은 변경을 겪게 될 것이라고 예상된다면, 이 새로운 구조가 낫다. 이것은 판단을 내려야 하는 문제이며, 추측보다는 자료에 바탕을 두고 결정을 내려야 한다. 처음에는 간단하게 시작하고 필요에 따라 패키지 구조를 발전시키는 것이 가장 좋다. 패키지 구조는 필요하다면 언제든지 더욱 정교하게 만들 수 있기 때문이다.

결합과 캡슐화

자바와 C++에서 클래스들의 결합을 캡슐화 경계(encapsulation boundary)를 가지고 관리하는 것과 똑같이, 패키지들의 결합도 UML의 익스포트 장식(adornments)으로 관리할 수 있다.

어떤 패키지에 들어 있는 클래스를 다른 패키지가 사용할 수 있으려면, 그 클래스는 반드시 익스포트되어야 한다. UML에서 클래스는 기본적으로 모두 익스포트된다고 간주하지만, 어떤 클래스가 익스포트되면 안 된다고 명시하기 위해 패키지에 추가로 기호를 표기할 수 있다. Classifications 패키지를 확대해놓은 그림 22-4를 보면, PaymentClassification의 파생 클래스 3개는 익스포트되지만, TimeCard와 SalesReceipt는 그렇지 않음을 볼 수 있다. 이것은 다른 패키지는 TimeCard나 SalesReceipt를 사용할 수 없으며, 이 클래스들은 Classifications 패키지의 전용(private)이라는 뜻이다.

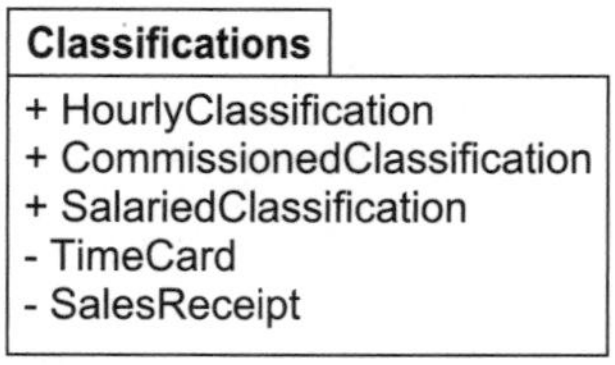

그림 22-4 Classifications 패키지의 전용 클래스

패키지에서 특정한 클래스들을 숨기는 이유는 그 패키지로 들어오는 결합을 막기 위해서다. Classifications는 여러 급여 정책의 구현을 담고 있는 아주 세부적인 패키지다. 이 패키지를 주계열에 계속 유지하려면 이 패키지로 들어오는 결합을 제한할 필요가 있다. 따라서 우리는 다른 패키지가 알 필요 없는 클래스들을 숨기는 것이다.

TimeCard와 SalesReceipt를 전용 클래스로 하는 것이 좋은 선택이다. 이 두 클래스는 직원 월급을 계산하기 위한 메커니즘을 담고 있는 세부적인 구현 클래스다. 이 세부 구현을 자유롭게 고치고 싶다면 다른 누구도 이 두 클래스의 구조에 의존하지 못하도록 만들어야 한다.

그림 19-7부터 그림 19-10까지 보고, 목록 19-15를 읽어보면 TimeCardTransaction과 SalesReceiptTransaction 클래스가 이미 TimeCard와 SalesReceipt에 의존함을 알 수 있다. 하지만 그림 22-5와 그림 22-6에서 볼 수 있듯이, 이 문제점은 쉽게 해결할 수 있다.

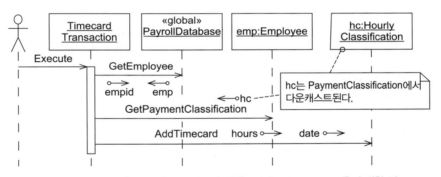

그림 22-5 TimeCard를 전용으로 만들기 위해 TimeCardTransaction을 수정한 것

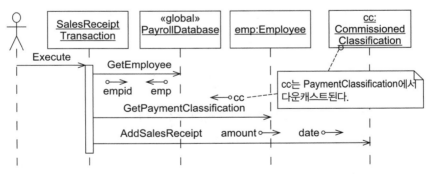

그림 22-6 SalesReceipt를 전용으로 만들기 위해 SalesReceiptTransaction을 수정한 것

측정법

20장에서 살펴봤듯이, 간단한 측정법 몇 가지로 응집도, 결합도, 안정성, 일반성의 정도, 주계열 일치도의 속성을 수량화할 수 있다. 하지만 이런 것을 측정하는 이유는 무엇일까? 톰 드마르코(Tom DeMarco)의 말을 약간 바꾸어 말해보면, "통제하지 못한다면 관리할 수 없는데, 측정하지 못한다면 통제할 수도 없다."[*1] 성공적인 소프트웨어 공학자나 소프트웨어 관리자가 되려면 소프트웨어 개발 실천방법을 제어할 수 있어야 한다. 하지만 측정하지 못한다면 제어하지도 못할 것이다.

여러분의 객체 지향 설계에 아래 제시된 경험적 접근 방법을 적용해서 몇 가지 기본적인 측정값을 계산해보면, 소프트웨어와 그 소프트웨어를 개발한 팀의 수행 성과를 측정한 값과 여기서 잰 측정값을 관련지어볼 수 있다. 측정값을 많이 모을수록 더 많은 정보를 손에 쥐게 되며, 그럼으로써 결국 더 많은 것을 통제할 수 있게 된다.

아래 제시된 측정법은 1994년부터 여러 프로젝트에서 성공적으로 적용된 바 있다. 이 측정법의 측정값을 자동으로 계산해주는 도구도 여러 개 있으며, 손으로 직접 계산하기도 그렇게 어렵지 않다. 소스 파일을 다 읽어보면서 측정값을 계산하는 간단한 셸 스크립트나 파이썬 스크립트, 또는 루비 스크립트를 작성하는 것도 그다지 어렵지 않다.[*2]

- 관계 응집도(H): 패키지 응집도의 여러 측면 가운데 하나를 그 패키지 내부 클래스들이 서로 맺는 관계 수의 평균값으로 나타낼 수 있다. 패키지 내부로 한정된(즉, 패키지 바깥쪽의 클래스와 연결되지 않는) 클래스 관계의 수를 R이라고 하자. 그리고 패키지 안에 들어 있는 클래스의 수를 N이라고 하자. 이 공식에 들어 있는 추가적인 1이 $N = 1$일 때 $H = 0$이 되는 것을 막아준다. 이 측정값은 패키지와 그 패키지 안에 들어 있는 클래스들 사이의 관계를 나타낸다.

$$H = \frac{R + 1}{N}$$

- 들어오는 결합(C_a): 측정 대상인 패키지에 들어 있는 클래스 가운데 다른 패키지가 의존하는 클래스의 수를 세어서 계산한다. 여기서 세는 의존 관계는 상속이나 연관 같은 클래스 관계다.

[*1] [DeMarco82], p. 3

[*2] 셸 스크립트의 예를 보려면 www.objectmentor.com의 공개 소프트웨어 메뉴에서 depend.sh를 다운로드하면 되며, www.clarkware.com에서 JDepend를 봐도 된다.

- **나가는 결합(C_e)**: 측정 대상인 패키지에 들어 있는 클래스가 의존하는 다른 패키지에 속한 클래스의 수를 세어서 계산한다. 위와 마찬가지로 여기서 세는 의존 관계는 클래스 관계다.

- **추상도(A) 또는 일반성의 정도**: 패키지 안에 들어 있는 추상 클래스(또는 인터페이스)의 수와 전체 클래스 수의 비율로 계산할 수 있다.[3] 이 측정값의 범위는 0부터 1까지다.

$$A = \frac{\text{추상 클래스}}{\text{전체 클래스}}$$

- **불안정도(I)**: 나가는 결합의 수와 전체 결합의 수의 비율로 계산한다. 이 측정값의 범위도 0부터 1까지다.

$$I = \frac{C_e}{C_e + C_a}$$

- **주계열로부터의 거리(D)**: 주계열은 $A + I = 1$ 공식으로 그릴 수 있는 이상적인 직선이다. 이 D를 구하는 공식은 어떤 패키지와 주계열 사이의 거리를 계산한다. 이 측정값의 범위는 ~.7부터 0까지이며,[4] 0에 가까울수록 더 좋다.

$$D = \frac{|A + I - 1|}{\sqrt{2}}$$

- **정규화된 주계열로부터의 거리(D')**: 이 측정값은 D 측정값을 [0,1] 범위로 정규화한 것이다. 아마 계산하거나 해석하기에 약간 더 편리할 것이다. 0은 주계열 위에 위치한 패키지를 나타내고, 1은 주계열로부터 가장 먼 패키지를 나타낸다.

$$D' = |A + I - 1|$$

---

[3] 패키지 안에 들어 있는 순수 가상 함수의 수와 전체 멤버 함수의 수의 비율이 A를 계산하는 더 좋은 공식이라고 생각하는 사람이 있을지도 모르겠다. 하지만 내가 발견한 바로는 이 공식으로 계산한 추상도 측정값은 너무 약하다. 순수 가상 함수가 하나만 있더라도 클래스가 추상 클래스가 될 수 있으며, 이렇게 된 추상화의 힘은 그 클래스가 몇십 개의 구체적 함수를 갖고 있다는 사실보다도 훨씬 중요하다. DIP를 지키려고 할 때는 더욱 그렇다.

[4] 두 축이 A와 I인 그래프의 정사각형 영역 바깥에 점을 찍는 것은 불가능한데, A와 I 모두 1을 넘을 수 없기 때문이다. 주계열은 (0,1)부터 (1,0)까지 이 정사각형을 가로지르는 대각선이다. 이 정사각형에서 가장 먼 두 점은 양 모서리의 점 (0,0)과 (1,1)인데, 주계열로부터 이 점들까지의 거리는 다음과 같다.

$$\frac{\sqrt{2}}{2} = 0.70710678\ldots$$

측정값을 급여 관리 애플리케이션에 적용하기

표 22-1을 보면 임금 지급 모델의 클래스들이 어떻게 패키지에 할당되어 있는지 알 수 있다. 그림 22-7에는 모든 측정값이 계산된 급여 관리 애플리케이션 패키지 다이어그램이 나와 있으며, 표 22-2에는 패키지마다 계산된 모든 측정값이 나와 있다.

그림 22-7에서는 패키지 의존 관계마다 숫자가 2개 붙어 있다. 의존하는 패키지에 가까운 숫자는 그 패키지에 들어 있는 클래스 중 의존 대상 패키지에 의존하는 클래스의 수를 나타낸다. 의존의 대상인 패키지에 가까운 숫자는 그 패키지에 들어 있는 클래스 중 의존하는 패키지에서 의존하는 클래스가 몇 개나 되는지를 나타낸다.

표 22-1

패키지	패키지에 들어 있는 클래스		
Affiliations	ServiceCharge	UnionAffiliation	
AffiliationTransactions	ChangeAffiliation-Transaction	ChangeUnaffiliated-Transaction	ChangeMemberTransaction
	ServiceChargeTransaction		
Application	Application		
Classifications	CommissionedClassification	HourlyClassification	SalariedClassification
	SalesReceipt	Timecard	
ClassificationTransaction	ChangeClassification-Transaction	ChangeCommissioned-Transaction	ChangeHourly-Transaction
	ChangeSalariedTransaction	SalesReceiptTransaction	TimecardTransaction
GeneralTransactions	AddCommissioned-Employee	AddEmployee-Transaction	AddHourlyEmployee
	AddSalariedEmployee	ChangeAddress Transaction	ChangeEmployee-Transaction
	ChangeNameTransaction	DeleteEmployee-Transaction	PaydayTransaction
Methods	DirectMethod	HoldMethod	MailMethod
MethodTransactions	ChangeDirectTransaction	ChangeHoldTransaction	ChangeMailTransaction
	ChangeMethod-Transaction		
PayrollApplication	PayrollApplication		
PayrollDatabase	PayrollDatabase		
PayrollDatabase-Implementation	PayrollDatabase-Implementation		

패키지	패키지에 들어 있는 클래스		
PayrollDomain	Affiliation	Employee	PaymentClassification
	PaymentMethod	PaymentSchedule	
Schedules	BiweeklySchedule	MonthlySchedule	WeeklySchedule
TextParserTransaction-Source	TextParserTransaction-Source		
TransactionApplication	TransactionApplication	Transaction	TransactionSource

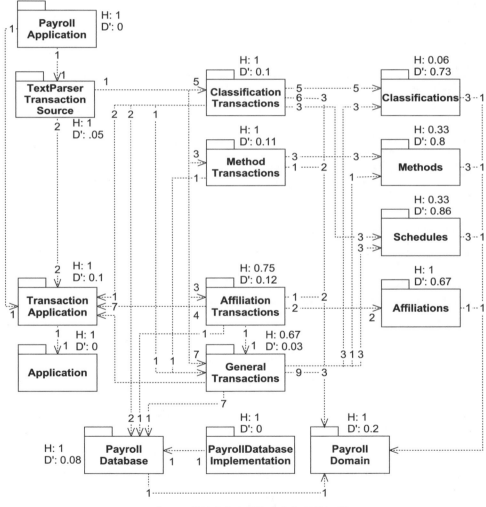

그림 22-7 측정값이 표시된 패키지 다이어그램

표 22-2

패키지 이름	N	A	Ca	Ce	R	H	I	A	D	D′
Affiliations	2	0	2	1	1	1	.33	0	.47	.67
AffiliationTransactions	4	1	1	7	2	.75	.88	.25	.09	.12
Application	1	1	1	0	0	1	0	1	0	0
Classifications	5	0	8	3	2	.06	.27	0	.51	.73
ClassificationTransaction	6	1	1	14	5	1	.93	.17	.07	.10
GeneralTransactions	9	2	4	12	5	.67	.75	.22	.02	.03
Methods	3	0	4	1	0	.33	.20	0	.57	.80
MethodTransactions	4	1	1	6	3	1	.86	.25	.08	.11
PayrollApplication	1	0	0	2	0	1	1	0	0	0
PayrollDatabase	1	1	11	1	0	1	.08	1	.06	.08
PayrollDatabaseImpl...	1	0	0	1	0	1	1	0	0	0
PayrollDomain	5	4	26	0	4	1	0	.80	.14	.20
Schedules	3	0	6	1	0	.33	.14	0	.61	.86
TextParserTransactionSource	1	0	1	20	0	1	.95	0	.03	.05
TransactionApplication	3	3	9	1	2	1	.1	1	.07	.10

그림 22-7에서는 또 패키지마다 그 패키지에 적용되는 측정값이 붙어 있다. 의미가 있는 측정값이 많은데, 예를 들어 `PayrollApplication`, `PayrollDomain`, `PayrollDatabase` 패키지는 관계 응집도도 높고 주계열로부터의 거리도 가깝거나 아예 주계열 위에 있다. 하지만 `Classifications`, `Methods`, `Schedules` 패키지는 일반적으로 관계 응집도도 낮고 주계열로부터의 거리도 거의 최악에 가깝게 멀다!

이 숫자들이 우리에게 클래스들을 패키지에 제대로 할당하지 못했다는 사실을 말해준다. 만약 이 숫자들을 개선할 방법을 찾지 못한다면, 개발 환경은 변화에 민감해질 것이며, 따라서 불필요하게 재릴리즈를 하거나 다시 테스트를 할 일도 생기게 된다. 구체적으로 살펴보면, `ClassificationTransactions`처럼 추상도가 낮은 패키지가 `Classifications`처럼 추상도가 낮은 패키지에 굉장히 의존하고 있다. 추상도가 낮은 클래스는 대부분의 세부적인 코드를 포함하고 있어서 변경될 가능성도 큰데, 그래서 이 클래스들이 변경될 때마다 그 클래스에 의존하는 다른 패키지들도 재릴리즈해야 한다. 따라서 `ClassificationTransactions` 패키지는 자기 자신의 변경 빈도도 높을 뿐만 아니라 자기가 의존하는 `Classifications`의 변경 빈도도 높기 때문에 재배포 빈도가 굉장히 높을 것이다. 하지만 우리는 변화에 대한 개발 환경의 민감도를 최대한 제한하고 싶어 한다.

개발자가 두세 명밖에 없다면 그 개발자들이 '머릿속에서' 개발 환경을 관리할 수 있을 테고, 개발 환경을 잘 관리하기 위해 패키지들을 주계열 위에 유지할 필요성도 그다지 크지 않을 것이다. 하지만 개발자 수가 늘어날수록 정상적인 개발 환경을 관리하기는 점점 힘들어진다. 그뿐만 아니라, 이 측정값들을 얻기 위해 필요한 일의 양은, 심지어 한 번 재릴리즈하고 다시 테스트해볼 때 필요한 일의 양보다도 훨씬 적다.[*5] 따라서 이 측정값들을 계산하는 일이 단기적으로 손해일지 이익일지는 각자 결정을 내려야 한다.

객체 팩토리

Classifications와 ClassificationTransactions가 의존도가 높은 이유는 이 패키지 안에 들어 있는 클래스들이 반드시 인스턴스화되어야 하기 때문이다. 예를 들어 TextParserTransactionSource 클래스는 반드시 AddHourlyEmployeeTransaction 객체들을 생성할 수 있어야 하는데, 따라서 TextParserTransactionSource 패키지로부터 ClassificationTransactions 패키지로 향하는 결합이 생긴다. 그리고 Change HourlyTransaction 클래스도 반드시 HourlyClassification 객체들을 생성할 수 있어야 하므로, ClassificationTransactions 패키지로부터도 Classification 패키지로 향하는 결합이 생긴다.

하지만 이 패키지들 안에서 이렇게 생성된 객체들은 거의 대부분 추상 인터페이스를 통해서만 사용된다. 그러므로 각각의 구체적 객체를 만들어야 할 필요만 없다면, 이 패키지들로부터 들어오는 결합은 사라질 것이다. 예를 들어 TextParserTransactionSource가 다양한 트랜잭션들을 생성할 필요가 없다면, 이 패키지는 트랜잭션의 구현들을 담고 있는 패키지 4개에 의존하지 않을 수 있다.

이 문제점은 팩토리 패턴을 사용하면 상당히 해소될 수 있다. 패키지마다 그 패키지 안에 들어 있는 모든 공용 객체를 생성하는 책임을 지닌 객체 팩토리를 제공하면 된다.

[*5] 내가 이 급여 예제의 측정값을 계산하고 통계값을 모으는 데 걸린 시간은 약 두 시간 정도였다. 만약 내가 쉽게 구할 수 있는 도구 가운데 하나를 사용하기라도 했다면, 시간이 거의 걸리지 않았을 것이다.

TransactionImplementation을 위한 객체 팩토리

그림 22-8에 어떻게 TransactionImplementation 패키지를 위한 객체 팩토리를 만들 수 있는지 나와 있다. TransactionFactory 패키지는 구체적 트랜잭션 객체들의 생성자들에 해당하는 추상 가상 함수들을 정의하는 추상 기반 클래스를 포함하고 있다. Transaction Implementation 패키지는 TransactionFactory 클래스의 구체적 파생형을 담고 있으며, 각각의 트랜잭션을 생성하기 위해 트랜잭션들을 모두 사용한다.

TransactionFactory 클래스에는 TransactionFactory 포인터로 선언된 정적 멤버가 하나 있다. 이 멤버는 반드시 메인 프로그램에서 TransactionFactoryImplementation 이라는 구체적 객체를 가리키도록 초기화되어야 한다.

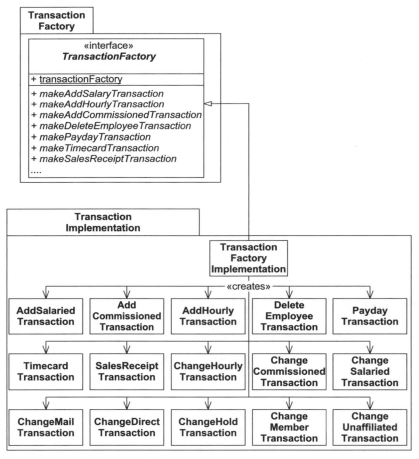

그림 22-8 트랜잭션들을 위한 객체 팩토리

팩토리 초기화

객체 팩토리를 사용해서 객체를 생성하려면 추상 객체 팩토리의 정적 멤버가 적절한 구체 팩토리를 가리키도록 초기화되어 있어야만 하고, 이 초기화는 누군가가 팩토리를 사용하려고 하기 전에 미리 이루어져야 한다. 메인 프로그램이 이 일을 하기에 가장 좋은 장소인데, 이 말은 메인 프로그램이 모든 팩토리에 의존하게 되고, 따라서 메인 프로그램은 모든 구체적 패키지에게도 의존하게 된다는 뜻이다. 결국 모든 구체적 패키지에는 메인 프로그램으로부터 들어오는 결합이 적어도 하나 이상 생기게 된다. 이러면 구체적 패키지가 주계열로부터 약간 멀어지겠지만 이것은 어쩔 수 없다.[6] 그리고 이렇게 되면 구체적 패키지 가운데 하나라도 변경할 때마다 메인 프로그램을 재릴리즈해야 하지만, 이것과 상관없이 메인 프로그램은 늘 테스트할 필요가 있기 때문에 이미 어디서 변경이 일어나든 계속 재릴리즈하고 있었을 것이다.

그림 22-9와 그림 22-10은 객체 팩토리와 메인 프로그램 관계의 정적 구조와 동적 구조를 보여준다.

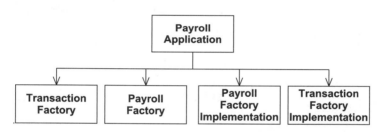

그림 22-9 메인 프로그램과 객체 팩토리들의 정적 구조

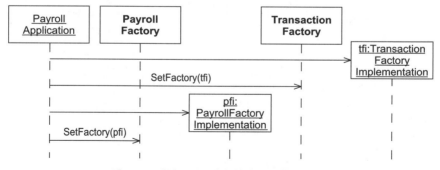

그림 22-10 메인 프로그램과 객체 팩토리들의 동적 구조

---

[6]　이 문제에 대한 실용적인 해결책으로, 나는 보통 메인 프로그램으로부터 오는 결합은 무시하곤 한다.

응집도의 경계를 다시 고려해보기

처음에 그림 22-1에서는 Classifications, Methods, Schedules, Affiliations를 분리했었다. 그때는 합리적으로 나눈 것처럼 보였는데, 어떤 사용자가 Affiliation 클래스들을 제외하고 Schedule 클래스들만 재사용하고 싶어 할지 알 수 없기 때문이었다. 하지만 이렇게 나눈 구분은 우리가 트랜잭션들을 별개의 패키지로 뺀 다음에도 유지되었는데, 그 결과 이중 계층 구조가 생겨버렸다. 하지만 이것은 좀 심한 것 같다. 그림 22-7의 다이어그램은 너무 엉켜 있다.

패키지 다이어그램이 엉켜 있으면 수작업으로는 릴리즈를 관리하기가 힘들어진다. 자동 프로젝트 계획 도구를 쓰면 패키지 다이어그램을 잘 관리할 수 있지만, 우리 가운데 그런 호사를 누릴 수 있는 사람은 드물다. 따라서 패키지 다이어그램을 계속 실용적으로 사용할 수 있도록 간단하게 유지해야 한다.

내가 보기에는 트랜잭션을 다른 것과 갈라놓는 것이 기능별로 갈라놓는 것보다 더 중요하다. 그래서 그림 22-11에서는 트랜잭션들을 TransactionImplementation 패키지 하나에 모두 통합할 것이다. 그리고 Classifications, Schedules, Methods, Affiliations 패키지들도 PayrollImplementation 패키지 하나에 통합할 것이다.

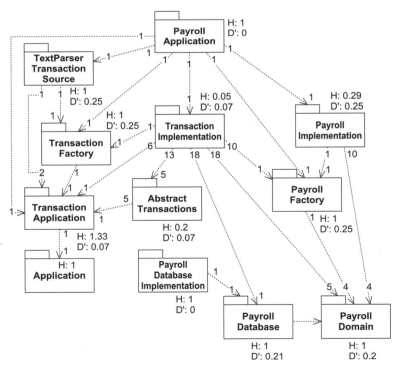

그림 22-11 급여 관리 애플리케이션의 최종 패키지 구조

최종 패키지 구조

표 22-3에 클래스 패키지에 클래스를 할당하는 작업의 최종
적인 결과가 나와 있다. 표 22-4에는 측정값 표가 나와 있다.
그림 22-11에는 구체적 패키지들이 주계열 가까이 오게 만들
려고 객체 팩토리들을 채용한 최종 패키지 구조가 나와 있다.

표 22-3

패키지	패키지에 들어 있는 클래스		
AbstractTransactions	AddEmployee-Transaction	ChangeAffiliation-Transaction	ChangeEmployee-Transaction
	ChangeClassification-Transaction	ChangeMethod-Transaction	
Application	Application		
PayrollApplication	PayrollApplication		
PayrollDatabase	PayrollDatabase		
PayrollDatabaseImplementation	PayrollDatabase-Implementation		
PayrollDomain	Affiliation	Employee	PaymentClassification
	PaymentMethod	PaymentSchedule	
PayrollFactory	PayrollFactory		
PayrollImplementation	BiweeklySchedule	Commissioned-Classification	DirectMethod
	HoldMethod	HourlyClassification	MailMethod
	MonthlySchedule	PayrollFactory-Implementation	SalariedClassification
	SalesReceipt	ServiceCharge	Timecard
	UnionAffiliation	WeeklySchedule	
TextParser-TransactionSource	TextParser-TransactionSource		
TransactionApplication	Transaction	TransactionApplication	TransactionSource
TransactionFactory	TransactionFactory		
Transaction-Implementation	AddCommissioned-Employee	AddHourlyEmployee	AddSalariedEmployee
	ChangeAddress-Transaction	ChangeCommissioned-Transaction	ChangeDirect-Transaction

패키지	패키지에 들어 있는 클래스		
	ChangeHoldTransaction	ChangeHourlyTransaction	ChangeMailTransaction
	ChangeMemberTransaction	ChangeNameTransaction	ChangeSalaried-Transaction
	ChangeUnaffiliated-Transaction	DeleteEmployee	PaydayTransaction
	SalesReceiptTransaction	ServiceChargeTransaction	TimecardTransaction
	TransactionFactory-Implementation		

표 22-4

패키지 이름	N	A	Ca	Ce	R	H	I	A	D	D'
AbstractTransactions	5	5	13	1	0	.20	.07	1	.05	.07
Application	1	1	1	0	0	1	0	1	0	0
PayrollApplication	1	0	0	5	0	1	1	0	0	0
PayrollDatabase	1	1	19	5	0	1	.21	1	.15	.21
PayrollDatabaseImpl...	1	0	0	1	0	1	1	0	0	0
PayrollDomain	5	4	30	0	4	1	0	.80	.14	.20
PayrollFactory	1	1	12	4	0	1	.25	1	.18	.25
PayrollImplementation	14	0	1	5	3	.29	.83	0	.12	.17
TextParserTransactionSource	1	0	1	3	0	1	.75	0	.18	.25
TransactionApplication	3	3	14	1	3	1.33	.07	1	.05	.07
TransactionFactory	1	1	3	1	0	1	.25	1	.18	.25
TransactionImplementation	19	0	1	14	0	.05	.93	0	.05	.07

이 다이어그램에 나와 있는 측정값들은 고무적이다. 관계 응집도도 모두 매우 높고(부분적으로 구체적 팩토리들과 그 팩토리들이 생성하는 객체 사이의 관계 덕분이다), 주계열로부터의 심한 일탈도 없다. 따라서 패키지들 사이의 결합도는 건전한 개발 환경을 만들기에 적합하다. 추상 패키지들은 폐쇄되어 있고, 재사용 가능하고, 자신들은 별로 많이 의존하지 않는 반면, 많은 의존의 대상이 된다. 구체적 패키지들은 재사용성에 바탕을 두고 분리되어 있고, 추상 패키지들에게 매우 의존하며, 심한 의존의 대상이 되지 않는다.

결론

패키지 구조를 관리할 필요성의 정도는 프로그램의 크기와 개발 팀의 규모의 함수 관계에 있다. 아무리 팀이 작더라도 서로 방해되지 않도록 소스 코드를 분할할 필요가 있다. 그리고 규모가 큰 프로그램은 어떤 종류이든 소스 코드를 분할할 수 있는 구조가 없다면 이해하기 힘든 소스 파일 더미가 되어버릴 것이다.

참고 문헌

1. Benjamin/Cummings. *Object-Oriented Analysis and Design with Applications*, 2d ed., 1994.

2. DeMarco, Tom. *Controlling Software Projects*. Yourdon Press, 1982.

5

기상 관측기 사례 연구

다음 장부터는 간단한 기상 관측 시스템에 대한 심층적인 사례 연구가 나온다. 실제 사례는 아니지만, 그래도 고도의 사실성을 지니게끔 구성되었다. 여기서 시간적 압박, 기존 코드, 불충분할 뿐만 아니라 자주 바뀌기까지 하는 명세, 처음 시도해보는 새로운 기술 등의 문제에 부닥쳐본다. 우리의 목표는 우리가 배워온 여러 원칙, 패턴, 실천방법이 소프트웨어 공학의 실제 현실에서 어떻게 사용되는지 예를 들어 보여주는 것이다.

이전과 마찬가지로, 기상 관측기의 개발 과정을 검토하면서 유용한 디자인 패턴들을 보게 될 것이다. 실제 사례 연구의 서곡에 해당하는 장들에서는 이 패턴들에 대해 설명하기로 한다.

컴포지트 패턴

© Jennifer M. Kohnke

컴포지트(COMPOSITE) 패턴은 아주 단순하지만 지니고 있는 의미는 크다. 컴포지트 패턴의 기본 구조는 그림 23-1에 나와 있는데, 여기서 우리는 도형의 계층 구조를 볼 수 있다. Shape 기반 클래스에는 Circle과 Square라는 이름의 파생 도형 2개가 있다. 그리고 세 번째 파생 클래스가 바로 컴포지트인데, 이 CompositeShape는 여러 Shape 인스턴스들의 목록을 갖고 있다. CompositeShape의 draw()가 호출되면 이 클래스는 자신의 목록에 들어 있는 모든 Shape 인스턴스들에게 이 메소드 수행을 위임한다.

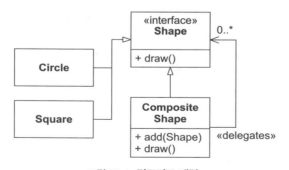

그림 23-1 컴포지트 패턴

따라서 시스템이 보기에 CompositeShape의 인스턴스는 그냥 일반 Shape 하나로 보인다. Shape를 받는 함수나 객체에게 CompositeShape를 전달할 수도 있으며, 하는 행위도 Shape와 똑같아 보일 것이다. 하지만 사실 CompositeShape의 실체는 여러 Shape 인스턴스들 집합의 프록시[*1]다.

목록 23-1과 목록 23-2가 CompositeShape 구현의 한 가지 예다.

◁⟩ 목록 23-1 Shape.java

```
public interface Shape {
    public void draw();
}
```

◁⟩ 목록 23-2 CompositeShape.java

```
import java.awt.Shape;
import java.util.Vector;

public class CompositeShape implements Shape {
    private Vector itsShapes = new Vector();
    public void add(Shape s) {
        itsShapes.add(s);
    }

    public void draw() {
        for (int i = 0; i < itsShapes.size(); i++) {
            Shape shape = (Shape) itsShapes.elementAt(i);
            shape.draw();
        }
    }
}
```

예제: 컴포지트 커맨드

13장에서 논의했던 Sensors와 Command 객체를 다시 한 번 생각해보자. 그림 13-3에 Command 클래스를 사용하는 Sensor 클래스가 나와 있다. Sensor는 무엇을 감지하면 Command의 do()를 호출한다.

[*1] 프록시(PROXY) 패턴과의 구조적인 유사점을 눈여겨보자.

이전 논의에서는 Sensor가 Command를 하나 이상 실행해야 하는 경우가 종종 있다는 사실을 언급하지 못했다. 그런 경우의 예를 들어보자. 종이가 복사기 내부의 특정 지점에 도달하면 광학 센서가 작동된다. 그러면 이 센서는 특정 모터를 정지시키고 다른 모터를 실행한 다음 특정 클러치를 작동시킨다.

따라서 처음에는 모든 Sensor 클래스가 Command 객체의 목록을 유지해야 한다고 생각했다 (그림 23-2 참고). 하지만 Sensor가 Command를 하나 이상 실행할 때, 언제나 모든 Command 객체를 동일하게 취급한다는 사실을 곧 깨달았다. 이 말은, Sensor가 그저 목록을 순회하면서 각 Command마다 단지 do()만 호출한다는 뜻이다. 이런 상황은 컴포지트 패턴을 적용하기에 적합하다.

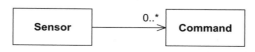

그림 23-2 많은 Command를 포함하는 Sensor

따라서 Sensor 클래스는 그대로 놓아두고 그림 23-3처럼 CompositeCommand 클래스를 만들었다.

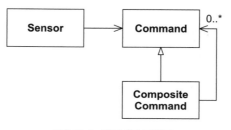

그림 23-3 컴포지트 커맨드

이렇게 해서, Sensor나 Command를 변경할 필요가 없어졌다. 우리는 두 클래스 모두 하나도 변경하지 않고도 Command에 복수성이라는 개념을 추가할 수 있었다. 이것은 OCP 적용의 한 예다.

다수성이냐 아니냐

여기에서 흥미로운 논제가 하나 생긴다. 우리는 Sensor는 하나도 변경하지 않고도 Sensor가 마치 여러 Command를 갖고 있는 것처럼 동작하게 만드는 데는 성공했다. 일반적인 소프트웨어 설계에서도 이와 비슷한 상황들이 많을 것이다. 즉, 객체의 벡터나 목록을 만드는 대신 컴포지트를 쓸 수 있는 경우가 있을 것이다.

표현을 다르게 해서 한 번 더 말해보자. Sensor와 Command의 연관은 일대일이었는데, 이것을 일대다로 바꾸는 것에 잠시 마음이 끌렸다. 하지만 그러는 대신, 일대다 관계 없이도 일대다의 행위를 할 수 있는 방법을 찾아냈다. 일대일 관계가 일대다 관계보다 훨씬 이해하기도 쉽고 코딩 및 유지보수하기도 쉬우므로, 분명 올바른 설계상의 균형(trade-off)처럼 보인다. 그렇다면 여러분이 지금 하고 있는 프로젝트에서 컴포지트를 사용했다면 얼마나 많은 일대다 관계를 일대일 관계로 바꿀 수 있었을까?

물론, 컴포지트를 사용한다고 모든 일대다 관계를 일대일 관계로 되돌릴 수 있는 것은 아니다. 목록에 들어 있는 모든 객체가 동일하게 취급받을 때만 이것이 가능하다. 예를 들어, 직원 목록을 유지하면서 월급날이 오늘인 직원을 찾기 위해 그 목록을 검색한다면 아마 컴포지트 패턴을 사용해서는 안 될 것이다. 그런 상황에서는 여러분이 모든 직원을 동일하게 취급하지 않을 것이기 때문이다.

그래도, 충분히 컴포지트로 바꿀 수 있는 일대다 관계도 많이 있다. 그리고 그렇게 바꿨을 때 얻을 수 있는 이점도 상당하다. 컴포지트를 사용하면 우리 클래스의 클라이언트마다 목록 관리와 순환 코드가 중복해서 등장하는 대신, 그 코드가 컴포지트 클래스에서만 단 한 번 나타나면 된다.

CHAPTER 24

옵저버 패턴: 패턴으로 돌아가기

© Jennifer M. Kohnke

이 장의 목표는 조금 특별하다. 이 장에서 옵저버(OBSERVER)[1] 패턴을 설명하긴 하지만, 이것 자체는 부차적인 목적일 뿐이고, 근본적인 목적은 패턴을 사용해서 여러분의 설계와 코드를 진화시키는 방법을 보여주는 데 있다.

이전 장들에서도 패턴은 많이 사용해왔다. 하지만 대부분의 경우 어떻게 코드가 패턴을 사용하는 방향으로 진화했는지 보여주지 않고 그냥 패턴 사용을 기정사실화한 적이 많았다. 따라서 패턴이란 코드나 설계에 완전한 형태로 그냥 끼워 넣을 수 있는 것이라는 인상을 여러분에게 심어주었을지도 모르겠다. 하지만 나는 이런 식의 패턴 사용을 권장하지 않는다. 오히려, 작업 중인 코드를 그 코드의 필요에 맞는 방향으로 진화시키는 편을 선호한다. 결합, 단순화, 표현 능력에 관련된 문제를 해결하기 위해 코드를 리팩토링하다 보면 코드가 어떤 패턴과 비슷한 형태가 되는 것을 발견하는 경우가 생긴다. 그런 일이 생기면 그때 비로소 패턴의 이름이 들어가도록 클래스와 변수의 이름을 바꾸고, 더 정규적인 형태로 그 패턴을 사용하기 위해 코드의 구조도 변경한다. 즉, 코드가 패턴으로 돌아가는 것이다.

---

[1]   [GOF95], p. 293

이 장에서는 간단한 문제를 하나 제시하고 어떻게 설계와 코드가 그 문제를 풀기 위해 진화해 가는지 보일 것이다. 이 진화의 결과는 결국 옵저버 패턴이 되는 것으로 끝이 난다. 진화의 각 시기마다, 그 시기에서 풀려고 하는 문제들을 설명한 다음 그 문제들을 푸는 단계들을 보일 것이다.

디지털 시계

여기 시계 객체가 하나 있다. 이 객체는 운영체제에서 보내는 밀리초 인터럽트(틱(tic)이라고 알려 져 있음)를 잡아서 날짜와 시각으로 바꾼다. 이 객체는 밀리초에서 초를 계산하고, 초에서 분 을 계산하고, 분에서 시를 계산하고, 시에서 날짜를 계산하는 등의 방법을 안다. 그리고 한 달에 며칠이 있는지, 한 해에 몇 달이 있는지도 안다. 이 객체는 언제가 윤년이고 언제가 윤년 이 아닌지에 대해서도 모두 안다. 한마디로, 이 객체는 시간에 대해 알고 있다(그림 24-1 참고).

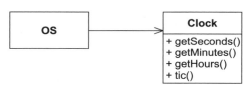

그림 24-1 시계

그리고 우리가 만들고 싶은 것은 데스크탑 컴퓨터 위에 놓여서 날짜와 시간을 계속 보여주는 디지털 시계다. 이것을 만들기 위한 가장 간단한 방법은 무엇일까? 다음과 같이 코드를 작성 할 수도 있다.

```
public void DisplayTime {
    while (1) {
        int sec = clock.getSeconds();
        int min = clock.getMinutes();
        int hour = clock.getHours();
        showTime(hour, min, sec);
    }
}
```

하지만 분명히 이 코드가 가장 좋은 방법은 아니다. 시각이 바뀔 때마다 표시하기 위해 사용 가능한 모든 CPU 사이클을 다 잡아먹게 된다. 시각은 대부분 바뀌지 않으므로 화면 갱신의 대다수는 사실 필요가 없다. 디지털 손목시계나 디지털 벽시계라면 CPU 사이클을 절약하는 일이 그렇게 중요하지 않으므로 이 방법이 적절할지도 모른다. 하지만 컴퓨터 데스크탑에서 이런 CPU 잡아먹는 귀신을 돌리고 싶어 하는 사람은 없다.

근본적인 문제는 Clock에서 DigitalClock으로 자료를 효율적으로 전달하는 방법이다. 일단 Clock 객체와 DigitalClock 객체는 이미 존재한다고 가정하겠다. 내 관심사는 이 둘을 연결하는 방법이다. 연결이 올바른지 여부는 내가 Clock에서 얻은 데이터와 DigitalClock으로 보낸 데이터가 동일한지 확인해보는 것으로 테스트해볼 수 있다.

Clock인 것처럼 행세하는 인터페이스 하나와 DigitalClock인 것처럼 행세하는 또 다른 인터페이스 하나를 만든 다음, 이 인터페이스들을 구현하는 특별한 테스트 객체들을 만들어서 이 객체 사이의 연결이 예상대로인지 검증해보는 것이 이 테스트를 작성하는 간단한 방법 중 하나다(그림 24-2 참고).

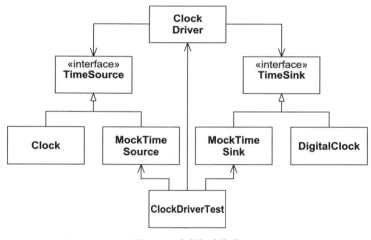

그림 24-2 디지털 시계 테스트

ClockDriverTest 객체가 ClockDriver와 2개의 의사 객체(mock object)를 각각 TimeSource와 TimeSink 인터페이스를 통해 연결한다. 다음으로, ClockDriverTest는 ClockDriver가 시간을 시간 출처(source)에서 시간 도착처(sink)로 잘 옮겼는지 확인한다. 필요하다면, ClockDriver가 효율적으로 작동했는지도 ClockDriverTest가 확인할 수 있다.

단지 어떻게 설계를 테스트해볼지 생각해본 결과로 설계에 인터페이스를 추가했다는 점이 내게는 흥미롭다. 어떤 모듈을 테스트하려면 우리가 ClockDriver를 Clock과 DigitalClock으로부터 분리한 것처럼 그 모듈을 시스템의 다른 모듈로부터 분리할 수 있어야 한다. 테스트를 먼저 생각해본 것이 설계에서 결합을 줄이는 일에 도움이 되었다.

좋다. 그러면 ClockDriver는 어떻게 동작해야 할까? 효율적이려면 TimeSource 객체에서 시각이 바뀔 때 ClockDriver가 그것을 감지할 수 있어야 한다는 게 분명해 보인다. ClockDriver는 그때, 오직 그때만 시각을 TimeSink 객체로 옮겨야 한다. 시각이 변경되었음을 ClockDriver가 어떻게 알 수 있을까? TimeSource를 폴링하는 것도 한 방법이지만, 그렇게 하면 단지 CPU 사이클을 잡아먹는 문제를 다시 만들 뿐이다.

언제 시각이 바뀌었는지 Clock 객체가 ClockDriver에게 말해주는 것이 가장 간단한 방법이다. ClockDriver를 TimeSource 인터페이스를 통해 Clock에게 전달한 다음, 시각이 변경되면 Clock이 ClockDriver를 갱신하면 된다. 그러면 ClockDriver는 다시 ClockSink의 시각을 설정하면 된다(그림 24-3 참고).

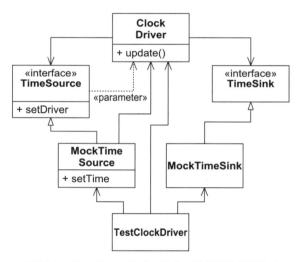

그림 24-3 TimeSource가 ClockDriver를 갱신하게 만들기

TimeSource에서 ClockDriver로 생긴 의존 관계에 주목하자. 이 의존 관계는 setDriver 메소드의 인자가 ClockDriver이기 때문에 생긴다. 이것은 TimeSource 객체는 어떤 경우라도 ClockDriver 객체를 사용해야 한다는 의미이므로 썩 만족스럽지는 않지만, 의존 관계에 대해서는 일단 프로그램이 작동하도록 만들 때까지는 미루기로 한다.

목록 24-1은 ClockDriver의 테스트 케이스다. ClockDriver를 만들고 MockTimeSource 와 MockTimeSink를 ClockDriver와 연결한다는 점을 눈여겨보자. 그런 다음 시각 출처 의 시간을 설정하고 자동으로 도착처에 그 시각이 도달했는지 확인한다. 나머지 코드도 목록 24-2에서 목록 24-6에 걸쳐 실어놓았다.

목록 24-1 ClockDriverTest.java

```java
import junit.framework.TestCase;
public class ClockDriverTest extends TestCase {
    public ClockDriverTest(String name) {
        super(name);
    }

    public void testTimeChange() {
        MockTimeSource source = new MockTimeSource();
        MockTimeSink sink = new MockTimeSink();
        ClockDriver driver = new ClockDriver(source, sink);
        source.setTime(3, 4, 5);
        assertEquals(3, sink.getHours());
        assertEquals(4, sink.getMinutes());
        assertEquals(5, sink.getSeconds());

        source.setTime(7, 8, 9);
        assertEquals(7, sink.getHours());
        assertEquals(8, sink.getMinutes());
        assertEquals(9, sink.getSeconds());
    }
}
```

목록 24-2 TimeSource.java

```java
public interface TimeSource {
    public void setDriver(ClockDriver driver);
}
```

목록 24-3 TimeSink.java

```java
public interface TimeSink {
    public void setTime(int hours, int minutes, int seconds);
}
```

```java
public class ClockDriver {
    private TimeSink itsSink;

    public ClockDriver(TimeSource source, TimeSink sink) {
        source.setDriver(this);
        itsSink = sink;
    }

    public void update(int hours, int minutes, int seconds) {
        itsSink.setTime(hours, minutes, seconds);
    }
}
```

```java
public class MockTimeSource implements TimeSource {
    private ClockDriver itsDriver;

    public void setTime(int hours, int minutes, int seconds) {
        itsDriver.update(hours, minutes, seconds);
    }

    public void setDriver(ClockDriver driver) {
        itsDriver = driver;
    }
}
```

```java
public class MockTimeSink implements TimeSink {
    private int itsHours;
    private int itsMinutes;
    private int itsSeconds;

    public int getSeconds() {
        return itsSeconds;
    }

    public int getMinutes() {
        return itsMinutes;
    }

    public int getHours() {
        return itsHours;
    }
```

```
        public void setTime(int hours, int minutes, int seconds) {
            itsHours = hours;
            itsMinutes = minutes;
            itsSeconds = seconds;
        }
    }
```

자, 이제 돌아가긴 하니까 좀 정리해볼 생각을 해도 되겠다. 나는 TimeSource 인터페이스를 ClockDriver 객체들 말고도 누구든 사용할 수 있기를 바라기 때문에 TimeSource에서 ClockDriver로 가는 의존 관계가 마음에 안 든다. TimeSource가 사용하고 Clock Driver가 구현할 인터페이스를 하나 만들면 이 문제를 해결할 수 있다. 이 인터페이스를 ClockObserver라고 부르자. 목록 24-7부터 목록 24-10까지 보자. 굵은 글씨체로 표시된 부분이 변경된 부분이다.

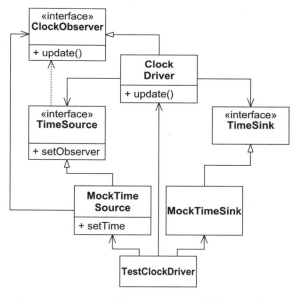

그림 24-4 TimeSource에서 ClockDriver로 향하는 의존 관계 깨기

📟 목록 24-7 ClockObserver.java

```
public interface ClockObserver {
    public void update(int hours, int minutes, int seconds);
}
```

```java
public class ClockDriver implements ClockObserver {
    private TimeSink itsSink;

    public ClockDriver(TimeSource source, TimeSink sink) {
        source.setObserver(this);
        itsSink = sink;
    }

    public void update(int hours, int minutes, int seconds) {
        itsSink.setTime(hours, minutes, seconds);
    }
}
```

```java
public interface TimeSource {
    public void setObserver(ClockObserver observer);
}
```

```java
public class MockTimeSource implements TimeSource {
    private ClockObserver itsObserver;

    public void setTime(int hours, int minutes, int seconds) {
        itsObserver.update(hours, minutes, seconds);
    }

    public void setObserver(ClockObserver observer) {
        itsObserver = observer}
    }
}
```

좀 낫다. 이제 누구나 ClockObserver를 구현하고 자신을 인자로 해서 setObserver를 부르기만 하면 TimeSource를 활용할 수 있다.

이제 여러 개의 TimeSink가 시각을 받을 수 있다면 좋겠다. 여러 TimeSink 가운데 하나는 디지털 시계를 구현하는 데 쓰이고, 다른 하나는 약속 시각 알림 서비스에 시각을 공급해주는 데 쓰이고, 또 다른 하나는 내 자료의 심야 백업을 시작하는 데 쓰일 수도 있다. 간단히 말해서, TimeSource 하나가 여러 TimeSink 객체에 시각을 공급할 수 있었으면 좋겠다.

그래서 ClockDriver의 생성자가 TimeSource만 받도록 바꾸고 addTimeSink라는 메소드를 추가해서 원하면 언제라도 TimeSink 인스턴스들을 추가할 수 있도록 만들 것이다.

하지만 이렇게 만들 경우 TimeSource와 TimeSink를 연결하기 위해 단계가 2개나 있어야 한다는 점이 별로 마음에 안 든다. TimeSource에게는 ClockObserver가 누구인지 setObserver를 호출해서 가르쳐주어야 하고, ClockDriver에게도 TimeSink 인스턴스들이 누구인지 가르쳐주어야 한다. 꼭 단계가 2개나 있어야 할까?

ClockObserver와 TimeSink를 보니까, 둘 다 setTime 메소드가 있다. TimeSink가 ClockObserver를 구현하게 만들어도 될 것 같다. 그렇게 만든다면, 내 테스트 프로그램은 MockTimeSink를 하나 만들어서 그것을 인자로 TimeSource의 setObserver를 호출하도록 만들면 된다. ClockDriver(와 TimeSink)를 모두 없앨 수 있다! 변경된 ClockDriverTest를 목록 24-11에서 볼 수 있다.

목록 24-11 ClockDriverTest.java

```java
import junit.framework.TestCase;

public class ClockDriverTest extends TestCase {
    public ClockDriverTest(String name) {
        super(name);
    }

    public void testTimeChange() {
        MockTimeSource source = new MockTimeSource();
        MockTimeSink sink = new MockTimeSink();
        source.setObserver(sink);

        source.setTime(3, 4, 5);
        assertEquals(3, sink.getHours());
        assertEquals(4, sink.getMinutes());
        assertEquals(5, sink.getSeconds());

        source.setTime(7, 8, 9);
        assertEquals(7, sink.getHours());
        assertEquals(8, sink.getMinutes());
        assertEquals(9, sink.getSeconds());
    }
}
```

이것의 의미는 MockTimeSink가 TimeSink가 아니라 ClockObserver를 구현해야 한다는 뜻이다. 목록 24-12를 보자. 이렇게 변경해도 코드는 잘 동작한다. 왜 처음에는 ClockDriver가 필요하다고 생각했는지 모르겠다. 그림 24-5에서 UML을 볼 수 있다.

```java
public class MockTimeSink implements ClockObserver {
    private int itsHours;
    private int itsMinutes;
    private int itsSeconds;

    public int getSeconds() {
        return itsSeconds;
    }

    public int getMinutes() {
        return itsMinutes;
    }

    public int getHours() {
        return itsHours;
    }

    public void update(int hours, int minutes, int seconds) {
        itsHours = hours;
        itsMinutes = minutes;
        itsSeconds = seconds;
    }
}
```

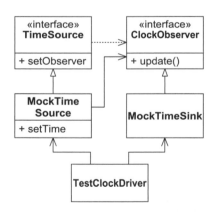

그림 24-5 ClockDriver와 TimeSink 제거하기

이렇게 하는 편이 훨씬 간단하다.

좋다. 이제 setObserver 함수를 registerObserver로 바꾸고, 등록된 ClockObserver 인스턴스들의 목록을 목록에 저장하고 적절하게 갱신하도록 만들기만 하면 여러 TimeSink 객체들을 다루도록 만들 수 있다. 이렇게 하려면 테스트 프로그램도 다시 조금 변경해야 한

다. 목록 24-13을 보면 그 변경 내용이 나와 있다. 테스트 프로그램이 더 짧아지고 읽기 쉬워지도록 약간 리팩토링도 했다.

목록 24-13 ClockDriverTest.java

```java
import junit.framework.TestCase;

public class ClockDriverTest extends TestCase {
    private MockTimeSource source;
    private MockTimeSink sink;

    public ClockDriverTest(String name) {
        super(name);
    }

    public void setUp() {
        source = new MockTimeSource();
        sink = new MockTimeSink();
        source.registerObserver(sink);
    }

    private void assertSinkEquals(MockTimeSink sink,
            int hours, int minutes, int seconds) {
        assertEquals(hours, sink.getHours());
        assertEquals(minutes, sink.getMinutes());
        assertEquals(seconds, sink.getSeconds());
    }

    public void testTimeChange() {
        source.setTime(3, 4, 5);
        assertSinkEquals(sink, 3, 4, 5);

        source.setTime(7, 8, 9);
        assertSinkEquals(sink, 7, 8, 9);
    }

    public void testMultipleSinks() {
        MockTimeSink sink2 = new MockTimeSink();
        source.registerObserver(sink2);

        source.setTime(12, 13, 14);
        assertSinkEquals(sink, 12, 13, 14);
        assertSinkEquals(sink2, 12, 13, 14);
    }
}
```

여러 TimeSink를 지원하도록 변경하는 일은 어렵지 않다. 등록된 모든 옵저버를 Vector에 담고 있도록 MockTimeSource를 변경한 다음, 시각이 변경되면 이 Vector를 순회해서 등록된 모든 ClockObserver의 update를 호출하면 된다. 목록 24-14와 목록 24-15에서 변경
내용을 볼 수 있다. 그림 24-6은 이 내용에 대한 UML이다.

📲 목록 24-14 TimeSource.java

```java
public interface TimeSource {
    public void registerObserver(ClockObserver observer);
}
```

📲 목록 24-15 MockTimeSource.java

```java
import java.util.Iterator;
import java.util.Vector;

public class MockTimeSource implements TimeSource {
    private Vector itsObservers = new Vector();

    public void setTime(int hours, int minutes, int seconds) {
        Iterator i = itsObservers.iterator();
        while (i.hasNext()) {
            ClockObserver observer = (ClockObserver) i.next();
            observer.update(hours, minutes, seconds);
        }
    }

    public void registerObserver(ClockObserver observer) {
        itsObservers.add(observer);
    }
}
```

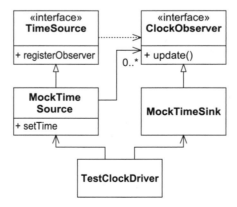

그림 24-6 TimeSink 객체 여러 개를 다루기

상당히 좋아졌지만, MockTimeSource가 등록과 갱신 작업을 해야 한다는 점이 아직 마음에 안 든다. 이대로라면 Clock이나 TimeSource의 다른 파생 클래스마다 똑같은 등록과 갱신 코드를 계속 만들어주어야 한다. 등록이나 갱신 작업이 Clock에 속한다는 생각도 안 들고, 코드를 중복한다는 점도 마음에 안 든다. 따라서 여기 관련된 모든 코드를 TimeSource로 옮겼으면 좋겠다. 물론 그렇게 되면 TimeSource를 인터페이스에서 클래스로 바꾸어야 하고, MockTimeSource 안에는 거의 아무 내용도 남지 않을 것이다. 목록 24-16과 목록 24-17, 그리고 그림 24-7에서 이번 변경 내용을 볼 수 있다.

목록 24-16 TimeSource.java

```java
import java.util.Iterator;
import java.util.Vector;

public class TimeSource {
    private Vector itsObservers = new Vector();

    protected void notify(int hours, int minutes, int seconds) {
        Iterator i = itsObservers.iterator();
        while (i.hasNext()) {
            ClockObserver observer = (ClockObserver) i.next();
            observer.update(hours, minutes, seconds);
        }
    }

    public void registerObserver(ClockObserver observer) {
        itsObservers.add(observer);
    }
}
```

목록 24-17 MockTimeSource.java

```java
public class MockTimeSource extends TimeSource {
    public void setTime(int hours, int minutes, int seconds) {
        notify(hours, minutes, seconds);
    }
}
```

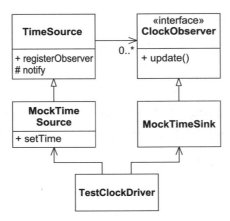

그림 24-7 등록과 갱신을 TimeSource로 옮기기

굉장히 좋아졌다. 이제, 무엇이라도 TimeSource에서 파생될 수 있다. 옵저버들을 갱신하기 위해, 이렇게 파생된 클래스에서 해야 할 일이라고는 notify를 호출하는 것밖에 없다. 하지만 그래도 아직 마음에 안 드는 점이 남아 있다. MockTimeSource를 보면 TimeSource에서 직접 상속을 받고 있다. 이 말은 Clock도 TimeSource에서 파생되어야 할 것이라는 뜻이다. Clock이 옵저버 등록이나 갱신에 의존해야 할 까닭이 있는가? Clock은 단지 시간에 대해서만 아는 클래스인데 말이다. Clock이 TimeSource에 의존하게 만드는 일은 피할 수 없어 보이기는 하지만 바람직해 보이지도 않는다.

나는 C++로는 이 문제를 어떻게 풀지 알고 있다. TimeSource와 Clock으로부터 동시에 상속받아 ObservableClock이라는 이름의 서브클래스를 만들 것이다. 그리고 ObservableClock의 tic과 setTime을 재정의해서 Clock의 tic이나 setTime을 호출한 다음, TimeSource의 notify를 호출하도록 만들 것이다. 목록 24-18과 그림 24-8을 보자.

📟 목록 24-18 ObservableClock.cc(C++)

```cpp
class ObservableClock : public Clock, public TimeSource {
    public :
        virtual void tic() {
            Clock :: tic();
            TimeSource :: notify(getHours(), getMinutes(), getSeconds());
        }

        virtual void setTime(int hours, int minutes, int seconds) {
            Clock :: setTime(hours, minutes, seconds);
            TimeSource :: notify(hours, minutes, seconds);
        }
}
```

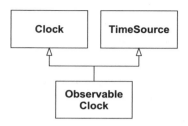

그림 24-8 Clock과 TimeSource를 분리하기 위해 C++에서 다중 상속 이용하기

불행하게도, 자바에서는 클래스 다중 상속이 불가능하기 때문에 이 방법을 선택할 수 없다. 따라서 자바에서는 그냥 그대로 놓아두던지 위임을 이용한 꼼수를 써야 한다. 목록 24-19부터 목록 24-21까지, 그리고 그림 24-9를 보면 위임을 이용한 꼼수를 볼 수 있다.

목록 24-19 TimeSource.java

```java
public interface TimeSource {
    public void registerObserver(ClockObserver observer);
}
```

목록 24-20 TimeSourceImplementation.java

```java
import java.util.Iterator;
import java.util.Vector;

public class TimeSourceImplementation {
    private Vector itsObservers = new Vector();

    public void notify(int hours, int minutes, int seconds) {
        Iterator i = itsObservers.iterator();
        while (i.hasNext()) {
            ClockObserver observer = (ClockObserver) i.next();
            observer.update(hours, minutes, seconds);
        }
    }

    public void registerObserver(ClockObserver observer) {
        itsObservers.add(observer);
    }
}
```

```java
public class MockTimeSource implements TimeSource {
    TimeSourceImplementation tsImp = new TimeSourceImplementation();

    public void registerObserver(ClockObserver observer) {
        tsImp.registerObserver(observer);
    }

    public void setTime(int hours, int minutes, int seconds) {
        tsImp.notify(hours, minutes, seconds);
    }
}
```

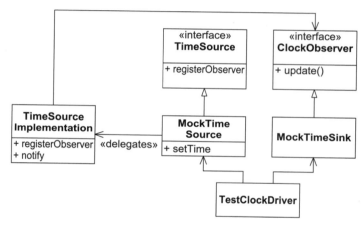

그림 24-9 자바에서 Observer 위임을 이용한 꼼수

MockTimeSource 클래스가 TimeSource 인터페이스를 구현하는 동시에 TimeSource Implementation의 인스턴스에 대한 참조도 포함하고 있음을 눈여겨보자. MockTimeSource 의 registerObserver에 대한 모든 호출이 TimeSourceImplementation에 위임된다는 점 도 눈여겨보자. MockTimeSource.setTime도 역시 TimeSourceImplementation 인스턴스 의 notify를 호출한다.

그다지 보기 좋지는 않지만, MockTimeSource가 어떤 클래스로부터도 상속받지 않는다는 장점은 있다. 이 말은 ObservableClock을 만들 때 Clock을 상속받고, TimeSource를 구 현하고, 등록과 갱신은 TimeSourceImplementation에게 위임할 수 있다는 뜻이다(그림 24-10 참고). 그 대가가 작지는 않지만, 어쨌든 이러면 Clock이 등록과 갱신 같은 일에 의존하 는 문제를 해결할 수 있다.

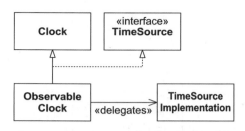

그림 24-10 ObservableClock을 위한 위임을 이용한 꼼수

자, 그럼 이제 이 미궁 속으로 들어가기 전인 그림 24-7로 다시 돌아가 보자. 여기서는 Clock 이 등록과 갱신 같은 일에 의존해야 한다는 사실을 그러려니 생각하고 넘어갈 것이다.

TimeSource는 이 클래스가 지금 하는 일을 보면 말도 안 되는 이름이다. 이 이름은 ClockDriver가 있었던 좋았던 옛 시절에 붙여진 이름이지만, 그때 이후로 지금까지 굉장히 많은 것이 바뀌었다. 이제 이 이름을 등록 및 갱신과 관계있는 다른 것으로 바꾸어야만 하겠다. 옵저버 패턴은 이런 종류의 클래스를 Subject라고 부른다. 현재 예제는 시간에 특화된 것처럼 보이니까 TimeSubject라고 부를 수도 있겠지만, 이 이름은 그다지 직관적이지 않다. 친숙한 자바의 Observable이란 이름을 쓸 수도 있지만, 이것도 딱 들어맞는 느낌이 들지 않는다. TimeObservable? 역시 아니다.

우리 옵저버가 '데이터를 밀어내는 방식(push-model)'인 것이 문제의 원인일지도 모르겠다.[*2] '데이터를 끌어오는 방식(pull-model)'으로 바꾼다면 시각을 알려주는 일에만 특화된 우리 클래스를 더 일반적인 클래스로 만들 수 있다. 그러면 TimeSource라는 이름을 Subject라고 바꿀 수 있게 되므로, 옵저버 패턴과 친숙한 모든 사람이 쉽게 이 클래스가 어떤 클래스인지 알 수 있게 된다.

이것이 그렇게 나쁜 방안은 아니다. notify와 update 메소드에서 시각을 건네주는 대신, TimeSink가 MockTimeSource에게 시각을 물어보게 만들면 된다. MockTimeSink가 MockTimeSource에 대해 알도록 만들고 싶지는 않으므로 MockTimeSink가 시각을 얻기 위해 사용할 수 있는 인터페이스를 하나 만들 것이다. MockTimeSource(와 Clock)는 이 인터페이스를 구현하면 된다. 우리는 이 인터페이스의 이름을 TimeSource라고 부를 것이다.

[*2] 데이터를 밀어내는 방식(push-model) 옵저버에서는 관찰 대상(subject)이 데이터를 notify와 update 메소드의 인자로 전달하는 방법으로 데이터를 옵저버(observer)에게 밀어 보낸다. 데이터를 끌어오는 방식(pull-model) 옵저버에서는 notify와 update 메소드에서는 아무것도 전달하지 않으며, 관찰하는 객체가 갱신 신호를 받았을 때 관찰 대상인 객체에게 데이터를 요청하도록 하는 방법을 쓴다. [GOF95]를 참고하자.

코드와 UML의 최종 상태는 그림 24-11과 목록 24-22부터 24-27까지에 나와 있다.

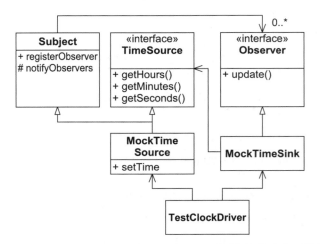

그림 24-11 MockTimeSource와 MockTimeSink에 적용된 옵저버의 최종판

📝 목록 24-22 ObserverTest.java

```java
import junit.framework.TestCase;

public class ObserverTest extends TestCase {
    private MockTimeSource source;
    private MockTimeSink sink;

    public ObserverTest(String name) {
        super(name);
    }

    public void setUp() {
        source = new MockTimeSource();
        sink = new MockTimeSink(source);
        source.registerObserver(sink);
    }

    private void assertSinkEquals(MockTimeSink sink,
            int hours, int minutes, int seconds) {
        assertEquals(hours, sink.getHours());
        assertEquals(minutes, sink.getMinutes());
        assertEquals(seconds, sink.getSeconds());
    }

    public void testTimeChange() {
        source.setTime(3, 4, 5);
```

```
        assertSinkEquals(sink, 3, 4, 5);

        source.setTime(7, 8, 9);
        assertSinkEquals(sink, 7, 8, 9);
    }

    public void testMultipleSinks() {
        MockTimeSink sink2 = new MockTimeSink(source);
        source.registerObserver(sink2);

        source.setTime(12, 13, 14);
        assertSinkEquals(sink, 12, 13, 14);
        assertSinkEquals(sink2, 12, 13, 14);
    }
}
```

목록 24-23 Observer.java

```
public interface Observer {
    public void update();
}
```

목록 24-24 Subject.java

```
import java.util.Iterator;
import java.util.Observer;
import java.util.Vector;

public class Subject {
    private Vector itsObservers = new Vector();

    protected void notifyObservers() {
        Iterator i = itsObservers.iterator();
        while (i.hasNext()) {
            Observer observer = (Observer) i.next();
            observer.update();
        }
    }

    public void registerObserver(Observer observer) {
        itsObservers.add(observer);
    }
}
```

```java
public interface TimeSource {
    public int getHours();
    public int getMinutes();
    public int getSeconds();
}
```

```java
public class MockTimeSource extends Subject implements TimeSource {
    private int itsHours;
    private int itsMinutes;
    private int itsSeconds;

    public void setTime(int hours, int minutes, int seconds) {
        itsHours = hours;
        itsMinutes = minutes;
        itsSeconds = seconds;
        notifyObservers();
    }

    public int getHours() {
        return itsHours;
    }

    public int getMinutes() {
        return itsMinutes;
    }

    public int getSeconds() {
        return itsSeconds;
    }
}
```

```java
public class MockTimeSink implements Observer {
    private int itsHours;
    private int itsMinutes;
    private int itsSeconds;
    private TimeSource itsSource;

    public MockTimeSink(TimeSource source) {
        itsSource = source;
    }
```

```java
    public int getSeconds() {
        return itsSeconds;
    }

    public int getMinutes() {
        return itsMinutes;
    }

    public int getHours() {
        return itsHours;
    }

    public void update() {
        itsHours = itsSource.getHours();
        itsMinutes = itsSource.getMinutes();
        itsSeconds = itsSource.getSeconds();
    }
}
```

결론

자, 이제 다 되었다. 처음에 어떤 설계 문제를 가지고 시작한 다음, 합리적인 진화를 거쳐서 정규 옵저버 패턴이라는 결과를 낳았다. 내 의도가 처음부터 옵저버라는 결과에 도달하는 것이었으니까 그냥 그렇게 되도록 의도적으로 진행한 것이 아니냐고 불평하는 사람이 있을지도 모르겠다. 그 사실을 부인하지는 않지만, 사실 그것이 그렇게 중요한 문제는 아니다.

디자인 패턴에 익숙하다면, 어떤 설계 문제에 마주쳤을 때 어떤 패턴이 마음속에 저절로 떠오를 확률이 높다. 그럴 경우 문제는 그 패턴을 바로 구현할 것인가, 아니면 작은 단계 여러 개를 거쳐 코드를 진화시킬 것인가이다. 이 장에서는 두 번째를 선택하면 일이 어떤 식으로 진행되는지를 살펴봤다. 그저 지금 푸는 문제에는 옵저버 패턴이 최선의 선택이라는 결론을 바로 내려버리지 않고, 계속 문제들을 하나씩 해결해나갔다. 결과적으로 코드가 옵저버의 방향으로 가고 있다는 사실이 매우 분명해졌고, 그래서 나는 여러 이름을 바꾸고 코드도 정규형(canonical form)으로 바꾸었다.

코드를 진화시키는 과정 중 어느 시점에서든, 나는 이 정도면 문제가 해결되었음을 발견하고 진화를 멈추었을 수도 있다. 아니면, 진화의 진로를 바꾸어 다른 방향으로 가면 문제를 해결할 수 있음을 발견하게 될 수도 있다.

이 장에서의 다이어그램 사용

다이어그램 몇 개는 여러분의 편의를 위해서 그렸다. 내가 무슨 일을 하는지 다이어그램으로 일목요연하게 보여주면 여러분이 쉽게 이해할 수 있을 것이라고 생각했기 때문이다. 모든 것을 밝히고 설명하려고 했던 것이 아니었더라면 이 다이어그램들은 그리지 않았을 것이다. 하지만 내 편의를 위해 만든 다이어그램도 몇 개 있다. 다음에 어떻게 해야 할지 알려면 내가 만든 구조를 뚫어지게 봐야 할 경우도 몇 번 있었기 때문이다.

책 쓰는 일이 아니었다면, 나는 이런 다이어그램을 종잇조각이나 칠판에 손으로 그렸을 것이다. 그림 그리는 도구를 사용하려고 시간을 쓰지는 않았을 것이다. 내가 아는 한, 그림 그리는 도구를 써서 그리는 것이 냅킨에 그리는 것보다 더 빠를 수는 없다.

코드를 진화시키는 일에 도움이 되도록 다이어그램을 사용한 다음에도, 다이어그램을 보관하지는 않았을 것이다. 모든 경우에서 나 자신을 위해 그린 다이어그램은 언제나 중간 단계일 뿐이었다.

이 장에 나오는 코드 정도의 세부 사항 수준에서 그린 다이어그램들을 보관하는 일에 어떤 가치가 있을까? 내가 이 책에서 하고 있는 것처럼 자신의 추론 과정을 드러내려고 하는 중이라면 분명 도움이 될 것이다. 하지만 코딩 몇 시간 하는 동안 일어난 코드 진화 경로를 문서화하려고 드는 경우는 드물다. 보통 이런 다이어그램들은 일시적이며, 일이 끝나면 버리는 편이 낫다. 이 정도의 세부 사항 수준이라면, 코드 스스로 충분히 자기를 설명할 수 있는 경우가 대부분이다. 하지만 좀 더 높은 수준에서는, 언제나 그렇지는 않다.

옵저버 패턴

이제 예제를 다 살펴봤고 코드도 옵저버 패턴으로 진화시켜봤으니, 그냥 옵저버 패턴이 무엇인지 공부해보는 것도 재미있을 것이다. 옵저버의 정규형이 그림 24-12에 나와 있다. 이 예에서 Clock은 DigitalClock의 관찰 대상이다. DigitalClock은 Clock의 Subject 인터페이스를 통해 자신을 등록한다. Clock은 어떤 이유에서든 시각이 변경되면 Subject의 notify 메소드를 호출한다. Subject의 notify 메소드는 등록된 모든 Observer의 update 메소드를 호출한다. 따라서 DigitalClock은 시각이 변경될 때마다 update 메시지를 받게 된다. DigitalClock은 그 기회를 이용해서 Clock에게 지금 시각을 묻고, 알아낸 시각을 화면에 표시한다.

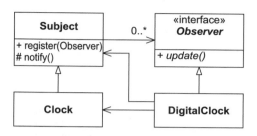

그림 24-12 데이터를 끌어오는 방식의 정규적인 옵저버 형태

옵저버는 한 번 이해하고 나면 도처에서 사용하는 예를 볼 수 있게 되는 그런 종류의 패턴이다. 이 패턴의 간접 참조는 매우 훌륭한데, 객체들이 명시적으로 관찰 대상을 호출하도록 작성하는 대신 온갖 종류의 객체들을 옵저버로 등록하기만 하면 된다. 이런 간접 참조가 의존 관계를 관리하는 유용한 방법이긴 하지만, 너무 극단적으로 사용하기도 쉽다. 옵저버의 지나친 사용은 시스템을 이해하거나 추적하기 굉장히 어렵게 만들곤 한다.

내가 보내줄게, 네가 가져가. 옵저버 패턴에는 두 가지 기본적인 방식이 있다. 그림 24-12는 데이터를 끌어오는 방식(pull-model)의 옵저버다. 이 방식의 이름은 DigitalClock이 update 메시지를 받은 다음 Clock 객체로부터 시각 정보를 끌어와야 한다는 것으로부터 나왔다.

데이터를 끌어오는 방식의 장점은 구현이 단순하다는 점과 Subject와 Observer 클래스를 재사용 가능한 표준 요소로 라이브러리에 포함시킬 수 있다는 점이다. 하지만 수천 명이 들어 있는 직원 기록을 관찰하고 있는데 방금 update 메시지를 받았다고 해보자. 수천 개의 필드 가운데 어떤 것이 변경되었는지 어떻게 알 수 있을까?

ClockObserver의 update가 호출되면, 해야 할 응답은 뻔하다. ClockObserver는 Clock 으로부터 시각을 가져와서 화면에 보이면 된다. 하지만 EmployeeObserver의 update가 호출된다면, 응답을 예상하기가 그렇게 쉽지 않다. 어떤 일이 일어났는지도 모르고 무엇을 해야 할지도 모른다. 직원 이름이 변했을 수도 있고, 월급이 변했을 수도 있다. 새로운 상사가 생겼을지도 모른다. 은행 계좌가 바뀌었을 수도 있다. 무엇인가 도움이 필요하다.

옵저버 패턴의 데이터를 밀어내는 방식에서는 도움을 받을 수 있다. 데이터를 밀어내는 방식의 옵저버 구조는 그림 24-13에 나와 있다. notify와 update 메소드 둘 다 인자를 받는다는 점을 눈여겨보자. 이 인자가 바로 Employee가 SalaryObserver에게 notify와 update 메소드를 통해 전달하는 단서다. 이 단서를 보면 Employee 기록에 생긴 변화의 종류를 알 수 있다.

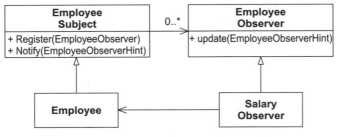

그림 24-13 데이터를 밀어내는 방식의 옵저버

notify와 update의 EmployeeObserverHint 인자는 특정 종류의 나열(enumeration)일 수도 있고, 문자열일 수도 있으며, 어떤 필드의 이전 값과 새로운 값을 담고 있는 좀 더 복잡한 자료 구조일 수도 있다. 이 인자가 어떤 종류이든, 이 인자의 값은 관찰자에게 밀어 보내진다.

두 옵저버 방식 가운데 하나를 고르는 것은 단지 관찰 대상 객체의 복잡도에 관한 문제다. 관찰 대상 객체가 복잡해서 관찰자가 단서를 받아야 한다면, 데이터를 밀어내는 방식이 적절하다. 관찰 대상 객체가 단순하다면, 데이터를 끌어오는 방식으로도 충분할 것이다.

옵저버는 어떻게 OOD 원칙을 관리하는가?

옵저버 패턴을 가장 많이 지배하는 원칙은 개방 폐쇄 원칙(OCP)이다. 관찰 대상 객체를 변경하지 않고도 새로운 관찰자 객체를 추가할 수 있게 해서 관찰 대상 객체가 변경에 폐쇄적일 수 있도록 만드는 것이 이 패턴 사용의 동기를 부여한다.

그림 24-12를 다시 보면, Clock을 Subject로 교체할 수 있고, DigitalClock을 Observer로 교체할 수도 있다는 사실이 명백하다. 따라서 리스코프 치환 원칙(LSP)도 적용된다.

Observer는 추상 클래스이고, 구체 클래스인 DigitalClock이 Observer에 의존한다. Subject의 구체적 메소드도 Observer에 의존한다. 따라서 의존 관계 역전 원칙(DIP)도 이 경우에 적용된다. Subject에 추상 메소드가 없으므로 Clock과 Subject의 의존 관계가 DIP를 위반한다고 생각할지도 모르겠다. 하지만 Subject는 자체적으로 인스턴스화되어서는 절대로 안 되는 클래스다. 이 클래스는 파생된 클래스의 맥락에서만 의미를 지닌다. 따라서 Subject는 추상 메소드가 하나도 없더라도, 논리적으로 보면 추상 클래스다. Subject의 생성자를 보호(protected)로 만들거나 C++라면 순수 가상 소멸자를 만들어둠으로써 Subject의 추상성을 강제로 만들어줄 수도 있다.

그림 24-11을 보면 인터페이스 분리 원칙(ISP)의 단서도 몇 개 볼 수 있다. Subject와 Time Source는 MockTimeSource의 클라이언트들마다 각자 전문화된 인터페이스를 제공함으로써 이 클라이언트들을 분리한다.

참고 문헌

1. Gamma, et al. *Design Patterns*. Addison–Wesley, 1995.

2. Martin, Robert C., et al. *Pattern Languages of Program Design 3*, Addison–Wesley, 1998.

CHAPTER

25

추상 서버, 어댑터, 브리지 패턴

> "정치인은 어디나 다 똑같다.
> 그들은 강이 있지도 않은 곳에
> 다리를 놓겠다고 약속한다."
>
> **니키타 흐루시초프**(Nikita Khrushchev)

© Jennifer M. Kohnke

1990년대 중반에 나는 comp.object 뉴스 그룹에서 벌어진 토론에 깊숙이 참여한 적이 있었다. 이 뉴스 그룹에 글을 올리던 사람들은 서로 다른 분석과 설계 전략에 대해 격렬하게 논쟁하곤 했다. 어떤 시점에서 우리는 다른 사람의 주장을 평가할 때 구체적인 예제가 있으면 도움이 되겠다고 결정을 내렸다. 그래서 아주 단순한 설계 문제를 하나 골라서 각자 자기가 가장 좋아하는 해결 방법을 제시하기로 했다.

그 설계 문제는 정말 단순했다. 단순한 탁상 스탠드 내부에서 돌아갈 소프트웨어를 설계하는 문제였는데, 탁상 스탠드에는 전구 하나와 스위치가 있을 뿐이었다. 지금 켜져 있는지 꺼져 있는지를 스위치에게 물어볼 수 있었고, 켤지 혹은 끌지를 전구에게 명령할 수 있었다. 단순하고 깔끔한 문제였다.

논쟁은 몇 달이나 계속됐다. 사람마다 자기 설계 스타일이 다른 사람들 것보다 우월하다고 주장했다. 어떤 사람은 그냥 스위치와 전구 객체만 있는 단순한 접근 방법을 사용했고, 어떤 사람은 스위치와 전구를 포함하는 램프 객체도 있어야 한다고 생각했다. 전기도 객체로 만들어야 한다는 사람도 있었다. 심지어 전기 코드 객체를 제안한 사람까지 있었다.

대부분의 논증이 말도 안 되는 것이긴 했어도, 설계 모델 자체는 흥미롭게 연구할 만한 것이었다. 그림 25-1을 한번 보자. 분명히 실제로 작동하게 만들 수 있는 설계이긴 하다. Switch 객체는 실제 스위치의 상태를 조사해 상태에 따라 Light 객체에게 turnOn과 turnOff 메시지 중 적절한 것을 보낸다.

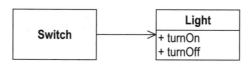

그림 25-1 단순한 탁상 스탠드

그렇다면 이 설계에서 무엇이 마음에 안 들까?

이 설계에서 의존 관계 역전 원칙(DIP)과 개방 폐쇄 원칙(OCP)이 서로 위반된다는 점이 마음에 안 든다. DIP의 위반은 금방 알 수 있는데, Switch에서 Light로 향하는 의존 관계가 구체 클래스에 대한 의존 관계이기 때문이다. DIP에 따르는 것보다 추상 클래스에 의존하는 편이 낫다. OCP의 위반은 이보다 좀 더 간접적이지만 사실 더 중요한 위반이다. 이 설계대로라면 Switch가 필요할 때마다 Light도 끌고 다녀야 한다는 점이 마음에 안 든다. 이 설계의 Switch는 Light 외의 객체를 제어할 수 있도록 확장하기 힘들다.

추상 서버 패턴

그림 25-2처럼 전구 말고 다른 것을 제어하려면 Switch로부터 상속받은 서브클래스를 하나 만들면 된다고 생각할지도 모르겠다. 하지만 그런다고 문제가 풀리진 않는데, FanSwitch가 여전히 간접적으로 Light에 대한 의존 관계를 갖고 있기 때문이다. FanSwitch를 쓰는 곳마다 Light도 같이 가지고 가야 한다. 어찌 되었든, 이 상속 관계는 DIP까지도 위반한다.

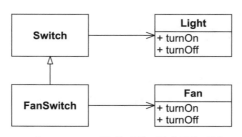

그림 25-2 Switch를 확장하는 좋지 않은 방법

이 문제를 해결하기 위해 우리는 디자인 패턴 중 가장 간단한 축에 속하는 추상 서버 (ABSTRACT SERVER) 패턴을 사용할 것이다(그림 25-3 참고). Switch와 Light 사이에 인터페이스를 하나 도입함으로써 이 인터페이스를 구현하는 것이라면 무엇이든 Switch가 제어할 수 있게 만들 수 있다. 이렇게 하면 DIP와 OCP 역시 바로 충족된다.

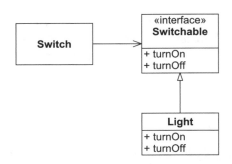

그림 25-3 탁상 스탠드 문제에 대한 추상 서버 해결 방법

인터페이스는 누가 소유하는가?

잠깐 흥미로운 곁가지로 들어가서, 인터페이스의 클라이언트를 위하는 쪽으로 인터페이스 이름을 지었다는 점에 주목하자. 인터페이스 이름이 ILight가 아니라 Switchable이다. 이것에 대해 전에도 이야기한 적 있지만, 아마 앞으로도 계속 언급될 것이다. 인터페이스는 그 인터페이스의 파생 클래스나 파생 인터페이스가 아니라 클라이언트에게 속한다. 인터페이스와 그 파생형 사이의 논리적인 구속력보다 클라이언트와 인터페이스 사이의 논리적인 구속력이 더 강하다. 클라이언트와 인터페이스 사이의 구속력은 Switchable 없이 Switch를 배치한다는 사실을 상상할 수 없을 만큼 강하지만, 인터페이스와 파생형 사이의 구속력은 약해서 Light 없이 Switchable을 배치하는 것은 충분히 가능하다. 이러한 논리적 구속력의 강약은 물리적 구속력의 강약과 일치하지 않는데, 연관보다는 상속이 훨씬 강력한 물리적 구속력을 지니기 때문이다.

1990년대 초반에는 물리적 구속력이 지배적이라고 생각하곤 했다. 동일한 상속 계층 구조에 속한 클래스들은 동일한 물리적 패키지에 넣도록 권장되기도 했다. 그때는 상속이 굉장히 물리적 구속력이 강하므로 이렇게 하는 것이 이치에 맞는 것처럼 보였다. 하지만 최근 10년 동안 우리는 상속의 물리적 힘에 현혹되기 쉽다는 것과, 상속 계층 구조는 보통 한 패키지에 들어가지 않아야 한다는 것을 배웠다. 오히려 클라이언트와 그 클라이언트가 제어하는 인터페이스들이 함께 패키지에 들어가곤 했다.

이런 논리적 구속력과 물리적 구속력의 불일치는 C++나 자바 같은 정적 타입 언어의 산물이다. 스몰토크, 파이썬, 루비 같은 동적 타입 언어는 행위의 다형성을 상속을 통해 다루지 않기 때문에 이러한 불일치가 없다.

어댑터 패턴

그림 25-3의 설계에도 또 다른 문제가 있는데, 단일 책임 원칙(SRP)을 위반할 가능성이 있다는 점이다. 우리는 변화의 이유가 동일하지 않을 수도 있는 Light와 Switchable 두 가지를 묶어놓았다. Light가 다른 것으로부터 상속을 받을 수 없다면 어떻게 해야 하는가? Light가 서드파티에서 사온 것이라 소스 코드가 없을 수도 있다. 아니면 Switch로 제어하고 싶은 다른 클래스가 있는데 그 클래스가 Switchable로부터 파생받을 수 없다면 어떻게 해야 하는가? 여기서 어댑터(ADAPTER)가 등장한다.[*1]

그림 25-4를 보면 이 문제를 풀기 위해 어떻게 어댑터 패턴을 사용하는지 볼 수 있다. 어댑터가 Switchable로부터 상속을 받은 다음 실제 일은 Light에게 위임한다. 그러면 문제가 깔끔하게 해결된다. 이제 켜거나 끌 수만 있다면 어떤 객체라도 Switch로 제어할 수 있다. 해야할 일이라곤 적절한 어댑터를 만드는 것뿐이다. 물론, 제어할 객체가 Switchable과 동일한 turnOn과 turnOff 메소드를 갖고 있을 필요도 없다. 어댑터가 말 그대로 그 객체의 인터페이스와 Switchable 인터페이스 사이의 어댑터 역할을 해주면 된다.

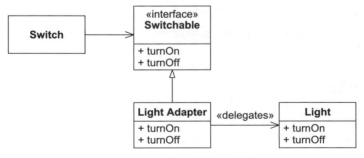

그림 25-4 어댑터로 탁상 스탠드 문제 해결하기

[*1] 10장의 그림 10-2와 그림 10-3에서 이미 어댑터를 본 적이 있다.

탄스타플(TANSTAAFL)[*2]　　어댑터는 싸게 먹히지 않는다. 새로 클래스도 작성해야 하고, 어댑터를 인스턴스화한 다음 어댑터가 중개할 객체와 어댑터를 연결하기도 해야 한다. 그리고 어댑터를 호출할 때마다 위임 때문에 필요한 추가적인 시간과 공간이라는 대가를 지불해야 한다. 따라서 분명 매번 어댑터를 쓰고 싶지는 않을 것이다. 대부분의 경우 추상 서버 패턴을 이용하는 해결 방법으로도 충분하다. 사실, 그림 25-1의 원래 해결 방법도 Switch가 제어해야 할 다른 객체가 있다는 사실을 알게 되기 전까지는 상당히 괜찮은 해결 방법이다.

클래스 형태의 어댑터

그림 25-4의 LightAdapter 클래스는 객체 형태 어댑터(object form adapter)라는 이름으로 알려져 있다. 클래스 형태 어댑터(class form adapter)라는 이름의 접근 방법도 있는데, 그림 25-5에서 볼 수 있다. 이 형태에서 어댑터는 Switchable 인터페이스와 Light 클래스로부터 동시에 상속을 받는다. 클래스 형태는 객체 형태보다 약간 더 효율적이고 사용하기도 약간 더 쉽지만, 그 대가로 상속에서 강한 결합이 생겨버린다.

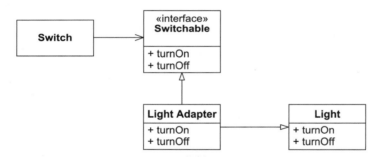

그림 25-5　클래스 형태 어댑터로 탁상 스탠드 문제 해결하기

모뎀 문제, 어댑터와 LSP

그림 25-6의 상황을 한번 보자. 모두 Modem 인터페이스를 사용하는 모뎀 클라이언트가 많이 있다. Modem 인터페이스는 HayesModem, USRoboticsModem, EarniesModem 등 여러 파생형에서 구현된다. 상당히 흔하게 볼 수 있는 상황이며, OCP, LSP, DIP도 충분히 잘 지켜지고 있다. 모뎀 클라이언트는 다루어야 할 새로운 종류의 모뎀이 생겨도 영향을 받지 않는다.

[*2]　**역주** 　미국 SF 작가 로버트 하인라인의 소설 『달은 무자비한 밤의 여왕(The Moon is a Harsh Mistress)』에서 나온 인용구로 "공짜 점심 같은 건 없다(There Ain't No Such Thing As A Free Lunch)"의 두문자를 따서 만든 약어다.

이런 상황이 몇 년에 걸쳐 계속되고 있다고 가정해보자. 그리고 Modem 인터페이스를 만족스럽게 사용하고 있는 모뎀 클라이언트 몇백 개가 있다고도 가정해보자.

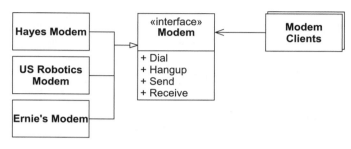

그림 25-6 모뎀 문제

그리고 이제 고객이 우리에게 새로운 요구사항을 건네주었다. 전화 다이얼을 걸지 않는 종류의 모뎀들이 있는데, 이런 모뎀은 전용 회선의 양쪽에 놓이기 때문에 전용 모뎀(dedicated modem)이라고 한다.[3] 이 전용 모뎀을 사용하기 때문에 굳이 다이얼을 돌릴 필요가 없는 새로운 애플리케이션 몇 개가 있는데, 우리는 이 애플리케이션들을 DedUsers라고 부르겠다. 하지만 우리 고객은 지금 있는 모뎀 클라이언트들도 모두 전용 회선을 쓸 수 있게 되기를 바란다. 고객은 모뎀 클라이언트 애플리케이션 몇백 개를 고치고 싶지는 않으니 이 모뎀 클라이언트들이 그냥 가짜 전화번호를 돌릴 수 있게 해주었으면 좋겠다고 한다.

우리에게 선택의 여지가 있다면, 시스템 설계를 그림 25-7처럼 고치면 좋을 것이다. 다이얼 돌리는 기능과 통신하는 기능을 별개의 인터페이스 2개로 분리하기 위해 ISP를 이용한다. 이전 모뎀은 이 인터페이스 2개를 모두 구현하고 모뎀 클라이언트들도 인터페이스 2개를 모두 쓰면 된다. DedUsers는 단지 Modem 인터페이스만 사용하고 DedicatedModem도 단지 Modem 인터페이스만 구현하면 된다. 불행하게도, 이렇게 할 수 있으려면 모든 모뎀 클라이언트를 수정해야 하는데, 이것은 우리 고객이 하지 못하게 막고 있다.

---

[3] 사실 초기 모뎀은 전부 전용 모뎀이었다. 통신이 발달하면서 비로소 모뎀으로 전화를 걸 수 있게 되었다. 쥐라기 초기쯤 되던 시대에는, 전화 회사에서 커다란 빵 상자만 한 모뎀을 빌려서 역시 전화 회사에서 빌린 전용 회선을 통해 그 회선 반대쪽에 있는 다른 전용 모뎀에 물렸어야 했다(쥐라기 시대의 전화 회사에게는 좋은 시절이었다). 만약 모뎀이 다이얼도 할 수 있게 만들려면 자동 다이얼러라는 또 다른 빵 상자만 한 기계를 하나 더 빌려야만 했다.

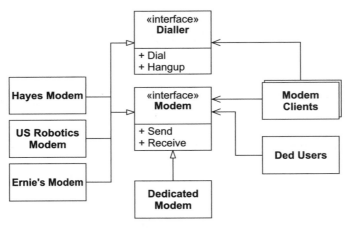

그림 25-7 모뎀 문제의 이상적인 해결 방법

그렇다면 무엇을 해야 할까? 우리가 원하는 대로 인터페이스를 분리하지는 못해도, 모든 모뎀 클라이언트가 DedicatedModem을 사용할 수 있는 방법은 제공해야 한다. 다음처럼 Modem 으로부터 DedicatedModem을 파생한 다음, dial과 hangup 함수를 아무것도 하지 않는 함수로 구현하는 방법도 가능할 것이다.

```
class DedicatedModem public : Modem {
    public :
        virtual void dial(char phoneNumber[10]) {
        }
        virtual void hangup() {
        }
        virtual void send(char c) {
            ...
        }
        virtual char receive() {
            ...
        }
}
```

하지만 퇴화된 함수는 LSP를 위반하게 될지도 모른다는 신호다. 기반 클래스의 사용자 가 dial과 hangup이 모뎀의 상태를 크게 변화시킬 것이라고 여기고 있을지도 모르는데, DedicatedModem에서 이렇게 함수를 퇴화시킨다면 이런 예상을 깨버리게 된다.

dial이 호출될 때까지는 모뎀이 잠자기 상태이고 hangup이 호출되면 다시 잠자기 상태에 들어간다는 가정하에 모뎀 클라이언트들이 작성되어 있다고 생각해보자. 다시 말해, 모뎀 클라이언트는 아직 다이얼하지 않은 모뎀으로부터 글자가 들어올 것이라고 예상하지 않는다. 하지만 DedicatedModem은 이런 예상을 깬다. 전용 모뎀은 dial이 호출되기 이전에도 글자를 보내고, hangup이 호출된 다음에도 그럴 것이다. 따라서 DedicatedModem이 일부 모뎀 클라이언트와 충돌할 수도 있다.

그러면 여러분은 그런 모뎀 클라이언트가 문제라고 주장할지도 모르겠다. 예상하지 못한 입력에 고장이 난다면 제대로 작성된 소프트웨어가 아니다. 나도 그 말에 동의하지만, 모뎀 클라이언트의 유지보수를 맡고 있는 사람에게 여러분이 새로운 종류의 모뎀을 추가하므로 그들의 소프트웨어를 변경해야 한다고 납득시키는 일은 상당히 힘들 것이다. 이들을 납득시켜서 모뎀 클라이언트를 변경하게 만드는 것은 OCP를 깰뿐더러, 정말 짜증 나는 일이기도 하다. 게다가, 우리 고객은 모뎀 클라이언트 변경은 안 된다고 이미 말한 바 있다.

임시방편으로 이 문제를 고칠 수 있다. DedicatedModem에서 dial과 hangup 메소드의 연결 상태를 흉내 내면 될지도 모른다. dial이 호출되지 않았거나 hangup이 호출된 후라면 글자를 보내지 않으면 된다. 만약 우리가 이렇게 바꾼다면, 모든 모뎀 클라이언트는 코드를 변경할 필요가 없어지므로 아주 좋아할 것이다. 이제 DedUsers에게 그들도 dial과 hangup을 호출해야 한다는 사실을 납득시키기만 하면 된다(그림 25-8 참고).

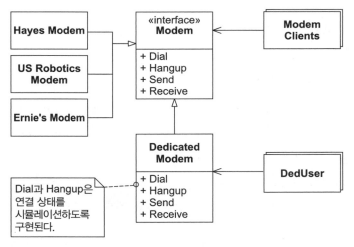

그림 25-8 DedicatedModem이 연결 상태를 흉내 내게 하는 임시방편을 이용하여 모뎀 문제 해결하기

DedUser를 만드는 사람들이 굉장히 싫어하는 모습을 떠올릴 수 있을 것이다. 이 사람들은 DedicatedModem을 잘 쓰고 있다. 그런데 왜 dial과 hangup을 호출해야 하는가? 하지만 이들은 아직 소프트웨어를 작성하기 전이니까, 우리가 원하는 방향으로 하게끔 만드는 일이 모

뎀 클라이언트 쪽 사람들보다 더 쉽긴 하다.

얽히고설킨 의존 관계 몇 달 후, DedUser들도 몇백 개 생겼을 때 고객이 다시 와서 새로운 변경사항을 주문한다. 그동안 우리 프로그램들은 국제 전화번호를 다룰 필요는 없었던 것으로 보인다. 그리고 이것이 dial의 인자가 char[10]인 이유이기도 하다. 하지만 이제 우리 고객은 임의 길이의 전화번호를 다이얼할 수 있기를 바란다. 국제전화나 신용카드를 통한 전화, 개인번호를 통한 전화 등을 할 필요가 생긴 것이다.

모든 모뎀 클라이언트를 다 바꾸어야 한다는 점은 분명하다. 이것들은 전화번호로 char[10]을 받을 것으로 예상하고 작성되었다. 다른 선택의 여지가 없기 때문에 고객은 이것을 승인했고, 무수한 프로그래머가 이 작업에 투입되었다. 그리고 모뎀 계층 구조에 있는 클래스들도 새로운 전화번호 크기에 맞추어 변경되어야 한다는 점도 분명하다. 이것은 작은 팀만으로도 할 수 있다. 하지만 불행하게도, 우리는 DedUser를 작성한 사람들한테도 가서 당신들도 코드를 변경해야 한다고 말해주어야 한다! 이들이 매우 행복해하는 모습이 머릿속에 떠오르는가? 이들이 dial 호출을 하는 것은 그 호출이 필요하기 때문이 아니라 우리가 그렇게 해야만 한다고 말해서다. 그리고 이제 우리가 하라는 대로 했기 때문에 비용이 많이 드는 유지보수 작업을 해야만 한다.

이 예는 많은 프로젝트에서 벌어지곤 하는 지저분한 의존 관계 얽힘의 한 예다. 시스템 한 부분에서 사용한 임시방편이 결과적으로는 원래 전혀 관련이 없어야 하는 시스템의 다른 부분에서 문제를 일으키는 지저분한 의존 관계 흐름을 만든다.

구해주러 온 어댑터 그림 25-9처럼 맨 처음 문제를 풀기 위해 어댑터를 사용했더라면 이러한 큰 낭패를 피할 수 있었을 것이다. 이렇게 할 경우, DedicatedModem은 Modem으로부터 상속받지 않는다. 모뎀 클라이언트들은 DedicatedModemAdapter를 통해 간접적으로 DedicatedModem을 사용한다. 이 어댑터는 연결 상태를 흉내 내기 위해 dial과 hangup을 구현하고, send와 receive 호출은 DedicatedModem에게 위임한다.

이러면 우리가 이전에 봤던 모든 어려움이 제거된다는 점을 주목하자. Modem의 클라이언트들은 자기 예상대로 동작하는 연결을 보게 되고, DedUser들은 dial이나 hangup을 만지작거리지 않아도 된다. 전화번호 요구사항이 변경되더라도 DedUser들은 영향받지 않는다. 즉, 어댑터를 배치함으로써 LSP와 OCP 위반을 모두 고친 것이다.

임시방편은 그래도 계속 남아 있다는 점을 눈여겨보자. 어댑터는 여전히 연결 상태를 흉내 내고 있다. 이것이 보기 흉하다고 생각할지도 모르겠다. 나도 전적으로 동의한다. 하지만 모든 의존 관계 화살표의 방향이 어댑터에서 외부로 나가는 방향임을 주목하자. 임시방편은 거의 대부분의 사람이 있는지도 모르는 어댑터 안에 갇혀서 시스템으로부터 분리되어 있다. 어댑터에게 의존하는 유일한 고정된 의존 관계가 있다면, 그것은 아마 어딘가에 있는 팩토리의 구현뿐일 것이다.[4]

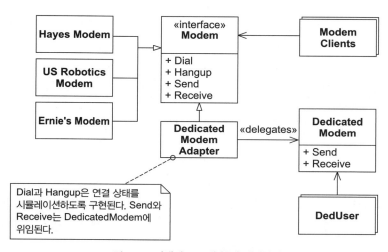

그림 25-9 어댑터로 모뎀 문제 해결하기

브리지 패턴

이 문제를 풀기 위한 또 다른 방법도 있다. 전용 모뎀에 대한 필요 때문에 Modem 타입 계층 구조에 새로운 자유도(degrees of freedoms)[5]가 추가되었다. Modem 타입을 처음 생각해냈을 때 이 타입은 단지 여러 하드웨어 장치들의 집합에 대한 인터페이스일 뿐이었다. 따라서 기반인 Modem 클래스에서 파생하는 HayesModem, USRModem, ErniesModem이 있는 것이다. 하지만 이제 Modem 계층 구조를 나누는 또 다른 방법이 생겼다. 이제 Modem으로부터 파생된 DialModem과 DedicatedModem을 만들 수 있다.

---

[4]   21장 '팩토리 패턴'을 참고하라.

[5]   자유도: 어떤 물체의 상태를 표시할 수 있는 최소한의 독립된 변수의 수를 말한다.

그림 25-10처럼 두 독립적인 계층 구조를 하나로 합칠 수 있다. 타입 계층 구조의 말단 노드마다 다이얼인지 전용인지를 자신이 제어하는 하드웨어 앞에 붙인다. DedicatedHayesModem 객체는 전용 모뎀의 맥락에서 Hayes 모뎀을 제어한다.

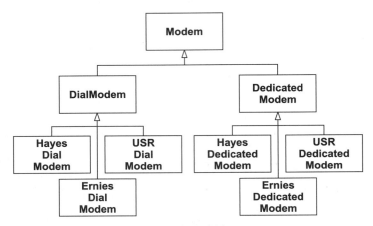

그림 25-10 타입 계층 구조를 합침으로써 모뎀 문제 해결하기

이것은 이상적인 구조는 아니다. 새로운 종류의 하드웨어를 추가할 때마다 전용 모뎀일 경우와 다이얼 모뎀일 경우, 이렇게 클래스를 2개씩 만들어야 한다. 새로운 연결 타입을 추가하기라도 하면 하드웨어마다 클래스를 3개씩 만들어야 한다. 이 두 가지 자유도가 모두 쉽게 바뀌는 성질의 것이라면, 얼마 지나지 않아 엄청난 수의 파생 클래스가 생길 것이다.

이렇게 타입 계층 구조의 자유도가 하나 이상인 상황이라면 브리지(BRIDGE) 패턴이 종종 도움이 된다. 계층 구조를 합치는 대신 각각을 분리해놓고 브리지를 통해 서로를 하나로 연결할 수 있다.

그림 25-11에서 브리지 패턴을 쓴 구조를 볼 수 있다. 모뎀 계층 구조를 두 계층 구조로 쪼개서, 하나는 연결 방법을 나타내게 만들고 하나는 하드웨어를 나타내게 만들었다.

Modem 사용자는 그대로 Modem 인터페이스를 사용하고, ModemConnectionController가 Modem 인터페이스를 구현한다. ModemConnectionController의 파생형들이 연결 메커니즘을 제어한다. DialModemController는 dial과 hangup 메소드 호출을 ModemConnectionController 기반 클래스의 dialImp와 hangImp에게 전달하기만 할 뿐이다. 그러면 이 메소드들은 적절한 하드웨어 제어기가 구현하고 있는 ModemImplementation 클래스에게 실제 작업을 위임한다. DedModemController의

dial과 hangup 구현은 연결 상태를 흉내 내기만 한다. 그리고 DedModemController의
send와 receive는 sendImp와 receiveImp에게 위임하는데, 이것들은 다시 아까와 마찬가
지로 ModemImplementation 계층 구조 아래 있는 적절한 구현에게 실제 작업을 위임한다.

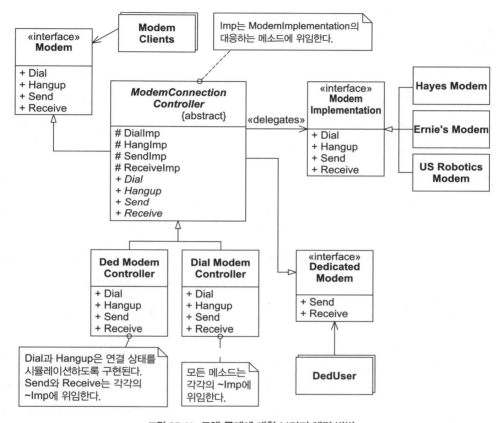

그림 25-11 모뎀 문제에 대한 브리지 해결 방법

ModemConnectionController의 imp 함수 4개의 접근성이 보호(protected)라는 것에 주목
하자. 오직 ModemConnectionController의 파생형들만 이 함수들을 사용하기 때문이다.
다른 누구도 이 함수들을 호출하면 안 된다.

이 구조는 복잡하지만 흥미롭기도 하다. 모뎀 사용자에게 아무 영향을 주지 않으면서도 만
들 수 있는 구조이지만, 그럼에도 연결에 대한 정책과 하드웨어 구현의 완벽한 분리를 가능하
게 한다. ModemConnectionController의 파생형들마다 연결에 대한 새로운 정책을 나타
낸다. 정책들은 자신의 정책을 구현하기 위해 sendImp, receiveImp, dialImp, hangImp
를 사용할 수 있다. 그리고 사용자에게 영향을 주지 않고 새로운 imp 함수들을 만들 수도 있

다. 연결 컨트롤러 클래스에 새로운 인터페이스를 추가할 때 ISP를 사용할 수도 있다. 그렇게 하면 dial과 hangup 수준보다 높은 수준의 API를 향해 모뎀 클라이언트들이 천천히 옮겨갈 수 있는 이주 경로를 만들 수도 있다.

결론

Modem 시나리오의 진정한 문제점은 초기 설계자들이 설계를 잘못했기 때문이란 말을 꺼내고 싶은 유혹을 느꼈을 수도 있다. 초기 설계자들은 연결과 통신이 별개의 개념이라는 사실을 알고 있어야 했다. 조금만 더 분석했다면, 이 사실을 발견하고 설계를 제대로 고칠 수도 있었다. 이렇게 문제의 원인이 불충분한 분석이라고 비난하기는 쉽다.

하지만 그건 말도 안 되는 소리다! 이 세상에 충분한 분석 같은 것은 없다. 완벽한 소프트웨어 구조를 생각해내기 위해 얼마나 많은 시간을 쏟아붓든 상관없이, 고객이 언제나 그 구조를 망쳐버릴 새로운 변경사항을 들고 나온다는 사실을 알게 될 것이다.

이것을 벗어날 수 있는 방법은 없다. 완벽한 구조란 존재하지 않는다. 오직 지금 드는 비용과 얻을 수 있는 이점 사이의 균형을 잘 잡는 구조들만 있을 뿐이다. 시간이 흐르면서 시스템에 대한 요구사항이 변경되면 이 구조들도 변경되어야 한다. 이런 변경들을 잘 해나갈 수 있는 비결은 시스템을 되도록 단순하고 유연하게 유지하는 것이다.

어댑터 해결 방법은 단순하고 정확하다. 모든 의존 관계가 계속 올바른 방향을 가리키게 만들고, 구현하기도 매우 쉽다. 브리지 해결 방법은 상당히 복잡하다. 연결과 통신 정책을 분리할 필요와 새로운 연결 정책을 추가할 필요가 있다는 강한 확신이 없다면, 굳이 이 길을 권하지 않는다.

언제나와 마찬가지로 여기서 배울 교훈은, 어떤 패턴을 사용할 때 이점만 생기는 것이 아니라 비용도 따라온다는 것이다. 지금 풀고 있는 문제에 가장 잘 맞는 패턴을 사용해야 한다.

참고 문헌

1. Gamma, et al. *Design Patterns*, Reading, MA: Addison-Wesley, 1995.

프록시와 천국으로의
계단 패턴: 서드파티 API 관리

> 웃음을 기억하는가?"
>
> **로버트 플랜트**(Robert Plant)의
> '노래는 그대로 남아(The Song Remains the Same)' 가사 중

소프트웨어 시스템에는 많은 장벽이 있다. 프로그램에서 데이터베이스로 데이터를 옮길 때는 데이터베이스의 장벽을 넘고, 한 컴퓨터에서 다른 컴퓨터로 메시지를 전송할 때는 네트워크의 장벽을 넘는다.

이런 장벽을 넘는 일은 때로 매우 복잡한 문제가 될 수 있다. 충분히 주의를 기울이지 않으면, 정작 해결하려는 문제보다 장벽 자체에 더 신경을 쓰게 만드는 소프트웨어가 될 것이다. 이 장에서 배울 패턴은 해결하려는 문제에 대한 초점을 잃지 않은 채로 이런 장벽을 넘는 일을 도와준다.

프록시 패턴

어떤 웹사이트에서 필요한 쇼핑 카트 시스템을 작성하고 있다고 상상해보자. 이런 시스템은 고객과 주문 목록(쇼핑 카트), 주문 목록에 있는 상품 자체를 위한 객체를 포함하고 있을 것이다. 그림 26-1은 이런 경우 생각할 수 있는 한 가지 구조를 보여준다. 이 구조는 아주 단순하지만, 목표한 기능은 감당할 수 있을 것이다.

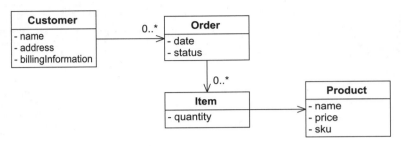

그림 26-1 간단한 쇼핑 카트 객체 모델

주문 목록에 새 항목을 더하는 기능을 구현하려면 목록 26-1의 코드를 사용할 수 있다. Order(주문 목록) 클래스의 `addItem` 메소드는 적절한 Product(상품)와 그 quantity(수량)를 갖고 있는 새 Item(항목) 객체를 생성하고, 그 Item을 Item 객체 여러 개의 나열로 이루어진 내부 Vector(벡터)에 추가하는 역할을 한다.

목록 26-1 객체 모델에 항목 추가하기

```java
public class Order {
    private Vector itsItems = new Vector();
    public void addItem(Product p, int qty) {
        Item item = new Item(p, qty);
        itsItems.add(item);
    }
}
```

이제 이 객체들이 관계형 데이터베이스에 있는 데이터를 표현한다고 생각해보자. 그림 26-2는 객체들을 나타내는 테이블과 키를 보여준다. 주어진 Customer(고객)의 Order(주문 목록)를 찾기 위해서는 그 Customer의 cusid를 가진 모든 Order를 찾아야 할 것이다. 주어진 Order에 있는 모든 Item(항목)을 찾으려면, 그 Order의 ordereId를 가진 Item을 찾아야 할 것이다. 그 Item이 가리키는 Product(상품)를 찾기 위해서는 그 Product의 sku를 확인해야 한다.

어떤 특별한 Order에 Item의 행을 한 줄 추가하고 싶을 때는 목록 26-2와 같은 코드를 사용할 수 있다. 이 코드는 JDBC 호출을 통해 관계형 데이터 모델을 직접 조작하고 있다.

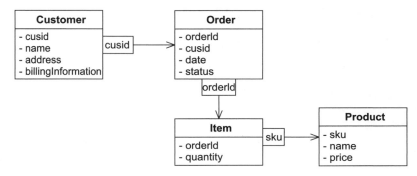

그림 26-2 쇼핑 카트 관계형 데이터 모델

📄 목록 26-2 관계형 모델에 항목 추가하기

```java
public class AddItemTransaction extends Transaction {
    public void addItem(int orderId, String sku, int qty) {
        Statement s = itsConnection.CreateStatement();
        s.executeUpdate("insert into items values(" +
            orderId + "," + sku + "," + qty + ")");
    }
}
```

이 두 코드 조각의 형태는 많이 다르지만, 같은 논리적 기능을 수행한다. 둘 모두 한 항목을 어떤 주문 목록에 연결하는 역할을 하고 있다. 첫 번째 것은 데이터베이스의 존재 여부를 무시하지만, 두 번째 것은 그것을 자랑스럽게 드러내놓고 사용한다.

확실히 이 쇼핑 카트 프로그램은 주문 목록, 항목, 상품에 대한 모든 것을 충실하게 포함하고 있다. 하지만 불행하게도, 목록 26-2의 코드를 사용한다면 SQL 문과 데이터베이스 연결, 그리고 질의 문자열을 이어붙인 모양새가 될 것이다. 이것은 SRP 원칙에 대한 중대한 위반이며, CCP 위반에도 해당될 수 있다. 목록 26-2는 서로 다른 원인에 의해 변하는 두 개념을 섞어놓고 있다. 항목과 주문 목록의 개념을 관계 스키마 및 SQL 개념과 섞어놓은 것이다. 만약 어느 한 개념이 어떤 이유로 변경된다면, 다른 개념도 영향을 받게 될 것이다. 목록 26-2는 또한 DIP도 위반하고 있는데, 이것은 이 프로그램의 정책이 저장 메커니즘의 세부적인 부분에 의존하고 있기 때문이다.

프록시(PROXY) 패턴은 이런 결점을 치유하는 한 방법이다. 이것에 대해 알아보기 위해, 주문 목록을 생성하고 전체 가격을 계산하는 행위를 수행하는 테스트 프로그램을 만들어보자. 이 프로그램의 중요한 부분은 목록 26-3에 나와 있다.

```java
public void testOrderPrice() {
    Order o = new Order("Bob");
    Product toothpaste = new Product("Toothpaste", 129);
    o.addItem(toothpaste, 1);
    assertEquals(129, o.total());
    Product mouthwash = new Product("Mouthwash", 342);
    o.addItem(mouthwash, 2);
    assertEquals(813, o.total());
}
```

이 테스트가 잘 동작하도록 하는 간단한 코드가 목록 26-4부터 목록 26-6까지에 실려 있다. 이 코드는 그림 26-1의 간단한 객체 모델을 사용하며, 데이터베이스가 존재한다고 가정하지 않는다. 이것도 많은 면에서 불완전하지만, 이 테스트를 수행하기에는 충분한 코드다.

목록 26-4 order.java

```java
public class Order {
    private Vector itsItems = new Vector();

    public Order(String cusid) {
    }

    public void addItem(Product p, int qty) {
        Item item = new Item(p, qty);
        itsItems.add(item);
    }

    public int total() {
        int total = 0;
        for (inti = 0; i < itsItems.size(); i++) {
            Item item = (Item) itsItems.elementAt(i);
            Product p = item.getProduct();
            int qty = item.getQuantity();
            total += p.getPrice() * qty;
        }
        return total;
    }
}
```

목록 26-5 product.java

```java
public class Product {
    private int itsPrice;
```

```java
    public Product(String name, int price) {
        itsPrice = price;
    }

    public int getPrice() {
        return itsPrice;
    }
}
```

<> 목록 26-6 item.java

```java
public class Item {
    private Product itsProduct;
    private int itsQuantity;

    public Item(Product p, int qty) {
        itsProduct = p;
        itsQuantity = qty;
    }

    public Product getProduct() {
        return itsProduct;
    }

    public int getQuantity() {
        return itsQuantity;
    }
}
```

그림 26-3과 그림 26-4는 프록시 패턴이 동작하는 방식을 보여준다. 프록시 패턴을 적용할 각 객체는 세 부분으로 나뉜다. 첫 번째는 클라이언트가 호출할 필요가 있는 모든 메소드를 선언한 인터페이스 부분이다. 두 번째는 데이터베이스에 대한 지식 없이 이 메소드를 구현하는 클래스 부분이다. 세 번째는 데이터베이스에 대해 알고 있는 프록시(대리인) 부분이다.

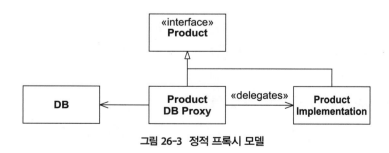

그림 26-3 정적 프록시 모델

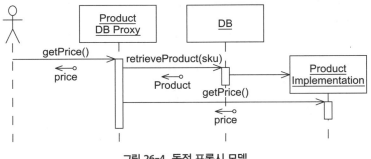

그림 26-4 동적 프록시 모델

Product 클래스에 대해 살펴보자. 이 클래스를 인터페이스로 대체함으로써 프록시 패턴을 적용했다. 이 인터페이스는 Product가 갖고 있는 모든 메소드를 포함한다. Product Implementation 클래스는 이전과 거의 똑같은 인터페이스를 구현하고 있다. Product DBProxy는 Product의 모든 메소드를 구현해 데이터베이스에서 상품을 가져와서(fetch), ProductImplementation의 인스턴스를 생성하고, 그 인스턴스에 메시지를 위임한다.

그림 26-4의 시퀀스 다이어그램은 이것이 어떻게 동작하는지를 보여준다. 클라이언트는 자신이 Product라고 생각하는 대상, 하지만 실제로는 ProductDBProxy인 대상에 getPrice 메시지를 보낸다. ProductDBProxy는 데이터베이스에서 ProductImplementation을 가져와서, 그것에 getPrice 메소드를 위임한다.

클라이언트나 ProductImplementation 중 어느 쪽도 이런 일이 일어난다는 사실을 알지 못한다. 양측 모두 데이터베이스의 존재를 모르고 있는 상태에서 데이터베이스가 애플리케이션에 삽입된 것이다. 이것이 바로 프록시 패턴의 아름다움이다. 이론적으로, 프록시는 협력적으로 동작하는 두 객체 양쪽에 알리지 않고 그 사이에 들어가는 것이 가능하다. 따라서 데이터베이스나 네트워크 같은 장벽을 넘으면서 그 구성원이 이를 눈치채지 못하게 하는 일에 사용될 수 있다.

현실적으로 프록시를 사용하는 것은 간단하지 않다. 몇 가지 문제에 대한 개념을 잡기 위해, 간단한 쇼핑 카트 애플리케이션에 프록시 패턴을 적용해보자.

쇼핑 카트 프로그램에 프록시 패턴 적용하기

가장 단순한 프록시를 만들 수 있는 것은 Product 클래스다. 여기서의 목적을 위해, 상품 테이블은 간단한 사전을 표현하게 되어 있다. 테이블은 한곳에서 모든 상품과 함께 읽힐 것이다. 이 테이블에 대한 다른 조작 방법은 존재하지 않으며, 이것이 프록시를 상대적으로 간단하게 만든다.

본격적으로 시작하기 전에, 데이터를 저장하고 검색할 수 있는 간단한 데이터베이스 유틸리티가 필요하다. 프록시 부분은 이 인터페이스를 사용해 데이터베이스를 조작할 것이다. 목록 26-7은 내가 생각하는 테스트 프로그램을 보여준다. 목록 26-8과 목록 26-9는 이 테스트가 제대로 동작하기 위해 필요한 코드다.

목록 26-7 DBTest.java

```java
import junit.framework.TestCase;
import junit.swingui.TestRunner;

public class DBTest extends TestCase {
    public static void main(String[] args) {
        TestRunner.main(new String[] { "DBTest" });
    }

    public DBTest(String name) {
        super(name);
    }

    public void setUp() throws Exception {
        DB.init();
    }

    public void tearDown() throws Exception {
        DB.close();
    }

    public void testStoreProduct() throws Exception {
        ProductData storedProduct = new ProductData();
        storedProduct.name = "MyProduct";
        storedProduct.price = 1234;
        storedProduct.sku = "999";
        DB.store(storedProduct);
        ProductData retrievedProduct = DB.getProductData("999");
        DB.deleteProductData("999");
        assertEquals(storedProduct, retrievedProduct);
    }
}
```

```java
public class ProductData {
    public String name;
    public int price;
    public String sku;

    public ProductData() {
    }

    public ProductData(String name, int price, String sku) {
        this.name = name;
        this.price = price;
        this.sku = sku;
    }

    public boolean equals(Object o) {
        ProductData pd = (ProductData) o;
        return name.equals(pd.name) &&
            sku.equals(pd.sku) &&
            price == pd.price;
    }
}
```

```java
import java.sql.Connection;
import java.sql.DriverManager;
import java.sql.PreparedStatement;
import java.sql.ResultSet;
import java.sql.SQLException;

public class DB {
    private static Connection con;

    public static void init() throws Exception {
        Class.forName("sun.jdbc.odbc.JdbcOdbcDriver");
        con = DriverManager.getConnection("jdbc:odbc:PPP Shopping Cart");
    }

    public static void store(ProductData pd) throws Exception {
        PreparedStatement s = buildInsertionStatement(pd);
        executeStatement(s);
    }

    private static PreparedStatement buildInsertionStatement(ProductData pd)
            throws SQLException {
        PreparedStatement s =
            con.prepareStatement("INSERT into Products VALUES (?, ?, ?)");
```

```java
        s.setString(1, pd.sku);
        s.setString(2, pd.name);
        s.setInt(3, pd.price);
        return s;
    }

    public static ProductData getProductData(String sku) throws Exception {
        PreparedStatement s = buildProductQueryStatement(sku);
        ResultSet rs = executeQueryStatement(s);
        ProductData pd = extractProductDataFromResultSet(rs);
        rs.close();
        s.close();
        return pd;
    }

    private static PreparedStatement buildProductQueryStatement(String sku)
            throws SQLException {
        PreparedStatement s =
            con.prepareStatement("SELECT * FROM Products WHERE sku = ?;");
        s.setString(1, sku);
        return s;
    }

    private static ProductData extractProductDataFromResultSet(ResultSet rs)
            throws SQLException {
        ProductData pd = new ProductData();
        pd.sku = rs.getString(1);
        pd.name = rs.getString(2);
        pd.price = rs.getInt(3);
        return pd;
    }

    public static void deleteProductData(String sku) throws Exception {
        executeStatement(buildProductDeleteStatement(sku));
    }

    private static PreparedStatement buildProductDeleteStatement(String sku)
            throws SQLException {
        PreparedStatement s =
            con.prepareStatement("DELETE from Products where sku = ?");
        s.setString(1, sku);
        return s;
    }

    private static void executeStatement(PreparedStatement s)
            throws SQLException {
        s.execute();
        s.close();
    }

    private static ResultSet executeQueryStatement(PreparedStatement s)
```

```
            throws SQLException {
        ResultSet rs = s.executeQuery();
        rs.next();
        return rs;
    }

    public static void close() throws Exception {
        con.close();
    }
}
```

프록시 구현의 다음 단계는 이것이 동작하는 방식을 보여주는 테스트 프로그램을 작성하는 것이다. 이 테스트는 상품 1개를 데이터베이스에 추가한다. 그런 후, 저장된 상품의 sku로 ProductProxy를 생성하고, 프록시에서 데이터를 얻기 위해 Product의 접근 메소드를 사용하려고 시도한다(목록 26-10 참고).

목록 26-10 ProxyTest.java

```java
import junit.framework.TestCase;
import junit.swingui.TestRunner;

public class ProxyTest extends TestCase {
    public static void main(String[] args) {
        TestRunner.main(new String[] { "ProxyTest" });
    }

    public ProxyTest(String name) {
        super(name);
    }

    public void setUp() throws Exception {
        DB.init();
        ProductData pd = new ProductData();
        pd.sku = "ProxyTest1";
        pd.name = "ProxyTestName1";
        pd.price = 456;
        DB.store(pd);
    }

    public void tearDown() throws Exception {
        DB.deleteProductData("ProxyTest1");
        DB.close();
    }

    public void testProductProxy() throws Exception {
        Product p = new ProductProxy("ProxyTest1");
        assertEquals(456, p.getPrice());
```

```
            assertEquals("ProxyTestName1", p.getName());
            assertEquals("ProxyTest1", p.getSku());
        }
    }
```

이것이 제대로 동작하게 하기 위해서는 Product의 인터페이스를 실제 구현 부분과 분리해야
한다. 그래서 Product를 인터페이스로 바꾸고 그것을 실제로 구현하기 위해 ProductImp를
만들었다(목록 26-11과 목록 26-12 참고).

Product 인터페이스에 예외를 추가한 것에 주목하자. 이것은 내가 Product, ProductImp,
ProxyTest를 작성함과 동시에 ProductProxy를 작성했기 때문이다. 이 모두가 한 번에 하
나씩의 접근 메소드를 갖도록 구현되어 있다. 앞으로 살펴보겠지만, ProductProxy 클래스
는 데이터베이스를 호출하고, 그 데이터베이스는 예외를 발생시킨다. 나는 이 예외들이 프록
시에 의해 처리되고 감춰지는 것을 바라지 않았기 때문에, 인터페이스에서 빠져나가도록 하는
방법을 택했다.

📟 목록 26-11 Product.java

```java
public interface Product {
    public int getPrice() throws Exception;
    public String getName() throws Exception;
    public String getSku() throws Exception;
}
```

📟 목록 26-12 ProductImp.java

```java
public class ProductImp implements Product {
    private int itsPrice;
    private String itsName;
    private String itsSku;

    public ProductImp(String sku, String name, int price) {
        itsPrice = price;
        itsName = name;
        itsSku = sku;
    }

    public int getPrice() {
        return itsPrice;
    }

    public String getName() {
```

```
            return itsName;
        }

        public String getSku() {
            return itsSku;
        }
    }
```

📟 **목록 26-13 ProductProxy.java**

```java
public class ProductProxy implements Product {
    private String itsSku;

    public ProductProxy(String sku) {
        itsSku = sku;
    }

    public int getPrice() throws Exception {
        ProductData pd = DB.getProductData(itsSku);
        return pd.price;
    }

    public String getName() throws Exception {
        ProductData pd = DB.getProductData(itsSku);
        return pd.name;
    }

    public String getSku() throws Exception {
        return itsSku;
    }
}
```

이 프록시 구현은 평범한 것이다. 사실, 이것은 그림 26-3이나 그림 26-4에 나와 있는 패턴의 정규형과 일치하지 않는다. 이것은 예상치 못했던 결과였다. 원래 의도는 프록시 패턴을 구현하려는 것이었으나, 정작 그것이 실체화되고 난 뒤에 정규형 패턴은 잘못돼버렸다.

아래 보인 것과 같이 정규형 패턴은 ProductProxy로 하여금 모든 메소드에서 ProductImp를 생성하게 했을 것이다. 그리고 그 메소드를 ProductImp에 위임했을 것이다.

```java
public int getPrice() throws Exception {
    ProductData pd = DB.getProductData(itsSku);
    ProductImp p = new ProductImp(pd.sku, pd.name, pd.price);
    return p.getPrice();
}
```

ProductImp를 생성하는 것은 프로그래머와 컴퓨터 자원에 있어 완전히 쓸데없는 짓이다. ProductProxy는 이미 ProductImp 접근 메소드가 반환할 데이터를 갖고 있다. 그러므로 ProductImp를 생성하고 위임할 필요가 전혀 없는 것이다. 이것은 어떻게 코드가 원래 기대하던 패턴과 모델에서 프로그래머를 꾀어내어 잘못된 길로 가게 할 수 있는지를 보여주는 또 하나의 예일 뿐이다.

목록 26-13에서 ProductProxy의 getSku 메소드가 이 테마를 한 발짝 더 깊숙이 들어간 단계에서 보여주고 있음에 주목하자. 여기서는 sku 때문에 데이터베이스를 건드리지도 않는다. 왜 그래야 하는가? 이미 sku를 가지고 있는데 말이다.

ProductProxy의 구현은 매우 비효율적인 것처럼 보일지도 모른다. 각 접근 메소드에 대해 일일이 데이터베이스에 접근하고 있다. 혹시 데이터베이스 접근을 줄이기 위해 ProductData 항목을 캐싱한다면 더 좋지 않을까?

이렇게 바꾸는 데는 문제가 없다. 하지만 이런 변경은 단지 두려움에서 기인한 것일 뿐이다. 이 시점에서 이 프로그램에 성능 문제가 있다고 주장할 만한 어떤 데이터도 없다. 게다가, 데이터베이스 엔진 자체가 캐싱을 수행하고 있다는 사실도 알려져 있다. 그러므로 프로그래머가 직접 캐시를 구성하는 것이 어떤 이득을 가져다줄지 확실하지 않다. 일부러 골치 아픈 문제를 만들어내기보다는 성능 문제가 겉으로 드러날 때까지 기다려야만 한다.

관계에 프록시 패턴 적용하기　다음 단계는 Order에 대한 프록시를 만드는 것이다. 각 Order 인스턴스는 많은 Item 인스턴스를 포함하고 있다. 관계형 스키마(그림 26-2)에서 이 관계는 Item 테이블 안에 기록되어 있다. Item 테이블의 각 행은 그것을 포함하고 있는 Order의 키를 저장한다. 그러나 객체 모델에서 관계는 Order 안에 있는 Vector에 의해 구현된다 (목록 26-4 참고). 어떻게든 프록시는 2개의 형식을 변환해야만 한다.

프록시가 통과해야만 하는 테스트 케이스를 만드는 것으로 시작해보자. 이 테스트는 데이터베이스에 몇 개의 더미(dummy) 상품을 추가한다. 그리고 프록시가 이 상품을 갖게 하고, 그것을 사용해 OrderProxy에 있는 addItem을 호출한다. 마지막으로, OrderProxy에 전체 가격을 요청한다(목록 26-14 참고). 이 테스트 케이스의 목적은 OrderProxy가 마치 Order처럼 동작하기는 하지만, 메모리에 있는 객체가 아니라 데이터베이스에서 그 데이터를 얻는다는 것을 보여주는 데 있다.

```java
public void testOrderProxyTotal() throws Exception {
    DB.store(new ProductData("Wheaties", 349, "wheaties"));
    DB.store(new ProductData("Crest", 258, "crest"));
    ProductProxy wheaties = new ProductProxy("wheaties");
    ProductProxy crest = new ProductProxy("crest");
    OrderData od = DB.newOrder("testOrderProxy");
    OrderProxy order = new OrderProxy(od.orderId);
    order.addItem(crest, 1);
    order.addItem(wheaties, 2);
    assertEquals(956, order.total());
}
```

이 테스트 케이스가 동작하게 하려면, 몇몇 새로운 클래스와 메소드를 구현해야 한다. 제일 먼저 다룰 것은 DB의 newOrder 메소드다. 이 메소드는 OrderData란 것의 인스턴스를 반환하는 것처럼 보인다. OrderData는 ProductData와 같은 것으로, Order 데이터베이스 테이블의 한 행을 표현하는 간단한 자료 구조다(목록 26-15 참고).

💻 목록 26-15 OrderData.java

```java
public class OrderData {
    public String customerId;
    public int orderId;

    public OrderData() {
    }

    public OrderData(int orderId, String customerId) {
        this.orderId = orderId;
        this.customerId = customerId;
    }
}
```

이것은 객체가 아니다. 단지 데이터를 담는 컨테이너일 뿐이며, 캡슐화가 필요한 어떤 특별한 행위를 하는 것이 아니다. 데이터 변수를 전용(private)으로 만들고 접근 메소드와 변경 메소드를 만드는 것은 시간 낭비일 뿐이다.

이제 DB의 newOrder 함수를 작성해야 한다. 목록 26-14에서 이것을 호출할 때 고객의 ID는 인자로 제공하지만, orderId는 제공하지 않는다는 점을 주목하자. 각 Order는 그것의 키로 동작하는 orderId를 필요로 한다. 게다가, 관계 스키마에서 각 Item은 이 orderId를 Order와의 연결을 나타내는 방법으로서 참조한다. 분명히 orderId는 고유해야 하는데,

어떻게 이것을 생성할 수 있을까? 여기서의 목표를 확인해볼 수 있는 테스트를 작성해보자 (목록 26-16 참고).

📄 목록 26-16 DBTest.java

```java
public void testOrderKeyGeneration() throws Exception {
    OrderData o1 = DB.newOrder("Bob");
    OrderData o2 = DB.newOrder("Bill");
    int firstOrderId = o1.orderId;
    int secondOrderId = o2.orderId;
    assertEquals(firstOrderId + 1, secondOrderId);
}
```

이 테스트는 새로운 Order가 생성될 때마다 orderId가 자동적으로 증가한다고 가정하고 있음을 보여준다. 이것은 데이터베이스에 현재 사용 중인 최대 orderId를 질의하고, 그것에 1을 더하는 방식으로 쉽게 구현할 수 있다(목록 26-17 참고).

📄 목록 26-17 DB.java

```java
public static OrderData newOrder(String customerId) throws Exception {
    int newMaxOrderId = getMaxOrderId() + 1;
    PreparedStatement s = con.prepareStatement(
        "Insert into Orders(orderId,cusid) Values(?,?);");
    s.setInt(1, newMaxOrderId);
    s.setString(2, customerId);
    executeStatement(s);
    return new OrderData(newMaxOrderId, customerId);
}

private static int getMaxOrderId() throws SQLException {
    Statement qs = con.createStatement();
    ResultSet rs = qs.executeQuery("Select max(orderId) from Orders;");
    rs.next();
    int maxOrderId = rs.getInt(1);
    rs.close();
    return maxOrderId;
}
```

이제 OrderProxy 작성을 시작할 수 있다. Product에서 한 것과 마찬가지로, Order를 인터페이스와 구현 부분으로 나눠야만 한다. 따라서 Order는 인터페이스가 되고, OrderImp는 구현 부분이 된다(목록 26-18과 목록 26-19 참고).

```java
public interface Order {
    public String getCustomerId();
    public void addItem(Product p, int quantity);
    public int total();
}
```

```java
import java.util.Vector;

public class OrderImp implements Order {
    private Vector itsItems = new Vector();
    private String itsCustomerId;

    public String getCustomerId() {
        return itsCustomerId;
    }

    public OrderImp(String cusid) {
        itsCustomerId = cusid;
    }

    public void addItem(Product p, int qty) {
        Item item = new Item(p, qty);
        itsItems.add(item);
    }

    public int total() {
        try {
            int total = 0;
            for (inti = 0; i < itsItems.size(); i++) {
                Item item = (Item) itsItems.elementAt(i);
                Product p = item.getProduct();
                int qty = item.getQuantity();
                total += p.getPrice() * qty;
            }
            return total;
        } catch (Exception e) {
            throw new Error(e.toString());
        }
    }
}
```

OrderImp에 예외 처리 루틴을 추가했는데, 이것은 Product 인터페이스가 예외를 발생시키기 때문이다. 나는 이 모든 예외 때문에 좌절하고 있다. 인터페이스 아래 있는 프록시의 구현은 인터페이스에 영향을 주어서는 안 되지만, 이 프록시는 인터페이스까지 전파되는 예외를 발생시킨다. 그래서 나는 모든 예외(Exception)를 에러(Error)로 바꿔서, 인터페이스를 throws 문으로 더럽히거나 이 인터페이스의 사용자를 try/catch 블록으로 고생시키지 않기로 결심했다.

프록시에서 addItem을 어떻게 구현해야 할까? 분명히 프록시가 OrderImp.addItem에 위임할 수는 없다! 프록시가 데이터베이스에 Item 행을 추가할 것이다. 한편, 나는 정말로 OrderProxy.total을 OrderImp.total에 위임하고 싶다. 업무 규칙(즉, 합계를 내는 정책)이 OrderImp에 캡슐화되기를 원하기 때문이다. 프록시 구축의 제일 중요한 부분은 데이터베이스 구현부를 업무 규칙에서 분리하는 것이다.

total 함수를 위임하기 위해서는, 프록시가 완전한 Order와 그것이 포함하고 있는 모든 Item을 구축해야만 한다. 그러므로 OrderProxy.total 내부에서 데이터베이스의 모든 Item을 읽고, 찾은 모든 Item에 대해 빈 OrderImp에서 addItem을 호출해야 한다. 그런 다음, 그 OrderImp에서 total을 호출한다. 따라서 OrderProxy 구현은 목록 26-20과 같을 것이다.

▱ 목록 26-20 OrderProxy.java

```java
import java.sql.SQLException;

public class OrderProxy implements Order {
    private int orderId;

    public OrderProxy(int orderId) {
        this.orderId = orderId;
    }

    public int total() {
        try {
            OrderImp imp = new OrderImp(getCustomerId());
            ItemData[] itemDataArray = DB.getItemsForOrder(orderId);
            for (inti = 0; i < itemDataArray.length; i++) {
                ItemData item = itemDataArray[i];
                imp.addItem(new ProductProxy(item.sku), item.qty);
            }
            return imp.total();
        } catch (Exception e) {
```

```
            throw new Error(e.toString());
        }
    }

    public String getCustomerId() {
        try {
            OrderData od = DB.getOrderData(orderId);
            return od.customerId;
        } catch (SQLException e) {
            throw new Error(e.toString());
        }
    }

    public void addItem(Product p, int quantity) {
        try {
            ItemData id = new ItemData(orderId, quantity, p.getSku());
            DB.store(id);
        } catch (Exception e) {
            throw new Error(e.toString());
        }
    }

    public int getOrderId() {
        return orderId;
    }
}
```

이 코드는 `ItemData` 클래스와 `ItemData` 행을 조작하기 위한 몇몇 DB 함수가 존재함을 가정하고 있다. 이들은 목록 26-21부터 26-23까지의 코드에 나와 있다.

📖 **목록 26-21 ItemData.java**

```
public class ItemData {
    public int orderId;
    public int qty;
    public String sku = "junk";

    public ItemData() {
    }

    public ItemData(int orderId, int qty, String sku) {
        this.orderId = orderId;
        this.qty = qty;
        this.sku = sku;
    }

    public boolean equals(Object o) {
        ItemData id = (ItemData) o;
```

```
        return orderId == id.orderId &&
            qty == id.qty &&
            sku.equals(id.sku);
    }
}
```

📱 목록 26-22 DBTest.java

```
public void testStoreItem() throws Exception {
    ItemData storedItem = new ItemData(1, 3, "sku");
    DB.store(storedItem);
    ItemData[] retrievedItems = DB.getItemsForOrder(1);
    assertEquals(1, retrievedItems.length);
    assertEquals(storedItem, retrievedItems[0]);
}

public void testNoItems() throws Exception {
    ItemData[] id = DB.getItemsForOrder(42);
    assertEquals(0, id.length);
}
```

📱 목록 26-23 DB.java

```
public static void store(ItemData id) throws Exception {
    PreparedStatement s = buildItemInsersionStatement(id);
    executeStatement(s);
}

private static PreparedStatement buildItemInsersionStatement(ItemData id)
        throws SQLException {
    PreparedStatement s = con.prepareStatement(
        "Insert into Items(orderId,quantity,sku) " + "VALUES (?, ?, ?);");
    s.setInt(1, id.orderId);
    s.setInt(2, id.qty);
    s.setString(3, id.sku);
    return s;
}

public static ItemData[] getItemsForOrder(int orderId) throws Exception {
    PreparedStatement s = buildItemsForOrderQueryStatement(orderId);
    ResultSet rs = s.executeQuery();
    ItemData[] id = extractItemDataFromResultSet(rs);
    rs.close();
    s.close();
    return id;
}
```

```
private static PreparedStatement buildItemsForOrderQueryStatement(int orderId)
    throws SQLException {
  PreparedStatement s =
    con.prepareStatement("SELECT * FROM Items WHERE orderid = ?;");
  s.setInt(1, orderId);
  return s;
}

private static ItemData[] extractItemDataFromResultSet(ResultSet rs)
    throws SQLException {
  LinkedList l = new LinkedList();
  for (int row = 0; rs.next(); row++) {
    ItemData id = new ItemData();
    id.orderId = rs.getInt("orderid");
    id.qty = rs.getInt("quantity");
    id.sku = rs.getString("sku");
    l.add(id);
  }
  return (ItemData[]) l.toArray(new ItemData[l.size()]);
}

public static OrderData getOrderData(int orderId) throws SQLException {
  PreparedStatement s = con.prepareStatement(
    "Select cusid from orders where orderid = ?;");
  s.setInt(1, orderId);
  ResultSet rs = s.executeQuery();
  OrderData od = null;
  if (rs.next())
    od = new OrderData(orderId, rs.getString("cusid"));
  rs.close();
  s.close();
  return od;
}
```

프록시 요약

이 예가 프록시 사용의 간결함과 단순함에 대한 잘못된 환상을 걷어냈을 것이다. 프록시는 사용하기 까다롭다. 이 정규형 패턴이 함축하는 단순 위임 모델은 좀처럼 깔끔하게 실체화되지 않는다. 그보다는 종종 하찮은 접근 메소드와 변경 메소드의 위임을 생략하고 있는 자신을 발견하게 되는 것이다. 1:N 관계를 다루는 메소드에 대해서라면, 위임을 **지연**(delaying)하고 그것을 다른 메소드에 미루고 있는 자신을 발견하게 된다. addItem 위임이 total로 옮겨지는 것처럼 말이다. 그리고 종국에는 캐싱의 망령을 마주하게 된다.

이 예에서는 어떤 캐싱도 하지 않았다. 이 테스트는 모두 1초도 안 되는 시간 동안 동작하므로, 성능에 대해 지나치게 걱정할 필요는 없다. 하지만 실제 애플리케이션에서는 성능 문제와 지능적인 캐싱에 대한 고민이 필요할 법도 하다. 나는 여러분이 성능이 지나치게 나빠질 것을 우려해 기계적으로 캐싱 전략을 구현할 것을 권하지는 않는다. 오히려, 나는 너무 일찍 캐싱을 도입하는 것이 성능을 악화시키기 쉬운 방법이라는 사실을 알아냈다. 성능이 문제될 것이라고 걱정한다면, 차라리 그것이 문제가 될 것임을 **증명**하기 위한 실험을 해보기를 권하겠다. 그것이 증명되기만 하면, 단 한 번만이라도 **증명된다면**, 실행 속도를 높이기 위한 방법을 생각해봐야 할 것이다.

프록시의 이점　프록시의 그 모든 까다로운 특성에도 불구하고, 매우 강력한 이점이 한 가지 있다. 바로 '관심사의 분리'다. 위의 예에서 업무 규칙과 데이터베이스는 완전히 분리되어 있다. `OrderImp`는 데이터베이스에 있는 그 어떤 것에도 의존성이 없다. 만약 데이터베이스 스키마나 데이터베이스 엔진을 변경하고자 한다면, `Order`, `OrderImp` 또는 다른 업무 영역 클래스에 전혀 영향을 주지 않고도 변경할 수 있는 것이다.

업무 규칙과 데이터베이스 구현부의 분리가 아주 중요한 인스턴스에서는, 프록시가 적용하기 좋은 패턴이 될 수 있다. 또한 그 점에서 프록시는 업무 규칙을 다른 모든 종류의 구현 관련 문제에서 분리하는 데 쓰일 수 있다. 업무 규칙이 COM, CORBA, EJB 같은 문제 때문에 지저분해지는 것을 막는 데 쓸 수 있는 것이다. 또 프로젝트에서 업무 규칙 자체의 장점을 지금 유행하는 구현 메커니즘에서 분리하는 한 방법이 된다.

데이터베이스, 미들웨어, 서드파티 인터페이스 다루기

서드파티 API는 소프트웨어 엔지니어에게 있어 진정한 현실이다. 엔지니어는 데이터베이스 엔진, 미들웨어 엔진, 클래스 라이브러리, 스레드 라이브러리 등을 구입한다. 기본적으로는 자신의 애플리케이션 코드에서 직접 호출하는 방식으로 이런 API를 사용하게 된다(그림 26-5 참고).

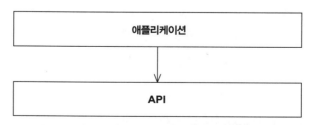

그림 26-5 애플리케이션과 서드파티 API의 기본적인 관계

그러나 시간이 흐름에 따라, 애플리케이션 코드가 점점 더 이런 API 호출로 인해 지저분해지는 모습을 보게 된다. 예를 들면, 어떤 데이터베이스 애플리케이션에서 SQL 문자열이 업무 규칙도 포함하고 있는 코드를 어지럽히는 모습을 보게 될 수도 있다.

이것은 서드파티 API가 변경될 때 문제가 된다. 데이터베이스의 관점에서는 스키마가 변경될 때 역시 문제가 된다. API나 스키마의 새로운 버전이 발표될 때마다, 이런 변경에 맞추기 위해 점점 더 많은 애플리케이션 코드를 고쳐야만 한다.

결국 개발자는 이런 변화로부터 자신을 분리하여 보호해야 한다고 결심한다. 그래서 애플리케이션의 업무 규칙을 서드파티 API에서 분리하는 레이어를 만든다(그림 26-6 참고). 그리고 이 레이어에 서드파티 API를 사용하는 코드와, 애플리케이션의 업무 규칙보다는 API와 더 관계 있는 개념들을 집어넣는다.

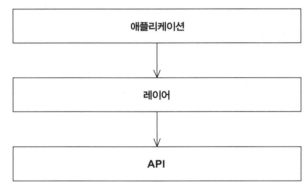

그림 26-6 보호 레이어 소개

때로는 이런 레이어를 구입할 수도 있다. ODBC나 JDBC가 이런 레이어가 된다. 이들은 애플리케이션 코드를 실제 데이터베이스 엔진에서 분리해준다. 물론 이들은 원래 그 자체로도 서드파티 API가 되고, 그러므로 애플리케이션은 여기서도 분리되어야 할 수도 있다.

애플리케이션에서 API로의 전이 종속성(transitive dependency)*1이 있음을 명심하자. 몇몇 애플리케이션에서는 간접적인 종속성도 문제를 일으킬 만한 충분한 소지가 있다. 예를 들어, JDBC는 애플리케이션을 스키마의 세부적인 부분에서 분리하여 보호하지 않는다.

---

*1   역주 관계형 데이터베이스에서 속성 간에 성립하는 종속성의 일종. A→B(완전 종속)이고 B→C(완전 종속)이면 A→C(완전 종속)가 성립하는데, 이때 C는 A에 대해 전이 종속성을 갖는다. 전이 종속성이 있으면 삭제, 갱신 이상이 발생할 수 있다.

좀 더 나은 분리 보호를 위해 애플리케이션과 레이어의 종속성을 뒤집을 필요가 있다(그림 26-7 참고). 이렇게 하면 직접적으로든 간접적으로든, 애플리케이션이 서드파티 API에 대해 어떤 정보도 알지 못하게 된다. 데이터베이스의 경우, 애플리케이션에서 스키마를 직접 보게 되는 것을 막을 수 있다. 미들웨어 엔진의 경우, 애플리케이션이 그 미들웨어 프로세서에서 사용하는 데이터 타입에 대해 어떤 정보도 알지 못하게 된다.

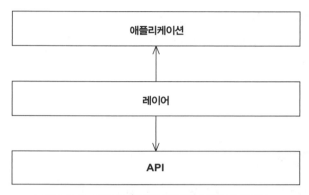

그림 26-7 애플리케이션과 레이어의 종속성 뒤집기

이런 종속성 재배치가 바로 프록시 패턴이 성취하는 것이다. 애플리케이션은 프록시에 전혀 의존하지 않는다. 반대로 프록시가 애플리케이션과 API에 의존한다. 이렇게 애플리케이션과 API 사이의 관계 정보는 프록시에 집중된다.

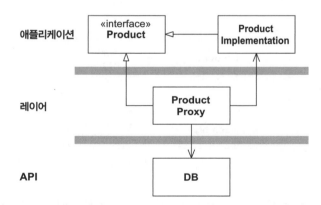

그림 26-8 프록시가 애플리케이션과 레이어 사이의 종속성을 뒤집는 방식

이 정보 집중은 프록시가 악몽이 된다는 것을 의미한다. API가 변경될 때마다 프록시도 변경된다. 애플리케이션이 변경될 때마다 프록시도 변경된다. 프록시는 매우 다루기 어려운 것이

되어버릴 수도 있다.

차라리 자신의 악몽이 어디에 사는지 알고 있는 편이 낫다. 프록시가 없다면, 악몽은 애플리케이션 코드 전체에 퍼질 것이다.

대부분의 애플리케이션에는 프록시가 필요 없다. 프록시는 아주 무거운 솔루션이다. 만일 내가 프록시 솔루션이 쓰이고 있는 모습을 본다면, 대개는 그것을 포기하고 좀 더 간단한 것을 쓰라고 충고할 것이다. 하지만 프록시가 제공하는 애플리케이션과 API의 철저한 분리가 이로울 때가 있는데, 스키마와 API 둘 모두 또는 어느 한쪽에서 잦은 변화가 발생하는 아주 큰 시스템인 경우가 거의 그렇다. 또, 다른 많은 데이터베이스 엔진이나 미들웨어 엔진 위에 얹힐 수 있는 시스템도 그렇다.

천국으로의 계단 패턴

천국으로의 계단(STAIRWAY TO HEAVEN)*2은 프록시와 같은 종속성 뒤집기의 효과를 얻을 수 있는 또 다른 패턴이다. 이 패턴은 어댑터 패턴의 클래스 형식이 변형된 형태를 취하고 있다(그림 26-9 참고).

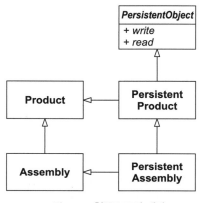

그림 26-9 천국으로의 계단

PersistentObject는 데이터베이스에 대해 알고 있는 추상 클래스다. 이 클래스는 read와 write라는 2개의 추상 메소드를 제공한다. 그리고 read와 write를 구현하는 데 필요한 도

---

*2   [Martin97]

구가 되어주는, 미리 구현된 메소드 집합도 제공한다. 예를 들면 PersistentProduct는 데이터베이스에서 Product의 모든 데이터 필드를 읽거나 쓰기 위해, 이 도구를 사용해 read와 write를 구현한다. 이와 같은 맥락에서 Assembly의 나머지 필드에 같은 일을 하기 위해 PersistentAssembly에 read와 write를 구현한다. 이 클래스는 PersistentProduct에서 Product의 필드를 읽고 쓰는 기능을 상속받고, 그 이점을 살릴 수 있도록 read와 write 메소드를 조직화한다.

이 패턴은 다중 상속을 지원하는 언어에서만 쓸모 있다. PersistentProduct와 PersistentAssembly 둘 다 2개의 구현된 기반 클래스를 상속했다는 점을 주목하자. 게다가 PersistentAssembly는 Product와 마름모꼴의 상속 관계를 만들고 있다. C++에서는 가상 상속을 사용해 Product의 두 인스턴스가 PersistentAssembly에 상속되는 것을 방지할 수 있다.

가상 상속이나, 다른 언어에서의 이와 비슷한 관계의 필요성은 이 패턴이 약간 침범한다고 생각한다. 이 패턴은 Product 계층 구조의 느낌을 강하게 주지만, 이 정도의 침범은 극히 적은 부분이다.

이 패턴의 장점은 데이터베이스의 정보를 애플리케이션의 업무 규칙과 완벽하게 분리한다는 것이다. read와 write를 호출하는 애플리케이션의 일부분은 다음 조건을 통해 호출을 수행할 수 있다.

```
PersistentObject* o = dynamic_cast<PersistentObject*>(product);
if (o)
    o->write();
```

즉, 애플리케이션 객체가 PersistentObject 인터페이스에 맞는 형식인지 알아보고, 그럴 경우 read나 write를 호출한다. 이렇게 하면, 읽기나 쓰기에 대해 알 필요가 없는 애플리케이션 부분이 계층 구조의 PersistentObject 쪽에 대해 완전히 독립적이 된다.

'천국으로의 계단' 예

목록 26-24부터 목록 26-34까지는 C++로 작성한 '천국으로의 계단' 예를 보여준다. 여느 때처럼, 테스트 케이스로 시작하는 것이 제일 좋다. CppUnit[*3]는 전체 그대로 보면 다소 복잡하므로, 목록 26-24에 테스트 케이스를 위한 메소드만 포함시켰다. 첫 번째 예제는 PersistentProduct가

[*3] 단위 테스트 프레임워크의 XUnit 계열 중 하나. 좀 더 많은 정보를 원한다면 www.junit.org와 www.xprogramming.com을 참고하라.

시스템에서 Product로서 돌아다닐 수 있고, PersistentObject로 변환되어 마음대로 쓰기 작업을 할 수 있음을 검증한다. PersistentProduct가 간단한 XML 형식으로 자신을 수정한다고 가정한다. 두 번째 테스트 케이스는 PersistentAssembly에 대해 똑같은 것을 검증하는데, Assembly 객체에 두 번째 필드를 추가한다는 점만 다르다.

💻 목록 26-24 productPersistenceTestCase.cpp(요약판)

```cpp
void ProductPersistenceTestCase :: testWriteProduct() {
    ostrstream s;
    Product* p = new PersistentProduct("Cheerios");
    PersistentObject* po = dynamic_cast<PersistentObject*>(p);
    assert(po);
    po -> write(s);
    char* writtenString = s.str();
    assert(strcmp("<PRODUCT><NAME>Cheerios</NAME></PRODUCT>",
        writtenString) == 0);
}

void ProductPersistenceTestCase :: testWriteAssembly() {
    ostrstream s;
    Assembly* a = new PersistentAssembly("Wheaties", "7734");
    PersistentObject* po = dynamic_cast<PersistentObject*>(a);
    assert(po);
    po -> write(s);
    char* writtenString = s.str();
    assert(strcmp("<ASSEMBLY><NAME>Wheaties"
        "</NAME><ASSYCODE>7734</ASSYCODE></ASSEMBLY>",
        writtenString) == 0);
}
```

다음으로, 목록 26-25부터 목록 26-28까지는 Product와 Assembly의 정의와 구현을 보여준다. 이 예에서는 공간을 절약하기 위해 클래스가 최소한의 수준으로 퇴화되어 있다. 보통의 애플리케이션에서라면 이 클래스는 업무 규칙을 구현한 메소드를 포함하고 있을 것이다. 어느 클래스에서든 조금의 영속성도 찾아볼 수 없음에 주목하자. 업무 규칙에서 영속성 메커니즘에 이르는 어떤 종속성도 존재하지 않는다. 이것이 이 패턴의 가장 중요한 부분이다.

목록 26-27은 종속성이라는 특징에서는 좋은 반면, 오로지 천국으로의 계단 패턴 때문에 존재하는 한 가지 부산물도 갖고 있다. Assembly는 virtual 키워드를 사용해 Product를 상속한다. 이것은 PersistentAssembly에서 Product를 중복 상속하는 일이 없도록 하기 위해 필요 불가결한 작업이다. 그림 26-9를 다시 보면 Assembly, PersistentProduct,

PersistentObject가 이루는 상속 다이아몬드[*4]의 꼭대기에 Product가 있음을 알 수 있다. Product는 중복 상속을 막기 위해, 가상적으로 상속되어야 한다.

📖 목록 26-25 product.h

```
#ifndef STAIRWAYTOHEAVENPRODUCT_H
#define STAIRWAYTOHEAVENPRODUCT_H
#include <string>

class Product {
    public :
        Product(const string& name);
        virtual ~Product();
        const string& getName() const {
            return itsName;
        }

    private :
        string itsName;
};
#endif
```

📖 목록 26-26 product.cpp

```
#include "product.h"

Product :: Product(const string& name) : itsName(name) {
}

Product :: ~Product() {
}
```

📖 목록 26-27 assembly.h

```
#ifndef STAIRWAYTOHEAVENASSEMBLY_H
#define STAIRWAYTOHEAVENASSEMBLY_H
#include <string>
#include "product.h"

class Assembly : public virtual Product {
    public :
        Assembly(const string& name, const string& assyCode);
```

[*4] 익살스럽게 '치명적인 죽음의 다이아몬드(deadly diamond of death)'라고 부르기도 한다.

```
        virtual ~Assembly();
        const string& getAssyCode() const {
            return itsAssyCode;
        }

    private :
        string itsAssyCode;
};
#endif
```

📟 목록 26-28 assembly.cpp

```
#include "assembly.h"

Assembly :: Assembly(const string& name, const string& assyCode) :
    Product(name), itsAssyCode(assyCode) {
}

Assembly :: ~Assembly() {
}
```

목록 26-29와 목록 26-30은 PersistentObject의 정의와 구현을 보여준다. PersistentObject는 Product 계층 구조에 대해 아무것도 모르지만, XML을 쓰는 방법에 대해서는 뭔가 알고 있는 것처럼 보인다는 데 주목하자. 적어도 먼저 헤더(header, 머리글)를 쓰고, 그 뒤에 필드를, 또 그 뒤에 푸터(footer, 꼬리글)를 써서 객체를 작성한다는 사실은 알고 있는 것이다.

PersistentObject의 write 메소드는 템플릿 메소드[5] 패턴을 써서 모든 파생 객체의 쓰기 작업을 제어한다. 따라서 천국으로의 계단 패턴의 영속성 있는 쪽은 PersistentObject 기반 클래스의 기능을 이용한다.

📟 목록 26-29 persistentObject.h

```
#ifndef STAIRWAYTOHEAVENPERSISTENTOBJECT_H
#define STAIRWAYTOHEAVENPERSISTENTOBJECT_H
#include <iostream>

class PersistentObject {
    public :
        virtual ~PersistentObject();
```

---

[5] 14장 '템플릿 메소드와 스트래터지 패턴: 상속과 위임'을 참고하라.

```
        virtual void write(ostream&) const;

    protected :
        virtual void writeFields(ostream&) const = 0;

    private :
        virtual void writeHeader(ostream&) const = 0;
        virtual void writeFooter(ostream&) const = 0;
};
#endif
```

📟 **목록 26-30 persistentObject.cpp**

```
#include "persistentObject.h"

PersistentObject :: ~PersistentObject() {
}

void PersistentObject :: write(ostream& s) const {
    writeHeader(s);
    writeFields(s);
    writeFooter(s);
    s << ends;
}
```

목록 26-31과 목록 26-32는 PersistentProduct의 구현을 보여준다. 이 클래스는 Product를 위한 XML 코드를 생성하는 데 필요한 writeHeader, writeFooter, writeField 함수를 구현한다. 이것은 Product에서 필드와 접근 메소드를 상속하고, 기반 클래스 PersistentObject의 write 메소드에 의해 동작한다.

📟 **목록 26-31 persistentProduct.h**

```
#ifndef STAIRWAYTOHEAVENPERSISTENTPRODUCT_H
#define STAIRWAYTOHEAVENPERSISTENTPRODUCT_H
#include "product.h"
#include "persistentObject.h"

class PersistentProduct : public virtual Product, public PersistentObject {
    public :
        PersistentProduct(const string& name);
        virtual ~PersistentProduct();

    protected :
        virtual void writeFields(ostream& s) const;
```

```
    private :
        virtual void writeHeader(ostream& s) const;
        virtual void writeFooter(ostream& s) const;
};
#endif
```

목록 26-32 persistentProduct.cpp

```
#include "persistentProduct.h"

PersistentProduct :: PersistentProduct(const string& name) : Product(name) {
}

PersistentProduct :: ~PersistentProduct() {
}

void PersistentProduct :: writeHeader(ostream& s) const {
    s << "<PRODUCT>";
}

void PersistentProduct :: writeFooter(ostream& s) const {
    s << "</PRODUCT>";
}

void PersistentProduct :: writeFields(ostream& s) const {
    s << "<NAME>" << getName() << "</NAME>";
}
```

마지막으로, 목록 26-33과 목록 26-34는 PersistentAssembly가 Assembly와 PersistentProduct를 통합하는 방법을 보여준다. 여기서도 PersistentProduct와 마찬가지로, writeHeader, writeFooter, writeFields를 오버라이드한다. 그러나 여기서는 PersistentProduct::writeFields를 호출하기 위해 writeFields를 구현한다. 따라서 Assembly의 Product 부분에 쓰기 작업을 할 수 있는 기능을 PersistentProduct에서 상속받게 되고, Assembly에서 Product와 Assembly의 필드와 접근 메소드를 상속받는다.

목록 26-33 persistentAssembly.h

```
#ifndef STAIRWAYTOHEAVENPERSISTENTASSEMBLY_H
#define STAIRWAYTOHEAVENPERSISTENTASSEMBLY_H
#include "assembly.h"
#include "persistentProduct.h"

class PersistentAssembly : public Assembly, publicPersistentProduct {
    public :
```

```
        PersistentAssembly(const string& name, const string& assyCode);
        virtual ~PersistentAssembly();

    protected :
        virtual void writeFields(ostream& s) const;

    private :
        virtual void writeHeader(ostream& s) const;
        virtual void writeFooter(ostream& s) const;
};
#endif
```

📟 **목록 26-34 persistentAssembly.cpp**

```
#include "persistentAssembly.h"

PersistentAssembly :: PersistentAssembly(
    const string& name,
    const string& assyCode) : Assembly(
    name,
    assyCode),
    PersistentProduct(name),
    Product(name) {
}

PersistentAssembly :: ~PersistentAssembly() {
}

void PersistentAssembly :: writeHeader(ostream& s) const {
    s << "<ASSEMBLY>";
}

void PersistentAssembly :: writeFooter(ostream& s) const {
    s << "</ASSEMBLY>";
}

void PersistentAssembly :: writeFields(ostream& s) const {
    PersistentProduct :: writeFields(s);
    s << "<ASSYCODE>" << getAssyCode() << "</ASSYCODE>";
}
```

결론 나는 천국으로의 계단 패턴이 많은 상황에서 쓰여 좋은 결과를 내는 모습을 봐왔다. 이 패턴은 구성하기도 상대적으로 쉽고, 업무 규칙을 포함하는 객체에 최소한의 영향만 줄 수 있다. 반면, 구현의 중복 상속을 지원하는 C++ 같은 언어 사용을 필요로 한다.

데이터베이스와 함께 쓰일 수 있는 그 밖의 패턴

확장 객체 확장된 객체를 데이터베이스에 기록하는 방법을 알고 있는 확장 객체(extension object)[6]가 있다고 생각해보자. 이런 객체를 기록하기 위해서는 "Database" 키와 일치하는 확장 객체를 요청한 후, 그것을 DatabaseWriterExtension으로 캐스트하고 write 함수를 호출해야 한다.

```
Product p = /* Product를 반환하는 어떤 함수 */
ExtensionObject = p.getExtension("Database");
if (e != null) {
    DatabaseWriterExtension dwe = (DatabaseWriterExtension) e;
    e.write();
}
```

비지터[7] 방문을 받은(visited) 객체를 데이터베이스에 기록하는 방법을 알고 있는 비지터 (visitor) 계층 구조를 생각해보자. 프로그래머는 적절한 자료형의 비지터를 생성하고, 기록할 객체에서 accept를 호출하여 데이터베이스에 객체를 기록할 것이다.

```
Product p = /* Product를 반환하는 어떤 함수 */
DatabaseWriterVisitor dwv = new DatabaseWritierVisitor();
p.accept(dwv);
```

데코레이터[8] 데이터베이스를 구현하기 위해 데코레이터(decorator)를 쓰는 방법에는 두 가지가 있다. 업무 관련 객체를 장식(decorate)하고 그것에 read와 write 메소드를 줄 수도 있고, 자신을 읽고 쓰는 방법을 알고 있는 데이터 객체를 장식하고 그것에 업무 규칙을 줄 수도 있다. 후자는 객체 지향 데이터베이스를 쓸 때는 보기 드문 방법이다. 업무 규칙은 OODB 스키마와 분리되고, 데코레이터에 의해 추가된다.

퍼사드 단순하면서도 효과적이어서 내가 제일 좋아하는 시작점이다. 단점으로는 업무 규칙 객체를 데이터베이스와 연결한다는 점을 들 수 있다. 그림 26-10은 이 구조를 보여준다. DatabaseFacade 클래스는 단순히 필수적인 객체에 대한 읽기 쓰기 메소드만 제공한다. 이것은 이 객체들을 DatabaseFacade에 상호 결합시킨다. 이런 객체는 종종 read와 write 함수를 호출하기 때문에 퍼사드(facade)에 대해 알고 있으며, 퍼사드는 read와 write 함수를

---

[6] 28장의 '확장 객체 패턴' 절 참고

[7] 28장의 '비지터 패턴' 절 참고

[8] 28장의 '데코레이터 패턴' 절 참고

구현하기 위해 이들의 접근 메소드와 변경 메소드를 사용해야 하기 때문에 객체에 대해 알고 있다.

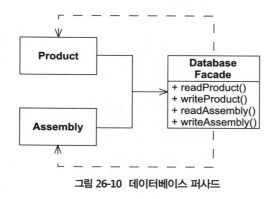

그림 26-10 데이터베이스 퍼사드

이런 결합은 큰 애플리케이션에서 많은 문제를 일으킬 소지가 있지만, 작은 애플리케이션이나 거대해지기 직전의 애플리케이션에서는 아주 효율적인 테크닉이 될 수 있다. 일단 퍼사드를 사용해서 시작한 뒤, 나중에 결합을 줄이기 위해 다른 패턴으로 바꾸기로 결심한다 해도 퍼사드는 리팩토링하기가 아주 쉽다.

결론

프록시나 '천국으로의 계단'이 필요할 것이라는 예상은 매우 매력적이다. 그런 필요가 실제로 생기기 한참 전에도 말이다. 이것은 좋은 생각이 아니다. 특히 프록시에 대해서는 더욱 그렇다. 일단 퍼사드로 시작하고, 필요하면 리팩토링할 것을 권한다. 그렇게 하면 소중한 시간을 아끼고 문제를 줄일 수 있을 것이다.

참고 문헌

1. Gamma, et al. *Design Patterns*. Reading, MA: Addison–Wesley, 1995.

2. Martin, Robert C. Design Patterns for Dealing with Dual Inheritance Hierarchies. *C++ Report* (April): 1997.

 27 사례 연구: 기상 관측기

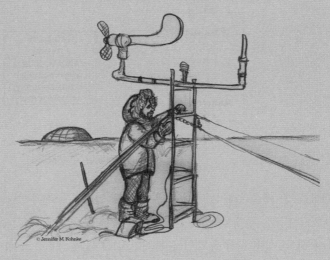

이 장은 짐 뉴커크(Jim Newkirk)와 공동으로 집필했다.

다음은 꾸민 이야기다. 그러나 여러분의 경험상 많은 부분에서 공감할지도 모른다.

클라우드 컴퍼니

클라우드 컴퍼니(Cloud Company)는 지난 몇 년간 산업용 기상 관측 시스템(WMS: weather monitoring systems) 분야의 업계 선두 자리를 지켜오고 있다. 이 회사의 핵심 제품은 온도, 습도, 기압, 풍속, 풍향 등의 기록을 남기는 WMS이다. 이 시스템은 이런 정보를 실시간으로 화면에 표시하며, 시 단위와 일 단위로 과거 기록도 남긴다. 사용자의 요청이 있으면 화면에서 과거 기록을 볼 수도 있다.

클라우드 컴퍼니 제품의 주요 고객은 항공사, 해운업체, 농업 분야, 방송사 등이다. 이런 산업 분야에서 WMS는 업무에 필수적인 제품이다. 클라우드 컴퍼니는 상대적으로 제어하기 힘든 환경에도 설치할 수 있는 신뢰성 높은 제품을 만든다는 명성이 자자한데, 이 명성 때문에 시스템의 가격이 좀 비싸다.

시스템의 가격이 비싸기 때문에 클라우드 컴퍼니는 이들이 팔고 있는 제품 수준의 신뢰성이 필요하지 않거나 그 가격을 감당하지 못하는 고객들에게는 제품을 팔지 못했다. 그러나 클라우드 컴퍼니의 관리자들은 이 시장이 잠재력 있는 큰 규모의 시장이라고 믿기 때문에, 이 시장에 발을 들여놓고 싶어 한다.

문제 마이크로버스트(Microburst, Inc.)라는 이름의 경쟁자가 최근 저가형부터 시작해 점진적으로 높은 신뢰성 수준까지 향상해갈 수 있는 제품 계열을 내놓았다. 이 제품 계열은 지금은 작은 규모이지만 성장하고 있는 고객들과 클라우드 컴퍼니 사이를 갈라놓을 수도 있는 위협이 되고 있다. 이 고객들이 성장해서 클라우드 컴퍼니 제품을 사용할 규모가 되었을 때는 이미 마이크로버스트의 제품을 사용하고 있을 테니 말이다.

더 나쁜 소식이 있는데, 마이크로버스트가 자랑하는 바에 따르면 그 회사의 고가형 제품에는 상호 연결 기능이 있다. 즉, 고가형을 구입하면 넓은 범위의 기상 관측을 할 수 있는 네트워크로 연결된 시스템을 만들 수 있다는 뜻이다. 이것은 클라우드 컴퍼니의 현재 고객 기반을 뒤흔들 수도 있는 위협이다.

전략 마이크로버스트가 여러 제품 전시회에서 자사의 저가형 기계들을 성공적으로 시범을 보이긴 했지만, 적어도 6개월 동안 실제로 생산량을 출하하지 못하고 있다. 이 말은 마이크로버스트에 아직 해결하지 못한 공학적 문제나 제품 생산 과정의 문제가 있을지도 모른다는 뜻이다. 게다가, 마이크로버스트가 약속한 제품 계열의 일부인 신뢰성이 높은 향상판 제품은 현재 나와 있지 않은 상태다. 마이크로버스트가 아무래도 성급하게 제품 발표를 한 것처럼 보인다.

만약 클라우드 컴퍼니가 향상도 할 수 있고 상호 연결할 수도 있는 저가형 제품을 발표하고 6개월 안에 출시할 수 있다면, 마이크로버스트에게 고객을 뺏기는 일은 지연시킬 수 있을 것이다. 제품 구매를 지연시켜서 마이크로버스트가 주문을 받지 못하게 함으로써, 클라우드 컴퍼니는 마이크로버스트의 공학적 문제나 생산 문제 해결 능력을 떨어뜨릴 수 있을지도 모른다. 만약 그럴 수 있다면 그것은 아주 바람직한 결과다.

딜레마 가격도 낮고 확장도 할 수 있는 새로운 제품 계열을 만들려면 상당한 규모의 공학적 작업이 필요하다. 하드웨어 공학자들은 6개월이라는 개발 마감 시간은 지킬 수 없다고 잘라 말했다. 그들의 말에 따르면, 생산량을 만들려면 12개월은 걸린다.

마케팅 관리자들은 12개월이라면 마이크로버스트가 생산량을 출하하고 고객들을 빼앗기기에 충분한 시간이라고 믿는다.

계획 클라우드 컴퍼니의 관리자들은 새로운 제품 계열을 즉시 발표하고, 6개월이 지나기 전에 출시할 이 새로운 제품 계열의 주문도 미리 받기로 결정했다. 이들은 새 제품의 이름을 님버스-LC 1.0이라고 지었다. 이들의 계획은 기존의 비싸고 신뢰성 높은 하드웨어를 멋진 LCD 터치 패널이 붙은 새로운 케이스에 넣어 새로운 제품으로 판다는 것이다. 하지만 이 기계들은 생산 단가가 높아서 실제로는 한 대 팔 때마다 회사는 돈을 잃게 될 것이다.

동시에, 하드웨어 엔지니어들이 12개월 안에 나올 진정한 저가형 하드웨어를 개발하기 시작할 것이다. 이렇게 구성된 제품의 이름은 님버스-LC 2.0이다. 이 제품을 팔 수 있을 만큼 수량이 확보되면, 님버스-LC 1.0은 단종시킬 계획이다.

님버스-LC 1.0 고객이 더 높은 수준의 서비스로 향상하기를 원하면, 회사는 추가 비용을 받지 않고 님버스-LC 2.0으로 교체해줄 것이다. 즉, 회사는 잠재적인 마이크로버스트 고객들을 빼앗아오거나 적어도 지연시키기 위해 6개월 동안 님버스-LC 1.0 제품을 팔면서 손해를 볼 각오를 하고 있다.

WMS-LC 소프트웨어

님버스-LC 프로젝트를 위한 소프트웨어 프로젝트는 복잡하다. 개발자들은 기존 하드웨어와 새로운 저가형 2.0 하드웨어에서 모두 사용할 수 있는 소프트웨어 제품을 만들어야만 한다. 2.0 하드웨어의 프로토타입은 9개월이 지나야 나올 예정이다. 게다가, 2.0 보드의 프로세서는 1.0 보드의 프로세서와 다를 가능성이 높다. 그래도 시스템은 어떤 하드웨어 플랫폼을 쓰든지 관계없이 동일하게 작동해야 한다.

가장 저수준의 하드웨어 드라이버는 하드웨어 공학자들이 작성할 테지만, 이들은 애플리케이션 소프트웨어 공학자들이 이 드라이버를 위한 API를 만들어주기를 원한다. API는 4개월이 지나기 전에 하드웨어 공학자들이 사용할 수 있어야 한다. 소프트웨어는 6개월 안에 출시 수준에 도달해야 하고, 12개월 안에 2.0 하드웨어 위에서 돌아가야 한다. 1.0 기계용으로 최소한 6주의 Q/A 기간이 필요하므로, 동작하는 소프트웨어를 만들어내기 위해 소프트웨어 공학자들에게 실제로 주어진 시간은 고작 20주에 불과하다. 그리고 2.0판의 하드웨어 플랫폼은 새롭기 때문에 8주에서 10주 사이의 긴 Q/A 기간이 필요하다. 이 기간이 첫 번째 프로토타입과 최종 출시 제품 사이의 3개월 기간 대부분을 차지하게 된다. 따라서 소프트웨어 공학자들이 소프트웨어가 새로운 하드웨어에서 동작하게 만들 수 있는 시간은 매우 짧다.

소프트웨어 계획 문서 개발자들과 마케팅 담당자들은 님버스-LC 프로젝트에 관한 문서 여러 개를 작성해놓았다.

1. 님버스-LC 요구사항 개괄: 이 문서는 프로젝트가 시작될 시점에 파악된 님버스-LC 시스템에 대한 작동 요구사항들을 설명한다.[1]

2. 님버스-LC 유스케이스: 이 문서는 요구사항 문서에서 도출해낸 액터(actor)와 유스케이스들을 설명한다.

3. 님버스-LC 릴리즈 계획: 이 문서는 소프트웨어의 릴리즈 계획을 설명한다. 이 계획은 소프트웨어 개발 완료를 이미 정해진 마감 시간에 맞추는 한편, 주요한 위험들을 프로젝트 초기에 다루려고 한다.

언어 선택

언어를 선택하는 데 있어 가장 중요한 제약은 이식성(portability)이다. 짧은 개발 시간과 소프트웨어 공학자들이 2.0 하드웨어를 접할 수 있는 더 짧은 기간 때문에 1.0과 2.0은 같은 소프트웨어를 사용해야 한다. 즉, 소스 코드가 완전히 동일하지는 않더라도 거의 비슷해야 한다. 만약 이러한 이식성에 대한 제약을 언어가 충족시켜주지 못한다면, 12개월 안에 2.0판을 내놓는다는 계획은 심각한 위험에 처하게 될 것이다.

다행스럽게도 이 외의 제약은 그다지 많지 않다. 소프트웨어의 규모가 그렇게 크지 않으므로 메모리 공간은 문제가 되지 않는다. 1초보다 짧은 응답 시간을 요구하는 경성 실시간 처리(hard real-time)도 없으므로 속도도 그렇게 큰 문제가 안 된다. 사실, 실시간 처리의 응답 시간에 대한 요구는 심하지 않아서, 어느 정도로 빠르기만 하다면 가비지 컬렉션 언어를 사용해도 괜찮을 정도다. 이식성이라는 제약사항이 필수적이고 그 밖의 제약들이 그다지 심각하지 않기 때문에, 언어를 자바로 선택한 것이 꽤 적절하다고 볼 수 있다.

님버스-LC 소프트웨어 설계

릴리즈 계획에 따르면, 소프트웨어의 대부분이 그 소프트웨어가 제어하는 하드웨어와 독립적인 아키텍처를 만드는 것이 1단계의 주요 목표 중 하나다. 즉, 기상 관측기의 추상적 행위와 구체적 구현을 분리하고 싶다.

---

[1] 어떤 소프트웨어 프로젝트에서든지 요구사항 문서만큼 자주 바뀌는 문서가 없다는 사실을 모르는 사람은 없다.

예를 들어, 소프트웨어는 하드웨어 구성과 상관없이 현재 기온을 표시할 수 있어야 한다. 여기에는 그림 27-1처럼 설계해야 한다는 의미가 들어 있다.

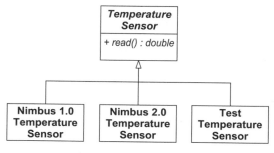

그림 27-1 온도 감지기의 초기 설계

TemperatureSensor라는 이름의 추상 기반 클래스가 다형성을 지닌 read() 함수를 제공한다. 이 기반 클래스의 파생형들이 있으므로 read() 함수의 구현을 여러 개 만들 수 있다.

테스트 클래스 알려진 하드웨어 플랫폼 2개에 각각 대응하는 파생형이 있다는 점을 눈여겨보자. 그리고 TestTemperatureSensor라는 특수한 파생형도 있다. 이 클래스는 님버스 하드웨어와 연결되어 있지 않은 일반 작업용 컴퓨터에서 소프트웨어를 테스트하기 위해 사용될 것이다. 그러면 님버스 시스템에 접근할 수 없을 때도 소프트웨어 공학자들이 소프트웨어의 단위 테스트와 인수 테스트를 작성할 수 있다.

그리고 님버스 2.0 하드웨어와 소프트웨어를 통합할 시간이 굉장히 짧다는 점도 있다. 이렇게 짧은 기간 때문에 님버스 2.0판 작업은 위험도가 높을 것이다. 님버스 소프트웨어를 님버스 1.0 하드웨어와 테스트 클래스에서 모두 돌아갈 수 있게 만들면, 님버스 소프트웨어가 다중 플랫폼에서 돌아가도록 만드는 셈이다. 이렇게 함으로써 님버스 2.0에서 심각한 이식성 문제가 생길 가능성도 줄일 수 있다.

테스트 클래스는 소프트웨어로 포착하기 힘든 기능이나 상황을 테스트할 수 있는 기회도 제공해준다. 예를 들어, 하드웨어로 흉내 내보기 쉽지 않은 기능 실패 상황을 만들어보도록 테스트 클래스를 설정할 수도 있다.

정기적으로 계측하기 현재 기상 관측 정보를 표시하는 모드가 님버스 시스템에서 가장 자주 사용되는 모드다. 값마다 다른 주기를 두고 갱신된다. 온도는 1분마다 갱신되는 반면, 기압은 5분마다 갱신된다. 따라서 기계가 계측값을 읽도록 만들고 그 정보를 사용자에게 전달할 일종의 스케줄러가 필요하다는 점은 분명하다. 그림 27-2를 보면 이 구조의 한 예가 나와 있다.

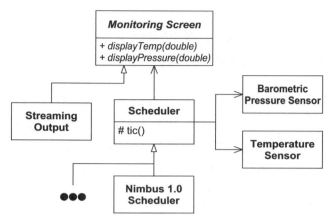

그림 27-2 스케줄러와 화면 표시 장치의 초기 아키텍처

Scheduler는 각 하드웨어와 테스트 플랫폼마다 하나씩 있는 여러 구현들의 기반 클래스가 될 것이다. Scheduler는 10밀리초마다 호출될 것으로 예상되는 tic 함수를 갖고 있는데, 이 함수의 호출이 실제로 일어나게 하는 것은 파생된 클래스들의 책임이다(그림 27-3 참고). Scheduler는 tic() 호출의 횟수를 센 다음, 1분마다 TemperatureSensor의 read() 함수를 호출하고 이 함수가 반환한 온도를 MonitoringScreen에게 전달한다. 1단계에서는 온도를 GUI로 보여줄 필요가 없으므로, MonitoringScreen의 파생형은 단지 결과를 출력 스트림으로 보내기만 한다.

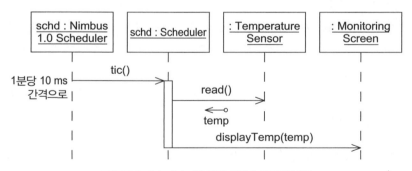

그림 27-3 Scheduler의 초기 시퀀스 다이어그램

기압 동향 요구사항 문서를 보면 반드시 기압의 동향을 보고해야 한다고 되어 있다. 기압의 동향은 상승, 하강, 안정 세 가지 상태가 있는 값이다. 어떻게 하면 이 변수의 값을 결정할 수 있을까?

『Federal Meteorological Handbook(미 연방 기상학 핸드북)』에 따르면,[*2] 기압 동향은 다음과 같이 계산된다.

> 기압이 적어도 시간당 0.06인치씩 상승하거나 하강하고 전체 기압 변화 값이 (3시간마다 수행되는) 관측 시각에 0.02인치이거나 그보다 크다면, 기압이 변화했다고 보고해야 한다.

이 알고리즘을 어디에 두어야 할까? 만약 이 알고리즘을 BarometricPressureSensor에 둔다면 이 클래스가 매번 측정한 시각을 알아야 하며, 3시간 분량의 측정값 기록도 가지고 있어야 한다. 우리의 지금 설계에서는 이렇게 할 수 없지만, BarometricPressureSensor 클래스의 Read 함수의 인자로 현재 시각을 추가하고 이 함수가 정기적으로 호출되게 만들면 가능하다.

하지만 이렇게 하면 동향 계산과 사용자를 위한 갱신의 빈도 사이에 결합이 생긴다. 사용자 인터페이스 갱신에 생긴 변경 때문에 기압 동향 알고리즘이 영향받는 일이 생길지도 모른다. 그리고 반드시 정기적으로 감지기의 값을 읽어와야만 감지기가 올바로 작동할 수 있도록 만드는 것도 감지기에게 매우 비우호적인 일이다.

Scheduler가 과거 기압 기록을 가지고 있으면서 필요할 때마다 동향을 계산하게 만들 수도 있다. 하지만 그렇다면 온도와 풍속 기록도 Scheduler 클래스에 둘 것인가? 이런 식으로 만들면 새로운 감지기나 기록이 필요할 때마다 Scheduler 클래스도 변경해야 하며, 이것을 유지보수하는 일은 악몽 같을 것이다.

Scheduler 다시 생각해보기 그림 27-2를 다시 한 번 보자. Scheduler가 모든 감지기 및 사용자 인터페이스와 연결되어 있다는 점을 눈여겨보자. 감지기가 더 추가되거나 사용자 인터페이스 화면이 더 추가되면 이것들도 역시 Scheduler에 추가되어야 할 것이다. 따라서 Scheduler는 새로운 감지기나 사용자 인터페이스의 추가에 닫혀 있지 않은데, 이것은 OCP를 어기는 것이다. 우리는 감지기나 사용자 인터페이스의 변화나 추가에 Scheduler가 독립적이도록 설계하고 싶다.

사용자 인터페이스와의 결합 끊기 사용자 인터페이스는 변경되기 쉽다. 사용자 인터페이스는 고객, 마케팅 사람들, 그리고 제품과 접해볼 수 있는 거의 모든 사람의 변덕에 따라 바뀔 수 있다. 시스템의 어떤 부분이 과도한 요구사항 때문에 곤란을 겪는다면, 그 부분은 십중팔구

[*2] 『Federal Meteorological Handbook』 No. 1, Chapter 11, Section 11.4.6(http://www.nws.noaa.gov)

사용자 인터페이스일 것이다. 따라서 먼저 사용자 인터페이스와의 결합을 끊어야 한다.

그림 27-4와 그림 27-5에 옵저버 패턴을 사용하는 새로운 설계가 나와 있다. 우리는 UI가 감지기에 의존하게 만들어서, 감지기의 측정값이 바뀌면 UI에게 자동으로 통보하도록 했다. 이 의존 관계가 간접적이라는 점을 눈여겨보자. 실제 옵저버는 TemperatureObserver라는 이름의 어댑터[3]다. 온도 측정값이 변하면 TemperatureSensor가 이 객체에게 통보한다. 이에 대한 응답으로, TemperatureObserver는 MonitoringScreen 객체의 DisplayTemp 함수를 호출한다.

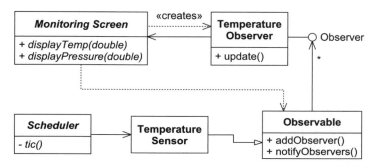

그림 27-4 옵저버가 UI와 Scheduler의 결합을 끊는다.

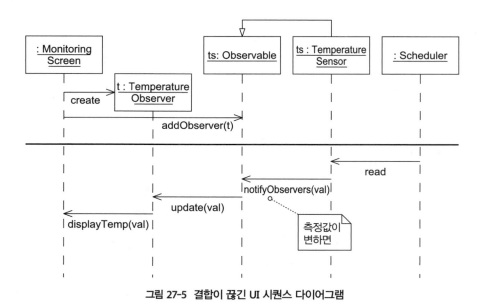

그림 27-5 결합이 끊긴 UI 시퀀스 다이어그램

---

[3] [GOF95], p. 139

이렇게 설계하면 UI와 Scheduler의 결합이 깔끔하게 끊어진다. Scheduler는 이제 UI에 대해 아무것도 모르며, 감지기들에게 언제 측정값을 읽어야 할지 말하는 일에만 집중할 수 있다. UI는 자기 자신을 감지기들과 연결하고 변화가 생기면 감지기들이 자기에게 보고해줄 것이라고 기대한다. 하지만 UI는 감지기 자체에 대해서는 아무것도 모른다. UI가 아는 건 단지 Observable 인터페이스를 구현한 일련의 객체들이 있다는 사실뿐이다. 따라서 UI의 이 부분을 크게 수정하지 않고도 새로운 감지기를 쉽게 추가할 수 있다.

기압 동향에 대한 문제도 이제 해결되었다. 이 측정값은 이제 BarometricPressureSensor의 옵저버인 별개의 BarometricPressureTrendSensor 감지기가 계산하면 된다(그림 27-6 참고).

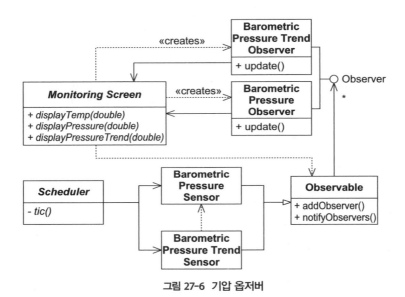

그림 27-6 기압 옵저버

Scheduler 한 번 더 생각해보기　언제 새로운 값을 측정해야 하는지 감지기들에게 말하는 것이 Scheduler의 주요 역할이다. 하지만 앞으로 요구사항이 변해서 감지기를 추가하거나 제거해야 한다면 Scheduler도 변경해야만 할 것이다. 사실, 단지 감지기의 주기를 바꾸려고만 해도 Scheduler를 변경해야 한다. 아주 불행한 OCP 위반이다. 우리가 보기에 감지기의 폴링 주기는 감지기 자신이 알아야지 다른 시스템 부분이 알아야 할 일은 아닌 것 같다.

자바 클래스 라이브러리의 Listener[*4] 패러다임을 사용하면 Scheduler와 감지기들의 결합을 끊을 수 있다. Listener는 어떤 것을 통보받기 위해 등록해야 한다는 점에서는 옵저버와 비슷하지만, 이 경우 우리가 원하는 것은 특정한 이벤트(시간)의 발생에 대한 통보다(그림 27-7 참고).

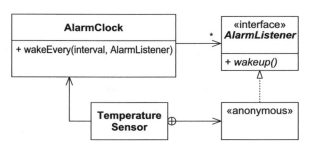

그림 27-7 결합이 끊긴 AlarmClock

감지기들은 AlarmListener 인터페이스를 구현하는 익명 어댑터 클래스를 생성한다. 그런 다음 이 어댑터를 AlarmClock(방금 전까지 Scheduler라고 부르던 클래스)에 등록한다. 등록 절차의 일부분으로 감지기들은 AlarmClock에게 얼마나 자주 불리고 싶은지(예를 들어, 1초마다 또는 50밀리초마다) 얘기해둔다. 이 시간이 될 때마다 AlarmClock은 어댑터에게 wakeup 메시지를 보내고, 어댑터는 감지기에게 다시 read 메시지를 보낸다.

이러면 Scheduler 클래스의 성격이 완전히 바뀐다. 그림 27-2에서 Scheduler는 시스템의 중심이었고 다른 컴포넌트들을 거의 대부분 알고 있었다. 하지만 이제는 시스템의 외곽에 놓여 있는 하나의 컴포넌트일 뿐이며 다른 컴포넌트에 대해 아무것도 모른다. 기상 관측과는 아무 상관없는 한 가지 일(스케줄링)만 하기 때문에 SRP도 잘 지키게 되었다. 이제, 다른 종류의 애플리케이션에서도 이것을 재사용할 수 있다. 성격이 너무 많이 변했기 때문에 이름도 AlarmClock으로 바꿨다.

감지기의 구조　감지기와 나머지 시스템 사이의 결합을 끊었으니, 감지기 내부 구조를 살펴보자. 감지기에는 이제 독립된 세 가지 기능이 있다. 첫째, AlarmListener의 익명 파생형을 만들고 등록해야 한다. 둘째, 자신의 측정값을 읽어보고 그 값이 변했으면 Observable 클래스의 notifyObservers 메소드를 호출해야 한다. 셋째, 적절한 값을 읽어오기 위해 님버스 하드웨어와 상호작용해야 한다.

[*4]　[JAVA98], p. 360

그림 27-1을 보면 이러한 고려사항들을 어떻게 분리할 수 있는지 그 예가 나와 있다. 그림 27-8은 앞에서 만든 변경과 이 설계를 통합한 것이다. 첫 번째와 두 번째 고려사항은 일반적인 것이므로 TemperatureSensor 기반 클래스가 다룬다. 그러면, 하드웨어를 다루고 실제 측정값을 읽어내는 작업은 TemperatureSensor의 파생형들이 다루게 된다.

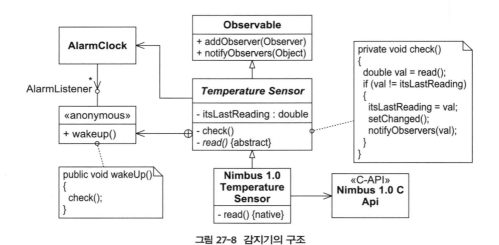

그림 27-8 감지기의 구조

TemperatureSensor의 일반적인 고려사항과 하드웨어에 따라 다른 고려사항을 분리하기 위해 그림 27-8에서 템플릿 메소드 패턴이 사용되었다. TemperatureSensor의 전용 함수 check와 read에서 이 패턴을 볼 수 있다. AlarmClock이 익명 클래스의 wakeup을 호출하면, 익명 클래스는 이 호출을 TemperatureSensor의 check 함수에게 전달한다. 그러면 check 함수는 TemperatureSensor의 추상 read 함수를 호출한다. 이 함수는 하드웨어와 적절히 상호작용해서 감지기의 측정값을 가져오도록 파생형들에서 구현될 것이다. 그러면 check 함수는 새로운 측정값이 기존 값과 다른지 비교해서 변화가 발견되면 기다리고 있는 옵저버들에게 통보한다.

이렇게 하면 우리가 원했던 걱정거리의 분산을 멋지게 이룰 수 있다. 새로운 하드웨어나 테스트 플랫폼이 생겨도 그것에서 돌아가는 TemperatureSensor의 파생형을 만들 수 있게 된다. 게다가 이 파생형은 단지 read()라는 아주 간단한 함수 하나만 재정의하면 된다. 감지기의 나머지 기능은 그 기능들의 원래 자리인 기반 클래스에 남는다.

API는 어디 있는가? 님버스 2.0 하드웨어를 위한 새로운 API를 만드는 것이 릴리즈 2의 목표 중 하나다. 이 API는 자바로 작성되어야 하고, 확장성도 좋아야 하며, 님버스 2.0 하드웨어에 직접적이고도 단순한 방법으로 접근하게 해주어야 한다. 추가로 님버스 1.0 하드웨어도 마찬가지로 지원해야 한다. 이런 API가 없다면, 새로운 보드가 도입될 경우 우리가 프로젝트를 위해 작성한 간단한 디버깅 도구와 조정 도구를 모두 변경해야 한다. 현재 우리 설계에서 이러한 API는 어디 있는가?

여태까지 만든 것 가운데 간단한 API로 쓸 수 있는 것은 하나도 없어 보인다. 우리가 원하는 것은 다음과 같다.

```
public interface TemperatureSensor {
    public double read();
}
```

옵저버를 등록하는 귀찮은 일을 할 필요 없이 이 API에 직접 접근할 수 있는 도구들을 작성할 수 있으면 좋을 것이다. 그리고 API 수준이라면 감지기가 자동으로 스스로를 폴링하거나 AlarmClock과 상호작용하는 것도 원하지 않는다. 우리가 원하는 것은 아주 간단하고 하드웨어에 대한 직접적인 인터페이스라는 행동만 하는 것이다.

마치 지금까지 진전시켜오던 논의를 뒤집는 것처럼 보일지도 모른다. 사실 그림 27-1을 보면 우리가 원하는 것이 그대로 나와 있다. 하지만 그림 27-1부터 지금까지 우리가 만들어온 변화에도 다 합당한 이유가 있는데, 지금 우리에게 필요한 건 이 두 가지의 좋은 점만 따온 일종의 혼합형(hybrid)이다.

그림 27-9에서는 TemperatureSensor로부터 진짜 API를 추출해내기 위해 브리지 패턴을 사용했다. 추상과 구현을 분리해서 서로 제각기 변화할 수 있게 만드는 것이 이 패턴을 사용한 의도다. 우리 경우에서 추상은 TemperatureSensor이고, TemperatureSensorImp가 구현이다. '구현(implementation)'이라는 단어를 추상 인터페이스를 설명하는 데 사용했으며, 이 '구현' 자체는 Nimbus1.0TemperatureSensor 클래스가 구현한다는 점을 주의하라.

생성에 관련된 문제 그림 27-9를 다시 보자. 이 그림대로 되려면 TemperatureSensor 객체를 생성할 때 반드시 Nimbus1.0TemperatureSensor 객체를 생성한 다음 이 객체에 묶어야 한다. 누가 이 일을 할까? 소프트웨어의 어떤 부분에서 이 일을 하든, 그 부분이 더 이상 플랫폼에 독립적일 수 없다는 사실은 분명한데, 플랫폼에 의존적인 Nimbus1.0TemperatureSensor에 대해 명시적 지식(explicit knowledge)을 가져야 하기 때문이다.

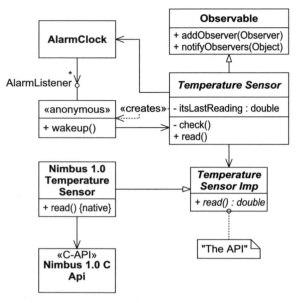

그림 27-9 온도 감지기와 API

이 모든 일을 하도록 메인 프로그램을 이용할 수도 있다. 목록 27-1처럼 작성하면 된다.

💻 **목록 27-1 WeatherStation**

```
public class WeatherStation {
    public static void main(String[] args) {
        AlarmClock ac = new AlarmClock(new Nimbus1_0AlarmClock);

        TemperatureSensor ts =
            new TemperatureSensor(ac, new Nimbus1_0TemperatureSensor);

        BarometricPressureSensor bps = new BarometricPressureSensor(
            ac, new Nimbus1_0BarometricPressureSensor);

        BarometricPressureTrend bpt = new BarometricPressureTrend(bps)
    }
}

public interface TemperatureSensor {
    public double read();
}
```

이렇게 해도 해결이 되긴 하지만, 상당한 관리 부담이 생긴다. 이러는 대신 생성과 관련된 대부분의 관리 부담을 담당하도록 팩토리들을 사용해보자(그림 27-10 참고).

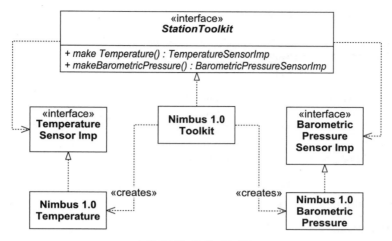

그림 27-10 StationToolkit

우리는 이 팩토리의 이름을 StationToolkit이라고 지었다. 이 팩토리는 API 클래스의 인스턴스를 생성하는 메소드를 제공하는 인터페이스다. 플랫폼마다 각자 StationToolkit의 파생형이 하나씩 있고, 이 파생 팩토리가 그 플랫폼에 알맞은 API 클래스들의 파생형들을 생성할 것이다.

이제 메인 함수를 목록 27-2처럼 재작성할 수 있다. 이 메인 프로그램을 다른 플랫폼에서 돌아가게 하기 위해 고쳐야 할 코드가 Nimbus1_0AlarmClock과 Nimbus1_0Toolkit을 생성하는 단 두 라인뿐이라는 사실에 주목하자. 생성하는 모든 감지기마다 코드를 변경해야 했던 목록 27-1에 비해 엄청난 발전이다.

⟨⟩ 목록 27-2 WeatherStation

```
public class WeatherStation {
    public static void main(String[] args) {
        AlarmClock ac = new AlarmClock(new Nimbus1_0AlarmClock);
        StationToolkit st = new Nimbus1_0Toolkit();
        TemperatureSensor ts = new TemperatureSensor(ac, st);
        BarometricPressureSensor bps = new BarometricPressureSensor(ac, st);
        BarometricPressureTrend bpt = new BarometricPressureTrend(bps)
    }
}
```

감지기마다 StationToolkit을 인자로 전달한다는 점을 주의하라. 이렇게 해서 감지기들이 자신의 구현을 생성하도록 만들 수 있다. 목록 27-3은 TemperatureSensor의 생성자다.

📖 목록 27-3 TemperatureSensor

```
public class TemperatureSensor extends Observable {
    public TemperatureSensor(AlarmClock ac, StationToolkit st) {
        itsImp = st.makeTemperature();
    }
    private TemperatureSensorImp itsImp;
}
```

StationToolkit이 AlarmClock을 생성하도록 만들기 StationToolkit이 적절한 AlarmClock 의 파생형을 생성하도록 함으로써 이것을 더 개선할 수도 있다. 역시 이번에도 기상 관측 애 플리케이션에 의미가 있는 AlarmClock이라는 추상과 하드웨어 플랫폼을 지원하는 구현을 분리하기 위해 브리지 패턴을 사용할 것이다.

그림 27-11을 보면, 새로운 AlarmClock 구조를 볼 수 있다. AlarmClock은 이제 Clock Listener 인터페이스를 통해 tic() 메시지를 수신한다. API 안에 알맞은 AlarmClockImp 클래스의 파생형으로 메시지가 전송된다.

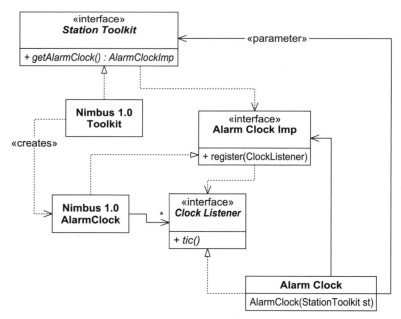

그림 27-11 StationToolkit과 AlarmClock

그림 27-12를 보면 어떻게 AlarmClock이 생성되는지 볼 수 있다. 적절한 StationToolkit의 파생형이 AlarmClock 생성자의 인자로 들어온다. AlarmClock은 이것에게 AlarmClockImp 의 적절한 파생형을 생성하라고 지시한다. 생성된 파생형은 다시 AlarmClock에게 전달되고, 그러면 AlarmClock은 tic() 메시지를 받을 수 있도록 이것에 자신을 등록한다.

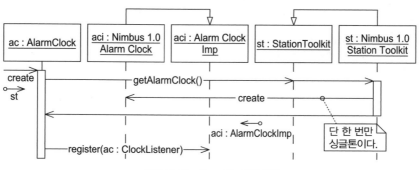

그림 27-12 AlarmClock의 생성

아까와 마찬가지로, 이렇게 함으로써 또 메인 프로그램에 영향을 주게 되며 그 결과가 목록 27-4에 나와 있다. 이제 플랫폼에 의존적인 부분은 오직 한 라인뿐임을 주목하자. 이 한 라인만 바꾸면 전체 시스템이 다른 플랫폼을 사용할 수 있게 된다.

⟨⟩ 목록 27-4 WeatherStation

```
public class WeatherStation {
    public static void main(String[] args) {
        StationToolkit st = new Nimbus1_0Toolkit();
        AlarmClock ac = new AlarmClock(st);
        TemperatureSensor ts = new TemperatureSensor(ac, st);
        BarometricPressureSensor bps = new BarometricPressureSensor(ac, st);
        BarometricPressureTrend bpt = new BarometricPressureTrend(bps)
    }
}
```

이것만으로도 상당히 좋지만, 자바에서는 더 잘 만들 수도 있다. 자바에서는 객체의 이름으로 객체를 생성할 수 있다. 그래서 목록 27-5의 메인 프로그램은 새로운 플랫폼에서 돌아가게 하기 위해 변경할 필요가 없다. StationToolkit의 이름은 그냥 명령행의 인자로 넘어오고, 만약 이 이름이 올바르다면 적절한 StationToolkit이 생성되며 시스템의 나머지 부분도 이에 따라 적절하게 동작한다.

```java
public class WeatherStation {
    public static void main(String[] args) {
        try {
            Class tkClass = Class.forName(args[0]);
            StationToolkit st = (StationToolkit) tkClass.newInstance();
            AlarmClock ac = new AlarmClock(st);
            TemperatureSensor ts = new TemperatureSensor(ac, st);

            BarometricPressureSensor bps =
                new BarometricPressureSensor(ac, st);

            BarometricPressureTrend bpt =
                new BarometricPressureTrend(bps)
        } catch (Exception e) {
        }
    }
}
```

클래스를 패키지에 넣기 이 소프트웨어에는 릴리즈와 배포를 각기 따로 하고 싶은 부분이 많다. API와 플랫폼마다 있는 API의 구현들은 나머지 애플리케이션 없이도 재사용할 수 있으며, 테스트 팀과 품질 보증 팀이 사용하게 될지도 모른다. UI와 감지기도 제각기 변화할 수 있도록 분리해야 한다. 사실, 동일한 시스템 아키텍처 위에 향상된 UI를 얹어 신제품을 만들게 될지도 모른다. 실제로 릴리즈 2가 이런 최초의 사례가 될 것이다.

그림 27-13을 보면 1단계의 패키지 구조를 볼 수 있다. 이 패키지 구조는 지금까지 우리가 설계한 클래스에서 거의 나왔다. 각 플랫폼마다 하나의 패키지가 있다. 그리고 이 패키지 안의 클래스는 API 내 클래스에서 파생된다. API 패키지의 유일한 클라이언트는 모든 다른 클래스를 갖고 있는 WeatherMonitoringSystem 패키지다.

릴리즈 1의 UI가 매우 규모가 작긴 하지만, 불행히도 UI 클래스와 WeatherMonitoring System 클래스가 섞여 있다. 별개의 패키지로 분리하는 편이 좋겠지만, 한 가지 문제가 있다. 보는 바와 같이 WeatherStation 객체가 MonitoringScreen 객체를 생성하지만, MonitoringScreen 객체는 감지기들의 Observable 인터페이스를 통해 자신의 옵저버들을 등록하려면 모든 감지기에 대해 다 알고 있어야 한다. 따라서 MonitoringScreen을 별개의 패키지로 빼면, 그 패키지와 WeatherMonitoringSystem 패키지가 순환 의존 관계에 빠지게 된다. 그러면 의존 관계 비순환 원칙(ADP)을 어기게 되고, 두 패키지를 독립적으로 릴리즈할 수도 없게 된다.

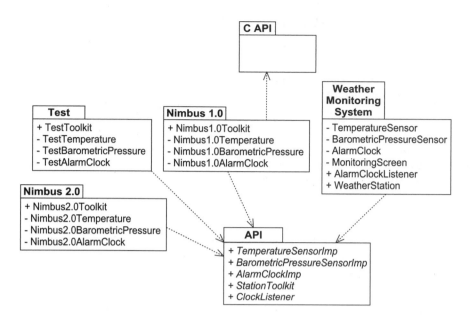

그림 27-13 1단계의 패키지 구조

이 문제는 메인 프로그램을 WeatherStation 클래스 바깥으로 빼는 방법으로 고칠 수 있다. WeatherStation은 여전히 StationToolkit과 감지기들을 생성하지만 이제 MonitoringScreen은 생성하지 않는다. 메인 프로그램이 MonitoringScreen과 WeatherStation을 생성한 다음, MonitoringScreen이 자신의 옵저버들을 감지기에 등록할 수 있도록 WeatherStation을 MonitoringScreen에게 넘긴다.

MonitoringScreen이 WeatherStation으로부터 어떻게 감지기들을 가져올 수 있을까? 이 일을 할 수 있으려면 WeatherStation에 메소드 몇 개를 추가해야 한다. 어떤 메소드인지 목록 27-6을 보자.

<22> 목록 27-6 WeatherStation

```
public class WeatherStation {
    public WeatherStation(String tkName) {
        // 전과 같이 관측기 툴킷과 감지기를 생성한다.
    }

    public void addTempObserver(Observer o) {
        itsTS.addObserver(o);
    }
```

```
    public void addBPObserver(Observer o) {
        itsBPS.addObserver(o);
    }

    public void addBPTrendObserver(Observer o) {
        itsBPT.addObserver(o);
    }

    // 전용 변수
    private TemperatuerSensor itsTS;
    private BarometricPressureSensor itsBPS;
    private BarometricPressureTrend itsBPT;
}
```

이제 그림 27-14처럼 패키지 다이어그램을 다시 그릴 수 있다. 이 그림에서 MonitoringScreen
과 관계없는 대부분의 패키지들은 생략되어 있다. 상당히 괜찮아 보인다. 이제 Weather
MonitoringSystem에 영향을 주지 않고도 UI를 다양하게 바꿀 수 있다. 하지만 UI에서
WeatherMonitoringSystem으로 향하는 의존 관계가 WeatherMonitoringSystem이 변
경될 때마다 문제를 일으킬 것이다.

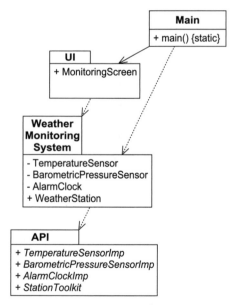

그림 27-14 순환 관계가 깨진 패키지 다이어그램

UI와 WeatherMonitoringSystem 둘 다 구체적 패키지다. 구체적 패키지가 다른 구체적 패키지에 의존하면 의존 관계 역전 원칙(DIP)을 어기게 된다. 이 경우에도 UI가 Weather MonitoringSystem 말고 다른 추상적인 것에 의존하는 편이 낫다.

MonitoringScreen이 사용할 수 있는 인터페이스를 하나 만들어서 WeatherStation이 그 인터페이스로부터 파생되게 하는 방법으로 이 문제를 고칠 수 있다(그림 27-15 참고).

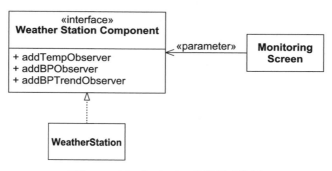

그림 27-15 WeatherStation 추상 인터페이스

이제 WetherStationComponent 인터페이스를 자신만의 패키지에 놓는다면, 우리가 원하던 분리를 이룰 수 있다(그림 27-16 참고). UI와 WeatherMonitoringSystem 사이의 결합이 완전히 끊어졌다는 점을 주목하자. 이제 서로 독립적으로 제각기 변경될 수 있으며, 이것은 바람직한 일이다.

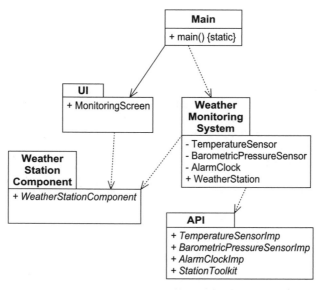

그림 27-16 WeatherStationComponent 패키지 다이어그램

지난 24시간 기록과 영속성

릴리즈 1 인도물 항목의 4번과 5번(492페이지 참고)은 영속적인 24시간 기록을 유지할 필요성에 대한 내용이다. 넘버스 1.0과 넘버스 2.0 하드웨어에 모두 일종의 비휘발성 메모리(NVRAM)가 있다는 사실은 알고 있다. 한편, 테스트 플랫폼은 디스크를 사용해서 이 비휘발성 메모리를 흉내 낼 것이다.

필요한 기능은 모두 제공하면서도 각 플랫폼에 독립적인 어떤 영속성 메커니즘을 만들 필요가 있다. 그리고 이 영속성 메커니즘을 지난 24시간의 기록 데이터를 유지하는 메커니즘과 연결해야 한다.

분명, 저수준 영속성 메커니즘은 API 패키지의 인터페이스로 정의해야 할 것이다. 이 인터페이스를 어떤 형식으로 만들어야 할까? 넘버스 1.0의 C-API는 비휘발성 메모리의 특정 오프셋에 바이트 블록을 읽고 쓸 수 있는 함수를 제공한다. 효과적이긴 하지만 원시적이기도 하다. 더 나은 방법이 있을까?

영속성 API   자바 환경은 어떤 객체라도 바이트 배열로 바로 변환할 수 있는 기능을 제공한다. 이 과정을 직렬화(serialization)라고 하며, 역직렬화(deserialization)라는 과정을 통해 이런 바이트 배열을 다시 객체로 복원할 수 있다. 우리의 저수준 API가 객체와 그 객체의 이름을 통해 읽고 쓸 수 있게 해주면 편리할 것이다. 목록 27-7에서 이 내용을 볼 수 있다.

⟨⟩ **목록 27-7 PersistentImp**

```
package api;
import java.io.Serializable;
import java.util.AbstractList;

public interface PersistentImp {
    void store(String name, Serializable obj);
    Object retrieve(String name);
    AbstractList directory(String regExp);
}
```

PersistentImp 인터페이스가 완전한 객체를 이름을 통해 저장하거나 불러들일 수 있게 해준다. 객체가 Serializable 인터페이스를 구현해야 한다는 점이 유일한 제약인데, 정말 최소한의 제약일 뿐이다.

24시간 기록 영속적인 데이터를 저장하는 저수준 메커니즘을 결정했으니, 이제 어떤 종류의 데이터가 영속적이어야 할지 살펴보자. 명세를 보면 지난 24시간 동안의 최댓값과 최솟값의 기록을 유지해야 한다고 되어 있다. 그림 27-23이 이 데이터가 함께 나온 그래프다. 그런데 그래프가 그다지 의미 있어 보이지 않는다. 최솟값과 최댓값은 그래프를 보면 바로 알 수 있는데, 중복되어 있다. 게다가, 그냥 시계에서 24시간 동안의 최댓값과 최솟값이지, 달력에서 어제의 최댓값과 최솟값이 아니다. 지난 24시간 동안의 최댓값과 최솟값을 원한다면 보통 지난 24시간 동안의 최댓값과 최솟값이 아니라 달력에서 어제의 최댓값과 최솟값을 원하는 게 일반적이다.

명세가 잘못된 것일까, 아니면 우리 해석이 잘못된 것일까? 명세가 고객이 정말 원하는 것을 반영하지 않고 있다면, 그 명세를 따라 무엇인가 구현하는 것은 아무 의미가 없다.

프로젝트 이해당사자에게 잠깐 확인을 해봤더니 우리의 직관이 옳은 것으로 드러났다. 물론 지난 24시간 동안의 기록도 유지해야 하지만, 기록에 남겨야 하는 최댓값과 최솟값은 달력에서 어제의 최댓값과 최솟값이다.

지난 24시간의 최댓값과 최솟값 일일 최솟값과 최댓값은 감지기에서 실시간으로 읽어온 측정값에 기반한다. 즉, 온도가 바뀔 때마다 24시간 동안의 최댓값과 최솟값도 적절하게 갱신되어야 한다. 분명히 옵저버 관계다. 그림 27-17에 이것의 정적 구조가 나와 있고, 그림 27-18에 이와 관련된 동적 시나리오가 나와 있다.

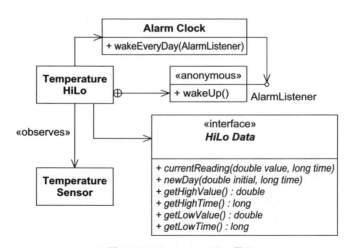

그림 27-17 TemperatureHiLo 구조

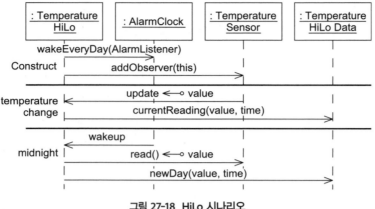

그림 27-18 HiLo 시나리오

우리는 <<observes>> 스테레오타입이 붙은 연관으로 옵저버 패턴을 나타내기로 결정했다. 그리고 자정마다 AlarmClock이 깨우는 TemperatureHiLo라는 이름의 클래스를 만들었다. wakeEveryDay 메소드가 AlarmClock에 추가되었음을 눈여겨보자.

TemperatureHiLo 객체가 생성될 때, 이 객체는 AlarmClock과 TemperatureSensor에 모두 자신을 등록한다. 온도가 변할 때마다 TemperatureHiLo 객체는 옵저버 패턴을 통해 그 사실을 통보받는다. 그러면 TemperatureHiLo는 currentReading 메소드를 사용해 HiLoData에게 이 사실을 알려준다. 달력에서 지금 날짜의 24시간 동안의 최댓값과 최솟값을 저장하는 방법을 아는 어떤 클래스가 HiLoData를 구현해야 할 것이다.

TemperatureHiLo 클래스와 HiLoData 클래스를 분리한 데에는 두 가지 이유가 있다. 첫째, TemperatureSensor와 AlarmClock에 대한 지식과 일일 최댓값과 최솟값을 결정하는 알고리즘을 분리하고 싶었다. 둘째, (이것이 더 중요한 이유인데) 일일 최댓값과 최솟값을 결정하는 알고리즘은 기압, 풍속, 이슬점 등에서 모두 재사용될 수 있다. 따라서 여러 감지기를 관찰해야 하므로 BarometricPressureHiLo, DewPointHiLo, WindSpeedHiLo 등이 필요하겠지만, 이들 모두 데이터를 계산하고 저장하기 위해 HiLoData 클래스를 사용할 수 있다.

자정마다 AlarmClock은 TemperatureHiLo 객체에게 wakeup 메시지를 보낸다. TemperatureHiLo는 이에 대한 반응으로 현재 기온을 TemperatureSensor로부터 가져와서 이것을 HiLoData 인터페이스에게 전달한다. HiLoData의 구현은 달력에서 어제의 값을 PersistentImp 인터페이스를 사용해서 저장해야 하고, 또 TemperatureHiLo가 전달한 초깃값을 가지고 새로운 달력상의 하루를 만들어야 할 것이다.

PersistentImp는 영속적 저장소의 객체에 문자열을 통해 접근하는데, 이 문자열이 접근 키 역할을 한다. 우리의 HiLoData 객체들은 "<종류>HiLo<MM><dd><yyyy>" 형식의 문자열을 통해 저장되거나 읽힐 것이다. 예를 들면 "temperatureHiLo04161998"과 같다.

HiLo 알고리즘 구현

HiLoData 클래스는 어떻게 구현해야 할까? 상당히 직관적으로 구현할 수 있다. 목록 27-8에 이 클래스를 구현하는 한 예가 나와 있다.

목록 27-8 HiLoDataImp

```java
public class HiLoDataImp implements HiLoData, java.io.Serializable {
    public HiLoDataImp(StationToolkit st, String type,
            Date theDate, double init, long initTime) {
        itsPI = st.getPersistentImp();
        itsType = type;
        itsStorageKey = calculateStorageKey(theDate);
        try {
            HiLoData t = (HiLoData) itsPI.retrieve(itsStorageKey);
            itsHighTime = t.getHighTime();
            itsLowTime = t.getLowTime();
            itsHighValue = t.getHighValue();
            itsLowValue = t.getLowValue();
            currentReading(init, initTime);
        } catch (RetrieveException re) {
            itsHighValue = itsLowValue = init;
            itsHighTime = itsLowTime = initTime;
        }
    }

    public long getHighTime() {
        return itsHighTime;
    }

    public double getHighValue() {
        return itsHighValue;
    }

    public long getLowTime() {
        return itsLowTime;
    }

    public double getLowValue() {
        return itsLowValue;
    }
```

```java
// 새로 읽은 hi와 lo가 변경되었는지를 결정한다.
// 그리고 읽은 것이 변경되었다면 true를 반환한다.
public void currentReading(double current, long time) {
    if (current > itsHighValue) {
        itsHighValue = current;
        itsHighTime = time;
        store();
    } else if (current < itsLowValue) {
        itsLowValue = current;
        itsLowTime = time;
        store();
    }
}

public void newDay(double initial, long time) {
    store();
    // 키를 제거하고 새로운 키를 생성한다.
    itsLowValue = itsHighValue = intial;
    itsLowTime = itsHighTime = time;
    // 현재 날짜로 새로운 저장소 키를 계산하고, 새로운 레코드를 저장한다.
    itsStorageKey = calculateStorageKey(new Date());
    store();
}

private store() {
    try {
        itsPI.store(itsStorageKey, this);
    } catch (StoreException) {
        // 몇 가지 에러를 기록한다.
    }
}

private String calculateStorageKey(Date d) {
    SimpleDateFormat df = new SimpleDateFormat("MMddyyyy");
    return (itsType + "HiLo" + df.format(d));
}

private double itsLowValue;
private long itsLowTime;
private double itsHightValue;
private long itsHighTime;
private String itsType;
// 다음 transient는 저장되지 않기를 바란다.
private String itsStorageKey;
transient private api.PersistentImp itsPI;
}
```

음, 그런데 코드를 보니 어쩐지 그다지 직관적이지 않은 것 같다. 코드를 자세히 살펴보며 이 코드가 무슨 일을 하는지 알아보자.

클래스 맨 아래에서 전용 멤버 변수들을 볼 수 있는데, 첫 번째 변수 4개는 예상한 대로 최 댓값과 최솟값 그리고 이 두 값이 기록된 시각을 저장한다. itsType 변수는 이 HiLoData 가 유지하는 값이 어떤 종류의 값인지 기억한다. 온도라면 "Temp"이고 기압이면 "BP", 이슬 점이면 "DP" 등이 들어간다. 마지막 변수 2개는 transient로 선언되었다. 이 말은 이 변 수들을 영속적 메모리에 저장하지 않겠다는 뜻이다. 이 변수들은 각각 현재 저장소 키와 PersistentImp의 참조를 담는다.

생성자는 인자 5개를 받는다. StationToolkit은 PersistentImp에 접근하기 위해 필요하 다. type과 Date 인자는 이 객체를 저장하고 읽어들이기 위한 저장소 키를 만들기 위해 사 용될 것이다. 마지막으로, init와 initTime은 PersistentImp가 저장소 키를 찾지 못하는 경우 이 객체를 초기화하기 위해 사용된다.

생성자는 먼저 PersistentImp에서 데이터를 읽어오려고 시도해본다. 만약 데이터가 존 재하면 비일시적인 데이터들을 자기 멤버 함수에 복사한다. 그런 다음 초깃값을 인자 로 currentReading을 호출해서 이 초깃값이 확실히 기록되도록 만든다. 마지막으로, currentReading 과정에서 최댓값이나 최솟값에 변화가 생겼다는 사실이 발견되면 이 함수 는 영속적 메모리를 확실히 갱신하기 위해 Store 함수를 호출한다.[5]

이 클래스의 핵심은 currentReading 메소드다. 이 메소드는 이전의 최댓값과 최솟값을 새 로 들어온 값과 비교한다. 만약 새로운 값이 이전 최댓값보다 크거나 이전 최솟값보다 작다 면, 해당되는 값을 새로운 값으로 갱신하고, 적절한 시각을 기록하고, 영속적 메모리에 변경 사항을 저장한다.

newDay 메소드는 자정에 호출된다. 이 메소드는 먼저 현재 HiLoData를 영속적 메모리에 저 장한다. 그런 다음 HiLoData의 값들을 새로운 날의 시작에 맞춰 초기화한다. 새로운 날에 맞게 저장소 키를 다시 생성하고 이 새로운 HiLoData를 영속적 메모리에 저장한다.

---

[5] **역주** 원문을 그대로 번역하면 'true를 반환하고, 그러면 영속적 메모리가 확실히 갱신되도록 하려고 Store 함수를 호출한다' 라고 해야 하지만, 코드를 보면 함수의 반환 값이 void이다. 원문에 무엇인가 착오가 있는 듯하다.

Store 함수는 단지 HiLoData 객체 자신을 현재 저장소 키를 써서 PersistentImp 객체를 통해 영속적 메모리에 저장하는 일만 한다.

마지막으로, calculateStorageKey 메소드는 HiLoData의 종류와 날짜 인자로부터 저장소 키를 생성한다.

깔끔하지 않은 코드 분명 목록 27-8이 이해하기 어려운 코드는 아니다. 하지만 그래도 이 코드가 깔끔하다고 할 수 없는 데는 다른 이유가 있다. currentReading과 newDay 함수에 들어 있는 정책은 최댓값과 최솟값을 관리하는 일과 관련되어 있고 영속성과는 아무런 상관이 없다. 반면, store와 calculateStorageKey 메소드, 생성자, 일시적(transient) 변수들은 모두 영속성에만 관련 있으며 최댓값과 최솟값 관리와는 전혀 관계가 없다. 이러면 SRP를 어기게 된다.

지금처럼 뒤섞인 상태라면, 이 클래스의 유지보수가 악몽이 될 수도 있다. 만약 영속성 메커니즘에서 근본적인 변화가 일어난다면, 적어도 calculateStorageKey와 store 함수는 더 이상 유효하지 않게 되며, 새로운 영속성 기능이 클래스 안에 들어가야 한다. 그러면 새로운 영속성 기능을 호출하기 위해 newDay나 currentReading 같은 함수도 수정해야 할 것이다.

영속성과 정책 사이의 결합 끊기 프록시 패턴을 사용해서 최댓값과 최솟값 데이터 관리 정책과 영속성 메커니즘을 분리하면 이런 잠재적인 문제점들을 피할 수 있다. 그림 26-7을 다시 한 번 보자. 정책 레이어(애플리케이션)와 메커니즘 레이어(API) 사이의 결합이 없음을 볼 수 있다.

그림 27-19에서는 결합을 끊기 위해 프록시 패턴을 사용했다. 이 그림과 그림 27-17은 HiLoDataProxy 클래스가 추가됐다는 점에서 다르다. TemperatureHiLo 객체는 바로 이 프록시 클래스의 참조를 갖게 된다. 그리고 이 프록시가 HiLoDataImp 객체의 참조를 가지고 있으면서 자신에게 들어오는 호출을 이 객체에게 위임한다. 목록 27-9에 HiLoDataProxy와 HiLoDataImp의 중요한 함수들이 구현되어 있다.

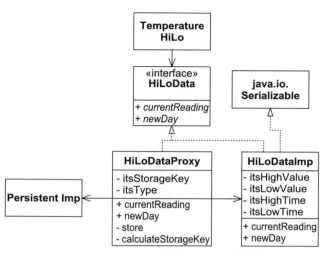

그림 27-19 HiLo 영속성에 적용된 프록시 패턴

```
class HiLoDataProxy implements HiLoData {
    public boolean currentReading(double current, long time) {
        boolean change;
        change = itsImp.currentReading(current, time);
        if (change)
            store();
        return change;
    }

    public void newDay(double initial, long time) {
        store();
        itsImp.newDay(initial, time);
        calculateStorageKey(new Date(time));
        store();
    }


    private HiLoDataImp itsImp;
}

class HiLoDataImp implements HiLoData, java.io.Serializable {
    public boolean currentReading(double current, long time) {
        boolean changed = false;
        if (current > itsHighValue) {
            itsHighValue = current;
            itsHighTime = time;
            changed = true;
        } else if (current < itsLowValue) {
            itsLowValue = current;
```

```
            itsLowTime = time;
            changed = true;
        }
        return changed;
    }

    public void newDay(double initial, long time) {
        itsHighTime = itsLowTime = time;
        itsHighValue = itsLowValue = initial;
    }
}
```

HiLoDataImp에 이제 영속성이라고는 흔적도 없다는 점을 주의해서 보자. 그리고 영속성과 관련된 지저분한 일을 모두 HiLoDataProxy 클래스가 맡고 난 다음 HiLoDataImp에게 위임이 들어간다는 점도 주목하자. 아주 좋다. 그리고 프록시가 HiLoDataImp(정책 레이어)와 PersistentImp(메커니즘 레이어)에 어떻게 모두 의존하는지도 주의해서 보자. 바로 이것이 우리가 원하던 것이다.

하지만 모든 게 완벽하지는 않다. 눈치 빠른 독자라면 currentReading 메소드가 변경되었음을 알아차렸을 것이다. 우리는 이 메소드가 boolean을 반환하도록 변경했다. 프록시가 언제 store를 호출해야 하는지 알려면 이 boolean 값이 필요하다. 그런데 currentReading이 호출될 때마다 저장하도록 만들면 왜 안 될까? NVRAM에는 여러 종류가 있는데, 그중 기록횟수에 한계가 있는 종류도 있기 때문이다. 따라서 NVRAM의 수명을 늘리려면 값이 변경될 경우에만 저장해야 한다. 또다시 현실이 우리를 방해한 셈이다.

팩토리와 초기화 여러분은 분명히 TemperatureHiLo가 프록시에 대해 아무것도 모르게 만들고 싶을 것이다. TemperatureHiLo는 오직 HiLoData에 대해서만 알고 있어야 한다(그림 27-19 참고). 하지만 누군가는 TemperatureHiLo 객체가 사용하도록 HiLoDataProxy를 생성해야 한다. 그리고 이 프록시가 위임할 HiLoDataImp도 누군가가 생성해야만 한다.

우리에게 지금 필요한 것은 어떤 종류의 객체를 생성하는지 정확히 모르는 채로 객체를 생성할 수 있는 방법이다. TemperatureHiLo가 실제로는 HiLoDataProxy와 HiLoDataImp를 생성한다는 사실을 모르는 채로 HiLoData를 생성할 수 있는 방법이 필요하다. 또다시, 팩토리 패턴이 도움이 된다(그림 27-20 참고).

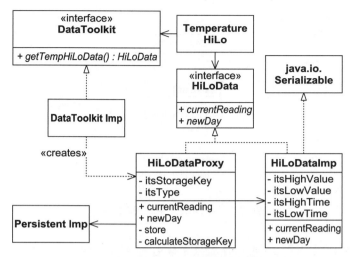

그림 27-20 프록시를 생성하기 위해 추상 팩토리 사용하기

TemperatureHiLo는 HiLoData 인터페이스를 지키는 객체를 만들기 위해 DataToolkit 인터페이스를 사용한다. DataToolkit의 getTempHiLoData 메소드가 호출되면 실제로 DataToolkitImp의 메소드가 호출되고, 이 메소드는 "Temp"라는 타입 코드의 HiLoDataProxy 객체를 생성해서 HiLoData로서 반환한다.

이 방법으로 생성과 관련된 문제를 멋지게 해결할 수 있다. HiLoDataProxy를 생성하려고 TemperatureHiLo가 그것에 의존할 필요가 없어진다. 하지만 어떻게 TemperatureHiLo가 DataToolkitImp 객체에 접근해야 할까? TemperatureHiLo가 DataToolkitImp에 대해 조금이라도 알게 되면 정책 레이어에서 메커니즘 레이어로 향하는 의존 관계가 만들어지기 때문에 우리는 TemperatureHiLo가 DataToolkitImp에 대해 아무것도 모르기를 원한다.

패키지 구조 이 문제를 해결하기 위해 그림 27-21의 패키지 구조를 보자. WMS라는 약자는 그림 27-16에서 설명한 기상 관측 시스템(Weather Monitoring System) 패키지를 나타낸다.

그림 27-21은 영속성 인터페이스 레이어가 정책 레이어와 메커니즘 레이어에 의존해야 한다는 우리의 바람을 다시 강화해 보여준다. 그리고 클래스를 어떻게 패키지에 배치해 넣었는지도 보여준다. 추상 팩토리인 DataToolkit이 HiLoData와 함께 WMSData 패키지에 정의되어 있다는 점을 주목하자. HiLoData의 구현은 WMSDataImp 패키지에 들어 있는 반면, DataToolkit의 구현은 persistence 패키지에 들어 있다.

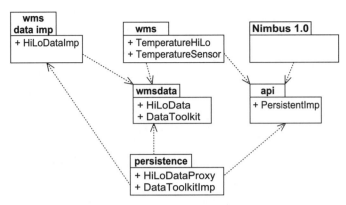

그림 27-21 프록시와 팩토리 패키지 구조

누가 팩토리를 생성하는가? 이제, 아까 한 질문을 한 번 더 해보겠다. wms.TemperatureHiLo 가 getTempHiLoData 메소드를 호출해서 persistence.HiLoDataProxy의 인스턴스들을 생성할 수 있게 persistence.DataToolkitImp에 접근할 수 있는 방법은 무엇인가?

우리에게 필요한 것은 wmsdata의 클래스들이 접근할 수 있는 wmsdata.DataToolkit으로 선언되어 있으면서 실제로는 persistence.DataToolkitImp를 담고 있도록 초기화된 정적 으로 할당된 변수다. 정적 변수를 포함해서 자바의 모든 변수는 클래스 안에 선언되어야 하므 로, 우리에게 필요한 정적 변수들을 담고 있을 Scope라는 클래스를 만들면 된다. 우리는 이 클래스를 wmsdata 패키지에 넣을 것이다.

목록 27-10과 목록 27-11을 보면 이것이 어떻게 작동하는지 볼 수 있다. wmsdata에 들 어 있는 Scope 클래스는 DataToolkit의 참조값을 담는 정적 멤버 변수를 선언한다. persistence 패키지에 들어 있는 Scope 클래스는 DataToolkitImp 인스턴스를 생성하 고 이 인스턴스를 wmsdata.Scope.itsDataToolkit 변수에 저장하는 init() 함수를 선 언한다.

⟨⟩ 목록 27-10 wmsdata.Scope

```java
package wmsdata;

public class Scope {
    public static DataToolkit itsDataToolkit;
}
```

💻 **목록 27-11 persistence.Scope**

```
package persistence;

public class Scope {
    public static void init() {
        wmsdata.Scope.itsDataToolkit = new DataToolkit();
    }
}
```

패키지와 Scope 클래스는 흥미로운 대칭을 이룬다. wmsdata 패키지에서 Scope를 제외한 모든 클래스는 추상 메소드가 있고 변수는 없는 인터페이스다. 하지만 wmsdata.Scope 클래스는 변수만 하나 있고 함수는 없다. 반면, persistence 패키지에서 Scope를 제외한 모든 클래스는 변수가 있는 구체 클래스다. 하지만 persistence.Scope는 함수만 하나 있고 변수는 없다.

그림 27-22를 보면 이것을 어떻게 클래스 다이어그램으로 나타내는지 볼 수 있다. Scope 클래스는 ≪utility≫ 클래스이며, 이 종류의 클래스의 멤버는 변수이든 함수이든 모두 정적이다. 여기서 앞서 언급한 균형의 마지막 요소를 볼 수 있다. 추상 인터페이스를 담고 있는 패키지는 데이터만 있고 함수는 없는 유틸리티를 갖는 경향이 있는 반면, 구체 클래스를 담고 있는 패키지는 함수만 있고 데이터는 없는 유틸리티를 갖는 경향이 있는 것처럼 보인다.

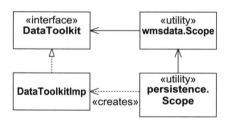

그림 27-22 Scope 유틸리티

그래서 누가 persistence.Scope.init()를 호출한다는 말인가? 아마 main() 함수일 것이다. 메인 함수가 있는 클래스는 persistence에 의존 관계가 생겨도 괜찮은 패키지에 있어야 한다. 우리는 종종 메인을 담고 있는 패키지를 root 패키지라고 부르곤 한다.

하지만 아까 말한 대로라면… 영속성 구현 레이어는 정책 레이어에 의존하면 안 된다. 하지만 그림 27-21을 자세히 살펴보면 persistence로부터 wmsDataImp로 향하는 의존 관계를 볼 수 있다. 이 의존 관계의 시작은 그림 27-20에서 HiLoDataProxy로부터 HiLoDataImp로

가는 의존 관계다. HiLoDataProxy가 HiLoDataImp를 생성해야 하는 경우 때문에 이 의존 관계가 생긴다.

대부분의 경우 프록시는 imp를 영속성 저장소에서 읽어오기 때문에 imp를 생성할 필요가 없다. 즉, HiLoDataImp는 PersistentImp.retrieve 호출의 결과로 프록시에게 반환된다는 말이다. 하지만 retrieve 함수가 영속성 저장소에서 객체를 찾지 못하는 아주 드문 경우에서는 프록시가 비어 있는 HiLoDataImp를 생성해야만 한다.

따라서 프록시가 호출할 수 있게 HiLoDataImp를 생성하는 법을 아는 팩토리가 더 필요할 것 같다. 이 말은 패키지도 더 필요하고 Scope 클래스, 기타 등등도 더 필요하다는 뜻이다.

이것이 정말로 필요한가? 아마 이 경우에는 그렇지 않을 것이다. 우리가 프록시를 위한 팩토리를 만든 까닭은 TemperatureHiLo가 여러 다른 종류의 영속성 메커니즘과도 작동할 수 있게 만들고 싶어서였다. 즉, DataToolkit 팩토리의 존재 이유를 정당화할 수 있는 확실한 이점이 있다. 하지만 HiLoDataProxy와 HiLoDataImp 사이에 팩토리를 두어서 얻을 수 있는 이점은 무엇인가? 만약 HiLoDataImp의 구현이 여러 개 있을 가능성이 있고, 프록시를 이들 모두와 함께 잘 작동하게 만들고 싶다면, 이 팩토리의 존재 이유를 정당화할 수 있을 것이다.

하지만 우리 생각에는 요구사항이 그 정도로 자주 변경될 것 같지 않다. wmsDataImp 패키지는 앞으로 상당 기간 변하지 않을 기상 관측 정책과 업무 규칙을 담고 있다. 앞으로 어떻게 되더라도 이것이 변경될 것 같지는 않다. 이렇게 "이것은 앞으로 변하지 않을 거야"라고 말하는 것을 믿기는 힘들겠지만, 그래도 어딘가에서 선을 긋긴 그어야 한다. 이번 경우 우리는 프록시와 imp 사이의 의존 관계가 큰 유지보수 위험이 되지 않을 것이라고 결정을 내렸으며, 이 결정에 따라 팩토리 없이 그냥 갈 것이다.

결론

짐 뉴커크와 나는 이 장을 1998년 초반에 집필했다. 짐이 대부분의 코드를 작성했고, 나는 그 코드를 UML 다이어그램으로 옮겨서 거기에 살을 붙이는 작업을 했다. 코드는 이미 없어진 지 오래됐지만, 사실상 그 코드를 만들면서 이 장에서 본 설계를 이끌어낸 것이다. 다이어그램 대부분은 코드가 완성된 다음에 만들어졌다.

1998년에는 짐이나 나나 익스트림 프로그래밍(Extreme Programming)에 대해 들어본 적이 없었다. 따라서 이 장에서 여러분이 본 설계는 짝 프로그래밍과 테스트 중심 개발 환경에서 만들어진 것이 아니다. 하지만 짐과 나는 언제나 긴밀하게 협력하며 일했다. 우리 둘은 함께 그가 작성한 코드를 검토하고, 실행할 수 있으면 실행해보고, 함께 설계를 변경하고, 이 장의 UML과 글을 작성했다.

그러므로 비록 이 설계가 XP 이전의 것이긴 하지만, 그래도 이 설계는 긴밀한 협력 속에서 코드에 중심을 두는 방법으로 만들어졌다.

참고 문헌

1. Gamma, et al. *Design Patterns*. Reading, MA: Addison–Wesley, 1995.

2. Meyer, Bertrand. *Object-Oriented Software Construction*, 2nd ed. Upper Saddle River, NJ: Prentice Hall, 1997.

3. Arnold, Ken, and James Gosling. *The Java Programming Language*, 2nd ed. Reading, MA: Addison–Wesley, 1998.

님버스-LC 요구사항 개괄

사용 요구사항

이 시스템은 다양한 기상 조건의 자동 관측 기능을 제공해야 한다. 구체적으로, 이 시스템은 다음과 같은 변수들을 계측해야 한다.

- 풍속과 풍향
- 온도
- 기압
- 상대 습도
- 체감 온도
- 이슬점 온도

시스템은 기압 측정값의 현재 추세를 표시하는 기능도 제공해야 한다. 추세가 가질 수 있는 값은 안정, 상승, 하강 세 가지다. 예를 들어, 현재 압력은 29.95 수은주 인치(IOM: inches of mercury)이며 하강 중이라고 알려줄 수 있어야 한다.

시스템에는 모든 측정값과 현재 시각과 날짜를 지속적으로 표시하는 표시 장치가 있어야
한다.

24시간 기록

사용자는 터치스크린을 사용해서 시스템에게 다음 측정값의 지난 24시간의 기록을 표시하라
고 지시할 수 있다.

- 온도
- 기압
- 상대 습도

이 기록은 사용자에게 선 그래프의 형태로 보여야 한다(그림 27-23 참고).

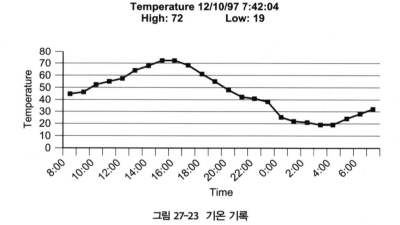

그림 27-23 기온 기록

사용자 초기 설정

시스템은 사용자가 시스템을 설치하면서 환경을 설정할 수 있도록 다음 기능을 제공해야 한다.

- 현재 시각, 날짜, 시간대를 설정하는 기능
- 표시될 값의 단위를 설정하는 기능(영국식 또는 미터법)

관리 요구사항

시스템은 기상 관측기의 관리자 기능에 대한 접근을 제어할 수 있도록 보안 메커니즘을 제공해야 한다. 관리자 기능은 다음과 같다.

- 알려진 값에 맞춰 감지기들을 조정하기
- 관측기를 초기화하기

님버스-LC 유스케이스

액터

이 시스템에는 다음과 같이 사용자가 수행하는 서로 다른 역할 2개가 있다.

사용자   사용자는 관측기가 계측하는 실시간 기상 정보를 본다. 이들은 각 감지기마다 있는 과거 기록을 보기 위해 시스템과 상호작용하기도 한다.

관리자   관리자는 시스템의 보안 측면을 관리하고, 각 감지기들을 조정하고, 시각/날짜를 설정하고, 측정 단위를 설정하고, 필요한 경우 관측기를 초기화한다.

유스케이스

유스케이스 #1: 기상 데이터를 관측한다.   시스템은 현재 기온, 기압, 상대 습도, 풍속, 풍향, 체감 온도, 이슬점, 기압 동향을 표시한다.

계측값 기록

시스템은 감지기들로부터 읽어온 이전 24시간의 관측값을 선 그래프로 그려서 표시한다. 추가로, 현재 시각과 날짜와 지난 24시간 동안의 최대 측정값과 최소 측정값도 그래프에 표시한다.

유스케이스 #2: 기온 기록을 본다.

유스케이스 #3: 기압 기록을 본다.

유스케이스 #4: 상대 습도 기록을 본다.

초기 설정

유스케이스 #5: 단위를 설정한다.   사용자는 표시할 단위의 종류를 설정하다. 영국식과 미터법 중 선택할 수 있는데, 기본은 미터법이다.

유스케이스 #6: 날짜를 설정한다.   사용자는 현재 날짜를 설정한다.

유스케이스 #7: 시각을 설정한다.   사용자는 현재 시각과 시스템의 시간대를 설정한다.

관리

유스케이스 #8: 기상 관측기를 초기화한다.   관리자는 관측기를 공장 출시 때의 기본 설정으로 초기화할 능력이 있다. 이렇게 초기화하면 관측기에 저장된 모든 기록이 지워지고 그동안 일어났던 모든 눈금 조정도 제거된다는 점을 주의시키는 것이 중요하다. 마지막 확인으로, 시스템은 관리자에게 관측기를 초기화하는 작업의 결과를 알려주고 계속하느냐 중지하느냐를 결정하는 선택창을 제시한다.

유스케이스 #9: 온도 감지기의 눈금을 조정한다.   관리자는 신뢰성 있는 온도 값을 시스템에 입력한다. 시스템은 이 값을 받아들여서 현재 계측하고 있는 입력 값의 실제 값을 조정하기 위해 내부적으로 사용한다. 감지기 눈금 조정에 대한 자세한 내용은 하드웨어 설명 문서를 참조한다.

유스케이스 #10: 기압 감지기의 눈금을 조정한다.

유스케이스 #11: 상대 습도 감지기의 눈금을 조정한다.

유스케이스 #12: 풍속 감지기의 눈금을 조정한다.

유스케이스 #13: 풍향 감지기의 눈금을 조정한다.

유스케이스 #14: 이슬점 감지기의 눈금을 조정한다.

유스케이스 #15: 조정 기록   시스템은 관리자에게 기계의 눈금 조정 기록을 보여준다. 이 기록에는 눈금 조정이 일어난 시각과 날짜, 눈금을 조정한 감지기, 그 감지기의 눈금을 조정하기 위해 사용된 값이 포함된다.

님버스-LC 릴리즈 계획

소개

기상 관측기의 구현은 여러 차례의 반복을 통해 완수한다. 고객에게 릴리즈하기 위해 필요한 기능을 제공할 수 있을 때까지 반복하며, 반복마다 이전에 완료된 것을 기반으로 삼아 작업한다. 이 문서에는 이 프로젝트를 위한 릴리즈 세 번의 개요가 들어 있다.

릴리즈 1

이 릴리즈에는 두 가지 목표가 있다. 첫 번째 목표는 님버스 하드웨어 플랫폼에 독립적인 방식으로 애플리케이션의 대부분을 지원할 아키텍처를 만드는 것이다. 두 번째 목표는 다음에 나오는 가장 큰 위험 두 가지를 관리하는 것이다.

1. 기존 님버스 1.0 API를 새 운영체제가 들어 있는 프로세서 보드에서 돌아가게 만드는 것. 분명히 가능한 일이긴 하지만, 모든 비호환성을 예상할 수 없기 때문에 얼마나 오래 걸릴지 추정하기 매우 힘들다.
2. 자바 가상 기계(Jave Virtual Machine). 이전에 JVM을 임베디드 보드에서 써본 적이 없다. 우리 운영체제에서 돌아가는지도 모르고, 심지어 모든 자바 바이트 코드를 올바로 구현했는지도 알지 못한다. 공급자는 모든 일이 잘될 것이라고 장담하지만, 그래도 상당한 위험이 있으리라 생각한다.

JVM을 터치스크린 및 그래픽 서브시스템과 통합하는 작업은 이 릴리즈와 병행해서 진행한다. 이 작업이 종료되는 시점은 두 번째 단계가 시작되기 이전으로 예상하고 있다.

위험

1. 운영체제 업그레이드. 현재 우리는 보드에서 OS의 옛 버전을 사용하고 있다. JVM을 사용하려면 최신 버전의 OS로 업그레이드해야 한다. 그리고 개발 도구도 최신 버전을 사용해야 한다.
2. OS 벤더는 이 버전의 OS에 최신 버전의 JVM을 제공한다. 최신 동향에 맞춰가기 위해, 우리는 JVM의 1.2판을 사용하기를 원한다. 하지만 V1.2는 현재 베타 상태이며, 프로젝트 진행 도중에 변경될 것이다.

3. 보드 수준의 'C' API에 대한 자바 네이티브 인터페이스를 새로운 아키텍처에서 검증해야 한다.

인도물

1. 새로운 OS와 함께 최신 버전의 JVM도 돌아가는 하드웨어

2. 현재 온도와 기압 측정값을 스트림으로 출력하는 코드(최종 릴리즈에서는 버려질 코드)

3. 기압에 변화가 있으면, 시스템은 기압이 상승 중인지, 하강 중인지, 안정적인지 알려준다.

4. 시간마다 시스템은 지난 24시간의 기온과 기압 측정값을 표시한다. 이 데이터는 기계의 전원을 교체해도 데이터가 저장되어 있을 수 있도록 영속적이다.

5. 매일 자정 12:00에 시스템은 전날 온도와 기압의 최댓값과 최솟값을 표시한다.

6. 모든 측정값은 미터법으로 표기한다.

릴리즈 2

프로젝트의 이 단계에서는 사용자 인터페이스의 기초가 첫 번째 릴리즈에 추가된다. 추가되는 측정값은 없다. 측정값 자체에서 변경되는 것은 조정 메커니즘의 추가뿐이다. 이 단계의 주요 초점은 시스템의 프레젠테이션 부분이다. LCD 패널/터치스크린에 대한 소프트웨어 인터페이스가 이 단계의 중요한 위험 요소다. 그리고 이 릴리즈가 사용자에게 보일 수 있는 형태로 UI를 표시하는 첫 번째 릴리즈이므로, 요구사항에 변동이 생기기 시작할지도 모른다. 이 릴리즈에서는 소프트웨어 외에 새로운 하드웨어의 명세도 인계해야 하며, 이것이 프로젝트의 이 단계에 조정을 추가하는 주요한 이유다. 이 API의 명세는 자바로 작성한다.

구현된 유스케이스

- #2: 기온 기록을 본다.
- #3: 기압 기록을 본다.
- #5: 단위를 설정한다.
- #6: 날짜를 설정한다.
- #7: 시각/시간대를 설정한다.
- #9: 기온 감지기의 눈금을 조정한다.
- #10: 기압 감지기의 눈금을 조정한다.

위험

1. 자바 가상 기계와 LCD 패널/터치스크린 인터페이스를 실제 하드웨어에서 테스트해볼 필요가 있다.
2. 요구사항 변경
3. JVM의 변경, 그리고 베타에서 릴리즈 판으로 진행되면서 자바 기반 클래스(Java foundation classes)에 생기는 변화

인도물

1. 위에 나열된 유스케이스에 명시된 모든 기능을 실행하고 제공하는 시스템
2. 유스케이스 #1의 기온, 기압, 시각/날짜 부분도 구현한다.
3. 소프트웨어 아키텍처의 GUI 부분도 이 단계의 일부로 완료한다.
4. 기온과 기압 눈금 조정을 지원하도록 소프트웨어의 관리자 부분도 구현한다.
5. C가 아니라 자바로 작성된 새로운 하드웨어 API 명세

릴리즈 3

제품을 고객에게 배포하기 전 단계의 릴리즈다.

구현된 유스케이스

- #1: 기상 데이터를 모니터한다.
- #4: 상대 습도 기록을 본다.
- #8: 기상 관측기를 초기화한다.
- #11: 상대 습도 감지기의 눈금을 조정한다.
- #12: 풍속 감지기의 눈금을 조정한다.
- #13: 풍향 감지기의 눈금을 조정한다.
- #14: 이슬점 감지기의 눈금을 조정한다.
- #15: 눈금 조정을 기록한다.

위험

1. 요구사항 변경. 제품이 점점 완료되어 갈수록 변경해야 할 사항이 생길 것으로 예상된다.

2. 제품 전체를 완료해가면서 릴리즈 2의 마지막에 명세가 나온 하드웨어 API가 변경될지도 모른다.

3. 하드웨어의 한계. 제품을 완료해가면서 하드웨어의 한계에 부딪힐지도 모른다(예를 들어 메모리나 CPU 등).

인도물

1. 기존 하드웨어 플랫폼에서 돌아가는 새로운 소프트웨어
2. 이 구현을 가지고 검증된 새로운 하드웨어의 명세

ETS 사례 연구

미국이나 캐나다에서 건축사 면허를 따려면 시험을 통과해야 한다. 시험을 통과하면, 주 면허 위원회(state licensing board)에서 여러분이 건축 사업을 할 수 있도록 면허를 발급해준다. 이 시험은 미국 연방건축사등록위원회(NCARB: National Council of Architectural Registration Boards)의 규정에 따라 교육 시험 서비스(ETS: Educational Testing Service)가 개발했으며, 현재는 천시 그룹 (Chauncey Group International)이 시험을 감독하고 있다.

과거에는 응시자들이 이 문제에 대한 해결 방안을 연필과 종이를 써서 그렸다. 그런 다음, 채점을 위해 이렇게 작성된 시험지들이 기간 심사원들에게 전달되었다. 이 심사원들은 시험지를 주의 깊게 검토해서 통과시킬 것인지 여부를 결정하는, 경험이 매우 풍부한 건축사들이었다.

1989년에 NCARB는 자동화된 시스템이 전체 시험의 일부 과목을 수행하고 채점할 수 있는지 알아보기 위한 조사를 ETS에 의뢰했다. 이 절에 속한 여러 장들에서는 이 프로젝트 결과의 일부분을 설명할 것이다. 이전과 마찬가지로, 이 소프트웨어를 설계하면서 유용한 디자인 패턴들을 많이 보게 될 것이다. 따라서 패턴들을 설명하는 장들을 본 사례 연구보다 앞에 배치했다.

28 비지터 패턴

> "어떤 늦은 방문객이 문 밖에서 들어오기를 청하고 있어.
> 그것뿐 아무것도 아니야"
>
> 에드거 앨런 포(Edgar Allen Poe)의 '갈가마귀(The Raven)' 중

문제: 클래스 계층 구조에 새로운 메소드를 추가할 필요가 있지만, 그렇게 하는 작업은 고통스럽거나 설계를 해치게 된다.

이 문제는 매우 흔하게 나타난다. 예를 들어, Modem 객체들의 계층 구조가 있다고 해보자. 이 계층 구조의 기반 클래스는 모든 모뎀에 공통된 메소드들을 갖고 있다. 파생형들은 각기 다른 모뎀 제조사와 모뎀 종류의 드라이버를 의미한다. 이제 configureForUnix라는 이름의 새로운 메소드를 계층 구조에 추가해달라는 요구사항을 받았다고 가정해보자. 이 메소드는 모뎀이 유닉스 운영체제에서 돌아가도록 환경 설정을 수행한다. 환경을 설정하고 유닉스를 다루는 방법이 모뎀마다 다르기 때문에, 이 메소드는 모뎀의 파생형마다 상이한 일을 한다.

불행하게도, configureForUnix를 추가하면 상당히 어려운 문제들에 대답해야만 한다. 윈도우에 대해서는 어떻게 할 것인가? 맥 OS는? 또, 리눅스는? 정말 우리가 사용할 모든 운영체제마다 Modem 계층 구조에 새로운 메소드를 추가해야 할까? 이것은 물론 좋은 방법이 아니다. Modem 인터페이스를 변화에 대해 닫지 못하게 되어, 새로운 운영체제가 등장할 때마다 인터페이스를 수정하고 모든 모뎀 소프트웨어를 재배포해야 할 것이다.

디자인 패턴의 비지터 집합

비지터 집합에 속한 패턴은 기존 계층 구조를 수정하지 않고도 새로운 메소드를 계층 구조에 추가할 수 있게 해준다.

이 집합에 속한 패턴은 다음과 같다.

- 비지터(VISITOR)
- 비순환 비지터(ACYCLIC VISITOR)
- 데코레이터(DECORATOR)
- 확장 객체(EXTENSION OBJECT)

비지터 패턴*1

그림 28-1의 Modem 계층 구조를 한번 보자. Modem 인터페이스는 모든 모뎀이 구현할 수 있는 일반적인 메소드들을 담고 있다. 파생형은 3개 보이는데, 하나는 헤이즈(Hayes) 모뎀의 드라이버이고, 다른 하나는 줌(Zoom) 모뎀의 드라이버, 세 번째는 우리 하드웨어 엔지니어 중 한 명인 어니(Ernie)가 만든 모뎀 카드의 드라이버다.

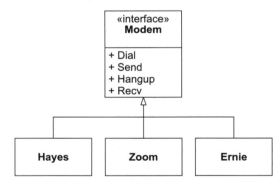

그림 28-1 Modem 계층 구조

ConfigureForUnix 메소드를 Modem 인터페이스에 추가하지 않고도 어떻게 이 모뎀들을 유닉스에 맞춰 환경 설정을 하도록 만들 수 있을까? 이중 디스패치(dual dispatch)를 사용하면 되

---

*1   [GOF95], p. 331

는데, 이것이 비지터(VISITOR) 패턴의 핵심 메커니즘이다.

그림 28-2가 비지터의 구조이고, 목록 28-1부터 목록 28-6까지가 이에 대응하는 자바 코드다. 목록 28-7은 비지터가 제대로 작동하는지 검증하는 기능도 하고, 다른 프로그래머가 어떻게 이것을 사용해야 하는지 시범을 보여주는 기능도 하는 코드다.

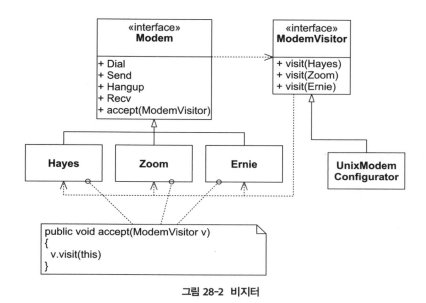

그림 28-2 비지터

```java
public interface Modem {
    public void dial(String pno);
    public void hangup();
    public void send(char c);
    public char recv();
    public void accept(ModemVisitor v);
}
```

```java
public interface ModemVisitor  {
    public void visit(HayesModem modem);
    public void visit(ZoomModem modem);
    public void visit(ErnieModem modem);
}
```

```java
public class HayesModem implements Modem  {
    public void dial(String pno) {
    }
    public void hangup() {
    }
    public void send(char c) {
    }
    public char recv() {
        return 0;
    }
    public void accept(ModemVisitor v) {
        v.visit(this);
    }

    String configurationString = null;
}
```

```java
public class ZoomModem implements Modem  {
    public void dial(String pno) {
    }
    public void hangup() {
    }
    public void send(char c) {
    }
    public char recv() {
        return 0;
    }
    public void accept(ModemVisitor v) {
        v.visit(this);
    }

    int configurationValue = 0;
}
```

```java
public class ErnieModem implements Modem {
    public void dial(String pno) {
    }
    public void hangup() {
    }
    public void send(char c) {
    }
    public char recv() {
```

```
            return 0;
        }
        public void accept(ModemVisitor v) {
            v.visit(this);
        }

        String internalPattern = null;
}
```

```
public class UnixModemConfigurator implements ModemVisitor  {
    public void visit(HayesModem m)  {
        m.configurationString = "&s1=4&D=3";
    }

    public void visit(ZoomModem m)  {
        m.configurationValue = 42;
    }

    public void visit(ErnieModem m)  {
        m.internalPattern = "C is too slow";
    }
}
```

```
import junit.framework.TestCase;

public class TestModemVisitor extends TestCase {
    public TestModemVisitor(String name) {
        super(name);
    }

    private UnixModemConfigurator v;
    private HayesModem h;
    private ZoomModem z;
    private ErnieModem e;

    public void setUp() {
        v = new UnixModemConfigurator();
        h = new HayesModem();
        z = new ZoomModem();
        e = new ErnieModem();
    }

    public void testHayesForUnix() {
```

```
        h.accept(v);
        assertEquals("&s1=4&D=3", h.configurationString);
    }

    public void testZoomForUnix() {
        z.accept(v);
        assertEquals(42, z.configurationValue);
    }

    public void testErnieForUnix() {
        e.accept(v);
        assertEquals("C is too slow", e.internalPattern);
    }
}
```

방문할 모든 파생형(Modem의 파생형)마다 메소드가 하나씩 비지터 계층 구조에 존재한다는 점에 주목하자. 파생형이 기반 클래스에서 뻗어나간 모양을 90도 돌려 클래스에 메소드가 달려 있는 모양으로 만든 셈이다.

테스트 코드를 보면, 프로그래머는 모뎀을 유닉스용으로 환경 설정하기 위해 UnixModem Configurator 클래스의 인스턴스를 하나 만든 다음 이 인스턴스를 Modem의 accept 함수에 전달한다. 그러면 해당 Modem 파생형은 UnixModemConfigurator의 기반 클래스 ModemVisitor의 visit 메소드에 자신을 인자로 넘겨 visit(this)로 호출한다. 파생형이 Hayes라면 visit(this)를 호출할 때 public void visit(Hayes)가 호출될 것이다. 그러면 UnixModemConfigurator의 visit(Hayes) 함수가 실행되므로, 이 함수에서 Hayes 모뎀을 유닉스용으로 환경 설정하면 된다.

이렇게 구조를 만들면 ModemVisitor에 새로운 파생형을 추가하는 방법으로 Modem 계층 구조를 전혀 건드리지 않고도 새로운 운영체제용 환경 설정 함수를 추가할 수 있다. 따라서 비지터 패턴에서는 Modem 계층 구조에 메소드를 만드는 대신 ModemVisitor의 파생형을 만드는 것이다.

이것이 이중 디스패치라고 불리는 까닭은 다형성을 이용해서 어떤 메소드 본체를 부를지 결정하는 작업(디스패치)을 두 번 수행하기 때문이다. 첫 번째는 accept 함수에서 일어난다. 여기서는 accept가 호출되는 객체가 어떤 종류인지 파악해서 그 객체에 해당하는 accept 메소드 본체를 호출한다. 두 번째 디스패치는 어떤 visit 메소드가 호출되어야 할지 결정하는 과정에서 일어난다. 이 디스패치 두 번 때문에 비지터의 실행 속도는 매우 빠르다.

비지터는 행렬과 같다

비지터에서 일어나는 두 번의 디스패치로 인해 함수의 행렬이 만들어진다. 모뎀 예에서 행렬의 한 축은 서로 다른 모뎀 종류이고, 다른 한 축은 서로 다른 운영체제의 종류다. 행렬의 각 요소에는 특정 운영체제에서 특정 모뎀을 초기화하는 방법을 설명하는 함수가 들어간다.

비순환 비지터 패턴

비지터 패턴의 구조에서 방문 대상인 계층 구조(Modem)의 기반 클래스가 비지터 계층 구조(ModemVisitor)의 기반 클래스에 의존한다는 점을 주목하자. 그리고 방문 대상인 계층 구조의 모든 파생형마다 비지터 계층 구조의 기반 클래스에 함수가 하나씩 있다는 점도 주목하자. 따라서 방문 대상인 계층 구조의 모든 파생형(모든 Modem)이 모두 의존 관계 순환에 빠지게 된다. 이러면 비지터 구조를 점진적으로 컴파일하거나 방문 대상인 계층 구조에 새로운 파생형을 추가하기가 매우 어려워진다.

비지터는 변경해야 할 계층 질서에 새로운 파생형을 자주 추가할 필요가 없는 프로그램에 효과적이다. 만약 Hayes, Zoom, Ernie가 필요한 Modem의 파생형 전부일 가능성이 높거나, 새로운 Modem 파생형을 만드는 경우가 드물다면, 비지터가 아주 적합하다.

반면에 새로운 파생형을 많이 만들어야 하거나 해서 방문 대상인 계층 구조가 매우 변경되기 쉽다면, 새로운 파생형이 방문 대상인 계층 구조에 추가될 때마다 Visitor 기반 클래스(예: ModemVisitor)를 변경하고 재컴파일해야 하며, 이에 따라 비지터 계층 구조의 모든 파생형도 재컴파일해야 한다. C++에서는 상황이 더 나쁘다. 새로운 파생형이 추가될 때마다 변경 대상인 계층 구조를 전부 재컴파일하고 재배포해야 한다.

이런 문제점들을 풀기 위해, 비순환 비지터(ACYCLIC VISITOR)라고 알려진 변종을 사용할 수도 있다[2](그림 28-3 참고). 이 변종은 Visitor 기반 클래스(ModemVisitor)를 퇴화시키는 방법으로 의존 관계 순환을 깬다.[3] Visitor 기반 클래스에 메소드가 하나도 없으므로, 이 기반 클래스는 방문 대상인 계층 구조에 있는 파생형들에게 더 이상 의존하지 않는다.

---

[2] [PLOPD3], p. 93

[3] 메소드가 전혀 없는 클래스를 '퇴화된 클래스'라고 부른다. C++라면 이 클래스에 순수 가상 소멸자가 있을 것이다. 자바에서는 이런 클래스를 '마커 인터페이스(Marker Interface)'라고 한다.

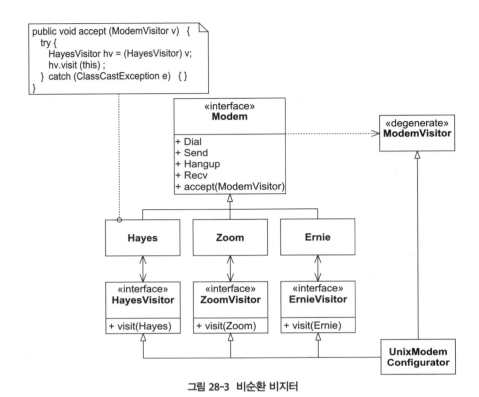

```
public void accept (ModemVisitor v)  {
  try {
     HayesVisitor hv = (HayesVisitor) v;
     hv.visit (this) ;
  } catch (ClassCastException e)  { }
}
```

«interface»
Modem

+ Dial
+ Send
+ Hangup
+ Recv
+ accept(ModemVisitor)

«degenerate»
ModemVisitor

Hayes   **Zoom**   **Ernie**

«interface»
HayesVisitor
+ visit(Hayes)

«interface»
ZoomVisitor
+ visit(Zoom)

«interface»
ErnieVisitor
+ visit(Ernie)

UnixModem Configurator

그림 28-3 비순환 비지터

그리고 비지터 계층 구조에 있는 파생형들은 비지터 인터페이스들로부터도 상속을 받는다. 비지터 인터페이스는 방문 대상인 계층 구조의 파생형마다 하나씩 있으므로, 그림에서 인터페이스들을 보면 마치 파생형들을 거울에 비춰 180도 회전한 것처럼 보인다. 방문 대상인 파생형의 **accept** 함수는 **Visitor** 기반 클래스를 받아 자신에 해당하는 비지터 인터페이스로 형변환[*4]한다. 만약 형변환이 성공하면, 이 메소드는 해당 인터페이스의 **visit** 함수를 호출한다. 목록 28-8부터 목록 28-16까지 코드가 나와 있다.

📄 목록 28-8 Modem.java

```
public interface Modem  {
    public void dial(String pno);
    public void hangup();
    public void send(char c);
    public char recv();
    public void accept(ModemVisitor v);
}
```

[*4]   C++에서는 dynamic_cast를 사용한다.

```java
public interface ModemVisitor {
}
```

```java
public interface ErnieModemVisitor {
    public void visit(ErnieModem m);
}
```

```java
public interface HayesModemVisitor {
    public void visit(HayesModem m);
}
```

```java
public interface ZoomModemVisitor {
    public void visit(ZoomModem m);
}
```

```java
public class ErnieModem implements Modem {
    public void dial(String pno) {
    }
    public void hangup() {
    }
    public void send(char c) {
    }
    public char recv() {
        return 0;
    }
    public void accept(ModemVisitor v) {
        try {
            ErnieModemVisitor ev = (ErnieModemVisitor) v;
            ev.visit(this);
        } catch (ClassCastException e) {
        }
    }

    String internalPattern = null;
}
```

```java
public class HayesModem implements Modem {
    public void dial(String pno) {
    }
    public void hangup() {
    }
    public void send(char c) {
    }
    public char recv() {
        return 0;
    }
    public void accept(ModemVisitor v) {
        try {
            HayesModemVisitor hv = (HayesModemVisitor) v;
            hv.visit(this);
        } catch (ClassCastException e) {
        }
    }

    String configurationString = null;
}
```

```java
public class ZoomModem implements Modem {
    public void dial(String pno) {
    }
    public void hangup() {
    }
    public void send(char c) {
    }
    public char recv() {
        return 0;
    }
    public void accept(ModemVisitor v) {
        try {
            ZoomModemVisitor zv = (ZoomModemVisitor) v;
            zv.visit(this);
        } catch (ClassCastException e) {
        }
    }

    int configurationValue = 0;
}
```

```java
import junit.framework.TestCase;

public class TestModemVisitor extends TestCase {
    public TestModemVisitor(String name) {
        super(name);
    }

    private UnixModemConfigurator v;
    private HayesModem h;
    private ZoomModem z;
    private ErnieModem e;

    public void setUp() {
        v = new UnixModemConfigurator();
        h = new HayesModem();
        z = new ZoomModem();
        e = new ErnieModem();
    }

    public void testHayesForUnix() {
        h.accept(v);
        assertEquals("&s1=4&D=3", h.configurationString);
    }

    public void testZoomForUnix() {
        z.accept(v);
        assertEquals(42, z.configurationValue);
    }

    public void testErnieForUnix() {
        e.accept(v);
        assertEquals("C is too slow", e.internalPattern);
    }
}
```

이렇게 하면 의존 관계 순환이 깨지고 새로운 방문 대상 파생형을 추가하거나 점진적 컴파일을 하기도 쉬워진다. 불행하게도, 이 해결 방법에는 전보다 훨씬 복잡해진다는 단점이 있다. 게다가, 형변환의 시점도 방문 대상 계층 구조의 너비에 따라 좌우될지도 모르므로 특정 시점을 잡기 어렵다.

경성 실시간 시스템(hard real-time system)*5에서는 형변환에 시간이 많이 걸리고 그 소요 시간을 예측하기도 힘들다는 점 때문에 비순환 비지터의 사용이 적절하지 않을지도 모른다. 다른 시스템에서도, 이 패턴의 복잡함 때문에 비순환 비지터의 사용이 적절하지 않은 경우가 있다. 하지만 방문 대상 계층 구조의 변경이 잦고, 점진적 컴파일이 중요한 시스템이라면 이 패턴이 좋은 선택사항이 될 수 있다.

비순환 비지터는 희소 행렬과 같다

비지터 패턴이 한 축에 방문 대상 타입이 있고 다른 축에 수행할 기능이 있는 함수의 행렬을 만들듯, 비순환 비지터는 희소 행렬(sparse matrix)을 만든다. 비순환 비지터에서는 모든 방문 대상 파생형마다 비지터 클래스에 visit 함수를 구현하지 않아도 된다. 예를 들어, Ernie 모뎀을 유닉스용으로 환경 설정할 수 없다면, UnixModemConfigurator는 ErnieVisitor 인터페이스를 구현하지 않으면 된다. 따라서 비순환 비지터를 사용할 때는 파생형과 기능의 조합 가운데 일부를 무시할 수 있다. 이것은 경우에 따라 유용한 이점이 되기도 한다.

보고서 생성 프로그램에 비지터 사용하기

커다란 자료 구조 내부를 방문하면서 보고서를 생성하기 위한 용도로 비지터 패턴을 사용하는 일은 매우 흔한데, 자료 구조와 보고서 생성 코드를 분리할 수 있기 때문이다. 새로운 보고서를 추가하려면 자료 구조의 코드를 고치는 대신 새로운 비지터를 추가하기만 하면 된다. 그러면 여러 보고서들을 각각 별개의 컴포넌트에 놓을 수 있으므로 특정 보고서를 그 보고서가 필요한 고객에게만 독립적으로 배포할 수 있다.

자재 명세서를 나타내는 다음과 같은 간단한 자료 구조를 한번 보자(그림 28-4 참고). 이 데이터 구조에서 생성할 수 있는 보고서의 숫자는 무수히 많다. 예를 들어 어떤 조립품의 전체 비용 보고서를 생성할 수도 있고, 그 조립품에 들어가는 모든 부품의 목록 보고서를 생성할 수도 있다.

---

*5   역주 경성 실시간 시스템(hard real-time system)이란 작업 결과가 절대적으로 출력되어야 하는 시스템을 말한다(예: 전투기의 비행 제어 시스템, 핵 발전소의 제어 시스템, 인공위성의 제어 시스템 등). 반대 개념인 연성 실시간 시스템(soft real-time system)은 정해진 범위를 넘는 시간 지연이 발생하더라도 시스템 오류가 되지 않는 시스템을 말한다.

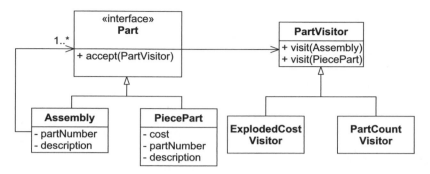

그림 28-4 자재 명세서 보고서 생성기의 구조

Part 클래스의 메소드를 통해 이런 보고서들을 생성할 수도 있다. 예를 들어, Part 클래스에 getExplodedCost와 getPieceCount를 추가하고 Part의 각 파생형들이 이 메소드를 구현하게 함으로써 적절한 보고서를 만들도록 할 수도 있다. 불행하게도, 이렇게 하면 고객이 새로운 종류의 보고서를 원할 때마다 Part 계층 구조를 바꿔야 한다.

단일 책임 원칙(SRP)에 따르면, 코드 변경이 생기는 이유가 다른 코드는 서로 분리해야 한다. 새로운 종류의 부품이 필요한 경우라면 Part 계층 구조가 바뀌어도 된다. 하지만 새로운 종류의 보고서가 필요하다는 이유 때문에 Part 계층 구조가 바뀌어선 안 된다. 따라서 보고서를 Part 계층 구조에서 분리하면 좋을 것이다. 그림 28-4에서 본 비지터 구조가 이렇게 할 수 있는 방법을 보여준다.

새로운 보고서마다 새로운 비지터를 작성한다. 그리고 Assembly의 accept 함수가 비지터에 맞도록 만드는 동시에, 포함하고 있는 모든 Part 인스턴스의 accept를 호출하게도 만든다. 이렇게 해서 전체 트리 구조를 순회하게 만들 수 있다. 트리의 노드마다 보고서에서 그 노드에 해당하는 visit 함수를 호출한다. 그러면 보고서는 필요한 통계 자료를 모은 다음 관심 대상인 데이터들을 찾아내서 사용자에게 보여주면 된다.

이렇게 구조를 만들면 Part 계층 구조에 전혀 영향을 주지 않고도 무한한 종류의 보고서를 만들 수 있다. 게다가, 특정 보고서를 다른 보고서와 독립적으로 컴파일하고 배포하는 것도 가능하다. 괜찮지 않은가? 자바에서 이것을 구현한 예가 목록 28-17부터 목록 28-23까지에 나와 있다.

```java
public interface Part {
    public String getPartNumber();
    public String getDescription();
    public void accept(PartVisitor v);
}
```

```java
import java.util.Iterator;
import java.util.LinkedList;
import java.util.List;

public class Assembly implements Part {
    public Assembly(String partNumber, String description) {
        itsPartNumber = partNumber;
        itsDescription = description;
    }

    public void accept(PartVisitor v) {
        v.visit(this);
        Iterator i = getParts();
        while (i.hasNext()) {
            Part p = (Part) i.next();
            p.accept(v);
        }
    }

    public void add(Part part) {
        itsParts.add(part);
    }

    public Iterator getParts() {
        return itsParts.iterator();
    }

    public String getPartNumber() {
        return itsPartNumber;
    }

    public String getDescription() {
        return itsDescription;
    }

    private List itsParts = new LinkedList();
    private String itsPartNumber;
    private String itsDescription;
}
```

```java
public class PiecePart implements Part {
    public PiecePart(String partNumber, String description, double cost) {
        itsPartNumber = partNumber;
        itsDescription = description;
        itsCost = cost;
    }

    public void accept(PartVisitor v) {
        v.visit(this);
    }

    public String getPartNumber() {
        return itsPartNumber;
    }

    public String getDescription() {
        return itsDescription;
    }

    public double getCost() {
        return itsCost;
    }

    private String itsPartNumber;
    private String itsDescription;
    private double itsCost;
}
```

```java
public interface PartVisitor {
    public void visit(PiecePart pp);
    public void visit(Assembly a);
}
```

```java
public class ExplodedCostVisitor implements PartVisitor {
    private double cost = 0;
    public double cost() {
        return cost;
    }

    public void visit(PiecePart p) {
        cost += p.getCost();
```

```
        }

        public void visit(Assembly a) {
        }
    }
```

```
import java.util.HashMap;

public class PartCountVisitor implements PartVisitor {
    public void visit(PiecePart p) {
        itsPieceCount++;
        String partNumber = p.getPartNumber();
        int partNumberCount = 0;
        if (itsPieceMap.containsKey(partNumber)) {
            Integer carrier = (Integer) itsPieceMap.get(partNumber);
            partNumberCount = carrier.intValue();
        }
        partNumberCount++;
        itsPieceMap.put(partNumber, new Integer(partNumberCount));
    }

    public void visit(Assembly a) {
    }

    public int getPieceCount() {
        return itsPieceCount;
    }

    public int getPartNumberCount() {
        return itsPieceMap.size();
    }

    public int getCountForPart(String partNumber) {
        int partNumberCount = 0;
        if (itsPieceMap.containsKey(partNumber)) {
            Integer carrier = (Integer) itsPieceMap.get(partNumber);
            partNumberCount = carrier.intValue();
        }
        return partNumberCount;
    }

    private int itsPieceCount = 0;
    private HashMap itsPieceMap = new HashMap();
}
```

```java
import java.util.Iterator;
import junit.framework.TestCase;

public class TestBOMReport extends TestCase {
    public TestBOMReport(String name) {
        super(name);
    }

    private PiecePart p1;
    private PiecePart p2;
    private Assembly a;

    public void setUp() {
        p1 = new PiecePart("997624", "MyPart", 3.20);
        p2 = new PiecePart("7734", "Hell", 666);
        a = new Assembly("5879", "MyAssembly");
    }

    public void testCreatePart() {
        assertEquals("997624", p1.getPartNumber());
        assertEquals("MyPart", p1.getDescription());
        assertEquals(3.20, p1.getCost(), .01);
    }

    public void testCreateAssembly() {
        assertEquals("5879", a.getPartNumber());
        assertEquals("MyAssembly", a.getDescription());
    }

    public void testAssembly() {
        a.add(p1);
        a.add(p2);
        Iterator i = a.getParts();
        PiecePart p = (PiecePart) i.next();
        assertEquals(p, p1);
        p = (PiecePart) i.next();
        assertEquals(p, p2);
        assert(i.hasNext() == false);
    }

    public void testAssemblyOfAssemblies() {
        Assembly subAssembly = new Assembly("1324", "SubAssembly");
        subAssembly.add(p1);
        a.add(subAssembly);

        Iterator i = a.getParts();
        assertEquals(subAssembly, i.next());
    }
```

```
private boolean p1Found = false;
private boolean p2Found = false;
private boolean aFound = false;

public void testVisitorCoverage() {
    a.add(p1);
    a.add(p2);
    a.accept(new PartVisitor() {
        public void visit(PiecePart p) {
            if (p == p1)
                p1Found = true;
            else if (p == p2)
                p2Found = true;
        }

        public void visit(Assembly assy) {
            if (assy == a)
                aFound = true;
        }
    });
    assert(p1Found);
    assert(p2Found);
    assert(aFound);
}

private Assembly cellphone;

void setUpReportDatabase() {
    cellphone = new Assembly("CP-7734", "Cell Phone");
    PiecePart display = new PiecePart("DS-1428", "LCD Display", 14.37);
    PiecePart speaker = new PiecePart("SP-92", "Speaker", 3.50);
    PiecePart microphone = new PiecePart("MC-28", "Microphone", 5.30);
    PiecePart cellRadio = new PiecePart("CR-56", "Cell Radio", 30);
    PiecePart frontCover = new PiecePart("FC-77", "Front Cover", 1.4);
    PiecePart backCover = new PiecePart("RC-77", "RearCover", 1.2);
    Assembly keypad = new Assembly("KP-62", "Keypad");
    Assembly button = new Assembly("B52", "Button");
    PiecePart buttonCover = new PiecePart("CV-15", "Cover", .5);
    PiecePart buttonContact = new PiecePart("CN-2", "Contact", 1.2);
    button.add(buttonCover);
    button.add(buttonContact);
    for (int i = 0; i < 15; i++)
        keypad.add(button);
    cellphone.add(display);
    cellphone.add(speaker);
    cellphone.add(microphone);

    cellphone.add(cellRadio);
    cellphone.add(frontCover);
    cellphone.add(backCover);
    cellphone.add(keypad);
```

```
        }

        public void testExplodedCost() {
            setUpReportDatabase();
            ExplodedCostVisitor v = new ExplodedCostVisitor();
            cellphone.accept(v);
            assertEquals(81.27, v.cost(), .001);
        }

        public void testPartCount() {
            setUpReportDatabase();
            PartCountVisitor v = new PartCountVisitor();
            cellphone.accept(v);
            assertEquals(36, v.getPieceCount());
            assertEquals(8, v.getPartNumberCount());
            assertEquals("DS-1428", 1, v.getCountForPart("DS-1428"));
            assertEquals("SP-92", 1, v.getCountForPart("SP-92"));
            assertEquals("MC-28", 1, v.getCountForPart("MC-28"));
            assertEquals("CR-56", 1, v.getCountForPart("CR-56"));
            assertEquals("RC-77", 1, v.getCountForPart("RC-77"));
            assertEquals("CV-15", 15, v.getCountForPart("CV-15"));
            assertEquals("CN-2", 15, v.getCountForPart("CN-2"));
            assertEquals("Bob", 0, v.getCountForPart("Bob"));
        }
    }
```

비지터의 다른 용도

일반적으로, 자료 구조를 여러 가지 방법으로 해석할 필요가 있는 애플리케이션이라면 언제나 Visitor 패턴을 사용할 수 있다. 컴파일러는 종종 문법적으로 올바른 소스 코드를 나타내는 중간 단계 자료 구조들을 만든다. 그런 다음 이 자료 구조들은 컴파일된 코드를 생성하기 위해 사용된다. 그렇다면 종류가 다른 프로세서나 최적화 계획마다 비지터를 생각해볼 수 있다. 심지어 이 중간 단계 자료 구조를 상호 참조가 가능한 소스 코드나 UML 다이어그램으로 변환하는 비지터도 생각해볼 수 있다.

환경 설정 자료 구조를 사용하는 애플리케이션도 많다. 그렇다면 서브시스템마다 자신만의 비지터를 사용해 환경 설정 데이터를 방문하면서 스스로를 초기화하는 방법도 생각해볼 수 있다.

비지터를 사용하면 언제나 방문 대상인 자료 구조 자체와 그 자료 구조가 사용되는 용도가 독립적이게 된다. 비지터를 사용하면 기존 자료 구조를 재컴파일하거나 재배치하지 않고도 이미 자료 구조가 설치된 곳에 새로운 비지터를 만들어 배치하거나 기존 비지터를 변경한 다음 재배치할 수 있으며, 이것이 바로 비지터의 힘이다.

데코레이터 패턴*6

비지터를 사용하면 기존 계층 구조를 바꾸지 않고도 메소드를 추가할 수 있다. 이 일을 할 수 있는 또 다른 패턴이 있는데, 바로 데코레이터(DECORATOR) 패턴이다.

다시 한 번 그림 28-1에 있는 Modem 계층 구조를 보자. 많은 사용자가 사용하는 애플리케이션이 하나 있다고 생각해보자. 각 사용자는 자기 컴퓨터 앞에 앉아서 시스템에게 자기 컴퓨터의 모뎀을 사용해 다른 컴퓨터를 호출하라는 요청을 보내게 된다. 이때 어떤 사용자는 모뎀이 다이얼하는 소리를 듣고 싶어 하고, 어떤 사용자는 모뎀이 소리를 내지 않기를 바란다.

코드에서 모뎀이 다이얼하는 곳마다 사용자 환경 설정에서 정보를 읽어오는 방법으로 이것을 구현할 수도 있다. 사용자가 모뎀 소리를 듣고 싶어 하면 모뎀 스피커의 볼륨을 높게 설정하고, 그렇지 않다면 스피커를 끈다.

```
...
Modem m = user.getModem();
if (user.wantsLoudDial())
    m.setVolume(11); // 10보다 하나 크다.
m.dial(...);
...
```

이 코드 조각이 애플리케이션 코드에서 몇백 군데에 중복해서 들어가는 광경을 생각해보니 주당 80시간 근무와 끔찍한 디버깅 시간의 이미지가 머릿속에 떠오른다. 아무래도 이 방법은 피해야겠다.

또 다른 방법으로는 modem 객체 안에 플래그를 하나 만들어둔 다음 dial 메소드가 이 플래그를 조사해서 볼륨을 적절하게 설정하는 방법이 있다.

```
...
public class HayesModem implements Modem {
    private boolean wantsLoudDial = false;

    public void dial(...) {
        if (wantsLoudDial) {
            setVolume(11);
        }
        ...
    }
    ...
```

---

*6   [GOF95]

```
    }
```

이전 방법보다는 낫지만, 그래도 Modem의 모든 파생형마다 이 코드가 중복된다. 새로운 Modem 파생형을 작성하는 사람은 이 코드를 복사해야 한다는 사실을 기억해야 한다. 하지만 프로그래머의 기억력에 의존하는 것은 상당히 위험한 일이다.

템플릿 메소드[7] 패턴을 써서, Modem을 인터페이스에서 클래스로 바꾸고 wantsLoudDial 을 필드로 만든 다음 dial 함수가 dialForReal 함수를 호출하기 전 이 변수를 검사해보는 방법으로 문제를 풀 수도 있다.

```
...
public abstract class Modem {
    private boolean wantsLoudDial = false;

    public void dial(...) {
        if (wantsLoudDial) {
            setVolume(11);
        }
        dialForReal(...)
    }

    public abstract void dialForReal(...);
}
```

더 나아지긴 했다. 하지만 왜 Modem이 이런 방식으로 사용자의 일시적인 기분에 영향받아야 만 하는가? Modem이 다이얼 소리의 크기에 대해 알아야 할 이유가 있는가? 그렇다면 사용자가 다른 이상한 요청을 하면(예를 들어, 연결을 끊기 전 로그를 남겨야 한다든지) 그때마다 Modem 이 또 변경되어야 하는가?

공통 폐쇄 원칙(CCP)이 다시 한 번 역할을 수행한다. 변경 이유가 다른 것들은 분리해야 한다. 그리고 단일 책임 원칙(SRP)도 적용할 수 있는데, Modem의 진짜 기능과 다이얼 소리를 크게 하는 기능은 아무런 관련이 없으며, 따라서 이 기능은 Modem의 일부분이 아니다.

데코레이터는 LoudDialModem이라는 완전히 새로운 클래스를 만드는 방법으로 이 문제를 해결한다. LoudDialModem은 Modem에서 파생된 클래스이고, Modem으로서의 기능은 자신이 포함하고 있는 다른 Modem 인스턴스에게 위임하는 방식으로 동작한다. 이 클래스는 dial 함수 호출이 일어나면 먼저 볼륨을 높인 다음 위임한다. 그림 28-5에서 구조를 볼 수 있다.

---

[7] 14장의 '템플릿 메소드 패턴' 절을 참고하라.

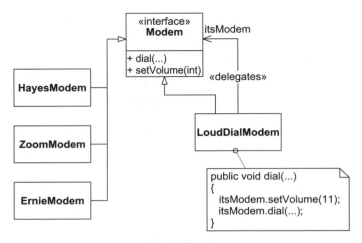

그림 28-5 데코레이터: LoudDialModem

이제 다이얼할 때 큰 소리를 낼 것인지에 대한 결정은 단 한 장소에서 일어난다. 사용자가 자신의 환경을 설정할 때 큰 소리가 필요하면 LoudDialModem을 생성하고 사용자의 모뎀을 여기에 전달하면 된다. LoudDialModem은 모든 호출을 사용자의 모뎀에게 위임하므로, dial 메소드가 사용자의 모뎀에게 위임하기 전에 볼륨을 높이는 것을 제외하면 사용자는 차이점을 느끼지 못한다. 그러면 LoudDialModem은 영향이 미치는 시스템의 어떤 부분에서도 사용자의 모뎀인 것처럼 동작한다. 목록 28-24부터 목록 28-27까지가 이에 대한 코드다.

📄 목록 28-24 Modem.java

```java
public interface Modem {
    public void dial(String pno);
    public void setSpeakerVolume(int volume);
    public String getPhoneNumber();
    public int getSpeakerVolume();
}
```

📄 목록 28-25 HayesModem.java

```java
public class HayesModem implements Modem {
    public void dial(String pno) {
        itsPhoneNumber = pno;
    }

    public void setSpeakerVolume(int volume) {
        itsSpeakerVolume = volume;
    }
```

```java
    public String getPhoneNumber() {
        return itsPhoneNumber;
    }

    public int getSpeakerVolume() {
        return itsSpeakerVolume;
    }

    private String itsPhoneNumber;
    private int itsSpeakerVolume;
}
```

목록 28-26 LoudDialModem.java

```java
public class LoudDialModem implements Modem {
    public LoudDialModem(Modem m) {
        itsModem = m;
    }

    public void dial(String pno) {
        itsModem.setSpeakerVolume(10);
        itsModem.dial(pno);
    }

    public void setSpeakerVolume(int volume) {
        itsModem.setSpeakerVolume(volume);
    }

    public String getPhoneNumber() {
        return itsModem.getPhoneNumber();
    }

    public int getSpeakerVolume() {
        return itsModem.getSpeakerVolume();
    }

    private Modem itsModem;
}
```

목록 28-27 ModemDecoratorTest.java

```java
import junit.framework.*;

public class ModemDecoratorTest extends TestCase {
    public ModemDecoratorTest(String name) {
        super(name);
```

```java
    }

    public void testCreateHayes() {
        Modem m = new HayesModem();
        assertEquals(null, m.getPhoneNumber());
        m.dial("5551212");
        assertEquals("5551212", m.getPhoneNumber());
        assertEquals(0, m.getSpeakerVolume());
        m.setSpeakerVolume(10);
        assertEquals(10, m.getSpeakerVolume());
    }

    public void testLoudDialModem() {
        Modem m = new HayesModem();
        Modem d = new LoudDialModem(m);
        assertEquals(null, d.getPhoneNumber());
        assertEquals(0, d.getSpeakerVolume());
        d.dial("5551212");
        assertEquals("5551212", d.getPhoneNumber());
        assertEquals(10, d.getSpeakerVolume());
    }
}
```

다중 데코레이터

동일한 계층 구조에 데코레이터가 2개 이상 있는 경우도 있다. 예를 들어, Hangup 메소드가 호출될 때마다 exit 문자열을 보내는 LogoutExitModem을 Modem 계층 구조의 데코레이터에 넣고 싶을 수도 있다. 이 두 번째 데코레이터를 만들려면 우리가 이미 LoudDialModem에서 작성한 적이 있는 모든 위임 관련 코드를 중복해야 한다. 하지만 ModemDecorator라는 새로운 클래스를 만들고 이 클래스가 위임 관련 코드를 제공하게 만들면 이런 코드 중복을 제거할 수 있다. 그러면 실제 데코레이터는 간단히 ModemDecorator로부터 상속받아 자신이 필요한 메소드들만 재정의하면 된다. 그림 28-6, 목록 28-28, 목록 28-29에서 이 구조를 볼 수 있다.

📟 목록 28-28 ModemDecorator.java

```java
public class ModemDecorator implements Modem {
    public ModemDecorator(Modem m) {
        itsModem = m;
    }

    public void dial(String pno) {
        itsModem.dial(pno);
```

```
    }

    public void setSpeakerVolume(int volume) {
        itsModem.setSpeakerVolume(volume);
    }

    public String getPhoneNumber() {
        return itsModem.getPhoneNumber();
    }

    public int getSpeakerVolume() {
        return itsModem.getSpeakerVolume();
    }

    protected Modem getModem() {
        return itsModem;
    }

    private Modem itsModem;
}
```

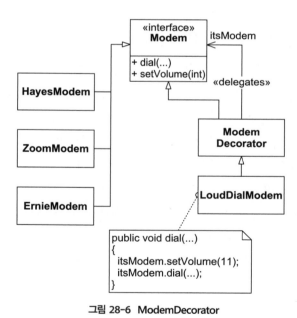

그림 28-6 ModemDecorator

```
public class LoudDialModem extends ModemDecorator {
    public LoudDialModem(Modem m) {
        super(m);
    }

    public void dial(String pno) {
        getModem().setSpeakerVolume(10);
        getModem().dial(pno);
    }
}
```

확장 객체 패턴*8

계층 구조를 변경하지 않고도 기능을 추가하는 방법이 또 있는데, 바로 확장 객체 (EXTENSION OBJECT) 패턴을 사용하는 방법이다. 이것은 다른 방법보다 더 복잡하지만, 훨씬 더 강력하고 유연하기도 하다. 이 방법에서는 계층 구조에 들어 있는 객체마다 특별한 확장 객체의 리스트를 유지하며, 또 확장 객체를 이름으로 찾을 수 있도록 메소드도 하나 제공한다. 그리고 확장 객체는 계층 구조에 속한 원래 객체를 조작할 수 있는 메소드들을 제공한다.

예를 들어, 다시 한 번 자재 명세서 시스템이 있다고 생각해보자. 우리는 계층 구조에 들어 있는 객체마다 자신의 XML 표현을 만드는 능력이 있도록 만들어야 한다. 계층 구조에 toXML 메소드를 추가하는 방법도 있지만, 이렇게 하면 SRP를 어기게 된다. 자재 명세서 관련 코드와 XML 관련 코드를 동일한 클래스에 넣고 싶지는 않을 것이다. 비지터를 써서 XML을 생성할 수도 있지만, 이렇게 하면 자재 명세서(BOM: bill-of-materials)의 객체 종류마다 XML 생성 코드를 따로 갖도록 만들 수 없다. 비지터에서는 모든 BOM 클래스의 XML 생성 코드가 동일한 비지터 객체에 있어야 한다. 종류가 다른 BOM 객체마다 XML 생성 클래스를 따로 하나씩 만들고 싶다면 어떻게 할 것인가?

확장 객체는 이 목표를 이룰 수 있는 멋진 방법을 제공한다. 목록 28-30부터 목록 28-41까지가 두 종류의 확장 객체가 있는 BOM 계층 구조의 코드다. 첫 번째 확장 객체는 BOM 객체를 XML로 변환한다. 두 번째 확장 객체는 BOM 객체를 CSV(common-seperated value, 쉼표로 구분된 값) 문자열로 변환한다. 첫 번째 확장 객체는 getExtension("XML")로 접근할 수 있

---

*8　[PLOPD3], p. 79

고, 두 번째는 getExtension("CSV")로 접근할 수 있다. 전체 코드로부터 만든 구조는 그림 28-7에 나와 있다. <<marker>> 스테레오타입은 마커 인터페이스(메소드가 전혀 없는 인터페이스)를 나타낸다.

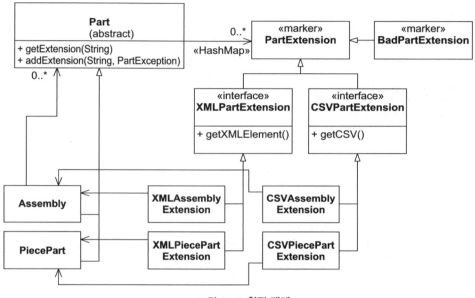

그림 28-7 확장 객체

내가 목록 28-30부터 목록 28-41까지의 코드를 백지 상태에서 작성하지 않았음을 이해하는 일이 매우 중요하다. 나는 코드를 테스트 케이스를 통해 진화시켰다. 목록 28-30의 첫 번째 소스 파일에 모든 테스트 케이스가 나와 있는데, 이들이 작성된 순서는 눈에 보이는 순서 그대로다. 모든 테스트 케이스는 그 케이스를 통과할 수 있는 코드를 작성하기 전에 먼저 작성되었다. 테스트 케이스가 작성되고 그 테스트가 한 번 실패한 다음에야 비로소 그 케이스를 통과할 코드가 작성되었는데, 이 코드는 절대로 이미 존재하는 테스트 케이스를 통과하기 위해 필요한 정도 이상으로 복잡하게 작성되지 않았다. 따라서 코드는 이미 동작하는 기반으로부터 다음 동작하는 기반으로 조금씩 진화한 셈이다. 그리고 나는 내가 확장 객체 패턴을 만들려고 한다는 사실을 알고 있었으므로, 코드를 진화시킬 때 이 사실을 지침으로 삼았다.

```java
import java.util.Iterator;
import java.util.List;
import org.jdom.Element;
import junit.framework.TestCase;

public class TestBOMXML extends TestCase {
    public TestBOMXML(String name) {
        super(name);
    }

    private PiecePart p1;
    private PiecePart p2;
    private Assembly a;

    protected void setUp() throws Exception {
        p1 = new PiecePart("997624", "MyPart", 3.20);
        p2 = new PiecePart("7734", "Hell", 666);
        a = new Assembly("5879", "MyAssembly");
    }

    public void testCreatePart() {
        assertEquals("997624", p1.getPartNumber());
        assertEquals("MyPart", p1.getDescription());
        assertEquals(3.20, p1.getCost(), .01);
    }

    public void testCreateAssembly() {
        assertEquals("5879", a.getPartNumber());
        assertEquals("MyAssembly", a.getDescription());
    }

    public void testAssembly() {
        a.add(p1);
        a.add(p2);
        Iterator i = a.getParts();
        PiecePart p = (PiecePart) i.next();
        assertEquals(p, p1);
        p = (PiecePart) i.next();
        assertEquals(p, p2);
        assert(i.hasNext() == false);
    }

    public void testAssemblyOfAssemblies() {
        Assembly subAssembly = new Assembly("1324", "SubAssembly");
        subAssembly.add(p1);
        a.add(subAssembly);

        Iterator i = a.getParts();
        assertEquals(subAssembly, i.next());
```

```java
    }

    public void testPiecePart1XML() {
        PartExtension e = p1.getExtension("XML");
        XMLPartExtension xe = (XMLPartExtension) e;
        Element xml = xe.getXMLElement();
        assertEquals("PiecePart", xml.getName());
        assertEquals("997624", xml.getChild("PartNumber").getTextTrim());
        assertEquals("MyPart", xml.getChild("Description").getTextTrim());
        assertEquals(3.2, Double.parseDouble(xml.getChild("Cost").getTextTrim()),
            .01);
    }

    public void testPiecePart2XML() {
        PartExtension e = p2.getExtension("XML");
        XMLPartExtension xe = (XMLPartExtension) e;
        Element xml = xe.getXMLElement();
        assertEquals("PiecePart", xml.getName());
        assertEquals("7734", xml.getChild("PartNumber").getTextTrim());
        assertEquals("Hell", xml.getChild("Description").getTextTrim());
        assertEquals(666, Double.parseDouble(xml.getChild("Cost").getTextTrim()),
            .01);
    }

    public void testSimpleAssemblyXML() {
        PartExtension e = a.getExtension("XML");
        XMLPartExtension xe = (XMLPartExtension) e;
        Element xml = xe.getXMLElement();
        assertEquals("Assembly", xml.getName());
        assertEquals("5879", xml.getChild("PartNumber").getTextTrim());
        assertEquals("MyAssembly", xml.getChild("Description").getTextTrim());
        Element parts = xml.getChild("Parts");
        List partList = parts.getChildren();
        assertEquals(0, partList.size());
    }

    public void testAssemblyWithPartsXML() {
        a.add(p1);
        a.add(p2);
        PartExtension e = a.getExtension("XML");
        XMLPartExtension xe = (XMLPartExtension) e;
        Element xml = xe.getXMLElement();
        assertEquals("Assembly", xml.getName());
        assertEquals("5879", xml.getChild("PartNumber").getTextTrim());
        assertEquals("MyAssembly", xml.getChild("Description").getTextTrim());

        Element parts = xml.getChild("Parts");
        List partList = parts.getChildren();
        assertEquals(2, partList.size());

        Iterator i = partList.iterator();
```

```java
        Element partElement = (Element) i.next();
        assertEquals("PiecePart", partElement.getName());
        assertEquals("997624", partElement.getChild("PartNumber").getTextTrim());

        partElement = (Element) i.next();
        assertEquals("PiecePart", partElement.getName());
        assertEquals("7734", partElement.getChild("PartNumber").getTextTrim());
    }

    public void testPiecePart1toCSV() {
        PartExtension e = p1.getExtension("CSV");
        CSVPartExtension ce = (CSVPartExtension) e;
        String csv = ce.getCSV();
        assertEquals("PiecePart,997624,MyPart,3.2", csv);
    }

    public void testPiecePart2toCSV() {
        PartExtension e = p2.getExtension("CSV");
        CSVPartExtension ce = (CSVPartExtension) e;
        String csv = ce.getCSV();
        assertEquals("PiecePart,7734,Hell,666.0", csv);
    }

    public void testSimpleAssemblyCSV() {
        PartExtension e = a.getExtension("CSV");
        CSVPartExtension ce = (CSVPartExtension) e;
        String csv = ce.getCSV();
        assertEquals("Assembly,5879,MyAssembly", csv);
    }

    public void testAssemblyWithPartsCSV() {
        a.add(p1);
        a.add(p2);
        PartExtension e = a.getExtension("CSV");
        CSVPartExtension ce = (CSVPartExtension)e;
        String csv = ce.getCSV();

        assertEquals("Assembly,5879,MyAssembly," +
            "{PiecePart,997624,MyPart,3.2}," +
            "{PiecePart,7734,Hell,666.0}", csv);
    }

    public void testBadExtension() {
        PartExtension pe =
            p1.getExtension("ThisStringDoesn'tMatchAnyException");
        assert(pe instanceof BadPartExtension);
    }
}
```

```java
import java.util.HashMap;

public abstract class Part {
    HashMap itsExtensions = new HashMap();

    public abstract String getPartNumber();
    public abstract String getDescription();

    public void addExtension(String extensionType, PartExtension extension) {
        itsExtensions.put(extensionType, extension);
    }

    public PartExtension getExtension(String extensionType) {
        PartExtension pe = (PartExtension) itsExtensions.get(extensionType);
        if (pe == null)
            pe = new BadPartExtension();
        return pe;
    }
}
```

목록 28-32 PartExtension.java

```java
public interface PartExtension {
}
```

목록 28-33 PiecePart.java

```java
public class PiecePart extends Part {
    public PiecePart(String partNumber, String description, double cost) {
        itsPartNumber = partNumber;
        itsDescription = description;
        itsCost = cost;
        addExtension("CSV", new CSVPiecePartExtension(this));
        addExtension("XML", new XMLPiecePartExtension(this));
    }

    public String getPartNumber() {
        return itsPartNumber;
    }

    public String getDescription() {
        return itsDescription;
    }

    public double getCost() {
        return itsCost;
```

```
    }

    private String itsPartNumber;
    private String itsDescription;
    private double itsCost;
}
```

목록 28-34 Assembly.java

```
import java.util.*;

public class Assembly extends Part {
    public Assembly(String partNumber, String description) {
        itsPartNumber = partNumber;
        itsDescription = description;
        addExtension("CSV", new CSVAssemblyExtension(this));
        addExtension("XML", new XMLAssemblyExtension(this));
    }

    public void add(Part part) {
        itsParts.add(part);
    }

    public Iterator getParts() {
        return itsParts.iterator();
    }

    public String getPartNumber() {
        return itsPartNumber;
    }

    public String getDescription() {
        return itsDescription;
    }

    private List itsParts = new LinkedList();
    private String itsPartNumber;
    private String itsDescription;
}
```

목록 28-35 XMLPartExtension.java

```
import org.jdom.Element;

public interface XMLPartExtension extends PartExtension {
    public Element getXMLElement();
}
```

```java
import org.jdom.Element;

public class XMLPiecePartExtension implements XMLPartExtension {
    public XMLPiecePartExtension(PiecePart part) {
        itsPiecePart = part;
    }

    public Element getXMLElement() {
        Element e = new Element("PiecePart");
        e.addContent(
            new Element("PartNumber").setText(itsPiecePart.getPartNumber()));
        e.addContent(
            new Element("Description").setText(itsPiecePart.getDescription()));
        e.addContent(
            new Element("Cost").setText(
                Double.toString(itsPiecePart.getCost())));
        return e;
    }

    private PiecePart itsPiecePart = null;
}
```

```java
import java.util.Iterator;
import org.jdom.Element;

public class XMLAssemblyExtension implements XMLPartExtension {
    public XMLAssemblyExtension(Assembly assembly) {
        itsAssembly = assembly;
    }

    public Element getXMLElement() {
        Element e = new Element("Assembly");
        e.addContent(
            new Element("PartNumber").setText(itsAssembly.getPartNumber()));
        e.addContent(
            new Element("Description").setText(itsAssembly.getDescription()));
        Element parts = new Element("Parts");
        e.addContent(parts);
        Iterator i = itsAssembly.getParts();
        while (i.hasNext()) {
            Part p = (Part) i.next();

            PartExtension pe = p.getExtension("XML");
            XMLPartExtension xpe = (XMLPartExtension) pe;
            parts.addContent(xpe.getXMLElement());
```

확장 객체 패턴 529

```
        }
        return e;
    }

    private Assembly itsAssembly = null;
}
```

목록 28-38 CSVPartExtension.java

```
public interface CSVPartExtension extends PartExtension {
    public String getCSV();
}
```

목록 28-39 CSVPiecePartExtension.java

```
public class CSVPiecePartExtension implements CSVPartExtension {
    private PiecePart itsPiecePart = null;

    public CSVPiecePartExtension(PiecePart part) {
        itsPiecePart = part;
    }

    public String getCSV() {
        StringBuffer b = new StringBuffer("PiecePart,");
        b.append(itsPiecePart.getPartNumber());
        b.append(",");
        b.append(itsPiecePart.getDescription());
        b.append(",");
        b.append(itsPiecePart.getCost());
        return b.toString();
    }
}
```

목록 28-40 CSVAssemblyExtension.java

```
import java.util.Iterator;

public class CSVAssemblyExtension implements CSVPartExtension {
    private Assembly itsAssembly = null;

    public CSVAssemblyExtension(Assembly assy) {
        itsAssembly = assy;
    }

    public String getCSV() {
        StringBuffer b = new StringBuffer("Assembly,");
```

```
        b.append(itsAssembly.getPartNumber());
        b.append(",");
        b.append(itsAssembly.getDescription());

        Iterator i = itsAssembly.getParts();
        while (i.hasNext()) {
            Part p = (Part) i.next();
            CSVPartExtension ce = (CSVPartExtension) p.getExtension("CSV");
            b.append(",{");
            b.append(ce.getCSV());
            b.append("}");
        }
        return b.toString();
    }
}
```

📟 **목록 28-41 BadPartExtension.java**

```
public class BadPartExtension implements PartExtension {
}
```

BOM 객체마다 객체의 생성자에서 확장 객체를 만들어 추가한다는 점을 주의하자. 이것은 BOM 객체가 아직 XML 클래스와 CSV 클래스에 어느 정도 의존한다는 뜻이다. 만약 이 정도로 사소한 의존 관계마저 깨야 한다면, BOM 객체를 만들고 객체마다 각각 확장 객체들을 만들어 추가하는 일을 하는 팩토리[*9] 객체를 만들 수도 있다.

객체가 확장 객체를 읽어들일 수 있기 때문에 시스템이 굉장히 유연해진다. 시스템의 상태에 따라 특정 확장 객체들을 객체에 추가하거나 삭제할 수도 있을 것이다. 하지만 이 유연성을 남용하게 되기도 매우 쉽다. 대개의 부분에서, 이 정도까지 필요하지는 않을 것이다. 사실, `PiecePart.getExtension(String extensionType)`의 원래 구현은 다음과 같았다.

```
public PartExtension getExtension(String extensionType) {
    if (extensionType.equals("XML"))
        return new XMLPiecePartExtension(this);
    else if (extensionType.equals("CSV"))
        return new XMLAssemblyExtension(this);
    return new BadPartExtension();
}
```

---

*9　21장 '팩토리 패턴'을 참고하라.

나는 이 구현이 썩 마음에 들지 않았는데, 그 이유는 이것이 `Assembly.getExtension`과 사실상 동일한 코드였기 때문이다. `Part`에 있는 `HashMap`을 이용한 해결 방법은 이 중복을 피할 수 있을 뿐만 아니라 더 간단하기도 하다. 누가 코드를 읽더라도 확장 객체에 어떻게 접근하는지 정확히 알 수 있다.

결론

비지터 패턴 집합은 어떤 클래스 계층 구조에 들어 있는 클래스들을 고치지 않고도 그들의 행위를 변경할 수 있는 여러 가지 방법을 제공한다. 이렇게 함으로써 이 패턴들은 OCP를 지키는 일에 도움이 된다. 이 패턴들은 종류가 다른 기능들을 분리하기 위한 메커니즘도 제공하는데, 그럼으로써 클래스가 많은 기능으로 어지럽혀지는 일을 막을 수 있다. 이렇게 함으로써 이 패턴들은 CCP를 유지하는 일에도 도움이 된다. 그리고 SRP, LSP, DIP도 비지터 집합의 구조에 적용된다는 사실 역시 분명하다.

비지터 패턴들은 유혹적이라서 남용하기 쉽다. 이 패턴들이 도움이 된다면 사용하되, 이들의 필요성에 대해 합리적인 회의주의적 태도를 계속 유지해야 한다. 비지터로도 해결할 수 있지만 더 간단하게 해결할 수 있는 경우도 많이 있기 때문이다.

복습

이제 이 장을 읽었으니, 9장으로 돌아가서 도형의 순서를 정하는 문제를 해결해보자.

참고 문헌

1. Gamma, et al. *Design Patterns*. Reading, MA: Addison–Wesley, 1995.
2. Martin, Robert C., et al. *Pattern Languages of Program Design 3*. Reading, MA: Addison–Wesley, 1998.

스테이트 패턴

> 변화의 수단이 없는 국가[*1]는 자기 보전의
> 수단이 없는 국가다."
>
> 에드먼드 버크(Edmund Burke), 1729~1797

유한 상태 오토마타(finite state automata)는 소프트웨어 무기 창고에서 꺼내 쓸 수 있는 가장 유용한 추상 개념 중 하나다. 유한 상태 오토마타는 복잡한 시스템의 행위를 조사하거나 정의할 수 있는 간결하면서도 명쾌한 방법을 제공한다. 그리고 이해하기도 쉽고 고치기도 쉬운 강력한 구현 전략도 제공한다. 나는 유한 상태 오토마타를 상위 수준의 GUI[*2]로부터 가장 하위 수준의 통신 프로토콜에 이르기까지 시스템의 모든 수준에서 사용한다. 유한 상태 오토마타는 거의 어디에나 적용할 수 있다.

유한 상태 오토마타의 개괄

지하철 개찰구가 작동하는 방식에서 간단한 유한 상태 기계(FSM: finite state machine)의 한 예를 찾아낼 수 있다. 개찰구는 사람들이 지하철에 타기 위해 통과하는 문을 제어하는 장치인

---

*1 　**역주** 'state'라는 단어에는 '국가'와 '상태'라는 두 가지 뜻이 있다.

*2 　30장의 '작업감독자 아키텍처' 절을 참고하라.

데, 그림 29-1에서 지하철 개찰구를 제어하는 FSM의 초기 모습을 볼 수 있다. 이 다이어그램을 상태 전이 다이어그램(STD: state transition diagram)이라 한다.[3]

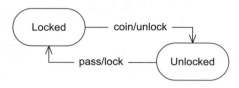

그림 29-1 간단한 개찰구 FSM

STD는 적어도 네 부분으로 구성된다. 모서리가 둥근 상자는 **상태(state)**라고 한다. 상태를 연결하는 화살표는 **전이(transition)**라고 한다. 전이에는 **이벤트(event)**의 이름과 그 이벤트에 따르는 **행동(action)**이 이름표로 붙는다. 그림 29-1의 STD는 다음과 같이 읽을 수 있다.

- 만약 기계가 Locked 상태에 있는데 coin 이벤트를 받는다면, Unlocked 상태로 전이하고 unlock 행동을 호출한다.
- 만약 기계가 Unlocked 상태에 있는데 pass 이벤트를 받는다면, Locked 상태로 전이하고 lock 행동을 호출한다.

이 두 문장이 그림 29-1의 다이어그램을 완전하게 설명한다. 각 문장은 시작 상태, 전이가 일어나게 만드는 이벤트, 종료 상태, 수행할 행동이라는 네 가지 요소로 전이 화살표 하나를 설명한다. 사실 전이를 기술한 이 문장들은 **상태 전이 테이블(STT: state transition table)**이라는 단순한 표로 요약할 수도 있다. 이 테이블은 다음과 같이 보일 것이다.

```
Locked      coin    Unlocked    unlock
Unlocked    pass    Locked      lock
```

이 상태 기계는 어떻게 작동할까? FSM이 Locked 상태에서 동작하기 시작한다고 가정해보자. 지하철 승객이 개찰구까지 걸어와서 동전을 넣는다. 그러면 우리 소프트웨어가 coin 이벤트를 받게 된다. STT의 첫 번째 전이를 보면 기계가 Locked 상태에 있는데 coin 이벤트를 받으면, Unlocked 상태로 전이하고 unlock 행동을 호출하라고 되어 있다. 따라서 우리 소프트웨어는 자기 상태를 Unlocked로 변경하고 unlock 함수를 호출한다. 그런 다음 승객이 문을 통과하면 소프트웨어가 pass 이벤트를 감지하게 된다. FSM이 현재 Unlocked 상태에

---

[3]   부록 B의 '상태와 내부 전이', '상태 간 전이', '중첩된 상태' 보충 설명을 참고하라.

있으므로, 두 번째 전이가 호출되어서 기계가 Locked 상태로 다시 돌아가고 lock 함수를 호출하게 만든다.

STD와 STT 둘 다 이 기계의 행위를 간결하면서도 명쾌하게 설명한다는 점은 분명하다. 하지만 동시에 이 둘은 매우 강력한 설계 도구이기도 하다. 설계자가 이상한 조건 또는 그 조건을 다룰 행위의 정의되지 않은 조건을 찾아내기 쉬워진다는 것이 이들의 장점 중 하나다. 예를 들어, 그림 29-1의 상태들을 각 상태마다 살펴보면서 이미 알려진 이벤트 2개를 모두 적용해 보자. Unlocked 상태에서 coin 이벤트를 다루는 전이가 없으며, Locked 상태에서 pass 이벤트를 다루는 전이도 없다는 사실을 찾을 수 있다.

이렇게 생략된 전이는 심각한 논리적 결함이며, 프로그래머는 자칫 이것 때문에 잘못을 범하기가 매우 쉽다. 프로그래머는 대개 비정상적인 가능성이라고 생각되는 것보다 정상적인 이벤트 흐름을 더 철저하게 궁리하기 마련이다. STD나 STT는 프로그래머에게 자신의 설계가 모든 상태에서 모든 이벤트를 다 다루는지 쉽게 점검해볼 수 있는 방법을 제공한다.

그림 29-1의 FSM에 필요한 전이를 추가하면 이 FSM을 고칠 수 있다. 기계의 수정판이 그림 29-2에 나와 있다. 여기서 승객이 동전을 넣은 다음에도 계속 넣는다면 기계는 계속 Unlocked 상태에 머무르면서 승객이 동전을 더 넣도록 부추기기 위해 '고맙습니다'라는 의미의 조그만 불빛을 밝히는 모습을 볼 수 있다.[4] 그리고 승객이 어떤 방식으로든(큰 쇠망치의 도움을 빌렸을지도 모른다) 잠긴 문을 통과한다면 FSM은 계속 Locked 상태에 머무르면서 경고음을 울린다.

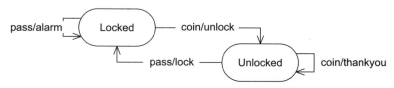

그림 29-2 비정상적인 이벤트도 다루는 개찰구 FSM

---

[4] ;^)

구현 기법

중첩된 switch/case 문

FSM을 구현하는 전략은 굉장히 많다. 첫 번째 전략은 가장 직접적인 전략이기도 한데, 중첩된 switch/case 문을 사용하는 것이다. 목록 29-1에서 이 전략을 사용한 구현의 한 예를 볼 수 있다.

📟 **목록 29-1 Turnstile.java(중첩된 switch/case 구현)**

```java
package com.objectmentor.PPP.Patterns.State.turnstile;

public class Turnstile {
    // 상태
    public static final int LOCKED = 0;
    public static final int UNLOCKED = 1

    // 이벤트
    public static final int COIN = 0;
    public static final int PASS = 1;

    /* 전용 */
    int state = LOCKED;

    private TurnstileController turnstileController;

    public Turnstile(TurnstileController action) {
        turnstileController = action;
    }

    public void event(int event) {
        switch (state) {
          case LOCKED :
            switch (event) {
              case COIN :
                state = UNLOCKED;
                turnstileController.unlock();
                break;
              case PASS :
                turnstileController.alarm();
                break;
            }
            break;
          case UNLOCKED :
            switch (event) {
              case COIN :
                turnstileController.thankyou();
```

```
                        break;
                    case PASS :
                        state = LOCKED;
                        turnstileController.lock();
                        break;
                }
                break;
            }
        }
    }
```

중첩된 switch/case 문이 코드를 상호 배타적인 네 영역으로 나누며, 각 영역은 STD의 전이 하나에 대응한다. 영역마다 필요하면 상태를 변경하고 적절한 행동을 호출한다. 예를 들어 Locked 영역의 Coin 이벤트 부분에서는 상태를 Unlocked으로 변경하고 unlock을 호출한다.

이 코드에는 중첩된 switch/case 문과는 관계없는 흥미로운 부분이 몇 가지 있다. 그 의미를 제대로 파악하려면, 이 코드를 검사하기 위해 내가 사용한 단위 테스트를 봐야만 한다(목록 29-2와 목록 29-3 참고).

목록 29-2 TurnstileController.java

```java
package com.objectmentor.PPP.Patterns.State.turnstile;

public interface TurnstileController {
    public void lock();
    public void unlock();
    public void thankyou();
    public void alarm();
}
```

목록 29-3 TestTurnstile.java

```java
package com.objectmentor.PPP.Patterns.State.turnstile;

import junit.framework.TestCase;
import junit.swingui.TestRunner;

public class TestTurnstile extends TestCase {
    public static void main(String[] args) {
        TestRunner.main(new String[] { "TestTurnstile" });
    }

    public TestTurnstile(String name) {
        super(name);
```

```java
    }

    private Turnstile t;
    private boolean lockCalled = false;
    private boolean unlockCalled = false;
    private boolean thankyouCalled = false;
    private boolean alarmCalled = false;

    public void setUp() {
        TurnstileController controllerSpoof = new TurnstileController() {
            public void lock() {
                lockCalled = true;
            }
            public void unlock() {
                unlockCalled = true;
            }
            public void thankyou() {
                thankyouCalled = true;
            }
            public void alarm() {
                alarmCalled = true;
            }
        };

        t = new Turnstile(controllerSpoof);
    }

    public void testInitialConditions() {
        assertEquals(Turnstile.LOCKED, t.state);
    }

    public void testCoinInLockedState() {
        t.state = Turnstile.LOCKED;
        t.event(Turnstile.COIN);
        assertEquals(Turnstile.UNLOCKED, t.state);
        assert(unlockCalled);
    }

    public void testCoinInUnlockedState() {
        t.state = Turnstile.UNLOCKED;
        t.event(Turnstile.COIN);
        assertEquals(Turnstile.UNLOCKED, t.state);
        assert(thankyouCalled);
    }

    public void testPassInLockedState() {
        t.state = Turnstile.LOCKED;
        t.event(Turnstile.PASS);
        assertEquals(Turnstile.LOCKED, t.state);
        assert(alarmCalled);
    }
```

```
    public void testPassInUnlockedState() {
        t.state = Turnstile.UNLOCKED;
        t.event(Turnstile.PASS);
        assertEquals(Turnstile.LOCKED, t.state);
        assert(lockCalled);
    }
}
```

범위가 패키지인 상태 변수 testCoinInLockedState, testCoinInUnlockedState, testPassInLockedState, testPassInUnlockedState라는 이름의 테스트 함수가 4개 있음을 눈여겨보자. 이 함수들은 FSM의 전이 4개를 각각 독립적으로 테스트하는데, 이렇게 하기 위해 Turnstile의 state 함수를 자기가 검사하고 싶은 상태로 강제로 변경한 다음 자기가 검증하고 싶은 이벤트를 호출한다. 그런데 테스트가 state 변수에 접근하려면, 이 변수가 전용(private)이면 안 된다. 따라서 나는 이 변수의 범위를 패키지로 만드는 동시에, 내 진짜 의도는 이 변수를 전용으로 만드는 것임을 명시하는 주석을 달아놓았다.

클래스의 모든 인스턴스 변수는 전용(private)이어야 한다는 것이 객체 지향의 정설이다. 나는 이 규칙을 아주 보란 듯이 무시했으며, 그렇게 함으로써 Turnstile의 캡슐화를 깨버렸다.

그런데 정말 그랬을까?

오해하지 말기 바란다. 할 수 있다면 나도 state 변수를 전용으로 놓아두고 싶다. 하지만 그렇게 하면 테스트 코드가 이 변수의 값을 강제로 바꾸게 할 수 없다. 스코프가 패키지인 setState와 getState 메소드를 만들 수도 있지만, 이것은 좀 이상해 보인다. state 변수를 TestTurnstile 외 클래스에 노출하려는 것도 아닌데, 왜 패키지 스코프에 들어 있다면 누구나 접근할 수 있다는 의미가 담긴 getter와 setter를 만들어야만 하는가?

불행히도 C++의 friend와 비슷한 개념이 없다는 점이 자바의 약점 중 하나다. 자바에 friend 문장이 있었다면 TestTurnstile을 Turnstile의 friend로 선언하고 state를 그대로 전용으로 놓아둘 수 있었을 것이다. 하지만 안 되는 것은 안 되는 것이므로, state를 패키지 스코프로 만들고 내 진짜 의도를 선언하는 주석을 달아놓는 것이 내 생각에는 그나마 가장 나은 대안 같다.

행동을 테스트하기 목록 29-2의 TurnstileController 인터페이스를 눈여겨보자. 이 인터페이스는 Turnstile이 올바른 행동을 올바른 순서대로 호출하는지 TestTurnstile 클래스가 확인할 수 있도록 특별히 만들었다. 이 인터페이스가 없다면 상태 기계가 제대로 작동하는지 확인하기가 훨씬 힘들 것이다.

이것이 테스트가 설계에 미치는 영향의 한 예다. 테스트할 생각을 하지 않고 그냥 상태 기계를 작성했다면 아마도 TurnstileController 인터페이스를 만들지 않았을 것이다. 하지만 그랬다면 유감스러웠을 것이다. TurnstileController 인터페이스는 유한 상태 기계의 논리와 이 기계가 해야 할 행동 사이의 결합을 깔끔하게 끊어 놓는다. 또 다른 FSM이 있으며, 이 FSM이 기존 것과 매우 논리가 다르다 하더라도 아무 영향 없이 TurnstileController를 사용할 수 있다.

각 단위를 독립적으로 검증하는 테스트 코드를 만들어야 한다는 필요성 때문에, 우리는 테스트할 필요가 없었더라면 사용하지 않았을 방법들로 코드 사이의 결합을 끊게 된다. 따라서 테스트 용이성은 결합이 더 적게 나타나는 상태로 설계를 이끄는 힘으로서 작용한다.

중첩된 switch/case 구현의 비용과 장점 간단한 상태 기계라면 중첩된 switch/case 구현이 명쾌하기도 하고 효율적이기도 하다. 이런 기계라면 모든 상태와 코드를 한두 페이지 안으로 모두 볼 수 있다. 하지만 FSM의 규모가 크다면 상황이 달라진다. 상태와 이벤트의 수가 몇십 개나 되는 상태 기계라면 case 문들이 여러 페이지에 걸쳐 계속 이어지면서 코드를 알아보기가 힘들어진다. 읽고 있는 상태 기계에서 어디를 봐야 하는지 찾는 데 도움이 되는 편리한 표식도 없다. 길이가 긴 중첩된 switch/case 문을 유지보수하는 일은 매우 어렵고, 실수에 취약한 작업이 되기 쉽다.

유한 상태 기계의 논리와 행동을 구현하는 코드 사이의 구별이 명확하지 않다는 점이 중첩된 switch/case의 또 다른 비용이다. 목록 29-1에는 둘 사이의 구별이 명확한데, 그 까닭은 행동이 TurnstileController의 파생형에서 구현되었기 때문이다. 하지만 여태까지 내가 봐온 중첩된 switch/case를 사용한 대부분의 FSM에서 행동의 구현은 case 문 사이에 깊이 파묻혀 있었다. 사실, 목록 29-1에서도 얼마든지 그렇게 할 수 있다.

전이 테이블 해석

전이를 설명하는 데이터 테이블을 만드는 것도 FSM을 구현하는 매우 흔한 방법이다. 이벤트를 처리하는 일종의 엔진이 이 테이블을 해석하는데, 엔진은 발생한 이벤트와 들어맞는 전이를 찾아서 적절한 동작을 호출하고 상태를 변경한다.

목록 29-4에서 전이 테이블을 만드는 코드를 볼 수 있으며, 목록 29-5에서 전이 엔진을 볼 수 있다. 두 코드 모두 이 장 마지막에 있는 완전한 구현인 목록 29-12의 일부분이다.

▣ 목록 29-4 개찰구 전이 테이블 구축하기

```
public Turnstile(TurnstileController action) {
    turnstileController = action;
    addTransition(LOCKED, COIN, UNLOCKED, unlock());
    addTransition(LOCKED, PASS, LOCKED, alarm());
    addTransition(UNLOCKED, COIN, UNLOCKED, thankyou());
    addTransition(UNLOCKED, PASS, LOCKED, lock());
}
```

▣ 목록 29-5 전이 엔진

```
public void event(int event) {
    for (int i = 0; i < transitions.size(); i++) {
        Transition transition = (Transition) transitions.elementAt(i);
        if (state == transition.currentState && event == transition.event) {
            state = transition.newState;
            transition.action.execute();
        }
    }
}
```

전이 테이블을 해석하는 접근 방법의 비용과 장점 전이 테이블을 구축하는 코드를 정규적인 상태 전이 테이블처럼 읽을 수 있다는 점이 이 방법의 굉장히 강력한 장점이다. addTransaction 네 라인을 이해하기는 굉장히 쉽다. 상태 기계의 논리도 한 장소에 모여 있으며, 동작의 구현과 섞여 오염되지도 않는다.

중첩된 switch/case 구현과 비교해볼 때, 이런 유한 상태 기계를 유지하는 작업은 훨씬 쉽다. 새로운 전이를 추가하려면 단지 Turnstile 생성자에 새로운 addTransition 라인을 추가하기만 하면 된다.

실행 시간에 테이블을 쉽게 교체할 수 있다는 점이 이 접근 방법의 또 다른 장점이다. 이렇게 함으로써 상태 기계의 로직을 동적으로 교체할 수 있다. 나는 복잡한 상태 기계를 실행 도중에 패치하기 위해 이와 비슷한 메커니즘을 사용한 적이 있다.

각기 다른 FSM 논리를 나타내는 여러 테이블을 생성할 수 있다는 것도 또 다른 장점이다. 시작 조건에 따라 이 테이블들을 실행 시간에 선택할 수 있게 된다.

이 접근 방식의 주된 비용은 속도다. 전이 테이블을 검색하려면 시간이 걸린다. 커다란 상태 기계라면 이 시간이 무시 못 할 정도로 오래 걸릴 수도 있다. 테이블을 지원하기 위해 작성해야 하는 코드의 양도 또 다른 비용으로 작용한다. 목록 29-12를 자세히 살펴보면, 목록 29-4처럼 상태 전이 테이블을 간결하게 표현할 수 있게 만드는 것이 목적인 작은 지원 함수들을 상당히 많이 볼 수 있다.

스테이트 패턴*5

스테이트(STATE) 패턴도 유한 상태 기계를 구현하기 위한 또 다른 기법이다. 스테이트 패턴은 중첩된 switch/case 문의 효율성과 상태 테이블을 해석하는 기법의 유연성을 결합한 패턴이다.

그림 29-3에서 이 해결 방법의 구조를 볼 수 있다. Turnstile 클래스는 이벤트들을 공용 메소드로 갖고 있고 행동들은 보호(protected) 메소드로 갖고 있다. 그리고 이 클래스에는 TurnstileState라는 인터페이스에 대한 참조도 하나 있다. TurnstileState의 파생형 2개가 각각 FSM의 상태 2개를 나타낸다.

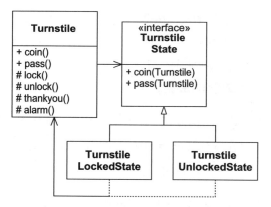

그림 29-3 개찰구 문제에 적용된 스테이트 패턴

Turnstile의 이벤트 메소드 2개 중 하나가 호출되면, Turnstile은 이 이벤트를 Turnstile State 객체에게 위임한다. TurnstileLockedState의 메소드들은 LOCKED 상태에서

---

*5   [GOF95], p. 305

이 이벤트를 받으면 수행할 행동을 구현한다. TurnstileUnlockedState의 메소드들은 UNLOCKED 상태에서 이 이벤트를 받으면 수행할 행동을 구현한다. FSM의 상태를 바꾸려면 Turnstile 객체에 있는 참조가 이 파생형 가운데 하나의 인스턴스를 가리키게 하면 된다.

목록 29-6에서 TurnstileState 인터페이스와 두 파생형을 볼 수 있다. 이 파생형의 메소드 4개에서 쉽게 상태 기계를 볼 수 있다. 예를 들어, LockedTurnstileState의 coin 메소드는 Turnstile 객체에게 상태를 Unlocked로 바꾸라고 말한 다음, Turnstile의 unlock 행동 함수를 호출한다.

⟨⟩ 목록 29-6 TurnstileState.java

```java
interface TurnstileState {
    void coin(Turnstile t);
    void pass(Turnstile t);
}

class LockedTurnstileState implements TurnstileState {
    public void coin(Turnstile t) {
        t.setUnlocked();
        t.unlock();
    }

    public void pass(Turnstile t) {
        t.alarm();
    }
}

class UnlockedTurnstileState implements TurnstileState {
    public void coin(Turnstile t) {
        t.thankyou();
    }

    public void pass(Turnstile t) {
        t.setLocked();
        t.lock();
    }
}
```

Turnstile 클래스는 목록 29-7에 나와 있다. TurnstileState의 파생형들이 정적 변수에 담겨 있음을 눈여겨보자. 이 두 클래스는 변수가 없으므로 인스턴스를 하나 이상 만들 필요가 없다. TurnstileState 파생형의 인스턴스들을 변수로 가지고 있으면 상태가 변경될 때마다 새로운 인스턴스를 만들지 않아도 된다. 그리고 이 변수를 정적으로 만들면 Turnstile의 인스턴스가 2개 이상 필요할 경우에도 파생형들의 새로운 인스턴스를 만들지 않아도 된다.

```java
public class Turnstile {
    private static TurnstileState lockedState = new LockedTurnstileState();
    private static TurnstileState unlockedState = new UnlockedTurnstileState();

    private TurnstileController turnstileController;
    private TurnstileState state = lockedState;

    public Turnstile(TurnstileController action) {
        turnstileController = action;
    }

    public void coin() {
        state.coin(this);
    }

    public void pass() {
        state.pass(this);
    }

    public void setLocked() {
        state = lockedState;
    }

    public void setUnlocked() {
        state = unlockedState;
    }

    public boolean isLocked() {
        return state == lockedState;
    }

    public boolean isUnlocked() {
        return state == unlockedState;
    }

    void thankyou() {
        turnstileController.thankyou();
    }

    void alarm() {
        turnstileController.alarm();
    }

    void lock() {
        turnstileController.lock();
    }

    void unlock() {
        turnstileController.unlock();
    }
}
```

스테이트와 스트래터지 그림 29-3의 다이어그램은 스트래터지[6] 패턴과 무척 닮았다. 두 패턴 모두 컨텍스트(context) 클래스가 있으며, 두 패턴 모두 파생형이 여러 개 있는 다형적인 기반 클래스에게 위임한다. 스테이트에서는 파생형이 컨텍스트 클래스에 대한 참조를 갖고 있다는 점이 두 패턴 사이의 차이점이다(그림 29-4 참고). 이 참조를 통해 컨텍스트 클래스의 어떤 메소드를 부를지 선택해서 호출하는 것이 스테이트에서 파생형의 중심 기능이다. 스트래터지 패턴에서는 이러한 제약이나 의도가 존재하지 않는다. 스트래터지 패턴의 파생형은 컨텍스트의 참조를 꼭 갖고 있을 필요도 없으며, 컨텍스트의 메소드를 반드시 불러야 할 필요도 없다. 따라서 스테이트 패턴의 모든 적용 사례는 스트래터지 패턴이라고도 볼 수 있지만, 스트래터지 패턴의 적용 사례가 모두 스테이트 패턴인 것은 아니다.

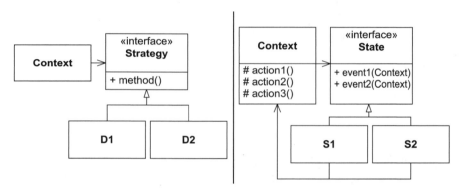

그림 29-4 스트래터지와 스테이트

스테이트 패턴의 비용과 장점 스테이트 패턴은 상태 기계의 논리와 행동을 매우 분명히 분리하게 해준다. 행동은 Context 클래스에서 구현되고, 논리는 State 클래스의 파생형들 사이에 분산된다. 이렇게 하면 다른 쪽에 영향을 주지 않고도 한쪽을 변경하는 일이 매우 쉬워진다. 예를 들어, 단지 종류가 다른 State 클래스의 파생형을 사용하는 것만으로도 Context 클래스의 행동들을 다른 상태 논리에 재사용할 수 있다. 반대로 Context의 다른 파생형을 만들기만 하면 State 파생형들의 논리에 영향을 주지 않고도 행동들을 변경하거나 교체할 수 있다.

매우 효율적이라는 점도 이 기법의 또 다른 장점이다. 아마 중첩된 switch/case 구현만큼이나 효율적일 것이다. 따라서 스테이트 패턴을 사용하면 테이블 주도적 접근 방법의 유연성과 중첩된 switch/case 접근 방법의 효율성을 동시에 가질 수 있다.

---

[6] 14장의 '스트래터지 패턴' 절을 참고하라.

이 기법의 비용은 갑절이 든다. 첫째, State의 파생형을 작성하는 작업은 아무리 좋게 봐줘도 지루하다. 상태가 20개인 상태 기계를 작성하는 작업을 하다 보면 정신이 멍해질지도 모른다. 둘째, 논리가 분산된다. 상태 기계의 논리를 모두 볼 수 있는 장소가 없으며, 따라서 코드를 유지보수하기 힘들어진다. 이것은 중첩된 switch/case 접근 방법을 쓴 코드의 난해함과 흡사하다.

상태 기계 컴파일러(SMC)

상태 파생형을 작성하는 지루함과 상태 기계의 논리를 한 장소에서 표현할 필요성 때문에 나는 텍스트로 작성된 상태 전이 테이블을 스테이트 패턴을 구현하는 데 필요한 클래스들로 변환하는 상태 기계 컴파일러(SMC: State Machine Compiler)를 만들게 되었다. 이 컴파일러는 무료이고 http://www.cleancoders.com에서 다운로드할 수 있다.

목록 29-8에서 컴파일러에 들어가는 입력을 볼 수 있다. 문법은 다음과 같다.

```
currentState
{
    event newState action
    ...
}
```

목록 29-8에서 맨 위의 네 줄은 각각 상태 기계의 이름, 컨텍스트 클래스의 이름, 시작 상태, 잘못된 이벤트를 받았을 때 던질 예외의 이름이다.

📋 **목록 29-8 Turnstile.sm**

```
FSMName Turnstile
Context Turnstile
ActionsInitial Locked
Exception FSMError {
    Locked {
        coin    Unlocked    unlock
        pass    Locked      alarm }

    Unlocked {
        coin    Unlocked    thankyou
        pass    Locked      lock }
}
```

이 컴파일러를 사용하려면, 행동 함수들을 선언하는 클래스도 하나 만들어야 한다. 이 클래스의 이름은 Context 라인에 명시하는데, 나는 여기서 TurnstileActions라는 이름을 사용했다(목록 29-9 참고).

```java
public abstract class TurnstileActions {
    public void lock() {
    }
    public void unlock() {
    }
    public void thankyou() {
    }
    public void alarm() {
    }
}
```

컴파일러는 이 컨텍스트 클래스에서 파생하는 클래스 하나를 생성한다. 생성된 클래스의 이름은 FSMName 라인에 명시하는데, 여기서는 Turnstile이라는 이름을 사용했다.

행동 함수를 TurnstileActions에 직접 구현할 수도 있었지만, 나는 컴파일러가 생성한 클래스로부터 파생받는 클래스를 하나 더 만들고 거기에 행동 함수들을 구현하는 편이 더 좋겠다고 생각했다. 이 클래스는 목록 29-10에서 볼 수 있다.

목록 29-10 TurnstileFSM.java

```java
public class TurnstileFSM extends Turnstile {
    private TurnstileController controller;
    public TurnstileFSM(TurnstileController controller) {
        this.controller = controller;
    }

    public void lock() {
        controller.lock();
    }

    public void unlock() {
        controller.unlock();
    }

    public void thankyou() {
        controller.thankyou();
    }

    public void alarm() {
        controller.alarm();
    }
}
```

우리가 작성해야 할 코드는 이것이 전부다. 나머지는 모두 SMC가 생성해준다. 그림 29-5에서 결과로 나온 구조를 볼 수 있는데, 이런 구조를 가리켜 3차원 유한 상태 기계(THREE-LEVEL FINITE STATE MACHINE)라고 한다.[7]

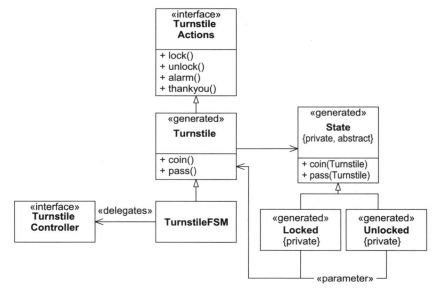

그림 29-5 3차원으로 구성된 FSM

이렇게 3차원으로 구현하면 매우 낮은 비용으로 최대의 유연성을 얻을 수 있다. Turnstile Actions로부터 파생하기만 하면 서로 다른 유한 상태 기계를 많이 만들 수도 있고, Turnstile로부터 파생하기만 하면 행동들을 여러 가지 방법으로 구현할 수도 있다.

자동으로 생성된 코드와 여러분이 작성해야 하는 코드가 완전히 분리되어 있음을 눈여겨보자. 자동 생성된 코드를 여러분이 직접 변경해야 할 일은 절대로 없어야 한다. 심지어 그 코드를 보는 일도 없어야 한다. 여러분이 이진 코드에 주의를 기울이는 수준과 같은 정도로 그 코드를 대해도 될 것이다.

이 개찰구 예제의 코드와 기타 지원 코드는 이 장 마지막의 '코드' 절에 있는 목록 29-13부터 목록 29-15까지에서 볼 수 있다.

스테이트 패턴에 SMC 접근 방법을 사용할 때의 비용과 장점 이 방법이 다양한 접근 방법의 장점만 모아놓았다는 점은 분명하다. 유한 상태 기계에 대한 설명은 한 장소에 모두 모여 있

---

[7] [PLoPD1], p. 383

고, 따라서 유지보수하기도 매우 쉽다. 유한 상태 기계의 논리와 행동의 구현이 철저히 분리되어 있으므로, 다른 쪽에 영향을 주지 않고 한쪽을 바꿀 수 있다. 이 해결 방법은 효율적이고, 우아하고, 코딩해야 할 양도 매우 적다.

SMC를 사용해야 한다는 점이 이 해결 방법의 비용이다. 또 다른 도구 하나가 있어야 하고, 이 도구의 사용 방법도 익혀야 한다. 하지만 SMC의 경우에는 그 도구를 설치하거나 사용하는 방법이 놀랄 만큼 간단하다(목록 29-16과 그 앞의 단락들을 참고하라). 게다가 공짜다!

어떤 경우에 상태 기계를 사용해야 하는가?

나는 상태 기계(와 SMC)를 다양한 종류의 애플리케이션에서 사용한다.

GUI에 대한 상위 수준의 애플리케이션 정책

사람들이 사용하기 위한 무상태(stateless) 인터페이스를 만드는 것이 1980년대 그래픽 혁명의 목표 중 하나였다. 그 당시 컴퓨터 인터페이스는 계층 구조 메뉴를 사용하는 텍스트로 된 접근 방식이 지배적이었다. 이 접근 방법에서는 현재 화면이 속한 상태가 어떤 것인지 모르는 채 메뉴 구조 속에서 길을 잃기 쉬웠다. GUI는 화면에서 일어나는 상태 변화의 개수를 최소화함으로써 이 문제를 줄여주었다. 현대적 GUI에서는, 주로 쓰는 기능들을 항상 화면에서 볼 수 있게 하고 사용자가 숨겨진 상태 때문에 혼란을 느끼는 일이 없도록 만들기 위해 엄청난 분량의 작업을 한다.

그런데 이러한 '무상태' GUI를 구현하는 코드 자체는 상태와 밀접하다는 점이 아이러니하다. 이런 GUI의 코드는 어떤 메뉴 항목과 버튼을 비활성화해야 하고, 어떤 하위 창을 보여줘야 하고, 어떤 탭을 활성화해야 하고, 초점을 어디에 맞추어야 하는지 등을 알아내야만 한다. 이런 모든 결정은 그 인터페이스의 상태와 관련이 있다.

나는 이런 요소들을 단일 제어 구조하에 조직해놓지 않으면 이것들을 제어하는 일은 악몽이라는 사실을 굉장히 오래전에 배웠다. 이런 제어 구조의 특징은 FSM으로 가장 잘 나타낼 수 있다. 그때부터 내가 작성하는 거의 모든 GUI에서는 SMC(가 완성되기 전에는 비슷한 일을 하는 이전 프로그램들)가 생성하는 FSM을 사용한다.

목록 29-11의 상태 기계를 보자. 이 기계는 어떤 애플리케이션의 로그인 부분 GUI를 제어한다. 시작 이벤트를 받으면 이 기계는 로그인 화면을 보여준다. 사용자가 엔터 키를 누르면 기계는 비밀번호를 확인한다. 비밀번호가 맞는다면 이 기계는 `loggedIn` 상태로 가서 사용자 프로세스(여기서는 보이지 않는다)를 시작한다. 만약 비밀번호가 틀리다면, 기계는 사용자에게 비밀번호가 잘못되었다고 알려주는 화면을 표시한다. 다시 입력하고 싶다면 사용자는 OK 버튼을 누르고, 아니면 취소 버튼을 누른다. 세 번 연속 잘못된 비밀번호를 입력했다면 (thirdBadPassword 이벤트), 기계는 관리자 비밀번호가 입력될 때까지 화면을 잠근다.

📟 **목록 29-11** login.sm

```
Initial init {
    init {
        start logginIn displayLoginScreen }

    logginIn {
        enter checkingPassword checkPassword
        cancel init clearScreen
    }

    checkingPassword {
        passwordGood loggedIn startUserProcess
        passwordBad notifyingPasswordBad displayBadPasswordScreen
        thirdBadPassword screenLocked displayLockScreen
    }

    notifyingPasswordBad {
        OK checkingPassword displayLoginScreen
        cancel init clearScreen
    }

    screenLocked {
        enter checkingAdminPassword checkAdminPassword
    }

    checkingAdminPassword {
        passwordGood init clearScreen
        passwordBad screenLocked displayLockScreen
    }
}
```

여기서 우리가 한 작업은 애플리케이션의 상위 수준 정책을 상태 기계에 담는 것이다. 이제 상위 수준 정책은 한 장소에 머물러 있으며 유지보수하기도 쉽다. 시스템의 나머지 코드도 정책 코드와 섞이지 않기 때문에 굉장히 단순해진다.

분명히 GUI 외의 인터페이스에도 이 접근 방법을 사용할 수 있다. 사실, 나는 텍스트로 된 인터페이스나 기계 대 기계 인터페이스에도 비슷한 접근 방법을 사용하고 있다. 하지만 이보다 GUI가 더 복잡해지기 쉬우므로, 이런 접근 방식에 대한 필요나 사용되는 규모가 더 크다.

GUI 상호작용 컨트롤러

사용자가 화면에 상자를 그릴 수 있게 하고 싶다고 해보자. 사용자가 수행하는 동작은 다음과 같다. 먼저 팔레트 창에서 상자 아이콘을 클릭한다. 그리고 그림 창에서 상자의 한 모서리가 놓일 지점으로 마우스를 가져간다. 그런 다음, 마우스 버튼을 누른 채 원하는 모서리까지 마우스를 드래그한다. 사용자가 마우스를 드래그하는 동안 그려질 상자의 모습이 화면에 애니메이션화되어 나타난다. 사용자는 마우스를 드래그하는 동안 마우스 버튼을 누르고 있으면서 상자를 원하는 모양이 될 때까지 조작한다. 상자가 마음에 들면, 사용자는 마우스 버튼을 놓는다. 그러면 프로그램은 상자의 애니메이션을 중단하고 화면에 고정된 상자를 그린다.

물론, 사용자는 언제든지 다른 팔레트 아이콘을 눌러서 이 과정을 중단할 수 있다. 사용자가 마우스를 그림 창 바깥으로 드래그하면 애니메이션은 중단된다. 그리고 마우스가 그림 창으로 돌아오면 애니메이션이 다시 나타난다.

마지막으로, 상자를 다 그린 다음에도 사용자는 단지 그림 창에 마우스로 클릭하고 드래그하는 것만으로도 다른 상자를 그릴 수 있다. 팔레트의 상자 아이콘을 다시 누를 필요가 없다.

지금까지 설명한 것은 유한 상태 기계로, 그림 29-6에서 상태 전이 다이어그램을 볼 수 있다. 화살표가 나오는 속이 채워진 원은 상태 기계의 시작 상태를 의미한다.[8] 속이 채워진 원 둘레에 다시 원이 그려진 것은 기계의 최종 상태를 나타낸다.

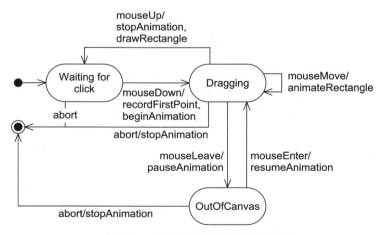

그림 29-6 상자 그리기 상호작용 상태 기계

---

[8] 부록 B의 '상태와 내부 전이' 보충 설명을 참고하라.

GUI 상호작용은 유한 상태 기계로 가득 차 있다. 이 기계들은 사용자로부터 오는 이벤트를 받아서 작동하는데, 이 이벤트들이 상호작용의 상태를 변경한다.

분산 처리

분산 처리도 들어오는 이벤트에 기반해서 시스템의 상태가 변경되는 또 다른 상황이다. 예를 들어, 네트워크의 한 노드에서 다른 노드로 커다란 정보 단위를 전달해야 한다고 생각해보자. 이때 네트워크 응답 시간이 매우 중요하므로 이 단위 하나를 패킷 여러 개로 쪼개서 보내야 한다고도 생각해보자.

그림 29-7에서 이 시나리오를 나타내는 상태 기계를 볼 수 있다. 이 기계는 전송 세션을 요청하면서 시작하고, 각 패킷을 보내고 수신 승인을 기다리면서 진행하며, 세션을 끝냄으로써 종료한다.

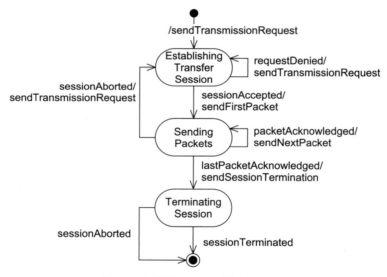

그림 29-7 큰 단위를 여러 패킷을 이용해서 보내기

결론

유한 상태 기계는 많이 활용되지 않고 있다. 그러나 유한 상태 기계의 사용이 더 분명하고, 더 단순하고, 더 유연하고, 더 정확한 코드를 작성하는 일에 도움이 되는 시나리오는 이 외에도 아주 많다. 스테이트 패턴과 상태 전이 테이블로부터 코드를 생성하는 단순한 도구들을 활용하면 큰 도움이 될 것이다.

코드

Turnstile.java(전이 테이블을 해석하는 접근 방법 사용)

이 코드는 전이 자료 구조의 벡터를 해석하는 방법으로 유한 상태 기계를 구현하는 방법을 보여준다. 이 코드는 목록 29-2의 TurnstileController 및 목록 29-3의 TurnstileTest와 완벽하게 호환된다.

목록 29-12 Turnstile.java(전이 테이블을 해석하는 접근 방법 사용)

```java
import java.util.Vector;
import javax.swing.Action;

public class Turnstile {
    // 상태
    public static final int LOCKED = 0;
    public static final int UNLOCKED = 1;

    // 이벤트
    public static final int COIN = 0;
    public static final int PASS = 1;

    /* 전용 */
    int state = LOCKED;

    private TurnstileController turnstileController;
    private Vector transitions = new Vector();

    private interface Action {
        void execute();
    }

    private class Transition {
        public Transition(int currentState, int event,
                int newState, Action action) {
            this.currentState = currentState;
            this.event = event;
            this.newState = newState;
            this.action = action;
        }

        int currentState;
        int event;
        int newState;
        Action action;
    }
```

```java
    public Turnstile(TurnstileController action) {
        turnstileController = action;
        addTransition(LOCKED, COIN, UNLOCKED, unlock());
        addTransition(LOCKED, PASS, LOCKED, alarm());
        addTransition(UNLOCKED, COIN, UNLOCKED, thankyou());
        addTransition(UNLOCKED, PASS, LOCKED, lock());
    }

    private void addTransition(int currentState, int event,
            int newState, Action action) {
        transitions.add(new Transition(currentState, event, newState, action));
    }

    private Action lock() {
        return new Action() {
            public void execute() {
                doLock();
            }
        };
    }

    private Action thankyou() {
        return new Action() {
            public void execute() {
                doThankyou();
            }
        };
    }

    private Action alarm() {
        return new Action() {
            public void execute() {
                doAlarm();
            }
        };
    }

    private Action unlock() {
        return new Action() {
            public void execute() {
                doUnlock();
            }
        };
    }

    private void doUnlock() {
        turnstileController.unlock();
    }

    private void doLock() {
        turnstileController.lock();
```

```
    }

    private void doAlarm() {
        turnstileController.alarm();
    }

    private void doThankyou() {
        turnstileController.thankyou();
    }

    public void event(int event) {
        for (int i = 0; i < transitions.size(); i++) {
            Transition transition = (Transition) transitions.elementAt(i);
            if (state == transition.currentState
                    && event == transition.event) {
                state = transition.newState;
                transition.action.execute();
            }
        }
    }
}
```

SMC가 생성한 Turnstile.java와 그 밖의 지원 파일

목록 29-13부터 29-16까지에서 지하철 개찰구의 SMC 예제 전체를 볼 수 있다. Turnstile.java
는 SMC가 생성했다. 약간 지저분하지만, 나쁜 코드는 아니다.

💻 **목록 29-13 Turnstile.java(SMC가 생성)**

```
// ---------------------------------------------
//
// FSM: Turnstile
// Context: TurnstileActions
// Exception: FSMError
// Version:
// Generated: Thursday 09/06/2001 at 12:23:59 CDT
//
//---------------------------------------------
//---------------------------------------------//
// Turnstile 클래스
// 유한 상태 기계 클래스다.
//
public class Turnstile extends TurnstileActions {
    private State itsState;
    private static String itsVersion = "";

    // 각 상태에 대한 인스턴스 변수
```

```
    private static Locked itsLockedState;
    private static Unlocked itsUnlockedState;

    // 생성자
    public Turnstile() {
        itsLockedState = new Locked();
        itsUnlockedState = new Unlocked();

        itsState = itsLockedState;

        // Locked에 대한 진입 함수
    }

    // 접근자 함수

    public String getVersion() {
        return itsVersion;
    }

    public String getCurrentStateName() {
        return itsState.stateName();
    }

    // 이벤트 함수 – 현재 상태를 전송한다.

    public void pass() throws FSMError {
        itsState.pass();
    }

    public void coin() throws FSMError {
        itsState.coin();
    }

    //-----------------------------------------
    //
    // 전용 State 클래스
    // State 기반 클래스다.
    //
    private abstract class State {
        public abstract String stateName();

        // 기본 이벤트 함수

        public void pass() throws FSMError {
            throw new FSMError("pass", itsState.stateName());
        }

        public void coin() throws FSMError {
            throw new FSMError("coin", itsState.stateName());
        }
    }
```

```java
//-------------------------------------------
//
// Locked 클래스
// Locked 상태와 그 이벤트를 처리한다.
//
private class Locked extends State {
    public String stateName() {
        return "Locked";
    }

    //
    // coin 이벤트에 응답한다.
    //
    public void coin() {
        unlock();

        // 상태를 변경한다.
        itsState = itsUnlockedState;
    }

    //
    // pass 이벤트에 응답한다.
    //
    public void pass() {
        alarm();

        // 상태를 변경한다.
        itsState = itsLockedState;
    }
}

//-------------------------------------------
//
// Unlocked 클래스
// Unlocked 상태와 그 이벤트를 처리한다.
//
private class Unlocked extends State {
    public String stateName() {
        return "Unlocked";
    }

    //
    // pass 이벤트에 응답한다.
    //
    public void pass() {
        lock();

        // 상태를 변경한다.
        itsState = itsLockedState;
    }
```

```
        //
        // coin 이벤트에 응답한다.
        //
        public void coin() {
            thankyou();

            // 상태를 변경한다.
            itsState = itsUnlockedState;
        }
    }
}
```

FSMError는 잘못된 이벤트가 있을 경우 발생시키라고 우리가 SMC에게 지시한 예외다. 개찰구 예제는 너무 단순하기 때문에 잘못된 이벤트가 있을 수 없으므로 이 예외가 쓸모없다. 하지만 커다란 상태 기계에는 특정 상태에서 일어나면 안 되는 이벤트들이 있다. 이런 종류의 전이는 SMC에 들어가는 입력 파일에서 전혀 언급되지 않는다. 따라서 이런 이벤트가 일어난다면 자동 생성된 코드에서는 이 예외를 발생시킨다.

목록 29-14 FSMError.java

```java
public class FSMError extends Exception {
    public FSMError(String event, String state) {
        super("Invalid event:" + event + " in state:" + state);
    }
}
```

SMC가 생성한 상태 기계의 테스트 코드는 이 장에서 우리가 작성한 다른 테스트 프로그램과 매우 유사하다. 몇 가지 사소한 차이점만 있다.

목록 29-15 SMCTurnstileTest.java

```java
import junit.framework.TestCase;
import junit.swingui.TestRunner;

public class SMCTurnstileTest extends TestCase {
    public static void main(String[] args) {
        TestRunner.main(new String[] { "SMCTurnstileTest" });
    }

    public SMCTurnstileTest(String name) {
        super(name);
    }

    private TurnstileFSM t;
```

```
private boolean lockCalled = false;
private boolean unlockCalled = false;
private boolean thankyouCalled = false;
private boolean alarmCalled = false;

public void setUp() {
    TurnstileController controllerSpoof = new TurnstileController()  {
        public void lock() {
            lockCalled = true;
        }
        public void unlock() {
            unlockCalled = true;
        }
        public void thankyou() {
            thankyouCalled = true;
        }
        public void alarm() {
            alarmCalled = true;
        }
    };

    t = new TurnstileFSM(controllerSpoof);
}

public void testInitialConditions() {
    assertEquals("Locked", t.getCurrentStateName());
}

public void testCoinInLockedState() throws Exception {
    t.lock();
    t.coin();
    assertEquals("Unlocked", t.getCurrentStateName());
    assert(unlockCalled);
}

public void testCoinInUnlockedState() throws Exception {
    t.unlock()   // Unlocked 상태로 놓는다.
    t.coin();
    assertEquals("Unlocked", t.getCurrentStateName());
    assert(thankyouCalled);
}

public void testPassInLockedState() throws Exception {
    t.lock();
    t.pass();
    assertEquals("Locked", t.getCurrentStateName());
    assert(alarmCalled);
}

public void testPassInUnlockedState() throws Exception {
    t.unlock(); // 잠금 풀림
```

```
            t.pass();
            assertEquals("Locked", t.getCurrentStateName());
            assert(lockCalled);
        }
    }
```

TurnstileContoller 클래스는 이 장에서 나온 다른 것과 동일하다. 목록 29-2에서도 이것을 볼 수 있다.

목록 29-16은 Turnstile.java 코드를 생성하기 위해 사용된 ant 파일이다. 생각보다 별것 아님을 알 수 있을 것이다. 사실, 도스(DOS) 창에서 간단히 코드 생성 명령을 내리고 싶다면, 이렇게 입력하면 된다.

```
java smc.Smc -f TurnstileFSM.sm
```

📖 목록 29-16 build.xml

```
<project name="SMCTurnstile" default="TestSMCTurnstile" basedir=".">

    <property environment="env" />

    <path id="classpath">
        <pathelement path="${env.CLASSPATH}"/>
    </path>

    <target name="TurnstileFSM">
        <java classname="smc.Smc">
            <arg value="-f TurnstileFSM.sm"/>
            <classpath refid="classpath" />
        </java>
    </target>

</project>
```

참고 문헌

1. Gamma, et al. *Design Patterns*. Reading, MA: Addison–Wesley, 1995.

2. Coplien and Schmidt. *Pattern Languages of Program Design*. Reading, MA: Addison–Wesley, 1995.

ETS 프레임워크

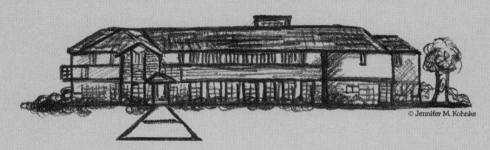

© Jennifer M. Kohnke

로버트 C. 마틴과 제임스 뉴커크 공동 집필

이 장에서는 1993년 3월부터 1997년 후반까지 개발한, 규모가 큰 소프트웨어 프로젝트에 대해 설명한다. 이 소프트웨어는 교육 시험 서비스(ETS: Educational Testing Service)로부터 의뢰받아 오브젝트 멘토사(OMI: Object Mentor, Inc.)의 다른 개발자와 공동으로 개발했다.

이 장에서는 재사용 가능한 프레임워크를 제작하기 위한 기술적, 관리적 기법들에 초점을 맞춘다. 그런 프레임워크의 구축은 프로젝트의 성공에 핵심적인 단계였으며, 이것의 개발 이력과 설계도 교육적 효과가 있는 것으로 드러났다.

완벽한 환경에서 개발되는 소프트웨어 프로젝트는 없으며, 이것 역시 예외는 아니었다. 설계의 기술적 측면을 이해하기 위해서는 환경 문제도 함께 고려해야 한다는 점이 중요하다. 그러므로 여기서도 프로젝트의 소프트웨어 공학적 측면으로 들어가기 전에, 이 프로젝트의 배경과 프로젝트 개발 환경에 대한 이해부터 시작하려고 한다.

소개

프로젝트 개요

미국이나 캐나다에서 건축사 면허를 따려면 시험을 통과해야 한다. 시험을 통과하면, 주 면허 위원회(state licensing board)에서 여러분이 건축 사업을 할 수 있도록 면허를 발급해준다. 이 시험은 미국 연방건축사등록위원회(NCARB: National Council of Architectural Registration Boards)의 규정에 따라 교육 시험 서비스(ETS: Educational Testing Service)가 개발했으며, 현재는 천시 그룹(Chauncey Group International)이 시험을 감독하고 있다.

시험은 9과목으로 구성되어 있고 며칠에 걸쳐서 치러진다. 시험에 있는 그래픽 과목 3개에서 응시자는 CAD와 유사한 환경에서 물체를 그리거나 배치해서 해결 방안을 만들어야 한다. 예를 들어, 응시자에게는 다음과 같은 문제가 주어질 수 있다.

- 특정 종류의 빌딩 평면도를 설계하시오.
- 이미 존재하는 빌딩에 들어맞는 지붕을 설계하시오.
- 제안된 빌딩을 주어진 토지 구획에 배치하고 그 빌딩에 사용될 주차장, 도로 체계, 보도 체계를 설계하시오.

과거에는 응시자들이 이 문제에 대한 해결 방안을 연필과 종이를 써서 그렸다. 그런 다음, 채점을 위해 이렇게 작성된 시험지들이 기간 심사원들에게 전달되었다. 이 심사원들은 시험지를 주의 깊게 검토해서 통과시킬 것인지 여부를 결정하는, 경험이 매우 풍부한 건축사들이었다.

1989년에 NCARB는 그래픽 과목들의 수행평가를 제공하고 채점하는 자동화된 시스템을 개발하는 일이 가능한지 알아보기 위한 조사를 ETS에 의뢰했다. 1992년 ETS와 NCARB는 그런 시스템이 가능하다는 의견에 동의했다. 게다가, 그들은 시험의 특성상 요구사항이 항시 변화하므로 객체 지향 접근 방법이 적절할 것이라고 생각했다. 그래서 설계에 대한 도움을 받기 위해 OMI에 문의했다.

1993년 봄, OMI는 시험의 한 부분을 만들기 위한 계약을 체결했다. 1년 후 그 부분을 성공적으로 완수해내자, OMI는 나머지 부분을 만들기 위한 두 번째 계약도 체결했다.

프로그램 구조 ETS가 결정한 구조는 상당히 명쾌했다. 그래픽 시험은 문제 15개로 나뉘는데, 각 문제는 '비네트(vignette)'라고 한다. 비네트마다 각각 특정 지식 분야를 시험하는 구조다.

어떤 비네트는 응시자의 지붕 설계에 대한 이해도를 시험하고, 또 어떤 비네트는 응시자의 평면도 설계에 대한 이해도를 시험하는 식이다.

각 비네트는 다시 두 항목으로 세분된다. '수행평가' 항목은 응시자가 지금 푸는 문제의 해결 방안을 '그리게' 해주는 그래픽 사용자 인터페이스가 될 부분이고, '채점' 항목은 수행평가 항목에서 작성된 답안을 읽어서 채점하게 될 부분이다. 응시자는 자신에게 편리한 지역에서 수행평가에 응시할 수 있다. 그러면 이렇게 응시자가 작성한 답안은 중앙 처리 장소로 전송되어서 채점이 된다.

스크립트 비네트는 15개밖에 없지만, 비네트 하나마다 여러 가지 '스크립트'가 있을 수 있다. 스크립트는 응시자가 풀게 될 문제의 정확한 본질을 자세히 기술한다. 예를 들어, 평면도 비네트에 있는 스크립트 중 하나는 응시자에게 도서관을 설계해보라는 것이고, 또 다른 하나는 식품점을 설계해보라는 것일 수 있다. 따라서 우리는 비네트 프로그램이 수행하고 채점하는 방식이 지금 그 위에서 돌아가는 스크립트에 따라 결정될 수 있도록 비네트 프로그램을 일반적으로 만들어야 했다.

플랫폼 수행평가와 채점 프로그램 모두 윈도우 3.1용이었다(나중에 윈도우 95/NT용으로 업그레이드되었다). 프로그램은 객체 지향 기법들을 사용해서 C++로 작성되었다.

최초 계약 1993년 봄, OMI는 비네트 중 가장 복잡한 '빌딩 설계'의 수행평가와 채점을 개발하기로 하는 계약을 체결했다. 이런 결정을 내리는 데는 위험을 관리하고 팀의 추정 프로세스를 조정하기 위한 방법으로 가장 위험도가 높은 요소부터 먼저 개발해보라는 부치(Booch)의 권고가 동기를 부여했다.

빌딩 설계 빌딩 설계는 응시자가 상대적으로 단순한 2층 빌딩의 평면도를 설계할 수 있는 능력이 있는지 시험하는 비네트다. 응시자에게는 요구사항과 제약사항까지 완전히 갖추어진 빌딩을 설계하라는 과제가 주어진다. 그러면 응시자는 수행평가 프로그램을 사용해서 방, 문, 창문, 복도, 계단, 엘리베이터를 자신의 해결 방안에 배치한다.

그런 다음, 채점 프로그램은 응시자의 지식을 평가하는 많은 수의 '특징'을 가지고 해결 방안을 채점한다. 이 특징들이 정확히 어떤 것인지는 비밀에 붙여져 있지만, 일반적으로 다음과 같은 것들을 평가한다.

- 빌딩이 고객의 요구사항을 만족시키는가?
- 빌딩이 법률이 규정하는 바를 따르는가?
- 응시자가 자신의 설계 논리를 제시하는가?
- 빌딩과 그 빌딩의 방들이 그 부지에 올바르게 배치되어 있는가?

1993년부터 1994년까지의 초창기

초기 단계에서는 두 사람(마틴과 뉴커크)이 이 프로젝트의 유일한 개발자였다. ETS의 계약에 따라 우리는 '빌딩 설계'에 대한 수행평가와 채점 프로그램을 만들어야 했지만, 빌딩 설계뿐만 아니라 재사용 가능한 프레임워크도 함께 만들고 싶었다.

1997년까지는 비네트 15개의 수행평가와 채점 프로그램이 동작할 수 있어야 했다. 우리에게는 4년이란 시간이 주어진 것이다. 재사용 가능한 프레임워크가 이 목표를 이루는 데 큰 도움이 되리라고 생각했다. 이런 프레임워크를 만들면 비네트들의 일관성과 품질을 유지하는 데도 지속적으로 도움을 받게 될 것이다. 무엇보다도, 여러 비네트의 비슷한 기능들이 미묘하게 다른 방식으로 작동하기를 원하지 않았다.

따라서 1993년 3월 우리는 빌딩 설계의 두 컴포넌트뿐만 아니라 나머지 14개의 비네트에서 재사용할 수 있는 프레임워크도 만들기 위한 일을 시작했다.

성공   1993년 10월, 수행평가와 채점 프로그램의 첫 번째 판이 완성되었고, 이 프로그램들을 NCARB와 ETS의 담당자들 앞에서 시연했다. 이 시연은 흡족한 평가를 받았고, 1994년 1월에 현장 테스트를 해보기로 일정이 잡혔다.

대부분의 프로젝트와 마찬가지로, 사용자들이 실제로 프로그램이 동작하는 모습을 보게 되자 그들은 우리에게 요청한 것이 사실 정말로 그들이 원하던 것이 아님을 깨달았다. 1993년에는 ETS에게 매주 이 비네트의 중간 단계 판을 보냈고, 10월 시연이 있을 때까지 굉장히 많은 수의 변경과 개선사항이 있었다.

시연이 끝나자, 다가올 현장 테스트 때문에 변경과 개선 요청이 물밀 듯이 몰려들었다. 우리 두 사람은 이런 변경 요청을 반영하고 테스트하고 현장 테스트를 위해 프로그램을 준비하면서, 이 일에만 투입되어 바쁘게 일했다.

그런데 빌딩 설계 명세의 변동은 현장 테스트의 결과 더 심해져서, 우리 두 사람은 1994년 1/4분기까지 더욱 바쁘게 일해야만 했다.

1993년 12월, 나머지 비네트를 구축하기 위한 계약 협상이 시작되었다. 이 협상을 마무리 짓는 데는 3개월이 걸렸다. 1994년 3월, ETS와 OMI는 프레임워크와 비네트 10개를 더 만들기로 하는 계약을 체결했다. 나머지 비네트 5개는 ETS가 보유한 공학자들이 우리 프레임워크를 기반으로 만들게 될 것이었다.

프레임워크?

1993년 후반, 빌딩 설계의 변동이 한참 심할 때 우리 중 한 명(뉴커크)이 앞으로 체결할 계약에서 자신의 역할을 준비하기 위해 ETS의 공학자 한 명과 일주일을 보냈다. 목적은 60,000라인 분량의 재사용 가능한 C++ 프레임워크 안의 코드를, 다른 비네트를 만드는 데 재사용하는 방법을 보이기 위해서였다. 하지만 뜻한 대로 일이 진행되지 않았다. 한 주가 끝날 때쯤, 프레임워크를 재사용할 수 있는 유일한 방법은 그것의 소스 코드의 일부분을 새로운 비네트에 이리저리 복사해 붙여넣는 것뿐이라는 사실이 분명해졌다. 분명히 이것은 좋은 선택 방법이 아니었다.

지나고 나서 보니까, 우리가 제대로 작동하는 프레임워크를 만들지 못한 데에는 두 가지 이유가 있었다. 첫째, 우리는 빌딩 설계에만 초점을 맞추고 그 밖의 비네트들을 모두 고려 대상에서 배제하고 있었다. 둘째, 우리는 몇 달 동안 요구사항의 변동과 일정의 압박에 시달리고 있었다. 이 두 가지 원인이 함께 작용해서, 빌딩 설계에만 한정된 개념들이 프레임워크에 스며들었다.

우리는 순진하게도 객체 지향 기술의 장점을 너무 당연하게 생각했던 것 같다. C++를 사용하고 주의 깊게 객체 지향 설계를 하면, 재사용 가능한 프레임워크를 만드는 일이 쉬우리라 생각했다. 하지만 우리 생각이 틀렸다. 오래전부터 알려져 있던 사실을 뒤늦게 발견했던 것이다. 재사용 가능한 프레임워크를 만드는 일은 힘들다.

프레임워크!

1994년 3월 새로운 계약에 서명하고 난 후, 프로젝트에 공학자 두 명을 추가하고 새로운 비네트를 개발하기 시작했다. 아직도 프레임워크가 필요하다는 믿음을 유지하고 있었으며, 지금 있는 것은 프레임워크의 기능을 제대로 하지 못할 것이라는 데 수긍하고 있었다. 전략을 바꾸어야 한다는 것이 분명했다.

1994년 팀

- 로버트 C. 마틴(Robert C. Martin), 아키텍트 겸 수석 설계자, 경력 20년 이상
- 제임스 W. 뉴커크(James W. Newkirk), 설계자 겸 프로젝트 리더, 경력 15년 이상
- 바마 라오(Bhama Rao), 설계자 겸 프로그래머, 경력 12년 이상
- 윌리엄 미첼(William Mitchell), 설계자 겸 프로그래머, 경력 15년 이상

마감 시각

시험이 1997년에 실전에 투입될 것이라는 사실이 우리의 마감 시각을 정해놓았다. 응시자는 2월에 시험을 치르고 5월에 채점이 이루어질 것이었다. 이것은 절대적인 요구사항이었다.

전략

일정을 지키면서도 프로그램의 품질과 일관성을 확실히 유지하고자, 프레임워크를 구축하기 위한 새로운 전략을 채택했다. 원래 있던 60,000라인 분량의 프레임워크 일부분은 유지되었지만, 대부분은 버려졌다.

채택되지 않은 대안　비네트들을 만들기 시작하기 전에 먼저 프레임워크를 재설계해서 완료하는 것도 한 가지 선택 방법이다. 사실, 이렇게 하는 것이 아키텍처 주도적 접근 방법이라고 생각하는 사람이 많을 것이다. 하지만 우리는 이 방법을 따르지 않기로 했는데, 만약 이 방법대로 하면 실제로 돌아가는 비네트 내부에서 테스트해볼 수 없는 프레임워크 코드가 굉장히 많이 만들어지기 때문이다. 우리는 비네트가 프레임워크에서 무엇을 필요로 할지 완벽하게 예측할 수 있는 능력이 우리에게 있다고 믿지 않았다. 요약하자면, 실제로 돌아가는 비네트에서 사용해봄으로써 아키텍처를 거의 즉시 검증해봐야만 한다고 생각했다. 우리는 추측을 하고 싶지 않았다.

레베카 워프스-브록(Rebecca Wirfs-Brock)은 "적어도 세 번 이상 그 프레임워크를 기반으로 애플리케이션을 구축해봐야(그리고 실패해봐야) 그 도메인에 맞는 올바른 아키텍처를 구축했다는 자신감이 그런대로 생길 수 있다."고 말했다.[*1] 프레임워크를 만드는 데 실패하고 나서 우리도 비슷한 생각을 하게 되었다. 따라서 새로운 비네트들 여러 개의 개발과 프레임워크의 개발을 동시에 진행하기로 결정했다. 그렇게 하면 비네트들의 유사한 특징들을 비교해본 다음 그 특

---

*1　[BOOCH-OS], p. 275

징들을 일반적이고 재사용 가능한 방식으로 프레임워크에 설계할 수 있게 될 것이다.

비네트 4개의 개발이 동시에 시작되었다. 개발이 진행되면서, 어떤 부분들이 유사한 것으로 드러났다. 그러면 우리는 이런 부분들을 좀 더 일반적이고 나머지 3개의 비네트에도 잘 들어맞는 형식으로 리팩토링했다. 따라서 적어도 비네트 4개에 성공적으로 재사용되지 않는 것들은 하나도 프레임워크에 들어올 수 없었다.

그리고 빌딩 설계의 여러 부분들도 잘라내서 비슷한 방식으로 리팩토링해서, 이 부분들이 나머지 3개의 비네트에서도 잘 작동하면 프레임워크에 넣었다.

프레임워크에 추가된 공통 기능들은 다음과 같다.

- UI 화면의 구조(메시지 창, 그림 창, 버튼 팔레트 등)
- 그래픽 요소를 만들고, 움직이고, 조정하고, 식별해내고, 지우는 기능
- 확대와 스크롤
- 직선, 원, 다각형 같은 단순한 그림 요소들을 그리는 기능
- 비네트의 시간 제한과 자동 종료
- 응시자가 작성한 답안 파일을 저장하고 읽어들이는 기능, 에러 복구 포함
- 많은 기하학 요소들의 수학적 모델: 직선, 방사선, 조각, 점, 상자, 원, 호, 삼각형, 다각형 등. 이 모델들에는 Intersaction, Area, IsPointIn, IsPointOn 등의 메소드가 포함되어 있다.
- 채점에 사용되는 특징들 각각의 평가와 비중 부여

이후 8개월 동안 프레임워크는 C++ 60,000라인 정도 분량으로 발전했는데, 이것은 한 사람이 1년 이상 직접적으로 노력을 기울여서 달성할 수 있는 정도의 작업량이다. 하지만 이 프레임워크는 각기 다른 비네트 4개에서 재사용될 것이었다.

결과

하나를 버리기   기존의 빌딩 설계는 어떻게 할 것인가? 프레임워크가 발전하고 새로운 비네트들이 이 프레임워크를 성공적으로 재사용할수록, 빌딩 설계는 점점 아웃사이더가 되어갔다. 이것은 다른 비네트들과 달라서 별도의 수단으로 유지보수하고 발전시켜야만 했다. 빌딩 설계를 만드는 데 1년 이상의 시간과 인력이 들어가긴 했지만, 우리는 냉혹하게 마음을 먹고 옛날

판을 완전히 버리기로 결정했다. 우리는 빌딩 설계를 프로젝트 주기의 후반부에서 다시 설계하고 구현하기로 했다.

긴 초기 개발 시간 첫 번째 비네트를 만드는 데 상대적으로 개발 기간이 길게 걸린다는 것이 프레임워크 전략의 부정적인 결과였다. 첫 번째 비네트 4개의 수행 프로그램을 개발하는 데 적어도 4인/연(man-year)이 필요했다.

재사용의 효율성 최초 비네트들이 완성되자, C++ 코드 60,000라인 분량의 풍부한 프레임워크가 만들어졌으며 비네트 수행 프로그램들의 크기는 놀랄 정도로 작았다. 각 프로그램마다 대략 4,000라인 정도의 전형적인 코드(즉, 모든 비네트에서 동일한 코드)가 있었다. 하나의 비네트에 한정된 코드는 가장 작은 비네트의 경우 약 500라인 정도였고 가장 큰 비네트의 경우 12,000라인 정도였다. 우리는 평균적으로 비네트마다 필요한 코드의 5/6 이상이 프레임워크에 있다는 사실이 대단하다고 생각했다. 오직 전체 코드의 1/10만이 한 애플리케이션에만 고유한 코드였다.

개발 생산성 첫 번째 비네트 4개 이후, 개발 시간이 극적으로 단축되었다. (빌딩 설계를 다시 작성하는 일을 포함해서) 7개의 수행 프로그램을 더 개발하는 작업은 18인/월(man-month) 만에 완료되었다. 이 새 비네트들의 코드 라인 수의 비율도 첫 번째 4개와 대략 비슷한 수준을 유지했다.

게다가, 처음에는 1인/연(man-year) 이상 걸렸던 빌딩 설계 프로그램을 프레임워크를 이용해서 처음부터 다시 작성하는 데는 오직 2.5인/월(man-month)밖에 걸리지 않았다. 거의 6:1 비율의 생산성 향상이다.

이 결과를 다른 방식으로 바라보면, 빌딩 설계를 포함한 첫 번째 비네트 5개는 하나 만드는 데 1인/연(man-year)이 필요했다. 하지만 이후의 비네트들은 하나 만드는 데 2.6인/월(man-month)이 필요했다. 거의 400%의 향상이다.

매주 전달 프로젝트의 시작부터 실제 개발 기간 전체에 걸쳐 우리는 ETS에게 매주 중간판을 전달했다. ETS는 이 중간판들을 테스트하고 평가한 다음 우리에게 변경사항의 목록을 전달했다. 우리는 이 변경사항들을 추정한 다음, 이 변경사항을 반영할 한 주의 일정을 ETS와 함께 잡았다. 어려운 변경사항이나 중요도가 낮은 변경사항은 종종 우선순위가 높은 변경사항에 밀려 늦어지곤 했다. 따라서 ETS는 프로젝트 전체에 걸쳐 프로젝트와 일정을 조절했다.

견고하고 유연한 설계 이 프로젝트에서 가장 만족스러운 측면 가운데 하나는 아키텍처와 프레임워크로 요구사항 변경의 강렬한 흐름을 무사히 헤쳐나갔던 방법이다. 개발이 한참 진행될 때는 변경사항과 고쳐야 할 항목의 긴 목록 없이 지나가는 일주일이 하나도 없었다. 이 변경사항 중 일부는 버그를 고치기 위한 것이었지만, 실제 요구사항의 변경 때문에 생긴 것이 더 많았다. 하지만 격렬한 개발 와중의 이런 모든 수정, 사소한 변경, 작은 조정에도 불구하고, "소프트웨어의 설계는 흐트러지지 않았다."[2]

최종 결과 1997년 2월이 되자, 건축사 응시자들이 면허 시험을 보기 위해 수행평가 프로그램을 사용하기 시작했다. 1997년 5월이 되자, 이들의 결과가 채점되기 시작했다. 시스템은 그때부터 지금까지 계속 돌아가고 있으며, 아주 잘 작동하고 있다. 현재 북미 대륙의 모든 건축사 응시자들은 이 소프트웨어를 사용해서 시험을 치른다.

프레임워크 설계

채점 애플리케이션들에 대한 공통된 요구사항

누군가의 지식과 기술을 시험하는 일이 얼마나 어려울지 생각해보라. NCARB 프로그램을 위해 ETS가 채택한 체계는 상당히 정교하다. 여기서는 간단한 가상의 예제(초급 수학 시험)를 살펴봄으로써 이 체계를 묘사하려고 한다.

초급 수학 시험에서 학생들은 간단한 덧셈과 뺄셈 수준의 문제부터 자릿수가 많은 곱셈과 나눗셈 수준의 문제까지 다양한 수준의 수학 문제 100문항을 풀게 된다. 우리는 이 문제들에 대한 학생들의 응답을 조사해서 학생들의 초급 산수 능숙도와 기량을 확인하려고 한다. 학생들에게 통과/실패 점수를 주는 것이 우리의 목표다. '통과(Pass)'는 학생이 초급 수학 문제를 푸는 데 필요한 기본적인 지식과 기량을 획득했음을 우리가 확신한다는 뜻이다. '실패(Fail)'는 학생이 그 지식과 기량을 획득하지 못했음을 우리가 확신한다는 뜻이다. 확신이 서지 않는 경우라면, '미정(indeterminate)'이라는 점수를 돌려줄 것이다.

하지만 우리에게는 다른 목표도 있다. 초급 수학의 주제를 하위 주제로 나눈 다음, 각 하위 주제마다 학생의 능력을 평가해서, 학생의 강점과 약점도 파악할 수 있었으면 한다.

---

[2] 피트 브리팅햄(Pete Brittingham), ETS의 NCARB 프로젝트 관리자

예를 들어, 곱셈에 관한 잘못된 사실을 배운 어떤 학생의 문제를 생각해보자. 이 학생은 언제나 7 × 8의 답을 42라고 하는 잘못을 저지른다고 해보자. 이 학생은 곱셈과 나눗셈에서 상당히 많은 문제를 틀리게 될 것이다. 분명히 이 학생이 시험을 통과하지 못하는 것은 당연해 보인다. 하지만 이 학생이 이것 빼고 나머지는 모두 올바로 했다고 생각해보자! 이 학생은 긴 자릿수 곱셈의 부분 값을 올바로 풀었고, 긴 자릿수 나눗셈을 올바른 구조로 풀기도 했다. 사실, 이 학생이 저지른 유일한 실수는 7 × 8이 42인 줄 알았다는 것뿐이다. 우리는 분명히 이런 사실에 대해 알고 싶을 것이다. 사실 이 학생의 잘못을 고치는 일은 너무 쉽기 때문에, 고쳐야 할 점이 무엇인지만 가르쳐주고 학생에게 통과 점수를 주고 싶을 것이다.

그렇다면 어떻게 시험 채점의 구조를 짜야 초급 수학에서 학생이 잘 푸는 분야와 그렇지 않은 분야를 결정할 수 있을까? 그림 30-1의 다이어그램을 생각해보자. 이 다이어그램에서 상자는 우리가 시험하고 싶은 지식 분야를 나타낸다. 직선은 계층적인 의존 관계를 나타낸다. 즉, 초급 수학에 대한 지식은 항과 인수에 대한 지식에 의존한다. 항에 대한 지식은 덧셈에 대한 지식과 덧셈과 뺄셈의 메커니즘에 의존한다. 덧셈에 대한 지식은 덧셈의 속성인 교환법칙과 결합법칙 그리고 받아올림*3의 메커니즘에 의존한다.

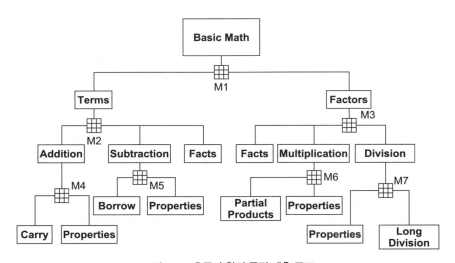

그림 30-1 초급 수학의 특징 계층 구조

---

*3 　역주　 6 + 8 = 4 + (6 + 4) = 14처럼, 십진수 덧셈을 할 때 넘치는 숫자를 윗자리로 올리는 방법

말단 상자는 '특징(feature)'이라고 한다. 특징은 평가할 수 있고 승인(acceptable, A), 불승인(unacceptable, U), 미정(indeterminate, I)을 매길 수 있는 지식의 단위다. 따라서 우리가 100 문제를 내고 학생이 여기에 답을 달았다면, 우리는 문제마다 모든 특징을 적용해서 점수를 매길 것이다. 예를 들어 '받아올림' 특징의 경우, 우리는 모든 덧셈 문제를 보면서 각 문제의 정답과 학생의 답을 비교한다. 만약 학생이 모든 덧셈 문제를 맞혔다면 이 받아올림 특징의 결과는 물론 'A'일 것이다. 하지만 학생이 문제를 틀렸다면, 틀린 문제마다 그 원인이 받아올림 때문이라고 할 수 있는지 알아봐야 한다. 학생이 저지를 법한 받아올림 잘못들의 조합을 가지고 그 중 하나가 학생이 단 답과 동일한 답을 내는지 찾아보는 방법을 쓸 수도 있을 것이다. 만약 우리가 학생이 받아올림을 잘못했다고 높은 확률로 결정할 수 있다면, 우리는 받아올림 특징의 점수를 그에 따라 조정할 것이다. 결과적으로 볼 때, 받아올림 특징이 돌려주는 점수는 답이 틀린 원인이 받아올림에 있다고 말할 수 있는 틀린 문제 수에 기반을 둔 통계적 결과가 될 것이다.

예를 들어 학생이 덧셈 문제의 절반을 틀렸고, 틀린 원인 대부분이 받아올림 잘못이라고 할 수 있다면, 우리는 분명히 받아올림 특징에 대해 'U'를 돌려줄 것이다. 반면, 받아올림 잘못이라고 생각되는 잘못이 1/4 정도밖에 안 된다면, 아마 'I'를 돌려줄 것이다.

결국, 모든 특징이 이 방식으로 평가된다. 시험의 답을 검사하는 모든 채점마다 그 특정한 특징에 대한 점수를 만들어낸다. 다양한 특징의 점수들이 모여 학생의 초급 수학 지식에 대한 분석 결과를 나타낸다.

다음 단계는 이 분석으로부터 최종 점수를 이끌어내는 것이다. 이것을 하려면, 비중과 행렬을 사용해서 각 특징의 점수들을 계층 구조 위쪽으로 합쳐 올라가야 한다. 그림 30-1에서 계층 구조의 각 단계마다 행렬 아이콘이 있는 것을 눈여겨보자. 계층 구조에서 한 단계의 점수는 그 아래 단계의 특징의 점수에 비중 인자를 적용한 다음, 비중이 들어간 점수를 이 행렬이 제공하는 표에 적용하는 방법으로 결정된다. 예를 들어, 덧셈(Addition) 노드 바로 아래에 있는 행렬은 받아올림(Carry)과 속성(Properties)의 점수들에 비중을 적용한 다음, 덧셈의 전체적인 점수를 생성하게 될 표를 제공하는 행렬이다.

그림 30-2를 보면 이런 행렬 중 하나의 형식을 볼 수 있다. 받아올림의 입력 값이 속성의 입력 값보다 더 중요하다고 생각되므로, 받아올림 입력 값의 비중이 두 배 더 높다. 그런 다음 비중이 적용된 점수를 합산해서 그 결과를 행렬에 적용한다.

그림 30-2 덧셈(Addition)의 행렬

예를 들어, 받아올림의 점수가 'I'이고 속성의 점수는 'A'라고 가정해보자. 여기서는 'U' 점수가 없으므로 행렬의 가장 왼쪽 열을 사용한다. 비중이 들어간 받아올림의 'I' 점수는 2이므로, 행렬의 세 번째 행을 봐야 한다. 그러면 결과가 'I'임을 볼 수 있다. 행렬에 구멍이 있다는 것도 보일 텐데, 이 구멍들은 불가능한 조건을 나타낸다. 현재 비중을 가지고는 행렬의 비어 있는 칸을 채울 수 있는 점수 조합이 없다.

최종 점수가 나올 때까지 이 비중과 행렬로 점수를 계산하는 체계를 계층 구조의 단계마다 반복해서 적용한다. 따라서 최종 점수는 다양한 특징 점수들이 합쳐진 결과다. 계층 구조의 이런 구조는 ETS의 교육측정평가분야 전문가들이 아주 정밀하게 조정해주어야 한다.

채점 프레임워크의 설계

그림 30-3에서 채점 프레임워크의 정적 구조를 볼 수 있다. 이 구조는 두 주요 부분으로 나누어볼 수 있다. 다른 것과 구별되는 형태의 오른쪽 클래스 3개는 프레임워크의 일부가 아니다. 이들은 특정한 채점 애플리케이션마다 따로 작성해야만 하는 클래스들을 나타낸다. 그림 30-3의 나머지 클래스들은 모든 채점 애플리케이션에서 공통으로 쓰이는 프레임워크 클래스들이다.

채점 프레임워크에서 가장 중요한 클래스는 Evaluator이다. 이 클래스는 채점 트리 구조의 말단(leaf) 노드와 매트릭스(matrix) 노드 둘 다 나타내는 추상 클래스다. Evaluate (ostream&) 함수는 채점 트리 구조에서 어떤 노드의 점수가 필요할 때 호출된다. 이 함수는 출력 장치에 점수를 기록으로 남기기 위한 표준적인 방법을 제공하기 위해 템플릿 메소드[4] 패턴을 사용한다.

---

[4] [GOF95], p. 325

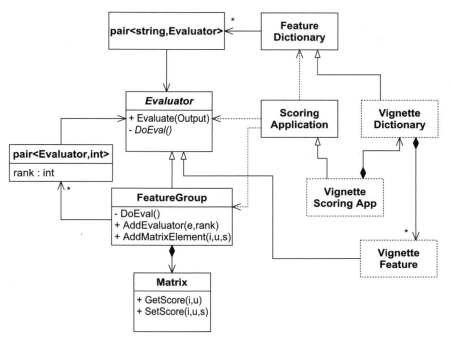

그림 30-3 채점 프레임워크

```cpp
class Evaluator {
    public :
        enum Score {A, I, U, F, X};
        Evaluator();
        virtual ~Evaluator();

        Score Evaluate(ostream& scoreOutput);

        void SetName(const String& theName) {
            itsName = theName;
        }

        const String& GetName() {
            return itsName;
        }

    private :
        virtual Score DoEval() = 0;

        String itsName;
}
```

목록 30-1과 목록 30-2를 보자. Evaluate() 함수는 순수 가상 함수이자 전용 함수인 DoEval()을 호출하는데, 채점 트리 구조 노드의 실제 점수 평가 작업을 수행하는 것은 이 함수다. 이 함수는 점수를 반환하고 Evaluate()가 반환된 점수를 표준 형식에 맞춰 출력할 수 있도록 한다.

목록 30-2 Evaluator::Evaluate

```
Evaluator :: Score Evaluator :: Evaluate(ostream & o) {
    static char scoreName[] = { 'A', 'I', 'U', 'F', 'X' }
    o << itsName << ":" score = DoEval();
    o << scoreName[score] << endl;

    return score;
}
```

채점 트리 구조의 말단 노드는 그림 30-3의 VignetteFeature 클래스로 나타낸다. 사실, 채점 애플리케이션마다 이런 종류의 클래스가 몇십 개 있다. 각 클래스는 자신이 맡고 있는 특징의 점수를 계산하기 위해 DoEval() 함수를 재정의한다.

채점 트리 구조의 행렬 노드는 그림 30-3의 FeatureGroup 클래스로 나타낸다. 목록 30-3에서 이 클래스가 어떻게 생겼는지 볼 수 있다. 여기에는 FeatureGroup 객체의 생성을 돕는 함수 2개가 있는데, 첫 번째가 AddEvaluator이고, 두 번째가 AddMatrixElement이다.

목록 30-3 FeatureGroup

```
class FeatureGroup : public Evaluator {
    public :
        FeatureGroup(const RWCString& name);
        virtual ~FeatureGroup();

        void AddEvaluator(Evaluator* e, int rank);

        void AddMatrixElement(int i, int u, Score s);
    private :
        Evaluator :: Score DoEval();
        Matrix itsMatrix;
        vector<pair<Evaluator*, int>> itsEvaluators;
}
```

AddEvaluator 함수를 사용하면 자식 노드를 FeatureGroup에 추가할 수 있다. 예를 들어 그림 30-1을 다시 보면, Addition 노드가 FeatureGroup이 될 것이고, Carry와 Properties 노드를 추가하기 위해 AddEvaluator를 두 번 부르게 될 것이다. AddEvaluator 함수에 서는 추가하는 Evaluator의 등급도 명시해줄 수 있다. 여기서 등급이란 그 Evaluator에서 나온 점수에 곱해지는 비중 인자다. 따라서 Carry를 AdditionFeatureGroup에 추가하기 위해 AddEvaluator를 호출할 때는 등급으로 2를 명시해야 하는데, Carry 특징이 Properties 특징보다 비중이 2배 더 크기 때문이다.

AddMatrixElement 함수는 행렬에 요소를 추가하는데, 행렬에서 채워져야 하는 요소마다 반드시 이 함수를 호출해주어야 한다. 예를 들어, 그림 30-2의 행렬은 목록 30-4에 나와 있는 일련의 호출로 만들어질 수 있다.

⌨ 목록 30-4 추가 행렬의 생성

```
addition.AddMatrixElement(0, 0, Evaluator :: A);
addition.AddMatrixElement(0, 1, Evaluator :: I);
addition.AddMatrixElement(0, 2, Evaluator :: U);
addition.AddMatrixElement(0, 3, Evaluator :: U);
addition.AddMatrixElement(1, 0, Evaluator :: A);
addition.AddMatrixElement(1, 2, Evaluator :: U);
addition.AddMatrixElement(2, 0, Evaluator :: I);
addition.AddMatrixElement(2, 1, Evaluator :: U);
addition.AddMatrixElement(3, 0, Evaluator :: U);
```

DoEval 함수는 단지 Evaluator들의 리스트 원소를 하나씩 방문하면서 그들의 점수에 등급을 곱한 다음 그 결과를 I와 U 누적 점수 가운데 해당하는 쪽에 더하기만 한다. 모든 방문이 끝나면, 이 함수는 이 누적 점수들을 행렬의 요소에 접근하기 위한 좌표로 사용해서 최종 결과를 이끌어낸다(목록 30-5 참고).

⌨ 목록 30-5 FeatureGroup::DoEval

```
Evaluator :: Score FeatureGroup :: DoEval() {
    int sumU, sumI;
    sumU = sumI = 0;
    Evaluator :: Score s, rtnScore;
    Vector<Pair<Evaluato*, int>> :: iterator ei;
    ei = itsEvaluators.begin()

    for (; ei != itsEvaluators.end(); ei++) {
        Evaluator* e = (*ei).first;
        int rank = (*ei).second;
```

```
        s = e.Evaluate(outputStream);

        switch (s) {
            case I :
                sumI += rank;
                break;
            case U :
                sumU += rank;
                break;
        }
    } // for ei
    rtnScore = itsMatrix.GetScore( sumI, sumU );
    return rtnScore;
}
```

마지막 한 가지 문제가 남아 있다. 채점 트리 구조는 어떻게 만들어야 할까? ETS의 교육측정 평가분야 전문가들이 실제 애플리케이션을 변경하지 않고도 트리의 모양과 비중을 바꿀 수 있기를 원하리라는 것은 명백하다. 따라서 채점 트리 구조는 VignetteScoringApp 클래스에서 만들어져야 할 것이다(그림 30-3 참고).

이 클래스는 채점 애플리케이션마다 자신만의 구현이 있다. FeatureDictionary 클래스의 파생형을 만드는 것이 VignetteScoringApp 클래스의 책임 중 하나인데, FeatureDictionary 클래스는 문자열과 Evaluator 포인터의 매핑을 담고 있다.

채점 애플리케이션이 시작되면, 채점 프레임워크가 프로그램의 제어권을 쥔다. 프레임워크는 먼저 적절한 FeatureDictionary의 파생형을 생성하는 ScoringApplication 클래스의 메소드를 호출한다. 그런 다음, 채점 트리 구조의 구조와 비중을 적어놓은 특별한 텍스트 파일을 읽어들인다. 이 텍스트 파일은 특징을 가리킬 때 특정한 이름을 사용하는데, 이것이 바로 FeatureDictionary에서 그 이름에 해당하는 Evaluator 포인터와 연결되는 이름이다.

따라서 가장 기본적인 형태만 놓고 봤을 때 채점 애플리케이션은 단지 그 채점 애플리케이션에서 사용하는 특징들의 집합과 FeatureDictionary를 만드는 메소드 하나에 지나지 않는다. 채점 트리 구조를 만드는 일과 평가하는 일은 프레임워크가 수행하며, 따라서 모든 채점 애플리케이션에서 공통적으로 쓰인다.

템플릿 메소드의 사례

비네트 중 하나는 도서관이나 경찰서 같은 빌딩의 평면도를 그리는 능력을 시험하는 비네트다. 이 비네트에서 응시자는 방, 복도, 문, 창문, 벽의 틈새, 층계, 엘리베이터 등을 그려야 한다. 비네트 프로그램은 응시자가 그린 것을 채점 프로그램이 해석할 수 있는 자료 구조로 전환한다. 이 구조의 객체 모델은 그림 30-4와 비슷하다.

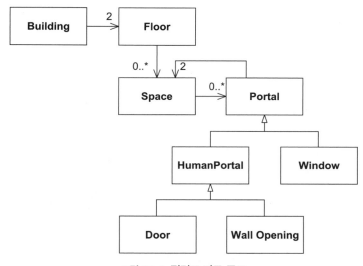

그림 30-4 평면도 자료 구조

여기에 대해서 오해가 없어야 할 것이다. 이 자료 구조의 객체들은 극히 최소한의 기능만 갖고 있다.[*5] 이들은 어떤 의미로도 다형적인 객체가 아니며, 그냥 단순한 데이터 운반자일 뿐이다. 이것은 순수하게 어떤 자료 구조를 표현하는 목적만 있는 모델이다.

이 그림에서 빌딩은 두 층으로 구성되며, 각 층마다 여러 공간이 있다. 공간은 여러 통로를 포함하는데, 통로는 두 공간을 분리하는 역할을 한다. 창문이나 사람이 통과할 수 있는 문이 통로에 속한다. 벽 사이의 공간 또는 문이 사람이 통과할 수 있는 통로다.

채점은 이 답안을 다음과 같은 일련의 특징들을 가지고 시험하는 방법으로 이루어진다.

---

*5 **역주** 객체들 사이에 상속 관계가 있더라도

- 응시자가 필요한 공간을 모두 그렸는가?

- 공간의 가로 세로 비율이 수긍할 만한가?

- 모든 공간에 들어갈 수 있는 길이 있는가?

- 외부와 맞닿은 공간에는 창문이 있는가?

- 남자 화장실과 여자 화장실이 문으로 연결되어 있는가?

- 그 기관에서 가장 높은 사람의 방에서 산의 경치를 전망할 수 있는가?

- 부엌에서 쉽게 뒷골목으로 나갈 수 있는가?

- 식당과 부엌을 쉽게 오갈 수 있는가?

- 복도를 통해서 모든 방에 도달할 수 있는가?

ETS의 교육측정평가분야 전문가들은 채점 행렬의 모양을 쉽게 변경할 수 있기를 바랐다. 비중을 바꾸거나, 특징을 다른 하위 계층 구조에 재편성하거나, 기타 등등을 할 수 있기를 원했다. 또, 쓸모없다고 생각하는 특징을 빼버리거나 새로운 특징을 추가할 수 있기도 원했다. 이런 조작은 대부분 단 하나의 환경 설정 텍스트 파일을 바꾸는 일만으로도 가능했다.

성능 문제 때문에, 우리는 행렬에 포함된 특징들만 계산에 포함시키고 싶었다. 그래서 특징 하나마다 클래스를 하나씩 만들고 각 Feature 클래스마다 그림 30-4의 자료 구조를 순회하며 점수를 계산하는 Evaluate 메소드를 만들었다. 그런데 동일한 자료 구조를 순회하는 Feature 클래스가 수십 개나 되기 때문에, 코드 중복이 상상하기 싫을 정도로 많아져 버렸다.

반복문을 단 한 번만 작성하기

이 코드 중복 문제를 해결하기 위해 템플릿 메소드 패턴을 쓰기 시작했다. 이때가 1993년과 1994년이었는데, 당시 우리는 패턴에 대해서는 들어본 적도 없었다. 우리는 우리가 하는 일을 '반복문을 단 한 번만 작성하는 일'이라고 불렀다(목록 30-6과 목록 30-7 참고). 이 코드는 실제 프로그램의 C++ 모듈에서 그대로 가져왔다.

⟨/⟩ 목록 30-6 solspcft.h

```
/*
 * $Header: /Space/src_repository/ets/grande/vgfeat/ solspcft.h,v 1.2
 * 1994/04/11 17:02:02 rmartin Exp $
 */

#ifndef FEATURES_SOLUTION_SPACE_FEATURE_H
```

```
#define FEATURES_SOLUTION_SPACE_FEATURE_H

#include "scoring/eval.h"

template <class T> class Query;

class SolutionSpace;

//----------------------------------------
// 이름
// SolutionSpaceFeature
//
// 설명
// 이 클래스는 응시자가 그린 해결 방안의 공간들을 순회하면서
// 우리가 원하는 공간과 일치하는 것을 찾는 반복문을 제공하는 기반 클래스다.
// 일치하는 공간을 찾았을 때 원하는 일을 할 수 있도록 순수 가상 함수를 제공한다.
//

class SolutionSpaceFeature : public Evaluator {
    public:
        SolutionSpaceFeature(Query<SolutionSpace*>&);
        virtual ~SolutionSpaceFeature();
        virtual Evaluator::Score DoEval();
        virtual void NewSolutionSpace(const SolutionSpace&) = 0;
        virtual Evaluator::Score GetScore() = 0;

    private:
        SolutionSpaceFeature(const SolutionSpaceFeature&);
        SolutionSpaceFeature& operator= (const SolutionSpaceFeature&);

        Query<SolutionSpace*>& itsSolutionSpaceQuery;
};
#endif
```

📋 목록 30-7 solspcft.cpp

```
/* $Header: /Space/src_repository/ets/grande/vgfeat/
solspcft.cpp,v 1.2 1994/04/1 1 17:02:00 rmartin Exp $ */

#include "componen/set.h"

#include "vgsolut/solspc.h"
#include "componen/query.h"
#include "vgsolut/scfilter.h"
#include "vgfeat/solspcft.h"

extern ScoringFilter* GscoreFilter;
```

```
SolutionSpaceFeature::SolutionSpaceFeature(Query<SolutionSpace*>& q)
: itsSolutionSpaceQuery(q) {}

SolutionSpaceFeature::~SolutionSpaceFeature() {}

Evaluator::Score SolutionSpaceFeature::DoEval() {
    Set<SolutionSpace*>& theSet = GscoreFilter->GetSolutionSpaces();
    SelectiveIterator<SolutionSpace*>ai(theSet,itsSolutionSpaceQuery);

    for (; ai; ai++) {
        SolutionSpace& as = **ai;
        NewSolutionSpace(as);
    }
    return GetScore();
}
```

헤더 파일의 주석에서 볼 수 있듯이 이 코드는 1994년에 작성되었다. 따라서 STL에 익숙한 사람에게는 약간 이상하게 보일 것이다. 하지만 조잡하고 이상한 반복자들만 무시한다면, 이 코드에서 전형적인 템플릿 메소드 패턴을 볼 수 있다. DoEval 함수에 모든 SolutionSpace 객체를 순회하는 반복문이 있다. 그리고 이 반복문 내부에서 순수 가상 함수인 NewSolutionSpace 함수를 호출한다. SolutionSpaceFeature의 파생형들은 이 NewSolutionSpace를 구현하고 자신이 가진 특정한 채점 기준에 비추어서 각 공간을 채점한다.

적절한 공간이 응시자의 답안에 포함되었는지, 공간의 넓이나 가로 세로 비율이 적절한지, 엘리베이터 위치가 올바로 잘 겹쳐져 있는지 등이 SolutionSpaceFeature의 파생형들에 포함된다.

이렇게 하면 깔끔하게 오직 한 곳에서만 자료 구조를 순회한다. 모든 채점용 특징 클래스는 이 반복문을 다시 구현하지 않고 상속받는다.

특징들 가운데 일부는 어떤 공간에 붙어 있는 통로들의 특성을 채점해야 했다. 그래서 우리는 패턴을 한 번 더 적용해서 SolutionSpaceFeature에서 파생되는 PortalFeature 클래스를 만들었다. PortalFeature의 NewSolutionSpace 구현에서는 SolutionSpace 인자의 모든 통로를 순회하면서 통로마다 순수 가상 함수인 NewPortal(const Portal&)을 호출한다(그림 30-5 참고).

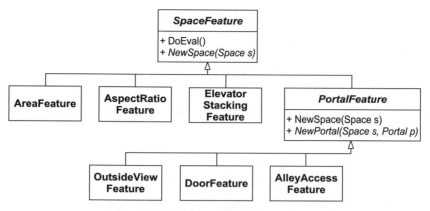

그림 30-5 템플릿 메소드를 사용했을 때 채점용 특징들의 구조

이렇게 구조를 만들면 평면도 자료 구조가 어떻게 생겼는지 몰라도 그 자료 구조를 순회할 수 있는 서로 다른 채점용 특징들을 수십 개 만들 수 있다. 평면도 자료 구조의 세부 사항이 변경되더라도(예를 들어, 우리가 만든 반복자 대신 STL을 사용하기로 한다고 해도) 클래스 수십 개를 고치는 대신 2개만 고치면 된다.

그런데 왜 스트래터지[*6]가 아니라 템플릿 메소드를 선택했을까? 스트래터지를 사용한다면 결합도가 훨씬 낮아진다는 것을 생각해보자(그림 30-6 참고)!

템플릿 메소드 구조를 사용할 경우, 자료 구조를 순회하는 알고리즘을 바꿔야 한다면 SpaceFeature와 PortalFeature를 변경해야 한다. 그러면 십중팔구 모든 특징도 다 재컴파일해야 할 것이다. 하지만 스트래터지 패턴을 사용한다면 변경이 미치는 영향은 Driver 클래스 2개에만 한정된다. 특징들을 재컴파일해야 하는 일이 생길 가능성은 거의 없다.

그렇다면 우리는 왜 템플릿 메소드를 선택했을까? 더 단순하기 때문이다. 그리고 자료 구조가 그렇게 자주 바뀌는 것이 아니고, 모든 특징을 재컴파일하는 데 불과 몇 분밖에 안 걸리기 때문이기도 하다.

그러므로 템플릿 메소드에서 상속을 사용하기 때문에 설계에서 더 강한 결합이 나타나고, 또 템플릿 메소드보다 스트래터지 패턴이 더 DIP 원칙을 잘 지킨다고 해도, 결과적으로 봤을 때 이런 이점들이 스트래터지를 구현하기 위해 추가로 필요한 클래스 2개의 비용보다 크지 않았다.

[*6] 분명히 우리는 그 당시 이 용어들을 사용해서 생각하지 않았다. 우리가 이 결정을 내릴 때는 이 패턴 이름들이 아직 만들어지기 전이었다.

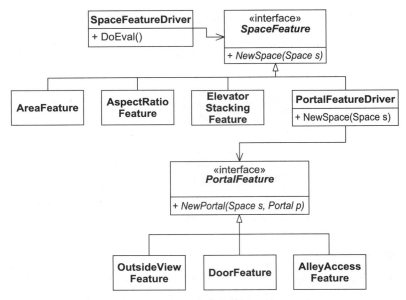

그림 30-6 스트래터지를 사용했을 때의 평면도 채점 구조

수행평가 애플리케이션에 대한 공통된 요구사항

수행평가 프로그램들은 서로 겹치는 점이 많았는데, 예를 들어 화면 구조가 모든 비네트에서 동일했다. 화면 왼쪽에는 버튼 목록만 들어 있는 창이 있는데, 이 창은 '명령 창(Command Window)'이라고 한다. 명령 창의 버튼들이 애플리케이션을 제어하는 역할을 수행했다. 버튼에는 '항목 배치', '삭제', '이동/조정', '확대', '완료' 같은 이름이 붙어 있었고, 버튼을 누르면 애플리케이션이 원하는 행위를 수행했다.

명령 창의 오른쪽에는 작업 창(Task Window)이 있는데, 사용자가 자신의 해결 방안을 그릴 수 있는 스크롤과 확대가 가능한 넓은 창이었다. 명령 창에 제시된 명령들은 대부분 이 작업 창의 내용을 변경하기 위해 사용되는 명령이었다. 사실, 명령 창에 제시된 명령들은 대부분 작업 창과 상당한 상호작용이 필요했다.

예를 들어, 평면도에 방을 배치하려면 사용자는 명령 창의 '항목 배치'를 눌러야 한다. 그러면 선택할 수 있는 방들의 메뉴가 화면에 나오고, 사용자는 평면도에 배치하고 싶은 종류의 방을 선택한다. 그런 다음, 사용자는 마우스를 작업 창으로 가져가서 방을 배치하고 싶은 위치에 커서를 놓고 마우스를 클릭한다. 비네트에 따라, 사용자가 클릭한 장소에 방의 왼쪽 상단 모서리가 놓이게 된다. 크기를 조절할 수 있는 방이라면 사용자가 다시 마우스를 클릭할 때까지 방의 왼쪽 하단 모서리가 작업 창의 마우스 위치를 따라다니게 된다. 사용자가 마우스를 다시 클릭하면 방의 왼쪽 하단 모서리가 그 위치에 고정된다.

이런 행동들은 비네트마다 비슷하기는 해도 완전히 동일하지는 않았다. 몇몇 비네트는 방을 다루지 않고 윤곽선을 다루고, 땅 경계선이나 지붕을 다루는 비네트도 있다. 하지만 차이점이 있기는 해도, 비네트 안에서 작업하는 전반적인 패러다임은 다들 상당히 비슷했다.

유사성이 많다는 말은 재사용할 수 있는 기회가 굉장히 많다는 뜻이기도 하다. 우리는 유사성이라는 큰 틀을 잡아주면서 차이점도 편리하게 표현하게 해주는 객체 지향 프레임워크를 만들 수 있어야 했다. 이 프로젝트의 경우, 우리는 이런 프레임워크를 만드는 데 성공했다.

수행평가 프레임워크의 설계

ETS 프레임워크는 최종적으로 거의 75,000라인에 가까운 코드로 발전했다. 여기서 우리가 이 프레임워크의 모든 세부 사항을 보일 수 없음은 분명하다. 따라서 가장 탐구하기에 좋은 프레임워크 요소 2개를 골라서 설명할 텐데, 바로 이벤트 모델과 작업감독자 아키텍처다.

이벤트 모델 이벤트는 사용자가 하는 모든 행동마다 발생한다. 사용자가 버튼을 누르면, 그 버튼의 이름이 붙은 이벤트가 발생한다. 사용자가 메뉴 항목을 선택하면, 그 메뉴 항목의 이름이 붙은 이벤트가 발생한다. 이 이벤트들을 정리하고 집결시키는 작업은 프레임워크에서 중요한 문제가 되었다.

이것이 문제가 된 까닭은 이벤트들의 상당 부분을 프레임워크가 처리할 수 있지만, 그럼에도 불구하고 개개의 비네트에서 프레임워크가 어떤 특정한 이벤트를 처리하는 방식을 재정의할 필요가 있을지도 모른다는 사실에 있다. 따라서 필요한 경우, 이벤트 처리를 재정의할 수 있는 능력을 비네트에게 줄 수 있는 방법을 찾아야만 했다.

이벤트 리스트가 고정된 게 아니라는 사실이 문제를 더 복잡하게 만들었다. 비네트마다 명령 창에서 자신만의 버튼 집합을 선택할 수 있고, 또 자신만의 메뉴 항목 집합이 있을 수 있었다. 따라서 프레임워크는 모든 비네트에서 공통된 이벤트들을 처리하면서도 각 비네트가 이 공통 이벤트의 기본 처리 절차를 재정의할 수 있게 만들어주어야 했고, 또 비네트마다 자신만의 이벤트를 처리할 수 있게 만들어주기도 해야 했다. 이것은 쉬운 일이 아니었다.

예를 들어, 그림 30-7을 보자. 이 다이어그램[7]은 어떤 비네트의 명령 창에서 일어나는 이벤트를 처리하기 위해 사용되는 유한 상태 기계의 일부분이다. 이 유한 상태 기계는 비네트마다 자신만의 판이 있다.

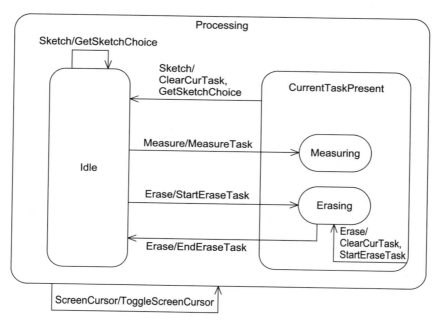

그림 30-7 명령 창 이벤트 처리기

그림 30-7에서 세 종류의 서로 다른 이벤트가 동작하는 방식을 볼 수 있다. 먼저 가장 간단한 ScreenCursor 이벤트를 살펴보자. 이 이벤트는 사용자가 '커서 변경' 버튼을 클릭할 때 발생한다. 사용자가 이 버튼을 클릭할 때마다 작업 창의 커서가 화살표 모양의 커서와 화면을 가득 채우는 십자 모양의 커서 사이를 왔다 갔다 한다. 따라서 커서의 상태는 바뀌지만, 이벤트 처리기에서는 상태 변화가 일어나지 않는다.

자신이 그린 어떤 객체를 지우고 싶을 때 사용자는 '삭제' 버튼을 클릭한 다음, 작업 창에서 자신이 지우고 싶은 항목을 하나 또는 여러 개 클릭한다. 마지막으로, 사용자는 실제로 삭제가 일어나게 하기 위해 '삭제' 버튼을 한 번 더 누른다. 그림 30-7의 상태 기계를 보면 명령 창 이벤트 처리기가 이것을 다루는 방식을 볼 수 있다. 첫 번째 Erase 이벤트를 받으면 Idle 상태에서 Erasing 상태로 가는 전이가 일어나고 Erase Task가 시작된다. Task에 대해서는 다

---

[7]   이와 같은 상태 다이어그램의 표기법은 부록 B에 자세한 설명이 나와 있다.

음 절에서 자세히 다룰 것이다. 지금은 Erase Task가 작업 창에서 일어나는 모든 이벤트를 다룬다는 사실만 알면 된다.

Erasing 상태에 있는데 ScreenCursor 이벤트가 발생해도 커서 전환이 제대로 되며 삭제 작업을 방해하지 않는다는 점을 눈여겨보자. 그리고 Erasing 상태에서 나오는 방법이 2개 있다는 것도 눈여겨보라. 만약 또 다른 Erase 이벤트가 발생한다면, 실제로 삭제를 수행한 다음 Erase Task가 종료되고, 상태 기계는 다시 Idle 상태로 전이한다. 이것이 삭제 작업을 정상적으로 끝내는 방식이다.

명령 창의 일부 버튼을 클릭하는 것이 삭제 작업을 끝내는 다른 방법이다. 만약 삭제 작업이 진행 중인데 다른 작업을 시작하는 종류의 명령 창 버튼(예: '그리기(Sketch)' 버튼)을 클릭한다면, Erase Task가 중단되고 삭제가 취소된다.

그림 30-7에서 Sketch 이벤트가 발생했을 때 삭제 취소가 작동하는 방식이 나와 있다. 하지만 같은 방식으로 동작하는 다른 많은 이벤트는 이 그림에서 생략되어 있다. 사용자가 '그리기' 버튼을 누르면, 지금 Erasing 상태에 있든 Idle 상태에 있든 시스템은 Idle 상태로 전이하고 GetSketchChoices 함수를 호출한다. 이 함수는 그리기 메뉴를 화면에 띄우는데, 이 메뉴에는 사용자가 수행할 수 있는 작업의 목록이 들어 있다. '길이 재기'도 이 작업 중 하나다.

사용자가 그리기 메뉴에서 '길이 재기' 항목을 선택하면, Measure 이벤트가 발생하고 Measure Task가 시작된다. 길이를 재는 동안, 사용자는 작업 창의 임의의 지점 2개를 클릭할 수 있다. 클릭된 두 지점에는 작은 십자 표시가 그려지고, 두 점 사이의 거리가 화면 아래쪽의 작은 메시지 창에 출력된다. 그러면 사용자는 다른 점 2개를 더 클릭할 수 있고, 다시 또 다른 점 2개를 클릭하는 작업을 계속 반복할 수 있다. Measure Task의 정상적인 종료 방법은 없다. 대신 사용자는 '삭제'나 '그리기'처럼 다른 작업을 시작하는 버튼을 클릭해야 길이 재기 작업을 종료할 수 있다.

이벤트 모델 설계 그림 30-8에서 명령 창 이벤트 처리기를 구현하는 클래스들의 정적 모델을 볼 수 있다. 오른쪽의 계층 구조는 명령 창(CommandWindow)을 나타내고, 왼쪽의 계층 구조는 이벤트를 행동으로 옮기는 유한 상태 기계를 나타낸다.

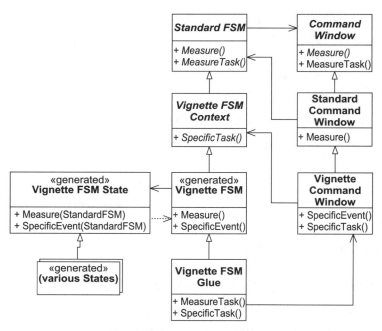

그림 30-8 명령 창 이벤트 처리기의 정적 모델

CommandWindow, StandardCommandWindow, StandardFSM은 프레임워크 클래스이고, 나머지는 특정 비네트에 속한 클래스들이다. CommandWindow는 MeasureTask나 EraseTask 같은 표준 행동들의 구현을 제공한다.

VignetteCommandWindow가 이벤트를 받는다. 받은 이벤트는 이를 행동으로 변환하는 유한 상태 기계에게 넘겨진다. 유한 상태 기계가 결정한 행동은 다시 이 행동들을 구현하고 있는 CommandWindow 계층 구조에게 넘겨진다.

CommandWindow 클래스는 MeasureTask나 EraseTask 같은 표준 행동들의 구현을 제공한다. '표준 행동'이란 모든 비네트에서 공통으로 쓰이는 행동을 의미한다. StandardCommandWindow는 표준 이벤트를 상태 기계로 넘겨 처리하는 작업을 제공한다. VignetteCommandWindow는 특정 비네트 전용이며, 그 비네트 전용 행동의 구현과 그 비네트 전용 이벤트의 처리 작업을 제공한다. 그리고 표준 구현과 이벤트 처리 작업도 여기에서 재정의될 수 있다.

따라서 프레임워크는 모든 공통 작업의 기본 구현과 이벤트 처리를 제공하지만, 이 중 어떤 구현이나 이벤트 처리라도 비네트에서 재정의될 수 있다.

표준 이벤트 추적하기 그림 30-9를 보면 표준 이벤트가 유한 상태 기계로 넘겨져 처리된 다음 표준 행동으로 변환되는 과정이 나와 있다. Measure 이벤트가 1번 메시지다. 이 이벤트는 GUI에서 나와서 VignetteCommandWindow에 전달된다. 이 이벤트의 기본 처리는 StandardCommandWindow에서 제공하므로, StandardCommandWindow가 1.1번 메시지에서 이 이벤트를 StandardFSM에게 전달한다.

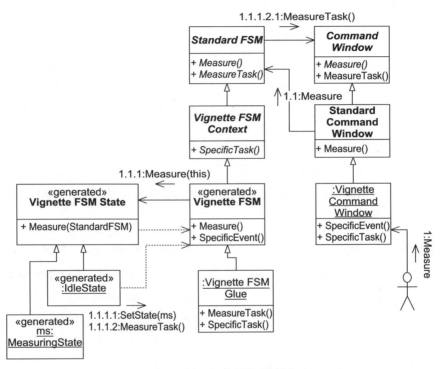

그림 30-9 Measure 이벤트의 처리

StandardFSM은 들어오는 모든 표준 이벤트와 나가는 모든 표준 행동을 위한 인터페이스를 제공하는 프레임워크 클래스다. 하지만 이 인터페이스 차원에서는 아무 기능도 구현되지 않는다. VignetteFSMContext는 비네트 전용 이벤트와 행동의 인터페이스를 추가하지만, 역시 구현은 추가하지 않는다.

실제로 이벤트를 행동으로 변환하는 작업은 VignetteFSM과 VignetteFSMState 클래스에서 일어난다. VignetteFSM은 모든 이벤트 함수의 구현을 포함한다. 따라서 **1.1: Measure** 메시지는 이 클래스 차원까지 내려간다. VignetteFSM은 이 메시지에 대해

1.1.1:Measure(this)를 VignetteFSMState 객체에게 보냄으로써 반응한다.

VignetteFSMState 자체는 추상 클래스이고, 유한 상태 기계의 각 상태마다 이 클래스의 파생형이 하나씩 있다. 그림 30-9에서 우리는 FSM의 현재 상태가 Idle이라는 가정을 하고 시작했다(그림 30-7 참고). 따라서 1.1.1:Measure(this) 메시지는 IdleState 객체에게 전달될 것이다. 이 객체는 이 메시지에 대한 반응으로 VignetteFSM에게 메시지 2개를 다시 보내는데, 그중 두 번째 메시지인 1.1.1.2:MeasureTask()가 Idle 상태에서 Measure 이벤트에 대한 반응으로 일어나야 하는 행동이다.

마침내 VignetteFSMGlue 클래스가 MeasureTask 메시지를 구현한다. 이 클래스는 이 행동이 CommandWindow에서 선언된 표준 행동임을 인식하고 이 행동을 1.1.1.2.1: MeasureTask 메시지로 다시 그곳에 돌려준다. 이렇게 해서 메시지가 한 바퀴 돌게 된다.

우리는 이벤트를 행동으로 변환하기 위한 메커니즘으로 스테이트 패턴을 사용했다. 다음 절들에서도 보겠지만, 우리는 이 패턴을 프레임워크의 많은 영역에서 사용했다. 스테이트 패턴 클래스에 붙은 <<generated>> 스테레오타입이 이 클래스들이 SMC가 자동으로 생성한 클래스라는 사실을 나타낸다.

특정 비네트 전용 이벤트 추적하기 그림 30-10을 보면 특정 비네트 전용 이벤트가 발생할 때 어떤 일이 일어나는지 알 수 있다. 여기서도 VignetteCommandWindow가 1:SpecificEvent 메시지를 잡는다. 하지만 전용 이벤트의 처리는 VignetteCommandWindow 차원에서 일어나므로, 1.1:SpecificEvent 메시지를 전송하는 것은 StandardCommandWindow가 아니라 VignetteCommandWindow이다. 게다가, 이 클래스는 이 메시지를 SpecificEvent가 처음 선언되는 VignetteFSMContext 클래스에게 보낸다.

여기서도 이 이벤트는 VignetteFSM으로 보내진다. 이 클래스는 1.1.1:SpecificEv 메시지를 보내서 현재 상태 객체가 이 이벤트에 해당하는 행동을 생성하도록 협상한다. 아까와 마찬가지로, 상태 객체는 1.1.1.1:SetState와 1.1.1.2:SpecificTask 두 메시지로 응답한다.

그리고 이 메시지는 역시 VignetteFSMGlue에게 내려간다. 하지만 이번 경우에는 이 메시지가 특정 비네트 전용으로 인식되므로 바로 전용 행동이 구현되어 있는 VignetteCommand Window에게 전달된다.

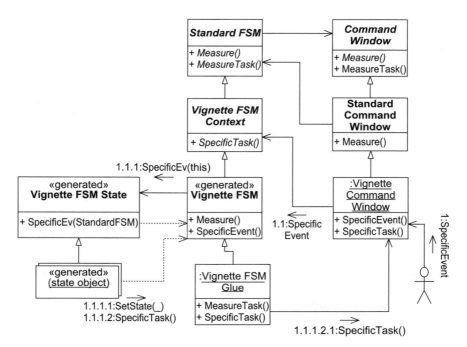

그림 30-10 특정 비네트 전용 이벤트의 처리

명령 창 상태 기계를 생성하고 재사용하기 이 시점에서, 이벤트와 행동을 처리하기 위해 굉장히 많은 클래스가 필요한 이 방식을 사용하는 이유가 무엇인지 의아해하는 사람이 있을지도 모르겠다. 하지만 클래스가 많을지는 몰라도 객체의 수는 매우 적다는 점을 생각해보라. 사실, 인스턴스화할 객체는 단지 VignetteCommandWindow, VignetteFSMGlue와 다양한 상태 객체들뿐인데, 상태 객체는 별것 아닐뿐더러 자동으로 생성된다.

메시지 흐름도 복잡해 보이지만, 사실 굉장히 간단하다. 창이 이벤트 발생을 감지하고, 행동으로 변환하기 위해 발생한 이벤트를 FSM에게 전달한다. 그리고 FSM으로부터 변환된 행동을 다시 받는다. 나머지 복잡함은 전체 프레임워크에게 알려져 있는 표준 행동과 특정 비네트에게만 알려져 있는 전용 행동을 구분하기 위해 필요한 것이다.

우리가 자동으로 유한 상태 기계 클래스들을 생성하기 위해 SMC를 사용했다는 점도 클래스들을 이렇게 나누기로 한 결정에 영향을 미친 또 다른 요소다. 다음 코드를 읽어본 다음, 다시 그림 30-7을 보자.

```
Idle {
    Measure Measuring MeasureTask
    Erase   Erasing   StartEraseTask
    Sketch  Idle      GetSketchChoice
}
```

이렇게 단순한 코드가 상태 기계가 Idle 상태에 있을 때 일어나는 모든 전이를 다 기술하고 있다는 점에 주목하자. { } 안에 들어 있는 세 줄이 전이를 일으키는 이벤트, 전이해갈 상태, 전이하면서 수행할 행동을 모두 명시하고 있다.

SMC*8는 이런 형식의 텍스트를 받아서 <<generated>>라고 표시된 클래스들을 생성한다. SMC가 생성한 코드는 직접 살펴볼 필요도 없고 편집할 필요도 없다.

상태 기계를 생성하기 위해 SMC를 사용함으로써, 특정 비네트의 이벤트 처리기에서 이 부분을 만드는 작업이 상당히 간단해졌다. 개발자는 전용 이벤트와 행동에 해당하는 구현을 담고 있는 VignetteCommandWindow를 만들어야 한다. 그리고 VignetteFSMContext도 만들어야 하는데, 이것은 단지 전용 이벤트와 행동에 대한 인터페이스를 선언하는 인터페이스일 뿐이다. 그리고 마지막으로, 행동을 VignetteCommandWindow로 다시 보내는 일만 하는 VignetteFSMGlue 클래스를 만들면 된다. 이 중에서 특별히 어려운 작업은 하나도 없다.

개발자가 해야 할 일이 하나 더 있다. 개발자는 SMC용으로 유한 상태 기계 소스 파일을 작성해야 한다. 이 상태 기계가 사실 좀 복잡하다. 그림 30-7의 다이어그램은 실제로 해야 할 일과 괴리가 좀 있다. 실제 비네트는 서로 하는 행위가 천양지차로 다를지도 모르는 수십 종류의 이벤트들을 다루어야 한다.

다행스럽게도 대부분의 비네트들이 대략 비슷한 방식으로 동작했다. 따라서 표준 상태 기계 소스를 만들고 이것을 모델로 삼아 각 비네트별로 상대적으로 사소한 변경만 하면 되었다. 이런 식으로 각 비네트마다 자신만의 FSM 소스를 만들었다.

각 FSM 소스 파일들이 서로 매우 비슷해지기 때문에 이런 접근 방법이 약간 불만족스럽긴 하다. 사실, 표준 상태 기계를 변경해야 하는 경우가 여러 번 있었는데, 이 말은 나머지 모든 FSM 소스 파일에서도 완전히 동일하거나 약간만 다를 뿐인 변경을 해야 한다는 뜻이기도 했다. 이것은 매우 지루하기도 하고 실수를 범하기도 쉬운 작업이었다.

---

*8   상태 기계 컴파일러(SMC: State Machine Compiler)는 http://www.cleancoders.com에서 구할 수 있는 프리웨어다.

FSM 소스에서 일반적인 부분과 비네트마다 차이가 나는 전용 부분을 분리하는 체계를 하나 더 고안할 수도 있었을 것이다. 하지만 결국 그런 노력을 할 정도의 가치가 없다고 느끼고 그러지 않았는데, 이 결정 때문에 우리 자신에게 투덜댄 적이 한두 번이 아니었다.

작업감독자 아키텍처

지금까지 이벤트가 행동으로 변환되는 방법과 이 변환이 어떻게 상대적으로 복잡한 유한 상태 기계에 의존하는지 살펴봤다. 이제 행동 자체를 처리하는 방법을 볼 차례다. 지금쯤이면 각 행동의 핵심에도 역시 상태 기계가 자리잡고 있다는 사실이 놀랍지 않을 것이다.

지난 항목에서 논의한 MeasureTask를 생각해보자. 사용자는 두 지점 사이의 거리를 재고 싶을 때 이 작업을 호출한다. 이 작업이 호출되면, 사용자는 TaskWindow에서 한 점을 클릭한다. 그러면 작은 십자 표시가 그 지점에 생기게 된다. 사용자가 마우스를 움직이면, 클릭한 지점부터 지금 마우스 위치까지 길이가 늘어나는 직선이 그려진다. 그리고 이 직선의 길이도 별도의 메시지 창에 표시된다. 사용자가 두 번째로 마우스를 클릭하면, 또 다른 십자 표시가 그려지고, 직선은 사라지며, 두 지점 사이의 최종 거리가 메시지 상자에 표시된다. 사용자가 또다시 클릭하면 전체 과정이 다시 시작된다.

그림 30-9에서 볼 수 있듯이 이벤트 처리기가 MeasureTask를 선택하면, CommandWindow가 실제 MeasureTask 객체를 생성한다. 그럼 이 MeasureTask 객체는 그림 30-11에 나오는 유한 상태 기계를 돌린다.

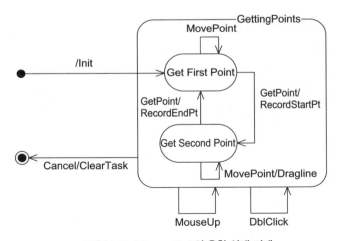

그림 30-11 MeasureTask의 유한 상태 기계

MeasureTask는 init 함수를 호출한 다음 GetFirstPoint 상태로 감으로써 삶을 시작한다. TaskWindow에서 일어나는 GUI 이벤트는 현재 실행 중인 작업에게로 전달된다. 따라서 사용자가 TaskWindow에서 마우스를 움직이면, 현재 작업이 MovePoint 메시지를 받게 된다. GetFirstPoint 상태에서는 (예상대로) 이 이벤트가 아무 일도 하지 않는다는 점을 유의하자.

사용자가 마침내 TaskWindow에서 한 지점을 클릭하면, GetPoint 이벤트가 발생한다. 그러면 GetSecondPoint 상태로 전이가 일어나고 RecordStartPt 행동이 호출된다. 이 행동은 첫 번째 십자 표시를 그리고 마우스가 클릭된 곳의 위치를 시작 지점으로 기억한다.

GetSecondPoint 상태에서 MovePoint 이벤트는 Dragline 행동이 호출되게 만든다. 이 행동은 GUI를 XOR 모드[*9]로 설정하고 아까 기억해둔 시작 지점부터 현재 마우스 위치까지 직선을 그린다. 그리고 두 점 사이의 거리도 계산해서 메시지 창에 표시한다.

MovePoint 이벤트는 마우스가 TaskWindow에서 움직일 때마다 발생하므로 매우 발생 빈도가 높다. 따라서 직선의 움직임과 메시지 창에 표시되는 길이는 마우스가 움직이는 동안 계속적으로 갱신되어 보일 것이다.

사용자가 두 번째로 마우스를 클릭하면, 다시 GetFirstPoint 상태로 전이해 돌아오고 RecordEndPt 행동을 호출한다. 이 행동은 GUI의 XOR 모드를 해제하고, 첫 번째 지점과 현재 마우스 위치를 잇는 직선을 지우고, 클릭한 지점에 십자 표시를 그리고, 시작 지점과 클릭한 지점 사이의 거리를 메시지 창에 표시한다.

이런 일련의 이벤트들은 사용자가 원하는 동안 반복해서 일어난다. 오직 CommandWindow에서 작업이 취소될 경우에만 이런 일련의 과정이 종료되는데, 아마도 사용자가 다른 명령 버튼을 클릭하는 행동에 대한 응답으로 일어날 가능성이 크다.

그림 30-12에서 약간 더 복잡한 작업을 볼 수 있다. 이 작업은 '두 점 상자'를 그리는 것인데, 두 점 상자란 두 번의 클릭으로 화면에 그리는 상자를 말한다. 첫 번째 클릭으로 화면에 상자의 모서리 하나가 놓인다. 그러면 마우스가 움직이는 곳까지 상자의 크기와 모양이 늘어나거나 줄어들게 된다. 사용자가 두 번째로 클릭하면, 상자가 화면에 고정된다.

[*9] XOR 모드는 GUI가 놓일 수 있는 여러 모드 중 하나다. 이 모드를 사용하면 마우스를 끌 때 이미 화면에 그려진 도형 위로 길이가 늘어나는 직선이나 도형을 그리는 문제를 굉장히 쉽게 풀 수 있다. 만약 무슨 말인지 이해하지 못하겠다면, 신경 쓰지 않아도 된다.

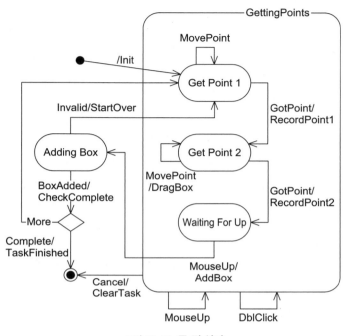

그림 30-12 두 점 상자

앞서와 비슷하게, 이 작업은 `Init`를 호출한 다음 `GetPoint1` 상태에서부터 시작한다. 이 상태에서 마우스 움직임은 무시된다. 마우스가 클릭되면, `GetPoint2` 상태로 전이하고 `RecordPoint1` 행동을 호출한다. 이 행동은 클릭된 위치를 시작 지점으로 기록한다.

`GetPoint2` 상태에서 마우스 움직임은 `DragBox` 행동이 호출되게 만든다. 이 함수는 GUI를 XOR 모드로 설정하고 시작 지점부터 현재 마우스 위치까지 늘어나는 상자를 그린다.

사용자가 마우스 버튼을 두 번째로 누르면, `WaitingForUp` 상태로 전이하고 `RecordPoint2`를 호출한다. 이 함수는 단지 상자의 마지막 지점을 기록하기만 한다. XOR 모드를 해제하지도 않고, 길이와 모양이 늘어나는 상자를 지우지도 않고, 실제 상자를 그리지도 않는다. 아직은 이 상자가 유효한지 확신할 수 없기 때문이다.

이 시점에서 마우스 버튼은 아직 눌려 있으며 사용자는 버튼에서 손가락을 떼기 직전이다. 우리는 이 이벤트가 발생하기를 기다려야 하는데, 그러지 않는다면 다른 작업이 '마우스 버튼 놓임' 이벤트를 받아 일을 혼란스럽게 만들어버릴지도 모르기 때문이다. 기다리는 동안 우리는 모든 마우스 움직임을 무시하고 상자가 마지막 클릭 지점에 놓여 있게 그대로 둔다.

마우스 버튼이 놓이면, AddingBox 상태로 전이하고 AddBox 함수를 호출한다. 이 함수는 상자가 유효한지 확인한다. 어떤 상자가 무효가 되는 이유는 여러 가지가 있을 수 있다. 크기가 없는 상자일 수도 있고(예를 들어, 시작 지점과 마지막 지점이 동일한 경우), 이미 그려진 다른 것과 충돌이 날지도 모른다. 각 비네트마다 사용자가 그리려고 시도한 것을 거부할 수 있는 경우가 있다.

상자가 무효라고 판명되면, Invalid 이벤트가 발생하고 상태 기계는 GetPoint1로 돌아가면서 StartOver 함수를 호출한다. 하지만 상자가 유효하다고 판명되면, BoxAdded 이벤트가 발생하며 이 이벤트는 CheckComplete가 호출되게 만든다. 이 함수 역시 비네트마다 다를 수 있는 함수인데, 계속 상자를 그릴 수 있게 할지 아니면 '두 점 상자' 작업을 종료할지 결정하는 역할을 한다.

프레임워크에는 이런 작업들이 글자 그대로 수십 개나 있다. 각 작업마다 Task 클래스의 파생형 하나로 나타낸다(그림 30-13 참고). 각 작업마다 그 안에 유한 상태 기계가 하나씩 들어 있고, 이들은 대개 여기서 보일 수 있었던 것보다 훨씬 복잡하다. 역시 이 상태 기계들도 SMC로 생성되었다.

그림 30-13에서 작업감독자 아키텍처를 볼 수 있다. 이 아키텍처가 CommandWindow와 TaskWindow를 서로 연결하고 사용자가 선택한 작업을 생성하고 관리한다.

이 다이어그램에는 그림 30-11과 그림 30-12에 각각의 FSM이 그려져 있는 작업 2개가 나와 있다. 스테이트 패턴이 사용된 점과 각 작업마다 생성된 클래스들을 눈여겨보자. MeasureTaskImplementation과 TwoPointBoxImplementation까지 이 모든 클래스가 프레임워크의 일부다. 사실, 개발자가 작성해야 하는 클래스는 VignetteTaskWindow와 각 작업 클래스들의 비네트 전용 파생형뿐이다.

이 다이어그램에서는 프레임워크에 포함되어 있는 많은 종류의 작업들을 다 표시하지 않고 MeasureTaskImplementation과 TwoPointBoxImplementation 클래스만 보이고 있다. 하지만 작업 클래스들이 추상 클래스라는 점은 유념해야 한다. AddBox나 CheckComplete 처럼 구현되지 않는 함수가 몇 개 있다. 각 비네트에서 자기가 필요한 대로 이 함수들을 구현해야 한다.

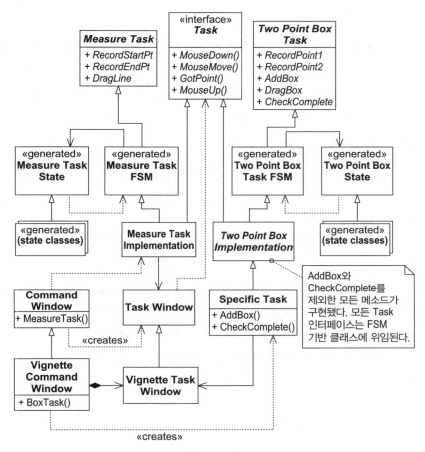

그림 30-13 작업감독자 아키텍처

따라서 프레임워크에 포함된 작업들이 모든 비네트에서 일어나는 상호작용의 대부분을 담당한다. 개발자는 상자를 그리거나 상자와 관계있는 객체를 그려야 할 때마다 TwoPointBoxImplementation에서 새로운 작업을 파생하면 된다. 또 클릭 한 번만으로 어떤 객체를 화면에 배치할 필요가 있다면, SinglePointPlacementTask를 재정의하면 된다. 또 다각형에 기반한 무엇인가를 그려야 한다면 PolylineTask를 재정의하면 된다. 그러면 이 작업들이 상호작용을 관리하고, 마우스를 끌 때 필요한 처리가 있다면 그것도 처리해주며, 개발자가 필요한 객체를 생성하거나 그 객체의 유효성 검사를 하려면 필요한 훅(hook)도 제공한다.

결론

물론 우리의 프레임워크에는 이 장에서 다룬 것보다 훨씬 많은 것이 존재한다. 계산 기하학을 다루는 프레임워크의 요소들이나 응시자의 답안을 파일에 쓰거나 읽어오는 일을 다루는 부분에 대해 논의할 수도 있었을 테고, 각 비네트 프로그램마다 동일한 비네트의 많은 변이형을 실행할 수 있게 해주는 매개변수 파일의 구조에 대해 논의할 수도 있었을 것이다. 안타깝게도, 그러기에는 시간과 지면 둘 다 충분하지 않다.

하지만 프레임워크에서 가장 교육적 효과가 있는 측면들을 이 장에서 다루었다. 이 프레임워크에서 사용한 전략들은 다른 사람들이 자신만의 재사용 가능한 프레임워크를 만드는 데도 채택될 수 있을 것이다.

참고 문헌

1. Booch, Grady. *Object-Oriented Design with Applications*. Redwood City, CA: Benjamin Cummings, 1991.

2. Booch, Grady. *Object Solutions*. Menlo Park, CA: Addison–Wesley, 1996.

3. Gamma, et al. *Design Patterns*. Reading, MA: Addison–Wesley, 1995.

UML 표기법 I: CGI 예제

소프트웨어의 분석과 설계는 어떤 표기법을 절실히 필요로 하는 프로세스를 포함한다. 흐름도, 데이터 흐름도, 개체(entity) 관계 다이어그램 등, 이런 표기법을 만들어보려는 노력은 많이 있어왔다.

객체 지향 프로그래밍의 출현과 함께 나타난 현상은 표기법의 급증이었다. 말 그대로 수십 개의 표기법이 객체 지향 분석과 설계의 표현법을 놓고 경쟁했다.

이 중에서 유명한 표기법들은 다음과 같다.

- 부치(Booch) 94[*1]
- OMT(Object Modeling Technique, 객체 모델링 기법): 럼바(Rumbaugh) 등이 제안[*2]
- RDD(Responsibility Driven Design, 책임 주도적 설계): 워프스 브록(Wirfs-Brock) 등이 제안[*3]

[*1]   [BOOCH94]

[*2]   [RUMBAUGH91]

[*3]   [WIRFS90]

- Coad/Yourdon: 피터 코드(Peter Coad)와 에드 요돈(Ed Yourdon)이 제안[*4]

이 중에서도 부치 94와 OMT가 가장 중요하다. 부치 94는 강력한 설계 표기법으로 환영받았고, OMT는 분석 표기법으로서 좀 더 강력한 것으로 여겨졌다.

이런 이분법은 흥미롭다. 1980년대 후반과 1990년대 초반에는, 분석과 설계가 같은 표기법에 의해 표현될 수 있다는 점이 객체 지향의 장점 중 하나로 여겨졌다. 아마도 이것은 구조화된 분석 표기법과 구조화된 설계 표기법 간의 엄격한 분리에 대한 반응이었을 것이다. 구조화된 분석에서 구조화된 설계로의 간극을 넘어가는 일이 어렵다는 사실은 익히 알려져 있다.

객체 지향 표기법이 처음으로 무대 위로 부상했을 때는 똑같은 표기법이 분석과 설계 모두에서 쓰일 수 있을 것처럼 여겨졌다. 하지만 시간이 흐르면서, 분석가와 설계자는 각자가 좋아하는 표기법으로 이동하기 시작했다. 분석가는 OMT를 선호하는 경향이 있었고, 설계자는 부치 94를 선호하는 경향이 있었다. 하나의 표기법만으로는 부족하다는 사실이 드러난 셈이다. 분석에 맞게 조정한 표기법은 설계에는 적합하지 않았고, 그 반대도 마찬가지였다.

UML은 단일 표기법이기는 하지만, 넓은 응용성이 있다. 이 표기법의 어떤 부분은 분석을 위해 쓸 수 있고, 또 어떤 부분은 설계를 위해 쓸 수 있다. 이렇게, 분석가와 설계자 모두가 UML을 쓸 수 있는 것이다.

부록 A에서는 양쪽 모두의 입장에서 UML 표기법을 소개한다. 먼저 분석을 설명한 다음, 그 설계에 대한 설명을 계속할 것이다. 이 설명은 축소한 사례 연구의 형식으로 이루어질 것이다.

분석을 먼저 하고 그다음에 설계를 하는 이 순서에는 특별한 의미가 없으며, 의도적으로 여러분에게 권하는 순서는 아니라는 점을 알아주기 바란다. 사실, 이 책의 다른 사례 연구에서는 둘을 구분하고 있지 않다. 내가 여기서 이런 방식으로 소개하는 이유는 그저 어떻게 UML이 추상화의 각기 다른 단계에서 쓰일 수 있는지를 설명하기 위해서다. 실제 프로젝트에서 추상화의 모든 단계는 순차적이 아니라, 동시적으로 이루어진다.

[*4] [COAD91A]

교육 과정 등록 시스템: 문제 설명

우리가 객체 지향 분석과 설계에 대한 전문 교육 과정을 제공하는 회사를 위해 일하고 있다고 가정하자. 이 회사는 수업을 한 강좌와 등록한 학생을 계속 기록해나가는 시스템을 원한다. 아래의 '교육 과정 등록 시스템' 보충 설명을 확인하라.

교육 과정 등록 시스템

사용자는 들을 수 있는 강좌의 메뉴를 보고 등록하기를 원하는 강좌를 선택할 수 있어야 한다. 일단 선택하면 사용자가 다음 정보를 입력할 수 있는 폼이 떠야 한다.

- 이름
- 전화번호
- 팩스 번호
- 이메일 주소

사용자가 그 강좌의 수강료를 지불하는 방식을 선택할 수 있는 방법이 있어야 한다. 지불 방식은 다음 중 하나일 것이다.

- 수표
- 구매 주문서
- 신용카드

사용자가 수표로 결제하기를 원한다면, 폼에는 수표번호를 입력할 수 있는 칸이 있어야 한다.

사용자가 신용카드로 결제하기를 원한다면, 폼에는 신용카드번호, 유효 기간, 카드상 이름을 입력할 수 있는 칸이 있어야 한다.

사용자가 구매 주문서로 결제하기를 원한다면, 폼에는 구매 주문서 번호(PO#), 회사명, 회계부 담당자의 이름과 전화번호를 입력할 수 있는 칸이 있어야 한다.

일단 모든 정보가 채워지면, 사용자는 '확인' 버튼을 클릭할 것이다. 또 다른 화면이 뜨고, 그 화면에서 사용자가 입력한 모든 정보를 요약해 보여준다. 그리고 사용자에게 그 화면을 출력하고, 출력한 용지에 서명을 하고, 그것을 등록 센터에 팩스로 보내라고 지시한다.

또, 등록 정보 요약본을 등록 센터 직원과 사용자에게 이메일로 보내야 한다.

시스템은 각 강좌의 최대 학생 수를 알고 있으며, 일단 꽉 차면 자동적으로 강좌 소개에 '마감'으로 표시할 것이다.

등록 센터 직원은 특별한 폼을 불러와 강좌를 선택하여 어떤 강좌에 등록한 모든 학생에게 이메일을 보낼 수 있을 것이다. 이 폼은 직원이 메시지를 입력하고 버튼을 누르면, 선택한 강좌에 현재 등록한 모든 학생에게 그 메시지를 보낼 수 있게 한다.

또한 등록 센터 직원은 이미 강의를 해온 강좌에 등록한 전체 학생들의 상태를 보여주는 폼을 불러올 수 있을 것이다. 이 상태는 해당 학생의 출석 여부와 수강료 지불 여부를 표시한다. 이 폼은 기본적으로 한 강좌씩 차례대로 불러올 수 있다. 또는 직원이 미지불 상태인 전체 학생들의 목록을 요청할 수 있다.

액터와 유스케이스 식별하기 요구사항 분석 작업 중 하나는 액터와 유스케이스를 식별해내는 것이다. 실제 시스템에서는 이것이 첫 번째로 하기에 적합한 작업은 아니라는 점에 주의해야 한다. 하지만 이 장의 목표를 고려하여 내가 처음에 하기로 선택한 것이다. 사실, 시작하는 위치는 시작하는 행위 그 자체보다 덜 중요하다.

액터

액터(actor)는 시스템과 대화하는 엔티티(entity)이지만 시스템 밖에 있다. 대개 이들은 시스템 사용자로서의 역할을 한다. 그러나 때로는 별도의 시스템이 될 수 있다. 이 예에서의 모든 액터는 사용자(사람)를 말한다.

수강 신청인(enroller) 이 액터는 학생을 강좌에 등록시킨다. 시스템과 대화하여 적절한 강좌를 선택하고 그 학생에 대한 정보를 입력하고 결제 방식을 선택한다.

수강 등록 직원(enrollment clerk) 이 액터는 등록을 이메일로 통보받는다. 학생에게 공지 이메일을 보내고 수강 등록과 결제에 대한 보고를 받는다.

학생(student) 이 액터는 수강 등록 직원으로부터 수강 등록 확인 이메일과 공지 이메일을 받는다. 학생은 자신이 등록한 강좌에 출석한다.

유스케이스

액터를 정의하면서 시스템에서의 이 액터들의 대화를 명기했는데, 이 명세를 유스케이스(use case)라고 한다. 한 유스케이스는 한 액터와 그 액터의 시점에서 본 시스템의 대화를 묘사한다. 시스템 내부의 작업은 논의되지 않으며, 구체적인 사용자 인터페이스도 마찬가지다.

유스케이스 #1: 강좌 메뉴 보기 수강 신청인은 강좌 카탈로그에서 현재 수강할 수 있는 강좌의 목록을 요청한다. 시스템은 강좌 목록을 화면에 표시하는데, 이 목록에는 이름, 시간, 장소, 수강료가 포함되어 있다. 또한 이 목록은 그 강좌의 최대 학생 수와 현재 마감되었는지의 여부도 보여준다.

유스케이스 표기법 위의 다이어그램은 한 액터와 한 유스케이스를 하나의 유스케이스 다이어그램으로 보여준다. 액터는 사람 모양의 작은 막대 그림으로 나타내고, 유스케이스는 타원으로 나타낸다. 둘은 데이터 흐름의 방향이 나타내는 관계로 묶여 있다.

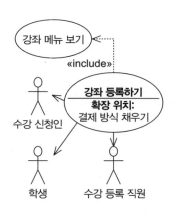

유스케이스 #2: 강좌 등록하기 수강 신청인은 먼저 강좌 메뉴를 본다(유스케이스 #1). 이 메뉴에서 등록할 강좌를 선택한다. 시스템은 수강 신청인에게 학생의 이름, 전화번호, 팩스번호, 이메일 주소를 묻고, 원하는 결제 방식도 묻는다.

확장 위치: 결제 방식 채우기
수강 신청인은 등록 폼을 제출한다. 학생과 수강 등록 직원은 수강 등록을 확인하는 이메일을 받는다. 수강 신청인은 등록 확인서를 보게 되고, 그 확인서를 출력하고, 서명하고, 특정 번호에 팩스로 보낼 것을 요구받는다.

유스케이스 확장과 사용 유스케이스 #2에는 확장 위치(extension point)가 있다. 이는 다른 유스케이스가 이 유스케이스를 확장할 것임을 의미한다. 확장한 유스케이스는 아래에 #2.1, #2.2, #2.3으로 소개되어 있다. 이들에 대한 기술(description)은 위 유스케이스의 확장 위치에 삽입되며, 이들은 선택한 결제 방식에 따라 입력해야 하는 추가적인 데이터를 나타낸다.

유스케이스 #2는 유스케이스 #1 '강좌 메뉴 보기'와 <<include>> 관계를 맺고 있다. 이것은 유스케이스 #1의 기술이 유스케이스 #2의 적절한 위치에 삽입된다는 뜻이다.

확장과 포함의 차이에 주의하라. 한 유스케이스가 다른 것을 포함할 때는 포함하는 유스케이스가 포함되는 유스케이스를 참조하는 것이다. 반면, 한 유스케이스가 다른 것을 확장할 때는 어떤 유스케이스가 다른 쪽을 참조하지 않는다. 그렇다기보다는 확장하는 유스케이스가 확장되는 유스케이스의 적절한 위치의 문맥에 기반을 두어 선택되고 삽입된다.

반복되는 작업들을 비슷한 유스케이스로 정리해 여타 유스케이스들이 공유할 수 있도록 하여, 유스케이스의 구조를 좀 더 효율적으로 만들고 싶을 때 <<include>> 관계를 사용한다. 이런 방식의 목표는 변경을 관리하고 중복성을 제거하는 것이다. 많은 유스케이스가 공통으로 가진 부분을 하나의 포함된 유스케이스로 옮김으로써, 그 공통 부분의 요구사항이 변경될 때는 포함된 유스케이스 하나만 바꾸면 된다.

한 유스케이스에 많은 대안이나 선택지가 있을 때 <<extend>> 관계를 사용한다. 유스케이스의 변하는 부분에서 변하지 않는 부분을 분리한다. 그 변하지 않는 부분은 확장되는 유스케이스가 되고, 변하는 부분은 확장하는 유스케이스가 된다. 또 다시 목표는 변경 관리가 된다. 현재 예에서 새 지불 방법 옵션이 추가되면 확장하는 유스케이스를 새로 만들어야 하겠지만, 기존 유스케이스들을 수정할 필요는 없다.

<<include>> 관계 표기법　유스케이스 #2의 다이어그램은 이 '강좌 등록하기' 유스케이스가 '강좌 메뉴 보기' 유스케이스와 열린 모양의 화살표로 끝나는 점선으로 묶인 모습을 보여준다. 화살표는 포함되는 유스케이스를 가리키고, 스테레오타입 <<include>>를 갖는다.

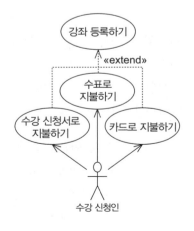

유스케이스 #2.1: 수강 신청서로 지불하기　수강 신청인은 PO#, 회사명, 회계부서 담당자의 이름과 전화번호를 입력하도록 요구받는다.

유스케이스 #2.2: 수표로 지불하기　수강 신청인은 수표번호를 입력하도록 요구받는다.

유스케이스 #2.3: 카드로 지불하기　수강 신청인은 신용카드번호, 유효 기간, 카드상 이름을 입력하도록 요구받는다.

유스케이스 확장 표기법 위에 나온 확장하는 유스케이스는 확장되는 유스케이스와 «extend» 관계로 연결되어 있다. 이 관계는 두 유스케이스를 연결하는 선으로 그려진다. 이번에도 점선은 열린 모양의 화살표를 갖는다. 이 화살표는 확장되는 유스케이스를 가리키고 스테레오타입 «extend»를 갖는다.

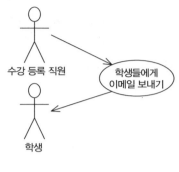

유스케이스 #3: 학생들에게 이메일 보내기 수강 등록 직원은 한 강좌를 선택하고 메시지를 입력한다. 시스템은 그 메시지를 그 강좌에 현재 등록되어 있는 전체 학생들의 이메일 주소로 보낸다.

유스케이스 #4: 출석 기록하기 수강 등록 직원은 한 강좌를 선택하고 그 강좌에 현재 등록되어 있는 한 학생을 선택한다. 시스템은 그 학생의 정보를 보여주고 그 학생이 출석을 했는지의 여부와 수강료를 지불했는지의 여부를 보여준다. 그러면 수강 등록 직원은 출석 정보와 수강료 지불 상태 정보를 변경할 수 있다.

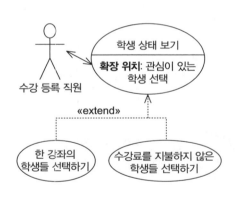

유스케이스 #5: 학생 상태 보기 수강 등록 직원은 관심이 있는 학생을 선택한다.

확장 위치: 관심이 있는 학생 선택
시스템은 선택된 학생의 출석과 납부 상태를 하나의 보고서 형태로 보여준다.

확장
'학생 상태 보기'를 확장하는 2개의 유스케이스가 있다.

유스케이스 #5.2: 한 강좌의 학생들 선택하기 시스템은 모든 강좌의 목록을 보여준다. 수강 등록 직원이 한 강좌를 선택한다. 시스템은 그 강좌의 모든 학생을 선택한다.

유스케이스 #5.2: 수강료를 지불하지 않은 학생들 선택하기 수강 등록 직원은 시스템에 수강료를 납부하지 않은 학생들을 선택하라는 지시를 내린다. 시스템은 출석한 것으로 되어 있으나 납부 상태가 아직 수강료를 납부하지 않은 것으로 되어 있는 학생들을 모두 선택한다.

유스케이스 반복　여기서 만든 유스케이스들은 사용자가 시스템이 어떻게 작동하기를 기대하는지를 기술한다. 이것들이 사용자 인터페이스의 구체적인 사항에 대해 얘기하고 있지 않다는 사실에 주목하자. 아이콘, 메뉴 항목, 버튼, 스크롤 목록에 대해서는 언급하지도 않는다. 사실, 원래 명세조차 이 유스케이스들보다는 사용자 인터페이스에 대해 좀 더 많은 것을 말하고 있었다. 이것은 의도적인 것으로, 우리는 유스케이스가 가볍고 유지하기 쉬운 것이 되기를 바란다. 적힌 대로, 이 유스케이스들은 있을 수 있는, 엄청나게 규모가 큰 구현에 대해서도 유효하다.

시스템 경계 다이어그램　유스케이스의 전체 집합은 그림 A-1의 시스템 경계 다이어그램이 요약해서 보여주는 것과 같을 수 있다. 이 다이어그램은 시스템에 있는 모든 유스케이스가 시스템 경계를 표현하는 직사각형으로 둘러싸여 있는 모습을 보여준다. 액터는 시스템의 밖에 있고, 데이터 흐름의 방향을 보여주는 관계로 유스케이스들과 연결되어 있다.

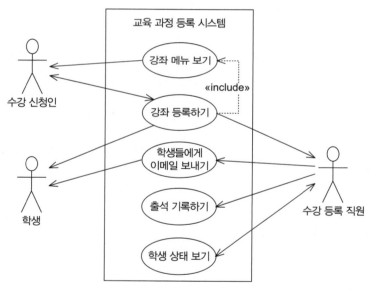

그림 A-1　시스템 경계 다이어그램

이 다이어그램을 어디에 쓸까?　시스템 경계 다이어그램을 포함해, 유스케이스 다이어그램은 소프트웨어 구조 다이어그램이 아니다. 이것은 만들어야 할 시스템의 어떤 소프트웨어 구성 요소에 대한 정보도 주지 않는다. 이 다이어그램은 사람들의, 특히 분석가와 이해당사자 사이의 의사소통을 위한 것이다. 이것은 서로 다른 시스템 사용자들의 시점에서 시스템의 기능을 구성할 수 있게 도와준다.

게다가, 이 다이어그램은 다양한 부류의 사용자에게 시스템의 상세 사항을 소개할 때 아주 유용할 수 있다. 각 사용자들은 주로 자신의 유스케이스에 관심을 갖는다. 액터에서 유스케이스로의 연결은 각 부류의 사용자가 자신이 사용할 유스케이스에 초점을 맞추도록 돕는다. 아주 큰 시스템에서라면 개발자는 액터의 타입에 따라 시스템 경계 다이어그램을 만들어서, 서로 다른 타입의 사용자 모두가 자신이 관심을 갖는 유스케이스 부분집합을 볼 수 있게 만들고 싶을 것이다.

마지막으로, 마틴의 문서화 제1법칙인 "그 필요가 급박하고 중요하지 않다면 아무 문서도 만들지 마라."를 기억하자.

이 다이어그램은 유용할 수도 있지만 종종 불필요할 때도 있으므로, 필수적인 것으로 생각해서는 안 된다. 필요하다면 그리고, 그렇지 않다면 필요해질 때까지 기다려라.

도메인 모델

도메인 모델(domain model)은 유스케이스에 나오는 용어들의 정의를 도와주는 다이어그램 집합이다. 이 다이어그램은 문제의 핵심 객체들과 그것들의 상호 관계를 보여준다. 이 모델 또한 만들어야 할 소프트웨어 모델 중 하나라고 생각하는 경향 때문에 개발자는 고통과 괴로움을 겪어야 했다. 도메인 모델은 사람들이 그들의 결정을 기록하고 서로 의사소통하는 것을 돕기 위한 기술 도구임을 인식하는 일은 분석가와 설계자에게 모두 중요하다. 도메인 모델에서의 객체는 반드시 소프트웨어의 객체 지향 설계와 대응하는 것이 아니며, 이런 대응이 큰 이득이 되는 것도 아니다.[5]

부치 94와 OMT에서 도메인 모델 다이어그램은 소프트웨어 구조와 설계를 표현하는 다이어그램과 구별할 수 없었다. 최악의 경우 도메인 모델 다이어그램은 상위 수준의 설계 문서로 여

---

[5] [JACOBSON], p. 133, "우리는 최고의(가장 안정적인) 시스템이 오직 실생활의 실체에 대응하는 객체를 사용하는 것에 의해서만 만들어진다고 믿지 않는다.

p. 167, "[다른] 메소드에서 이 [도메인] 모델은 또한 실제 구현의 기반을 형성할 것이다. 즉, 이 객체들은 구현 과정에서 클래스에 바로 대응된다. 그러나 이것은 OOSE에 맞는 경우가 아니다. [중략] 이런 접근과 관련된 우리의 경험은 다른 것을 말해준다. 설계와 구현의 기반 역할을 할 문제 도메인 모델을 사용하는 것보다는, 나중의 변경에 대해 더 견고하고 더 유지하기 좋은 분석 모델을 개발하는 것이다."

[BOOCH96], p. 108, "미숙한 프로젝트에서는 분석의 결과로 나온 도메인 모델을 코드가 될 준비가 되어 있는 것으로 생각하고, [중략] 그래서 더 이상의 설계 과정을 생략하는 경향이 있다. 건강한 프로젝트에서는 아직 동시성, 직렬화, 안전, 배포 등의 문제를 포함해 할 일이 꽤 남아 있다는 사실과, 설계 모델은 서로 다른 여러 번의 정교한 방식으로 살펴보고 나서야 마무리된다는 사실을 인식한다."

겨졌고, 따라서 그 자체로 상위 수준의 소프트웨어 구조를 정립하는 데 사용되기도 했다.

이런 착오를 막기 위해, UML 구성 요소를 이용하여 도메인 모델에서 <<type>>이라는 특별한 것을 사용할 수 있다. <<type>>은 어떤 객체가 취할 수 있는 역할을 표현한다. <<type>>은 다른 <<type>>과의 연계는 물론이고 오퍼레이션(operation)과 속성(attribute)도 가질 수 있다. 그러나 하나의 <<type>>이 설계적인 의미에서 하나의 클래스나 객체를 표현하지는 않는다. 소프트웨어의 한 구성 요소를 표현하는 것도 아니고, 직접적으로 코드에 대응되는 것도 아니다. 이것은 문제 기술에 쓰이는 개념적인 엔티티를 표현한다.

강좌 카탈로그 처음으로 생각할 도메인 추상화는 강좌 카탈로그다. 이 추상화는 제공되는 모든 강좌의 목록을 표현한다. 강좌 카탈로그라는 엔티티를 위한 도메인 모델(그림 A-2 참고)에 그 도메인에 있는 추상화를 표현하는 2개의 엔티티인 CourseCatalog와 Course를 그림으로써, 이를 나타낸다. CourseCatalog 엔티티는 여러 개의 Course 엔티티들을 제공한다.

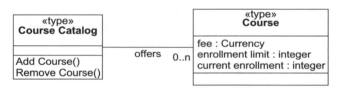

그림 A-2 강좌 카탈로그의 도메인 모델

도메인 모델 표기법 그림 A-2에 쓰인 표기법은 <<type>> 스테레오타입을 사용해 2개의 도메인 추상화를 UML 클래스로 묘사한다(607페이지의 보충 설명 'UML 클래스 표기법과 의미 개관' 참고). 이것은 이 클래스들이 문제 도메인의 개념적인 요소일 뿐 직접적으로 소프트웨어 클래스와 관련되어 있지는 않음을 나타낸다. CourseCatalog가 2개의 오퍼레이션, AddCourse와 RemoveCourse를 가지는 것에 주목하자. <<type>>에서 오퍼레이션은 **책임**에 해당한다. 따라서 CourseCatalog는 강좌를 추가하고 삭제할 수 있어야 한다는 책임을 갖는다. 이번에도 마찬가지로, 이것들도 실제 클래스에 있는 멤버 함수의 명세가 아니라 개념일 뿐이다. 이것은 소프트웨어 구조를 구체화하기 위해서가 아니라 사용자와 의사소통하기 위해 사용된다.

같은 의미에서, Course 엔티티에 나타난 속성도 개념이다. 이것은 Course가 그 수강료, 수강 등록 학생 수 제한, 현재 수강 등록 학생들을 기억할 책임이 있어야 함을 나타낸다.

UML 클래스 표기법과 의미 개관

UML에서 하나의 클래스는 3개의 구획으로 나눠진 한 직사각형으로 그린다. 첫 구획은 클래스의 이름을 표시하고, 두 번째는 속성, 세 번째는 오퍼레이션을 표시한다.

이름 구획에서, 이름은 스테레오타입(stereotype)과 프로퍼티(property)로 수식할 수 있다. 스테레오타입은 이름 위에 나오고 길러멧(guillemet, 프랑스어로 '인용부호'의 의미)으로 둘러싸인다. 프로퍼티는 이름 오른쪽 아래에 나오고 중괄호로 둘러싸인다(다음 다이어그램 참고).

```
«stereotype»
     Name
{boolProperty,
valueProperty=x}
attribute : type
operation()
```

스테레오타입은 표현하고 있는 UML 클래스의 '종류'를 나타내는 이름이다. UML에서 한 클래스는 단순히 속성과 오퍼레이션을 가질 수 있는, 이름이 붙은 엔티티다. 기본 스테레오타입은 <<implementation class>>이고, 이 경우 UML 클래스는 C++, 자바, 스몰토크, 에펠 같은 언어에서의 소프트웨어적인 클래스 개념과 직접 대응된다. 속성은 멤버 변수에 대응되고, 오퍼레이션은 멤버 함수에 대응된다.

그러나 <<type>> 스테레오타입을 가지면, UML 클래스는 소프트웨어에서의 엔티티와 전혀 다르다. 그보다는 문제 도메인에 존재하는 개념적인 엔티티에 대응된다. 속성은 논리적으로 그 개념적 엔티티에 속한 정보를 표현하고, 오퍼레이션은 그 개념적 엔티티의 책임을 표현한다.

나중에 이 장에서 논할, 미리 정의된 스테레오타입 몇 가지가 있다. 물론 자유롭게 자신의 스테레오타입을 만들 수도 있지만, 스테레오타입은 단순한 주석 이상이며, UML 클래스의 모든 구성 요소가 해석되는 방식을 지정한다. 그러므로 새로운 스테레오타입을 만들고자 한다면 잘 정의해야 한다.

프로퍼티는 일차적으로 구조화된 주석이다. 프로퍼티는 중괄호로 둘러싸이고, 콤마(쉼표)로 구분된 목록에 명시된다. 각 프로퍼티는 등호(=)로 구분된 '이름 = 값' 쌍이 된다.

등호가 생략된다면, 그 프로퍼티는 불리언 타입으로 여겨지고 **true** 값을 받는다. 그렇지 않다면 값의 자료형은 문자열이다.

이 장에서 나중에 논할, 미리 정의된 프로퍼티 몇 가지가 있다. 그러나 언제든 자유롭게 자기만의 프로퍼티를 만들 수도 있다. 한 예로, 다음과 같은 프로퍼티를 만들 수도 있다. {author=Robert C. Martin, date=12/6/97, SP=4033}

개념 대 구현, 그리고 구름 아이콘 사용　나는 개념 수준(즉, <<type>>)의 클래스와, 설계나 구현 수준의 클래스의 차이를 많이 강조해왔다. 내가 느끼기에 개념적 다이어그램이 소프트웨어의 구조나 아키텍처의 명세로 오해될 수 있는 위험을 생각하면 이 강조는 지나친 것이 아니다. 기억하자. 개념적 다이어그램은 이해당사자와의 의사소통을 돕기 위한 것이고, 따라서 소프트웨어 구조에서의 모든 기술적 주제가 결여된 것이다.

이런 다이어그램 종류를 구분하기 위한 스테레오타입 사용을 간과하고 지나칠 수도 있다. 도메인 모델을 위한 UML 클래스는 설계와 구현을 위한 UML 클래스와 아주 비슷하게 보인다. 다행스럽게도, UML은 다른 스테레오타입 대신에 다른 아이콘을 사용하는 것을 허용한다. 따라서 이 다이어그램 종류의 차이를 확실히 하기 위해, 이제부터 <<type>> 클래스를 표현하는 구름 아이콘을 사용할 것이다. 그림 A-2의 강좌 카탈로그를 위한 도메인 모델에 구름 아이콘을 쓰면 그림 A-3과 같이 바뀐다.

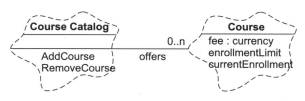

그림 A-3　구름 아이콘을 사용한 강좌 카탈로그 도메인 모델

도메인 모델 완성하기　지금까지의 도메인 모델은 제공되는 모든 강좌를 포함하는 강좌 카탈로그를 보여주었다. 그러나 여기에는 문제가 있다. 강좌 하나로 무엇을 나타내겠는가? 같은 강좌가 서로 다른 시간과 장소에서 개설될 수도 있고, 많은 교사가 그 강좌를 맡을 수도 있다. 명백히 2개의 다른 엔티티가 필요한 것이다. 첫 번째 것을 강좌(Course)라고 부르자. 이것은 강좌 그 자체를 표현하지만, 날짜, 위치, 교사를 표현하지는 않는다. 두 번째 것을 세션(Session)이라고 부르자. 이것은 날짜, 위치, 그 특정 강좌를 맡은 교사를 표현한다(그림 A-4 참고).

표기법 엔티티들을 연결하는 선을 연관(association)이라고 부른다. 그림 A-4의 모든 연관은 규칙은 아니지만 이름이 붙어 있다. 이 이름이 동사이거나 동사구라는 점을 주목하자. 이름 옆에 붙은 검은색 삼각형은 두 엔티티와 연관에 의해 형성된 문장의 술부를 가리킨다. 따라서 '강좌 카탈로그는 많은 강좌를 제공한다(Course Catalog offers many Courses)', '세션 스케줄은 많은 세션의 스케줄을 작성한다(Session Schedule schedules many Sessions)', '많은 학생이 한 세션에 등록된다(Many students are enrolled in a Session)'와 같이 나타난다.

위 문장에서는 해당 관계에 '0..*' 아이콘을 쓴 곳마다 '많은'이라는 단어를 사용했다. 이 아이콘은 연관의 끝에 올 수 있는 여러 가지의 다수성(multiplicity) 아이콘 중 하나로, 그 연관에 참여하는 엔티티들의 숫자를 나타낸다. 기본은 '1'이다(610페이지의 보충 설명 '다수성' 참고).

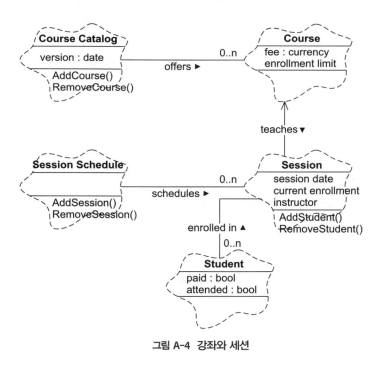

그림 A-4 강좌와 세션

연관은 방향을 겨냥하는 화살표가 없다면 양방향성으로 여겨진다. 양방향성 연관은 두 엔티티가 서로에 대해 아는 것을 허용한다. 예를 들면, CourseCatalog가 자신의 Course에 대해 알아야 한다는 것은 분명하고, 각 Course가 자신이 실려 있는 CourseCatalog에 대해 알 수 있다는 것도 합리적으로 보인다. SessionSchedule과 Session에 대해서도 마찬가지다.

화살표의 존재는 지시하는 방향으로 정보를 제한한다. 따라서 Session들은 Course들에 대해 알고 있지만, Course들은 Session들에 대해 아무것도 알지 못한다.

유스케이스 반복(iterations)   이 다이어그램은 두 가지를 알려준다. 첫 번째로, 이 유스케이스들은 몇몇 부분에서 부적절한 표현을 쓰고 있다. 강좌 카탈로그와 강좌에 대해 말하는 부분에서는, 세션 스케줄과 세션에 대해 말해야 할 것이다. 두 번째로, 무시해버린 유스케이스가 꽤 많이 있다. CourseCatalog와 SessionSchedule은 유지보수가 필요하다. CourseCatalog에는 Course를 추가하고 삭제할 수 있어야 하고, SessionSchedule에는 Session을 추가하고 삭제할 수 있어야 한다.

그러므로 도메인 모델을 만들면 당면한 문제를 더 잘 이해할 수 있다. 더 잘 이해하게 되면 유스케이스를 발전시키고 추가하는 데 도움이 된다. 이와 같은 두 가지의 반복은 자연스럽고, 또 필요한 것이다.

이 사례 연구의 결론을 계속 탐색해간다면, 위의 내용이 의미하는 변경을 보일 수 있다. 하지만 효율적인 표기법 소개를 위해, 이 유스케이스의 반복은 생략하기로 한다.

아키텍처

이제 소프트웨어 설계의 문제로 내려와 보자. 아키텍처는 애플리케이션의 뼈대를 이루는 소프트웨어 구조를 표현한다. 아키텍처의 클래스와 관계는 코드와 밀접하게 대응된다.

소프트웨어 플랫폼 결정 시작하기 전에, 이 애플리케이션이 실행될 소프트웨어 플랫폼이란 것을 이해해야 한다. 몇 가지 선택의 여지가 있다.

1. 웹 기반 CGI 애플리케이션: 등록 등의 폼은 웹 브라우저를 통해 접근될 것이다. 데이터는 웹 서버에 있고, 그 데이터에 접근하고 그것을 고치기 위해 웹 브라우저를 통해 CGI 스크립트를 실행할 것이다.
2. 데이터베이스 애플리케이션: 관계형 데이터베이스를 하나 구매하여 이 애플리케이션을 작성하기 위해 폼 패키지와 4GL을 사용할 수도 있을 것이다.
3. 비주얼 XXX: 비주얼 프로그래밍 언어 종류를 하나 구입할 수도 있을 것이다. 비주얼 작성 툴을 써서 사람을 위한 인터페이스를 만들 수 있다. 이 툴은 데이터를 저장하고, 검색하고, 변경하는 데 필요한 소프트웨어 함수들을 실행할 것이다.

물론 다른 옵션도 있다. 컴파일러 외의 라이브러리나 툴을 쓰지 않고 오직 C로만 모든 것을 작성할 수도 있지만, 이것은 바보 같은 짓이다. 유용한 툴이 있는데, 굳이 힘든 방법을 선택할 필요는 없다.

이 예에서의 목표를 위해, 웹 기반 애플리케이션을 가정할 것이다. 그러면 수강 신청인은 세계 어느 곳에서든 있을 수 있고, 인터넷을 통해 등록이 가능하다.

웹 아키텍처 이 웹 애플리케이션의 전체 아키텍처를 결정해야 한다. 웹 페이지가 몇 개나 있을까? 그리고 실행해야 할 CGI 프로그램은 무엇인가? 그림 A-5는 어떻게 이를 명시할 수 있는지를 보여준다.

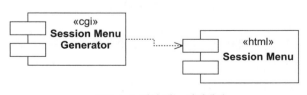

그림 A-5 세션 메뉴 아키텍처

표기법 그림 A-5는 컴포넌트 다이어그램이다. 아이콘은 물리적인 소프트웨어 컴포넌트를 묘사하고 있는데, 스테레오타입을 사용해 컴포넌트의 종류를 명시했다. 이 다이어그램은 세션 메뉴가 세션 메뉴 생성기라는 CGI 프로그램에 의해 만들어진 HTML 웹 페이지로서 화면에 출력된다는 것을 보여준다. 두 컴포넌트 사이의 점선 화살표는 의존성 관계다. 의존성 관계는 어떤 컴포넌트가 다른 컴포넌트를 알고 있는지를 표시한다. 이 경우 세션 메뉴 생성기 프로그램은 세션 메뉴 웹 페이지를 생성하고, 그렇기 때문에 그것에 대해 알고 있다. 반면, 세션 메뉴 웹 페이지는 생성기에 대해 알지 못한다.

커스텀 아이콘 그림 A-5에는 2개의 서로 다른 컴포넌트가 있다. 시각적으로 구분이 되도록, UML에 2개의 새로운 아이콘을 추가했다. 하나는 CGI 프로그램용이고, 하나는 HTML 페이지용이다. 그림 A-6은 '유스케이스 #2: 강좌 등록하기'에 관련된 컴포넌트들을 보여준다. 웹 페이지는 'W'가 쓰여 있는 페이지 모양으로 그려져 있다. CGI 프로그램은 'CGI'가 쓰여 있는 원 모양으로 그려져 있다.

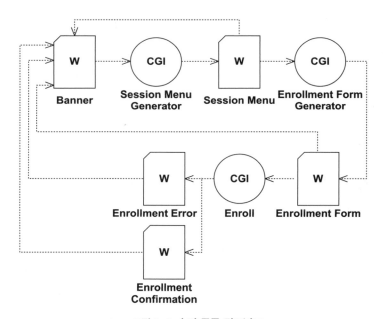

그림 A-6 수강 등록 컴포넌트

컴포넌트 흐름 그림 A-6은 2개의 새 웹 페이지와 1개의 새 CGI 프로그램을 소개한다. 이 애플리케이션이 어떤 종류의 배너 페이지로 시작해야 한다는 것을 결정했다. 아마, 이 페이지는 사용자가 할 수 있는 다양한 종류의 오퍼레이션을 위한 링크를 포함할 것이다. 세션 메뉴 생성기는 이 배너 페이지에 의해 실행되고, 세션 메뉴 페이지를 생성한다. 아마도 이 세션 메뉴 페이지에는 사용자가 어떤 강좌에 등록할 수 있게 해주는 링크나 버튼이 있을 것이다. 세션 메뉴는 선택한 강좌에 등록하는 데 필요한 폼을 생성하기 위해 등록 폼 생성기 CGI 프로그램을 실행할 것이다. 일단 사용자가 이 폼을 채우면, 등록 CGI가 실행된다. 이 프로그램은 폼의 정보를 확인하고 저장한다. 폼의 데이터가 유효하지 않은 것이면 등록 에러 페이지를 생성한다. 반대의 경우라면, 확인 페이지를 생성하고 필요한 이메일 메시지를 보낸다(유스케이스 #2를 다시 보자).

유연성 향상하기 눈치 빠른 독자는 이 컴포넌트 모델이 유연하지 않음을 깨달았을 것이다. CGI 프로그램이 웹 페이지 대부분을 생성한다. 이것은 웹 페이지의 HTML 텍스트가 CGI 프로그램 안에 들어가 있어야 함을 의미한다. 이는 웹 페이지를 수정하는 문제를 CGI 프로그램을 수정하고 다시 빌드하는 문제로 만든다. 생성된 웹 페이지 대부분은 차라리 쓸 만한 HTML 에디터로 만드는 편이 나았을 것이다.

그러므로 CGI 프로그램은 생성할 웹 페이지의 템플릿을 읽어들여야 한다. 이 템플릿은 특별한 기호로 표시되어야 하고, 이 기호는 이 프로그램이 생성해야 할 HTML 코드로 대체될 것이다. 이것은 이 CGI 프로그램들이 공통적인 무엇인가를 공유한다는 것을 의미한다. 이 프로그램들은 모두 템플릿 HTML 파일을 읽고 각자의 고유한 HTML 부분을 거기에 추가한다.[6]

그림 A-7은 결과로 나오는 컴포넌트 다이어그램을 보여준다. WT 아이콘을 추가한 것에 주목하자. 이것은 HTML 템플릿을 표현한다. 이것은 CGI 프로그램이 생성하는 HTML 코드의 삽입 위치 역할을 하는 특별한 표시가 있는, HTML 형식의 텍스트 파일이다. CGI 프로그램과 HTML 템플릿 사이의 의존성 관계의 방향에도 주목하자. 여러분에게는 거꾸로 된 것처럼 보일지도 모른다. 하지만 이것은 데이터 흐름이 아니라 **의존성 관계**임을 기억하라. CGI 프로그램은 HTML 템플릿에 대해 알고(의존하고) 있다.

---

[6] 부록 A는 XSLT가 등장하기 한참 전에 집필한 것이다. 요즘은 CGI 스크립트(또는 서블릿)로 XML을 생성하고, XSLT 스크립트를 실행해 그것을 HTML로 변환하여 문제를 해결해볼 만하다. 한편, XSLT로 HTML을 만드는 것도 멋진 위지위그 (WYSIWYG: What You See Is What You Get, 눈에 보이는 대로 출력물을 보면서 편집하는 방식) 에디터로 웹 페이지를 설계하게 만들어주지는 않는다. 때로는 많은 상황에서 이 장에서 약술한 템플릿 방식이 더 나을 것이라고 생각한다.

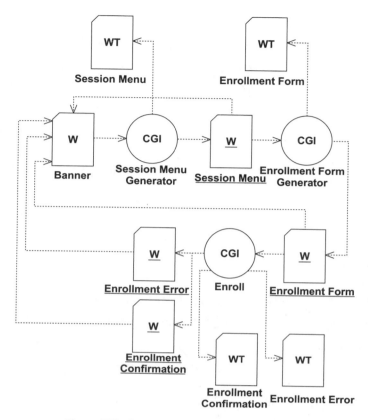

그림 A-7 등록 컴포넌트 다이어그램에 HTML 템플릿 추가하기

명세/인스턴스 이분법 그림 A-7을 보면 생성된 웹 페이지의 이름에는 밑줄이 쳐져 있는데, 이것은 이 페이지들이 실행 시간에만 존재하기 때문이다. 이 페이지들은 HTML 템플릿의 인스턴스로, UML에서의 규정은 인스턴스에 밑줄을 치는 것이다. 인스턴스는 어떤 종류의 명세(소스 문서)에서 만들어지는 소프트웨어 구성 요소다. 이것에 대해서는 나중에 더 살펴볼 것이다. 지금은 그저 밑줄이 쳐져 있지 않은 구성 요소는 손으로 작성해야 하고 명세로서 동작하는 요소를 표현한다는 것 정도로 알아두자. 이름에 밑줄이 쳐져 있는 요소는 명세에서 그것을 만들어내는 어떤 과정의 산물이다.

HTML 템플릿 사용 HTML 템플릿은 이 애플리케이션의 아키텍처에 높은 유연성을 준다. 이것이 어떻게 동작할까? 어떻게 CGI 프로그램이 생성한 출력 결과를 HTML 템플릿 내의 적절한 위치에 넣을 수 있을까?

어떤 특별한 HTML 태그를 HTML 템플릿 파일에 넣는 것을 고려해볼 수 있다. 이런 태그는 생성된 HTML 파일에 CGI 프로그램이 출력 결과를 삽입할 위치를 표시할 것이다. 그러나 생성된 이 웹 페이지는 각각 CGI 프로그램이 HTML 코드를 삽입할 수 있는 삽입 위치를 필요로 하는 몇 구역으로 나뉘어 있을 수도 있다. 따라서 각 HTML 템플릿은 2개 이상의 삽입 태그를 가질 수 있고, CGI는 아무튼 어떤 태그로 어떤 출력이 나오는지 명시할 수 있어야 한다.

태그를 살펴보자. <insert name>에서 name은 CGI에의 삽입 위치를 나타내는 임의의 문자열이다. <insert header> 같은 태그는 CGI가 header라는 이름을 찾고 그 태그를 생성된 출력 코드로 완벽하게 대체할 수 있게 한다.

분명히 각 태그는 문자들로 이루어진 한 문자열로 대체될 것이므로, 각 태그는 이름이 붙은 문자들의 스트림을 표현한다. 다음과 같은 이 CGI의 C++ 코드를 상상해볼 수 있다.

```
HTMLTemplate myPage("mypage.html");
myPage.insert("header", "<h1> this is a header </h1>\n");
cout << myPage.Generate();
```

이 코드는 <insert header> 태그를 문자열 "<h1> this is a header </h1>\n"으로 바꾼, mypage.html 템플릿에서 생성된 HTML 코드를 cout에 보낼 것이다.

그림 A-8은 HTMLTemplate 클래스를 어떻게 설계할 수 있는지를 보여준다. 이 클래스는 템플릿 파일의 이름을 속성으로 갖는다. 또한 지정한 이름이 붙은 삽입 위치에 대체 문자열을 삽입할 수 있도록 해주는 메소드도 갖는다. HTMLTemplate의 인스턴스는 삽입 위치 이름을 대체 문자열과 연결하는 맵을 포함할 것이다.

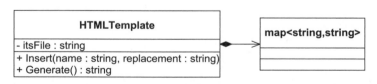

그림 A-8 HTMLTemplate 설계

표기법 이것은 첫 번째 실제 클래스 다이어그램으로, 합성(composition) 관계로 연결된 두 클래스를 보여준다. HTMLTemplate 클래스와 map<string, string> 클래스에 쓴 아이콘은 처음 나온 것이 아니다. 'UML 클래스 표기법과 의미 개관'이라는 보충 설명에서 설명한 바 있다. 속성과 오퍼레이션의 구문은 다음에 나오는 '속성과 오퍼레이션' 보충 설명에 나와 있다.

그림 A-8에서 두 클래스를 연결하는 연관의 화살표 방향은 HTMLTemplate가 map<string, string>에 대해 알고 있지만 이 맵은 HTMLTemplate에 대해 알지 못한다는 것을 나타낸다. HTMLTemplate 클래스에 제일 가까운 연관의 끝에 있는 검은 마름모꼴은 이것이 합성이라는 특별한 연관 종류임을 나타낸다(보충 설명 '연관, 집합, 합성' 참고). 이것은 HTMLTemplate가 map 클래스의 생명주기를 책임지고 있음을 나타낸다.

방향이 있는 연관

방향이 있는 연관(navigable association)은 연관에 화살표 방향을 만드는 것으로 제한될 수 있다. 어떤 화살표의 방향을 정했을 때, 연관은 그 화살표의 방향으로만 통할 수 있다. 이것은 화살표가 가리키는 클래스가 자신의 연관 클래스에 대해 알지 못한다는 것을 의미한다.[a]

집합

집합(aggregation)은 연관의 특별한 형태로, 집합 클래스에 흰색 마름모꼴로 표현된다. 집합은 '전체/부분' 관계를 의미한다. 흰색 마름모꼴이 붙어 있는 클래스는 '전체'이고, 다른 클래스는 그것의 '부분'이다. '전체/부분' 관계는 순수하게 암시적일 뿐, 연관과 의미에서의 차이는 없다.

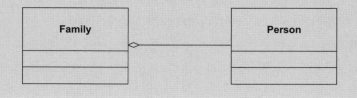

---

[a] 한 가지 예외를 제외하고, 객체들 간의 재귀적 또는 순환적 집합은 허용되지 않는다. 즉, 인스턴스가 집합 사이클에 들어갈 수 없다. 이 규칙이 제대로 지켜지지 않으면, 사이클에 있는 모든 인스턴스는 그 자신의 일부가 될 것이다. 즉, 부분이 전체를 포함할 수 있게 된다.

이 규칙이 클래스가 집합 사이클에 들어가는 것을 불허한다는 뜻은 아님을 주의하라. 이것은 단지 인스턴스만 제한할 뿐이다.

합성

합성(composition)은 집합의 특별한 형태로, 검은 마름모꼴로 표현된다. 이것은 '전체'가 자신의 '부분'의 생명주기에 책임이 있음을 의미한다. 이 책임이 생성이나 소멸 책임을 의미하는 것은 아니다. 오히려, '전체'가 '부분'이 어떤 식으로든 삭제되도록 만들어야 함을 의미한다. 직접 '부분'을 삭제하거나, 그 책임을 받아들인 다른 엔티티에 '부분'을 넘김으로써 이를 이룰 수 있다.

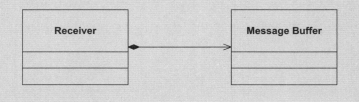

데이터베이스 인터페이스 레이어 각 CGI 프로그램은 강좌, 반, 학생 등을 표현하는 데이터에도 접근할 수 있어야 한다. 이것을 교육 데이터베이스라 부르기로 한다. 이 데이터베이스의 형태는 아직 정해지지 않았다. 관계형 데이터베이스 안에 들어가거나, 플랫 파일의 집합 안에 들어갈 수도 있다. 애플리케이션의 아키텍처가 데이터가 저장되는 형식에 의존하게 만들고 싶지는 않다. 데이터베이스 형식이 바뀌어도 각 애플리케이션의 대부분이 변하지 않은 채로 남아 있게 만들고 싶다. 따라서 데이터베이스 인터페이스 레이어(DIL: database interface layer)를 끼워넣어 애플리케이션을 데이터베이스로부터 숨기고자 한다.

효율적이기 위해, DIL은 그림 A-9에 보인 의존성에서의 특별한 특징을 가져야 한다. DIL은 애플리케이션과 데이터베이스에 의존한다. 애플리케이션이나 데이터베이스 모두 서로에 대해 아무것도 알지 못한다. 따라서 반드시 애플리케이션을 바꾸지 않고도 데이터베이스를 바꿀 수 있으며, 데이터베이스를 바꾸지 않고도 애플리케이션을 바꿀 수 있다. 애플리케이션에 조금도 영향을 주지 않은 채로 데이터베이스 형식이나 엔진을 완전히 교체하는 것도 가능하다.

그림 A-9 데이터베이스 인터페이스 레이어의 의존성 특징

표기법 그림 A-9는 '패키지 다이어그램'이라는 특별한 종류의 클래스 다이어그램을 보여준다. 파일 폴더를 연상시키는 아이콘은 패키지를 나타낸다. 파일 폴더처럼, 패키지는 컨테이너가 된다(보충 설명 '패키지와 서브시스템' 참고). 그림 A-9의 패키지는 클래스, HTML 파일, CGI 메인 프로그램 파일 등의 소프트웨어 컴포넌트들을 포함한다. 패키지를 연결하는 점선 화살표는 의존성 관계를 표현한다. 화살표는 이 의존성의 대상을 가리킨다. 패키지 간의 의존성은 의존적인 패키지가 그것이 의존하는 패키지 없이는 사용될 수 없다는 사실을 내포한다.

패키지와 서브시스템

패키지는 큰 직사각형의 왼쪽 위에 작은 직사각형 '탭'이 붙은 사각형으로 그려진다. 일반적으로, 패키지의 이름은 큰 직사각형 안에 위치한다.

패키지는 '탭' 안에 이름을 쓰고 그 내용을 큰 직사각형에 쓰는 형태로 그려질 수도 있다. 내용은 클래스, 파일, 또는 다른 패키지가 될 수도 있을 것이다. 이들 각각이 전용(private), 공용(public), 또는 패키지 안에서 보호된다(protected)는 것을 표시하기 위해 -, +, # 캡슐화 아이콘이 앞에 붙는다.

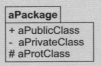

패키지는 두 가지의 다른 관계 중 하나로 연결될 수 있다. 점선 의존성 화살표는 임포트 의존 관계(import dependency)라고 부른다. 이것은 스테레오타입 <<import>>의 의존 관계다. 이 스테레오타입은 패키지에 의존성 관계를 적용할 때 기본 값이 된다. 화살표가 출발하는 부분은 임포트하는 패키지에 붙고, 화살표 끝은 임포트되는 패키지에 붙는다. 임포트 의존 관계는 임포트하는 패키지가 임포트되는 패키지의 모든 공용 요소에 대한 가시성을 갖는다는 사실을 내포한다. 이것은 임포트하는 패키지의 요소는 임포트되는 패키지의 공용 요소를 어느 것이든 사용할 수 있다는 뜻이다.

패키지는 일반화(Generalization) 관계로 연결될 수도 있다. 빈 삼각형 모양의 화살표는 일반 또는 추상화 패키지에 붙고, 반대쪽 끝은 구현 패키지에 붙는다. 구현 패키지는 추상화 패키지의 모든 공용 또는 보호된 요소에 대한 가시성을 갖는다.

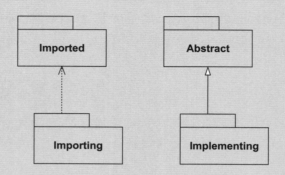

몇몇 정의된 패키지의 스테레오타입이 있다. 기본 값은 <<package>>이고, 이것은 특별한 제약이 아무것도 없는 컨테이너를 나타낸다. 이것은 UML에서 모델로 만들 수 있는 모든 것을 담을 수 있다. 일반적으로는 물리적인, 릴리즈할 수 있는 단위를 나타내기 위해 쓰인다. 이런 패키지는 형상 관리, 그리고 버전 제어 시스템에 의해 관리되며, 어떤 파일 시스템의 서브디렉토리나 어떤 언어의 모듈 시스템(즉, 자바 패키지나 JAR 파일)으로 표현될 수도 있을 것이다. 패키지는 개발성과 릴리즈 가능성을 향상하는 시스템 구획 분리를 표현한다.

패키지의 <<subsystem>> 스테레오타입은 모델의 구성 요소를 포함하는 것에 더해 그 동작까지 지정하는 논리적 요소를 표현한다. 서브시스템은 주어진 오퍼레이션이 될 수 있다. 이 오퍼레이션들은 유스케이스나 패키지 내부의 공동 작업에 의해 뒷받침되어야 한다. 서브시스템은 시스템이나 애플리케이션의 행위 면에서의 구획 분리를 나타낸다.

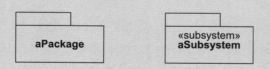

이 두 종류의 패키지는 완전히 별개다. 개발성과 릴리즈 가능성을 향상하는 구획 분리는 작업에 기반을 둔 구획 분리와 조금도 비슷하지 않다. 전자는 종종 소프트웨어 엔지니어가 형상 관리와 버전 제어의 단위로 활용한다. 후자는 분석가가 시스템을 직관적인 방식으로 묘사하고 기능 요소가 바뀌거나 추가되었을 때의 영향을 분석할 때 좀 더 많이 사용한다.

데이터베이스 인터페이스 교육 과정 애플리케이션 패키지에 있는 클래스는 데이터베이스에 접근할 수 있는 방법이 필요하다. 이는 이 교육 과정 애플리케이션 패키지에 있는 인터페이스 집합을 통해 가능해진다(그림 A-10 참고). 이 인터페이스들은 그림 A-4에 있는 도메인 모델의 타입을 표현한다. 이들은 DIL 패키지에 있는 클래스들로 구현되어 있다. 교육 과정 애플리케이션 패키지 안에 있는 다른 클래스에서, 데이터베이스에 있는 데이터에 접근하기 위해 이들을 사용할 것이다. 그림 A-10의 의존성 관계 방향이 그림 A-9의 패키지 간 임포트 관계 방향에 대응하는 것에 주목하자.

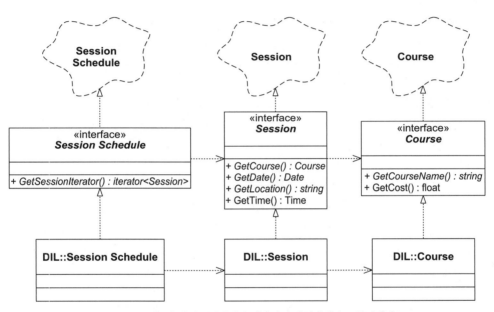

그림 A-10 교육 과정 애플리케이션 패키지의 데이터베이스 인터페이스

표기법 클래스의 이름을 이탤릭체로 쓰면, 그 클래스가 추상임을 나타낸다.[*7] 인터페이스는 완벽한 추상 클래스이기 때문에, 이름을 이탤릭체로 쓰는 것이 옳다. 오퍼레이션들도 그것이 추상임을 표시하기 위해 이탤릭체로 쓰여 있다. DIL의 클래스는 인터페이스를 가리키는 빈 삼각형 모양의 화살표와 점선으로 된 선으로 그려진 실현(realize) 관계로 인터페이스에 묶여 있다. 자바에서 이것은 '구현(implement)' 관계를 나타내고, C++에서라면 상속을 표현할 것이다.

---

*7   추상 클래스는 적어도 하나의 순수(또는 추상) 메소드를 갖는다.

인터페이스는 물리적인 구조로, C++나 자바 같은 언어에서는 대응하는 소스 코드를 갖고 있다. 반면 타입(type)은 물리적인 것이 아니고 소스 코드와 동등한 어떤 것을 표현하지도 않는다. 그림 A-10의 인터페이스에서 그것이 표현하는 타입으로의 실현 관계를 그렸다. 이것은 물리적인 관계를 표현하는 것도 아니고, 대응하는 소스 코드가 존재하는 것도 아니다. 이 경우, 실현 관계는 물리적 설계 엔티티와 도메인 모델 사이의 대응을 보여준다. 이 대응은 좀처럼 여기에 그려진 것처럼 명백하게 드러나지 않는다.

그림 A-9의 패키지 간 **임포트** 관계는 그림 A-10에서 이중 콜론 사용을 통해 드러난다. **DIL::Session** 클래스는 DIL 패키지에 있는 **Session**이란 이름의 클래스이고, Training Application 패키지에서 볼 수 있다(여기에 임포트되었다). **Session**이란 이름의 클래스가 2개라는 사실은 이들이 서로 다른 패키지에 들어 있기 때문에 받아들일 수 있다.

세션 메뉴 생성기　그림 A-7을 돌이켜보면, 첫 CGI 프로그램은 **SessionMenuGenerator**였다는 사실을 알 수 있다. 이 프로그램은 601페이지의 첫 번째 유스케이스에 대응된다. 이 CGI 프로그램의 설계는 무엇과 비슷해 보이는가?

확실히 이것은 세션 스케줄의 HTML 표현을 만들어내야 한다. 따라서 세션 스케줄의 실제 데이터를 세션 메뉴의 보일러 플레이트(boiler plate)[8]와 합치는 **HTMLTemplate**이 필요할 것이다. 또, 이 프로그램은 **SessionSchedule** 인터페이스를 사용하여 데이터베이스의 **Session**과 **Course** 인스턴스에 이름, 시간, 장소, 수강료 정보를 얻기 위해 접근할 것이다. 그림 A-11은 이 과정을 묘사하는 시퀀스 다이어그램을 보여준다.

SessionMenuGenerator 객체는 main에서 생성되어 전체 애플리케이션을 제어한다. 이 객체는 **HTMLTemplate** 객체를 생성하고 그것에 템플릿 파일의 이름을 넘겨준다. 그런 후 **SessionSchedule** 인터페이스에서 **iterator<Session>**[9] 객체를 꺼내온다. 그리고 **iterator<Session>**에서 루프를 돌면서 모든 **Session**에 그것의 **Course**에 대해 묻는다. **Session** 객체에서 강좌의 시간과 위치, 그리고 **Course** 객체에서 강좌의 이름과 비용을 꺼내온다. 이 루프의 마지막 동작은 모든 정보를 모아 한 줄의 항목을 생성하고, **HTMLTemplate** 객체의 Schedule 삽입 위치에 그것을 삽입하는 것이다. 루프가 끝났을 때,

---

[8]　**역주** 반복해서 사용하기 위한 텍스트나 그래픽 요소. 템플릿과 비슷하지만 템플릿이 레이아웃이나 스타일 정보를 담는 반면, 보일러 플레이트는 실제 텍스트나 그래픽을 담는다고 하여 구별하는 경우도 있다.

[9]　부록 A는 STL이 널리 사용되기 전에 집필한 것이다. 그때 나는 개인적으로 만든, 템플릿 이터레이터를 포함한 컨테이너 라이브러리를 쓰고 있었다.

SessionMenuGenerator는 HTMLTemplate의 Generate 메소드를 호출하고 그것을 소멸시킨다.

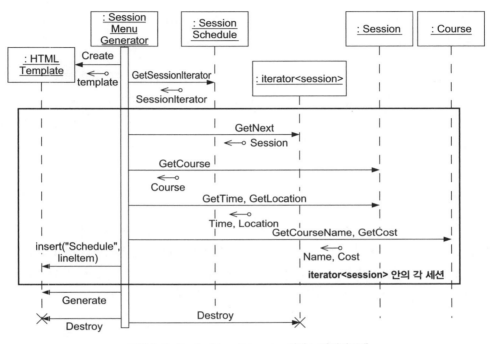

그림 A-11 SessionMenuGenerator 시퀀스 다이어그램

표기법 그림 A-11의 시퀀스 다이어그램에 있는 직사각형 안에 쓰인 이름은 밑줄이 쳐져 있다. 이는 이 직사각형들이 클래스가 아니라 객체를 표현한다는 것을 나타낸다. 객체 이름은 콜론으로 구분된 2개의 요소로 이루어져 있다. 콜론 앞에 오는 것은 객체의 단순 이름이다. 콜론 뒤에 오는 것은 클래스의 이름이거나 그 객체가 구현하는 인터페이스의 이름이다. 그림 A-11에서, 단순 이름은 모두 생략되기 때문에 모든 이름은 콜론으로 시작한다.

객체들 밑에 매달려 있는 점선은 수명선(lifeline)이라고 하는데, 그 객체의 생명주기를 표현한다. 그림 A-11에 있는 모든 객체는 HTMLTemplate과 iterator<Session>을 제외하고 꼭 대기에서 시작해 바닥에서 끝나는 수명선을 보여준다. 규정에 의해, 이것은 이 객체들이 시나리오가 시작하기 전에 존재했고 그 시나리오가 끝날 때에도 존재하는 상태로 남아 있다는 것을 의미한다. 반면 HTMLTemplate은 SessionMenuGenerator에 의해 명시적으로 생성되고 소멸된다. 이것은 HTMLTemplate에서 끝나는, 그래서 그것을 생성하는 화살표와, 바닥에서 수명선을 끝내는 'X'를 보면 분명히 드러난다. SessionMenuGenerator는 또한

Iterator<Session>을 소멸시키지만, 어떤 객체가 그것을 생성하는지는 명확하지 않다. 생성하는 객체는 아마 SessionSchedule의 파생 객체일 것이다. 따라서 그림 A-11이 명시적으로 Iterator<Session> 객체의 생성을 보이고 있지는 않지만, 이 객체의 수명선이 시작하는 위치는 GetSessionIterator 메시지가 SessionSchedule 객체에 보내졌을 무렵 이것이 생성되었음을 암시한다.

수명선을 연결하는 화살표는 메시지다. 시간은 꼭대기에서 바닥으로 진행되고, 따라서 이 다이어그램은 객체 간에 전송되는 일련의 메시지들을 보여주는 것이다. 이 메시지들은 화살표 가까이에 붙은 라벨로 이름이 지어진다. 끝에 원이 붙은 짧은 화살표는 데이터 토큰(data token)이라고 하는데, 메시지 본문에 넘겨지는 데이터 요소를 표현한다. 만약 이것이 메시지 방향을 가리킨다면 메시지의 매개변수이고, 메시지의 반대 방향을 가리킨다면 메시지가 반환하는 값이다.

SessionMenuGenerator 수명선에 있는 길고 얇은 수명선은 활동(activaton)이라고 하는데, 메소드나 함수가 실행되고 있는 기간을 표현한다. 이 경우, 메소드를 시작시킨 메시지는 그려지지 않았다. 그림 A-11에 있는 다른 수명선은 메소드들이 모두 아주 짧고 별다른 메시지를 발생시키지 않기 때문에 아무 활동도 없다.

그림 A-11에서 메시지들을 둘러싼 굵은 선으로 그려진 직사각형 상자는 루프를 정의한다. 이 루프의 완료 기준은 상자 아래쪽에 쓰여 있다. 이 경우에, 포함된 메시지는 iterator<Session> 내부의 모든 Session 객체가 검사될 때까지 반복된다.

메시지 화살표 중에서 2개가 둘 이상의 메시지로 중복 정의되어 있음에 주의하라. 이것은 화살표의 수를 줄이기 위한 단축 표기법일 뿐이다. 메시지는 쓰인 순서대로 전송되고, 같은 순서대로 값이 반환된다.

시퀀스 다이어그램에서의 추상 클래스와 인터페이스

눈치 빠른 독자라면 그림 A-11의 객체 중 일부가 인터페이스에서 인스턴스로 만들어졌음을 눈치챘을 것이다. 한 예로, SessionSchedule은 데이터베이스 인터페이스 클래스들 중의 하나다. 이는 객체가 추상 클래스나 인터페이스에서 인스턴스로 만들어질 수 없다는 원칙을 위반하는 것처럼 보일 수도 있다.

시퀀스 다이어그램에서 객체의 클래스 이름은 그 객체의 실제 타입 이름일 필요가 없다. 그 객체가 이름이 붙은 클래스의 인터페이스를 따르기만 하면 된다. C++, 자바, 에펠 같은 정적 언어에서는, 객체가 시퀀스 다이어그램에서 이름이 붙은 클래스, 또는 그런 클래스나 인터페이스에서 파생된 클래스에 속해야만 한다. 스몰토크나 오브젝티브C(Objective-C) 같은 동적 언어에서는 객체가 시퀀스 다이어그램에서 이름이 붙은 인터페이스를 따르기만 하면 충분하다.[10]

따라서 그림 A-11에서의 SessionSchedule 객체는 그 클래스가 SessionSchedule 인터페이스를 구현하거나 거기에서 파생된 객체를 나타낸다.

세션 메뉴 생성기의 정적 모델 그림 A-11의 동적 모델은 그림 A-12의 정적 모델을 내포한다. 관계가 모두 의존 관계, 아니면 스테레오타입으로 수식한 연관이라는 점을 주의하자. 이는 그림에 나온 클래스들이 다른 클래스를 참조하는 인스턴스 변수를 갖고 있지 않기 때문이다. 모든 관계는 일시적인 것으로, 그림 A-11에 있는 SessionMenuGenerator 수명선에서 활동 직사각형의 실행 기간보다 오래 가지 않는다.

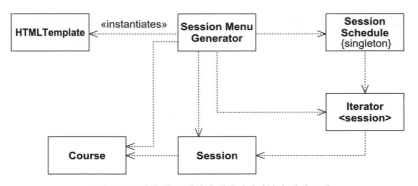

그림 A-12 세션 메뉴 생성기 애플리케이션의 정적 모델

SessionMenuGenerator와 SessionSchedule 사이의 관계는 특별히 언급하고 넘어갈 가치가 있다. SessionSchedule에 {singleton} 프로퍼티가 있음에 주목하자. 이것은 단 하나의 SessionSchedule 객체만이 애플리케이션 내에 존재하고, 전역 유효 범위에서 접근 가

---

[10] 이것을 이해하지 못한다 해도 걱정할 필요는 없다. 스몰토크나 오브젝티브C 같은 동적 언어에서는 어느 것에든 원하는 객체에 원하는 메시지를 보낼 수 있다. 컴파일러는 그 객체가 그 메시지를 받아들일 수 있는지 없는지 검사하지 않는다. 런타임에 메시지가 그것을 인식하지 못하는 객체에 보내졌다면, 런타임 에러가 발생할 것이다. 따라서 완전히 다르고 서로 관계없는 2개의 객체가 같은 메시지를 받아들이는 일도 가능하다. 이런 객체는 같은 인터페이스를 따른다고 말한다.

능함을 나타낸다(16장의 '싱글톤 패턴' 절 참고).

SessionMenuGenerator와 HTMLTemplate 간의 의존 관계는 스테레오타입 <<creates>>를 갖는다. 이것은 단순히 이 SessionMenuGenerator가 HTMLTemplate 형의 인스턴스를 만들어낸다는 것을 나타낸다.

<<parameter>> 스테레오타입인 연관은 이 객체들이 메소드 인자나 반환 값을 통해 서로에 대해 알게 된다는 것을 보여준다.

어떻게 SessionMenuGenerator 객체를 제어할 수 있을까? 그림 A-11에서 Session MenuGenerator의 수명선은 이것이 어떻게 시작되었는지를 보여주지 않는다. 아마 main() 같은 높은 계층의 어떤 엔티티가 SessionMenuGenerator의 메소드를 호출했을 것이다. 이 메소드를 Run()이라 부를 수 있다. 이것은 꽤 흥미로운데, 우리에게는 작성할 몇몇 CGI 프로그램이 있고 이 프로그램들은 어떻게든 main()에 의해 시작되어야 하기 때문이다. 아마 Run() 메소드를 정의하는 CGIProgram이라는 기본 클래스나 인터페이스가 있을 것이고, 이것에서 SessionMenuGenerator가 파생될 것이다.

CGI 프로그램에 사용자의 입력을 넘기 CGIProgram 클래스는 다른 문제에서 우리를 도울 것이다. 일반적으로 CGI 프로그램은 사용자가 브라우저 화면의 폼을 채워넣고 난 후에 브라우저에 의해 실행된다. 그러면 사용자가 입력한 데이터는 표준 입력을 통해 그 CGI 프로그램의 main() 함수에 전달된다. 따라서 main()은 표준 입력 스트림에 대한 참조를 CGIProgram 객체에 넘겨줄 수 있고, 이제 이 객체는 자신의 파생 객체에서 이 데이터를 편하게 쓸 수 있도록 처리한다.

브라우저에서 CGI 프로그램으로 넘겨지는 데이터의 형태는 어떤 것일까? 이것은 이름-값 쌍의 집합이다. 사용자가 채운 폼의 각 필드에는 이름이 붙는다. 개념적으로, 우리는 CGIProgram의 파생 클래스가 그냥 이름만 사용해서 특정 필드의 값을 요청할 수 있게 하고 싶다. 예를 들면,

```
string course = GetValue("course");
```

이렇게 하여, main()은 표준 입력 스트림을 생성자에게 넘겨줌으로써 CGIProgram을 생성하고 필요한 데이터를 알려준다. 그러면 main() 함수는 CGIProgram의 Run()을 호출하여 CGI 프로그램을 시작한다. CGIProgram의 파생 객체는 GetValue(string)을 호출하여 폼

에 있는 데이터에 접근한다.

그러나 이것은 딜레마를 남긴다. main() 함수를 범용으로 만들고는 싶지만, 이 함수는 CGIProgram의 적절한 파생 객체를 만들어내야 하고, 이런 파생 객체는 아주 많다. 어떻게 여러 개의 main() 함수가 생기는 사태를 피할 수 있겠는가?

링킹 시의 다형성으로 이 문제를 해결할 수 있다. 말하자면, CGIProgram 클래스의 구현 파일(즉, cgiProgram.cc)에 있는 main()을 구현한다. main()의 본문에서 CGIProgram이라는 이름의 전역 함수를 선언한다. 그러나 그 함수를 구현하지는 않는다. 그렇게 하기보다는 CGIProgram의 파생 클래스의 구현 파일(예: session MenuGenerator.cc)에서 이 함수를 구현할 것이다(그림 A-13 참고).

CGI 프로그램 제작자는 더 이상 main() 프로그램을 작성할 필요가 없다. CGIProgram의 각 파생 클래스에서 전역 함수 CreateCGI의 구현을 제공해야 한다. 이 함수는 파생 객체를 main()에 반환하고, main()은 그것을 필요한 대로 다룰 수 있다.

그림 A-13은 자유로운 전역 함수를 표현하기 위해 <<function>> 스테레오타입의 컴포넌트를 사용하는 방식을 보여준다. 이 그림은 또한 이 함수가 구현된 파일이 어떤 것인지 보이기 위한 프로퍼티 사용 방식도 나타낸다. CreateCGI 함수에 프로퍼티 {file=sessionMenu Generator.cc}라는 주석이 붙어 있음을 주목하자.

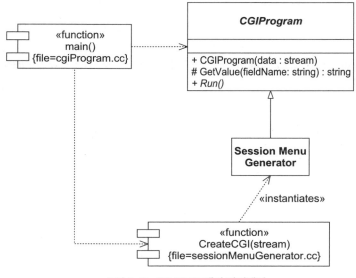

그림 A-13 CGI 프로그램의 아키텍처

요약

이 장에서는 간단한 예제에서 사용되는 UML 표기법의 많은 부분을 다루었다. 그리고 소프트웨어 개발의 서로 다른 단계에서 사용되는 다양한 표기법 규정에 대해 살펴봤다. 애플리케이션 도메인 모델을 만들기 위해 유스케이스와 타입을 사용해 문제를 분석하는 방법도 알아보고, 클래스와 객체, 컴포넌트들을 결합해 아키텍처와 소프트웨어의 구조를 설명하는 정적 다이어그램과 동적 다이어그램으로 만드는 방법도 알아봤다. 이 각 개념의 UML 표기법을 보이고, 이 표기법이 실제로 어떻게 사용될 수 있는지를 보였다. 그리고 이 모든 개념과 표기법이 소프트웨어 설계에서의 논리적 추론에 어떻게 쓰일 수 있는지를 보였다.

UML과 소프트웨어 설계에 대해 배울 내용이 더 있다. 부록 B에서는 또 다른 예제를 사용해 더 많은 UML과 그 밖의 분석, 설계의 균형(trade-off)을 알아볼 것이다.

참고 문헌

1. BOOCH, Grady. *Object Oriented Analysis and Design with Applications*, 2nd ed. Benjamin Cummings: 1994.

2. Rumbaugh, et al. *Object Oriented Modeling and Design*. Prentice Hall: 1991.

3. Wirfs-Brock, Rebecca, et al. *Designing Object-Oriented Software*. Prentice Hall: 1990.

4. Coad, Peter, and Ed Yourdon. *Object Oriented Analysis*. Yourdon Press: 1991.

5. Jacobson, Ivar. *Object Oriented Software Engineering a Use Case Driven Approach*. Addison–Wesley, 1992.

6. Cockburn, Alistair. *Structuring Use Cases with Goals*. http://members.aol.com/acockburn/papers/usecass.htm.

7. Kennedy, Edward. *Object Practitioner's Guide*. http://www.zoo.co.uk/~z0001039/PracGuides. November 29, 1997.

8. Booch, Grady. *Object Solutions*. Addison–Wesley, 1995.

9 Gamma, et al. *Design Patterns*. Addison–Wesley, 1995.

UML 표기법 II: 스태트먹스

부록 B에서는 계속해서 UML 표기법에 대해 살펴보겠다. 이번에는 UML의 좀 더 세부적인 내용에 초점을 두고 설명한다. 또한 이번에는 통계적 멀티플렉서(statistical multiplexor)[*1] 문제에 대해서도 배워보기로 한다.

통계적 멀티플렉서의 정의

통계적 멀티플렉서는 하나의 전송선을 통해 복수의 직렬 데이터 스트림을 전송할 수 있게 해주는 장치다. 한 예로, 56K 모뎀 하나와 직렬 포트 16개가 있는 장치(device)를 생각해보자. 두 장치가 전화선으로 연결되면, 문자들이 한 장치의 1번 포트에서 다른 장치의 1번 포트로 전송된다. 이런 장치는 모뎀 하나로 한 번에 16개의 전이중(full duplex)[*2] 통신 세션을 지원할 수 있다.

[*1] 역주 멀티플렉서를 '다중화 장치'로 번역하기도 한다.

[*2] 역주 동시에 양쪽 방향으로 전송이 가능한 통신 방식

그림 B-1은 1980년대에 전형적이었던 이런 장치를 위한 애플리케이션을 보여준다. 우리는 시카고에, 디트로이트의 벡스(VAX)에 연결하려는 아스키(ASCII) 단말기와 프린터 복합기를 가지고 있다. 두 지역을 연결하는 56K 선을 빌렸다. 통계적 멀티플렉서는 두 지역 간에 16개의 가상 직렬 채널을 만든다.

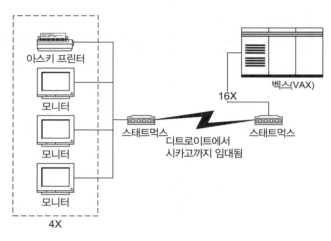

그림 B-1 전형적인 통계적 멀티플렉서 애플리케이션

분명히, 16개 전체 채널을 동시에 돌리면 56K 처리율을 나눠가질 것이고, 장치당 3500 bps보다 조금 작은 유효 비트율(effective bit rate)이 나올 것이다. 그러나 대부분의 단말기와 프린터는 100% 바쁜 상태에 있지 않다. 사실, 많은 애플리케이션에서 사용률(duty cycle)은 10%도 안 된다. 따라서 선이 공유되어 있더라도 각 사용자는 통계적으로 56K에 가까운 성능을 느낄 것이다.

이 장에서 다룰 주제는 스태트먹스(statmux) 내부의 소프트웨어다. 이 소프트웨어는 모뎀과 직렬 포트 하드웨어를 제어하고, 모든 직렬 포트 간에 전송선을 공유하기 위해 쓰는 멀티플렉싱 프로토콜(multiplexing protocol)로 결정한다.

소프트웨어 환경

그림 B-2는 소프트웨어가 스태트먹스에 들어가 있는 장소를 보여주는 블록 다이어그램[3]이다. 이 소프트웨어는 16개의 직렬 포트와 모뎀 사이에 있다.

---

[3] 블록 다이어그램은 켄트 벡의 GML(galactic modeling language, 거대 모델링 언어)의 한 형식이다. GML 다이어그램은 선, 직사각형, 원, 타원, 그리고 요점을 이해시키기 위해 필요한 그 밖의 도형들로 이루어져 있다.

그림 B-2 스태트먹스 시스템 블록 다이어그램

각 직렬 포트는 메인 프로세서에 대해 2개의 인터럽트를 생성하는데, 하나는 문자를 보낼 준비가 되었을 때 생성하고, 하나는 문자를 받았을 때 생성한다. 모뎀도 비슷한 인터럽트를 생성한다. 이렇게 34개의 인터럽트가 시스템에 들어오며, 모뎀 인터럽트는 직렬 포트 인터럽트보다 우선순위가 높다. 이것은 다른 직렬 포트가 휴면 상태를 유지해야 하는 경우에도, 모뎀은 56K 스피드 전부를 사용할 수 있음을 보장한다.

마지막으로, 밀리초마다 인터럽트를 생성하는 타이머가 있다. 이 타이머는 소프트웨어가 특정 시간 동안 이벤트를 스케줄링할 수 있게 해준다.

실시간 제약

간단한 계산을 통해 이 시스템이 마주치게 될 문제를 알아보자. 어떤 주어진 시간에, 34개의 인터럽트 소스는 초당 5600번의 인터럽트와 별도로 타이머에서 초당 1000번의 인터럽트 비율로 서비스를 제공한다. 이것은 초당 총 191,400번의 인터럽트가 된다. 그러므로 소프트웨어는 각 인터럽트당 $5.2\ \mu s$ 이상을 쓸 수 없다. 이것은 아주 빠듯한 시간이고, 따라서 확실하게 문자를 잃어버리지 않으려면 상당히 빠른 프로세서가 필요하다.

문제를 더 심각하게 만드는 것은, 시스템이 그저 인터럽트를 서비스하는 것 외에도 할 일이 많다는 점이다. 모뎀 사이의 통신 프로토콜을 관리해야 하고, 직렬 포트로 들어오는 문자들을 모아야 하며, 직렬 포트로 보낼 문자들을 분배해야 한다. 이 모든 일에는 어떻게든 인터럽트 사이에 끼어 들어가야 할 처리 과정이 필요할 것이다.

다행스럽게도, 시스템의 최대 지속 처리율은 초당 11,200문자밖에 안 된다(즉, 모뎀이 동시에 전송하고 받을 수 있는 문자의 개수). 이것은 문자 사이 간격이 평균적으로 90 μs에 가깝다는 뜻이다.[4]

인터럽트 서비스 루틴(ISR: interrupt service routine)은 5.2 μs 이상의 시간 동안 지속될 수 없기 때문에, 적어도 프로세서의 94%는 인터럽트 사이에 사용할 수 있다. 이것은 ISR 외부의 효율성에 대해 지나치게 걱정할 필요는 없음을 의미한다.

입력 인터럽트 서비스 루틴

입력 인터럽트 서비스 루틴은 어셈블리어로 작성되어야 한다. 입력 ISR의 가장 중요한 목표는 하드웨어에서 문자를 받아 ISR을 쓰지 않는 소프트웨어가 한가할 때에 처리할 수 있는 장소에 저장하는 것이다. 이것을 처리하는 전형적인 방법은 링 버퍼(ring buffer)를 사용하는 것이다.

그림 B-3은 입력 ISR의 구조와 링 버퍼의 구조를 보여주는 클래스 다이어그램이다. 인터럽트 서비스 루틴에 관련된 다소 독특한 주제들을 설명하기 위해 새로운 스테레오타입과 프로퍼티를 몇 개 만들었다.

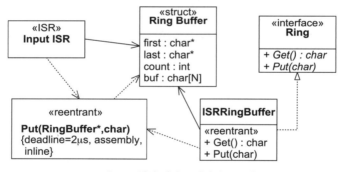

그림 B-3 입력 서비스 인터럽트 루틴

먼저, InputISR 클래스가 있다. 이 클래스는 인터럽트 서비스 루틴임을 나타내는 스테레오타입 <<ISR>>을 갖는다. 이런 클래스들은 어셈블리어로 작성되고 단 하나의 메소드를 갖는데, 이 메소드에는 이름이 없고 인터럽트가 발생될 때만 실행된다.

InputISR은 자신의 RingBuffer와 연관된다. RingBuffer 클래스의 <<struct>> 스테레오타입은 이것이 아무 메소드도 없는 클래스임을 나타낸다. 이것은 자료 구조, 그 이상도 이하도 아니다. 그 이유는 어셈블리어 함수가 이 자료 구조에 접근하기를 기대하기 때문이다. 이렇

---

[4]   오랜 시간이다.

게 하지 않으면 어셈블리어 함수가 클래스의 메소드에 접근할 수 없다.

Put(RingBuffer*, char) 함수는 스테레오타입 «reentrant»의 클래스 아이콘으로 나타난다. 이 스테레오타입은 이런 식으로 쓰이면 인터럽트에 대해 안전하게 작성된 자유로운 함수를 표현한다.[5] 이 함수는 링 버퍼에 문자를 추가하고, 문자가 도착하면 InputISR에 의해 호출된다.

함수에 같이 표시되어 있는 프로퍼티는 이 함수가 2 μs의 실시간 한계 값을 지니고, 어셈블리어로 작성되어야 한다는 것, 그리고 호출되는 곳마다 인라인 함수로 코딩되어야 한다는 것을 나타낸다. 마지막 두 프로퍼티는 첫 번째 것을 만족시키려는 노력의 일환이다.

ISRRingBuffer 클래스는 그 메소드가 인터럽트 서비스 루틴 밖에서 동작하는 정규 클래스다. 이 클래스는 RingBuffer 구조를 사용하고 이를 위해 퍼사드(facade) 클래스를 제공한다. 메소드는 모두 «reentrant» 스테레오타입을 따르고, 그렇기 때문에 인터럽트에 대해 안전하다.

ISRRingBuffer 클래스는 Ring 인터페이스를 실현(realize)하는데, 이 인터페이스는 인터럽트 서비스 루틴 밖의 클라이언트가 링 버퍼에 저장된 문자들에 접근할 수 있게 해준다. ISRRingBuffer 클래스는 인터럽트와 나머지 시스템 간의 인터페이스 경계를 표현한다.

목록 상자의 스테레오타입

스테레오타입이 클래스의 목록 부분에 나올 때는 특별한 의미를 지닌다. 스테레오타입 밑에 나오는 요소들은 그 스테레오타입을 따르는 것이다.

이 예에서, 함수 f1()은 명시적인 스테레오타입이 없다. 함수 f2()와 f3()은 «mystereo-type» 스테레오타입을 따른다.

---

[5] 재진입성은 부록 B에서 다루는 범위를 넘어서는 복잡한 주제다. 더그 리(Doug Lea)의 『Concurrent Programming in Java』 (Addison-Wesley, 1997) 같은 실시간 또는 동시 프로그래밍에 대한 좋은 교재를 참고하기 바란다.

이와 같은 목록 상자에 나타날 수 있는 스테레오타입의 개수에는 제한이 없다. 새로운 스테레오타입은 이전 것을 재정의한다. 두 스테레오타입 사이에 나오는 새로운 요소는 모두 위쪽의 스테레오타입을 따른다.

따라오는 요소들이 명시적인 스테레오타입을 갖지 않는다는 사실을 나타내기 위해 목록 중간에 빈 스테레오타입 <<>>을 사용할 수도 있다.

링 버퍼 동작 그림 B-4에 나온 것과 같이 링 버퍼를 '단순한' 상태 기계로 나타낼 수 있다. 이 상태 기계는 Get()과 Put() 메소드가 ISRRingBuffer 클래스의 객체에서 호출되었을 때 어떤 일이 일어나는지를 보여준다.

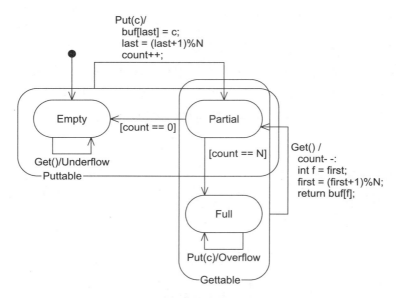

그림 B-4 링 버퍼 상태 다이어그램

이 다이어그램은 링 버퍼의 상태가 될 수 있는 세 가지의 상태를 보여준다. 이 기계는 Empty (비어 있음) 상태에서 출발한다. Empty 상태에서 링 버퍼에는 아무 문자도 없다. 이 상태에서 Get() 메소드는 언더플로(underflow)를 일으킬 것이다. 여기서는 언더플로나 오버플로(overflow) 상황에서 무슨 일이 일어나는지 정의하지 않았고, 이에 대한 결정은 나중으로 미뤄두었다. Empty 상태와 Partial(부분적으로 참) 상태는 Puttable(넣을 수 있음) 상위 상태의 하위 상태다. Puttable 상태는 Put() 메소드가 오버플로 없이 작업할 수 있는 상태를 나타낸다. Puttable 상태 중 하나에서 Put() 메소드가 실행될 때마다, 들어오는 문자는 버퍼에 저장되고 원소 개수(count)와 인덱스(index)는 알맞게 조절된다. Partial과 Full(가득 참) 상태는 둘 다 Gettable(꺼낼 수 있음) 상태의 하위 상태다. Gettable 상위 상태는 Get() 함수가 언더플로 없이 작업할 수 있는 상태를 나타낸다. 이 상태에서 Get()이 호출되면, 다음 문자는 링에서 제거되고 호출자에게 반환된다. 원소 개수와 인덱스는 알맞게 조절된다. Full 상태에서 Put() 함수는 오버플로를 일으킨다.

Partial 상태에서의 두 전이는 보존 조건(guard condition)에 의해 결정된다. 이 상태 기계는 count 변수가 0이 될 때마다 Partial에서 Empty 상태로 전이한다. 그리고 마찬가지로, count 변수가 버퍼 크기 N에 이를 때마다 Partial 상태에서 Full 상태로 전이한다.

상태와 내부 전이

UML에서 상태는 가장자리가 둥근 직사각형으로 표현된다. 이 직사각형은 2개의 구획을 가질 수 있다.

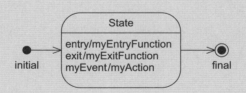

맨 위의 구획은 단순히 상태의 이름을 표시한다. 아무 이름도 표시되어 있지 않으면, 이 상태는 익명(anonymous)인 것이다. 모든 익명 상태는 서로 구별된다.

아래쪽 구획은 상태의 내부 전이를 나열한다. 내부 전이는 '이벤트이름/동작'으로 표시된다. 이벤트이름은 이 기계가 주어진 상태에 있는 동안 일어날 수 있는 이벤트의 이름이 될 것이다. 기계는 이 이벤트에 대응해 그 상태에 남아 특정 동작을 실행한다.

내부 전이에서 쓸 수 있는 2개의 특별한 이벤트가 있는데, 이것 역시 위 그림에 나와 있다. 그 상태에 들어갈 때 entry 이벤트가 발생하며, 그 상태를 나갈 때(바로 또 그 상태로 돌아오는 전이라 하더라도) exit 이벤트가 발생한다.

어떤 동작은 시작 상태와 종료 상태를 둘 다 가지는 또 다른 유한 상태 기계의 이름이 될 수도 있다. 또는 어떤 컴퓨터 언어나 의사코드로 작성된 프로시저(procedure)의 표현이 될 수도 있다. 이 프로시저는 그런 것이 존재한다면, 상태 기계를 포함하는 객체의 변수와 연산을 이용할 수도 있다. 또는, 동작은 ^객체.메시지(인자1, 인자2, ...) 형식일 수도 있는데, 이 경우 동작은 지정된 객체에 지정된 메시지를 전송하도록 만든다.

위의 다이어그램에는 2개의 특별한 의사상태(pseudostate) 아이콘이 있다. 왼쪽에 시작 의사상태를 나타내는 검은색 원이 보인다. 오른쪽에는 종료 의사상태를 나타내는 이중 원이 보인다. 유한 상태 기계는 처음으로 실행되면, 시작 의사상태에서 연결된 상태로 전이한다. 따라서 시작 의사상태에서 출발하는 전이는 하나밖에 없을 것이다. 이벤트가 일어나 종료 의사상태로의 전이가 생기면, 상태 기계는 종료되고 더 이상의 이벤트를 받아들이지 않는다.

상태 간 전이

어떤 유한 상태 기계는 전이로 연결된 상태들의 네트워크다. 전이는 한 상태를 다른 상태와 연결하는 화살표다. 그리고 전이에는 그것을 발생시키는 이벤트의 이름이 라벨로 붙는다.

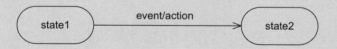

여기에 한 전이로 연결된 2개의 상태가 보인다. 이 기계가 state1에 있고 event가 발생하면 이 전이가 '시작'될 것이다. 전이의 '시작'에 의해, state1에서 빠져나오고 exit 동작이 실행된다. 그리고 전이 중의 동작이 실행된다. 그리고 나서 state2에 진입하고, entry 동작이 실행된다.

전이 이벤트는 보존 조건(guard condition)으로 제한될 수 있다. 전이는 이벤트가 발생하고 보존 조건이 참인 경우에만 발동할 것이다. 보존 조건은 이벤트 이름 뒤에 있는 대괄호 안에 불리언 표현으로 나타낸다(예: myEvent[myGuardCondition]).

전이 중의 동작은 상태 안에서의 내부 전이 동작과 똑같다(보충 설명 '상태와 내부 전이' 참고).

중첩된 상태

하나의 상태 아이콘이 1개 이상의 다른 상태를 완전히 감싸면, 감싸진 상태는 감싼 상위 상태(superstate)의 하위 상태(substate)라고 한다.

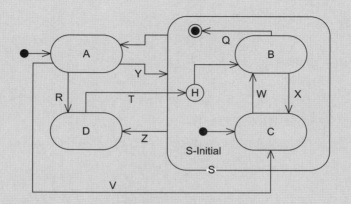

위의 다이어그램에서, 상태 B와 C는 상위 상태 S의 하위 상태다. 상태 기계는 시작 의사 상태가 보여주는 대로, 상태 A에서 시작한다. 전이 V가 시작하면, 상위 상태 S의 하위 상태 C가 활성화될 것이다. 이것은 S와 C의 진입 함수가 모두 실행되게 만든다.

만약 상태 A에 있는 동안 전이 Y가 발동한다면, 기계는 상위 상태 S에 진입한다. 상위 상태로의 전이는 하위 상태 중 하나를 활성화한다. 만약 전이 Y가 그런 것처럼 전이 화살표가 상위 상태의 테두리에서 끝나면, 이 상위 상태 안에 시작 의사상태로부터의 전이가 있는 것이다. 따라서 전이 Y는 S 시작 의사상태에서 하위 상태 C로의 전이를 시작시킨다.

전이 Y가 시작할 때 상위 상태 S와 하위 상태 C가 둘 다 진입되며, 그때 S와 C의 진입 동작이 모두 실행된다. 상위 상태의 진입 동작은 하위 상태의 진입 동작 전에 실행된다. 전이 W와 X가 시작되어 상태 기계를 B와 C 하위 상태 사이로 옮길 수도 있다. 똑같이 탈출과 진입 동작이 일어나겠지만, 상위 상태 S는 탈출되지 않았기 때문에 이것의 탈출 함수는 실행되지 않을 것이다.

최종적으로, 전이 Z가 시작될 것이다. Z가 상위 상태의 테두리를 벗어나 그려져 있는 것에 주목하자. 이것은 하위 상태 B나 C가 활성화되었는지의 여부와 상관없이, 전이 Z가 상태 기계를 상태 D로 이동시킨다는 뜻이다. 이것은 둘 다 Z 라벨이 붙은 별개의 두 전이인, C에서 D로의 전이, 그리고 B에서 D로의 전이와 동등하다. Z가 시작되면, 적절한 하위 상태 탈출 동작이 실행되고, 그러고 나서 상위 상태 S의 탈출 동작이 실행된다. 그러면 D는 진입되고 그것의 진입 동작이 실행된다.

전이 Q가 종료 의사상태에서 끝나는 것에 주목하자. 만약 전이 Q가 시작되면, 상위 상태 S가 끝난다. 이것은 S에서 A로의 라벨이 붙지 않은 전이를 시작시킨다. 상위 상태를 끝내면, 뒤에서 설명하겠지만 히스토리 정보도 초기화된다.

전이 T는 S 상위 상태 안에 있는 특별한 아이콘인 히스토리 기록기(history marker)에서 끝난다. 전이 T가 시작되면, S에서 마지막으로 활성화되었던 하위 상태가 다시 활성화된다. 따라서 만약 C가 활성화된 동안 전이 Z가 일어났다면, 전이 T는 C가 다시 활성화되게 만들 것이다.

만약 히스토리 기록기가 비활성화되었을 때 전이 T가 시작되면, 히스토리 기록기에서 하위 상태 B로의 라벨이 붙지 않은 전이가 시작된다. 이것은 쓸 수 있는 히스토리 정보가 아무것도 없을 때의 기본 동작을 의미한다. 만약 S가 진입된 적이 없거나 S가 전이 Q로 끝나고 난 직후라면 히스토리 기록기는 비활성화된다.

따라서 일련의 이벤트 Y-Z-T는 기계를 하위 상태 C에 두게 될 것이다. 그러나 R-T와 Y-W-Q-R-T는 기계를 하위 상태 B에 두게 될 것이다.

출력 서비스 인터럽트 루틴

출력 인터럽트를 처리하는 과정은 입력 인터럽트를 처리하는 과정과 아주 비슷하지만, 몇 가지 다른 점이 있다. 시스템에서 인터럽트를 쓰지 않는 부분은 출력 링 버퍼에 전송할 문자들을 채운다. 직렬 포트는 다음 문자를 받을 준비가 될 때마다 인터럽트를 생성한다. 인터럽트 서비스 루틴은 링 버퍼에서 다음 문자를 꺼내와 직렬 포트에 그것을 전송한다.

직렬 포트가 준비가 되었을 때 링 버퍼에서 기다리고 있는 문자들이 없다면, 인터럽트 서비스 루틴은 아무 일도 하지 않는다. 직렬 포트는 이미 새 문자를 받아들일 준비가 되었음을 신호로 보냈고, 전송할 문자를 받고 그 전송을 끝내기 전에는 다시 신호를 보내지 않을 것이다. 따라서 인터럽트 흐름이 멈춘다. 그러므로 새로운 문자가 도착했을 때 출력 인터럽트를 다시 시작하기 위한 전략이 필요하다. 그림 B-5는 출력 ISR의 구조를 보여준다. 분명 그림 B-3의 입력 ISR과 비슷하다. 그러나 `ISRRingBuffer`에서 `OutputISR`로의 «calls» 의존성에 주목하자. 이것은 `ISRRingBuffer`가 마치 인터럽트가 도착한 것처럼 `OutputISR`이 실행되게 만들 수 있다는 사실을 나타낸다.

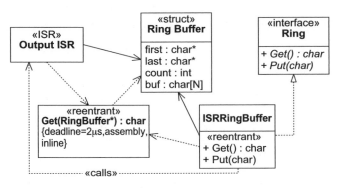

그림 B-5 출력 인터럽트 서비스 루틴

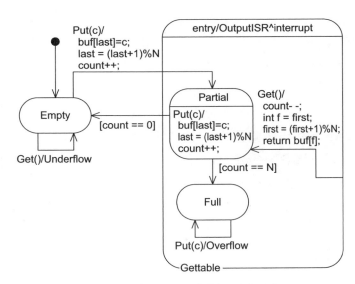

그림 B-6 출력 서비스 인터럽트 상태 기계

그림 B-6은 출력 링 버퍼의 유한 상태 기계에 필요한 변경을 보여주는데, 이것을 그림 B-4와 비교해보자. `Puttable` 상위 상태가 없어지고 2개의 `Put` 전이가 생겼다. 첫 번째 `Put` 전이 는 `Empty` 상태에서 `Partial` 상태로 간다. 이것은 `Gettable` 상위 상태의 진입 동작이 실행되도록 할 것이고, `OutputISR`에 대한 인위적인 인터럽트를 생성한다.[*6] 두 번째 `Put` 전이는 `Partial` 상태의 내부 전이다.

통신 프로토콜

2개의 스태트먹스는 모뎀을 통해 통신한다. 각 스태트먹스는 상대에게 원격 전송선을 통해 패킷을 전송한다. 이 선은 불완전하고 정보 손실이 일어날 수 있다고 가정해야 한다. 문자 정보는 전송 중에 소실되거나 왜곡될 수 있고, 방전이나 기타 전자기적 간섭에 의해 잘못된 문자 정보가 생성될 수도 있다. 따라서 두 모뎀 사이에는 전송 프로토콜이 들어가 있어야 한다. 이 프로토콜은 패킷이 완전하고 정확한지 검증할 수 있어야 하고, 왜곡되거나 소실된 패킷은 재전송할 수 있어야 한다.

그림 B-7은 우리의 스태트먹스가 사용될 통신 프로토콜을 보여주는 **활동 다이어그램**(activity diagram)이다(643페이지의 보충 설명 '활동 다이어그램' 참고). 이 프로토콜은 파이프라인과 피기백(piggyback)[*7]을 사용하는, 상대적으로 단순한 슬라이딩 윈도 프로토콜(sliding window protocol)이다.[*8]

프로토콜은 몇몇 변수를 초기화함으로써 시작 의사상태에서 출발하고, 3개의 독립적인 스레드를 생성한다. 변수에 대한 내용은 나중에 변수에 의존하는 스레드를 다루는 부분에서 설명할 것이다. 허용된 시간 안에 어떤 확인 응답(acknowledgment)[*9]도 도착하지 않으면 '타이밍 스레드(timing thread)'를 사용해 패킷을 재전송한다. 이 스레드는 또 제대로 받은 패킷에 대한 확인 응답이 바로바로 전송되도록 하는 데도 사용된다. '전송 스레드(sending thread)'는 전송을 위해 큐에 들어와 있는 패킷을 전송하는 데 사용된다. '수신 스레드(receiving thread)'는 패킷을 수신하고, 검증하고, 처리하는 데 사용된다. 차례대로 알아보자.

[*6] 이런 종류의 인위적인 인터럽트를 생성하는 메커니즘은 플랫폼에 강하게 의존한다. 어떤 기계에서는 마치 함수인 것처럼 단순히 ISR을 호출할 수도 있으나, 또 어떤 기계에서는 인위적으로 ISR을 실행하기 위한 좀 더 복잡한 프로토콜을 필요로 한다.

[*7] 역주 원래 '목말을 태운다'라는 뜻으로, 피기백 응답은 전송 시간을 절약하기 위해 정보 프레임에 대한 응답으로 ACK 프레임을 전송하는 것이 아니라 정보 프레임의 피기백 응답 필드에 응답할 식별 번호를 넣어 전송하는 것이다.

[*8] 이런 종류의 통신 프로토콜에 대해 좀 더 알고 싶다면 『Computer Networks』(2d. ed. Tanenbaum, Prentice Hall, 1988, Sec. 4.4)를 참고하기 바란다.

[*9] 역주 확인 응답, 응답, 또는 약어로 ACK

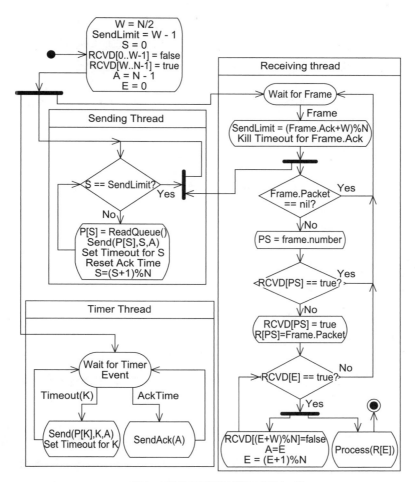

그림 B-7 통신 프로토콜 활동 다이어그램

전송 스레드 변수 S는 다음에 나갈 패킷에 기록될 식별 번호를 저장하는데, 각 패킷은 0..N 범위의 식별 번호로 숫자가 매겨진다. 전송 스레드는 확인 응답을 받지 않은 패킷이 W개 쌓일 때까지 패킷을 계속 전송한다. W는 N/2로 설정되어 어떤 시점에든 식별 번호 반 이상이 사용될 수 없게 된다. SendLimit 변수는 보통 윈도 크기 W를 넘는 패킷의 식별 번호를 저장하고, 따라서 이것은 아직 전송할 수 없는 가장 작은 식별 번호가 된다.

전송 스레드는 패킷 전송을 계속하면서, 'S 모듈로(modulo) N'[*10] 값을 증가시킨다. S가 아직 SendingLimit에 도달하지 않았다면 ReadQueue() 함수로 새로운 패킷을 큐에서 꺼내온

[*10] **역주** 나머지 연산. S를 N으로 나눈 나머지

다. 이 패킷은 P 배열의 S 위치에 저장되며, 이것이 재전송을 필요로 하는 패킷이라면 이 배열에 나눈다. 그러면 패킷은 자신의 식별 번호(S) 및 피기백 응답(A)과 함께 전송된다. A는 마지막으로 받은 패킷의 식별 번호다. 이 변수는 수신 스레드에 의해 갱신된다.

패킷을 보내고 나면 그 패킷에 대한 타임아웃 시간 계산을 시작한다. 패킷이 응답을 받기 전에 타임아웃이 발생하면, 타이밍 스레드는 패킷이나 응답 중 하나가 소실되었다고 생각하고 그 패킷을 다시 전송할 것이다.

이 시점에 Ack 타이머도 초기화한다. Ack 타이머의 시간이 다 되면, 타이머 스레드는 마지막으로 응답을 보내고 난 뒤로 지나치게 많은 시간이 흘렀다고 생각하고, 마지막으로 잘 받은 패킷에 대한 응답을 보낸다.

수신 스레드 이 스레드는 몇 개의 변수를 초기화함으로써 시작된다. RCVD는 식별 번호를 인덱스로 갖는 불리언 플래그들의 배열이다. 패킷은 수신될 때 RCVD에서 **true**로 표시된다. 일단 어떤 패킷이 처리되면, 그 패킷보다 W만큼 뒤의 식별 번호는 **false**로 표시된다. E는 받을 것으로 기대 중인, 다음에 처리할 패킷의 식별 번호다. 이것은 항상 'A+1 모듈로 N' 값이 된다. 초기화 작업의 일부로, 그 식별 번호들이 허용된 윈도 밖에 있다는 사실을 나타내기 위해 RCVD의 뒤쪽 반을 **true**로 설정한다. 만약 이것들을 받는다면, 중복 패킷으로 인식되어 버려질 것이다.

수신 스레드는 프레임을 기다린다. 프레임은 패킷이나 평범한 응답이 될 수도 있으며, 두 경우 모두 마지막으로 잘 받은 패킷에 대한 응답을 포함할 것이다. SendingLimit를 갱신하고 전송 스레드를 실행한다. SendingLimit가 마지막으로 응답을 받은 프레임에서 W만큼 뒤로 설정되는 것에 주목하자. 이리하여 송신자는 마지막으로 응답을 받은 패킷에서 시작하는 식별 번호 공간의 반만을 이용할 수 있게 되므로, 송신자와 수신자는 현재 식별 번호 공간의 어느 쪽 반을 사용할 수 있는지 협상한 것이다.

만약 프레임이 한 패킷을 포함하면, 그 패킷의 식별 번호를 읽어서 그 번호를 가진 패킷을 벌써 받았는지 알아보기 위해 RCVD 배열을 검사한다. 만약 받았다면, 그것을 중복 패킷으로 생각하고 버린다. 그렇지 않다면, RCVD 배열을 갱신하여 이제 그 패킷을 받았음을 표시하고, 그 패킷을 R 배열에 저장한다.

패킷들은 식별 번호 순서대로 전송되지만, 도착은 제멋대로일 수도 있다. 당연한 말이지만, 패킷은 소실되거나 재전송될 수 있기 때문이다. 따라서 방금 PS번의 패킷을 받았더라도, 그것은 기대하고 있었던 패킷(E)이 아닐 수도 있다. 만약 아니라면, 그냥 E가 도착할 때까지 기다리면 된다. 그러나 PS == E라면, 별도의 스레드를 만들어서 그 패킷을 처리한다. 또 RCVD 배열의 E+W 슬롯을 false로 만들어서 허용된 식별 번호 윈도를 옮긴다. 마지막으로 A를 E로 설정하여 E가 마지막으로 잘 받은 식별 번호였음을 표시하고 E를 증가시킨다.

타이밍 스레드   타이머는 타이머 이벤트를 기다린다. 일어날 수 있는 이벤트에는 두 가지 종류가 있다. Timeout(K) 이벤트는 전송 스레드가 패킷을 전송했지만, 아무 응답도 도착하지 않았음을 알린다. 따라서 타이머 스레드는 K 패킷을 재전송하고 타이머를 다시 시작한다.

AckTime 이벤트는 반복적인, 재시작 가능한 타이머에 의해 발생한다. 이 타이머는 X밀리초마다 AckTime 이벤트를 보낸다. 하지만 X에서 다시 시작되는 일이 일어날 수도 있다. 전송 스레드는 패킷을 보낼 때마다 이 타이머를 재시작한다. 이것은 각 패킷이 피기백 응답을 운반하기 때문에 적절한 조치가 된다. X밀리초 동안 아무 패킷도 전송되지 않았다면, AckTime 이벤트가 발생하고 타이머 스레드는 응답 프레임을 전송할 것이다.

어휴!   이런 논의는 너무 어렵다고 느끼는 독자도 있을 것이다. 설명하는 글이 없으면 이것이 어떤 것이 되었을지 상상해보자. 다이어그램이 내 의도를 잘 표현할 수도 있겠지만, 물론 별도의 설명은 도움이 된다. 다이어그램 자체만으로 이해하기는 거의 어렵다.

그렇다면 다이어그램이 맞는지 어떻게 알 수 있을까? 알 수 없다! 몇몇 독자가 여기서 문제를 찾아낸다 해도 나는 조금도 놀라지 않을 것이다. 다이어그램은 보통 코드처럼 직접적으로 테스트할 수가 없다. 따라서 이 알고리즘이 정말로 맞는지를 알기 위해서는 코드가 나올 때까지 기다려야 할 것이다.

이 두 문제는 이런 다이어그램의 유용성에 대해 의문을 제기하게 한다. 이것은 좋은 교육 도구가 될 수 있지만, 어떤 것은 설계의 유일한 명세가 되기에는 충분히 표현적이고 정확하지 않다고 여겨질 것이다.

활동 다이어그램

활동 다이어그램은 상태 전이 다이어그램, 흐름도, 페트리 네트(petri net)를 합친 것이다. 이것은 이벤트 주도적 멀티스레드 알고리즘을 설명하는 데 특히 좋다.

활동 다이어그램은 상태 다이어그램이다. 이것도 전이로 연결된 상태들의 그래프이긴 하나, 활동 다이어그램에는 특별한 종류의 상태와 전이가 있다.

동작 상태

동작 상태(action state)는 윗변과 밑변이 평평하고 양 옆이 둥근 모양의 직사각형으로 그려진다. 이 아이콘은 꼭짓점이 뾰족하다는 점에서 꼭짓점이 둥근 일반 상태 아이콘과 구별된다(보충 설명 '상태와 내부 전이' 참고). 동작 상태의 내부에는 진입 동작을 표현하는 1개 이상의 절차적 수행문이 있다(이것은 흐름도의 처리 상자(process box)와 같다).

동작 상태에 들어갈 때는, 그 상태의 진입 동작이 즉시 일어난다. 일단 이 동작이 완료되면, 이 동작 상태를 탈출한다. 나가는 전이는 이벤트 라벨을 갖지 않아야 하는데, 이것은 '이벤트'가 단순히 진입 동작의 완료이기 때문이다. 그러나 각각 상호 배타적 보존 조건을 갖는, 몇몇 나가는 전이가 있을 수도 있다. 모든 보존 조건의 합집합은 항상 참(true)이어야 한다(즉, 어떤 동작 상태에 '갇히는' 것은 불가능하다).

결정

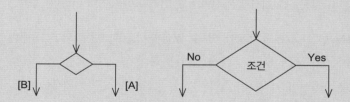

어떤 동작 상태가 나가는 다수의 보호된 전이(guarded transition)[*11]를 가질 수 있다는 사실은 이것이 결정(decision) 단계처럼 동작할 수 있음을 의미한다. 그러나 보통 확실히 결정을 표시해주는 편이 더 좋고, 전통적으로 마름모꼴 아이콘이 사용된다.

전이는 마름모꼴에 들어가고, N개의 보호된 전이는 마름모꼴에서 나간다. 여기서도, 모든 나가는 조건의 불리언 합집합 연산은 참(true)이 나와야 한다.

그림 B-7에서는 좀 더 흐름도와 비슷한 마름모꼴의 변형을 사용했다. 불리언 조건은 마름모꼴 안에 써 있고, 2개의 나가는 전이는 'Yes'와 'No'라는 라벨이 붙어 있다.

[*11] **역주** 유한 상태 기계에서 시스템이 이 전이를 받아들일 수 있는 상태에 있지 않거나, 보호된 이벤트가 일어나지 않았거나, 보존 조건 단정이 참이 되지 않으면 시작할 수 없는 전이

복합 전이

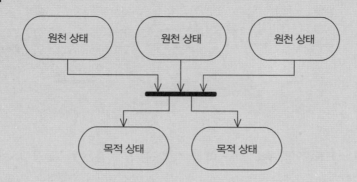

복합 전이(complex transition)는 다수의 제어 흐름의 스레드가 나뉘고 합쳐지는 것을 보여준다. 이것은 비동기화 막대(asynchronization bar)라고 불리는 검은색 막대로 표시된다. 화살표가 비동기화 막대에 상태를 연결한다. 이 막대로 들어오는 상태는 원천 상태(source state)라고 하고, 막대에서 나가는 상태는 목적 상태(destination state)라고 한다.

막대로 들어오고 막대에서 나가는 화살표는 모두 단일 전이(single transition)다. 화살표에는 이벤트나 보존 조건 라벨이 붙어 있지 않다. 전이는 모든 원천 상태가 점유되었을 때(즉, 3개의 독립적인 스레드가 적절한 상태에 있을 때) 시작된다. 그리고 원천 상태는 실제 상태(true state)[*12]이면서 동작 상태는 아니어야 한다(즉, 기다릴 수 있어야 한다).

일단 시작하면, 원천 상태는 모두 탈출되고 목적 상태는 모두 진입된다. 원천 상태보다 목적 상태가 더 많으면 새로운 제어 스레드를 생성해낸 것이다. 원천 상태가 더 많으면 몇 개의 스레드는 합쳐진다.

원천 상태가 진입될 때마다, 그 진입의 횟수가 기록된다. 복합 전이가 시작될 때마다, 원천 상태에 있는 카운터는 감소된다. 원천 상태는 카운터가 0이 아닌 한 점유되어 있는 것으로 여겨진다.

표기하기 편리하게, true 전이나 동작 상태는 비동기화 막대의 원천으로 사용될 수 있다(그림 B-7 참고). 이런 경우 전이는 실제로 막대의 원천 상태인, 이름이 붙지 않은 실제 상태에서 끝나는 것으로 추정된다.

[*12] **역주** 의사상태와 다른 상태

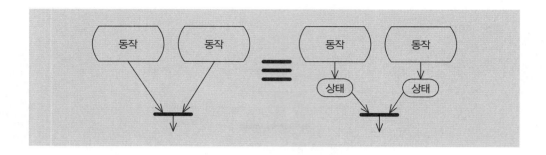

통신 프로토콜 소프트웨어의 구조 제어의 세 스레드는 모두 같은 변수들을 공유한다. 따라서 아마도 이 스레드가 실행하는 함수는 같은 클래스의 메소드임이 틀림없다. 그러나 오늘날 대부분의 스레드 시스템은 스레드를 객체와 동일시한다. 즉, 각 스레드가 그것을 제어하는 객체를 가지는 것이다. UML에서는 이것을 **능동적 객체**(active object)라고 한다(648페이지의 보충 설명 '능동적 객체' 참고). 따라서 프로토콜 메소드를 포함하는 클래스는 스레드를 제어하는 능동적 객체도 생성할 필요가 있다.

타이머 스레드는 프로토콜 외의 장소에서도 유용할 테니, 아마 시스템의 다른 부분에서 만들어질 것이다. 전송 스레드와 수신 스레드는 프로토콜 객체에서 만들도록 남겨둔다.

그림 B-8은 CommunicationsProtocol 객체가 초기화되고 난 직후의 상황을 묘사하는 객체 다이어그램(647페이지의 보충 설명 '객체 다이어그램' 참고)을 보여준다. Communications Protocol은 2개의 새 Thread 객체를 생성하고 이들의 생명주기에 대한 책임을 진다. Thread 객체는 새로 생성된 실행 스레드를 시작하기 위해 커맨드[13] 패턴을 사용한다. 각 스레드는 Runnable 인터페이스를 따르는 객체의 인스턴스를 담는다(649페이지의 보충 설명 '인터페이스 막대사탕' 참고). CommunicationsProtocol 객체의 적절한 메소드와 Thread를 묶기 위해 어댑터[14] 패턴이 사용되었다.

비슷한 배치는 Timer와 CommunicationsProtocol 사이에서도 볼 수 있다. 그러나 이 경우에는 Timer 객체의 생명주기가 CommunicationsProtocol 객체에 의해 제어되지 않는다.

---

[13] 13장 참고

[14] 25장 참고

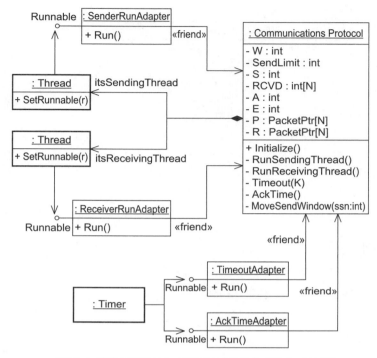

그림 B-8 객체 다이어그램: 프로토콜 객체가 초기화되고 난 직후

<<friend>> 관계는 어댑터가 실행하는 메소드들이 CommunicationsProtocol에 대해 숨겨지는 전용(private)이기를 원하기 때문에 만들었다. 어댑터 외의 것이 이 메소드들을 호출하는 것은 원하지 않는다.[*15]

> **객체 다이어그램**
>
> 객체 다이어그램은 어떤 시각의 특정 상황에서 객체들 사이에 존재하는 정적 관계를 묘사한다. 이것은 두 가지 면에서 클래스 다이어그램과 다르다. 첫 번째, 객체 다이어그램은 클래스 대신에 객체, 클래스 간 관계 대신에 객체 간 링크를 묘사한다. 두 번째, 클래스 다이어그램은 소스 코드 관계와 의존성을 보여주는 반면, 객체 다이어그램은 오직 객체 다이어그램에 정의된 잠깐 동안 존재하는 실행 시간의 관계와 의존성을 보여준다. 따라서 객체 다이어그램은 시스템이 특정 상태에 있을 때 존재하는 객체와 링크를 보여준다.

[*15] 그 밖의 방법도 몇 가지 있다. 자바에서는 내부 클래스를 사용할 수 있을 것이다.

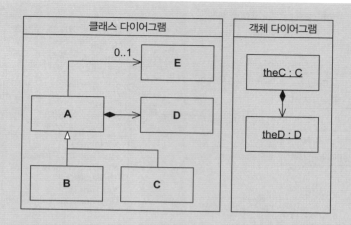

위의 다이어그램에서는 클래스 다이어그램과, 이 클래스 다이어그램의 클래스와 관계에서 이끌어낸 객체와 링크의 가능한 상태를 표현한 객체 다이어그램을 볼 수 있다. 객체가 시퀀스 다이어그램에서와 같은 방식으로 그려졌음을 주목하자. 이름에 밑줄이 쳐진 직사각형 2개로 구성된 것이다. 이 객체 다이어그램의 관계가 클래스 다이어그램과 같은 방식으로 그려졌다는 점에도 주목하자.

두 객체 사이의 관계는 링크(link)라고 한다. 링크는 메시지가 연결된 방향으로 흐를 수 있게 해준다. 이 경우, 메시지는 theC에서 theD로 흐를 수 있다. 이 링크는 클래스 A와 클래스 D 사이에 합성 관계가 존재하기 때문에, 그리고 클래스 C가 클래스 A에서 파생되기 때문에 존재하는 것이다. 따라서 클래스 C의 인스턴스는 그것의 기반 클래스에서 나오는 링크를 가질 수 있다.

클래스 A와 클래스 E 사이의 관계는 객체 다이어그램에 표현되어 있지 않다는 사실에도 주목하자. 이는 객체 다이어그램이 C 객체가 E 객체와 연결되어 있지 않은 동안의 시스템의 특정 상태를 묘사하기 때문이다.

능동적 객체

능동적 객체는 단일한 실행 스레드에 대한 책임을 지는 객체다. 실행 스레드가 능동적 객체의 메소드 내부에서 실행될 필요는 없다. 사실, 일반적으로 능동적 객체는 다른 객체를 불러낸다. 능동적 객체는 실행 스레드가 만든 단순 객체일 뿐이며, Terminate와

Suspend, ChangePriority 같은 스레드 관리 인터페이스도 제공한다.

능동적 객체는 보통 객체처럼 그려지지만, 굵은 테두리선으로 표시된다. 만약 능동적 객체가 제어 스레드 안에서 실행되는 다른 객체를 갖는다면, 이런 객체는 능동적 객체의 테두리선 안에 그릴 수 있다.

인터페이스 막대사탕

인터페이스는 <<interface>> 스테레오타입이나, 특별한 막대사탕 아이콘을 써서 클래스처럼 표현할 수 있다.

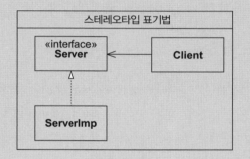

이 상자에 있는 두 다이어그램은 모두 똑같은 의미를 지닌다. 클래스 Client의 인스턴스는 Server 인터페이스를 이용하며, ServerImp 클래스는 Server 인터페이스를 구현한다.

다음 다이어그램에 나타냈듯이, 막대사탕에 연결된 두 관계 중 하나를 생략할 수 있다.

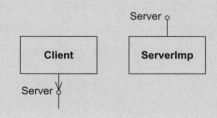

초기화 과정 그림 B-9에서는 CommunicationsProtocol 객체를 초기화하기 위해 개별적인 처리 단계가 사용되었는데, 바로 협동 다이어그램이다(651페이지의 보충 설명 '협동 다이어그램' 참고).

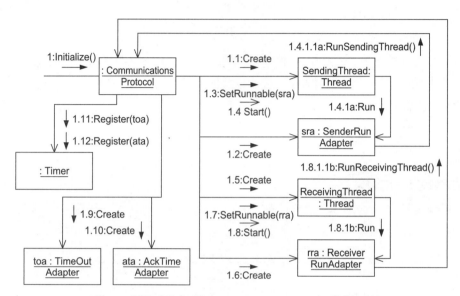

그림 B-9 협동 다이어그램: CommunicationsProtocol 객체 초기화

초기화 과정은 메시지 번호 1에서 시작한다. CommunicationsProtocol은 어떤 알려지지 않은 소스로부터 Initialize 메시지를 받는다. 이것은 1.1과 1.2에서 SendingThread 객체와 그에 연관된 SenderRunAdapter 객체를 생성하는 것으로 대응한다. 그리고 1.3과 1.4에서 어댑터를 스레드에 꽂고 그 스레드를 시작한다.

1.4가 비동기적이기 때문에, 초기화 과정은 1.5에서 1.8까지 계속되어 ReceivingThread를 생성하는 작업을 단순히 반복한다는 것에 주목하자. 그동안 별도의 실행 스레드가 1.4.1a에서 시작되어 SenderRunAdapter의 Run 메소드를 실행한다. 그 결과로 어댑터는 1.4.1.1a:RunSendingThread 메시지를 CommunicationsProtocol 객체에 보낸다. 이것은 전송 스레드의 처리 과정을 시작하게 한다. 비슷한 일련의 이벤트가 수신 스레드에서도 시작된다. 마지막으로, 1.9에서 1.12까지 타이머 어댑터를 생성하고 타이머에 그것을 등록한다.

협동 다이어그램

협동 다이어그램(collaboration diagrams)은 시간이 지나면서 시스템의 상태가 어떻게 변화하는지 보여준다는 점을 제외하면 객체 다이어그램과 비슷하다. 객체 간에 전송되는 메시지를 그 인자 및 반환 값과 함께 보여준다. 각 메시지에는 다른 메시지들과의 상대적인 순서를 나타내는 순서 번호가 붙는다.

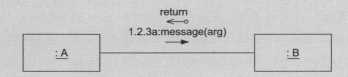

메시지는 두 객체 간 링크 가까이에 있는 작은 화살표로 그려진다. 이 화살표는 메시지를 받는 객체를 가리킨다. 메시지에는 그 메시지의 이름과 순서 번호가 붙는다.

순서 번호는 메시지의 이름과 콜론으로 구분된다. 메시지 이름 뒤에는 괄호가 오고 그 괄호 안에는 콜론으로 구분된 인자 목록이 포함된다. 순서 번호는 점으로 구분된 숫자의 목록으로, 그 뒤에는 선택적인 스레드 식별자가 온다.

순서 번호의 숫자는 메시지의 순서와 호출 계층에서의 깊이를 나타낸다. 메시지 번호 1은 첫 번째로 전송될 메시다. 메시지 1이 실행한 프로시저(procedure)가 2개의 다른 메시지를 호출하면 그 메시지는 각각 1.1과 1.2로 번호가 매겨질 것이다. 일단 이들이 반환되고 메시지 1이 완료되면, 다음 메시지는 번호 2가 된다. 점을 이용한 이런 방식을 쓰면, 메시지의 순서와 내포 단계를 완벽하게 기술할 수 있다.

스레드 식별자는 그 안에서 메시지가 실행되는 스레드의 이름이다. 만약 스레드 식별자가 생략되면, 그 메시지는 이름이 없는 스레드에서 실행되고 있음을 나타낸다. 메시지 1.2가 't'라는 새 스레드를 생성하면, 그 새 스레드의 첫 번째 메시지는 1.2.1t로 번호가 매겨질 것이다.

반환 값과 인자는 데이터 토큰 기호(끝에 원이 붙은 작은 화살표)를 사용해 나타낼 수 있다. 그 밖의 대안으로, 다음처럼 메시지 이름에 할당 구문을 사용해 반환 값을 나타낼 수도 있다.

```
1.2.3 : c:=message(a, b)
```

이 경우, message의 반환 값은 c라는 변수에 저장될 것이다.

───► 　 왼쪽에 나온 것처럼 검은색으로 칠해진 화살표를 사용하는 메시지는 동기적 함수 호출을 표현한다. 이 메시지는 각기 자신의 프로시저에서 호출된 다른 모든 동기 메시지가 반환되고 나서야 반환된다. C++, 스몰토크, 에펠, 자바 등에서 쓰이는 일반적인 메시지다.

───► 　 왼쪽에 나온 막대 모양의 화살표는 비동기적 메시지를 표현한다. 이런 메시지는 새로운 제어 스레드를 생성하여 호출된 메시지를 실행하고 즉시 반환된다. 따라서 이 메시지는 메소드가 실행되기 전에 반환된다. 메소드가 전송하는 메시지는 스레드 식별자를 가져야 하는데, 이런 메시지는 호출한 것과 다른 스레드에서 실행되기 때문이다.

프로토콜에서의 경쟁 상태　그림 B-7에 나온 대로, 프로토콜은 흥미로운 상당수의 **경쟁 상태** (race condition)를 갖는다. 시스템의 상태가 그 순서에 민감함에도 불구하고, 별개의 두 이벤트의 순서가 예측될 수 없을 때 경쟁 상태가 발생한다. 이렇게 되면 시스템의 상태는 경쟁에서 이긴 이벤트에 좌우된다.

프로그래머는 시스템이 이벤트의 순서와 상관없이 제대로 동작하게 만들기 위해 노력한다. 그러나 경쟁 상태는 알아내기가 어렵다. 발견하지 못한 경쟁 상태는 일시적이고 진단하기 어려운 에러를 발생시킬 수도 있다.

경쟁 상태의 한 예로, 전송 스레드가 어떤 패킷을 보냈을 때 무슨 일이 일어나는지를 생각해보자(그림 B-10 참고). 이런 다이어그램을 메시지 시퀀스 차트(message sequence chart)라고 한다(654페이지의 보충 설명 '메시지 시퀀스 차트' 참고). 지역 송신자는 패킷 S를 전송하고 타임아웃 (timeout) 시간 계산을 시작한다. 원격 수신자는 이 패킷을 받아 원격 송신자에게 S를 잘 받았다는 사실을 알려준다. 원격 송신자는 명시적으로 ACK을 보내거나 다음 패킷에 피기백 ACK을 실어 보낸다. 지역 송신자는 이 ACK을 받고 타임아웃 계산을 종료한다.

때로는 ACK이 돌아오지 않을 때도 있는데, 이런 경우에는 타임아웃이 발생하고 그 패킷은 재전송된다. 그림 B-11은 이때 일어나는 일을 보여준다.

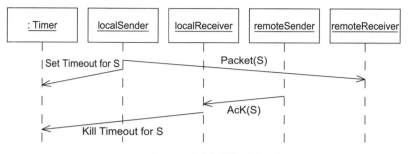

그림 B-10 패킷에 대한 응답: 보통

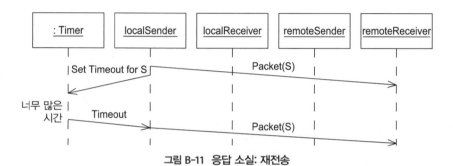

그림 B-11 응답 소실: 재전송

이 두 극단 사이에는 경쟁 상태가 존재한다. ACK이 전송됨과 동시에 타이머가 제한 시간을 넘길 수 있는데, 그림 B-12는 이 시나리오를 보여준다. 교차된 선에 주목하자. 이것은 경쟁을 표현한다. 패킷 S는 제대로 전송되고 받아졌다. 그리고 ACK이 응답으로 전송된다. 그러나 ACK은 타임아웃이 일어난 다음에 도착했다. 따라서 패킷은 ACK을 받았음에도 불구하고 재전송된다.

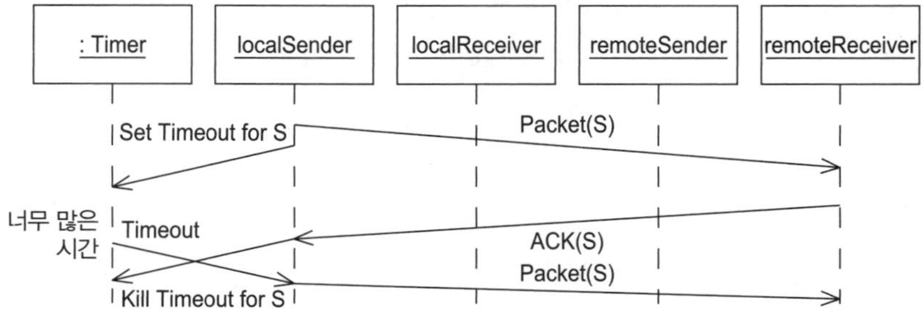

그림 B-12 ACK/재전송 경쟁 상태

그림 B-7의 논법은 이 경쟁을 훌륭하게 처리한다. 원격 수신자는 두 번째로 도착한 패킷 S가 중복되었음을 인식하고 그것을 버린다.

메시지 시퀀스 차트

메시지 시퀀스 차트(message sequence chart)는 시퀀스 다이어그램의 특별한 형태다. 주된 차이점은 메시지 화살표가 메시지 전송과 수신 사이에 시간이 흐를 수 있다는 사실을 표현하기 위해 아래쪽으로 기울어진다는 점이다. 활성화와 순서 번호를 포함해 시퀀스 다이어그램의 다른 부분은 모두 사용할 수 있다.

메시지 시퀀스 차트의 주된 용도는 경쟁 상태를 발견하고 문서화하는 것이다. 이 차트는 어떤 이벤트의 상대적인 타이밍과, 2개의 독립적인 프로세스가 어떻게 이벤트의 순서를 서로 다르게 볼 수 있는지를 나타내기에 아주 좋다.

그림 B-12를 보자. Timer 객체는 Timeout 이벤트가 Kill Timeout 이벤트 전에 일어날 것이라고 생각한다. 하지만 localSender는 이 두 이벤트를 반대 순서로 인식한다.

이벤트 순서 인식에서의 차이는, 타이밍에 극히 민감하고 재현과 진단이 아주 어려운 논리적 결점을 만들어낼 수 있다. 메시지 시퀀스 차트는 이런 상황이 현장을 엉망으로 만들기 전에 잡아내는 아주 멋진 도구다.

결론

이 장에서는 UML의 동적 모델링 기법 대부분을 소개했다. 상태 기계, 활동 다이어그램, 협동 다이어그램, 그리고 메시지 시퀀스 차트에 대해 알아봤다. 또한 이런 다이어그램들이 단일 제어 스레드와 다중 제어 스레드의 문제를 어떻게 처리할 수 있는지도 살펴봤다.

참고 문헌

1. Gamma, et al. *Design Patterns*. Reading, MA: Addison–Wesley, 1995.

두 기업에 대한 풍자

> 좋은 방망이를 하나 구해서 자네 머리를 흠씬 때려주고 싶은걸!"

루퍼스 T. 파이어플라이(Rufus T. Firefly)

Rufus, Inc.
Project Kickoff

당신의 이름은 '밥'이다. 오늘은 2001년 1월 3일이고, 최근 새해를 맞아 술자리가 많아 아직도 머리가 아프다. 당신은 몇 명의 관리자 및 동료들과 함께 회의실에 팀 리더로 앉아 있다. 당신의 상사도 팀 리더를 모두 이끌고 함께 왔다. 상사의 윗선(boss's boss)에서 회의를 소집한 것이다.

"우리가 개발해야 할 새 프로젝트가 있습니다."라고 상사의 상사가 말한다. 여기서는 이 상사를 간략히 BB라고 부르자. 뾰족한 그의 머리카락 끝은 천장에 닿을 것 같이 길다. 당신 상사의 머리카락 끝은 이제 겨우 자라기 시작했지만, 그는 분명 흡

Rupert Industries
Project: ~Alpha~

당신의 이름은 '로버트'다. 오늘은 2001년 1월 3일. 휴일을 가족과 조용히 보낸 덕분에 당신은 원기를 회복했고 일할 준비가 되어 있다. 당신의 전문가 팀과 함께 회의실에 앉아 있다. 부서의 부장이 회의를 소집한 것이다.

"새로운 프로젝트를 좀 구상해봤습니다."라고 부장은 말한다. 그를 '러스'라고 하자. 그는 핵융합로보다 에너지가 넘치는 듯한 신경질적인 영국인이다. 그는 야심차고 의욕이 넘치지만 팀의 가치를 아는 사람이다.

음재로 된 천장에 헤어스프레이 자국을 남길 그날을 고대하고 있을 것이다. BB는 새로이 발견한 시장에 대한 핵심 내용을 얘기하고 이 시장에 내놓을 제품에 대해 설명하기 시작한다.

BB가 말하길, "이 프로젝트는 10월 1일부터는 시작되어야 합니다. 이 프로젝트보다 중요한 것은 없어요. 따라서 현 프로젝트는 취소하겠습니다."

사람들의 반응은 놀란 침묵이었다. 몇 달의 작업이 무효화되는 것이다. 회의실에는 점차 불평의 웅성임이 커져 갔다.

회의실에 있는 사람들 모두와 눈을 한 번씩 마주치며 BB의 머리카락 끝은 사악한 초록색 기운을 내뿜었다. 그의 교활한 눈빛은 회의 참가자들을 한 명씩, 떨고 있는 원형질 덩어리로 만들고 만다. 그는 이 사항에 대해 더 이상의 논란을 용납하지 않을 것임이 분명하다.

회의실이 다시 잠잠해지자 BB는 물었다. "당장 시작해야 합니다. 분석을 하는 데는 얼마나 걸리죠?"

당신은 손을 든다. 당신의 상사는 이를 막으려 하지만, 그가 날린 종이 뭉치는 빗나가고 당신은 그의 노력을 알아채지 못한다.

"저, 분석이 얼마나 걸릴지 말씀드리려면 먼저 요구 사항이 무엇인지 알아야 합니다."

"요구사항 문서는 3∼4주 후에나 완성될 예정입니다." BB의 머리카락 끝은 답답함에 떨리고 있었다. "그러니까 요구사항 문서가 지금 눈앞에 있다고 생각하고 대답해봐요. 분석하는 데 얼마나 걸리죠?"

아무도 숨을 쉬지 않는다. 모두들 서로를 쳐다보며 누군가가 대답할 수 있을지 눈치를 본다.

"분석 과정이 4월 1일을 넘기게 되면 문제가 생깁니다. 그때까지 분석을 다할 수 있겠어요?"

러스는 회사가 지목한 새 시장의 가능성에 대한 핵심 사항들을 얘기하고는 이 시장에 내놓을 제품을 정의하는 일을 맡은 마케팅 담당 '제이'를 소개한다.

제이는 당신을 향해 말한다. "저희가 제공할 첫 제품을 되도록 빨리 정의하는 것부터 시작했으면 합니다. 언제 미팅이 가능한가요?"

당신의 대답은, "저희는 이번 주 금요일에 현재 프로젝트 반복(iteration)을 마무리 짓습니다." 그 전까지는 중간중간 몇 시간 정도 미팅을 가질 수 있을 겁니다. 그 후에는 그 팀에서 몇 명을 투입해서 매니저님 프로젝트에 전념하도록 하지요. 그들을 대신할 사람들과 당신 팀에 들어갈 새로운 사람들을 바로 채용하겠습니다."

"좋습니다." 러스의 말이다. "단, 이번 7월에 있을 전시회에서 뭔가 보여줄 것이 있어야 된다는 사실을 명심하세요. 그날 뭔가 대단한 것을 보여주지 못하면 호기를 잃을 테니까요."

"알겠습니다." 당신은 대답한다. "부장님이 원하는 것이 무엇인지 아직 정확히 알 수는 없지만 7월까지 무엇인가는 만들어놓겠습니다. 단지 지금 당장은 그 무엇이 어떤 것인지는 말씀드릴 수 없습니다. 어쨌든 부장님과 제이는 저희 개발자들이 하는 일을 전적으로 관리할 수 있을 테니 7월까지 만들 수 있는 만큼의 가장 중요한 부분은 전시 가능한 상태로 완성되어 있으리라 확신하셔도 좋을 것 같습니다."

러스는 만족한 듯이 고개를 끄덕인다. 그는 이러한 절차를 알고 있다. 당신의 팀은 늘 그에게 조언을 해왔고, 팀의 개발을 이끌도록 했었다. 그는 당신 팀이 가장 중요한 일을 먼저 하고, 좋은 품질의 제품을 만들어내리라는 확신을 가지고 있다.

당신의 상사는 용기를 모아 이런 절규로 승화시킨다. "그렇게 하도록 하겠습니다!" 그의 머리카락은 3 mm 자라고, 당신의 두통은 타이레놀 두 알만큼 커진다.

"좋아요." BB는 미소를 짓는다. "그럼, 설계하는 데는 얼마나 걸리지요?"

"저…" 당신은 말을 시작한다. 당신의 상사는 얼굴이 창백해진다. 그는 분명 그의 3 mm가 위협받고 있음을 느낀 것이다. "분석 과정 없이는 설계가 얼마나 걸릴지 말씀드리기 어렵습니다."

BB의 얼굴은 엄한 표정을 넘어선다. "분석이 이미 있다고 가정해봐요!" 그는 그의 공허한 구슬 같은 눈을 당신에게 고정하고 말한다. "설계하는 데 얼마나 걸리죠?"

타이레놀 두 알로는 부족하다. 새롭게 자란 3 mm를 지키고 싶은 마음에 당신의 상사는 지껄인다. "프로젝트 마감을 6개월 앞두고는 설계하는 데 3개월 이상 걸리면 안 되겠죠."

"스미더스, 자네도 동의한다니 다행이네!" BB는 희색이 만면하여 말한다. 당신의 상사는 한 숨 놓는다. 그는 자신의 머리카락이 안전하다는 것을 안다. 조금 후에 그는 헤어스프레이 광고를 콧노래로 부르기 시작한다.

BB는 계속해서 말한다. "그러니까 분석은 4월 1일, 설계는 7월 1일까지 마칠 테니까 프로젝트 구현하는 데 3개월이 주어진다는 말입니다. 이 회의는 우리의 새로운 합의 절차와 동기부여 정책이 얼마나 실효성이 있는지를 전적으로 보여주는 예입니다. 자, 이제 모두들 나가서 일을 시작해야죠? 다음 주까지 TQM 계획과 QIT 할당 내역서가 내 사무실에 놓여 있길 기대할 겁니다. 참, 그리고 다음 달 품질 감사 전까지 팀끼리 회의한 내용과 보고서들 준비

~ ~ ~

"로버트," 라며 첫 회의 때 제이가 말을 건다. "팀이 나뉘게 된 것에 대해 팀원들의 생각은 어떤가요?"

"함께 일했던 게 그립겠지요."라고 당신은 대답한다. "하지만 몇몇은 지난번 프로젝트가 점점 지겨워져서 변화를 원하고 있었어요. 새롭게 생각해냈다는 건 어떤 거지요?"

제이의 표정은 밝아진다. "요즘 고객들이 겪는 불편은 당신도 잘 아시죠? …"라면서 그는 약 30분간 현재 고객들이 겪는 불편과 가능한 해결책들을 설명한다.

"네, 잠깐만요." 당신은 대답한다. "명확하게 해야 할 점이 있습니다."라고 하면서 당신은 제이와 이 시스템이 어떻게 작동할 것인지에 대해 이야기한다. 제이의 아이디어 중 일부는 완전하지 못하다. 당신은 가능한 해결책들을 제시한다. 그는 그중 몇 가지는 좋다고 한다. 당신과 그는 계속해서 논의한다.

논의하면서, 새로운 논제가 나올 때마다 제이는 사용자 스토리 카드 한 장을 쓴다. 각 카드는 새로운 시스템이 해야 할 일 한 가지를 나타낸다. 카드들은 테이블에 점점 쌓이고 당신은 그것을 당신 앞에 펼쳐놓고 본다. 당신과 제이는 카드들을 가리키기도 하고, 들었다 놓기도 하고, 카드에 간단히 메모를 하기도 하면서 이야기를 한다. 카드들은 아직 완전히 구상되지 않은 아이디어를 나타내는 데 효과적인 도구 역할을 한다.

회의 끝에 당신은 그에게 말한다. "당신이 원하는 것이 무엇인지 대강 알 것 같습니다. 이제 저는 팀원들과 이야기해보지요. 아마도 각종 데이터베이스 구

하는 것 잊지 말아요."

'타이레놀은 무슨,' 당신은 자리로 돌아가면서 생각한다. '내게 필요한 건 위스키야.'

당신의 상사는 들뜬 목소리로 당신에게 말한다. "굉장한 회의였어. 우린 이 프로젝트를 통해 놀라운 성과를 거둘 거라고!" 당신은 어이가 없지만 고개를 끄덕인다.

"참," 당신의 상사는 계속해서 말한다. "깜박 잊을 뻔했네." 그는 30장쯤 되는 문서를 당신에게 건넨다. "자네 다음 주에 SEI에서 평가하러 오는 것 기억하고 있지? 이건 평가 가이드라네. 읽어보고 외운 다음 찢어서 버리게. SEI 감사원들이 묻는 질문에 어떻게 대답해야 하는지 쓰여 있어. 건물의 어느 곳에 그들을 데려가도 좋고 어느 곳엔 가서는 안 되는지도 자세히 나와 있어. 우리는 6월까지 반드시 CMM 레벨 3 조직이 되어야 하네!"

* * *

당신과 동료들은 새 프로젝트의 분석을 시작한다. 요구사항이 없기 때문에 작업하기가 힘들다. 하지만 그 결정적인 아침에 BB로부터 들은 10분간의 설명을 통해 당신은 제품이 어떤 기능을 가져야 하는지 대강 알 것도 같다.

기업의 절차에 따르면 유스케이스 문서를 만드는 것으로 작업을 시작해야 한다. 당신과 팀원들은 유스케이스를 생각해내서 거미줄 다이어그램을 그리기 시작한다.

팀 내에서 철학적인 논쟁이 벌어진다. 특정 유스케이스들이 <<extend>> 관계인지 <<include>> 관계인지의 여부를 놓고 의견 차이가 발생한다. 여러 모델을 만들어 비교해보지만 아무도 그들을 어떻게 평가해야 하는지 알지 못한다. 논쟁은 계속되고, 진행에는 진척이 없다.

조와 프레젠테이션 형식을 가지고 몇 가지 실험을 해보고 싶어 할 겁니다. 다음에 만날 때는 그룹으로 만나죠. 시스템의 가장 중요한 기능들을 분석하는 것으로 시작해봅시다."

일주일 후에 당신의 새 팀은 제이와 만난다. 그들은 이전에 만든 사용자 스토리 카드들을 책상에 펼쳐놓고 시스템의 몇 가지 세부 사항에 대해 이야기하기 시작한다.

회의는 매우 역동적이다. 제이는 이야기들을 중요한 순서대로 늘어놓는다. 각각에 대해 많은 토론이 이루어진다. 개발자들은 각 이야기를 예측하고 시험해볼 수 있을 만큼 작은 단위로 유지하고 싶어 한다. 그래서 그들은 제이에게 이야기 하나를 더 작은 이야기들로 나누어달라고 요구한다. 제이는 각 이야기가 명확한 영업적 가치와 우선순위가 있는지를 중요시한다. 따라서 그는 이야기를 작은 단위로 나누면서 이 조건에 맞는지를 확인한다.

이야기들은 책상에 쌓이기 시작한다. 제이가 주로 카드를 쓰지만, 개발자들 역시 필요에 따라 그 위에 메모를 하기도 한다. 그 누구도 모든 것을 다 쓰려고 하지 않는다. 그 카드들은 모든 내용을 담기 위한 것이 아니다. 대화를 상기시키기 위한 도구일 뿐이다.

개발자들은 이야기들을 이해하기 시작하면서 카드에 예측을 적는다. 이 예측들은 예산상의 아직 대략적인 예측일 뿐이지만 이를 통해 제이는 비용을 대강 예상할 수 있다.

회의가 끝나고 난 후 더 많은 이야기가 나올 수 있다는 사실이 분명해진다. 그러나 가장 중요한 이야

일주일이 지나고 누군가가 «extend», «include» 관계를 모두 버리고 «precedes»와 «uses» 관계로 바꿀 것을 권하는 iceberg.com 사이트를 찾아낸다. 돈 생그로위스(Don Sengroiux)가 집필한 이 사이트의 문서들에는 유스케이스를 설계 다이어그램으로 바꾸어준다는 Stalwart 분석 절차가 설명되어 있다.

이 방법을 사용해서 새로운 모델들을 만들어본다. 하지만 역시나 아무도 모델들을 어떻게 평가할 것인지에 대해 합의를 보지 못한다. 몸부림은 계속된다.

유스케이스 회의는 갈수록 이성적이기보다는 감정적으로 진행이 된다. 요구사항이 있었더라면 당신은 이토록 진척이 없는 상황이 매우 걱정되었을 것이다. 요구사항이 담긴 문서는 2월 15일에 도착한다. 그리고는 20일, 25일, 그 후로는 매주 새로운 요구사항 문서가 도착한다. 새로 도착하는 문서는 그 전의 것과 반대되는 내용을 담고 있다. 이 요구사항 문서를 쓰는 마케팅 담당자들은 의욕은 넘칠지는 몰라도 합의를 보는 데는 어려움을 겪고 있는 것이 분명하다.

한편, 팀원들은 각각 유스케이스 모델들을 계속해서 새로 만들어온다. 각각은 진행을 늦출 독창적인 방법을 제시한다. 논쟁은 끊이지 않는다.

3월 1일, 과정 감독관 퍼서벌 퓨트리전스(Percival Putrigence)는 모든 유스케이스 모델을 포괄하는 하나의 완전한 형태로 통합하는 데 성공한다. 내용이 없는 모델의 틀만 해도 15페이지가 된다. 그는 모델들에 있던 모든 항목을 포함시킨 것이다. 그는 그 틀을 채우는 방법을 설명하는 159페이지 분량의 문서까지 제공한다. 현 유스케이스들은 새로운 기준에 맞추어 모두 다시 써야 한다.

당신은 "사용자가 리턴 키를 눌렀을 때 시스템이 어기들은 다루어졌고, 오늘의 이야기들은 몇 개월 분량의 작업을 나타낸다는 것도 분명하다. 제이는 카드들을 가져가며 아침까지 첫 번째 안을 준비해오겠다고 약속하며 회의를 마무리 짓는다.

~ ~ ~

다음 날 아침, 당신은 다시 회의를 소집한다. 제이는 카드 다섯 장을 꺼내어 책상에 올려놓는다.

"당신들의 예측에 따르면 이 카드들은 약 50점 분량의 작업을 나타냅니다. 지난 프로젝트를 보면 50점 분량의 작업은 3주 만에 끝났더군요. 우리가 이 5장의 이야기들을 3주 만에 끝낼 수 있으면 러스에게 보여줄 수 있겠습니다. 그러면 우리 작업 진척도에 대해 그는 안심할 수 있겠지요."

제이는 무리하고 있다. 그의 표정으로 봐서는 그도 이것은 무리라는 사실을 알고 있는 듯하다. 당신은 이렇게 대답한다. "제이, 저흰 새로운 프로젝트에서 일하게 된 새로운 팀입니다. 지난 팀과 같은 속도로 일할 수 있을 것이라고 기대하는 것은 너무 성급한 기대일지도 몰라요. 하지만 어제 오후 제 팀과 만나본 결과 모두가 작업 속도를 3주에 50점 분량으로 정하는 것에 동의했습니다. 당신은 이번에 운이 좋았던 거예요."

"단, 이야기 예측과 속도는 이 시점에서 아직 시험적인 것일 뿐이라는 사실을 기억하십시오." 당신은 계속해서 말한다. "작업 계획을 세우고 구현해보면 더 알 수 있겠지요."

제이는 '여기 상사가 누군데 그래?'라는 시선으로 안경 너머로 당신을 쳐다본다. 그리고는 웃으며 말한다. "걱정 마세요. 난 이제 어떻게 하는지 압니다."

떤 작업을 해야 하는가?"라는 질문에 답하기 위해 이제 15페이지 분량의 단답형 및 주관식 문제에 답해야 한다는 사실이 놀라울 따름이다.

『Holistic analysis: A progressive dialectic for software engineers』의 저자로 유명한 L. E. 오트(Ott)의 기업 절차에 의하면, 분석을 마치고 설계 단계로 넘어가기 전에 모든 1차적 유스케이스와 87%의 2차적 유스케이스, 그리고 36.274%의 3차적 유스케이스를 발견해야 한다고 한다. 당신은 3차적 유스케이스가 무엇인지 전혀 알지 못한다. 그래서 기업 절차를 따르기 위해 당신은 마케팅 부서에게 유스케이스 문서를 검토해달라고 부탁해본다. 어쩌면 그들은 3차적 유스케이스가 무엇인지 알지도 모르니까.

불행하게도 마케팅 부서 사람들은 영업 지원에 바빠서 당신을 만날 시간이 없다. 정말이지 이 프로젝트를 시작한 후로 마케팅 부서와 회의를 할 수 있었던 적이 한 번도 없다. 그들이 한 일이라고는 이전 문서를 매번 번복하는 요구사항 문서를 끊임없이 새로 보낸 것밖에 없다.

한 팀이 유스케이스 문서 작업에 계속 매달리는 동안 다른 팀은 도메인 모델 작업을 하고 있었다. 이 팀은 셀 수 없이 많은 UML 문서의 변형들을 만들어내고 있다. 모델은 매주 재작업에 들어간다. 팀원들은 모델에 <<interfaces>>를 쓸 것인지 <<types>>를 쓸 것인지 결정을 못 내리고 있다. OCL 문법과 용도에 대한 엄청난 의견 차이로 논쟁은 끊이지 않는다. 팀원 중에 일부는 '분해 과정(catabolism)'에 대한 5일 과정을 마치고 와서는 아무도 알아볼 수 없는 매우 상세하고 난해한 다이어그램들을 내놓고 있다.

분석 과정을 끝내야 하는 날을 일주일 남겨둔 3월 27일, 당신은 문서와 다이어그램을 산더미만큼 만들

제이는 카드 15장을 책상에 추가로 올려놓는다. 그는 "이 카드들을 3월까지 모두 끝낼 수 있다면 시스템을 베타 테스터 고객들에게 넘길 수 있습니다. 그리고 유용한 피드백을 받을 수 있겠죠."라고 말한다.

당신은 이렇게 대답한다. "그럼 첫 3주의 작업은 정의를 했고 그 후의 9주 동안 할 작업의 이야기들도 준비되었군요. 이 12주에 걸쳐 첫 버전을 출시하게 되겠네요."

"그럼 이 5개의 카드에 쓰인 내용을 3주 동안 정말 끝낼 수 있겠습니까?" 제이가 묻는다.

"저도 확답하진 못하겠습니다." 당신의 대답이다. "작업 단위로 더 세분화해보고 어떻게 되는지 지켜봅시다."

당신과 제이, 그리고 당신의 팀은 그 후 몇 시간 동안 제이가 첫 3주에 하도록 고른 다섯 가지 이야기를 작은 작업 단위로 나누는 일을 한다. 개발자들은 어떤 작업은 이야기가 공유될 수 있을 것이고, 또 어떤 작업들은 유사점이 많아 서로 유용하게 쓰일 수 있으리란 사실을 재빨리 알아낸다. 개발자들의 머리에는 이미 가능한 설계들이 형태를 잡아가고 있는 것을 알 수 있다. 중간중간 토론을 하며 카드 뒤에 UML 다이어그램을 스케치하기도 한다.

화이트보드는 어느새 5개의 카드를 구현할 작업들로 가득 찬다. 당신은 작업 분담을 시작하기 위해 다음과 같이 말한다. "자, 이제 자원합시다."

"제가 초기 데이터베이스 생성을 맡겠습니다." 피트가 말한다. "지난 프로젝트에서 맡았던 일이고, 이번 것도 그다지 달라 보이지 않는군요. 이틀 걸릴 것으로 예상합니다."

어냈지만 문제를 적절히 분석하는 데 있어 1월 3일의 상황에 비해 나아진 것이 없다.

* * *

그런데, 기적이 일어난다.

* * *

4월 1일 토요일, 당신은 집에서 이메일을 확인한다. 당신의 상사가 BB에게 보낸 메일이 있다. 메일 내용은 명백히 분석이 끝났다고 보고하는 내용이다!

당신은 상사에게 전화해서 불평한다. "왜 BB에게 저희가 분석을 끝냈다고 말하셨어요?"

"자네는 오늘 달력도 보지 않았나?" 그는 대답한다. "4월 1일이야!"

당신은 오늘이 만우절이라는 사실이 아이러니하다고 생각한다. "하지만 아직 생각해야 할 일이 너무 많이 남았습니다. 분석해야 할 것도 많고요! 저흰 아직 <<extend>>를 쓸지 <<precedes>>를 쓸지도 정하지 못했어요!"

"다 못 했다는 증거가 있나?" 당신의 상사는 조급해하며 묻는다.

"네에…???"

그는 당신의 말을 가로막으며 말한다. "분석은 한없이 늘어질 수 있어. 어느 시점에서든지 끊어야 해. 그리고 오늘이 끝내기로 한 날짜이니 지금 끝낸 것이지. 월요일엔 지금까지의 모든 분석 자료를 모아서 공유 폴더에 넣길 바라네. 자네는 퍼시벌에게 그 폴더 접근 권한을 줘서 그가 월요일에 CM 시스템에 기록할 수 있도록 하게. 그리고는 설계를 시작하도록 해."

당신은 전화기를 내려놓으며 사무실 책상 마지막 서랍에 위스키 한 병을 넣어두는 게 좋을 것 같다

"좋아요. 그럼 제가 로그인 화면을 맡지요." 조가 말한다.

"아 이런, 전 GUI를 한 번도 해본 적이 없어서 제가 그것을 하고 싶었는데…" 팀의 막내 엘모가 아쉬운 듯이 말한다.

"아 젊은 사람들의 조바심이란" 조는 사려 깊은 듯이 말하면서 당신에게 윙크한다. "내가 작업하는 것 도와주면 돼, 엘모." 제이에게 그는 "3일 정도 걸릴 것 같습니다."라고 말한다.

개발자들이 한 명씩 작업에 자원하고 얼마나 걸릴지 예상을 한다. 당신과 제이는 개발자들이 작업에 자원하도록 하는 편이 작업을 배정하는 것보다 낫다는 사실을 안다. 또 당신은 개발자들의 예상 소요 시간을 의심하지 말아야 하는 것도 잘 알고 있다. 당신은 이들을 잘 알고 믿는다. 그들이 최선을 다할 것을 믿어 의심치 않는다.

개발자들은 자기들이 작업했던 마지막 프로젝트에서보다 더 많은 일을 하기로 자원하면 안 된다는 사실을 잘 알고 있다. 자신의 스케줄에 맞도록 작업에 자원을 하고는 더 이상은 자원하지 않는다.

마침내 모든 개발자가 더 이상 자원하지 않는다. 그러나 화이트보드에는 아직 작업들이 남아 있다.

"이런 상황이 일어날 것 같아서 걱정했습니다." 당신은 말한다. "제이, 이 상황에서 할 수 있는 일은 한 가지밖에 없습니다. 이번 3주 동안 할 일이 너무 많아요. 어떤 이야기 또는 작업을 제거할 수 있지요?"

제이는 한숨을 쉰다. 그는 이 방법밖에 없다는 사실

는 생각을 한다.

* * *

분석 단계가 제시간에 끝난 기념으로 그들은 파티를 열어주었다. BB는 동기부여에 대해 한 말씀을 했고, 이제 머리가 3 mm 더 자란 당신의 상사는 팀원들의 팀워크와 협동심을 극찬했다. 마지막으로, CIO가 무대에 올라서서 모두에게 SEI 감사 결과는 매우 좋았다고 하며 모두에게 나누어준 평가 가이드를 읽고 찢어 없앤 것에 대한 감사의 말을 전한다. 레벨 3은 거의 확정된 사항이며 6월이면 수여받을 것이라고 한다.

(소문에 의하면 BB와 직급이 같은 간부들과 그 위의 사람들은 SEI로부터 레벨 3을 수여받으면 상당량의 보너스를 받을 것이라고 한다.)

당신과 당신 팀은 시스템 설계 작업을 하고 시간은 흐른다. 물론 당신은 설계가 기초로 하고 있는 분석에 결함이 많다고… 아니 아예 쓸모없다고, 아니, 쓸모없는 것보다 못하다고 생각한다. 하지만 당신이 상사에게 분석의 약점들을 보완하는 작업을 해야 한다고 말하면, 그는 "분석 단계는 끝났어. 지금 허락되는 작업은 설계밖에 없어. 다시 작업하러 가게나."라고 말할 뿐이다.

그래서 당신과 당신의 팀은 요구사항들이 모두 분석되었는지 모르겠지만 설계 작업에 할 수 있는 데까지 최선을 다해본다. 물론 요구사항 문서는 매주 재검토되고 있고 마케팅 부서는 당신과 만나려 하지 않기 때문에 이건 그다지 중요하지 않다고 볼 수 있다.

설계는 악몽 그 자체다. 당신의 상사는 최근에 마크 디토마소(Mark DeThomaso)가 쓴 『The Finish Line』이라는 책을 잘못 읽고는 설계 문서에서 코드 레벨까지 세부적으로 다루라고 넌지시 말했다.

을 안다. 프로젝트 초기에 초과 근무 시간을 요구하는 건 미친 짓임을 잘 안다. 전에 시도했던 프로젝트들은 성과가 좋지 않았었다.

결국 제이는 가장 덜 중요한 기능을 제거한다. "우린 아직 로그인 화면이 필요하지는 않습니다. 시스템이 이미 로그인된 상태에서 시작하도록 하면 되겠지요."

"이런! 그건 정말 하고 싶었는데…" 엘모의 말이다.

"인내심을 가지렴." 조가 말한다. "벌이 벌집을 떠나기를 기다리는 자들만이 꿀을 즐길 입술에 벌침이 쏘이지 않는 거야."

엘모는 이해하지 못한 것 같다.

모두가 이해하지 못한 것 같다.

"자…" 제이는 계속한다. "이것 역시 제거할 수 있을 것 같…"

그렇게 해서 작업 리스트는 조금씩 줄어든다. 작업이 없어진 개발자들은 남은 작업 중 하나에 자원한다.

협상 과정은 쉽지만은 않다. 제이는 종종 답답함과 조급한 마음을 드러낸다. 한 시점에서는 긴장감이 너무 고조되자, 엘모가 더 열심히 일해서 모자라는 시간을 보완하겠다고 자원한다. 당신은 그를 제지하려고 하지만 조가 먼저 엘모의 눈을 똑바로 쳐다보며 말한다. "어둠의 길로 한 번 들어서면 영원히 너의 운명을 지배할 것이다."

결국 제이에게 합당한 3주 작업량이 정의된다. 제이

"그렇게 세부적으로 작업할 거면 왜 그냥 코드를 쓰면 안 되죠?" 당신은 묻는다.

"그러면 설계 작업이 아니게 되지 않나. 그리고 설계 단계에서 허락되는 작업은 설계뿐이야!"

"게다가 우린 Dandelion 기업용 라이선스를 막 구입했네. 자네는 모든 설계 다이어그램을 이 툴에 옮기게. 그러면 툴이 코드를 자동적으로 생성해낸다네! 더 나아가 설계 다이어그램들을 코드와 싱크가 맞도록 관리해준다네." 그는 대답한다.

당신의 상사는 화려한 포장에 담겨 있는 배포용 Dandelion을 당신에게 건네준다. 당신은 무기력하게 상자를 받아서 당신의 자리로 돌아온다. 12시간, 8번의 시스템 크래시, 한 번의 디스크 포맷, 그리고 위스키 8잔 후에야 당신은 겨우 서버에 툴을 설치하는 데 성공한다. 당신은 Dandelion 툴 사용법 강좌를 들으면서 당신 팀이 잃을 한 주를 고려해본다. 그리고 미소를 띠고 생각한다. "내가 이곳에서 보내지 않아도 되는 한 주가 생기는 것은 좋은 일이야."

당신의 팀은 계속해서 설계 다이어그램을 다시 그려낸다. Dandelion은 다이어그램 그리기 작업을 어렵게 만든다. 모두 알맞게 채워넣어야 하는 깊은 곳에 숨어 있는 대화창들과 이상한 텍스트 필드와 체크박스들이 너무 많다. 그리고 패키지 간 클래스를 옮기는 데 문제가 있다. 처음엔 이 다이어그램들이 유스케이스로부터 만들어졌었다. 하지만 요구사항이 하도 자주 바뀌는 바람에 유스케이스들은 곧잘 무용지물이 되고 만다.

비지터(VISITOR) 디자인 패턴이 쓰일 것인지 데코레이터(DECORATOR) 디자인 패턴이 쓰일 것인지에 대한 논쟁이 시작된다. 한 개발자는 올바른 객체지향 구조가 아니라는 이유로 비지터를 어떠한 형태로도 쓰지 않겠다고 한다. 또 다른 개발자는 악

가 처음에 원했던 대로는 아니다. 물론 그보다 훨씬 적은 양이다. 그러나 팀원들이 3주 동안 해낼 수 있다고 생각하는 양의 작업이다. 그리고 제이가 다루고 싶어 하던 가장 중요한 것들은 모두 다룬다.

"자 그럼 제이, 인수 테스트는 언제쯤 받을 수 있지요?" 회의실이 다시 잠잠해지자 당신은 묻는다.

제이는 한숨을 쉰다. 개발 팀이 구현하는 이야기마다 제이는 인수 테스트를 만들어서 잘 작동하는지 증명해야 한다. 그리고 개발 팀은 3주가 끝나기 훨씬 전에 이 테스트들을 필요로 한다. 테스트를 통해 제이와 개발 팀이 시스템이 어떻게 작동해야 하는지에 대해 견해 차이가 있는지를 알 수 있기 때문이다.

"오늘 내로 예시 테스트 몇 개를 보내드리겠습니다." 제이는 약속한다. "그리고 매일 그것에 덧붙이도록 하지요. 완전한 테스트는 3주의 중간까지 마련해놓겠습니다."

~ ~ ~

월요일 아침 CRC 세션들과 함께 첫 3주 스케줄이 시작된다. 아침 중반쯤에 개발자들은 둘씩 짝지어 코딩을 하고 있다.

"자, 나의 어린 제자여," 조는 엘모에게 말한다. "이제 자네는 테스트를 우선적으로 하는 설계 방법을 배우게 될 것이다."

"와, 꽤 멋질 것 같은데요?" 엘모가 대답한다. "어떻게 하는데요?"

조는 빙긋이 웃는다. 그가 이 순간을 고대해왔음을 알 수 있다. "청년아, 지금 코드가 하는 일은 무엇이냐?"

마의 고안이라는 이유로 다중 상속을 쓰기를 거부한다.

검토 회의는 줄곧 객체 지향의 뜻, 분석과 설계의 정의, 또는 어떤 때에 집합 또는 연관을 써야 하는지에 대한 논쟁으로 흐르고 만다.

설계 단계의 중간쯤에 도달했을 때, 마케팅 부서 사람들은 시스템의 초점을 바꾸게 되었다고 공고한다. 그들의 요구사항 문서는 완전히 재구성되었다. 그들은 몇몇 핵심 기능 부분을 제거하고 고객 설문조사에서 더 좋은 결과를 가져올 것 같은 기능 부분으로 대체했다.

당신은 상사에게 이러한 변화 때문에 시스템의 많은 부분을 재분석하고 다시 설계해야 할 것이라고 말한다. 하지만 그는 "분석 단계는 끝났어. 지금 허락되는 작업은 설계뿐이야. 다시 작업하러 가도록 하게." 라고밖에 말하지 않는다.

당신은 간단한 견본을 만들어 마케팅 부서와 잠재적 고객들에게 보이는 편이 나을 것 같다고 상사에게 권해본다. 하지만 그는 역시나 "분석 단계는 끝났어. 지금 허락되는 작업은 설계뿐이야. 다시 작업하러 가도록 하게."라고 말한다.

당신은 새 요구사항 문서에 부합하는 설계 문서를 만들어보려고 노력해본다. 그러나 요구사항이 격변했다고 해서 수정이 끝난 것은 아니었나 보다. 정말이지, 걷잡을 수 없는 요구사항 문서의 진동은 진폭과 진동수를 증폭시킨 채 계속되었다. 당신은 그 사이로 강행군을 계속한다.

6월 15일에는 Dandelion 데이터베이스가 망가지고 만다. 보아하니 점진적으로 망가졌었나 보다. 데이터베이스의 작은 에러들이 몇 개월 동안 쌓여서 큰 오류가 된 것이었다. 결국에는 CASE 툴이 작동을 멈추었다. 오류는 물론 백업본 모두에 존재한다.

"네?" 엘모가 묻는다. "아무 일도 하지 않아요. 코드가 있지도 않은걸요."

"그럼, 우리의 임무는 무엇인지 알 수 있지. 코드가 해야 할 일 중에 무엇이 있지?"

"우선, 데이터베이스에 연결할 수 있어야 하지요." 엘모는 젊은이의 확신을 보이며 대답한다.

"그렇다면 데이터베이스에 연결하려면 무엇이 필요하느냐?"

"정말 말을 너무 이상하게 하세요." 엘모는 웃으며 말한다. "데이터베이스 객체를 레지스트리에서 받아와서 Connect() 메소드를 불러야겠지요."

"똑똑한 젊은 친구. 데이터베이스 객체를 캐시 저장할 객체가 필요하다는 지적은 매우 예리하네. 자, 그럼 이제 데이터베이스 레지스트리가 통과해야 할 어떤 테스트를 만들어야 하지?"

엘모는 한숨을 쉰다. 그는 조와 스승과 제자 놀이를 계속할 수밖에 없음을 안다. "데이터베이스 객체를 만들어서 레지스트리로 넘길 Store() 메소드를 만들어야 해요. 그리고 Get() 메소드로 다시 불러오고 동일한 객체인지 확인할 수 있어야 하죠."

"아주 잘했어요. 꼬마 청년!"

"뭐라고요!"

"자, 이제 네가 말한 것과 같은 테스트 함수를 짜도록 하자."

"하지만 데이터베이스 객체와 레지스트리 객체를

Dandelion의 기술 지원으로 전화를 해보지만 며칠 간 받지 않는다. 드디어 Dandelion으로부터 짧은 이메일을 받지만, 당신의 문제는 알려진 문제이고 유일한 해결책은 (다음 분기에는 반드시 완성될 거라는) 새 버전을 구입해서 다이어그램들을 수작업으로 재입력하는 방법밖에 없다는 내용이다.

* * *

그런데 7월 1일에 또 하나의 기적이 발생한다! 설계가 끝났다는 것이다!

당신은 상사에게 가서 불평하기보다는 사무실 책상의 중간 서랍에 보드카 한 병을 보관하기로 한다.

* * *

설계 단계가 제시간에 끝난 것과 CCM 레벨 3이 된 것을 기념하여 그들은 파티를 열었다. BB의 이번 연설은 너무 메스꺼워서 당신은 연설이 시작하기 전에 화장실을 찾아간다.

당신의 일자리에는 새로운 배너와 포스터들이 걸려 있다. 모두 독수리나 등산가들 그림이 있고 팀워크와 동기부여의 중요성을 부각하는 것들이다. 위스키 한두 잔을 마시고 나면 그것들이 눈에 덜 거슬린다. 그러고 보니 브랜디를 넣을 자리를 만들려면 파일 캐비닛을 비워야 된다는 사실이 생각난다.

당신과 팀원들은 코딩을 시작한다. 그러나 곧 설계에 의미 있는 부분들이 부족함을 발견한다. 사실 그 설계는 전혀 의미가 없다. 당신은 가장 심각한 문제들을 해결해보기 위해 설계 회의를 열어보려 한다. 하지만 당신의 상사가 그것을 발견하고는 회의를 해산시키며 말한다. "설계 단계는 끝났네. 오직 허용되는 작업은 코딩뿐이야. 어서 다시 작업하러 가게나."

Dandelion이 생성한 코드는 정말이지 끔찍하다. 결국 당신 팀은 연관과 집합을 잘못 사용하고 있

먼저 만들어야 하지 않나요?"

"조급한 청년이여, 자넨 아직도 배울 것이 너무나 많아. 그냥 테스트를 먼저 짜도록 해."

"하지만 컴파일되지도 않을 거예요!"

"확실한가? 만약에 된다면?"

"음..."

"그냥 테스트를 먼저 짜도록 해, 엘모. 나를 믿어."

그렇게 해서 조, 엘모, 그리고 다른 개발자들 모두가 자신이 맡은 작업의 테스트를 하나씩 코딩하기 시작한다. 그들이 작업하는 방은 짝끼리 나누는 대화로 웅성거린다. 한 쌍이 작업 하나를 마치거나 어려운 테스트를 끝낼 때마다 지르는 환호가 웅성거림 중에 종종 들린다.

개발 작업이 진행되면서 개발자들은 하루에 한두 번씩 파트너를 교체 한다. 각 개발자는 다른 개발자들이 어떤 일을 하고 있는지 볼 수 있게 되고, 팀원 모두가 코드를 전반적으로 이해하게 된다.

한 쌍이 한 작업, 또는 한 작업의 중요한 일부를 끝낼 때마다 그들은 시스템 전체와 통합해본다. 그렇게 하면 코드 기반은 날로 넓어져 가고 통합 과정에서 발생하는 어려움은 최소화된다.

개발자들은 매일 제이와 연락을 취한다. 그들은 시스템의 기능 또는 인수 테스트 해석에 대해 궁금한 점이 있을 때마다 그에게 묻는다.

제이는 그가 약속한 대로 인수 테스트 초안을 주기적으로

다는 사실이 밝혀졌다. 생성된 모든 코드는 이 잘못을 수정하기 위해 모두 재검토되어야 한다. 코드 검토 작업은 매우 어렵다. 다이어그램과 코드가 동기화되어 잘 관리하기 위해 Dandelion이 삽입한 특수 문법이 사용된 주석들 때문이다. 당신이 실수로 이런 주석 하나를 잘못 수정하면, 다이어그램들은 부정확하게 재생될 것이다.

Dandelion과 호환 가능하도록 코드를 유지하려고 할수록 Dandelion은 더 많은 에러를 생성한다. 결국 당신은 포기하고 다이어그램을 수작업으로 갱신하기로 한다. 1초 후에 당신은 다이어그램을 갱신하는 일은 무의미하다는 결론을 내린다. 게다가, 이 작업을 할 시간이 있는 사람이 어디 있겠는가?

당신의 상사는 생성되는 코드의 라인 수를 세는 툴을 만드는 컨설턴트를 고용한다. 그는 꼭대기에 1,000,000이라고 쓰인 커다란 온도계 그래프를 벽에 놓는다. 그는 매일 코드 라인 수를 나타내는 빨간 줄을 늘여서 그날 얼마만큼 더해졌는지를 나타낸다.

벽에 온도계가 생긴 지 3일 후, 당신의 상사는 복도에서 당신을 붙잡아놓고 말한다. "저 그래프는 너무 느리게 자라고 있어. 우린 10월 1일까지 백만 라인을 끝내야 한다고."

"저… 저흰, 이 프로젝트가 백만 라인까지 필요할지조차 모, 모르겠어요." 당신은 중얼댄다.

"우린 10월 1일까지 백만 라인을 끝내야만 해." 상사는 되풀이한다. 그의 머리끝은 또 자라나서 권위와 능력을 발산한다. "주석이 충분히 긴지 확인해 봤나?"

그리고는 뜻밖의 경영적 마인드로 그는 말한다. "옳지! 개발자들에게 새로운 정책을 제정하도록 하게. 코드 한 라인은 20글자를 넘어서는 안 되네. 넘어

로 제공한다. 팀은 이것을 조심스럽게 읽고 제이가 원하는 시스템이 어떤 것인지 좀 더 잘 알 수 있게 된다.

두 번째 주가 시작될 때는 이미 제이에게 보여줄 만큼의 기능이 구현되어 있다. 제이는 데모가 테스트를 하나씩 통과하는 모습을 유심히 지켜본다.

"이건 정말 멋지네요." 데모가 끝나자 제이가 말한다. "하지만 작업의 3분의 1 같지가 않습니다. 작업 속도가 기대했던 것보다 느린가요?"

당신은 얼굴을 찌푸린다. 당신은 이 이야기를 제이에게 하려고 좋은 타이밍을 노리고 있었는데 이제 할 수 없이 이야기해야 할 때가 온 것이다.

"네, 불행히도 저희가 기대했던 것보다 느리게 진행되고 있습니다. 우리가 사용하는 새 애플리케이션 서버는 설정하기가 무척 번거롭습니다. 게다가 재부팅 시간이 매우 오래 걸리는데, 작은 설정을 바꿀 때마다 재부팅을 해주어야 해요."

제이는 당신을 의심에 찬 눈빛으로 바라본다. 지난 월요일 협상하며 받은 스트레스가 아직 가시지 않았다. 그는 묻는다. "이것이 스케줄에 어떤 영향을 미치게 되지요? 더 이상 늦출 수는 없어요, 정말 안 됩니다. 러스가 노발대발할 거라고요! 우리 모두에게 곤장을 치려 할 거예요."

당신은 제이를 똑바로 쳐다보며 말한다. 누구에게 이런 나쁜 소식을 좋게 전할 수 있는 방법은 없다. 그래서 당신은 그냥 말해버리기로 한다. "유감스럽지만 지금처럼 진행된다면 다음 주 금요일까지 모두 끝낼 수 없습니다. 저희가 작업 속도를 높일 방법을 찾을지도 모르지만, 솔직히 말해서 크게 기대하고 있지 않습니다. 러스에게 보일 데모를 망치지 않고

서는 라인은 둘, 또는 그 이상으로 나뉘어야 해. 이미 써놓은 코드도 이 기준에 맞게 다시 작성되어야 하네. 이렇게 하면 라인 수는 늘겠지!"

당신은 그에게 이 작업을 하려면 계획에 없던 2달이 추가로 소요될 것이라고 말하지 않기로 한다. 당신은 그저 아무것도 말하지 않기로 한다. 당신의 혈관에 알코올을 직접 주사하는 것만이 유일한 해결책이라고 생각한다. 당신은 요구되는 작업이 이루어지도록 정리한다.

당신과 팀원들은 미친 듯이 코딩을 한다. 8월 1일에 당신의 상사는 벽에 걸린 온도계를 보고 얼굴을 찌푸리며 주 50시간 근무제를 의무화한다.

9월 1일이 되자 온도계는 120만 라인을 가리키고, 상사는 당신에게 왜 코딩 예산안을 20% 초과했는지 설명하는 보고서를 써내라고 한다. 그는 토요일 근무를 의무화하고 프로젝트를 다시 백만 라인으로 줄이라고 요구한다. 당신은 '코드 라인 재병합 캠페인'을 시작한다.

사람들은 성질을 내고, 일자리를 그만두기 시작한다. 당신에게 사방에서 불만이 들어온다. 고객들은 설치 가이드와 사용자 매뉴얼을 요구하고, 판매원들은 특별 고객들을 위한 데모를 요구하고, 요구사항 문서는 아직도 허우적대고 있으며, 마케팅 부서 사람들은 제품이 명기한 것과 너무 다르다고 불평하고 있고, 주류 판매처는 당신의 신용카드를 더 이상 받지 않겠다고 한다. 무슨 일이든지 일어나야 한다. 9월 15일에 BB는 회의를 소집한다.

회의실에 들어서는 그는 머리카락 끝으로 증기를 내뿜고 있었다. 그가 말을 할 때면 그의 가다듬은 처음 목소리는 당신의 위장을 뒤집어놓는다. "QA 관리자에 의하면 이 프로젝트는 요구되는 기능의 50%도 구현하지 못했다고 합니다. 또, 시스템은 매

첫 3주 스케줄에서 제거할 수 있는 작업을 한두 개 고르셔야 할 것 같아요. 무슨 일이 있어도 금요일에 데모를 하긴 할 겁니다. 그런데 어떤 작업을 뺄 것인지 저희가 고르기를 원하시진 않으시죠."

"오, 맙소사!" 제이는 소리를 지르고는 머리를 절레절레 흔들며 나가버린다.

당신이 속으로 '그 누구도 프로젝트 관리가 쉬울 거라고 하지 않았어.'라고 생각한 건 이번이 처음이 아니고 마지막도 아닐 것이다.

~ ~ ~

그런데 당신이 기대했던 것보다 일은 더 순조롭게 진행된다. 팀은 작업 하나를 포기하긴 했지만, 제이가 현명한 선택을 해서 러스를 위한 데모는 문제없이 넘어간다.

러스는 진척도가 만족스럽지 않지만 그다지 불만족스럽지도 않다. 그는 다음과 같이 말했을 뿐이다. "이건 꽤 잘했어요. 하지만 7월 전시회 때 이 시스템의 데모를 하기엔 이 속도로는 역부족이겠어요."

첫 3주의 작업이 무사히 끝나면서 태도가 한층 부드러워진 제이가 러스에게 말한다. "러스, 이 팀은 열심히 일하고 있고 잘하고 있습니다. 7월까지 무언가 보여줄 만한 것을 만들어낼 것이라고 저는 믿습니다. 완벽한 완성작은 아닐지라도 무언가는 만들어 낼 거예요."

지난 3주가 고달프긴 했지만, 팀의 속도를 조절하는 데는 많은 도움이 되었다. 그다음 3주는 훨씬 순조롭게 진행된다. 지난 3주보다 더 많은 일을 해서가 아니고 중간에 작업을 제거하지 않아도 되었기 때

우 불안정하고, 잘못된 결과를 산출하고, 끔찍하게 느리다고 하더군요. 그는 매일 나오는 새 버전이 그 전 버전보다 버그가 더 많아서 작업하기 너무 힘이 든답니다!"

그는 마음을 가라앉히기 위해 몇 초간 멈춘다. "QA 관리자는 이 속도로 나가면 12월까지 제품을 출시하지 못할 거라고 했습니다!"

당신은 속으로 3월이 더 맞는 것 같다고 생각하지만 아무 말도 하지 않는다.

"12월이요!" BB의 말투가 너무나 신랄하여 사람들은 그가 마치 그들을 향해 소총이라도 겨누고 있는 양 고개를 숙인다. "12월은 말도 안 됩니다. 팀 리더들은 아침까지 새로운 계획서를 제출하도록 해요. 이 프로젝트가 끝날 때까지 주 65시간 근무제를 의무화하는 바입니다. 그리고 11월 1일까지 반드시 끝내야만 합니다."

그가 회의실을 떠나면서 중얼거리는 소리가 들린다. "동기부여라니! 쓸데없는 소리!"

*   *   *

당신의 상사는 이제 대머리가 되었다. 그의 머리카락 끝은 BB의 벽에 고정되어 있다. 그의 머리가 반사하는 형광 빛은 잠시 당신의 눈을 부시게 한다.

"자네 마실 것 아무거나 있나?" 그가 묻는다. 마지막 위스키 한 병을 조금 전에 다 마셨기에 당신은 책장에서 보드카 한 병을 꺼내어 그의 커피잔에 따라준다. "이 프로젝트를 끝내려면 무엇이 필요한 것 같나?" 그가 묻는다.

"요구사항들을 확정 지은 후, 분석하고, 설계한 다음에 구현해야 합니다." 당신은 냉담하게 대답한다.

"11월 1일까지?" 상사는 믿기지 않는다는 듯이 되묻는다. "말도 안 돼! 그 지긋지긋한 코딩을 끝내기나

문이다.

네 번째 3주 주기가 시작되자 자연스럽게 리듬이 조성된다. 제이, 당신, 그리고 팀원들은 이제 서로에게 어떤 것을 기대할 수 있는지 정확히 안다. 팀은 빡빡하게 일하고 있지만 속도는 유지할 만하다. 당신은 팀원들이 이 속도를 일 년 이상 유지할 수 있으리라 확신한다.

스케줄상의 예기치 못한 상황은 거의 없어진다. 그러나 요구사항에 있어 예기치 못한 상황은 없어지지 않는다. 제이와 러스는 종종 점점 커지는 시스템을 보며 건의를 하거나 기능을 변화시킨다. 그러나 모두가 이러한 변화를 구현하려면 시간이 충분히 걸린다는 사실을 알고 있다. 따라서 변화로 인해 예상이 변하는 사람은 없다.

3월에는 임원회를 대상으로 대대적인 데모를 보여준다. 시스템에는 아직 제약이 많고 전시회에 내놓을 만큼 형태를 갖추지는 않았지만, 진행은 안정적으로 이루어지고 있고, 임원회에게 좋은 인상을 남긴다.

두 번째 버전은 첫 번째보다 더 순조롭다. 팀은 이미 제이의 인수 테스트 스크립트들을 자동화하는 방법을 알아냈고, 시스템 설계를 리팩토링해서 새 기능을 추가하거나 기존의 기능을 바꾸는 작업이 손쉽도록 했다.

두 번째 버전은 6월 말쯤 완성되고 전시회에 출시된다. 제이와 러스가 원했던 것보다는 기능이 적지만 시스템의 주요 기능은 모두 갖추고 있다. 전시회에 참석한 고객들은 몇몇 기능이 없음을 알게 되지만 전반적으로 그들은 만족한다. 당신과 러스, 그리고 제이가 모두 웃음을 띠고 전시회장에서 나온다.

하게." 그는 벗겨진 머리를 긁적이며 나가버린다.

며칠 후 당신의 상사는 기업 연구 부서로 전출되었다는 사실을 알게 된다. 이직률이 폭등한다. 뒤늦게 주문이 제시간에 이루어지지 않을 것을 통보받은 고객들은 주문을 취소하기 시작한다. 마케팅 부서는 이 제품이 기업의 총체적인 목표와 부합하는지 등을 재검토하기 시작한다. 메시지들은 난무하고, 머리들은 돌아가고, 정책들은 바뀌고, 전반적으로 모든 일이 꽤나 암울하다.

주 65일 근무제가 너무 오래 지속되고 난 후 결국 3월에 불안정한 첫 버전이 출시된다. 버그 발견율은 높고 기술지원 팀은 성난 고객들의 불평과 요구를 들어주는 데 손발이 모자랄 지경이다. 그 누구도 만족하지 않는다.

4월이 되자 BB는 Rupert 기업이 출시한 제품의 라이선스를 사서 유통하는 방법으로 문제를 해결하려고 한다. 고객들은 누그러지고, 마케팅 부서 사람들은 만족하고, 당신은 해고된다.

모두 이번 프로젝트는 성공적이었다고 생각한다.

몇 달 후 Rufus, Inc.로부터 연락이 온다. 그들은 이 시스템과 비슷한 것을 만들려고 했었다. 그러나 프로젝트가 실패하여 당신의 기술에 대한 라이선스를 구입하고자 협상을 하고 싶다는 것이다.

정말이지 앞길이 밝아 보인다.

소스 코드는 곧 설계다

나는 아직도 이번 글에 대한 첫 영감을 얻었을 때를 기억한다. 1986년 여름, 나는 캘리포니아의 차이나 레이크 해군 무기 센터에서 잠시 컨설팅 업무를 하고 있었는데, Ada에 대한 패널 토론에 참가할 기회가 있었다. 관중 중의 한 명이 일반적인 질문을 했다. "소프트웨어 개발자가 엔지니어인가요?" 실제 대답은 기억나지 않지만, 그때는 이런 질문에 어떻게 대답해야 할지 참 난감했던 것 같다. 그래서 뒤로 물러 앉아, 어떻게 대답해야 할지 고민했다. 왜 그랬는지는 모르겠지만, 그 당시로부터 거의 10년 전에 봤던 「데이터메이션(Datamation)」 잡지에서 읽은 한 기사가 떠올랐다. 그 기사는 왜 엔지니어가 좋은 작가가 되어야 하는지 그 이유를 설명하고 있었는데, 내가 그 글에서 얻은 요점은 공학 프로세스의 최종 결과는 '문서'라는 주장이었다. 달리 말하면, 엔지니어는 물건이 아니라 문서를 만들었다. 다른 사람들은 이 문서를 작성했고 물건을 만들었다. 그래서 나의 잡념 속에서 질문을 던졌다. "보통 소프트웨어 프로젝트가 만들어내는 모든 문서 중에서, 진짜로 공학 문서로 여겨질 만한 것이 있었던가?" 내 대답은 이것이었다. "그렇다. 그런 문서가, 그것도 단 하나가 있다. 바로 소스 코드다."

소스 코드를 공학 문서 설계로 보는 것은 내가 선택한 직업에 대한 관점을 송두리째 뒤집어놓았다. 그리고 내가 모든 것을 보는 방식을 바꿔놓았다. 또, 그것에 대해 생각하면 할수록, 이것이 소프트웨어 프로젝트가 으레 맞닥뜨리곤 하는 아주 많은 문제를 설명한다고 느끼게 되었다. 다시 말해, 나는 대부분의 사람들이 이 차이를 이해하지 못하거나, 의도적으로 거부하고 많은 물건 그 자체들을 설명하려 한다는 사실을 깨달았다. 몇 년이 더 지난 후에, 이런 내 주장을 공개적으로 펼칠 기회가 찾아왔다. 「C++ 저널(C++ Journal)」 잡지에 실린 소프트웨어 설계에 대한 어떤 기사가 나로 하여금 담당 편집자에게 그 주제에 대한 편지를 쓰게 만들었다. 편지가 오간 후에, 편집자인 리블린 싱(Livleen Singh)은 그 주제에 대한 내 생각을 기사로 내는 데 동의했다. 다음 내용이 그 결과다.

잭 리브스(Jack Reeves), 2001년 12월 22일

소프트웨어 설계란 무엇인가?

© 잭 리브스, 1992

객체 지향 기법, 특히 C++는 소프트웨어 세계를 온통 매료시킨 것처럼 보인다. 이 새로운 기법을 적용하는 방법을 설명하는 수많은 글과 책이 나왔다. 일반적으로 말해, 객체 지향 기법이 그저 과대 선전일 뿐인가 아닌가 하는 질문은 어떻게 최소의 고통으로 이득을 얻을 것인가 하는 질문으로 바뀌어야 할 것이다. 객체 지향 기법은 꽤 다루어져 왔지만, 이런 폭발적인 인기는 다소 이례적인 일 같다. 왜 이렇게 갑자기 관심을 보일까? 이에 대한 여러 해석이 있지만, 아마 여러 요인의 작용으로 나타나는 현상으로 보인다. 그럼에도 불구하고, 이 소프트웨어 혁명의 가장 최근 단계에서의 주요인은 C++ 그 자체인 것으로 보인다. 여기에도 아마 여러 이유가 있겠지만, 나는 조금 다른 관점에서 해석해보려고 한다. 내 생각에 C++는 소프트웨어와 프로그램을 동시에 설계하기 쉽게 만들어주기 때문에 유명해졌다.

이런 말이 다소 생소하게 느껴진다면, 그것은 의도적인 것이다. 내가 이 글에서 말하고 싶은 내용은 프로그래밍과 소프트웨어 설계의 관계다. 거의 10년간, 나는 소프트웨어 업계가 전체적으로 소프트웨어 설계를 개발하는 일과 진짜 소프트웨어 설계란 무엇인가의 차이에서 민감한 문제를 놓치고 있다고 느껴왔다. 나는 우리가 좀 더 나은 소프트웨어 엔지니어가 되기 위해 할 수 있는 일에 관한 중요한 교훈을, C++의 인기에서 찾을 수 있다고 생각한다. 우리가 그것을 찾아보기만 한다면 말이다. 이 교훈은 프로그래밍이란 소프트웨어를 조립하는 일에 관한 것이 아니라는 것이다. 프로그래밍은 소프트웨어를 설계하는 일에 대한 것이다.

몇 년 전, 내가 참석했던 어떤 세미나에서 소프트웨어 개발이 공학 분야인지 아닌지에 대한 질문이 나왔다. 결론을 기억하지는 못하지만, 그 계기로 나는 소프트웨어 업계가 하드웨어 공학과 완벽하게 대응하는 대응물이 아닌, 잘못된 대응물을 만들어왔다는 사실을 깨닫게 되었다. 그리고 지금은 이 생각을 더 확신하고 있다.

공학 활동의 최종 목표는 어떤 종류의 문서화다. 설계를 위한 노력이 끝나면, 설계 문서는 제작 팀에게 넘어간다. 이 팀은 설계 팀과 완전히 다른 기술을 가진 완전히 다른 팀이다. 만약 설계 문서가 정말 완벽한 설계를 표현한다면, 제작 팀은 그 제품을 만드는 과정을 진행할 수 있다. 사실, 설계자들로부터 더 이상의 간섭이 없다면 많은 제품을 만들어낼 수 있다. 내가 이해한 대로 소프트웨어 개발의 주기를 살펴보고 나서, 나는 정말로 공학 설계의 기준을 만족시킬 수 있는 소프트웨어 문서는 오직 소스 코드 목록뿐이라는 결론을 내렸다.

이 전제에 찬성 또는 반박하는 주장이 많이 있을 수 있다. 이 글에서는 최종 소스 코드가 실제 소프트웨어 설계라고 가정하고, 그 가정의 몇 가지 논리적 귀결을 고찰한다. 나는 이 관점이 옳다는 것을 증명할 수 없을지는 몰라도, 이것이 C++의 인기를 포함해 소프트웨어 업계에서 관찰된 몇몇 사실들을 설명한다는 것은 보일 수 있기를 바란다.

코드를 소프트웨어 설계로 보는 가정의 한 가지 귀결은 다른 모든 것을 완전히 압도한다. 이것은 너무 중요하고 또 당연해서 대부분의 소프트웨어 조직에서 완벽한 맹점이었다. 그것은 소프트웨어는 만드는 데 비용이 적게 든다는 사실이다. 소프트웨어는 너무 싸서, 거의 공짜나 다름없다. 만약 소스 코드가 소프트웨어 설계라면, 실제로 소프트웨어를 만드는 일은 컴파일러와 링커가 해준다. 우리는 종종 완전한 소프트웨어 시스템을 컴파일하고 링크하는 절차를 '빌드(build)한다'라고 한다. 소프트웨어 구축 장비에 드는 금전적인 투자는 적다. 실제로 필요한 것은 컴퓨터 한 대, 에디터 하나, 컴파일러 하나, 링커 하나뿐이다. 일단 빌드 환경이 만들어지면, 소프트웨어를 실제로 빌드하는 데는 시간이 조금밖에 걸리지 않는다. 50,000라인의 C++ 프로그램을 컴파일하는 데 걸리는 시간은 영원처럼 느껴질지도 모르지만, C++ 코드 50,000라인과 대등한 복잡성을 가진 설계의 하드웨어 시스템을 구축하는 데는 또 얼마나 걸리겠는가?

소스 코드를 소프트웨어 설계로 보는 가정의 또 한 가지 귀결은 소프트웨어 설계는 적어도 물리적인 면에서는 상대적으로 만들기가 쉽다는 사실이다. 일반적인 50에서 100라인의 코드로 된 소프트웨어 모듈을 작성(즉, 설계)하는 데는 보통 이틀 정도의 노력밖에 들지 않는다(완전히 디버깅된 상태로 만드는 것은 또 다른 문제이긴 하지만 좀 더 오랜 시간이 필요할 것이다). 소프트웨어만큼 이런 짧은 시간에 이런 복잡성을 가진 설계를 만들어낼 수 있는 공학 부문이 있는지 묻고 싶은 마음이 굴뚝같지만, 우선 복잡성을 측정하고 비교하는 방법을 해결해야 할 것이다. 그렇지만, 소프트웨어 설계가 훨씬 빠르다는 것만큼은 명백하다.

소프트웨어 설계가 상대적으로 만들어내기 쉽고, 본질적으로 빌드에 드는 비용이 공짜나 다름없음을 생각하면, 소프트웨어 설계가 대단히 커지고 복잡해지는 경향이 있다는 것은 전혀 뜻밖의 이야기가 아니다. 이것은 당연한 것으로 보일 수도 있겠지만, 이 문제의 심각성은 종종 무시되곤 한다. 학교에서의 프로젝트는 보통 몇 천 라인의 코드로 마무리된다. 그리고 어떤 소프트웨어 제품은 10,000라인이 넘는 것도 있다. 간단한 소프트웨어가 관심사이던 시기는 이미 오래전에 지났다. 일반적인 상용 소프트웨어는 수십만 라인으로 이루어진 설계를 갖는다. 많은 소프트웨어 설계가 백만 라인에 육박하며, 게다가 소프트웨어 설계는 거의 항상 꾸준히 진화하고 있다. 현재의 설계가 단 몇 천 라인의 코드로 되어 있어도, 많은 경우 그것은 그 제품의 수명 동안 실제로는 여러 번 작성되어왔을 수도 있는 것이다.

소프트웨어 설계와 경쟁할 수 있을 만큼 복잡한 하드웨어 설계의 사례도 분명 있지만, 현대적인 하드웨어의 두 가지 특징에 주의하자. 첫 번째, 복잡한 하드웨어 공학은 소프트웨어 비평가가 우리에게 믿게 만든 것만큼 항상 버그로부터 자유로운 것은 아니다. 주요 마이크로프로세서가 논리적 오류가 있는 채로 선적된 일도 있고, 다리는 무너진 적이 있으며, 댐도 무너진 적이 있다. 그리고 여객기가 하늘에서 떨어진 적도 있고, 수천 대의 자동차와 다른 소비자 용품도 리콜된 일이 있다. 모두 최근에 있었던 일이고, 모두 설계 오류의 결과다. 두 번째, 복잡한 하드웨어 설계는 소프트웨어의 그것에 비해 빌드 단계가 복잡하고 비싸다. 그 결과로, 이런 시스템을 제조하는 능력이 필요하기 때문에 정말 복잡한 하드웨어 설계를 만들어낼 수 있는 회사의 숫자는 범위를 벗어나지 못한다. 이런 제한이 소프트웨어에는 존재하지 않는다. 세상에는 수백 개의 소프트웨어 조직과 수천 개의 아주 복잡한 소프트웨어 시스템이 존재한다. 숫자와 복잡성 모두 나날이 증가 일로에 있다. 이것은 소프트웨어 업계가 하드웨어 개발자를 따라 하려는 시도로는 자신들의 문제를 해결할 수 없을 것임을 의미한다. 그러기는커녕, 하드웨어 설계자들이 더욱더 복잡한 설계를 만드는 것을 CAD와 CAM 시스템이 도와왔기 때문에, 하드웨어 공학은 더욱더 소프트웨어 개발과 비슷해지고 있다.

소프트웨어 설계는 복잡성 관리에 속한 문제다. 복잡성은 소프트웨어 설계 자체에도 존재하고, 회사의 소프트웨어 조직에도 존재하며, 전체 소프트웨어 업계에도 존재한다. 소프트웨어 설계는 시스템 설계와 아주 흡사하다. 여러 가지 기술을 이용하고 종종 여러 개의 하위 구분을 포함한다. 소프트웨어 명세는 보통 설계 절차가 진행되고 있는 와중에도 빠르게, 자주 바뀌는 유동적인 경향이 있다. 많은 면에서 소프트웨어는 하드웨어보다 더 복잡한 사회적 또는 유기적 시스템과 유사점이 있다. 이 모든 것이 소프트웨어 설계를 어렵고 에러가 생기기 쉬운 절차로 만든다. 이 중 어떤 것도 독창적인 생각은 아니지만, 소프트웨어 공학 혁명이 시작되고 나서 거의 30년, 소프트웨어 개발은 아직도 다른 공학 직업에 비하면 훈련이 안 된 학문으로 비춰진다.

일반적인 인식은 실제로 엔지니어가 설계를 하면, 그들은 그것이 얼마나 복잡하든지 제대로 동작할 것이라고 확신한다는 것이다. 이들은 용인된 구축 기법을 사용해 이것을 빌드할 수 있다는 것도 확신한다. 이를 위해, 하드웨어 엔지니어는 설계를 검증하고 다듬는 데 상당한 시간을 소비한다. 예를 들어, 다리의 설계를 생각해보자. 이런 설계가 실제로 만들어지기 전에, 엔지니어는 구조적 분석을 한다. 컴퓨터 모델을 만들고, 시뮬레이션을 실행하고, 축소 모델 (scale model)을 만들어 풍동[*1]이나 다른 방법으로 그것을 테스트한다. 간단히 말해, 설계자는 그 설계를 빌드하기 전에 그것이 알맞은 설계인지 확인하기 위해 할 수 있는 모든 일을 한다. 새로운 여객기의 설계는 더 심각하다. 이를 위해서는, 실물 크기의 견본을 제작해야 하고 설계가 예측한 바를 검증하기 위해 비행 테스트를 해야 한다.

소프트웨어 설계는 하드웨어 설계와 같은 엄격한 공학을 통과하지 않는다는 것을 당연하게 생각하는 사람들이 많다. 그러나 만약 소스 코드를 설계로 생각한다면, 소프트웨어 설계자가 실제로 자신의 설계를 검증하고 다듬는 일을 상당히 많이 한다는 사실을 알 수 있다. 소프트웨어 설계자는 이것을 공학이라고 부르지 않고, '테스트'와 '디버깅'이라고 부른다. 대부분의 사람들은 테스트와 디버깅을 진짜 '공학'으로 생각하지 않는다. 물론 소프트웨어 산업에서도 마찬가지다. 그 이유는 다른 실제 공학과의 차이보다도, 소프트웨어 업계가 코드를 설계로 받아들이기를 거부하는 태도와 관계가 있다. 실물 크기 모형, 견본, 브레드보드[*2]는 다른 공학 부문에서는 실제로 받아들여지는 부분이다. 소프트웨어 설계자는 소프트웨어 빌드 사이클의 경제적 측면 때문에, 설계 검증에 좀 더 정규적인 방법을 쓰지 않거나 가지고 있지도 않다.

뜻밖의 이야기 그 첫 번째. 다른 어떤 것보다도 설계를 그냥 빌드하고 테스트하는 것은 비용이 적게 들고 간단하다. 빌드하는 횟수는 상관없다. 시간적인 면의 비용은 거의 없는 것이나

[*1] 역주 인위적인 바람을 일으키는 실험 장치

[*2] 역주 편하게 부를 때는 '빵판'이라고 부르기도 한다. 어떤 회로의 일부분을 테스트하는 용도로 쓰는 실험용 기판이다.

다름없고, 나중에 그 빌드 버전을 포기한다면 사용한 자원은 완벽하게 회수가 가능하다. 테스트는 현재 설계를 올바르게 만드는 것만이 아니라, 설계 상세화 프로세스의 일부라는 점을 명심하자. 복잡한 시스템의 하드웨어 엔지니어는 종종 모델을 만든다(그렇지 않으면 적어도 컴퓨터 그래픽을 사용해 시각적으로 그들의 설계를 그려본다). 이것은 그냥 설계 자체만 봐서는 불가능한 '느낌'을 갖게 해준다. 이런 모델을 만드는 일은 소프트웨어 설계에서는 불가능할 뿐만 아니라 필요하지도 않다. 그냥 제품 자체를 만들면 된다. 정형 소프트웨어 검사가 컴파일러만큼 자동적이더라도, 우리는 빌드/테스트 주기를 계속할 것이다. 따라서 정형 검사는 소프트웨어 업계에서는 그다지 실제적인 관심을 끈 적이 없다.

이것이 오늘날 소프트웨어 개발 프로세스의 현실이다. 점점 더 복잡한 소프트웨어 설계가 지속적으로 증가하는 인력과 조직에 의해 만들어지고 있다. 이 설계는 어떤 프로그래밍 언어로 코딩되고, 빌드/테스트 주기를 통해 검증되고 다듬어진다. 이 프로세스는 오류가 생기기 쉬우며, 특별히 시작하기 어려운 것도 아니다. 아주 많은 소프트웨어 개발자가 이것이 소프트웨어 개발 방식이라는 사실을 믿기 싫어한다는 것이 문제를 터무니없이 악화시키고 있다.

대부분의 현재 소프트웨어 개발 프로세스는 소프트웨어 설계의 단계를 분리하여 개별적인 칸에 넣으려고 노력한다. 최상위 수준의 설계는 어떤 코드도 작성되기 전에 완성되어 동결되어야 한다. 구축에서의 착오를 걸러내기 위해 테스트와 디버깅이 필수적이다. 그 사이에는 프로그래머, 즉 소프트웨어 업계에서의 제조 노동자가 있다. 많은 사람이 만약 프로그래머에게 준설계에 '장난을 치고', '빌드'하는 것을 그만두게만 할 수 있다면(그리고 그 과정에서 더 적은 에러가 생긴다면) 소프트웨어 개발은 진짜 공학 부문으로 성장할 수 있을 것이라고 믿는다. 이런 일은 이 프로세스가 공학과 경제적 현실을 무시하는 한 일어날 것 같지 않다.

예를 들어, 다른 어떤 현대적 산업도 제조 프로세스에서 100%가 넘는 재작업 비율을 감수하지 않을 것이다. 매번 처음에 완벽하게 만들지 못하는 제조 노동자는 곧 직장에서 쫓겨날 것이다. 소프트웨어에서는 가장 작은 코드 부분이라 해도 테스트와 디버깅을 하는 동안 변경되거나 완전히 다시 작성될 수 있다. 우리는 이런 다듬기 작업을 제조 프로세스의 일부가 아니라 설계와 같은 창조적인 작업으로 받아들인다. 아무도 엔지니어가 처음부터 완벽한 설계를 만들어내리라 기대하지 않는다. 만약 만들어냈다고 해도, 그것이 완벽한지 증명하기 위해 상세화 프로세스를 통과해야 할 것이다.

일본의 관리 기법에서 다른 어떤 것도 배우지 못한다 해도, 프로세스에서의 오류에 대해 노동자들을 탓하는 행위가 역효과라는 것만은 배워야 한다. 소프트웨어 개발이 잘못된 프로세스 모델을 따르도록 계속 강요하기보다는, 프로세스를 변경해서 좀 더 나은 소프트웨어를 만들어내려는 노력을 도울 수 있게 만들 필요가 있다. 이것은 '소프트웨어 공학'의 리트머스 시험지와도 같다. 공학은 최종 설계 문서를 만들기 위해 CAD 시스템을 필요로 하는지의 문제가 아니라, 어떻게 프로세스를 진행하는지의 문제다.

소프트웨어 개발에서의 압도적인 문제는 모든 것이 설계 프로세스의 일부라는 것이다. 코딩도 설계이고, 테스트와 디버깅도 설계의 일부이고, 우리가 보통 소프트웨어 설계라고 부르는 것조차 설계의 일부다. 소프트웨어는 만드는 데는 비용이 적게 들지도 모르지만, 설계하는 데는 믿을 수 없을 만큼 비용이 많이 든다. 소프트웨어는 너무 복잡해서 서로 다른 설계 측면과 그 결과인 설계에 대한 관점이 아주 많다. 문제는 다른 모든 측면이 (하드웨어 공학에서처럼) 서로 관계가 있다는 것이다. 만약 최상위 수준의 설계자가 모듈 알고리즘 설계의 구체적인 부분을 무시할 수 있다면 좋을 것이다. 비슷하게, 프로그래머가 모듈의 내부 알고리즘을 설계할 때 최상위 수준의 설계 문제를 걱정할 필요가 없다면 좋을 것이다. 유감스럽게도, 한 설계 계층의 양상은 다른 계층에 영향을 미친다. 주어진 모듈의 알고리즘 선택은 최상위 수준의 설계의 양상만큼이나 전체 소프트웨어 시스템의 성공에 중요할 수도 있다. 소프트웨어 설계의 서로 다른 측면 가운데는 중요성의 계층 구조가 없다. 최하위 모듈 수준에서 잘못된 설계는 최상위 수준에서의 착오만큼이나 치명적일 수 있다. 소프트웨어 설계는 모든 측면에서 완벽하고 올바른 것이어야 한다. 그렇지 않으면 그 설계에 기반을 두어 만들어진 모든 소프트웨어는 잘못된 것이 되고 만다.

복잡성을 다루기 위해, 소프트웨어는 계층 구조로 설계된다. 프로그래머가 한 모듈의 구체적인 설계에 대해 걱정할 때는, 그가 동시에 걱정할 수 없는 수백 개의 모듈과 수천 개의 구체적 문제가 있을 것이다. 한 예로, 깔끔하게 자료 구조와 알고리즘의 범주로 내려갈 수 없는 소프트웨어 설계의 중요한 측면들이 존재한다. 이상적인 경우, 프로그래머는 코드를 설계할 때 이런 다른 측면들에 대해 걱정할 필요가 없어야 한다.

그러나 이렇게 되지는 않는다. 그 이유를 보면 이해가 되기 시작할 것이다. 소프트웨어 설계는 코딩되고 테스트되기 전까지는 완벽한 것이 아니다. 테스트는 설계 검증과 상세화 프로세스의 기초적인 부분이다. 상위 수준의 구조 설계는 완벽한 소프트웨어 설계가 아니고, 구체적인 설계를 위한 구조적 프레임워크일 뿐이다. 상위 수준의 설계를 엄격하게 검증할 수 있는 우리의 능력에는 한계가 있다. 궁극적으로 구체적인 설계는 적어도 다른 요인들만큼은 상위 수준의 설계에 영향을 미치게(또는 영향을 미칠 수 있게) 될 것이다. 설계의 다른 모든 측면을 다듬는 것은 설계 주기 전체를 통해 해야 할 일이다. 설계의 어떤 측면이 상세화 프로세스에서 빠진 채로 남아 있다면, 최종 설계가 엉터리이거나 심지어 동작할 수 없는 것이 된다 해도 전혀 놀라운 일이 아닐 것이다.

상위 수준의 소프트웨어 설계가 좀 더 엄밀한 공학 절차가 된다면 멋지겠지만, 소프트웨어 시스템의 실제 현실은 엄밀하지 않다. 소프트웨어는 지나치게 복잡하고, 지나치게 다른 많은 것들에 의존한다. 아마 몇몇 하드웨어는 설계자가 생각한 대로 정확히 동작하지 않을 수도 있고, 라이브러리 루틴은 문서화되지 않은 제약을 가질 수도 있다. 이것은 모든 소프트웨어 프로젝트가 조만간 마주칠 문제들이다. 이것은 테스트 전에는 발견할 방법이 없으므로, 테스트에서 발견되는(테스트를 잘 한다면) 문제다. 이것이 발견되면 설계를 변경해야만 된다. 운이 좋다면 설계 변경은 지역적으로 한정되겠지만, 그보다 자주, 변경은 전체 소프트웨어 설계의 중요한 부분에까지 파문을 일으킨다(머피의 법칙). 영향을 받는 설계 부분이 어떤 이유로 변경될 수 없을 때는, 다른 부분이 그에 맞추기 위해 약화되어야 할 것이다. 이것은 보통 관리자들이 '장난을 친' 것으로 인식하는 결과이지만, 사실 소프트웨어 개발의 현실이다.

한 예로, 내가 최근에 일한 프로젝트에서 모듈 A 내부와 다른 모듈 B 간의 타이밍 의존성이 발견되었다. 불행하게도, 모듈 A의 내부는 추상화 뒤에 숨겨져 있어서 정상적인 순서로 모듈 B 호출과 연동할 방법이 없었다. 당연히, 문제가 발견됐을 때는 A의 추상화를 변경하려고 시도하기에는 너무 늦어 있었다. 기대한 대로, 그 뒤에 벌어진 일은 A의 내부 설계에 적용된 점점 더 복잡해지는 '픽스(fix)'들이었다. 인스톨 버전 1을 완성하기 전에, 설계가 망가졌다는 공통적 느낌이 퍼져 있었다. 모든 새 픽스는 더 오래된 픽스를 망가뜨리곤 했다. 이것이 보통의 소프트웨어 개발 프로젝트다. 결국, 나와 내 동료들은 설계 변경을 주장했지만, 관리자가 동의하게 하기 위해 무급 초과 근무에 자원해야만 했다.

일반적인 크기의 소프트웨어 프로젝트에서 이런 문제는 흔히 일어난다. 이를 막으려는 모든 노력에도 불구하고, 중요한 문제를 빠뜨리고 넘어가게 될 것이다. 이것이 수공업과 공학의 차이다. 경험은 우리를 올바른 방향으로 인도할 수 있다. 이것이 수공업이다. 그러나 경험은 우리를 지도에 없는 땅으로 데리고 갈 뿐이다. 그러면 우리는 무엇을 시작할지를 결정하고 제어된 상세화 프로세스를 통해 그것을 더 좋게 만들어야 할 것이다. 이것이 공학이다.

그냥 짚고 넘어가는 것으로, 모든 프로그래머는 코드 작성 이전이 아니라 이후에 소프트웨어 설계 문서를 작성하는 편이 훨씬 정확한 문서를 만들어낸다는 사실을 알고 있다. 이제 그 이유는 명백하다. 코드에 반영된 최종 설계는 빌드/테스트 주기에서 다듬어진 단 하나의 설계다. 처음 설계가 이 주기 동안 바뀌지 않았을 확률은 모듈의 개수와 그 프로젝트의 프로그래머의 수에 반비례한다. 이 확률은 빠른 속도로 0과 구분할 수 없게 되어버릴 것이다.

소프트웨어 공학에서는 모든 단계에서 좋은 설계를 필사적으로 요구한다. 특히, 좋은 최상위 수준 설계가 필요하다. 초기 설계가 좋을수록, 구체적인 설계가 더 쉬워진다. 설계자는 구조 차트, 부치 다이어그램, 상태 테이블, PDL 등 도움이 될 수 있는 모든 것을 사용해야 한다. 그러나 이 도구와 표기법들이 소프트웨어 설계는 아니라는 사실을 명심해야 한다. 최종적으로는, 실제 소프트웨어 설계를 만들어내야 하고, 그것은 어떤 프로그래밍 언어의 형태가 될 것이다. 그러므로 우리가 이끌어낸 대로 설계를 코딩하는 것을 두려워해서는 안 된다. 우리는 기꺼이 필요한 만큼 그것을 다듬을 것이다.

아직 최상위 수준 설계와 구체적 설계 모두에 알맞은 설계 표기법은 없다. 궁극적으로, 설계는 어떤 프로그래밍 언어로 코딩될 것이다. 이것은 구체적인 설계를 시작하기 전에, 최상위 수준 설계 표기법을 목적 프로그래밍 언어로 변환해야 한다는 것을 의미한다. 이 변환 단계에는 시간이 소요되고 에러도 발생한다. 선택한 프로그래밍 언어에 깔끔하게 대응되지 않는 표기법에서 변환하기보다, 보통 프로그래머는 종종 요구사항으로 돌아가 최상위 수준 설계를 다시 하고, 그대로 코딩을 한다. 이 또한 소프트웨어 개발 현실의 일부다.

나중에 다른 누군가가 언어 의존적인 설계를 변환하는 것보다, 원래 설계자가 원래 코드를 작성하는 편이 나을 것이다. 필요한 것은 설계의 모든 단계에 적합한 통일된 설계 표기법이다. 다시 말해, 상위 수준의 설계 개념도 포함할 수 있는 프로그래밍 언어가 필요하다.

이것이 C++가 등장하는 이유다. C++는 실세계의 프로젝트에 적합한 프로그래밍 언어이자, 더 표현적인 소프트웨어 설계 언어. C++는 설계 컴포넌트에 대한 상위 수준의 정보를 직접 표현할 수 있게 해준다. 설계를 만들기 쉽게 해주고, 그것을 나중에 다듬기 쉽게 만들어준다. 엄격한 형검사를 통해, 설계 오류를 잡아내는 프로세스를 도와주기도 한다. 이것은 더 튼튼한 설계, 본질적으로 더 솜씨 있게 처리된 설계를 낳는다.

궁극적으로, 소프트웨어 설계는 어떤 언어로 표현되어야 하고, 빌드/테스트 주기를 통해 검증되고 다듬어져야 한다. 그저 흉내 내는 정도로 진행하는 것은 어리석은 짓이다. 어떤 소프트웨어 개발 툴과 기법이 인기를 얻었는지 생각해보자. 구조화 프로그래밍은 큰 약진으로 여겨졌다. 파스칼(Pascal)은 그것을 대중화했고, 그래서 결국 유명해졌다. 객체 지향 설계는 새로운 유행이고, C++는 그 중심에 있다. 이제 어떤 것이 통하지 않는지 생각해보자. CASE 툴? 인기는 있었다. 보편적으로는? 아니었다. 구조 차트? 마찬가지였다. 비슷한 것으로, 워너-오(Warner-Orr) 다이어그램, 부치 다이어그램, 객체 다이어그램, 그 밖에 무엇이든지 마찬가지였다. 각각은 강점이 있었고, 한 가지 기본적인 약점이 있었는데, 이것들은 실제 소프트웨어 설계가 아니었다. 사실, 널리 퍼졌다고 할 수 있는 유일한 소프트웨어 설계 표기법은 PDL이었다. 어떻게 생각하는가?

이것은 소프트웨어 업계의 집단적인 잠재의식이, 프로그래밍 기법과 특별한 실세계 프로그래밍 언어의 발전이 소프트웨어 산업에서의 다른 어떤 것보다 압도적으로 중요하다는 사실을 무의식적으로 알고 있음을 말해준다. 이는 또한 프로그래머들이 설계에 관심이 있다는 것을 말해준다. 더 표현적인 언어를 쓸 수 있다면 소프트웨어 개발자들은 그것을 받아들일 것이다.

소프트웨어 개발 프로세스가 어떻게 바뀌고 있는지도 살펴보자. 옛날 옛적에, 우리는 폭포수형 프로세스(waterfall process)[*3]를 썼다. 이제 우리는 나선형 개발(spiral development)[*4]과 빠른 프로토타이핑(rapid prototyping)[*5]을 논하고 있다. 이런 기법이 '위험 완화'나 '단축된 제품 출하 시간' 같은 말로 정당화되고는 하지만, 사실 이런 것은 생명주기에서 코딩을 일찍 시작하는 것에 대한 변명일 뿐이다. 좋다. 이는 설계를 검증하고 다듬기 위한 빌드/테스트 주기를 더 일찍 시작할 수 있게 해준다. 이는 또한 상위 수준의 설계를 개발하는 소프트웨어 설계자가 구체적인 설계 주위를 맴돌 가능성이 더 있음을 의미한다.

위에 쓴 대로, 공학은 최종 제품이 어떤 것이냐의 문제가 아니라 프로세스를 어떻게 하느냐의 문제다. 소프트웨어 산업에 몸담은 우리는 엔지니어에 가깝지만, 두 가지의 인식 전환이 필요하다. 프로그래밍과 빌드/테스트 주기는 소프트웨어를 공학하는 프로세스의 중심이다. 그러므로 그런 식으로 관리할 필요가 있다. 빌드/테스트 주기의 경제적 측면, 그리고 소프트웨어 시스템이 실제적으로 어떤 것이든 표현할 수 있다는 사실은 소프트웨어 설계 검증에 어떤 범용 방식을 찾는다는 것을 가망 없어 보이게 만든다. 이 프로세스를 개선할 수는 있지만, 생략할 수는 없다.

마지막 지적이다. 모든 공학 설계 프로젝트의 목적은 어떤 문서화를 만들어내는 것이다. 분명히, 실제 설계 문서는 제일 중요하지만, 그것이 만들어내야 할 유일한 것은 아니다. 누군가는 최종적으로 소프트웨어를 사용하기를 기대할 것이다. 시스템이 나중에 수정되고 개선되어야 하는 일도 있음 직하다. 이것은 보조적인 문서화가 하드웨어 프로젝트에서만큼이나 소프트웨

[*3] 역주 연구 분석 → 설계 → 개발 → 테스트 → 구축이 일방적으로 진행되는 과정

[*4] 역주 시스템을 개발하면서 생기는 위험을 관리하고 최소화하려는 개발 방법. 계획 및 정의 단계 → 위험 분석 단계 → 개발 단계 → 고객 평가 단계로 이루어진다.

[*5] 역주 고객과 사용자, 개발자의 요구사항 이해도를 높이기 위해 간단한 시제품을 만들어 보여주는 방법

어 프로젝트에서도 중요하다는 뜻이다. 지금은 무시하고 있는 사용자 매뉴얼, 인스톨 가이드, 그 밖의 문서는 설계 프로세스와 직접 관련이 있지는 않지만, 보조 설계 문서로 해결해야 할 중요한 두 가지 요구가 있다.

보조 문서의 첫 번째 용도는 설계와 직접 관련이 없는 문제 도메인의 중요한 정보를 담아두는 것이다. 소프트웨어 설계는 문제 도메인의 개념들을 모델화하는 소프트웨어 개념들을 만들어 내는 일을 포함한다. 이 프로세스는 문제 도메인 개념들의 이해 진작을 요구한다. 보통 이런 이해는 결국 소프트웨어 도메인에서 직접 모델화되지는 않지만, 설계자가 어떤 것이 본질적인 개념이고 그것을 모델화하려면 어떻게 하는 것이 최선인지 결정하는 일을 도와주는 정보를 포함할 것이다. 이 정보는 나중에 모델을 변경할 필요가 있을 경우를 대비하여 어떤 장소에 기록해두어야 할 것이다.

보조 문서의 두 번째 중요 용도는 설계 자체에서 직접 추출해내기 어려운 설계 측면들을 문서화하는 것이다. 이것은 상위 수준과 하위 수준 측면을 모두 포함할 수 있다. 이 측면들 중 많은 것은 그림으로 묘사하는 편이 제일 좋은데, 이는 소스 코드의 주석으로 포함시키기 어렵다. 이것이 프로그래밍 언어 대신 그림을 사용한 소프트웨어 설계 표기법을 사용하자는 주장은 아니다. 이것은 하드웨어 부문에서 그림으로 된 설계 문서를 동반하는, 글로 된 기술에 대한 필요와 별반 다르지 않다.

보조 문서가 아니라, 소스 코드가 실제 설계가 어떤 것인지 결정한다는 사실을 절대 잊지 말자. 이상적으로 보면, 소스 코드 설계를 나중에 처리하여 보조 문서를 만들어내는 소프트웨어 툴을 쓸 수도 있겠지만, 이것은 아마 지나친 기대일 것이다. 차선은 프로그래머(또는 기술 전문 저술가)가 소스 코드에서 특정 정보를 추출하여 뭔가 다른 방식으로 문서화할 수 있게 만드는 툴이다. 의심의 여지 없이, 수동으로 이런 문서화를 최신으로 유지하기란 어렵다. 이것은 더 표현적인 프로그래밍 언어가 필요하다는 또 다른 주장이다. 또한 이런 보조 문서화를 최소로 유지하고 가능한 한 늦출 수 있을 때까지 비공식적인 것으로 유지하자는 주장이기도 하다. 여기에서도 더 나은 툴을 사용할 수 있을 것이다. 아니라면 결국 연필, 종이, 칠판으로 돌아간다.

요약해보자.

- 실제 소프트웨어는 컴퓨터에서 실행된다. 이것은 어떤 자기 매체에 저장된 1과 0의 연속이다. 이것은 C++(또는 그 밖의 프로그래밍 언어)로 된 프로그램 목록이 아니다.
- 프로그램 목록은 소프트웨어 설계를 표현하는 문서다. 컴파일러와 링커가 실제로 소프트웨어 설계를 빌드한다.

- 실제 소프트웨어를 만드는 데는 믿을 수 없을 정도로 비용이 적게 들고, 컴퓨터가 빨라지면서 더 싸지고 있다.
- 실제 소프트웨어를 설계하는 데는 믿을 수 없을 정도로 비용이 많이 든다. 이는 소프트웨어가 믿을 수 없을 정도로 복잡하고, 소프트웨어 프로젝트의 모든 단계가 실제적으로 설계 프로세스의 일부이기 때문이다.
- 프로그래밍은 설계 활동이다. 좋은 소프트웨어 설계 프로세스는 이를 인식하고 코딩이 적절할 때 코딩을 망설이지 않는다.
- 코딩은 보통 믿는 것보다 더 적절한 것이다. 종종, 설계를 코드로 나타내는 프로세스는 실수(oversight)와 문제와 추가적인 설계에 대한 필요성을 드러내 보인다. 이것이 더 이른 시기에 이루어질수록 설계는 좀 더 좋아질 것이다.
- 소프트웨어는 만드는 데 비용이 아주 적게 들기 때문에 정형 공학 검증 방법은 실제 소프트웨어 개발에서는 많이 쓰이지 않는다. 그것을 증명하려고 하기보다는 그냥 설계를 빌드하고 테스트하는 편이 더 쉽고 비용이 더 적게 든다.
- 테스트와 디버깅은 설계 활동이다. 이것은 다른 공학 부문에서의 검증 및 상세화 프로세스와 동등한 소프트웨어에서의 프로세스다. 좋은 소프트웨어 설계 프로세스는 이를 잘 인식하고 이 단계를 생략하려 하지 않는다.
- 그 밖의 설계 활동이 있다. 그것을 최상위 수준 설계, 모듈 설계, 구조적 설계, 아키텍처 설계, 또는 무엇이라고 부른다. 좋은 소프트웨어 설계 프로세스는 이를 인식하고 의도적으로 이 단계들을 포함시킨다.
- 모든 설계 활동은 상호작용한다. 좋은 소프트웨어 설계 프로세스는 이를 인식하고 다양한 설계 단계가 그 필요를 밝히면, 때로는 완전히 송두리째 설계가 바뀌는 것도 허용한다.
- 여러 가지 소프트웨어 설계 표기법은 잠재적으로 유용할 수 있다. 보조 문서와 툴이 설계 프로세스를 도와주는 것처럼 말이다. 이것들이 소프트웨어 설계는 아니다.
- 소프트웨어 개발은 아직도 공학 부문이라기보다는 수공업에 가깝다. 이것은 일차적으로 설계를 검증하고 개선하는 중요한 프로세스에서의 엄밀성 부족 때문이다.
- 궁극적으로, 소프트웨어 개발에서의 진짜 진보는 프로그래밍 기법의 진보에 의존하고 이것은 프로그래밍 언어에서의 진보를 의미한다. C++가 이런 진보다. 이것은 직접적으로 더 나은 소프트웨어 설계를 지원하는 주류 프로그래밍 언어이기 때문에 폭발적인 인기를 얻었다.
- C++는 올바른 방향으로의 한 걸음이지만, 더욱더 개선이 필요하다.

후기

내가 10년 전에 쓴 글을 돌이켜보면, 몇 가지 점에서 놀라게 된다. 첫 번째는(그리고 이 책과 가장 관련 있는 것은) 오늘날의 나는, 내가 말하려고 했던 요점들의 근원적 진실을 그 당시보다 더 확실히 믿게 되었다는 것이다. 이런 신념은 지난 몇 년 동안 많은 점에서 강화된 상당수의 유명한 개발 방식에 의해 뒷받침된다. 가장 명백한(그리고 아마 제일 덜 중요한) 것은 객체 지향 프로그래밍 언어의 인기다. 이 제는 C++ 외에도 많은 OS 프로그래밍 언어가 있다. 게다가, UML 같은 객체 지향 설계 표기법도 있다. 객체 지향 프로그래밍 언어가 더 표현적인 설계를 코드에 직접 담을 수 있기 때문에 인기를 얻었다는 나의 주장은 이제 시대에 뒤떨어진 것으로 보인다.

리팩토링 기본 코드를 재구조화하여 더 튼튼하고 재사용 가능하게 만드는 것의 개념도, 설계의 모든 측면은 유연해야 하고 그 설계를 확인하면서 변경할 수 있어야 한다는 나의 주장과 대응된다. 리팩토 링은 단순히 어떤 약점을 나타낸 설계를 어떻게 개선할 수 있을지에 대한 가이드라인과 절차를 제공 한다.

마지막으로, 애자일 개발 방식의 전체 개념이 있다. XP 프로그래밍이 이 새로운 접근 방식들 중에서 도 가장 잘 알려져 있고, 이들은 모두 소스 코드가 소프트웨어 개발의 가장 중요한 산물이라는 인식 을 공통적으로 갖는다.

한편, 그 후로 몇 년 동안 내가 더 중요하게 느끼고 있는 몇 가지 요점 중 일부를 이 글에서 언급했 다. 그 첫 번째는 아키텍처, 또는 최상위 수준 설계의 중요성이다. 이 글에서 나는 아키텍처가 설계 의 일부일 뿐이고, 빌드/테스트 주기가 설계를 검증하는 동안 유동적으로 남아 있어야 한다고 강조 했다. 이것은 기본적으로는 옳지만, 되돌아보면 내가 조금 순진했다고 생각한다. 빌드/테스트 주기 가 아키텍처의 문제를 밝힐 수도 있지만, 보통은 요구사항 변경에 의해 더 많은 문제가 밝혀진다. '큰' 소프트웨어를 설계하는 것은 힘든 일이고, 자바나 C++ 같은 새로운 프로그래밍 언어나, UML 같은 그림 표기법도 이것을 잘할 수 있는 방법을 모르는 사람에게는 큰 도움이 되지 못한다. 더욱이, 일단 프로젝트가 아키텍처 주위에 상당한 양의 코드를 만들어내고 나면, 아키텍처를 변경하는 일은 종종 프로젝트를 폐기하고 다시 시작하는 것이나 다름없고, 이것은 이런 일이 일어나서는 안 된다는 것을 의미한다. 기본적으로 리팩토링 개념을 받아들인 프로젝트와 조직이라 해도, 완전히 다시 작성해야 하는 부분처럼 보이는 일에 달려드는 건 달갑지 않아 한다. 따라서 처음에(적어도 초반에 가까울 때) 제 대로 만드는 것이 중요하고, 프로젝트가 커질수록 더 중요해진다. 다행스럽게도, 이것은 소프트웨어 디자인 패턴이 해결해줄 수 있는 부분이다.

내가 더 강조하고 싶은 부분 중의 하나는 보조 문서, 특히 아키텍처 문서 부분이다. 소스 코드는 설계지만, 소스 코드에서 아키텍처를 알아내는 것은 아주 힘든 일이 될 수도 있다. 이 글에서 나는 소프트웨어 개발자들이 자동적으로 소스 코드에서 보조 문서를 추출하여 유지할 수 있도록 도와주는 소프트웨어 툴의 등장에 대한 희망을 표현했었는데, 지금은 그 생각을 거의 포기했다. 좋은 객체 지향 아키텍처는 보통 몇 개의 다이어그램과 몇십 장의 텍스트 문서로 기술될 수 있다. 그러나 이런 다이어그램(과 텍스트 문서)은 그 설계의 핵심 클래스와 관계에 집중해야 한다. 유감스럽게도, 나는 소프트웨어 툴이 소스 코드의 구체적인 부분들 덩어리에서 이런 중요한 면을 추출해낼 수 있을 정도로 똑똑해질 것이라는 현실적인 희망이 없음을 안다. 이것은 사람들이 이런 문서를 작성하고 유지해야 한다는 것을 의미한다. 그래도 나는 소스 코드를 작성하기 전보다는, 그다음에, 또는 적어도 동시에 문서를 작성하는 편이 낫다고 생각한다.

마지막으로, 나는 이 글의 마지막에 C++가 프로그래밍, 즉 소프트웨어 설계 분야의 진보였지만, 더욱더 개선이 필요하다고 썼다. 내가 C++의 인기를 위협하며 등장한 언어에 대해 프로그래밍 분야의 실제 진보가 전무하다고 보는 것을 생각하면, 오늘날에는 이 글을 처음으로 썼을 때보다도 더 이 글에 확신을 가지고 있다.

잭 리브스, 2002년 1월 1일

찾아보기